Springer-Lehrbuch

Dieter Dölling · Dieter Hermann
Christian Laue

Kriminologie

Ein Grundriss

 Springer

Dieter Dölling
Institut für Kriminologie
Universität Heidelberg, Juristische Fakultät
Heidelberg, Deutschland

Dieter Hermann
Institut für Kriminologie
Universität Heidelberg, Juristische Fakultät
Heidelberg, Deutschland

Christian Laue
Institut für Kriminologie
Universität Heidelberg, Juristische Fakultät
Heidelberg, Deutschland

ISSN 0937-7433　　　　　　　ISSN 2512-5214 (electronic)
Springer-Lehrbuch
ISBN 978-3-642-01472-7　　　ISBN 978-3-642-01473-4 (eBook)
https://doi.org/10.1007/978-3-642-01473-4

Die Deutsche Nationalbibliothek verzeichnet diese Publikation in der Deutschen Nationalbibliografie; detaillierte bibliografische Daten sind im Internet über http://dnb.d-nb.de abrufbar.

Springer
© Springer-Verlag Berlin Heidelberg 2022
Das Werk einschließlich aller seiner Teile ist urheberrechtlich geschützt. Jede Verwertung, die nicht ausdrücklich vom Urheberrechtsgesetz zugelassen ist, bedarf der vorherigen Zustimmung des Verlags. Das gilt insbesondere für Vervielfältigungen, Bearbeitungen, Übersetzungen, Mikroverfilmungen und die Einspeicherung und Verarbeitung in elektronischen Systemen.
Die Wiedergabe von allgemein beschreibenden Bezeichnungen, Marken, Unternehmensnamen etc. in diesem Werk bedeutet nicht, dass diese frei durch jedermann benutzt werden dürfen. Die Berechtigung zur Benutzung unterliegt, auch ohne gesonderten Hinweis hierzu, den Regeln des Markenrechts. Die Rechte des jeweiligen Zeicheninhabers sind zu beachten.
Der Verlag, die Autoren und die Herausgeber gehen davon aus, dass die Angaben und Informationen in diesem Werk zum Zeitpunkt der Veröffentlichung vollständig und korrekt sind. Weder der Verlag, noch die Autoren oder die Herausgeber übernehmen, ausdrücklich oder implizit, Gewähr für den Inhalt des Werkes, etwaige Fehler oder Äußerungen. Der Verlag bleibt im Hinblick auf geografische Zuordnungen und Gebietsbezeichnungen in veröffentlichten Karten und Institutionsadressen neutral.

Springer ist ein Imprint der eingetragenen Gesellschaft Springer-Verlag GmbH, DE und ist ein Teil von Springer Nature.
Die Anschrift der Gesellschaft ist: Heidelberger Platz 3, 14197 Berlin, Germany

Vorwort

Dieses Buch enthält eine Einführung in die Kriminologie. Es soll Verständnis für die von der Kriminologie behandelten Fragestellungen und die von ihr verwendeten Methoden vermitteln, Außerdem sollen einige Befunde der Kriminologie exemplarisch dargestellt werden. Es geht dem Buch nicht um die Vermittlung umfangreichen Detailwissens, sondern um die Schaffung von Grundlagen für die eigenständige Auseinandersetzung mit kriminologischen Problemen. Das Buch richtet sich an Studierende der Rechtswissenschaft, die den Schwerpunktbereich Kriminalwissenschaften/Kriminologie gewählt haben, und ist außerdem für Studierende der Soziologie, Sozialarbeit, Sozialpädagogik, Pädagogik, Psychologie und Medizin bestimmt, die sich mit kriminologischen Fragen beschäftigen.

Die Verfasser haben sich die Bearbeitung des Textes aufgeteilt: Dieter Dölling hat die §§ 1, 4,7, 8, 9, 11, 12, 19 bis 26, 28 I. bis III. und V., 29, 31, 32 und 35 bearbeitet, Dieter Hermann die §§ 3, 6, 10, 13, 16 bis 18, 27, 28 IV., 30, 33 und 34 und Christian Laue die §§ 2, 5, 14, 15, 36 und 37. Für intensive Unterstützung bei der Erstellung des Manuskripts danken wir Frau Marlis Peters-Hofmann.

Heidelberg, Deutschland
September 2021

Dieter Dölling
Dieter Hermann
Christian Laue

Inhaltsverzeichnis

Teil I Grundlagen

§ 1 Begriff und Aufgaben der Kriminologie sowie Stellung im Wissenschaftssystem 3
    I. Begriff der Kriminologie 3
    II. Aufgaben der Kriminologie 5
    III. Stellung der Kriminologie im Wissenschaftssystem 5

§ 2 Geschichte der Kriminologie 9
    I. Einleitung 9
    II. Die „vorkriminologische" Zeit 10
    III. Die Aufklärung 12
    IV. Das 19. Jahrhundert 13
        1. Vorläufer der Kriminalbiologie 14
        2. Vorläufer der Kriminalsoziologie 16
        3. Verbindung von Anlage und Umwelt 17
    V. Die amerikanische Kriminalsoziologie 18
    VI. Deutschland im 20. Jahrhundert 20
        1. Die Weimarer Republik 20
        2. Die Zeit des Nationalsozialismus 21
        3. Die deutschsprachige Kriminologie nach 1945 22

§ 3 Methoden der Kriminologie 25
    I. Wissenschaftstheoretische Grundlagen 26
    II. Qualitative Methoden 27
    III. Datenerhebungs- und Auswahlverfahren 31
    IV. Grundlagen der Inferenzstatistik 35
    V. Uni- und bivariate statistische Analyseverfahren 37
    VI. Multivariate statistische Analyseverfahren zu Messproblemen 43
    VII. Multivariate statistische Zusammenhangsanalysen 47

Teil II Kriminalitätstheorien

§ 4 Begriff, Bedeutung und Einteilung von Kriminalitätstheorien 59

§ 5 Individuumsorientierte Kriminalitätstheorien 61
- I. Einleitung 61
- II. Biokriminologie 61
  1. Entwicklung... 61
  2. Klassische biokriminologische Forschung 62
  3. Biochemie 65
  4. Evolutionsbiologie...................................... 72
  5. Kritik an der Biokriminologie 73
- III. Kriminalpsychologie...................................... 76
  1. Psychoanalyse 77
  2. Persönlichkeit und Delinquenz nach Eysenck................ 80
- IV. Forensische Psychiatrie.................................... 83

§ 6 Gesellschaftlich orientierte Kriminalitätstheorien 91
- I. Die paradigmatische Verortung von Theorien 91
- II. Utilitaristische Kriminalitätstheorien......................... 92
  1. Theorie 92
  2. Empirie 94
- III. Anomietheorien 102
  1. Theorie 102
  2. Empirie 107
- IV. Subkulturtheorien 110
  1. Theorie 110
  2. Empirie 111
- V. Lerntheorien... 116
  1. Theorie 116
  2. Empirie 119
- VI. Sozialisationstheorien 121
  1. Theorie 121
  2. Empirie 124
- VII. Labelingtheorien und ethnomethodologischer Ansatz............ 130
  1. Theorie 130
  2. Empirie 133
- VIII. Ökologische Kriminalitätstheorien 136
  1. Theorie 136
  2. Empirie 138
- IX. Der Routine Activity Approach............................. 141
  1. Theorie 141
  2. Empirie 143
- X. Kontrolltheorien.. 144
  1. Theorie 144
  2. Empirie 149

XI. Voluntaristische Kriminalitätstheorie 153
    1. Theorie 153
    2. Empirie 156
XII. Situational Action Theory 159
    1. Theorie 159
    2. Empirie 162

§ 7 Integrative Kriminalitätstheorien 165
I. Begriff und Arten des Mehrfaktorenansatzes 165
II. Die Notwendigkeit einer integrativen Kriminalitätstheorie 167
III. Ein Modell der Entstehung kriminellen Verhaltens 168

Teil III   Verbrechen

§ 8 Die kriminologische Erfassung des Verbrechens 175

§ 9 Hellfeld 177
I. Vorhandene Kriminalstatistiken 177
II. Aussagekraft der Kriminalstatistiken 180
III. Umfang, Struktur und Entwicklung der registrierten Kriminalität 182

§ 10 Dunkelfeld 189
I. Definitionen 189
II. Methoden und Probleme der Dunkelfeldforschung 190
III. Ergebnisse von Opfer- und Täterbefragungen 191

§ 11 Gesamtbetrachtung 199

Teil IV   Verbrecher

§ 12 Lebensalter 203
I. Kriminalitätsverteilung über die Altersgruppen 203
II. Kinderdelinquenz 204
III. Kriminalität von Jugendlichen und Heranwachsenden 205
IV. Delinquenz im mittleren Lebensalter 207
V. Alterskriminalität 208

§ 13 Geschlecht 211
I. Geschlechterunterschiede in der Kriminalitätsbelastung 211
II. Erklärungen der Geschlechterunterschiede hinsichtlich
    Kriminalität 213
III. Empirische Studien 215
IV. Erklärung geschlechtsspezifischer Unterschiede in der
    Kriminalitätsbelastung durch geschlechtsspezifische
    Kausalmodelle? 220
V. Fazit 221

§ 14 Nationalität 223
I. Kriminalstatistische Daten 223

II. Verzerrungsfaktoren 227
III. Nationalität als untaugliches Kriterium 228

§ 15 Persönlichkeit 231
    I. Begriff der Persönlichkeit.................................. 231
    II. Die „Vermessung" der Persönlichkeit 231
    III. Das Fünf-Faktoren-Modell („Big Five") 232
    IV. Intelligenz.. 234

§ 16 Sozialisation... 237
    I. Begriff... 237
    II. Sozialisation durch Lernen................................. 238
    III. Familiale Sozialisation...................................... 239
    IV. Sozialisation durch die Peergroup 243
    V. Sozialisation durch Kindergarten, Kindertagesstätte und Schule..... 246
    VI. Sozialisation durch Medien 246

§ 17 Medien 247
    I. Fragestellungen der Medienforschung 247
    II. Theorien der kriminologischen Medienwirkungsforschung......... 248
    III. Methoden der kriminologischen Medienwirkungsforschung........ 251
    IV. Empirische Studien der kriminologischen
        Medienwirkungsforschung................................. 252
    V. Die Eskalationshypothese................................... 261

§ 18 Sozialstatus 265
    I. Konzepte sozialer Ungleichheit 265
    II. Soziale Ungleichheit und Kriminalität aus der Sicht von
        Kriminalitätstheorien 271
    III. Vertikale Ungleichheit und Kriminalität...................... 272
    IV. Horizontale Ungleichheit und Kriminalität 274

§ 19 Tätertypologien 279

§ 20 Kriminalprognose... 283
    I. Begriff und praktische Bedeutung der Kriminalprognose 283
    II. Probleme der Kriminalprognose.............................. 284
    III. Methoden der Kriminalprognose 285

§ 21 Tätergruppen... 295

Teil V   Verbrechensopfer

§ 22 Begriff und Fragestellungen der Viktimologie................. 303

§ 23 Viktimisierungen 305

§ 24 Reaktionen auf Viktimisierungen 309

§ 25 Kriminalitätsfurcht.. 313

Teil VI Verbrechenskontrolle

§ 26 Begriff und Bedeutung der Verbrechenskontrolle 319

§ 27 Kriminalprävention 321
    I. Definition und Geschichte 321
    II. Dimensionen der Kriminalprävention 323
    III. Situative und raumorientierte Kriminalprävention 324
    IV. Personenbezogene Kriminalprävention 330
    V. Kommunale Kriminalprävention 334
    VI. Qualitätskriterien für kriminalpräventive Maßnahmen 342

§ 28 Strafrechtspflege 345
    I. Straftheorien 345
    II. Strafgesetzgebung 349
    III. Strafverfolgung 351
    IV. Strafzumessung 355
        1. Die Struktur der strafrechtlichen Sanktionspraxis 355
        2. Aufgaben und Methoden der empirischen
           Strafzumessungsforschung 359
        3. Befunde der empirischen Strafzumessungsforschung 360
    V. Strafvollstreckung 366

§ 29 Kriminalpolitische Einstellungen der Bevölkerung 369

Teil VII Einzelne Deliktsgruppen

§ 30 Gewaltdelikte 373
    I. Gewaltbegriffe 373
    II. Struktur und Entwicklung von Gewaltdelikten im Hellfeld 374
    III. Struktur und Entwicklung von Gewaltdelikten im Dunkelfeld 377

§ 31 Sexualdelikte 379
    I. Erscheinungsformen der Sexualdelinquenz 379
    II. Täter und Opfer von Sexualdelikten 380
    III. Verfolgung von Sexualdelikten 381
    IV. Einzelne Sexualdelikte 381

§ 32 Drogendelikte 387
    I. Drogen 387
    II. Drogen und Kriminalität 389
    III. Erklärung und Eindämmung 392

§ 33 Straßenverkehrsdelikte 395
    I. Normativer Rahmen und statistische Erfassung 395
    II. Daten amtlicher Statistiken 396
    III. Dunkelfeldstudien 400

§ 34 Eigentums- und Vermögensdelikte 403
    I. Begriff der Eigentums- und Vermögensdelikte 403

II. Struktur und Entwicklung von Eigentums- und Vermögensdelikten
im Hellfeld 403
III. Struktur und Entwicklung von Eigentums- und Vermögensdelikten
im Dunkelfeld.. 405

§ 35 Wirtschaftskriminalität und Korruption 411
I. Begriff und Erscheinungsformen der Wirtschaftskriminalität 411
II. Erklärung, Verfolgung und Prävention von Wirtschaftskriminalität... 414
III. Korruption... 415

§ 36 Umweltdelikte 417
I. Umweltstrafrecht 417
II. Registrierte Umweltkriminalität............................. 418
III. Green Criminology.. 420

§ 37 Computerkriminalität 421
I. Digitalisierung 421
II. Erscheinungsformen der Computerkriminalität 422
III. Prävention und Strafverfolgung 429

Literatur... 431

Stichwortverzeichnis.. 485

Abkürzungen

a. a. O.	am angezeigten Ort
Abs.	Absatz
ALLBUS	Allgemeine Bevölkerungsumfrage der Sozialwissenschaften
AufenthG	Aufenthaltsgesetz
BKA	Bundeskriminalamt
BSI	Bundesamt für Sicherheit in der Informationstechnik
BT-Drs.	Bundestagsdrucksache
BtMG	Betäubungsmittelgesetz
BZR	Bundeszentralregister
CCTV	Closed Circuit Television
CFI	Comparative Fit Index
CPTED	Crime Prevention through Environmental Design
DDos	Distributed Denial-of-Service
DSM	Diagnostic and Statistical Manual
DVS	Deutscher Viktimisierungssurvey
ED	Erkennungsdienst
EGStGB	Einführungsgesetz zum Strafgesetzbuch
ENISA	European Union Agency for Cybersecurity
ETA	baskisch für Baskenland und Freiheit
etc.	et cetera
EU	Europäische Union
f.	folgende
FAER	Fahrerlaubnisregister
ff.	fortfolgende
GEMA	Gesellschaft für musikalische Aufführungs- und mechanische Vervielfältigungsrechte
GEZ	Gebühreneinzugszentrale
GST	General Strain Theorie
GVG	Gerichtsverfassungsgesetz
HBSC	Health Behaviour in School-aged Children
IAT	Institutionelle Anomietheorie
ICD	International Statistical Classification of Diseases and Related Health Problems
IOSB	Institut für Optronik, Systemtechnik und Bildauswertung

IQ	Intelligenzquotient
IRA	Irish Republican Army
ISRD	International Self-Report Delinquency Study
i. S. v.	im Sinne von
IT	Informationstechnologie
JGG	Jugendgerichtsgesetz
Kap.	Kapitel
KFN	Kriminologisches Forschungsinstitut Niedersachsen
KURS	Konzeption zum Umgang mit rückfallgefährdeten Sexualstraftätern
LSD	Lysergsäurediethylamid
MDS	Multidimensionale Skalierung
NPD	Nationaldemokratische Partei Deutschlands
NSU	Nationalsozialistischer Untergrund
ÖPNV	Öffentlicher Personennahverkehr
PADS+	Peterborough Adolescent and Young Development Study
PCL	Psychopathy Checklist
PIN	Persönliche Identifikationsnummer
PKK	kurdisch für Arbeiterpartei Kurdistans
PKS	Polizeiliche Kriminalstatistik
Rn.	Randnummer
S.	Seite
SAT	Situational Action Theory
SEU	Subjective Expected Utility
sog.	so genannte
StGB	Strafgesetzbuch
StPO	Strafprozessordnung
StVG	Straßenverkehrsgesetz
StVO	Straßenverkehrsordnung
SVS	Strafverfolgungsstatistik
TVBZ	Tatverdächtigenbelastungszahl
u. a.	und andere/unter anderem
UCR	Uniform Crime Report
UN-CTS	United Nations Survey on Crime Trends and the Operations of Crimnal Justice Systems
UrhG	Urheberrechtsgesetz
USA	United States of America
V	Version
v. Ch.	vor Christus
vgl.	vergleiche
VZR	Verkehrszentralregister
ZAK	Zentrale Anlaufstelle Cybercrime
z. B.	zum Beispiel

Abbildungsverzeichnis

Abb. 3.1 Beispiel einer Normalverteilung. (Quelle: https://commons.wikimedia.org/wiki/File:Dichtefunktion.png, Autor Quo R). 36
Abb. 3.2 Häufigkeitsverteilung mit Lage- und Streuungsmaßen 39
Abb. 3.3 Grafische Darstellungen bivariater Zusammenhänge 42
Abb. 3.4 Beispiel einer konfirmatorischen Faktorenanalyse mit einer latenten und drei manifesten Variablen ξ_1: Latente Variable $X_1, ..., X_3$: Manifeste Variablen $\lambda_1, ..., \lambda_3$: Faktorladungen $\varepsilon_1, ..., \varepsilon_3$: Messfehler 52
Abb. 3.5 Beispiel eines Strukturgleichungsmodells mit zwei unabhängigen, einer intervenierenden und einer abhängigen Variable ξ_1, ξ_2: Latente unabhängige Variablen η_1: Latente intervenierende Variable η_2: Latente abhängige Variable $X_1, ..., X_{11}$: Manifeste Variablen $\lambda_1, ..., \lambda_{11}$: Faktorladungen $\varepsilon_1, ..., \varepsilon_{11}$: Messfehler $\gamma_1, ..., \gamma_3$: Pfadkoeffizienten ζ_1, ζ_2: Residuen 53
Abb. 3.6 Strukturgleichungsmodell mit standardisierten Effektschätzungen zum Einfluss von Werten und Normen auf Delinquenz 54
Abb. 5.1 Testosteronspiegel und Kriminalität im Lebenslauf. (Quellen: *PKS* 2018, Band 3 Tatverdächtige, V 2.0, S. 101; *Travison et al.* 2017, S. 1163) 67
Abb. 6.1 Die utilitaristische Kriminalitätstheorie 94
Abb. 6.2 Die Anomietheorie nach *Merton* 105
Abb. 6.3 Die Anomietheorie nach *Opp* 105
Abb. 6.4 Hypothesen der voluntaristischen Kriminalitätstheorie 156
Abb. 6.5 Strukturgleichungsmodell mit standardisierten Effektschätzungen zum Einfluss von individuell reflexiven Werten und Normen auf Delinquenz 158
Abb. 6.6 Zentrale Mechanismen der Situational Action Theory. (Quelle: *Wikström/Schepers* 2018, S. 62) 161
Abb. 7.1 Entstehungsbedingungen kriminellen Verhaltens. (Quelle: *Dölling* 2006, S. 83) 168
Abb. 9.1 Entwicklung der Häufigkeitszahlen von 1985 bis 2019. (Quelle: *PKS* 2004, S. 28; 2019, Bd. 1, V1.0, S. 16) 186

Abb. 12.1 Tatverdächtigenbelastungszahlen deutscher Tatverdächtiger nach Alter und Geschlecht (2019). (Quelle: *PKS* 2019, Bd. 3, V3.0, S. 101) 204

Abb. 14.1 Prozentanteil nichtdeutscher Tatverdächtiger an Straftaten nach Bundesländern 2019. (Quelle: *PKS* 2019, Bd. 3, V3.0, S. 56). . 226

Abb. 16.1 Intergenerationale Transmission von Werten und der Einfluss von Werten auf Gewaltbereitschaft 243

Abb. 17.1 Hypothetisches Modell der Eskalationshypothese nach *Slater* 262

Abb. 18.1 Milieuspezifische Prävalenzraten leichter Delikte. (Quelle: *Hermann* 2004a, S. 324) 277

Abb. 27.1 Theoretische Grundlage der Kommunalen Kriminalprävention. Ein Modell der postulierten Beziehungen zwischen Incivilities, Sozialkapital, Kriminalitätsfurcht, Kriminalität und Lebensqualität. 337

Abb. 28.1 Entdeckung und Verfolgung von Straftaten in der Bundesrepublik Deutschland 2019 (ohne Straßenverkehrsdelikte). (Quellen: *PKS* 2019; *Strafverfolgung* 2019) 352

Abb. 30.1 Dimensionen des Gewaltbegriffs. (Quelle: *Melzer/Schubarth* 2015, S. 27) 374

Abb. 30.2 Die Entwicklung der polizeilich registrierten Gewaltkriminalität in der Bundesrepublik Deutschland. (Quellen: *PKS* 2015, V6.0, S. 339; 2017, Bd. 4, S. 160; 2019 Bund, T01 Grundtabelle – Fälle (V1.0); *Heinz* 2017b, S. 24) 375

Abb. 30.3 Die Entwicklung der polizeilich registrierten Straftaten gegen das Leben und Mordtaten in der Bundesrepublik Deutschland. (Quelle: PKS 2019 Bund, T01 Grundtabelle – Fälle (V1.0).) 376

Abb. 33.1 Entwicklung der Straßenverkehrsunfälle mit Personenschaden. (Quelle: *Statistisches Bundesamt* 2019 und 2020a, S. 188).... 397

Abb. 33.2 Entwicklung der durch Alkoholkonsum bedingten Straßenverkehrsunfälle mit Personenschaden. (Quelle: *Statistisches Bundesamt* 2019, S. 188)................................. 397

Abb. 33.3 Entwicklung der Verurteilten nach Art der Straftat: Ein Vergleich zwischen den Straftaten im Straßenverkehr und den gesamten Straftaten. (Quelle: *Statistisches Bundesamt* 2016, S. 5 ff.; *Strafverfolgung* 2017, S. 25; *Strafverfolgung* 2018, S. 25. Strafverfolgung 2019, S. 16) 398

Abb. 34.1 Entwicklung der polizeilich registrierten Diebstahls- und Betrugsdelikte in der Bundesrepublik Deutschland für den Zeitraum von 1993 bis 2019. (Quelle: *Bundeskriminalamt* 2018a und 2019) 404

Abb. 34.2 Entwicklung der polizeilich registrierten Raubtaten und Unterschlagungen in der Bundesrepublik Deutschland für den Zeitraum von 1993 bis 2019. (Quelle: *Bundeskriminalamt* 2018a; *PKS* 2019) 405

Tabellenverzeichnis

Tab. 3.1	Formale Darstellung einer Datenmatrix	35
Tab. 3.2	Analysen zur Messung der kognitiven Kriminalitätsfurcht – Ergebnisse von Faktoren- und Reliablitätsanalysen	46
Tab. 3.3	Die Erklärung der Häufigkeit von Gewalthandlungen in der Schule: Ergebnis einer multiplen Regressionsanalyse in einer Studie von *Streng*.	49
Tab. 3.4	Erziehungsverhalten als Einflussfaktor der Gewalttäterschaft bei deutschen Jugendlichen. Binär-logistische Regressionsanalysen: Exp(B)	51
Tab. 5.1	Merkmale der *r*- und der *K*-Strategien	75
Tab. 6.1	Rocker und Skinheads – ein Vergleich	117
Tab. 9.1	Straftatengruppen nach ihren Anteilen an der Gesamtzahl der in der PKS erfassten Fälle 2019	183
Tab. 9.2	Aufklärungsquoten bei einzelnen Straftatengruppen 2019	185
Tab. 9.3	Anteil der Hauptdeliktsgruppen an den Verurteilungen nach der Strafverfolgungsstatistik 2019	186
Tab. 10.1	Opfererfahrungen von Eigentums- und Gewaltdelikten im Zeitvergleich (prozentualer Anteil der Befragten, die mindestens einmal Opfer wurden)	192
Tab. 10.2	Selbstberichtete Delinquenz von Eigentums- und Gewaltdelikten im Zeitvergleich (prozentualer Anteil der Befragten, die mindestens ein Delikt verübt haben)	193
Tab. 10.3	Opfer- und Tätererfahrungen von Gewaltdelikten im Zeitvergleich	194
Tab. 10.4	Opferanteile der jeweils letzten fünf Jahre für Personendelikte (Prävalenzrate in Prozent) im Zeitvergleich	196
Tab. 14.1	Deliktsgruppenspezifischer Anteil deutscher und nichtdeutscher Tatverdächtiger nach der PKS 2019	224
Tab. 14.2	Deliktsgruppenspezifischer Anteil deutscher und ausländischer Verurteilter nach der Strafverfolgungsstatistik 2019	224

Tab. 14.3	Nichtdeutsche Tatverdächtige nach der Polizeilichen Kriminalstatistik (1997–2019)	225
Tab. 14.4	Die Nationalität nichtdeutscher Tatverdächtiger und ihr Anteil an der nichtdeutschen Bevölkerung (ohne ausländerrechtliche Verstöße) 2019	226
Tab. 15.1	Faktoren des Fünf-Faktoren-Modells und deren Variablen	233
Tab. 18.1	Milieukonstituierende und milieucharakterisierende Merkmale nach *Schulze* 2005.	270
Tab. 20.1	Items des Violence Risk Appraisal Guide-Revised (VRAG-R)	287
Tab. 20.2	Risikokategorien des Violence Risk Appraisal Guide-Revised (VRAG-R)	288
Tab. 20.3	Prozentränge für die Gesamtwerte des Violence Risk Appraisal Guide-Revised (VRAG-R)	288
Tab. 20.4	Integrierte Liste der Risikofaktoren nach Nedopil	291
Tab. 28.1	Hauptstrafen nach allgemeinem Strafrecht 2019	356
Tab. 30.1	Die Veränderung von Viktimisierungshäufigkeiten nach dem DVS 2012 und 2017	378
Tab. 34.1	Umfang der polizeilich registrierten Eigentums- und Vermögenskriminalität in der Bundesrepublik Deutschland für das Jahr 2019	404
Tab. 34.2	Die Veränderung von Viktimisierungen nach dem DVS 2012 und 2017: Prävalenzraten für den Referenzzeitraum von fünf Jahren.	406
Tab. 34.3	Die Veränderung von Viktimisierungen nach dem DVS 2012 und 2017: Prävalenzraten für den Referenzzeitraum von 12 Monaten.	406
Tab. 34.4	Die Veränderung von Viktimisierungen nach dem DVS 2012 und 2017: Inzidenzraten für den Referenzzeitraum von 12 Monaten.	406
Tab. 34.5	Die Veränderung von Viktimisierungshäufigkeiten nach Opferbefragungen von Schülerinnen und Schülern in Niedersachsen: Prävalenzraten für unterschiedliche Referenzzeiträume	408
Tab. 36.1	Polizeilich registrierte Straftaten gegen die Umwelt (§§ 324, 324a, 325–330a StGB) 2019	418
Tab. 36.2	Wegen Straftaten gegen die Umwelt (§§ 324, 324a, 325–330a StGB) Abgeurteilte und Verurteilte 2019	419
Tab. 37.1	Polizeilich registrierte Computerkriminalität 2019	423
Tab. 37.2	Wegen Computerkriminalität Abgeurteilte und Verurteilte 2019	425
Tab. 37.3	Tatmittel Internet nach der PKS 2019	426

Teil I
Grundlagen

§ 1 Begriff und Aufgaben der Kriminologie sowie Stellung im Wissenschaftssystem

I. Begriff der Kriminologie

Kriminologie ist die empirische Wissenschaft vom Verbrechen und der Verbrechenskontrolle.[1] Die Wortbildung „Kriminologie" (Lehre vom Verbrechen, abgeleitet vom lateinischen Wort „crimen" und vom griechischen Wort „logos" – hier i. S. v. Lehre) wird dem französischen Anthropologen *Topinard* zugeschrieben, der diesen Begriff erstmal 1879 verwendet haben soll.[2] Es wird angenommen, dass der Italiener *Garofalo* den Begriff 1885 erstmalig als Buchtitel zur Kennzeichnung seines Buches „Criminologia" benutzte.[3]

Bezugspunkt der Kriminologie ist das **Verbrechen**. Im formellen Sinn ist unter Verbrechen jedes menschliche Verhalten zu verstehen, das die Rechtsordnung mit Strafe bedroht.[4] Zum Verbrechen werden in diesem Sprachgebrauch auch die Vergehen i. S. v. § 12 StGB gerechnet. Auch die Ordnungswidrigkeiten kann man hinzunehmen.[5] Es ist allerdings problematisch, in der Kriminologie den formellen Verbrechensbegriff zugrunde zu legen. Zwar gibt es einen Kernbestand des Verbrechens, der nahezu zu allen Zeiten und in allen Gesellschaften unter Strafe stand und steht. Darüber hinaus variiert aber der Inhalt des mit Strafe bedrohten Verhaltens (Relativität des Verbrechensbegriffs).[6] Deshalb wurde versucht, einen gegenüber dem formellen Verbrechensbegriff selbstständigen materiellen oder kriminologischen Verbrechensbegriff zu bilden. Hierfür kann an die naturrechtliche Unterscheidung zwischen „delicta mala per se" (Verstöße gegen natürliches Recht)

---

[1] *Killias/Kuhn/Aebi* 2011, Rn. 101 f.; *Meier* 2021, § 1 Rn. 5; *Eisenberg/Kölbel* 2017, § 1 Rn. 2; *Hass/Moloney/Chambliss* 2017, S. 13.
[2] *Kaiser* 1996, § 1 Rn. 2.
[3] *Kaiser* a. a. O.
[4] *Schwind/Schwind* 2021, § 1 Rn. 2.
[5] *Eisenberg/Kölbel* 2017, § 1 Rn. 31.
[6] *Kaiser* 1996, § 35 Rn. 3.

und „delicta mala quia prohibita" (bloße Verstöße gegen positives Recht) angeknüpft werden.⁷ *Garofalo* sah als „natürliche Verbrechen" solche Verhaltensweisen an, die gegen die fundamentalen altruistischen Gefühle des Mitleids und der Redlichkeit verstoßen.⁸ Denkbar ist es auch, unter Verbrechen strafwürdige Rechtsgutsverletzungen zu verstehen.⁹ Verbrechen kann weiterhin als sozialschädliches Verhalten definiert werden.¹⁰ Möglich ist es auch, an den Begriff des abweichenden Verhaltens oder der Devianz anzuknüpfen.¹¹ Hierunter sind alle Verhaltensweisen zu verstehen, die gegen in einer Gesellschaft geltende Normen verstoßen; hierbei kann es sich um Rechtsnormen oder um sonstige soziale Verhaltenserwartungen handeln.

3   Über den materiellen Verbrechensbegriff konnte bisher kein Konsens erzielt werden. Die bisherigen Definitionen sind zu unbestimmt. Beim Begriff des abweichenden Verhaltens kommt hinzu, dass er für die Kriminologie zu weit ist.¹² Eine gewisse Distanz vom formellen Verbrechensbegriff kann die Kriminologie dadurch gewinnen, dass sie diesen zum Gegenstand ihrer Analyse macht. Ob ein Verhalten unter Strafe gestellt wird (**Kriminalisierung**) oder ob eine Strafvorschrift aufgehoben wird (Entkriminalisierung), ist das Ergebnis komplexer Wahrnehmungs- und Bewertungsprozesse,¹³ die auch durch unterschiedliche Interessen beeinflusst werden. Diese Prozesse zu untersuchen, gehört zu den Aufgaben der Kriminologie.¹⁴

4   Im Hinblick auf das Verbrechen analysiert die Kriminologie Umfang, Struktur und Entwicklung der Kriminalität. Außerdem werden die Erscheinungsformen der einzelnen Delikte herausgearbeitet (**Kriminalphänomenologie**) und wird die räumliche Verteilung der Kriminalität analysiert (**Kriminalgeografie**). Neben den Taten untersucht die Kriminologie die Personen, die auf den „beiden Seiten des Verbrechens" stehen: die Täter und die Opfer. Der Teil der Kriminologie, der sich mit dem Verbrechensopfer befasst, wird als **Viktimologie** bezeichnet. Neben der Beschreibung des Verbrechens geht es der Kriminologie um die Ermittlung der Ursachen der Kriminalität (**Kriminalätiologie**).

5   Während sich die Kriminologie früher häufig auf die Erforschung des Verbrechens und der Täterpersönlichkeit beschränkte, ist heute weitgehend anerkannt, dass auch die **Verbrechenskontrolle** Gegenstand der Kriminologie ist.¹⁵ Unter Verbrechenskontrolle ist die soziale Kontrolle im strafrechtlich geschützten Normbereich zu verstehen.¹⁶ Der Begriff der sozialen Kontrolle umfasst alle An-

---

[7] *Meier* 2021, § 1 Rn. 16.
[8] Siehe dazu *Hering* 1966, S. 75 f.
[9] *Meier* 2021, § 1 Rn. 18.
[10] *Kaiser* 1996, § 36 Rn. 11.
[11] *Neubacher* 2020, Kap. 1 Rn. 4; *Eisenberg/Kölbel* 2017, § 1 Rn. 23 (Einbeziehung „deliktsnaher sozialer Devianz").
[12] *Meier* 2021, § 1 Rn. 14.
[13] *Meier* 2021, § 1 Rn. 23.
[14] *Eisenberg/Kölbel* 2017, § 1 Rn. 14, 35.
[15] *Kaiser* 1996, § 1 Rn. 5 ff.
[16] *Kaiser* 1996, § 29 Rn. 1.

strengungen, die in einer Gesellschaft unternommen werden, um die Einhaltung der in der Gesellschaft geltenden – rechtlichen und außerrechtlichen – Normen zu gewährleisten.[17] Soziale Kontrolle kann formell durch Recht oder informell erfolgen.[18] Verbrechenskontrolle ist soziale Kontrolle durch den Einsatz des Strafrechts. Sie wird dadurch ausgeübt, dass Verhaltensweisen als Straftat definiert, verfolgt und sanktioniert werden. Die Kriminologie erforscht, wie die Prozesse der strafrechtlichen Sozialkontrolle ablaufen, welche Faktoren die Abläufe bestimmen und welche Wirkungen Maßnahmen der strafrechtlichen Sozialkontrolle haben. Untersucht werden u. a. die Abläufe der Strafgesetzgebung, die Tätigkeiten der formellen Instanzen der strafrechtlichen Sozialkontrolle, insbesondere von Polizei, Staatsanwaltschaften, Gerichten, Bewährungshilfe und Strafvollzug (**Instanzenforschung**) und die Wirkungen der strafrechtlichen Sanktionen (**Sanktionsforschung**). Analysiert werden auch Prozesse der informellen Kriminalitätskontrolle, z. B. in der Familie oder der Nachbarschaft, und Maßnahmen der **Kriminalprävention**.

II. Aufgaben der Kriminologie

Die Kriminologie ist eine empirische oder **Erfahrungswissenschaft**.[19] Ihre Aufgabe[20] ist die Beschreibung und Erklärung der Wirklichkeit des Verbrechens und der Verbrechenskontrolle. Die Kriminologie ist damit von normativen Wissenschaften wie der Strafrechtswissenschaft zu unterscheiden, die sich mit der Ermittlung des Inhalts und der Systematisierung von strafrechtlichen Normen befasst. Die Kriminologie hat empirisch gesichertes Wissen über ihre Gegenstände zu ermitteln.[21] Neben der Erkenntnissteigerung (Grundlagenforschung) können kriminologische Arbeiten auch der Verbesserung der Verbrechenskontrolle dienen, z. B. wirksamen Maßnahmen der Kriminalprävention oder der Täterbehandlung (anwendungsorientierte Forschung). Auch auf Aufgaben der Praxis bezogene Forschung ist legitim, wenn sie den Regeln wissenschaftlichen Arbeitens folgt und ihre Unabhängigkeit gegenüber der Praxis wahrt.[22]

III. Stellung der Kriminologie im Wissenschaftssystem

Die Kriminologie ist Teil der **Kriminalwissenschaften**, also derjenigen Wissenschaften, die sich unter empirischen und normativen Gesichtspunkten mit dem Verbrechen und seiner Kontrolle befassen.[23] Hierzu gehören neben der Kriminologie

---

[17] *Kaiser* 1996, § 28 Rn. 4; *Meier* 2021, § 9 Rn. 1.
[18] *Kaiser* 1996, § 28 Rn. 5.
[19] *Eisenberg/Kölbel* 2017, § 1 Rn. 29; *Neubacher* 2020, Kap. 1 Rn. 10.
[20] Kritisch zum Begriff der „Aufgaben" der Kriminologie *Eisenberg/Kölbel* 2017, § 3 Rn. 1 ff.
[21] *Kaiser* 2007, S. 37.
[22] *Kaiser* 2007, S. 42 ff.; *Kerner* 2013.
[23] *Schwind/Schwind* 2021, § 1 Rn. 11; *Neubacher* 2020, Kap. 1 Rn. 1.

die Kriminalistik, die Strafrechtswissenschaft, die Strafprozessrechtswissenschaft und die Wissenschaft vom Strafvollzugsrecht. Die **Kriminalistik** ist die Wissenschaft vom zweckmäßigen Vorgehen bei der Verbrechensvorbeugung und -aufklärung.[24] Sie gliedert sich in Kriminaltechnik, Kriminaltaktik und Kriminalstrategie. Die Kriminaltechnik ist die Lehre von den sachlichen Beweismitteln (z. B. Sicherung und Auswertung von Fingerabdrücken).[25] Die Kriminaltaktik ist die Lehre vom technisch, psychologisch und prozessökonomisch zweckmäßigen Vorgehen bei der Aufklärung und Verhinderung von kriminellen Taten.[26] Die Kriminalstrategie hat das planmäßig koordinierte Zusammenwirken der polizeilichen Kräfte zur wirksamen Verbrechenskontrolle zum Gegenstand.[27] Während die Kriminaltaktik auf den Einzelfall bezogen ist, geht es bei der Kriminalstrategie um die Gesamtheit der polizeilichen Maßnahmen.[28] Die Kriminalistik befasst sich somit mit der Zweckmäßigkeit polizeilichen Arbeitens. Die Kriminologie untersucht demgegenüber die tatsächlichen Abläufe der polizeilichen Tätigkeit als Bestandteil der Verbrechenskontrolle.[29]

8 Während die Kriminologie und die Kriminalistik als nicht juristische Kriminalwissenschaften bezeichnet werden können, bildet die **rechtswissenschaftliche** Beschäftigung mit dem Strafrecht, dem Strafprozessrecht und dem Strafvollzugsrecht den juristischen Teil der Kriminalwissenschaften. Mit der richtigen Ausgestaltung der Verbrechenskontrolle befasst sich die **Kriminalpolitik**. Ihr Gegenstand sind sowohl kriminalpräventive Maßnahmen als auch die Strafrechtspflege.[30] Empirische Befunde der Kriminologie können eine Grundlage für kriminalpolitische Entscheidungen sein. In solche Entscheidungen gehen aber auch Wert- und Interessenabwägungen ein. Die tatsächlichen Abläufe der Kriminalpolitik sind als Teil der Verbrechenskontrolle Gegenstand kriminologischer Forschung.[31]

9 Als Wissenschaft vom menschlichen Verhalten gehört die Kriminologie zu den Human- und Sozialwissenschaften. Die Kriminologie ist eine **interdisziplinäre** Wissenschaft, weil sie die Befunde und Methoden anderer Wissenschaften, die sich mit menschlichem Verhalten befassen, in ihre Forschungen einbeziehen muss.[32] Hierzu gehören insbesondere die Medizin, die Psychiatrie, die Psychologie, die Soziologie, die Wirtschaftswissenschaften und die Geschichtswissenschaft. Die Kriminologie beschränkt sich aber nicht darauf, als bloße Clearingstelle die kriminologisch relevanten Befunde anderer Wissenschaften zusammenzutragen,

---

[24] *Schwind/Schwind* 2021, § 1 Rn. 30.
[25] *Kaiser* 1996, § 80 Rn. 2.
[26] *Schwind/Schwind* 2021, § 1 Rn. 26.
[27] *Kaiser* 1996, a. a. O.
[28] *Schwind/Schwind* 2021, § 1 Rn. 28.
[29] *Neubacher* 2020, Kap. 1 Rn. 3. Zu den Konzepten einer Polizeiwissenschaft siehe *Feltes* 2008; *Kühne/Liebl* 2021.
[30] *Schwind/Schwind* 2021, § 1 Rn. 32 f.; enger *Zipf* 1980, S. 7, der den Begriff der Kriminalpolitik auf die Strafrechtspflege begrenzt.
[31] *Meier* 2021, § 1 Rn. 8.
[32] *H. J. Schneider* 1987, S. 1; *Neubacher* 2020, Kap. 1 Rn. 6 f.

sondern ist eine eigenständige Wissenschaft mit eigenem Gegenstand und eigenen Methoden.[33] Da Kriminalitätsprobleme in allen Gesellschaften bestehen und Kriminalität auch grenzüberschreitend begangen wird, ist die Kriminologie eine **internationale** Wissenschaft.[34]

---

[33] *Kaiser* 2007, S. 41; *Schwind/Schwind* 2021, § 1 Rn. 14.
[34] *Neubacher* 2020, Kap. 1 Rn. 8.

§ 2 Geschichte der Kriminologie

I. Einleitung

Die Darstellung der Geschichte einer Wissenschaft folgt oftmals dem „Modell der großen Männer":[1] Das Leben und Werk von „Wegbereitern", „Begründern" und „Pionieren" einer Wissenschaft wird chronologisch dargestellt. Die Erkenntnisfortschritte einer Wissenschaftsdisziplin werden einflussreichen Personen zugeschrieben, auf denen weitere Forscher aufbauen konnten. Dabei entsteht das Bild einer umgekehrten Pyramide, bei der ganz unten die Begründer der Wissenschaft stehen, die jeweils jüngere „Geistesriesen" schultern.[2] Die Einbindung der Lebenswerke in politische oder gesellschaftliche Rahmenbedingungen wird bei einer solchen Darstellung vernachlässigt.

Eine solche Darstellung ist für die Kriminologie kaum tauglich, denn Kriminologie war und ist wie wenige andere Wissenschaften in den jeweiligen zeit- und ideengeschichtlichen Kontext eingebunden. Dass sich die Ausrichtung der deutschsprachigen Kriminologie in der ersten Hälfte des 20. Jahrhunderts ganz grundlegend von derjenigen der zweiten Hälfte unterscheidet, ist entscheidend zurückzuführen auf die Einbettung in unterschiedliche ideengeschichtliche Zusammenhänge in unterschiedlichen politischen Systemen. Die Kriminologie erscheint geradezu als Brennspiegel des jeweiligen historischen Kontextes. Dies führte dazu, dass die Geschichte der Kriminologie in den letzten Jahren zunehmend in den Focus der allgemeinen Geschichtswissenschaft geraten ist und sich als eigenständiger Forschungsgegenstand etabliert hat.[3]

Ebenso wenig wie das Modell der großen Männer erscheint auch eine ideengeschichtlich orientierte Darstellung der Entwicklung der Kriminologie zielführend.

---

[1] *Lück* 2011, S. 20 f.
[2] *Galassi* 2004, S. 25. Diesem Modell folgt die Darstellung bei *Mannheim* 1960.
[3] Siehe nur die Monografien über die deutschsprachige Kriminologie von *Wetzell* 2000; *Becker* 2002; *Galassi* 2004; *Müller* 2004; *Baumann* 2006.

Denn *eine* Kriminologie gibt es gar nicht, vielmehr haben sich im Laufe der Geschichte bis zum heutigen Tag mehrere Kriminologien nebeneinander entwickelt. Die Geschichte der Kriminologie ist bis in die heutige Zeit geprägt von tiefen Meinungsverschiedenheiten und Umbrüchen. Hierbei standen und stehen zwei Fragen im Vordergrund:

4 • Hat die an sich interdisziplinär ausgerichtete Kriminologie eine Leitwissenschaft?
In Frage kommen hierbei einerseits die täterorientierten Humanwissenschaften wie Biologie, Medizin/Psychiatrie und Psychologie, andererseits die gesellschaftsorientierte Soziologie. Im Laufe der Kriminologiehistorie gab es jeweils Schwerpunktsetzungen und nicht selten standen sich die verschiedenen Blöcke unverbunden gegenüber.

5 • Wie ist das Verhältnis der Kriminologie zu den staatlichen Institutionen?
Hierbei reicht das mögliche Spektrum von einer Hilfswissenschaft für Gesetzgebung und Strafjustiz bis hin zu einer Kriminologie, deren primäres Ziel die Kritik staatlicher Institutionen, sogar deren Abschaffung darstellt. Dies spiegelt sich in der institutionellen Organisation der Kriminologie wider: Wird die kriminologische Forschung vom Staat inhaltlich vorgegeben und finanziert oder wird sie von unabhängigen Institutionen ohne von außen vorgegebene Inhalte betrieben? Auch hierbei gab es im Laufe der Kriminologiegeschichte unterschiedliche Modelle.

II. Die „vorkriminologische" Zeit

6 Verbrechen, also als besonders sozialschädlich definierte Verhaltensweisen, und eine strafende Reaktion darauf scheint es zu geben, seitdem es menschliche Gesellschaften gibt. Ein Kern dieser inkriminierten Verhaltensweisen scheint in allen Gesellschaften gleich (gewesen) zu sein; dieses Kernstrafrecht umfasst Mord, Körperverletzung, Diebstahl/Raub, Brandstiftung, Vergewaltigung, wohl auch Ehebruch und Beleidigung von Herrschenden bzw. Blasphemie.

7 Der ganz überwiegende Teil der Menschheitsgeschichte war von einem irrationalen Umgang mit Verbrechen geprägt. Zwar finden sich in praktisch allen bekannten frühen Gesetzeswerken wie dem Codex Hammurabi (ca. 1750 v. Chr.) und religiösen Leitschriften Ausführungen über Kriminalität und Strafe.[4] In der Bibel ist etwa das Talionsprinzip verankert und mit den zehn Geboten ein Kanon besonders verwerflicher Handlungsweisen. Doch dort sind wie auch in anderen frühen Schriften keine rationalen Darlegungen über die Ursachen der Kriminalität, ihre gesellschaftliche Bedeutung oder über die Möglichkeiten ihrer Verhinderung vorhanden. Kriminalität wird nicht als empirisches Phänomen erfasst, sondern ist Gegenstand rechtlicher und moraltheologischer bzw. -philosophischer Ausführungen.

---

[4] Siehe *Kury* 2007, S. 53 ff.

II. Die „vorkriminologische" Zeit

Eine Ausnahme bildete das antike Griechenland. Dort wurde die empirische Wissenschaft „erfunden".[5] Ob auch Kriminalität als ein empirisches Phänomen begriffen wurde, ist unklar. Jedenfalls war der Weg geebnet, sich rational mit Verbrechen auseinanderzusetzen. Einer der ersten Denker, dessen Gedanken zur Begehung von Unrecht, zu Verbrechen und ihrer Vermeidung überliefert sind, ist *Platon* (428/427 – 348/347 v. Chr.). Sowohl in einem moralphilosophischen als auch in einem staatstheoretischen Zusammenhang macht sich *Platon* Gedanken über den Zweck der Strafe. In seinem zweiten Staatsentwurf *Nomoi* (*Die Gesetze*) trifft *Platon* eine Unterscheidung zwischen besserungsfähigen und gänzlich verderbten Rechtsbrechern: Gegen Erstere ist das Gesetz mit Nachsicht anzuwenden, während Letztere unnachgiebig aus der Rechtsgemeinschaft auszustoßen sind.[6] Daraus formulierte *Seneca* gut 300 Jahre später den Leitsatz zur Abgrenzung des Zweckstrafrechts vom absoluten Vergeltungsstrafrecht: „Nam, ut Plato ait: ‚nemo prudens punit, quia peccatum est, sed ne peccetur …'"[7]

Handelt es sich bei den antiken Gedanken über das Strafen auch noch nicht um eine empirische Behandlung des Themas Kriminalität, sondern um kriminalpolitische Erwägungen, so sind im Nachdenken über den Sinn und Zweck der Strafe dennoch bereits Vorstufen kriminologischen Denkens erkennbar, die noch heute in der Strafzwecktheorie und in der Pönologie herangezogen werden. Entscheidend ist die erstmalige Überwindung übernatürlich-mythischer Vorstellungen bei der nunmehr im Wesentlichen vernunftgeleiteten Behandlung von Kriminalität.

Mitteleuropa war zur gleichen Zeit und über das gesamte Mittelalter noch einer magischen und kultisch-religiös geprägten Wirklichkeitsauffassung verhaftet.[8] Verbrechen wurden als das Werk dämonischer Mächte interpretiert. Dies gilt auch noch für die Phase der frühen Neuzeit, in der ein großes Interesse der sich entwickelnden Öffentlichkeit und Chronisten für Aufsehen erregende Kriminalfälle und Strafverfahren bestand. Über illustrierte Flugblätter wurde die Öffentlichkeit informiert.[9]

Die Interpretation dieser veröffentlichten Kriminalfälle offenbart noch die tief verwurzelte Irrationalität des Umgangs mit Kriminalität und Strafjustiz im Deutschland der frühen Neuzeit. Auch in den Hexenprozessen zeigt sich, dass die Vorstellung, Straftäter seien von Dämonen befallen, fest verankert war. Eine rationale und empirische wissenschaftliche Durchdringung des Phänomens Kriminalität war zu dieser Zeit nicht möglich.

---

[5] *Graeser* 1994, S. 13.
[6] *Platon* 1991, 731b-d.
[7] *Seneca* 2007.
[8] Siehe *Bock* 2019, Rn. 17.
[9] *Schwerhoff* 2009, S. 295.

III. Die Aufklärung

12 Die Verbreitung von Strafrechtsfällen via Flugblatt und Zeitung über ganz Europa machte die Mängel des damaligen Strafrechtssystems offenbar: Durch Folter erpresste falsche Geständnisse, unsäglich grausame Hinrichtungen und eine religiös instrumentalisierte Strafjustiz erschienen angesichts der aufleuchtenden Aufklärung unerträglich irrational. Exemplarisch für die Defizite des Strafrechtssystems ist die Affaire *Jean Calas*, die in den frühen 1760er-Jahren aufgeklärte Geister erschütterte und Auslöser für eine vernunftgeleitete Grundsatzkritik an der Strafrechtspraxis wurde. *Calas*, ein protestantischer Familienvater im streng katholischen Toulouse, wurde 1762 wegen angeblichen Mordes an seinem Sohn hingerichtet, der Rest der siebenköpfigen Familie wurde ebenfalls verurteilt. Das Verfahren wurde in kürzester Zeit in ganz Europa bekannt und stieß auf größte Empörung. *Voltaire* erfuhr kurz nach der Hinrichtung von dem Geschehen. Er war nach einigen Recherchen von der Unschuld *Calas'* überzeugt und mobilisierte die Öffentlichkeit. Nach einer bis dahin einzigartigen Kampagne gelang es, die Familie *Calas* im Jahre 1765 vollständig zu rehabilitieren. Einer großen Öffentlichkeit wurden durch diese Kampagne die Mängel des Strafrechtssystems eindringlich vor Augen geführt.

13 Dem 1738 geborenen *Cesare Beccaria* gelang es, in einer schmalen Schrift die Mängel des europäischen Strafrechtssystems auf den Punkt zu bringen und Alternativvorschläge im Sinne aufklärerischen Denkens prägnant zu formulieren. Hierbei ging es *Beccaria* aber nicht um eine – im heutigen Sinne – kriminologische Bestandsaufnahme der Kriminalität oder des Kriminaljustizsystems. *Beccaria* verfolgte ein primär kriminalpolitisches Ziel, nämlich die Reform des überkommenen Strafrechtssystems unter den Leitlinien der Aufklärung: Rationalisierung, Säkularisierung, Liberalisierung und Humanisierung. Dennoch wird sein Buch zu den bedeutendsten Werken der Kriminologiegeschichte gezählt.[10] *Beccaria* forderte auf der Basis der Idee des Gesellschaftsvertrages und des Utilitarismus die Überwindung des dem überkommenen Strafrecht anhaftenden eklatanten Missverhältnisses zwischen der Schwere des Delikts und der Schwere der Strafe. Er orientierte sich dabei an einem Leitgedanken der Aufklärung: der Suche nach dem vernünftigen, proportionalen Maß des Handelns. Auch das Gesetzlichkeitsprinzip war für *Beccaria* ein unverzichtbarer Eckpfeiler eines aufgeklärten Strafrechts.[11]

14 Für die Kriminologie bedeutend sind *Beccarias* Ausführungen zum Zweck des Strafens: Sie dienen nicht der Vergeltung begangenen Unrechts, sondern allein der Verhinderung weiterer Straftaten.[12] Spezial- und Generalprävention bilden folglich die einzigen **Strafzwecke**. Bei der näheren Ausgestaltung eines präventiv ausgerichteten Strafrechtssystems formuliert *Beccaria* durchaus moderne Gedanken und Erkenntnisse, die auch heute noch akzeptiert werden:

---

[10] Siehe *Rafter* 2009, S. 8.
[11] Dazu *Küper* 1968, S. 547.
[12] *Beccaria* 1764, S. XV.

- Wichtiger als die Härte der Strafe ist für eine abschreckende Wirkung die Entdeckungs- und Sanktionswahrscheinlichkeit.[13]
- Je rascher die Bestrafung erfolgt, desto wirksamer wird sie sein.[14]
- Die Härte der für ein Verbrechen angedrohten und verhängten Strafen muss sich nach dem Schaden für das Gemeinwohl richten, nicht nach der „Schwere der Sünde".[15]
- Die Strafe muss für die Rechtsunterworfenen als gerecht empfunden werden und darf nicht zu ihrer Verrohung beitragen. Dies ist ein Leitsatz, der insbesondere gegen die Todesstrafe spricht.[16]
- Prävention ist nicht nur negativ durch das Strafrecht zu gewährleisten, sondern auch dadurch, „dass man die Tugend belohnt." Ein positiver Anreiz zum Erhalt des Gemeinwohls dürfte mindestens genauso wirksam sein. Darüber hinaus gilt: „Das sicherste, aber auch schwierigste Mittel zur Verhütung von Verbrechen ist schließlich die Verbesserung der Erziehung."[17]

Beccaria machte damit durchaus „kriminologische" Aussagen, aber noch keine Kriminologie, weil seinen Aussagen die empirische Basis fehlt. Der Beginn der wissenschaftlichen Befassung mit Kriminalität im Sinne einer Begründung der Kriminologie wird erst der positivistischen Schule der zweiten Hälfte des 19. Jahrhunderts zugeschrieben.[18] *Beccaria* gilt als „Wegbereiter der Kriminologie", aber noch nicht als Kriminologe. Er argumentierte als aufgeklärter Jurist, aber nicht als Empiriker. Er wird daher mit einigen anderen Autoren wie *Jeremy Bentham* – vor allem im englischsprachigen Raum – der „**klassischen Kriminologie**" (classical criminology) zugeordnet, die sich dadurch auszeichnet, dass sie utilitaristisch ausgerichtet vor allem das Strafjustizsystem reformieren will, aber – mangels empirischer Basis – noch keine Kriminologie im heutigen Sinne darstellt.

IV. Das 19. Jahrhundert

Nicole Rafter meint, Kriminologie „began as a series of cottage industries", als eine Abfolge von Heimarbeiten, geprägt von kleinen Produktionszentren, die über die Welt verteilt waren.[19] Tatsächlich lassen sich im 19. Jahrhundert einige Personen identifizieren, die sich der wissenschaftlichen Bearbeitung des Themas Kriminalität, in manchen Fällen lediglich als „Nebenprodukt", angenommen haben. Sie waren deswegen noch keine Kriminologen, denn die Kriminologie als eigenständige Wissenschaft gab es damals noch nicht. Der Begriff „Kriminologie" wurde wohl

---
[13] *Beccaria* 1764, S. XX.
[14] *Beccaria* 1764, S. XIX.
[15] *Beccaria* 1764, S. XXIV; siehe hierzu *Beirne* 1993, S. 22.
[16] *Beccaria* 1764, S. XVI.
[17] Alle Zitate bei *Beccaria* 1764, S. XLI.
[18] Siehe etwa *Bock* 2019, Rn. 19.
[19] *Rafter* 2009, S. i.

zum ersten Mal von dem französischen Anthropologen *Paul Topinard* im Jahre 1879 verwendet.[20] Davor forschten einige Wissenschaftler in verschiedenen Regionen am Thema Kriminalität. Da sie aus ganz unterschiedlichen Stammdisziplinen kamen – Psychiatrie, Evolutionsbiologie, Soziologie, Rechtswissenschaft –, betrachteten sie Kriminalität mit ganz unterschiedlichen Forschungsinteressen und -methoden.

1. Vorläufer der Kriminalbiologie

17 Der Schweizer Pfarrer und Schriftsteller *Johann Kaspar Lavater* (1741–1801) suchte mit seiner **Physiognomik** zu beweisen, dass man aus den äußeren, insbesondere Gesichtszügen eines Menschen systematisch auf dessen inneres Wesen schließen kann. Abweichendes Verhalten stand dabei im Vordergrund.

18 Die „Wissenschaft" der **Phrenologie** hatte fünf Grundaussagen:[21]

- Das Gehirn ist das Organ des Geistes.
- Es setzt sich aus ca. 30 verschiedenen voneinander physisch abgegrenzten Arealen zusammen, die jeweils für verschiedene Anlagen oder Triebe stehen, unter ihnen auch Habgier, Streitsucht oder Vandalismus.
- Je aktiver ein Areal ist, desto größer ist es.
- Die relative Größe eines Areals kann man durch Vermessung des Schädels bestimmen.
- Die relative Größe eines Areals kann durch Training und Selbstdisziplin verändert werden.

19 Wichtige Vertreter dieser Forschungsrichtung waren *Franz Joseph Gall* (1758–1828) und *Johann Caspar Spurzheim* (1776–1832). Zentrum der Phrenologie war Wien. Obwohl diese „Wissenschaft" aus heutiger Sicht reichlich bizarr anmutet, interpretierten Phrenologen Kriminalität möglicherweise als erste nicht einfach als Sünde, sondern suchten nach objektiven organischen Gründen für ein Verhalten. Dies trug – auch wenn es sich im Nachhinein um einen Irrweg handelte – wesentlich zur Säkularisierung des Strafjustizsystems bei. Unter anderem wurden erste Behandlungsversuche im Strafvollzug mit der phrenologischen Annahme begründet, dass im Gehirn verankerte Anlagen beeinflussbar sind.

20 Die Strafgesetze des gemeinen Rechts hatten bereits Strafmilderungen oder sogar den Strafausschluss für psychisch kranke Täter vorgesehen.[22] Bei ihnen wurde die für eine Bestrafung notwendige Willensfreiheit verneint. Unklar blieb aber, welche Zustände wie auf die Willensbetätigung der Menschen wirkten. Um 1800 entwickelte sich an mehreren Orten mit der **Psychiatrie** eine Wissenschaft, die sich mit Geisteskrankheiten eingehend auseinandersetzte. In Frankreich waren es vor allem

---

[20] *Kaiser* 1996, § 1 Rn. 2; *Mannheim* 1960, S. 1.
[21] Siehe *Rafter* 2005, S. 66.
[22] Siehe *Müller/Nedopil* 2017, S. 21 f.

IV. Das 19. Jahrhundert

Philippe Pinel (1745–1826) und sein Schüler *Jean Etienne Dominique Esquirol* (1772–1840), in den USA *Benjamin Rush* (1745–1813), in England *James Cowles Prichard* (1786–1848) und in Italien *Cesare Lombroso* (1835–1909), die systematisch Krankheitsbilder und ihren Zusammenhang mit Kriminalität beschrieben. Im Mittelpunkt des Interesses standen hierbei vor allem die Fälle der **moral insanity**, dem Vorläufer der heutigen Psychopathie. Moral insanity bezeichnete Täter, die ohne Reue eine Vielzahl schwerer Straftaten begingen und dabei offensichtlich unfähig waren, ihr Verhalten zu kontrollieren. Es lag für die Forscher auf der Hand, dass die vom Strafgesetz vorausgesetzte Willensfreiheit nicht gegeben, sondern das Verhalten von körperlichen Ursachen dominiert war.

Die **Degenerationslehre** führt Geisteskrankheiten, abweichendes Verhalten wie Alkoholismus und Kriminalität sowie soziale Randständigkeit auf eine von Generation zu Generation durch Vererbung übertragene und verstärkte Abweichung vom ursprünglichen Menschentyp zurück. Begründet wurde diese Lehre vom französischen Psychiater *Bénédict Augustin Morel* (1809–1873), der davon ausging, dass Defizite wie Minderbegabung, Geisteskrankheit, Sucht, Verarmung und Kriminalität eine gemeinsame Ursache hätten, nämlich Degeneration bzw. „Entartung", die sich in verschiedenen Formen manifestieren und auf die nächste Generation vererben könne. Dabei wurde von einer Verursachung in beide Richtungen ausgegangen: Kriminalität war danach durch Degeneration verursacht, wurde aber nach der damals vertretenen, aber irrigen Vorstellung von der Vererbbarkeit erworbener Eigenschaften (Lamarckismus)[23] auch auf die Nachfahren übertragen, so dass ein Verstärkerkreislauf einsetzt, der schließlich zu immer schwererer Degeneration führt.

Diese Degenerationslehre bot aus kriminologischer Sicht zwei entscheidende Vorteile:[24]

- Es konnte eine Ursache für Kriminalität benannt werden: Dies waren zum einen die Degeneration selbst als auch die sie manifestierenden und verstärkenden Symptome wie Trinksucht, Ausschweifung, Verwahrlosung.
- Es konnte erklärt werden, warum Kriminalität so häufig zusammen mit persönlichen und sozialen Defiziten auftritt.

Einen direkten Bezug zur Kriminalität stellte in der zweiten Hälfte des 19. Jahrhunderts der Italiener *Cesare Lombroso* (1835–1909) mit der von ihm maßgeblich vertretenen **Kriminalanthropologie** her. Ab der Mitte des 19. Jahrhunderts schien mit der Evolutionstheorie von *Charles Darwin* eine wissenschaftliche Grundlage für die Erklärung abweichenden Verhaltens zur Verfügung zu stehen. *Lombroso* beschreibt den „geborenen Verbrecher" (delinquente nato) als Rückfall auf eine vom Menschen an sich überwundene evolutionäre Entwicklungsstufe, als sog. Atavismus. Kriminalität ist für *Lombroso* eine angeborene vererbliche, determinierende und aus den äußeren physiologischen Merkmalen erkennbare Eigenschaft eines Teiles der Menschheit. Er versuchte seine Spekulationen, insbesondere die Erkenn-

---

[23] Siehe hierzu *Laue* 2010, S. 76 f.
[24] Siehe *Rafter* 2009, S. 87 f.

barkeit der Kriminalität an besonderen körperlichen Merkmalen, anhand empirischer Daten zu belegen, indem er zahllose verurteilte oder psychisch kranke Personen vermaß und fotografierte. Zugang zu solchen Personen hatte *Lombroso* als Gerichtsmediziner und Psychiater. Hierbei sollten die körperlichen Merkmale ein Zurückbleiben der Probanden auf einer tieferen evolutionären Entwicklungsstufe, ähnlich wie Affen und „Wilde", belegen und äußerlich erkennbar machen.[25] Charakteristisch für Kriminelle seien daher eine größere Dicke der Schädelknochen, größere Kieferknochen und Jochbeinbögen, eine fliehende Stirn, große Ohren und längere Arme.

24 *Lombroso* arbeitete daher durchaus bereits empirisch. Schon zu Lebzeiten *Lombrosos* wurden seine anthropologischen Forschungen zwar widerlegt, etwa vom *Franzosen Gabriel Tarde* (1843–1904)[26] oder dem Engländer *Charles Goring* (1870–1919).[27] Dennoch führten Degenerationslehre und Kriminalanthropologie nach *Lombroso* zu Eugenik, Sozialdarwinismus und offen ausgelebtem Rassismus[28] in der Kriminalpolitik. Die Idee eines sog. Tätertypus diente etwa als Grundstock und Legitimation für die völlig ungerechtfertigte und unmenschliche Behandlung ganzer Bevölkerungsgruppen in der Zeit des Nationalsozialismus.[29]

2. Vorläufer der Kriminalsoziologie

25 Ein völlig anderer Ansatzpunkt zur Beschreibung des empirischen Phänomens Kriminalität entwickelte sich im französischsprachigen Europa. Dort wurden bereits im 18. Jahrhundert Justizstatistiken geführt. Auswertungen durch den belgischen Mathematiker *Alphonse Quételet* (1796–1874) und den französischen Anwalt *André Michel Guerry* (1802–1866) machten deutlich, dass Kriminalität nicht nur willkürliches menschliches Verhalten darstellt, das mit Blick auf das Individuum zu deuten ist, sondern auch von Raum und Umgebung abhängig ist. *Guerry* fiel auf, dass Kriminalität in verschiedenen Regionen Frankreichs unterschiedlich häufig und unterschiedlich ausgeprägt ist. Er stellte diese unterschiedliche regionale Kriminalitätsbelastung in geografischen Karten dar.[30] *Quetelet* verfügte nur über ein eingeschränktes Datenmaterial – amtliche statistische Erhebungen über den Zeitraum von 1826 bis 1829 -, konnte daraus aber bereits bestimmte Einflussfaktoren für Kriminalität identifizieren, darunter das Alter, das Geschlecht, die berufliche und soziale Stellung sowie das Ausmaß des Alkoholkonsums.[31]

---

[25] Siehe etwa *Lombroso* 1894, S. 529 f.
[26] Zu *Tardes* Beitrag für eine positivistische Kriminologie siehe *Beirne* 1993, S. 143.
[27] Zu *Goring* und seinem Hauptwerk The English Concvict (1913) siehe *Beirne* 1993, S. 187.
[28] Siehe hierzu *Laue* 2010, S. 431 ff.
[29] Hierbei ist zu betonen, dass die darwinsche Evolutionstheorie zu solchen Missinterpretationen keinen Anlass gibt. Ausführlich hierzu *Laue* 2010, S. 425 ff., 436 ff.
[30] *Beirne* 1993, S. 111 ff.
[31] *Becker* 2002, S. 332 f. Zur weithin unterschätzten Bedeutung *Quetelets* als Begründer einer positivistischen Kriminologie siehe *Beirne* 1987.

Auch in Deutschland wurden die damals sog. **Moralstatistiken** ausgewertet, unter anderem von *Alexander v. Oettingen* (1827–1905) und von *Georg Mayr* (1841–1925). Die deutschen Länder verfügten im 19. Jahrhundert bereits über gut geführte Kriminalstatistiken. Die Auswertung der über längere Zeiträume gleichmäßig geführten Moralstatistiken erbrachte auch die Erkenntnis, dass die Häufigkeit bestimmter menschlicher Verhaltensweisen in bestimmten Regionen über die Jahre hinweg mehr oder weniger stabil ist: In Friedenszeiten ist bei etwa gleich bleibender Bevölkerungszahl und -zusammensetzung in einer bestimmten Region auch die Zahl der Straftaten Jahr für Jahr in etwa gleich und unterscheidet sich weitgehend im gleichen Maß von einer anderen Region. Es setzte sich die Erkenntnis durch, dass Kriminalität zwar aus einer Vielzahl individueller menschlicher Handlungen resultiert, aber diese Handlungen abhängig sind von ihrem sozialen Umfeld.[32] Die Kehrseite der Medaille war die weitergehende kriminalpolitische Erkenntnis, dass individuelle Maßnahmen der Kriminalitätsbekämpfung – seien sie präventiv oder repressiv ausgerichtet – wenig(er) Erfolg versprachen.

Spätestens mit *Emile Durkheim* (1858–1917) wurde Kriminalität ein Thema der **Soziologie**. Sie wurde von ihm als normales Resultat der Wirkung sozialer Tatsachen (faits sociaux) angesehen. Diese Tatsachen sind den Individuen äußerlich und wirken als gesellschaftlicher Zwang auf sie ein, etwa als gesellschaftliche Normen. Die sozialen Tatsachen empirisch zu erforschen, war das definierte Ziel der Soziologie und für diese empirische Erforschung eignete sich am besten abweichendes Verhalten. Hierzu zählte nicht nur Kriminalität, sondern auch andere von der allgemeinen Norm abweichende Verhaltensweisen wie etwa der „Selbstmord", anhand dessen *Durkheim* die Methode der empirischen Sozialforschung zu entwickeln versuchte.[33] Für eine individuelle, gar biologisch begründete Disposition des Einzelnen zur Kriminalität ist in diesem Modell kaum mehr Platz. Die marxistische Kriminologie führte die Kriminalität auf die kapitalistische Gesellschaftsordnung zurück.[34]

3. Verbindung von Anlage und Umwelt

Die Vereinigung dieser auf der einen Seite individuell-biologisch, auf der anderen Seite gesellschaftlich orientierten Betrachtungsweise von Kriminalität versuchte in Deutschland der Strafrechtswissenschaftler *Franz v. Liszt* (1851–1919). Sein Gegenpart war zunächst vor allem die in der deutschen Strafrechtswissenschaft des 19. Jahrhunderts vorherrschende klassische Schule, die, rechtsphilosophisch begründet, auf absoluten Strafrechtszwecken wie dem Schuldausgleich fußte. *v. Liszt* sah dage-

---

[32] Über das Ausmaß dieses Einflusses bestand Uneinigkeit. Manche Moralstatistiker, darunter *v. Oettingen*, hielten äußere Einflüsse nur dann für handlungsleitend, wenn sie beim Individuum bereits auf einen „Hang zum Verbrechen" (nach *Quetelets* penchant au crime) trafen, vgl. *Becker* 2002, S. 334.
[33] *Durkheim* 1897.
[34] *Engels* 1892.

gen Prävention als einzig legitimen Zweck des Strafrechts und stützte sich zu ihrer Begründung auf empirische Erkenntnisse etwa der Rückfallforschung.

29 Bei der Erklärung von Kriminalität hielt er sowohl individuelle Anlage- als auch gesellschaftliche Umwelteinflüsse für bedeutsam. Exemplarisch hierfür ist die in seiner Marburger Antrittsvorlesung „Der Zweckgedanke im Strafrecht" 1882 entwickelte dreigliedrige Ausprägung der Spezialprävention:

- Besserung der besserungsfähigen und besserungsbedürftigen Verbrecher;
- Abschreckung der nicht besserungsbedürftigen Verbrecher;
- Unschädlichmachung der nicht besserungsfähigen Verbrecher.[35]

30 Nur bei den nicht besserungsfähigen Verbrechern überwiegen die anlagebedingten Defizite so sehr, dass eine Einflussnahme von außen durch Einwirkung auf die psychisch-konstitutiven Voraussetzungen von vornherein keinen Erfolg verspricht. Dabei handelte es sich aber nur um eine kleine Minderheit, denn *v. Liszt* ging bei der Frage nach den Ursachen der Kriminalität stets davon aus, dass die sozialen Einflussfaktoren weitaus bedeutender seien als die biologischen, anlagebedingten. Letztere seien auch von ersteren beeinflusst und träten somit weitgehend in den Hintergrund.[36]

31 *V. Liszt* und sein Marburger Programm werden heute nicht einheitlich beurteilt. Das deutsche Jugendstrafrecht mit seiner grundsätzlichen Betonung der positiven Spezialprävention und der dreigliedrigen Ausgestaltung der Rechtsfolgen beruft sich auf das Marburger Programm. Es wird dabei als eine Manifestation eines humanen, sozialen und liberalen Strafrechts gesehen. Hierbei steht der Besserungsgedanke im Vordergrund. Aber auch nationalsozialistische Strafrechtler haben sich auf *v. Liszt* berufen,[37] freilich vor allem auf die Idee der Unschädlichmachung nicht Besserungsfähiger. Diese Ambivalenz von Humanität und Inhumanität ist in kriminologischer Forschung und der Interpretation ihrer Ergebnisse oftmals angelegt.

V. Die amerikanische Kriminalsoziologie

32 In der Zeit um 1900 machten die USA einen tief greifenden sozialen Wandel durch: Das Land entwickelte sich von einer landwirtschaftlich dominierten Gesellschaft zu einer Industrienation mit großen urbanen Zentren. Die Stadt Chicago etwa wuchs seit 1860 von einer kleinen Gemeinde mit 10.000 Einwohnern zu einer Millionenstadt mit über 2 Millionen Einwohnern im Jahre 1910. Die Arbeitsbedingungen waren allgemein hart, die Löhne niedrig und die Arbeitstage lang. Die Arbeit in riesigen Fabriken und das Leben in slumähnlichen Wohngebieten verursachte große Gesundheitsprobleme.

---

[35] *Von Liszt* 1883.
[36] *Laue* 2010, S. 49 ff.
[37] Siehe etwa *Nicolai* 1933, S. 56.

V. Die amerikanische Kriminalsoziologie

Soziologen der Universität von Chicago waren überzeugt, dass die harten Lebensbedingungen eines Großteils der amerikanischen Bevölkerung auch Auswirkungen auf ihr Verhalten, einschließlich ihres Legalverhaltens, haben müssen. Die bisher angebotenen biologischen oder psychologischen Erklärungen für Kriminalität erschienen ihnen nicht ausreichend. Es mache mehr Sinn, Kriminalität als ein soziales Problem anzusehen. Die Mittellosen seien nicht zum Verbrecher geboren, sondern würden von ihren Lebensumständen zur Kriminalität getrieben. Eine Änderung der Lebensumstände würde auch sie zu gesetzestreuen Bürgern machen. Es war das Ziel dieser Soziologen, die kriminogenen Lebensumstände zu erforschen und zu ändern.

Robert Park (1864–1944) war 1921 der erste, der zentrale Erkenntnisse der **Chicago School** veröffentlichte:[38]

- Wie jedes ökologische System sei auch die Entwicklung und Organisation von Großstädten nicht zufällig, sondern strukturiert. Die amerikanische Gesellschaft sei stark von Migration und Mobilität geprägt: Neue Einwanderer zögen in die armen Gegenden und verdrängten die bisherigen Einwohner in die Vorstädte. Diese Entwicklung zerstöre das bestehende Gleichgewicht.
- Diese sozialen Prozesse hätten Auswirkungen auf die Kriminalität. Um die Kriminalität zu senken, müssten die sozialen Prozesse innerhalb einer Stadt daher genau untersucht werden.

Park lieferte somit ein Forschungsprogramm, dessen Realisierung sich eine Reihe von Wissenschaftlern widmete und das zu einer der fruchtbarsten Forschungsepochen der Kriminologie werden sollte.

Ernest Burgess (1886–1966) entwarf 1928 ein Modell der Stadtentwicklung, das dazu beitragen sollte, die sozialen Wurzeln der Kriminalität besser zu verstehen. Er ging davon aus, dass das Wachstum der Städte einem bestimmten Muster folgt. Zwischen den großen Wirtschaftszentren im Stadtinnern und den teureren Wohngegenden am Stadtrand lagen die sog. transition zones, die im Mittelpunkt der Untersuchungen der Chicago School standen. Sie bestanden vor allem aus Reihen billiger, verfallender Mietshäuser, die oftmals in unmittelbarer Nähe zu den großen und nun veralteten Fabriken gebaut wurden. Die immer größere Ausbreitung der Fabriken weg vom Mittelpunkt der Stadt be- und verdrängte die Wohngegenden. Als die unwirtlichsten, aber auch billigsten Wohngegenden waren diese Areale in unmittelbarer Nähe zu den Fabriken die bevorzugten Aufnahmeplätze für die mittellosen Einwanderer, die sich eine bessere, und das heißt weiter vom Zentrum entfernte Wohngegend nicht leisten konnten. Der permanente Übergang, die ständige Ausbreitung der Industrie und damit verbunden die Verdrängung von Wohnraum schwächte die sozialen Bindungen innerhalb dieser Zone und führte schließlich zur „**sozialen Desorganisation**". Diese These der „sozialen Desorganisation" gilt als die früheste amerikanische soziologische Kriminalitätstheorie.

---

[38] *Park* 1921.

37 Empirisch überprüft wurde diese These ab den 1930er-Jahren vor allem von *Clifford Shaw* (1895–1957) und *Henry McKay* (1899–1980).[39] Anhand von Justizstatistiken untersuchten sie die räumliche Verteilung der Kriminalität in Chicago. Tatsächlich erwiesen sich die transition zones als besonders belastet mit Kriminalität. Es bestand ein signifikanter negativer Zusammenhang zwischen dem Wohlstand einer Gegend und der Kriminalität. *Shaw* und *McKay* zogen daraus den Schluss, dass der Zustand der Wohngegend entscheidend beeinflusste, wer kriminell würde, und nicht die Merkmale der Bewohner.

38 *Shaw* und *McKay* betonten die Notwendigkeit von Vitalisierungsmaßnahmen innerhalb der Stadtteile, um Kinder und Jugendliche vor einem Abgleiten in die Delinquenz zu bewahren. In den 1930er-Jahren gründete *Shaw* das „Chicago Area Project" (CAP), indem die Bewohner der Stadtteile darin unterstützt wurden, selbst Stadtteilkomitees zu gründen, um die Kriminalität zu bekämpfen. Darin kann man einen Vorläufer der heutigen kommunalen Kriminalprävention sehen.

39 *Shaw* führte auch teilnehmende Beobachtungen bei den jugendlichen Gangs durch und konnte damit belegen, dass Jüngere von bereits straffällig gewordenen Älteren regelrecht rekrutiert und in die Regeln eines abweichenden Lebensstils eingewiesen würden. *Shaw* und *McKay* schlossen daraus, dass die Desorganisation von Stadtteilen die Bildung von „kriminellen Traditionen" begünstige, die sich anstelle der traditionellen Werte herausbilden und von Generation zu Generation männlicher Jugendlicher übertragen würden. Das wurde später bedeutsam für die Entwicklung der Subkulturtheorien und die Theorie der differenziellen Assoziation.

40 Der Einfluss der Chicago School auf die weitere kriminalsoziologische Theoriebildung war groß. Besonders einflussreich war die Erkenntnis, dass die Tatsache, wo Menschen aufwachsen und mit welchen Menschen sie in Kontakt stehen, einen wichtigen Einfluss auf ihre Neigung zu Kriminalität hat. Im Laufe des 20. Jahrhunderts wurden in Amerika zahlreiche kriminalsoziologische Theorien entwickelt, die einen großen Einfluss auch in Deutschland hatten. Die U.S.A. waren und sind in kriminologischer Forschung führend.

VI. Deutschland im 20. Jahrhundert

1. Die Weimarer Republik

41 In der Zeit der Weimarer Republik setzten sich zunächst die Reformkräfte durch. Das noch in Geltung befindliche Strafrecht des Kaiserreichs wurde liberalisiert und humanisiert. Mit dem Jugendgerichtsgesetz 1923 wurde ein Gesetz erlassen, das auf ein Behandlungsstrafrecht setzte. Hierfür notwendig waren kriminologische Kenntnisse über Ursachen von Kriminalität und über die Wirkung der Sanktionen. Ein in der Tradition von *Franz v. Liszt* stehendes Medium war die 1904 vom Psychiater *Gustav Aschaffenburg* (1866–1944) gegründete Monatsschrift für Kriminalpsychologie und Strafrechtsreform.

---

[39] *Shaw/McKay/Beirne* 2006.

Wissenschaftlich setzte die deutschsprachige Kriminologie aber noch ganz überwiegend auf Kriminalbiologie und die Erforschung „entarteter Persönlichkeiten". Prägend waren die 1923 von *Kurt Schneider* (1887–1967) entwickelte **Psychopathenlehre** und die 1921 veröffentlichte „Körperbau-Charakter-Lehre" von *Ernst Kretschmer* (1888–1964).[40] Auch die 1929 veröffentlichte Zwillingsstudie „Verbrechen als Schicksal" von *Johannes Lange* (1891–1938) war einflussreich. Alle drei Autoren waren Psychiater.

Dabei wurde nicht ausschließlich nur die „Anlage" des Täters in den Blick genommen, auch die „Umwelt" spielte eine Rolle. Es wurde anerkannt, dass Umweltbedingungen handlungsbeeinflussend sein können. Gerade die Studie von *Lange* wollte klären, welchen Anteil am Verhalten Anlage und Umwelt haben. Er kam zu dem Schluss, dass beides handlungsrelevant sei, die Erbanlagen aber einen größeren Einfluss auf das Legalverhalten haben als die Umweltbedingungen. Dies setzte sich auch während der Weimarer Republik als Konsens durch: Sowohl Anlage als auch Umwelt beeinflussen Kriminalität, wobei den Anlagefaktoren ein etwas größeres Gewicht beigemessen wurde. Allerdings wurden, da Kriminologie vor allem von Medizinern und Psychiatern betrieben wurde, die Umweltfaktoren kaum erforscht, vor allem nicht mit sozialwissenschaftlichen Methoden.

2. Die Zeit des Nationalsozialismus

Während der 1920er-Jahre herrschte auch immer noch Streit über die Ausrichtung des deutschen Strafrechts. Die Reformer in der Nachfolge von *Franz v. Liszt* sahen sich einer wachsenden Gruppe von Strafrechtlern und Kriminologen gegenüber, die für ein illiberales, mehr und mehr „rassenhygienisch" ausgerichtetes Strafrecht eintraten. Man berief sich dabei eher auf *Lombroso*. 1933 war der Kampf entschieden: Die erbbiologisch orientierten Kriminalbiologen setzten sich durch. Von den Nationalsozialisten zu Gegnern erklärte Wissenschaftler wie *Gustav Aschaffenburg*, *Max Grünhut* (1893–1964) oder *Hans v. Hentig* (1887–1964) wurden vertrieben.

Es folgten zwölf Jahre, in denen die Kriminologie fast vollständig auf **Erbbiologie** ausgerichtet wurde.[41] Im Anlage-Umwelt-Streit wurde zwar formell weiterhin die Bedeutsamkeit beider Faktoren behauptet, doch wurde er faktisch entschieden, indem die Umwelt des Täters als Produkt seiner Anlagen angesehen wurde. Nach *Franz Exner* (1881–1947) bestimmte die Anlage nicht nur unmittelbar die Persönlichkeitsentwicklung, sondern auch mittelbar, indem der Mensch durch „Umweltwahl", „Umweltgestaltung" und „Umweltempfänglichkeit" sich selbst seine Umwelt schafft.[42] Nach der erbbiologisch begründeten nationalsozialistischen Vorstellung von der „Volksgemeinschaft" wurde auf einer höheren Ebene die Umwelt eins mit den Anlagen, denn die „Umwelt" ist das Produkt des Erbguts der ge-

---

[40] Siehe *Baumann* 2006, S. 61 ff.
[41] Zur Kriminologie im „Dritten Reich" siehe eingehend *Dölling* 1989.
[42] *Exner* 1944, S. 35 ff.

samten Bevölkerung.⁴³ Erklärtes Ziel der kriminologischen Forschung war dabei nach *Edmund Mezger* (1883–1962) die „Ausmerzung volks- und rasseschädlicher Teile der Bevölkerung".⁴⁴ Die Kriminologie diente damit nicht mehr nur der Erforschung von Kriminalität und ihren Ursachen bzw. ihrer Verhinderung, sondern ganz offen auch der „Rassenhygiene".

46 Eine solche Kriminalbiologie hatte für das Regime eine besondere Bedeutung, denn sie diente der Rechtfertigung einer angestrebten harten und illiberalen Strafrechtsanwendung,⁴⁵ letztlich sogar der massenweisen Ermordung von „rassisch minderwertigen" Bevölkerungsgruppen wie Juden und „Zigeunern".⁴⁶ Die erbbiologisch dominierte Kriminologie liefert die Begründung dafür, dass schwere Kriminalität ein unabänderlicher und vererbbarer Persönlichkeitszug sei. Damit ebnet sie wissenschaftlich den Weg für die exzessive Androhung und Verhängung von Todesstrafe und Sicherungsverwahrung und für die Sterilisation. Diese strafrechtlichen Maßnahmen – als Instrumente der Rassenhygiene eingesetzt – bekommen durch die Kriminalbiologie eine wissenschaftliche Legitimation.

3. Die deutschsprachige Kriminologie nach 1945

47 Nach 1945 blieben die allermeisten Kriminologen in Amt und Würden. Auch die Standardlehrbücher wurden nur von den ärgsten Auswüchsen erbbiologisch-nationalsozialistischen Gedankenguts befreit.⁴⁷ Die kriminalbiologische Ausrichtung, vor allem die Orientierung an der Psychopathenlehre von *Kurt Schneider* sowie an der „Körperbau-Charakter-Lehre" von *Ernst Kretschmer*, bleibt in der institutionalisierten Kriminologie weiterhin herrschend.⁴⁸ Sie wurde in den 1950er-Jahren immer noch vor allem von Juristen und Medizinern betrieben.⁴⁹

48 Während der 1950er-Jahre rückte die Jugendkriminalität in den Mittelpunkt des Interesses und es wurden die Forschungen der US-amerikanischen Kriminalsoziologie rezipiert. Eine Generation jüngerer Kriminologen, deren Elternwissenschaften vor allem die Soziologie, Sozialpädagogik, Politikwissenschaft oder Psychoanalyse waren, drängte in die kriminologischen Institutionen.⁵⁰ Einflussreich

---

⁴³ *Mezger* 1942, S. 115 f. Siehe hierzu *Laue* 2010, S. 54 f.
⁴⁴ So *Mezger* 1942, S. 240.
⁴⁵ Siehe etwa das „Gewohnheitsverbrechergesetz" vom 24. November 1933.
⁴⁶ Siehe *Dölling* 1989, S. 205 ff., 211 f. Zum unwissenschaftlichen und damit verfehlten Konstrukt „menschlicher Rassen" siehe *Laue* 2010, S. 425 ff.
⁴⁷ Siehe für die Lehrbücher von *Exner, Mezger, Sauer* und *Seelig*: *Baumann* 2006, S. 151 ff.
⁴⁸ *Streng* 1998, S. 223 ff.
⁴⁹ Dies ist auch im Aufbau und in der Besetzung der kriminologischen Institutionen ablesbar: Anfang der 1960er-Jahre kam es in Tübingen und Heidelberg jeweils an den rechtswissenschaftlichen Fakultäten zur Gründung der ersten beiden „Institute für Kriminologie", deren erste Direktoren die jeweils rechtswissenschaftlich und medizinisch ausgebildeten *Hans Göppinger* (1919–1996) und *Heinz Leferenz* (1913–2015) waren, siehe dazu *H. Schneider* 2008, S. 278 f.
⁵⁰ Siehe *Baumann* 2006, S. 271 ff., 303 ff.

war die soziologische „Kölner Schule" um *René König* (1906–1992), die mit der sozialwissenschaftlich ausgerichteten und „kritischen" Kriminologie ein einflussreiches Gegenprojekt zur psychopathologisch dominierten Kriminologie der damaligen Zeit aufbaute. Insbesondere die von *König* und *Fritz Sack* (*1931) 1968 herausgegebene Sammlung von ins Deutsche übersetzten Originalbeiträgen amerikanischer Autoren eröffnete einer breiteren Fachöffentlichkeit den Zugang zu den „Klassikern" der Kriminalsoziologie.[51] Die Rezeption des Etikettierungsansatzes und die Etablierung einer kritischen Kriminologie rückten den Täter als entscheidenden Akteur in den Hintergrund und das Strafverfolgungssystem in den Vordergrund.[52]

Das kriminalbiologische Denken alter Prägung war im Laufe der 1970er-Jahre damit endgültig überwunden; das Aufflackern biologischer Erklärungsansätze wie etwa der Chromosomenaberration in den 1970ern war jeweils nur von kurzer Dauer. Die kriminologische Befassung mit dem Täter und seinem Körper ist heute ganz überwiegend der forensischen Psychiatrie und der Kriminalpsychologie vorbehalten; die sozialwissenschaftlich dominierte Kriminologie lehnt eine Befassung mit modernen Erkenntnissen der Biokriminologie zum Teil ganz entschieden ab.[53]

---

[51] *König/Sack* 1968; 3. Aufl. 1979.
[52] Siehe *Streng* 1998, 233 ff.; *H. Schneider* 2008, 279 ff.
[53] Siehe dazu *Laue* 2010, 17 ff.

§ 3 Methoden der Kriminologie

Die Kriminologie ist eine empirische Wissenschaft, die sich auf Methoden der empirischen Sozialforschung stützt und auf statistische Analyseverfahren zurückgreift. Statistik, eine Methode zur Analyse von Daten, ist zwar ein Teilgebiet der Mathematik, wird aber in zahlreichen Wissenschaftsdisziplinen angewandt. Die verschiedenen Fachrichtungen empirischer Wissenschaften unterscheiden sich hinsichtlich Art und Inhalt von Daten; die Soziologie nutzt häufig Befragungsdaten, die Psychologie Experimente und die Ökonomie aggregierte Daten aus Statistiken. Dies hat zu der Entwicklung fachspezifischer statistischer Analyseverfahren und zum Teil zu eigenen Begrifflichkeiten geführt. Selbst für die Methoden der Erhebung von Daten haben sich fachspezifische Teilwissenschaften entwickelt. Die Kriminologie ist eine interdisziplinäre Wissenschaft, in der alle genannten Fachbereiche von Bedeutung sind. Folglich findet man in kriminologischen Publikationen fachspezifische Variationen von Methoden und Statistik, die meist nur vor dem Hintergrund der zugrunde liegenden Fachrichtung nachvollziehbar sind. Die üblichen Lehrbücher für Methoden und Statistik sind in der Regel für eine Fachdisziplin geschrieben; eine deutschsprachige Publikation, die das Thema aus der Sicht verschiedener Wissenschaften behandelt, fehlt soweit ersichtlich. Das Ziel dieses Kapitels ist es, die Grundbegriffe und Kerngedanken der Methodenlehre und Statistik zu vermitteln, sodass empirische kriminologische Studien verstehbar sind. Es handelt sich somit um eine praxisorientierte Einführung, welche die Thematik nicht nur allgemein und abstrakt, sondern auch an konkreten Beispielen vermitteln will. Vertiefende Lehrbücher zu Methoden und Statistik mit direktem Bezug zur Kriminologie sind in erster Linie englischsprachig.[1]

---

[1] *Hagan* 2005; *Champion* 2006; *Dantzker/Hunter* 2006; *Walter/Brand/Wolke* 2009; *Piquero/Weisburd* 2010; *Eifler/Pollich* 2015; *Gau* 2015.

I. Wissenschaftstheoretische Grundlagen

2 Mit empirischer kriminologischer Forschung können unterschiedliche Ziele verfolgt werden. Sie kann dazu dienen, soziale Tatsachen zu beschreiben oder zu erklären, sie kann genutzt werden, um Hypothesen zu entwickeln oder diese zu prüfen, und sie kann helfen, einen Sachverhalt zu verstehen. Unter **Erklärung** versteht man die Bestimmung der Ursachen von Phänomenen, eine **Hypothese** ist eine Aussage über einen (kausalen) Zusammenhang, sprachlich meist eine Je-desto-Aussage, und **Verstehen** meint im Sinne *Max Webers* das Nachvollziehen eines subjektiv gemeinten Sinns. Um diese Ziele zu erreichen, stehen unterschiedliche Methoden zur Verfügung: **Qualitative Methoden** dienen der Hypothesengenerierung und Deskription von Phänomenen. Diese Methoden können genutzt werden, um einen Sachverhalt zu verstehen. Mit **quantitativen Methoden** können Sachverhalte beschrieben und erklärt sowie Hypothesen überprüft und durch explorative Analysemethoden Hypothesen generiert werden.

3 Qualitative und quantitative Sozialforschung unterscheidet sich in den wissenschaftstheoretischen Grundlagen. Das **interpretative Paradigma** und damit die Hermeneutik, Phänomenologie und der symbolische Interaktionismus bilden die Grundlagen der qualitativen Sozialforschung, während die quantitative Sozialforschung auf den Annahmen des **normativen Paradigmas** beruht, insbesondere dem Kritischen Rationalismus.[2] Der Unterschied zwischen dem interpretativen und normativen Paradigma liegt in den erkenntnistheoretischen Grundlagen. Diese sind für das erstgenannte Paradigma die Arbeiten von *Edmund Husserl, Alfred Schütz, George Herbert Mead* und *Herbert Blumer*, während das normative Paradigma mit dem Namen *Karl Popper* verbunden ist.[3] Die Unterscheidung zwischen den beiden Paradigmen ist idealtypisch zu verstehen – Theorien und ihre Grundannahmen werden kontrastierend gegenübergestellt. Demnach liegt der wesentliche Unterschied zwischen beiden in ihrem Verständnis von zwischenmenschlichen Interaktionen, die nach dem normativen Paradigma in einem von den Handelnden geteilten System von Symbolen und Bedeutungen vollzogen werden. Zwischen den Interaktionspartnern gibt es einen kognitiven Konsens über die Bedeutung von Worten, Gesten und Handlungen, so die Grundannahme des normativen Paradigmas. Beim interpretativen Paradigma hingegen ist die Interpretation eine Folge des Interaktionsprozesses. Das erstgenannte Paradigma geht von einer objektiven Wirklichkeit aus, beim letztgenannten hingegen ist die Wirklichkeit subjektiv konstruiert.[4]

4 Der Kritische Rationalismus beziehungsweise Falsifikationismus von *Popper* basiert auf der Erkenntnistheorie des Fallibilismus; dieser postuliert, dass es keine absolute Gewissheit geben kann. Hypothesen sind Allaussagen, das heißt, sie treffen eine Behauptung für alle relevanten Objekte in Vergangenheit, Gegenwart und Zukunft. Beispielsweise lautet die Hypothese zu einer kriminologischen Sozialisationstheorie: Je größer Sozialisationsdefizite sind, desto größer ist die

---

[2] *Wilson* 1980.
[3] *Marx* 1989; *Schütz* 2004; *Popper* 2005; *Mead* 2008; *Godina* 2012; *Blumer* 2013.
[4] *Wilson* 1980, S. 56 ff., 66 f.

Wahrscheinlichkeit kriminellen Handelns – und dies soll für alle Menschen gelten, auch für die, die noch gar nicht geboren sind. Allaussagen sind empirisch nicht überprüfbar; folglich muss das Ziel der Wissenschaft sein, Hypothesen zu widerlegen und immer wieder zu überprüfen.[5]

Prinzipiell ist die Falsifikation einer Allaussage möglich, wenn ein Gegenbeispiel gefunden wird. In der Kriminologie sind jedoch, wie in den anderen Sozialwissenschaften auch, Hypothesen nicht deterministisch, sondern probabilistisch formuliert; es wird angenommen, dass das Auftreten einer Ursache nicht naturnotwendig eine bestimmte Wirkung erzielen muss, sondern nur mit einer bestimmten Wahrscheinlichkeit. Dies bedeutet, dass auch Falsifikationen probabilistischer Hypothesen nicht absolut sicher sind, auch hier ist ein Irrtum möglich. Allerdings ist es unter bestimmten Umständen möglich, die Wahrscheinlichkeit eines Irrtums abzuschätzen; diese Thematik wird unten unter dem Thema „Inferenzstatistik" behandelt.

II. Qualitative Methoden

In der Kriminologie dominieren zwar, wie in anderen Sozialwissenschaften auch, quantitative Methoden, aber insbesondere in Hinblick auf die Labelingtheorie sind qualitative Studien dominant, zumal diese Theorie, wie auch qualitative Methoden, eng mit dem interpretativen Paradigma verknüpft ist.[6]

Die qualitative Sozialforschung kennt eine Vielzahl unterschiedlicher Methoden der **Datenerhebung**: das Leitfadeninterview, das narrative Interview, die Gruppendiskussion und die Dokumentenanalyse; zudem werden auch die teilnehmende Beobachtung und das qualitative Experiment genannt, die allerdings in der Praxis von untergeordneter Bedeutung sind.[7] Beim Leitfadeninterview sind die Interviewthemen und die Fragen vor der Durchführung des Interviews festgelegt, aber es sind keine Antwortmöglichkeiten vorgegeben, und die Reihenfolge der Fragen kann variiert werden. Der Interviewleitfaden hat die Funktion eines Steuerungsinstruments.[8] Beim narrativen Interview ist es das Ziel, durch eine Eingangsfrage mit Erzählaufforderung die Befragten zu einer freien Schilderung zu bewegen, die einen Einblick in deren Lebenswelt geben soll, wobei die Erzählung durch Fragen nach Differenzierung und Abstraktion vertieft werden soll. Dieses Interviewverfahren wird meist eingesetzt, wenn potenziell entblößende Sachverhalte und biografische Prozesse im Rahmen einer Lebenslaufforschung erfasst werden sollen.[9] Bei der Gruppendiskussion ist die Besonderheit, dass mehrere Personen gleichzeitig befragt werden, wobei neben den Antworten auf die Interviewfragen auch Interaktionen zwischen

---

[5] *Popper* 2005.
[6] *Löschper* 2000; *Meuser/Löschper* 2002.
[7] *Lamnek* 2010, S. 28.
[8] *Bohnsack/Marotzki/Meuser* 2011, S. 114.
[9] *Schütze* 1983.

den Befragten erfasst werden können.[10] Gegenstand der Dokumentenanalyse sind Informationen, die meist schriftlich vorliegen, aber auch Ton- und Bilddokumente können Objekt der Dokumentenanalyse sein.

8 Die Methoden der **Datenanalyse** variieren in Abhängigkeit von der Fragestellung und der Methode der Datenerhebung. Allerdings basieren alle Auswertungsmethoden auf Grundsätzen, die *Philipp Mayring* zusammengefasst hat:[11]

- Der Gegenstand humanwissenschaftlicher Forschung sind immer Subjekte, nicht Objekte. Die Subjektorientierung umfasst die Berücksichtigung der Historizität (wie ist der aktuelle Zustand entstanden?) sowie die Alltagswelt des Subjekts.
- Am Anfang jeder Analyse muss der Gegenstandsbereich beschrieben werden. Das bedeutet, dass ein Bezug zu den Einzelfällen hergestellt werden muss, und beinhaltet Offenheit gegenüber dem Subjekt.
- Der Untersuchungsgegenstand der Humanwissenschaften muss durch Interpretation erschlossen werden. Dies bedeutet, dass vorurteilsfreie Forschung nicht möglich und Introspektion, also die Zulassung eigener Erfahrungen, legitim ist.
- Die Untersuchung muss möglichst in ihrem natürlichen Umfeld erfolgen.
- Die Verallgemeinerbarkeit von Ergebnissen muss begründet werden. Es ist zu prüfen, an welchen Stellen Quantifizierungen sinnvoll sind.

9 **Narrative Interviews** leben von der möglichst freien Erzählung des Interviewten. Dies bedeutet, dass die Informationen, die für die Forschungsfrage relevant sind, irgendwo in den transkribierten Interviews enthalten sind. Um sie zu finden, müssen die beschriebene Handlungslogik und die Argumentationsstruktur getrennt analysiert werden – nach dem Analyseverfahren narrativer Interviews von *Schütze* wird nicht nur untersucht, was inhaltlich mitgeteilt wurde, sondern auch die Art der Darstellung.[12] Folglich muss der Text anhand formaler Elemente strukturiert werden, beispielsweise nach Aussagen, die auf einen Phasenübergang in der Lebensgeschichte hinweisen. Die so gewonnenen Textpassagen können getrennt analysiert und mit Hilfe eines Kategorienschemas abstrahiert werden. Dadurch ist ein Vergleich mit anderen Befragungen und die Bildung von Hypothesen möglich.[13]

10 Die **Grounded Theory** ist, wie der Name zum Ausdruck bringt, ein Ansatz, der sich die Konstruktion von Theorien zum Ziel gesetzt hat. Mit der Theorie können Dokumente, Beobachtungen und Interviews analysiert werden, wobei häufig Prozessverläufe in Organisationen Gegenstand der Untersuchung sind. Der Gesamtprozess wird in Teilprozesse zerlegt – das sind zeitliche Einheiten oder Handlungssequenzen. Die Begründer der Theorie, *Glaser* und *Strauss*, nutzten mehrere Informationsquellen, um daraus eine Theorie mittlerer Reichweite zu generieren.[14]

---

[10] *Bohnsack/Marotzki/Meuser* 2011, S. 75; *Lamneck* 2010, S. 373 ff.
[11] *Mayring* 2002, S. 20 ff.; *Mayring* 2015.
[12] *Schütze* 1983.
[13] *Hermanns* 1992.
[14] *Glaser/Strauss* 1968, 2010.

Grundgedanke der Grounded Theory ist, dass Erhebung, Codierung und Auswertung gleichzeitig betrieben wird. Dies bedeutet, dass die Festlegung auf eine Erhebungseinheit von den Interpretationen der bereits vorliegenden Daten abhängig ist (theoretisches Sampling). Die Stichprobe ist also nicht von vornherein festgelegt, sondern wird in Abhängigkeit von Forschungsergebnissen ausgewählt. Dadurch wird eine Studie mit der Grounded Theory zu einem iterativen Prozess.[15]

Die **Objektive Hermeneutik von *Ulrich Oevermann*** ist ein Verfahren, um Texte zu interpretieren, meist transkribierte Interviews, wobei es nicht das Ziel ist, den subjektiv gemeinten Sinn zu verstehen, sondern Sinn anhand der objektiven Textlage zu rekonstruieren.[16] Die Ziele sind Fallrekonstruktionen und Strukturgeneralisierung, so auch der Titels eines einschlägigen Beitrags von *Oevermann*.[17] Texte sind „Protokolle der Wirklichkeit",[18] und durch die Bindung an den Text ist eine Überprüfung von Interpretationen möglich. Die konkrete Analyse basiert auf einer Zerlegung der Texte in Teilmengen, in thematisch homogene Sequenzen. Dies wird sowohl anhand der objektiven Daten der Texte als auch an der subjektiven Art und Weise der Darstellung umgesetzt. Bei einem Text zur Lebensgeschichte eines Menschen sind dies chronologische Sequenzen der Biografie und für jede Sequenz die Interpretation der Struktur der Aussagen des Befragten – anders gesagt: Wie hat der Befragte seine Geschichte dargestellt. Anschließend werden beide Analysen verknüpft, wobei Gedankenexperimente eine zentrale Rolle spielen. Unabhängig vom tatsächlichen Kontext der Entstehung eines Textes werden mögliche sinnvolle Kontexte erwogen und diese abschließend mit dem tatsächlichen Kontext konfrontiert.[19] Es wird nach Sequenzen gesucht, die zu den bereits gewonnenen Interpretationen passen, sodass sich im Laufe des Analyseprozesses ein homogenes Interpretationsmuster herauskristallisiert.[20]

Ein Ziel der **Inhaltsanalyse nach *Philipp Mayring*** ist es, ein „Material so zu reduzieren, dass die wesentlichen Inhalte erhalten bleiben und durch Abstraktion einen überschaubaren Corpus zu schaffen, der immer noch Abbild des Grundmaterials ist"; zudem soll der subjektiv gemeinte Sinn erfasst und der Text strukturiert werden.[21] Folglich steht der Ansatz in der Tradition der Hermeneutik, die Handeln verstehen will. Objektbereich der Inhaltsanalyse ist Kommunikation, wobei nicht nur Inhalte, sondern auch formale Aspekte wie Grammatik und Wortwahl von Bedeutung sind, denn es wird postuliert, dass damit auch Ansichten und Deutungen von Wirklichkeit vermittelt werden. Dazu wird der zu analysierende Text in Sequenzen aufgeteilt und schrittweise ein Kategoriensystem entwickelt, das zusammen mit „Ankerbeispielen", Explikation und Strukturierung eine Verdichtung

---

[15] *Brüsemeister* 2008, S. 151 ff.; *Mey* 2011.
[16] *Oevermann* 1981.
[17] *Oevermann* 1981.
[18] *Wernet* 2009, S. 12.
[19] *Oevermann* 1981, S. 13.
[20] *Brüsemeister* 2008, S. 199 ff.; *Wernet* 2009.
[21] *Mayring* 2015.

des Textes darstellt.[22] Diese wird an weiteren Texten überprüft, sodass eine Interpretation zunehmend sicherer wird, wobei diese noch durch die Anwendung inhaltsanalytischer Gütekriterien wie Inter- und Intra-Koderreliabilität verstärkt wird. Im ersten Fall wird geprüft, ob mehrere Auswerter zu den gleichen Sequenzen, Kategorien und Ankerbeispielen kommen, im zweiten wird untersucht ob die wiederholte Inhaltsanalysen desselben Materials zum gleichen Ergebnis führt.[23]

13   Inzwischen gibt es mehrere **Computerprogramme** wie MAXQDA, ATLAS.ti, NVivo, QCAmap und f4analyse, die eine Analyse qualitativer Daten unterstützen. Es handelt sich um Software, die beim Organisieren und Analysieren unstrukturierter Informationen hilfreich ist, insbesondere beim Zusammenstellen von Textstellen zu speziellen Kodierungen, beim Verwalten von Kategoriensystemen sowie bei der Zuordnung von Notizen und Ideen zu Kategorien, Textpassagen und Fällen. Zudem können Worthäufigkeiten ermittelt und Baumstrukturen von Kategorien erstellt werden.[24]

14   Ein praktisches **Beispiel** verdeutlicht die Anwendung und den Nutzen qualitativer Sozialforschung. *Rahel Heeg* hat die Gewaltausübung durch weibliche Jugendliche untersucht.[25] Üblicherweise ist Gewalt ein Phänomen, das insbesondere bei Jungen und Männern auftritt. Vor diesem Hintergrund war die Frage nach Ursachen und Prozessverläufen, welche dazu führten, dass junge Frauen Gewalt ausübten, von Bedeutung. In der qualitativen Sozialforschung ist die Fragestellung nicht bindend, vom Forscher wird Offenheit erwartet. Die ursprüngliche Frage konnte mit dem Datenmaterial nicht eingelöst werden, jedoch die Frage nach der Bedeutung ihres Gewalthandeln für die befragten Mädchen.[26] Die Publikation aus dem Jahr 2013 bezieht sich auf 21 weibliche Jugendliche, welche regelmäßig physische Gewalt ausgeübt haben; diese wurden in problemzentrierten Interviews befragt.[27] Die Auswertung der Interviews orientierte sich an der Grounded-Theory-Methodologie. Es zeigte sich, dass die „Gewaltausübung von Mädchen mit engen und positiven Beziehung zu ihren Eltern eine Quelle positiver Selbstwahrnehmung ist. In Gewaltsituationen fühlen sie sich stark und unabhängig. Sie setzen Gewalt aber nur gegen Menschen ein, welche für sie nicht wichtig sind. Gegenüber Personen, welche ihnen viel bedeuten, verhalten sich diese Mädchen hingegen sozial angepasst und setzen sich nicht durch."[28] Gewalt wurde von den Mädchen als erfolgsversprechende Konfliktlösestrategie erfahren und deshalb beibehalten. Ein weiterer Grund war, dass diese Aktionen mit einem Gefühl der Stärke verbunden waren, die allerdings mit Schuld- und Schamgefühlen verknüpft waren. „Die weiblichen Jugendlichen (…) suchen Selbstwirksamkeit durch Gewalt, unabhängig davon, ob und in welchem Maß sie Schuld- und Schamgefühle entwickeln. Alle diese Mädchen ver-

---

[22] *Mayring* 2015.
[23] *Mayring* 2010, S. 603 f.
[24] *Kuckartz* 2010.
[25] *Heeg* 2009, 2013.
[26] *Heeg* 2009, S. 62.
[27] *Heeg* 2013.
[28] *Heeg* 2013, Zusammenfassung.

bindet, dass sie gezielt und überlegt vorgehen und dass sie Gewalt vermeiden, wenn die Konsequenzen allzu gravierend wären."²⁹ Diese Ergebnisse werden in der Studie durch wörtliche Zitate untermauert. Lakisha, eine 16 Jahre alte Türkin, beschreibt ihre erste Prügelei:

> „L: das ist vor etwa 2 Jahren gewesen, in der 6. Klasse, ja, dort ist mir so quasi wie die Tasche geklaut worden, also es hat es eine gepackt und ist davongerannt, und wir ihr nachgerannt, sie umgefallen, /habe ich dreingeschlagen/ (schmunzelnd), ja, habe ich das Täschchen wiederbekommen, habe mit der Polizei Probleme gehabt [...]
> I: und wie hat das ausgesehen, konkret, was hast du da gemacht? wenn du sagst, du hast sie zusammengeschlagen
> L: ja einfach, in dem Täschchen ist viel Geld drin gewesen, Portemonnaie, Abo, Handy und so weiter, und alles habe ich nicht verlieren wollen, bin ich ihr hintennach gerannt, habe gemacht, was ich kann, und dann bin ich wütend geworden, ausgerastet, habe selber nicht gewusst, was ich mache, habe ich dreingeschlagen
> I: wie?
> L: mit den Fäusten (lacht leise), ja
> I: und wie ist das gewesen für dich?
> L: weiß nicht, am Schluss ist es mir wie besser gegangen, weil ich ihr eigentlich habe dreinschlagen können, weil sie meine Sachen klauen wollte und weiß nicht was".³⁰

III. Datenerhebungs- und Auswahlverfahren

Die Grundlage der gesamten empirischen Sozialforschung und somit auch qualitativer und quantitativer Analysen sind Daten. Diese können durch Befragungen, Experimente, (teilnehmende) Beobachtungen und durch den Rückgriff auf amtliche Statistiken, Dokumente und Publikationen sowie Akten generiert werden.³¹ Die Interpretation der Daten ist abhängig von deren Entstehungsgeschichte. Die Vorstellung, Daten seien ein präzises Abbild der Realität, ist unrealistisch. Die empirische Sozialforschung rechnet mit fehlerbehafteten Daten – die „Kunst" der Forschung besteht in der Berücksichtigung und weitgehenden Kompensation von Fehlern und der Abschätzung der Auswirkung auf Ergebnisse.

Die **Befragung** gilt als der „Königsweg" der empirischen Sozialforschung, ermöglicht sie doch die Erhebung von objektiven und subjektiven Daten zu einer Person, ihrer Situation und Umwelt.³² Die Vielfalt der Befragungsmethoden erlaubt jedoch keine allgemeinen Aussagen über ihre Datenqualität. Man kann Individuen oder Gruppen befragen, die Erhebung kann durch persönliche Interviews, schriftlich, telefonisch oder Online erfolgen, die Fragen können offen, also ohne Antwortvorgaben, oder geschlossen sowie standardisiert, also mit vorgegebener Formulierung und Reihenfolge, oder nichtstandardisiert sein. Fehlerquellen können im Erhebungsinstrument liegen; dazu zählen beispielsweise Suggestivfragen, die Wahl

---

²⁹ *Heeg* 2013, Abs. 72.
³⁰ *Heeg* 2013, Abs. 38.
³¹ Ausführlich in *Atteslander* 2010; *Baur* 2014.
³² Zu Befragungen in der Kriminologie siehe *Wittenberg* 2015, S. 96 ff.

mehrdeutiger Begriffe, eine unvollständige Liste der Antworten auf eine Frage und unzureichende Annahmen über Befragte.[33] Zudem können Halo-Effekte auftreten. Darunter versteht man den Einfluss einer Frage auf die Antworten auf eine andere Frage. Ein solcher Einfluss entsteht beispielsweise, wenn mit einer Frage der Befragte mit einer bestimmten sozialen Rolle in Verbindung gebracht wird, die aber in nachfolgenden Fragen nicht mehr von Bedeutung ist. Zudem kann das Antwortverhalten vom Frageninhalt unabhängig sein, beispielsweise durch die Tendenz, eine befürwortende Haltung einzunehmen, oder durch die Neigung, Extremurteile zu meiden. Dieses Phänomen wird als „response set" bezeichnet.[34] Eine weitere Verzerrung im Interview ist durch die Anwesenheit Dritter und durch den Interviewer selber möglich. Es zeigte sich, dass sich die Ansichten und Präferenzen von Dritten und vom Interviewer auf das Antwortverhalten niederschlagen.[35] Die soziale Erwünschtheit (social desirability) im Antwortverhalten ist eine weitere Fehlerquelle. Gemeint ist, dass Antworten an perzipierte gesellschaftliche Standards angepasst werden.

18   Das **Experiment** ist eine Methode der Datenerhebung, die insbesondere zur Überprüfung von Kausalhypothesen eingesetzt wird.[36] Man unterscheidet zwischen Laborexperiment und natürlichem Experiment sowie zwischen randomisierten Experiment und Quasi-Experiment. Bei jedem Experiment gibt es (mindestens) eine unabhängige und eine abhängige Variable, wobei die unabhängige Variable als Ursache und die abhängige Variable als Wirkung interpretiert wird. Die unabhängige Variable wird systematisch variiert, und es wird untersucht, welche Konsequenzen dies für die abhängige Variable hat. Ein Experiment ist somit durch zwei Eigenschaften charakterisiert. Erstens wird systematisch eine Variable variiert, und es wird erfasst, welchen Effekt diese Veränderung bewirkt. Zweitens werden die Wirkungen von Drittvariablen systematisch ausgeschaltet.[37] Die Variation der unabhängigen Variablen bedingt die Unterscheidung zwischen Gruppen, nämlich der Treatment- und der Kontrollgruppe. Erfolgt die Zuweisung zu den beiden Gruppen per Zufall, spricht man von einem randomisierten Experiment, bei einer Zuweisung anhand vorgegebener Merkmale, beispielsweise bei einem Vergleich zwischen Frauen und Männern, von einem Quasiexperiment. Bei Laborexperimenten sind weitere Einflussfaktoren auf die abhängige Variable zufällig in Treatment- und Kontrollgruppe verteilt, bei einem natürlichen Experiment ist dies nicht der Fall – diese Einflussfaktoren müssen durch die statistische Analyse kompensiert werden. Ein wichtiger Verzerrungsfaktor bei Experimenten sind Versuchsleitereffekte; gemeint ist damit die nichtintendierte Veränderung in der abhängigen Variablen durch die (unbewusste) Einflussnahme durch den Experimentator, sei es durch nichtverbale Signale an die Versuchspersonen oder durch die Konzeption des Experi-

---

[33] *Porst* 1985; *Faulbaum/Prüfer/Rexroth* 2009.
[34] *Kriz* 1981, S. 67 ff.
[35] *Reuband* 1987; *Haunberger* 2006.
[36] Zu Experimenten in der Kriminologie siehe *Wittenberg* 2015, S. 110 ff.
[37] *Huber* 2013, S. 67.

ments.³⁸ Ein weiteres Problem von Experimenten ist die geringe externe Validität. Darunter versteht man die Übertragbarkeit von experimentell gewonnen Erkenntnissen auf Situationen außerhalb des Experiments. Die interne Validität hingegen bezieht sich auf die Messqualität des Erhebungsinstruments. Die interne Validität von Experimenten ist vergleichsweise groß. Eine hohe interne Validität korrespondiert mit einer geringen externen Validität – und umgekehrt. Beide stehen in einem asymmetrischen Verhältnis zueinander.³⁹

Beobachtungen erlauben die Erfassung von Informationen über sichtbare Merkmale wie Verhalten, aber nicht über Einstellungen und Wertorientierungen. Es kann zwischen teilnehmender und nichtteilnehmender Beobachtung unterschieden werden. Beispiele für den ersten Fall sind die Beobachtung von Gerichtsverfahren durch einen Laienrichter und die Analyse von Handlungsmustern der Mitglieder einer Organisation durch ein Organisationsmitglied.⁴⁰ Bei einer nichtteilnehmenden Beobachtung ist der Beobachter nicht aktiv an dem beobachteten Geschehen beteiligt und nicht Teil des beobachteten sozialen Systems. Beispiele für Anwendungen in der Kriminologie sind unter anderem in dem Sammelband von *Friedrichs* zu finden.⁴¹ Das Problem dieser Erhebungsmethode liegt in der Beschränkung auf der Erfassung von Informationen, die extern zugänglich sind. Möglicherweise führt die Verbesserung biometrischer Messverfahren zu einer Renaissance dieser Erhebungsmethode. 19

Prozessproduzierte Daten sind amtliche Statistiken, Dokumente, Publikationen und Akten. Solche Daten spielen in der Kriminologie eine größere Rolle, denn mit der Polizeilichen Kriminalstatistik und den Justizstatistiken liegen differenzierte Datensammlungen zu Tatverdächtigen, Opfern, Angeklagten, Verurteilten und Rückfalltätern vor. Polizei und Justiz dokumentieren ihre Tätigkeit durch Akten, die zu Forschungszwecken einsehbar sind. Zu mehreren kriminologischen Themen liegen zahlreiche empirische Studien vor, sodass Metaanalysen möglich sind. Darunter versteht man eine Analyse empirischer Befunde, entweder um Ergebnisse zusammenzufassen oder um Unterschiede in den Ergebnissen zu erklären. Bei prozessproduzierten Daten ist zu beachten, dass die Produktion der Daten bestimmten Regeln folgt, die nicht immer offensichtlich und dokumentiert sind.⁴² Die Datenproduktion unterliegt vorgegebenen Zwecken, beispielsweise in Justizakten der Dokumentation von Informationen, die für das Strafverfahren und die Strafzumessung von Bedeutung sind und dadurch Entscheidungen legitimieren.⁴³ Demzufolge wird meist nur ein Teil der Informationen dokumentiert, der für Forschungszwecke relevant ist. Somit sind Akteninformationen durch Subjektivität und Selektivität charakterisiert – sie beschreiben eine konstruierte Realität.⁴⁴ 20

---

[38] *Kriz* 1981, S. 73 ff.
[39] *Zimmermann* 1972, S. 79; *Eifler* 2014.
[40] *Friedrichs/Lüdtke* 1973.
[41] *Friedrichs* 1973.
[42] *Bick/Müller* 1982.
[43] *Dölling* 1984.
[44] *Hermann* 1987.

21 Diese Einschränkung trifft auch in modifizierter Form auf **Metaanalysen** zu. Die Untersuchungsobjekte von Metaanalysen sind empirische Studien, und in diesen wird die Realität aus der Sicht des Forschers dargestellt. Sind die zu untersuchenden Studien fehlerhaft, wird es auch die Metaanalyse sein: Garbage In – Garbage Out. Ein weiteres Problem wird bei Metaanalysen als „Publication Bias" bezeichnet; darunter ist die Neigung zu verstehen, dass signifikante Ergebnisse mit größerer Wahrscheinlichkeit publiziert werden als nichtsignifikante. Trotz dieser und weiterer Probleme bieten Metaanalysen ein brauchbares Instrument, um die Sicherheit von Aussagen zu erhöhen.[45]

22 Unabhängig von der Entstehung der Daten haben Variablen bestimmte Eigenschaften, die als **Skalenniveaus** bezeichnet werden und über die Zulässigkeit mathematischer Operationen entscheiden. Es werden drei Skalenniveaus unterschieden. Eine **nominalskalierte Variable** ordnet den Objekten Zahlen zu, wobei gleiche Objekte mit identischen Zahlen versehen werden. Beispiele sind Fragen nach der Nationalität, der Konfessionszugehörigkeit und dem Wohnort. Mit Nominalskalen kann lediglich bestimmt werden, ob Merkmale gleich oder ungleich sind. Liegen bei einer nominalskalierten Variable lediglich zwei Skalenpunkte vor, spricht man von einer Dummyvariablen. Ein Beispiel ist das Geschlecht, wenn dies auf männlich und weiblich reduziert wird. **Ordinalskalen** sind Nominalskalen, wobei zwischen den Kategorien eine Rangordnung besteht. Die Begriffe „Ratingskala" und „Likertskala" werden hierfür meist als Synonyme verwendet. Beispiele sind Fragen nach der Kriminalitätsfurcht (Wie oft haben Sie nachts draußen alleine in Ihrem Stadtbezirk Angst, Opfer einer Straftat zu werden? 1-sehr oft, 2-oft, 3-manchmal, 4-nie) und der der Lebensqualität (Alles in allem, wie würden Sie die Lebensqualität in Ihrem Stadtbezirk bewerten. Bitte kreuzen Sie den entsprechenden Wert auf der Skala mit den Schulnoten an.). Mit ordinalskalierten Variablen können Relationen bestimmt werden, also Operationen wie „größer als", „kleiner als" und „gleich". **Intervallskalen** sind Ordinalskalen, bei denen die Abstände zwischen benachbarten Skalenpunkten gleich sind. Beispiele sind Fragen nach der Anzahl der Opferwerdungen in den letzten 12 Monaten, das Alter und die Temperatur in Celsius- oder Fahrenheitgraden. Manche Autoren erwähnen noch die **Verhältnisskala**; gemeint ist eine Intervallskala mit natürlichem Nullpunkt. Die Temperatur in Celsiusgraden wäre demnach, wie bereits erwähnt, eine Intervallskala, die Temperatur in Kelvingraden eine Verhältnisskala. Bei einer Intervallskala sind Addition und Subtraktion möglich, bei einer Verhältnisskala auch Multiplikation und Division.[46]

23 Die Ergebnisse quantitativer Messungen werden in der Regel in einer **Datenmatrix** gespeichert, die dann Grundlage einer computerunterstützen Analyse ist. Die Begriffe, die eine Datenmatrix beschreiben, sind in Tab. 3.1 grafisch dargestellt. Unter „Variable" versteht man eine Menge von Informationen zu einem Merkmal, also eine Größe, die unterschiedliche Zahlenwerte annehmen kann. „Fälle" sind die Informationen zu einem Untersuchungsobjekt.

---

[45] *Fricke/Treinies* 1985.
[46] *Schnell/Hill/Esser* 2018.

Tab. 3.1 Formale Darstellung einer Datenmatrix

Fall	Variable 1	Variable 2	Variable 3	...	...	Variable n
1						
2						
3						
...			Daten			
...						
....						
n						

Die Daten in kriminologischen Studien sind in der Regel eine Auswahl aus der Grundgesamtheit. Beispielsweise wird im National Crime Victimization Survey, einer Opferbefragung in den USA, jedes Jahr die Häufigkeiten von Viktimisierungen in einem vorgegebenen Zeitraum erfasst. Dabei wird eine **Stichprobe** von 135.000 Haushalten gezogen und es werden etwa 225.000 Personen befragt. Diese Stichprobe ist nur ein kleiner Teil der **Grundgesamtheit**, das sind alle Einwohner des Landes. Bei einer Befragung aller Einwohner wäre die Untersuchung eine **Totalerhebung**. Es gibt unterschiedliche Auswahlverfahren. Das Verfahren, bei dem jedes Element der Grundgesamtheit die gleiche Chance hat, in die Stichprobe zu gelangen, wird als **Zufallsauswahl** bezeichnet. Diese Methode hat den Vorteil, dass mit Hilfe inferenzstatistischer Verfahren ein Schluss von der Stichprobe auf die Grundgesamtheit möglich ist. Konkret kann die Wahrscheinlichkeit geschätzt werden, dass in der Grundgesamtheit eine statistische Kennzahl in einem bestimmten Intervall liegt. Die Logik dieses Verfahrens wird in dem Kapitel zur Inferenzstatistik beschrieben. In der Praxis werden oft komplexe Zufallsauswahlverfahren genutzt. Der Auswahlprozess geschieht dann in mehreren Schritten. Beispielsweise werden im National Crime Victimization Survey in einer ersten Stufe regionale Einheiten (Counties und Städte) ausgewählt und für jede Einheit zufällig Haushalte ausgewählt.[47] Bei einer **Quotenstichprobe** orientiert sich die Auswahl an Vorgaben, die in der Regel von den Interviewerinnen und Interviewern umgesetzt werden. Beispielsweise kann eine Anweisung lauten, gleich viele Frauen und Männer zu befragen, wobei die konkrete Auswahl nicht das Ergebnis eines Zufallsprozesses ist. Bei solchen Stichproben können inferenzstatistische Verfahren nicht angewendet werden.

IV. Grundlagen der Inferenzstatistik

Unter Inferenzstatistik, auch schließende Statistik genannt, versteht man die statistischen Analyseverfahren, die aufgrund von Stichprobendaten Aussagen über die Grundgesamtheit ermöglichen. Voraussetzung dafür ist, dass die Objekte der Stich-

---

[47] *Kruttschnitt/House/Kalsbeek* 2014.

probe zufällig ausgewählt wurden. Die Logik des Schlusses von der Stichprobe auf die Grundgesamtheit ist mittels eines Gedankenexperiments nachvollziehbar. Angenommen, mittels einer Studie will man eine Aussage über den Anteil der Personen treffen, die Opfer von Gewalthandlungen wurden. Das Kriminologische Forschungsinstitut Niedersachsen hat dazu Befragungen von Schülerinnen und Schülern der 9. Klassen in Niedersachsen durchgeführt.[48] Es wurden Schulklassen zufällig ausgewählt; in jeder Klasse wurden jeweils alle befragt, insgesamt etwa 10.000 Schülerinnen und Schüler. Einige Fragen beziehen sich auf die Viktimisierungshäufigkeiten von Raub, Erpressung, sexueller Gewalt und verschiedener Formen der Körperverletzung. Fasst man alle Antworten zu den einzelnen Deliktsbereichen zusammen, erhält man für das Jahr 2015 das Ergebnis, dass in den letzten 12 Monaten vor der Befragung 12,4 % der Befragten Opfer eines Gewaltdelikts wurden.[49] Angenommen, man würde diese Studie sehr oft wiederholen, also jedes Mal eine neue Stichprobe mit dem gleichen Stichprobenumfang ziehen, würde dies in der Regel zu unterschiedlichen, aber ähnlichen Ergebnissen führen. Nach dem zentralen Grenzwertsatz der Statistik[50] wäre eine Häufigkeitsverteilung der Prozentzahlen symmetrisch um den Wert in der Grundgesamtheit verteilt, und zwar so, dass der Durchschnittswert aller Schätzungen dem Wert in der Grundgesamtheit entspricht. Aus dem zentralen Grenzwertsatz kann man ableiten, dass die Häufigkeitsverteilung der Stichprobenkennwerte einer Statistik normalverteilt ist – die mathematische Funktion dieser Verteilung ist bekannt. Die Abb. 3.1 ist eine grafische Darstellung einer Normalverteilung.

Mit Hilfe dieser Funktion kann berechnet werden, in welchem Intervall ein bestimmter Anteil der Stichprobenkennwerte einer Statistik liegt. Dieses Intervall

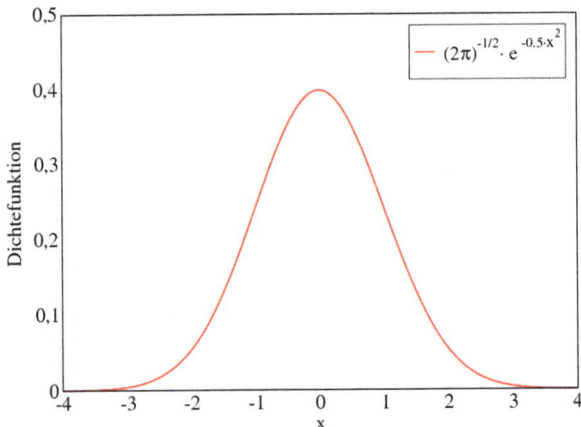

Abb. 3.1 Beispiel einer Normalverteilung. (Quelle: https://commons.wikimedia.org/wiki/File:Dichtefunktion.png, Autor Quo R)

---

[48] *Bergmann/Baier/Rehbein/Mößle* 2017.
[49] *Bergmann/Baier/Rehbein/Mößle* 2017, S. 43.
[50] *Georgii* 2009.

heißt **Konfidenzintervall**. Je kleiner das Intervall ist, desto sicherer ist der Schluss von der Stichprobe auf die Grundgesamtheit. In der Regel bestimmt man das Intervall, in dem 95 oder 99 % der Stichprobenkennwerte liegen – man spricht dann vom 95 %- oder 99 %-Konfidenzintervall. Das 95 %-Konfidenzintervalls um die Populationsstatistik umfasst also 95 % aller Schätzwerte mit den Daten der entsprechenden Stichproben. Dies bedeutet, dass sich im 95 %-Konfidenzintervall um den Stichprobenkennwert mit einer Wahrscheinlichkeit von 95 % der Kennwert der Population befindet. Die Zahl 95 entspricht dem **Konfidenzniveau**. Allgemein versteht man darunter die Wahrscheinlichkeit, mit der ein Konfidenzintervall den Kennwert der Population enthält. In den meisten Studien wird nicht das Konfidenzniveau angegeben, sondern das **Signifikanzniveau**. Dies ist bei hypothesentestenden Analysen relevant. Das Signifikanzniveau ist die von Forschenden gewählte maximale Wahrscheinlichkeit, bei der Ablehnung einer Hypothese einen Fehler zu begehen. Das Signifikanzniveau ist somit der komplementäre Begriff zum Konfidenzniveau. Einem Konfidenzniveau von 95 % entspricht beispielsweise ein Signifikanzniveau von 5 %. Manche Autoren verwenden statt „Signifikanzniveau" den Begriff **Irrtumswahrscheinlichkeit** – das ist die Wahrscheinlichkeit, mit der eine Hypothese fälschlicherweise verworfen wird. Anders ausgedrückt: Die Irrtumswahrscheinlichkeit ist die Wahrscheinlichkeit, mit der ein Populationskennwert außerhalb des Konfidenzintervalls um den Stichprobenkennwert liegt.

In der oben beschriebenen Schülerstudie wird unter anderem die Frage untersucht, ob sich Gewaltopfererfahrungen von Schülerinnen und Schülern zwischen 2013 und 2015 verändert haben.[51] Zum ersten Messzeitpunkt waren 13,2 % der befragten Schülerinnen und Schüler Opfer von Gewalt, zwei Jahre später lag der Anteil bei 12,4 %. Der Unterschied ist nicht signifikant.[52] Dies bedeutet, dass sich die 95 %-Konfidenzintervalle für die beiden Stichprobenkennwerte überschneiden. Die Hypothese, dass es keinen Unterschied in den Opferraten gibt, kann nicht abgelehnt werden.

V. Uni- und bivariate statistische Analyseverfahren

Eine Aufgabe der empirischen Sozialforschung ist die Beschreibung von Phänomenen mit Hilfe von **Statistiken**.[53] Darunter versteht man die Zuordnung von Phänomenen zu Zahlen. Ein häufig verwendetes Verfahren, um einzelne Merkmale zu charakterisieren, ist die grafische Analyse von Variablen, insbesondere die Häufig-

---

[51] *Bergmann/Baier/Rehbein/Mößle* 2017.
[52] *Bergmann/Baier/Rehbein/Mößle* 2017, S. 43.
[53] Zu Methoden und Statistik sind zahlreiche Lehrbücher verfügbar, beispielsweise *Eckey/Kosfeld/Türck* 2005; *Toutenburg/Schomaker/Wißmann* 2006; *Benninghaus* 2007; *Diekmann* 2010; *Wolf/Best* 2010; *Kuckartz/Rädiker/Ebert/Schehl* 2013; *Bourier* 2014; *Ludwig-Mayerhofer/Liebescher/Geißler* 2014; *Rasch/Friese/Hofmann/Naumann* 2014a und b; *Häder* 2015; *Natrop* 2015; *Schendera* 2015; *Kromrey/Roose/Strübing* 2016; *Eckle-Kohler/Kohler* 2017; *Leonhart/Hoelzenbein/Lichtenberg/Schornstein/Groß* 2017; *Mittag* 2017; *Stocker/Steinke* 2017; *Diaz-Bone* 2018.

keitsverteilung und die Beschreibung der Verteilung mit Maßzahlen der zentralen Tendenz, nämlich Modus, Median und Mittelwert. Der **Modus** oder Modalwert ist der häufigster Wert einer Variable – diese Statistik ist besonders für nominalskalierte Variablen geeignet, um den Schwerpunkt einer Verteilung zu benennen. Der **Median** wird insbesondere für ordinalskalierte Variablen berechnet; die Werte einer Variablen werden nach ihrer Größe geordnet, und bei einer ungeraden Anzahl von Fällen ist der Wert in der Mitte der Median. Bei einer geraden Fallzahl ist der Median das arithmetisches Mittel der beiden mittleren Werte. Der **Mittelwert** oder das **arithmetische Mittel** ist der Durchschnittswert der Werte einer Variablen: Alle Zahlenwerte einer Variablen werden addiert und durch die Fallzahl dividiert. Diese Statistik setzt Intervallskalenniveau voraus. Eine Eigenschaft des Mittelwerts ist, dass die Summe der Abweichungen aller beobachteten Merkmalsausprägungen vom Mittelwert gleich Null ist. Zudem gilt, dass die Veränderung einer Variable durch Addition einer Zahl zu den Werten aller Fälle das arithmetische Mittel um diese Zahl verändert. Dies ist relevant, wenn zwei Variablen verglichen werden sollen, die unterschiedliche Skalierungen haben. Verwendet man statt einer Skala von null bis eins eine Skala von eins bis zwei, unterscheiden sich die Mittelwerte um eins.

29   Zur Charakterisierung von Variablen – man spricht in diesem Fall von univariaten Statistiken – werden außer den oben genannten Maßzahlen der zentralen Tendenz noch Streuungsmaße verwendet, also Statistiken, die etwas über die Variation der Antworten aussagen. Der **Range** ist die Differenz zwischen dem größten und kleinsten Wert einer Variable. Die **Varianz** ist ein komplexeres Streuungsmaß. Für die Berechnung werden für alle Fälle einer Variablen die Abweichungen vom Mittelwert bestimmt, diese werden quadriert – dadurch werden die Vorzeichen bedeutungslos – und anschließend summiert und schließlich durch die Anzahl der Fälle dividiert. Die **Standardabweichung** ist die Quadratwurzel aus der Varianz. Alle diese Statistiken können mit intervallskalierten Variablen bestimmt werden.

30   Eine Möglichkeit, Lage- und Streuungsmaße grafisch darzustellen, bietet der **Boxplot**, auch Box-Whisker-Plot genannt. Dargestellt werden der Median einer mindestens ordinalskalierten Variablen sowie das Intervall um den Median, in dem sich die Hälfte der Werte befinden. Zudem wird ein weiteres Intervall angegeben. Die Breite dieses Intervalls ist durch den größten und den kleinsten Wert definiert, der nicht als extremer Wert oder als Ausreißer klassifiziert wird – diese werden zusätzlich, meist durch Kreise oder Sterne angegeben.

31   Ein **Beispiel** zeigt die Anwendung der vorgestellten Statistiken. Die Datengrundlage ist eine Bevölkerungsbefragung, die unter dem Namen „European Social Survey" durchgeführt wurde. Dabei handelt es sich um Umfragen in mehreren europäischen Ländern. Für das Beispiel wurde die deutsche Teilstudie aus dem Jahr 2012 verwendet, die sechste Welle des European Social Survey. Die Grundgesamtheit bildeten alle Einwohner, die in privaten Haushalten lebten und mindestens 15 Jahre alt waren. Aus dieser Grundgesamtheit wurde eine zufällige Auswahl getroffen: In einem ersten Schritt wurden zufällig Gemeinden ausgewählt und in einem zweiten Schritt wurde aus den jeweiligen Einwohnermeldeamtsregistern eine Zufallsauswahl gezogen. Insgesamt wurden 2958 computergestützte persönliche Interviews

durchgeführt. Nähere Informationen zum European Social Survey sind auf der Internetseite www.europeansocialsurvey.org zu finden, die deutsche Teilstudie wird auf einer Seite der Universität Bielefeld beschrieben.[54]

Eine Frage zur Messung des Sozialkapitals in dieser Studie bezieht sich auf das Vertrauen in Institutionen. Für die Kriminologie ist das Justizsystem von besonderer Bedeutung. Der Grad des Vertrauens in die Justiz wurde mit einer Ratingskala mit 11 Antwortvorgaben erfasst (0 – vertraue überhaupt nicht, [...], 10 – vertraue voll und ganz). Die Abb. 3.2 ist eine grafische Darstellung der Häufigkeiten der Antworten auf diese Frage. Es ist erkennbar, dass ein Großteil der Befragten der Justiz vertraut; dies zeigen auch die Maße der zentralen Tendenz.

Diese Analyse berücksichtigt eine einzige Variable – man spricht deshalb von „univariater Analyse". Werden zwei Variablen in Verbindung gesetzt, ist es eine bivariate und bei mehr als zwei Variablen eine multivariate Analyse.

Das Ziel bivariater Analysen ist in der Regel die Bestimmung des Zusammenhangs zwischen zwei Merkmalen. Die Statistik, die dazu verwendet werden kann, ist vom Skalenniveau der Variablen abhängig. Die Erstellung einer **Kreuztabelle** und die Interpretation der Zellenhäufigkeiten ist bei allen Skalenniveaus möglich. In

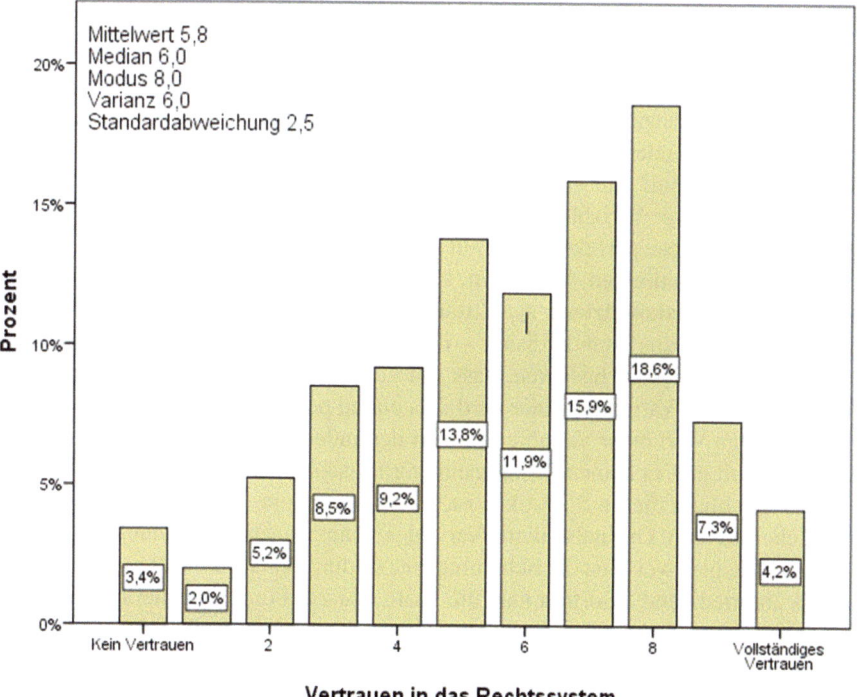

Abb. 3.2 Häufigkeitsverteilung mit Lage- und Streuungsmaßen

---

[54] *Weinhardt* 2015.

der Regel werden jedoch bei Variablen mit vielen Ausprägungen Maßzahlen bestimmt, welche die Stärke des Zusammenhangs angeben und mit denen geprüft werden kann, ob die Hypothese, es existiere kein Zusammenhang zwischen den Merkmalen, inferenzstatistisch geprüft werden kann. Bei **nominalskalierten Variablen** können dazu der Chi-Quadrat-Wert, der Phi-Koeffizient, Cramers V und Lambda verwendet werden.

35   **Chi-Quadrat** wird durch den zellenweisen Vergleich zwischen beobachteten und bei einer statistischen Unabhängigkeit der Merkmale erwarteten Häufigkeiten bestimmt. Ein Wert von null bedeutet, dass kein Zusammenhang zwischen den Merkmalen besteht. Das Maximum von Chi-Quadrat liegt bei unendlich. Der nach oben offene Wertebereich erschwert die Interpretation, deshalb wird die Statistik meist im Zusammenhang mit Signifikanztests verwendet. Zur Erleichterung der Interpretation hat man die Chi-Quadrat-Statistik modifiziert. Der **Phi-Koeffizient** liegt für 2x2 Tabellen stets zwischen null und eins, wobei null als kein Zusammenhang und eins als perfekter Zusammenhang zu interpretieren ist. Bei größeren Tabellen gilt diese Limitierung des Phi-Koeffizienten nicht. **Cramers V** hingegen ist für Tabellen jedweder Größe auf Werte zwischen null und eins limitiert. Er kann wie der Phi-Koeffizient interpretiert werden. Ein Maß, das nicht auf der Chi-Quadrat-Statistik basiert, ist **Lambda**. Diese Statistik basiert auf einer anderen Logik als Chi-Quadrat-Maßzahlen. Diese bestimmen den Grad der Abweichung von statistischer Unabhängigkeit, während Lambda ein Zusammenhangsmaß ist, das auf dem Prinzip der proportionalen Fehlerreduktion basiert. Das sind Maße, die ausdrücken, wie gut durch Zusatzinformationen, nämlich der Kenntnis einer Variablen, die Ausprägungen einer anderen Variable vorhergesagt werden kann.[55] Lambda hat immer Werte zwischen null und eins. Null bedeutet, dass mittels der unabhängigen Variable die abhängige Variable nicht prognostiziert werden kann; bei einem Wert von eins ist die Prognose perfekt – alle Fälle können vorhergesagt werden.

36   Bei **ordinalskalierten Variablen** können **Gamma**, **Tau-b** und **Spearmans Rangkorrelationskoeffizient** als Zusammenhangsmaße berechnet werden. Alle diese Maßzahlen sind standardisiert – ihr Wertebereich liegt zwischen -1 und +1. Negative Koeffizienten bedeuten, dass mit zunehmenden Wert einer Variable der Wert der anderen Variable kleiner wird. Bei einem positiven Koeffizienten wird mit zunehmenden Wert einer Variable der Wert der anderen Variable größer. Bei einem Wert von null gibt es keinen Zusammenhang zwischen den Merkmalen.

37   Die Idee hinter diesen Statistiken ist, dass konkordante mit diskordanten Paaren verglichen werden. Ordinalskalierte Variablen können nach Rangordnungen sortiert werden. Beispielsweise ist die Schulnote eine Ordinalskala – die Note „gut" ist besser als „befriedigend". Sortiert man die Paare von zwei ordinalskalierten Variablen in aufsteigender Reihenfolge, dann ist ein Paar konkordant, wenn beide Werte dieses Paares größer sind als beide Werte des vorhergehenden Paares. Ein Paar ist diskordant, falls dies nicht der Fall ist. Gamma beispielsweise misst lediglich die Differenz zwischen konkordanten und diskordanten Paaren im Verhältnis zu allen

---

[55] *Goodman/Kruskal* 1959.

Paaren. Gibt es nur konkordante Paare, hat Gamma den Wert +1, sind nur diskordante Paare vorhanden, ist Gamma -1.

Tau-b erreicht die Maximalwerte nur, wenn beide Variablen die gleiche Anzahl an Kategorien haben. Der Rangkorrelationskoeffizient nach Spearman setzt voraus, dass benachbarte Ränge jeweils die gleichen Abstände haben. Streng genommen ist dies die Voraussetzung für das Intervallskalenniveau. Somit ist diese Statistik nur bedingt geeignet, den Zusammenhang zwischen ordinalskalierten Variablen zu bestimmen.

Ist die abhängige Variable **intervallskaliert** und die unabhängige Variable **nominalskaliert**, kann die Stärke des Zusammenhangs zwischen zwei Variablen mittels **Eta** bestimmt werden. Die Werte von Eta liegen zwischen null und eins, wobei null für einen fehlenden Zusammenhang und Werte nahe bei eins für einen starken Zusammenhang stehen. Bei dieser Konstellation ist auch ein **Mittelwertvergleich** möglich. Die unabhängige nominalskalierte Variable definiert Gruppen, und für jede Gruppe kann das arithmetische Mittel der abhängigen Variable bestimmt werden. Wird diese Analyse mit einem Signifikanztest verknüpft, spricht man von einem **t-Test**, wenn lediglich zwei Gruppen verglichen werden – und von einer **Varianzanalyse**, wenn zwei und mehr Gruppen verglichen werden. Die Voraussetzungen für diese Analysen sind, dass die Stichproben für die einzelnen Gruppen unabhängig voneinander sind und die Varianz der abhängigen Variablen in allen Gruppen gleich ist.

Das Prinzip des **Gruppenvergleichs** ist auch anwendbar, wenn die abhängige Variable ordinalskaliert ist. In diesem Fall werden die gruppenspezifischen Mediane der abhängigen Variable bestimmt. Dies ist für zwei Gruppen möglich mit dem **Mann-Whitney-U-Test**, der auch **Wilcoxon Rangsummen-Test** genannt wird. Bei zwei und mehr Gruppen kann der (**Mood's**) **Median-Test** und der **Kruskal-Wallis-Test** eingesetzt werden. In diesen Tests wird für unabhängige Stichproben geprüft, ob sich die zentralen Tendenzen der Stichproben unterscheiden. Diese statistischen Verfahren werden als **nicht-parametrische Verfahren** bezeichnet. Darunter versteht man solche Analysemethoden, die keine Annahmen über die Wahrscheinlichkeitsverteilung der untersuchten Variablen machen.

Zur Bestimmung des Zusammenhangs zwischen **intervallskalierten Variablen** wird in der Regel der **Korrelationskoeffizient nach Pearson** verwendet. Der Wertebereich liegt zwischen -1 und +1. Negative Koeffizienten bedeuten, dass mit zunehmenden Wert einer Variable der Wert der anderen Variable kleiner wird. Bei einem positiven Koeffizienten wird mit zunehmenden Wert einer Variable der Wert der anderen Variable größer. Bei einem Wert von null gibt es keinen Zusammenhang zwischen den Merkmalen. Wichtig für die Interpretation des Korrelationskoeffizienten nach Pearson ist, dass dieser lediglich ein Maß für die Stärke des linearen Zusammenhangs ist. In Abb. 3.3 sind Zusammenhänge zwischen zwei Variablen grafisch dargestellt und Pearsonsche Korrelationskoeffizienten sowie die Irrtumswahrscheinlichkeit angegeben; diese bezieht sich auf den Hypothesentest, dass der Korrelationskoeffizient in der Grundgesamtheit den Wert null hat.

Ein **Anwendungsbeispiel** dieser Statistiken ist die Studie von *Oberwittler, Blank, Köllisch* und *Naplava*. Sie untersuchten den Einfluss sozialer Lebenslagen

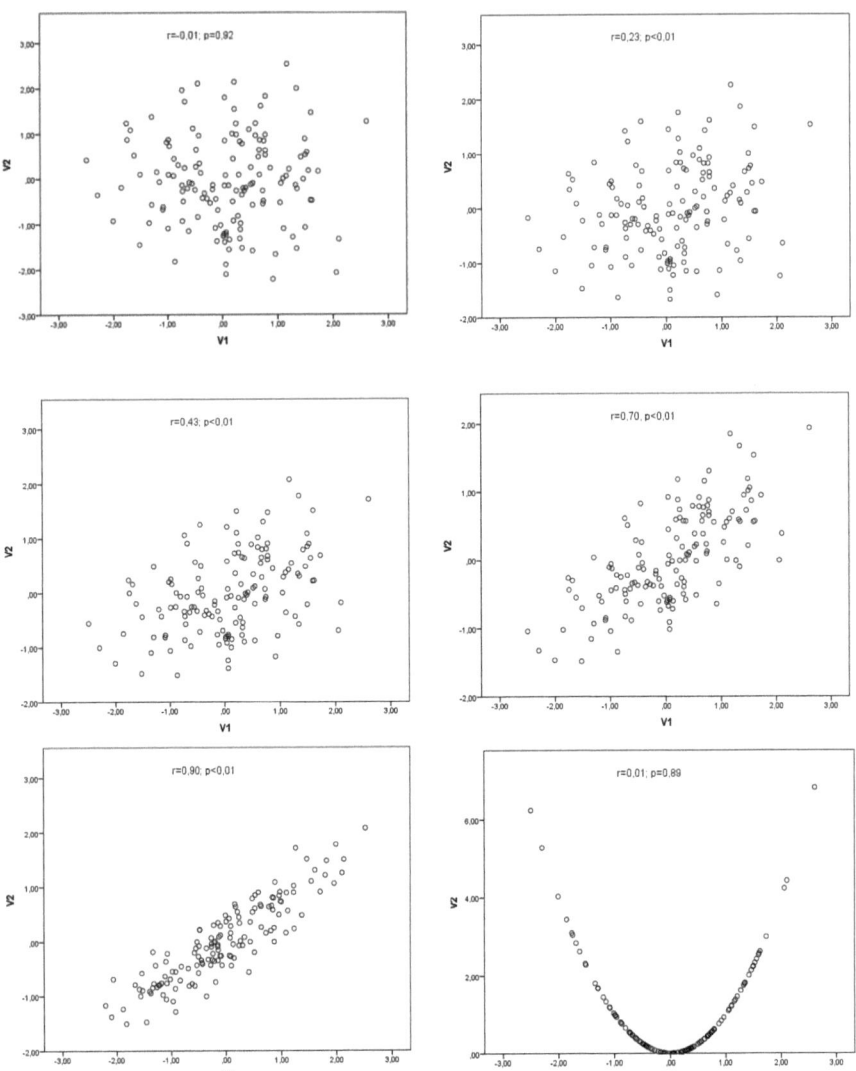

Abb. 3.3 Grafische Darstellungen bivariater Zusammenhänge

auf die Delinquenz von Jugendlichen.[56] Dazu wurden 1999 in Freiburg und Köln über 5000 Schülerinnen und Schüler in achten bis zehnten Klassen allgemeinbildender Schulen befragt.[57] Die Stichprobe kann als Zufallsstichprobe gesehen werden. Ein Teilaspekt der Studie behandelt die Frage, ob die Familienstruktur einen Einfluss auf Delinquenz hat. Die selbstberichtete Delinquenz wurde delikt-

---

[56] *Oberwittler/Blank/Köllisch/Naplava* 2001.
[57] *Oberwittler/Blank/Köllisch/Naplava* 2001, S. 10.

spezifisch durch Fragen nach der Begehungshäufigkeit gemessen. Ein Vergleich der Prävalenzraten für Schülerinnen und Schüler aus strukturell vollständigen und unvollständigen Familien zeigt, dass die Delinquenz von Schülerinnen und Schülern aus strukturell unvollständigen Familien vergleichsweise hoch ist. Beispielsweise liegt der Mittelwert für die Begehungshäufigkeit von Drogendelikten von Schülerinnen und Schülern aus strukturell unvollständigen Familien bei 0,56 im Vergleich zu 0,31 in der Vergleichsgruppe.[58] Die Unterschiede sind signifikant. Die Korrelation nach Pearson zwischen der Familienstruktur und der Begehungshäufigkeit von Drogendelikten beträgt r = 0,13. Der Wert ist signifikant – die Irrtumswahrscheinlichkeit ist kleiner oder gleich 5 %.

Die Familienstruktur ist eine Variable mit zwei Ausprägungen. Es handelt sich um eine nominalskalierte Variable, die aber aufgrund der geringen Kategorienzahl von zwei als intervallskalierte Variable interpretiert werden kann, denn das Kriterium der Äquidistanz zwischen den Kategorien ist gewährleistet. Die Fragen zur selbstberichteten Delinquenz erfassen Häufigkeiten; es handelt sich somit um eine intervallskalierte Variable. Somit ist ein Mittelwertvergleich eine angemessene Methode, um die Fragestellung zu beantworten. Die Stärke des Zusammenhangs kann mittels des Korrelationskoeffizienten nach Pearson ausgedrückt werden. Die Voraussetzung, dass beide Variablen intervallskaliert sind, ist formal erfüllt. Die Verwendung von Eta wäre ebenfalls möglich gewesen.

VI. Multivariate statistische Analyseverfahren zu Messproblemen

In einigen kriminologischen Studien werden Merkmale durch mehrere Fragen gemessen. Beispielsweise werden die Fragen zu selbstberichteter Delinquenz in der Regel deliktspezifisch und für mehrere Referenzzeiträume gestellt. Zur Messung von Wertorientierungen, Lebensstilen oder Persönlichkeitsmerkmalen sind ebenfalls mehrere Fragen erforderlich. Die Mehrfachmessung von Merkmalen hat den Vorteil, dass dadurch zufällige Messfehler kompensiert werden können. Dies kann aus den Annahmen, die bei sozialwissenschaftlichen Messungen gemacht werden, abgeleitet werden. Diese Annahmen sind, dass der Mittelwert der Messfehler gleich null ist, dass die Messfehler nicht mit den wahren Werten einer Messung korrelieren und dass Messfehler voneinander unabhängig sind. Im Zusammenhang mit der Messung von Merkmalen werden mehrere Fachbegriffe verwendet, jedoch nicht immer in gleichem Sinne. Hier sollen folgende Definitionen gelten:[59]

- Unter **Operationalisierung** versteht man eine Anweisung, wie etwas gemessen wird und somit Objekten beobachtbare Sachverhalte zugeordnet werden.

---

[58] *Oberwittler/Blank/Köllisch/Naplava* 2001, S. 50.
[59] *Rammstadt* 2010; *Schnell/Hill/Esser* 2018; *Diaz-Bone/Weischer* 2015.

- Eine **Variable** ist ein Merkmal, das mittels einer vorgegebenen Anweisung erfasst wird. Eine **manifeste Variable** wird direkt gemessen, während dies bei einer **latenten Variable** nicht der Fall ist.
- Eine **Skala** ist eine Methode zur Messung eines theoretischen Konstrukts oder mehrerer thematisch verknüpfter Konstrukte. Manche Autoren verstehen darunter auch die Zusammenfassung der Fragen zu einem Konstrukt. Besser wäre es, in diesem Fall von einem **Index** zu sprechen.
- Ein **Item** ist eine Frage zu einer Skala. Ein alternativer Begriff ist **Indikator**.
- Unter der **Dimension** einer Skala versteht man ein theoretisches Konstrukt, mit dem das zu Messende beschrieben wird. Beispielsweise können die Fähigkeit, logische Schlüsse zu ziehen, sowie Sprachkompetenz als unterschiedliche Dimensionen der Intelligenz gesehen werden.

45 Ein Beispiel zur Messung der Kriminalitätsfurcht soll die Begrifflichkeit veranschaulichen: Zur Differenzierung der Aspekte der Kriminalitätsfurcht können in Anlehnung an ein sozialpsychologisches Einstellungskonzept drei Dimensionen unterschieden werden: die affektive (emotionale), kognitive (verstandesbezogene) und konative (verhaltensbezogene) Komponente.[60] Die affektive Kriminalitätsfurcht kann durch die Fragen gemessen werden: „Wie oft denken Sie daran, selbst Opfer einer Straftat zu werden?", „Wie oft haben Sie nachts draußen alleine in Ihrer Wohngegend Angst, Opfer einer Straftat zu werden?". Die Messung der kognitiven Kriminalitätsfurcht erfolgt meist durch Fragen nach der subjektiven Risikoeinschätzung für zukünftige Viktimisierungen (Für wie wahrscheinlich halten Sie es, dass Ihnen persönlich folgende Dinge in Ihrem Stadtteil im Laufe der nächsten 12 Monate tatsächlich passieren werden: Von irgendjemand angepöbelt zu werden, von irgendjemand geschlagen und verletzt zu werden, von einem Einbruch betroffen zu werden, überfallen und beraubt zu werden, bestohlen zu werden, vergewaltigt oder sexuell angegriffen zu werden und sexuell belästigt zu werden?). Die konative Kriminalitätsfurcht kann durch Fragen nach Abwehr- und Vermeidemaßnahmen, durch die eine Opferwerdung verhindert werden soll, gemessen werden (Bitte versuchen Sie sich an das letzte Mal zu erinnern, als Sie nach Einbruch der Dunkelheit in Ihrem Stadtteil unterwegs waren, aus welchen Gründen auch immer. Haben Sie dabei gewisse Straßen oder Örtlichkeiten gemieden, um zu verhindern, dass Ihnen etwas passieren könnte?). In diesem Beispiel ist die Kriminalitätsfurcht das **Konstrukt**, das drei **Dimensionen** der Kriminalitätsfurcht berücksichtigt, nämlich die affektive, kognitive und konative Kriminalitätsfurcht. Die einzelnen Fragen sind **Items** oder **Indikatoren** der Kriminalitätsfurcht, und die Gesamtheit aller Fragen ist die **Skala** „Kriminalitätsfurcht". Die Formulierungen der Fragen, also die Anweisung zur Messung der Kriminalitätsfurcht, ist die **Operationalisierung** der Kriminalitätsfurcht. Die Messungen zu jedem Item sind **manifeste Variablen**, die Dimensionen der Kriminalitätsfurcht sind **latente Variablen** und nicht direkt messbar.

---

[60] *Schwind* 2016, § 20 Rn. 18.

In kriminologischen Studien werden zur Lösung von Messproblemen häufig Faktorenanalysen, Reliabilitätsanalysen und die Technik der Multidimensionalen Skalierung (MDS) eingesetzt. Es können zwei Arten der Faktorenanalyse unterschieden werden, die explorative und die konfirmatorische Faktorenanalyse. **Explorative Analysen** haben grundsätzlich das Ziel, neue Hypothesen zu generieren oder Datenstrukturen aufzuzeigen, während mittels **konfirmatorischer Analysen** Hypothesen oder Datenstrukturen überprüft werden.

Die **explorative Faktorenanalyse**[61] wird eingesetzt, um Skalen zu konstruieren, die Dimensionen einer Skala unterscheiden und um die **Validität** von Messungen zu prüfen. Darunter versteht man die Gültigkeit einer Messung – wird durch die Fragen das erhoben, was gemessen werden soll? Durch die explorative Faktorenanalyse können manifeste Variablen zusammengefasst werden, sodass auf die zugrunde liegenden latenten Variablen, die Faktoren genannt werden, geschlossen werden kann. Es ist ein Verfahren, um Variablen zu gruppieren. Die Datengrundlage besteht aus den Korrelationen der berücksichtigten Items. Durch die Analyse werden solche Items zusammengefasst, die hoch miteinander korrelieren, aber nicht oder nur gering mit anderen Items. Dadurch soll die Frage beantwortet werden, welche Items dasselbe messen. Die Berechnungsmethode auf der Basis von Korrelationen verdeutlicht die Beschränkung der Faktorenanalyse. Es wird vorausgesetzt, dass die berücksichtigten Variablen intervallskaliert sind. Zudem werden, wie bei der Korrelationsanalyse, lediglich lineare Zusammenhänge berücksichtigt. Und schließlich kann nicht zwischen der Mess- und der Kausalebene unterschieden werden. Mittels der explorativen Faktorenanalyse werden Items zusammengefasst, die hoch miteinander korrelieren. Eine hohe Korrelation zwischen zwei Variablen kann entstehen, wenn diese dasselbe messen, oder wenn eine Variable die Ursache der anderen ist. Aus dem Ergebnis der Faktorenanalyse kann folglich nicht zwingend geschlossen werden, dass die Items eines Faktors zu einer Dimension gehören und folglich dasselbe messen, es ist auch denkbar, dass Kausalbeziehungen zwischen den Items abgebildet werden.

Für die Interpretation der Ergebnisse der Faktorenanalyse ist die erklärte Varianz und die Faktorladungen von Bedeutung. Die explorative Faktorenanalyse generiert latente Variablen, die auch Faktoren genannt werden. Die Korrelation zwischen den manifesten Variablen und den Faktoren wird Faktorladung genannt. Eine betragsmäßig hohe Faktorladung eines Items ist eine notwendige Voraussetzung für die Zugehörigkeit des Items zu der Dimension, die durch den Faktor repräsentiert wird. Diese Statistik kann auch als Maß für die Validität einer Messung, genauer für die Konstruktvalidität, verwendet werden. Die erklärte Varianz ist ein Maß für den Grad der Anpassung der Daten an das generierte Modell. Die Werte liegen zwischen null und hundert, wobei mit zunehmender Größe der erklärten Varianz die Anpassungsgüte zunimmt.

Bei einer **konfirmatorischen Faktorenanalyse** wird geprüft, ob eine vorgegebene Struktur eines Messinstruments mit den Daten vereinbar ist. Anders ausgedrückt: Es wird untersucht, wie gut die Zuordnung von Items zu einer Dimension

---

[61] Ausführlich bei *Backhaus/Erichson/Plinke/Weiber* 2016.

mit den Daten übereinstimmt. Die konfirmatorische Faktorenanalyse ist ein Sonderfall des Strukturgleichungsmodells und wird im nächsten Kapitel behandelt.

50 **Reliabilitätsanalysen**[62] werden eingesetzt, um die Zuverlässigkeit von Messungen zu überprüfen – führt ein Messinstrument bei einer Messwiederholung zu identischen Ergebnissen oder weichen die Messungen voneinander ab? Die Reliabilität einer Messung gilt als Voraussetzung für deren Validität. Ein Maß für die Reliabilität der Items einer Dimension ist **Cronbachs Alpha**. Es ist eine Maßzahl für die interne Konsistenz einer Skalendimension und kann beliebig kleine Werte annehmen. Das Maximum liegt bei eins.

51 Die **Multidimensionale Skalierung**[63] ist ein Bündel statistischer Verfahren, das Messungen nach Ähnlichkeiten ordnet und diese meist in einem zweidimensionalen Raum abbildet. Ein Maß für die Güte einer MDS-Lösung ist der Stress-Koeffizient, wobei der Wert null die bestmögliche Lösung repräsentiert. Eine MDS kann zur Exploration von Datenstrukturen eingesetzt werden.

52 Ein Beispiel soll die Anwendung von Faktoren- und Reliabilitätsanalyse verdeutlichen.[64] Wie bereits ausgeführt, kann die kognitive Kriminalitätsfurcht durch die Frage nach der Einschätzung der Viktimisierungswahrscheinlichkeit erhoben werden. Dies wurde in Bevölkerungsbefragungen zur Kommunalen Kriminalprävention in Mannheim im Jahr 2016 und in Heidelberg im Jahr 2017 umgesetzt. Dazu wurde in Mannheim ein Fragebogen an etwa 10.000 zufällig ausgewählte Bürgerinnen und Bürger ab dem 14. Lebensjahr verteilt; in Heidelberg waren es 8000 zufällig ausgewählte Einwohner der Gemeinde. Die Rücklaufquoten lagen bei 36 und 32 %. Die Ergebnisse von explorativen Faktorenanalysen und Reliabilitätsanalysen sind in Tab. 3.2 dargestellt.

Tab. 3.2 Analysen zur Messung der kognitiven Kriminalitätsfurcht – Ergebnisse von Faktoren- und Reliablitätsanalysen

Perzipiertes Viktimisierungsrisiko für …	Mannheim	Heidelberg	Analyseverfahren
	Faktorladungen		
Anpöbeln	0,65	0,60	Explorative Faktorenanalyse
Körperverletzung	0,79	0,73	
Einbruch	0,60	0,53	
Raub	0,84	0,81	
Diebstahl	0,79	0,75	
Vergewaltigung, sexuelle Grenzverletzung	0,79	0,74	
Sexuelle Belästigung	0,78	0,70	
Erklärte Varianz (%)	56,8	49,0	
Cronbachs Alpha	0,86	0,79	Reliabilitätsanalyse

---

[62] *Rammstedt* 2010.
[63] *Borg* 2010.
[64] *Hermann* 2017a, b.

Alle Items laden auf einen einzigen Faktor – dies ist ein Hinweis auf die Eindimensionalität des Konstrukts. Die Faktorladungen und Cronbachs Alpha sind hoch, dies spricht für valide und reliable Messungen. Die Ergebnisse unterscheiden sich kaum zwischen den Städten. Folglich sind die Ergebnisse stabil.

VII. Multivariate statistische Zusammenhangsanalysen

In multivariaten Zusammenhangsanalysen können mehrere unabhängige Variablen und eine abhängige Variable in Beziehung gesetzt werden. Sind die Variablen intervallskaliert, ist eine multiple Regression möglich. Ist die abhängige Variable nominalskaliert, können multivariate Zusammenhänge durch eine logistische Regression bestimmt werden. Dabei wird unterschieden, ob die abhängige Variable lediglich zwei oder mehr als zwei Ausprägungen hat. Im ersten Fall spricht man von einer binär logistischen Regression, im zweiten Fall von einer multinomialen logistischen Regression. Bei mehreren unabhängigen und mehreren abhängigen, jeweils intervallskalierten Variablen, können Zusammenhänge mittels Pfadanalysen geschätzt werden. Pfadanalysen mit latenten und manifesten Variablen werden als Strukturgleichungsmodelle bezeichnet – sie sind somit das allgemeinste Verfahren für multivariate statistische Zusammenhangsanalysen mit intervallskalierten Variablen.

Eine zentrale Grundidee betrifft alle hier vorgestellten Analyseverfahren: Der Effekt einer unabhängigen Variablen auf die abhängige Variable wird unabhängig von den anderen unabhängigen Variablen bestimmt. Anders ausgedrückt, es wird der Einfluss von Drittvariablen herauspartialisiert. Ein Beispiel soll dies verdeutlichen: In zahlreichen Untersuchungen hat sich gezeigt, dass Frauen weniger gewalttätig sind als Männer; es gibt eine hohe Korrelation zwischen dem Geschlecht und Gewaltkriminalität. Das Geschlecht hat zudem Effekte auf weitere Merkmale, die ihrerseits einen Einfluss auf Gewaltkriminalität haben, beispielsweise die Bildung und die Präferenz für idealistische Werte. Eine multivariate Analyse mit Geschlecht, Bildung und der Präferenz für idealistische Werte als unabhängige und der Häufigkeit der Gewaltanwendung als abhängige Variable bestimmt den Einfluss jeder unabhängigen Variable auf die abhängige, und zwar so, als ob sich die Befragten nicht in den anderen unabhängigen Variablen unterscheiden würden – diese werden konstant gehalten. Diese Eigenschaft multivariater Verfahren kann zum Problem werden, wenn die unabhängigen Variablen zu stark miteinander korrelieren. In diesem Fall spricht man von „Multikollinearität". Ist diese zu ausgeprägt, können die Effekte der unabhängigen Variablen nicht mehr getrennt werden.

Mit der **multiplen Regression**[65] wird der Einfluss von mindestens einer unabhängigen Variable auf eine abhängige Variable bestimmt. Die unabhängigen Variablen werden auch als „Prädiktorvariablen" und die abhängige Variable als „Kriteriumsvariable" bezeichnet. Es wird untersucht, wie gut die Werte der abhängigen Variablen prognostiziert werden können, wenn man nur die Messungen der un-

---

[65] *Urban/Mayerl* 2008; *Kuckartz/Rädiker/Ebert/Schehl* 2013, S. 59 ff.; *Stoetzer* 2017.

abhängigen Variablen kennen würde – es wird geprüft, wie gut die Anpassungsqualität des Modells an die Daten ist.

57 Die multiple Regression bestimmt lediglich lineare und additive Effekte. Formal gesehen heißt dies, dass für die Formel

$$Y = a_1 X_1 + a_2 X_2 + \ldots + a_n X_n + a_0 + \varepsilon$$

Y: Abhängige Variable
$X_1, \ldots, X_n$: Unabhängige Variablen
$a_1, \ldots, a_n$: Regressionskoeffizienten
a_0: Konstante (unveränderliche Größe)
ε: Residuum (zufällige Fehler)

die Koeffizienten a_1 bis a_n geschätzt werden. Diese heißen „partielle Regressionskoeffizienten" – sie geben das Gewicht an, mit dem eine unabhängige Variable – unabhängig von den anderen unabhängigen Variablen – die abhängige Variable beeinflusst. Ein additiver Effekt meint, dass die Terme $a_i X_i$ durch plus oder minus miteinander verknüpft sind. Es ist auch denkbar, dass die Verknüpfung durch andere Rechenarten erfolgt; in dem Fall würde man von nichtadditiven Effekten sprechen.

58 Die Größe der Regressionskoeffizienten ist von der Skalierung der Variablen abhängig. Würde man beispielsweise die unabhängige Variable „Alter" in Jahren und nicht in Monaten messen, würde dies dazu führen, dass der Regressionskoeffizient um das 12-fache größer wird. Bestimmt man jedoch die Regressionskoeffizienten für standardisierte unabhängige und abhängige Variablen, sind die Koeffizienten auf Zahlenwerte zwischen -1 und +1 begrenzt. **Standardisierte Variablen** haben den Mittelwert null und die Standardabweichung eins. Das heißt, man kann jede Variable standardisieren, indem man ihren Mittelwert subtrahiert und dieses Ergebnis durch die Standardabweichung der Variablen dividiert. Der Regressionskoeffizient, der mittels standardisierter Variablen bestimmt wurde, heißt „standardisierter partieller Regressionskoeffizient"; bei unstandardisierten Variablen wird der Begriff „unstandardisierter partieller Regressionskoeffizient" verwendet. Im ersten Fall spricht man auch von Beta-, und im zweiten Fall von b-Werten. Negative Koeffizienten bedeuten, dass mit zunehmenden Wert einer Variable der Wert der anderen Variable kleiner wird. Bei einem positiven Koeffizienten wird mit zunehmenden Wert einer Variable der Wert der anderen Variable größer. Bei einem Wert von null gibt es keinen Zusammenhang zwischen den Merkmalen. Wichtig für die Interpretation des standardisierten partiellen Regressionskoeffizienten ist, dass dieser lediglich ein Maß für die Stärke des linearen Effekts ist.

59 Neben den Regressionskoeffizienten kann noch ein Maß für die Güte des Gesamtmodells bestimmt werden, nämlich die erklärte Varianz oder der Determinationskoeffizient, abgekürzt R^2. Diese Statistik hat Zahlenwerte zwischen null und eins, wobei mit zunehmender Größe die Prognosequalität der unabhängigen Variablen steigt. Sowohl für Regressionskoeffizienten als auch für R^2 können Signifikanztests durchgeführt werden.

VII. Multivariate statistische Zusammenhangsanalysen

Ein Beispiel soll die Anwendungsmöglichkeit der multiplen Regression verdeutlichen. In einer Untersuchung zu Gewalt in der Schule wurden im Jahr 2008 unter anderem 427 Schülerinnen und Schüler ausgewählter Klassenstufen schriftlich befragt.[66] Die von den Schülerinnen und Schülern ausgeführten Gewalthandlungen in der Schule wurden durch drei Fragen erfasst, in denen die Beteiligung an ernsthaften Raufereien, eigene körperliche Attacken gegen Mitschüler sowie körperliche Angriffe gegen Lehrer erhoben wurden.[67] Diese Items wurden zu einem Index zur Erfassung der Tathäufigkeit zusammengefasst. Dieser Index wurde als abhängige Variable in einer multiplen Regression eingesetzt. Die unabhängigen Variablen berücksichtigten die Situation in der Schule und Merkmale des Befragten. Das Ergebnis der Analyse ist in Tab. 3.3 dargestellt.

Die erklärte Varianz des Modells liegt bei 0,55; dieser Wert ist signifikant (p = 0,00). Alle standardisierten partiellen Regressionskoeffizienten (Beta-Werte) sind signifikant (p ≤ 0,05). Inhaltlich kann dieses Ergebnis so interpretiert werden, „dass mit Gewaltakten besonders belastet ist: – wer angibt, in der Schule viele Gewaltakte beobachtet zu haben; – wer in der Schule Gewaltopfer geworden ist; – wer Amateur-Gewaltvideos von tatsächlich begangenen Gewalthandlungen (öfter) angesehen hat (z. B. „happy slapping"); – wer (öfter) die Schule schwänzt; – wer seinen Handlungen wenig selbstkritisch gegenüber steht; – die männlichen Befragten; – die sportlich Aktiven; – die Befragten mit ausgeprägter Macho-Haltung (sich von anderen nichts sagen lassen wollen; sich nichts gefallen lassen; nicht

Tab. 3.3 Die Erklärung der Häufigkeit von Gewalthandlungen in der Schule: Ergebnis einer multiplen Regressionsanalyse in einer Studie von *Streng*

Unabhängige Variablen	Beta-Wert	Signifikanz
Gewaltbeobachtungen in der Schule (wenige … viele)	.22	.00
Viktimisierungen (keine …. mehrere)	.20	.00
Konsum von Amateur-Gewaltvideos (nie … oft)	.19	.00
Unterricht-Schwänzen (nie … oft)	.17	.00
Selbstkritik (niedrig … stark)	-.17	.00
Geschlecht (weiblich/männlich)	.16	.00
Sportaktivitäten (keine … viele)	.11	.01
Macho-Haltung (niedrig … hoch)	.11	.01
Hauptschüler (nein/ja)	.10	.04
Gewalteindruck von der Schule (friedlich … unfriedlich)	.10	.05

Quelle: Streng, F., „Gewalt und Fremdenfeindlichkeit in der Schule – Ergebnisse einer Replikationsstudie"; In: Dölling, D.; Götting, B.; Meier, B.-D.; Verrel, T. (Hrsg.), Verbrechen – Strafe – Resozialisierung. Festschrift für Heinz Schöch zum 70. Geburtstag am 20. August 2010, Berlin: De Gruyter, 2010, S. 81–99

---

[66] *Streng* 2010a, S. 83.
[67] *Streng* 2010a, S. 87.

nachgeben bei Konflikten); – die Hauptschüler; – wer das Schulklima als durch Gewalt geprägt sieht."[68]

62 Bei der **binär logistischen Regression**[69] hat die abhängige Variable zwei Ausprägungen. Eine solche Variable kann als intervallskaliert interpretiert werden, weil das Kriterium der Äquidistanz zwischen zwei benachbarten Kategorien erfüllt ist. Somit wäre ein Kriterium für die Durchführung einer multiplen Regression erfüllt. Die Signifikanztests der multiplen Regression sind allerdings nur korrekt, wenn die Verteilungen der Residuen bestimmte Voraussetzungen erfüllen. Dies ist bei dichotomen abhängigen Variablen nicht der Fall. Somit führt eine multiple Regression mit einer dichotomen abhängigen Variable zu fehlerhaften Ergebnissen.

63 Die Idee, die hinter dem Algorithmus der binären logistischen Regression steckt, ist das Bernoulliexperiment. Das ist ein Experiment, bei dem die Prüfgröße lediglich zwei Zustände annehmen kann, beispielsweise der Münzwurf mit einer extrem flachen Münze, die nicht auf dem Rand stehen kann. Das Ziel der Analyse ist, den Einfluss von unabhängigen Variablen, die hier Kovariate genannt werden, auf die Wahrscheinlichkeit zu bestimmen, dass die abhängige Variable einen vorgegebenen Wert, in der Regel den Wert eins, annimmt. Die Statistik für die Stärke des Einflusses heißt „Odds-Ratio" oder „Exp(b)". Die Begriffe sind synonym. Unter „Odds" versteht man das Verhältnis von zwei Wahrscheinlichkeiten: Die Wahrscheinlichkeit, dass ein Ereignis eintritt, wird mit der Wahrscheinlichkeit, dass es nicht eintritt, in Beziehung gesetzt. Liegt die Wahrscheinlichkeit von Ereignis A bei 50 %, tritt das komplementäre Ereignis ebenfalls mit der Wahrscheinlichkeit von 50 % ein. In diesem Fall liegt der Odds-Wert bei 50/50=1. Tritt A mit einer Wahrscheinlichkeit von 10 % ein, beträgt der Odds-Wert 10/90=0,11. Odds-Ratio ist das Verhältnis zweier Odds-Werte.

64 Der Odds-Ratio-Wert einer unabhängigen Variablen gibt die Veränderung der relativen Wahrscheinlichkeit an, dass die abhängige Variable den Wert eins annimmt, wenn die unabhängige Variable um eine Messeinheit größer wird und alle anderen Variablen im Modell konstant gehalten werden. Beträgt der Odds-Ratio-Wert für eine unabhängige Variable X eins, so bedeutet dies, dass sich eine Veränderung in dieser Variable nicht auf die Wahrscheinlichkeit auswirkt, welchen Wert die abhängige Variable Y hat. Ist der Odds-Ratio-Wert für X größer als eins, steigt mit zunehmender Größe von X die Wahrscheinlichkeit für Y = 1; ist der Odds-Ratio-Wert für X kleiner als eins, sinkt mit zunehmender Größe von X die Wahrscheinlichkeit für Y = 1.

65 Zur Beurteilung der Modellgüte können verschiedene Statistiken verwendet werden, häufig wird das Nagelkerke R^2 bestimmt. Es kann ausschließlich Werte zwischen null und eins annehmen: Je höher der R^2-Wert, desto besser ist die Anpassungsgüte des Modells an die Daten. Sowohl für die Odds-Ratio-Werte als auch für R^2 können Signifikanztests durchgeführt werden.

66 Die **multinomiale logistische Regression** unterscheidet sich von der binomialen logistischen Regression lediglich in der Anzahl der Kategorien der abhängigen Va-

---

[68] *Streng* 2010a, S. 89 f.
[69] *Best/Wolf* 2010; *Kühnel/Krebs* 2010; *Behnke* 2015.

riable. Im erstgenannten Fall kann die abhängige Variable mehr als zwei Ausprägungen haben. Auch bei dieser Analyse wird die Effektstärke durch einen Odds-Ratio-Wert ausgedrückt. Dieser wird für jede Kategorie der abhängigen Variable bestimmt, wobei eine Kategorie der Referenzwert ist. Bei einer abhängigen Variable mit n Kategorien werden somit n-1 Odds-Ratio-Werte bestimmt. Nagelkerke R^2 gibt die Anpassungsgüte des Modells an die Daten an. Sowohl für die Odds-Ratio-Werte als auch für R^2 können Signifikanztests durchgeführt werden.

Ein Beispiel aus der kriminologischen Forschungspraxis illustriert die Anwendung der binomialen logistischen Regression. In einer bundesweiten repräsentativen Befragung von Schülerinnen und Schülern der 9. Klassen wurden fast 45.000 zufällig ausgewählte Personen erreicht.[70] Ein Ziel der Studie war die Bestimmung des Einflusses des elterlichen Erziehungsverhaltens auf die Gewaltaktivitäten der Untersuchten. Dieses wurde durch vier Fragen an die Jugendlichen erfasst, nämlich ob sie in den letzten 12 Monaten mindestens einmal eine Körperverletzung, einen Raub, eine räuberische Erpressung oder eine sexuelle Gewalttat verübt haben. Es wurde lediglich zwischen Jugendlichen unterschieden, für die dies zutraf, und Jugendlichen, die keine dieser Gewaltakte ausgeführt haben. Durch diese Konstruktion hat die abhängige Variable lediglich zwei Ausprägungen. Zur Messung des Erziehungsverhaltens wurden den Jugendlichen Fragen zum Kontrollverhalten ihrer Eltern, zu deren Gewaltaktivitäten gegenüber ihren Kindern sowie zum Grad der Zuwendung der Eltern zu ihren Kindern gestellt.[71] Das Ergebnis der Analyse für deutsche Jugendliche ist in Tab. 3.4 beschrieben.[72]

Odds-Ratio-Werte über eins bedeuten, dass die Wahrscheinlichkeit für eine Gewaltaktivität der Jugendlichen größer wird, wenn sich der Wert der entsprechenden unabhängigen Variablen erhöht, bei Werten kleiner als eins verringert sich die Wahrscheinlichkeit. Inhaltlich bedeutet dies, dass sowohl das Gewaltverhalten der Mutter als auch des Vaters das Risiko für Gewaltaktivitäten der Kinder erhöht, während die

Tab. 3.4 Erziehungsverhalten als Einflussfaktor der Gewalttäterschaft bei deutschen Jugendlichen. Binär-logistische Regressionsanalysen: Exp(B)

Erziehungsverhalten Eltern	Männliche Jugendliche	Weibliche Jugendliche
Gewalt Mutter	**1,29**	**1,53**
Gewalt Vater	**1,48**	**1,65**
Zuwendung Mutter	0,89	0,92
Zuwendung Vater	0,96	0,94
Kontrolle Mutter	**0,69**	**0,58**
Kontrolle Vater	0,96	0,90
N	10.230	9844
Nagelkerkes R^2	0,064	0,088

Fette Zahlenwerte: Signifikant (p < 0,05)

---

[70] Baier 2014, S. 84 f.
[71] Baier 2014, S. 85 f.
[72] Baier 2014, S. 92.

Kontrolle der Mutter den gegenteiligen Effekt hat. Alle anderen unabhängigen Variablen haben keinen signifikanten Einfluss auf die Gewaltaktivitäten der Kinder.

69 **Strukturgleichungsmodelle**[73] können als Verallgemeinerung der multiplen Regression gesehen werden: Die Anzahl der abhängigen Variablen kann größer als eins sein, und zudem können intervenierende Variablen berücksichtigt werden. Intervenierende Variablen vermitteln die Beziehung zwischen unabhängigen und abhängigen Variablen. Somit erlauben Strukturgleichungsmodelle die Modellierung von Kausalstrukturen: Die unabhängigen Variablen sind Ursachen, die abhängigen Variablen Wirkungen, und Variablen, die zugleich Ursachen und Wirkungen sind, sind intervenierende Variablen. Eine Besonderheit von Strukturgleichungsmodellen ist die Trennung von Mess- und Strukturmodell. Im Messmodel werden die Operationalisierungen der Variablen abgebildet, im Strukturmodell die postulierte Kausalstruktur. Messmodelle bestehen aus latenten Variablen und den Messungen durch manifeste Variablen, die als Indikatoren der latenten Variablen interpretiert werden können. Ein Strukturgleichungsmodell, das sich auf das Messmodell beschränkt, ist eine **konfirmatorische Faktorenanalyse**, mit der die Qualität eines Messmodells geprüft werden kann. In Abb. 3.4 ist eine konfirmatorische Faktorenanalyse und in Abb. 3.5 ein vollständiges Strukturgleichungsmodell beispielhaft dargestellt. Es ist üblich, latente Variablen durch Ellipsen und manifeste Variablen durch Rechtecke darzustellen.

70 Unter Residuum versteht man die Differenz zwischen den gemessenen Werten einer Variablen und den durch die unabhängigen Variablen prognostizierten Werten dieser Variablen. Wie bei der multiplen Regression werden auch in Strukturgleichungsmodellen nur lineare und additive Effekte geschätzt, denn auch Struktur-

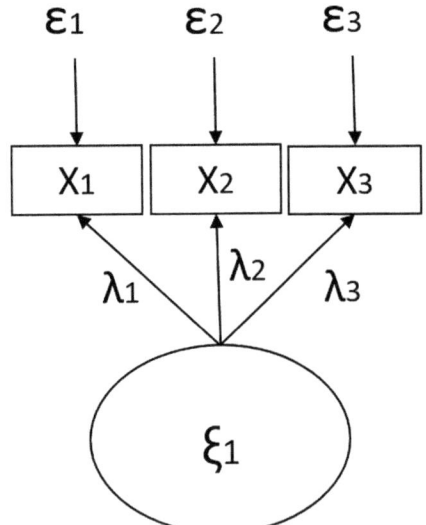

Abb. 3.4 Beispiel einer konfirmatorischen Faktorenanalyse mit einer latenten und drei manifesten Variablen
ξ_1: Latente Variable
$X_1, ..., X_3$: Manifeste Variablen
$\lambda_1, ..., \lambda_3$: Faktorladungen
$\varepsilon_1, ..., \varepsilon_3$: Messfehler

---

[73] *Reinecke/Pöge* 2010; *Urban/Mayerl* 2014; *Reinecke* 2014; *Weiber/Mühlhaus* 2014; *Arzheimer* 2016.

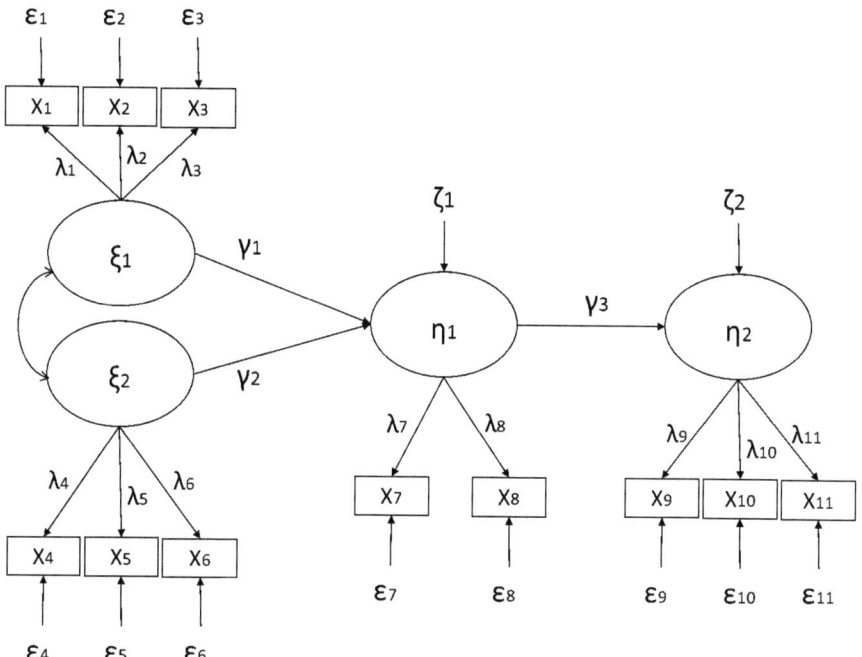

Abb. 3.5 Beispiel eines Strukturgleichungsmodells mit zwei unabhängigen, einer intervenierenden und einer abhängigen Variable
ξ_1, ξ_2: Latente unabhängige Variablen
η_1: Latente intervenierende Variable
η_2: Latente abhängige Variable
$X_1, \ldots, X_{11}$: Manifeste Variablen
$\lambda_1, \ldots, \lambda_{11}$: Faktorladungen
$\varepsilon_1, \ldots, \varepsilon_{11}$: Messfehler
$\gamma_1, \ldots, \gamma_3$: Pfadkoeffizienten
ζ_1, ζ_2: Residuen

gleichungsmodelle greifen auf Korrelationen und Mittelwerte für die Berechnung der Effekte zurück. Die Vorteile gegenüber der multiplen Regression liegen jedoch in der größeren Komplexität der Modellierung und in der Kompensationsmöglichkeit des Einflusses zufälliger Messfehler auf die Effektschätzungen. Wie bei der multiplen Regression können mittels Strukturgleichungsmodellen standardisierte und unstandardisierte Effekte (Pfadkoeffizienten) sowie der Determinationskoeffizient R^2 geschätzt werden. R^2 bezieht sich jedoch lediglich auf eine einzige intervenierende oder abhängige Variable. Als Gütekriterium für das Gesamtmodell werden häufig der Chi-Quadrat-Anpassungstest und der Comparative Fit Index (CFI) verwendet. Beim erstgenannten Test kann die Irrtumswahrscheinlichkeit interpretiert werden; ist diese kleiner als 0,05, spricht dies für eine gute Datenanpassung. Der Comparative Fit Index vergleicht ein Modell, in dem alle Beziehungen zwischen Variablen auf null gesetzt werden, mit den Ergebnissen des spezifizierten Modells. Je näher der CFI-Wert dem Maximum von eins kommt, desto besser ist die Güte des Modells.

71 Ein Beispiel aus der Forschungspraxis verdeutlicht das Einsatzspektrum von Strukturgleichungsmodellen. In der voluntaristischen Kriminalitätstheorie wird angenommen, dass Wertorientierungen einerseits von Strukturmerkmalen abhängig sind und andererseits über die Akzeptanz von Normen delinquentes Handeln sowie die Bereitschaft zu delinquentem Handeln beeinflussen.[74] Es wird demnach eine Kausalkette mit Strukturmerkmalen, Werten, Normen und Delinquenz postuliert. Eine Überprüfung dieser Theorie erfolgte mit den Daten von Bevölkerungsbefragungen in Heidelberg und Freiburg aus dem Jahr 1998. Die Grundgesamtheit bildeten die Bewohnerinnen und Bewohner der Städte, sofern sie zwischen 14 und 70 Jahre alt waren. Aus diesem Personenkreis wurden zufällig Personen ausgewählt; davon haben etwa 3000 an den Befragungen teilgenommen.

72 Kriminalität wurde durch Fragen nach der Delinquenz und der Bereitschaft dazu erfasst. Die Messung der Normakzeptanz erfolgte durch eine Skala, in der verschiedene Rechtsnormen berücksichtigt wurden. Zur Erhebung von Wertorientierungen wurde eine Skala verwendet, die den Werteraum möglichst umfassend abdeckt. Faktorenanalytisch konnte zwischen traditionellen, modernen idealistischen und modernen materialistischen Werten unterschieden werden. Die Dimension mit den traditionellen Werten umfasst die Orientierung an Leistung, Religion und sozialen Normen, sowie eine konservative Orientierung; moderne idealistische Werte beinhalten sozialintegrative, politisch tolerante, ökologisch-alternative und altruistische Orientierungen und unter modernen materialistischen Werten sind subkulturelle und hedonistische Präferenzen subsumiert.[75]

73 Das Ergebnis von Strukturgleichungsanalysen zu dieser Theorie ist in Abb. 3.6 grafisch dargestellt, wobei lediglich signifikante Effekte berücksichtigt sind. Die Zahlenwerte auf den Pfeilen sind standardisierte Pfadkoeffizienten. Die manifesten

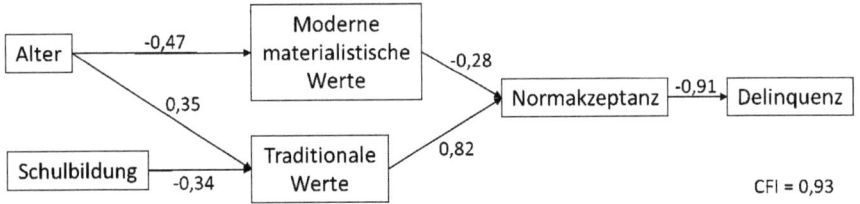

Abb. 3.6 Strukturgleichungsmodell mit standardisierten Effektschätzungen zum Einfluss von Werten und Normen auf Delinquenz

---

[74] *Hermann* 2003, 2013.
[75] *Hermann* 2003, S. 192 f.

Variablen zu Werten, Normakzeptanz und Delinquenz sind aus Gründen der Übersichtlichkeit nicht eingezeichnet.

Wertorientierungen sind von Strukturmerkmalen wie Alter und Bildung abhängig. Traditionelle Werte korrespondieren mit normkonformem Handeln, moderne materialistische Werte hingegen mit Delinquenz, wobei die Effekte über die Normakzeptanz vermittelt werden. Insgesamt gesehen falsifiziert die Analyse die voluntaristische Kriminalitätstheorie nicht.[76]

---

[76] *Hermann* 2003, S. 195.

Teil II

Kriminalitätstheorien

§ 4 Begriff, Bedeutung und Einteilung von Kriminalitätstheorien

Unter dem **Begriff** der Kriminalitätstheorie werden im Allgemeinen Aussagen verstanden, die Kriminalität erklären, also Ursachen für Kriminalität angeben.[1] Kriminalitätstheorien können sich auf unterschiedliche Gegenstände beziehen. Erklärt werden können individuelles kriminelles Verhalten (Mikroebene) oder Kriminalität als gesamtgesellschaftliches Phänomen (Makroebene).[2] Werden Prozesse der Verbrechenskontrolle erklärt, wird von Kriminalisierungstheorien gesprochen.[3] Kriminalitätstheorien haben unterschiedliche Reichweiten. Während „allgemeine Kriminalitätstheorien" beanspruchen, die gesamte Kriminalität zu erklären, beschränken sich „Theorien mittlerer Reichweite"[4] auf die Erklärung bestimmter Kriminalitätsbereiche.[5] An Kriminalitätstheorien werden die Anforderungen der Widerspruchsfreiheit, empirisch prüfbaren Aussagekraft und praktischen Brauchbarkeit gestellt.[6]

Kriminalitätstheorien haben in mehrfacher Hinsicht **Bedeutung**. Erklärungen von Kriminalität geben die Grundlage von Kriminalitätsprognosen.[7] Aus Kriminalitätstheorien können kriminalpolitische Maßnahmen abgeleitet werden[8] und auf der Grundlage von Kriminalitätstheorien können getroffene kriminalpolitische Maßnahmen kritisiert werden. Jede Wahrnehmung von Kriminalitätsphänomenen und der Umgang damit ist durch kriminalitätstheoretische Annahmen geprägt; das gilt sowohl für die wissenschaftliche Sichtweise als auch für Alltagswahrnehmungen

---

[1] *Meier* 2021, § 3 Rn. 1; *Eisenberg/Kölbel* 2017, § 4 Rn. 1.
[2] *Kaiser* 1996, § 5 Rn. 37.
[3] *Schwind/Schwind* 2021, § 4 Rn. 47.
[4] *Merton* 1957, S. 5 ff.
[5] *Bock* 2019, Rn. 129.
[6] *Kaiser* 1996, § 5 Rn. 38.
[7] *Kunz/Singelnstein* 2016, § 6 Rn. 13.
[8] *Meier* 2021, § 3 Rn. 6.

© Der/die Autor(en), exklusiv lizenziert an Springer-Verlag GmbH, DE, ein Teil von Springer Nature 2022
D. Dölling et al., *Kriminologie*, Springer-Lehrbuch,
https://doi.org/10.1007/978-3-642-01473-4_4

von Kriminalität.⁹ Es kommt darauf an, sich die theoretischen Vorannahmen bewusst zu machen und sie einer kritischen Überprüfung zu unterziehen.

3   Es gibt eine Vielzahl von Kriminalitätstheorien. Sie sind im Laufe der Zeit weiterentwickelt und ausdifferenziert worden.[10] Häufig sind die Kriminalitätstheorien von der Bezugswissenschaft geprägt, welcher der jeweilige Autor entstammt.[11] Eine **Einteilung** der Theorien kann danach erfolgen, ob sie individuumsbezogen in bestimmten biologischen, psychologischen oder psychiatrischen Merkmalen die Ursachen kriminellen Verhaltens sehen oder ob sie im Wege sozialpsychologischer bzw. soziologischer Erklärungen die Kriminalitätsursachen in Beschaffenheiten sozialer Einheiten erblicken, wobei es sich hier um das persönliche Umfeld des Täters (Mikroebene), soziale Teilsystem (Mesoebene) oder gesamtgesellschaftliche Strukturen (Makroebene) handeln kann.[12] Integrative Kriminalitätstheorien verknüpfen individuumsbezogene und gesellschaftliche Entstehungsbedingungen von Kriminalität miteinander.[13] Weiterhin unterschieden sich Kriminalitätstheorien nach den erkenntnistheoretischen Grundpositionen. Die „positivistische Grundposition"[14] nimmt an, dass allgemeine empirische Gesetzmäßigkeiten das menschliche Verhalten und damit auch die Kriminalität bestimmen. Die kriminelle Tat kann als „Unterfall" der allgemeinen Gesetzmäßigkeiten durch diese erklärt werden. Nach der „konstruktionsbewussten Grundposition",[15] dem „interpretativen Paradigma",[16] ist menschliches Handeln dagegen nicht lediglich eine durch das Einwirken bestimmter Faktoren ausgelöste Reaktion, sondern eine individuelle „Sinngebungsleistung",[17] die durch die Wissenschaft verstehend zu rekonstruieren ist.

4   Im Folgenden werden eine Reihe einflussreicher Kriminalitätstheorien dargestellt. Zunächst werden individuumsorientierte Theorien behandelt, im Anschluss daran werden gesellschaftlich orientierte Theorien erörtert und schließlich werden integrative Ansätze in den Blick genommen.

---

[9] *Kunz/Singelnstein* 2016, § 6 Rn. 6.
[10] Siehe zur Entwicklung der Kriminalitätstheorien *Lamnek* 1979 und 1994; *Camus/Elting* 1982; *Amelang* 1986; *Burke* 2001.
[11] *Bock* 2019, Rn. 127.
[12] *Kunz/Singelnstein* 2016, § 6 Rn. 29, 31.
[13] *Bock* 2019, § 4: „Übergreifende Theorien".
[14] Dazu *Eisenberg/Kölbel* 2017, § 2 Rn. 9 ff.
[15] *Eisenberg/Kölbel* 2017, § 2 Rn. 20 ff.
[16] *Kunz/Singelnstein* 2016, § 13 Rn. 1 ff.
[17] *Eisenberg/Kölbl* 2017, § 2 Rn. 25.

§ 5 Individuumsorientierte Kriminalitätstheorien

I. Einleitung

Die Kriminologie als interdisziplinäre Wissenschaft vom Verbrechen bewegte sich von Anbeginn im Spektrum des Täters als handelnder Person auf der einen Seite und seiner Einbettung in ein gesellschaftliches Umfeld auf der anderen Seite.[1] Was dabei wirksamer ist – Anlage oder Umwelt – war lange Zeit eine zentrale Frage in der wissenschaftlichen Auseinandersetzung.[2] Mittlerweile gibt es ein etabliertes Neben- oder – wenn auch noch zu selten – Miteinander der täterorientierten und der gesellschaftsorientierten kriminologischen Theorien. Die drei Teilwissenschaften, die sich – überschneidend – mit dem Täter und seinem kriminellen Handeln beschäftigen, sind die Biokriminologie, die Kriminalpsychologie und die forensische Psychiatrie. Verkürzt kann man sagen: Die Biokriminologie beschäftigt sich mit dem menschlichen Körper, die Kriminalpsychologie beschäftigt sich mit der menschlichen Persönlichkeit und die forensische Psychiatrie mit dem von der körperlichen und psychologischen Norm abweichenden Menschen. Die Übergänge sind naturgemäß fließend.

II. Biokriminologie

1. Entwicklung

In der ersten Hälfte des 20. Jahrhunderts war die Kriminalbiologie die Leitwissenschaft der deutschsprachigen Kriminologie. Nach der Wende zu einer gesellschaftswissenschaftlich geprägten Kriminologie nach dem Zweiten Weltkrieg galten biologische Erklärungsansätze für kriminelles Verhalten aufgrund der verheerenden

---

[1] Siehe oben § 2.
[2] Vgl. *Dölling/Hermann* 2001; *Laue* 2015, S. 81 ff.

Erfahrungen mit der Kriminalbiologie vor allem in den Zeiten des Nationalsozialismus als nachhaltig diskreditiert. Während biokriminologische Forschung daher in der kriminologischen Ausbildung im deutschsprachigen Raum eher ein Schattendasein fristet[3] und allein der forensischen Psychiatrie zugeordnet wird, hat sie im anglo-amerikanischen Raum und in Skandinavien wieder erheblich an Bedeutung gewonnen.[4] Dabei werden die neueren Erkenntnisse der Humangenetik, der Neurophysiologie und der Biochemie genutzt, um menschliches, auch kriminelles Verhalten zu erklären. Im Folgenden werden zunächst die biokriminologischen „Klassiker" der XYY-Chromosomenaberration sowie der Zwillings- und Adoptionsforschung besprochen. Dann folgt eine ausführliche Würdigung der neueren biochemischen Forschung, die sich mit den Wirkungen von Neurotransmittern und Hormonen beschäftigt. Insbesondere die sehr produktive Forschung mit Testosteron wird genauer beleuchtet, um die Methodik und die Ausdifferenzierung einer biokriminologischen und alltagstheoretisch plausiblen Ausgangsthese darzustellen. Schließlich wird noch kurz auf die Evolutionsbiologie eingegangen, um deren wiederum ganz andere Methodik zu vermitteln.[5]

2. Klassische biokriminologische Forschung

3   Ein kurzes Wiederaufflackern biologischen Denkens bescherte die „Entdeckung" der **XYY-Chromosomenaberration** in den 1960er-Jahren: Kurze Meldungen in renommierten wissenschaftlichen Zeitschriften wie Nature[6] oder The Lancet[7] über ein gehäuftes Vorkommen der XYY-Chromosomen unter gefangenen Schwer- und Gewaltverbrechern, nährten die Hoffnung, dass das „Verbrechergen" oder „Mördergen" entdeckt wurde und dass sich Kriminalität und Gewalt auf einen einzigen Faktor reduzieren ließen. Die sehr kleinen Stichproben und der dennoch eher geringe Anteil der Personen mit XYY-Chromosomen sowie größere Nachuntersuchungen[8] ergaben schließlich keinen signifikanten Zusammenhang.

4   Einige Beliebtheit genossen in den 1960er- bis 1980er-Jahren auch Zwillings- und Adoptionsstudien, bei denen der Anlage- und der Erziehungseinfluss auf die Kriminalität voneinander separiert und so konkret bewertet werden sollten. Bei der **Zwillingsforschung** wird untersucht, ob die Wahrscheinlichkeit der gemeinsamen kriminellen Auffälligkeit (Konkordanz) bei eineiigen und damit genetisch identischen Zwillingen höher ist als bei zweieiigen Zwillingen oder Geschwistern.

---

[3] *Laue* 2010, S. 17 f.
[4] Siehe *Streng* 1998, S. 235 ff.
[5] Für instruktive Überblicke über das weite Feld biokriminologischer Forschung vgl. *Newburn* 2017, S. 143 ff.; *Hopkins Burke* 2019, S. 87 ff.
[6] *Jacobs/Brunton/Melville/Brittain/McClement* 1965.
[7] *Nielsen/Tsuboi/Stürüp/Romano* 1968.
[8] Siehe etwa *Witkin* et al. 1977, die unter den 4.139 körpermäßig größten männlichen Bewohnern von Kopenhagen 12 XYY-Männer fanden, die wegen geringerer Kriminalität auffällig geworden waren, aber in keinem Fall durch Gewalt.

Historisches Vorbild war die Studie von *Lange* aus dem Jahr 1929.[9] Er hatte 30 Zwillingsbrüder untersucht, die alle straffällig geworden waren. Von diesen Zwillingen waren 13 eineiige und 17 zweieiige Zwillinge. Bei 76,9 % der eineiigen Zwillinge waren die Brüder ebenfalls straffällig, während dies nur auf 11,8 % der zweieiigen Zwillinge zutraf. Bei zusätzlichen 200 untersuchten Straftätern waren nur 8 % der „normalen" Brüder straffällig geworden. *Lange* zieht daraus den Schluss, dass „für den Verfall in Kriminalität die Erbanlage eine überwiegende Bedeutung hat", man aber „Umwelteinwirkungen eine gewisse Rolle zuerkennen muss".[10]

Christiansen[11] unterschied in seiner Studie mit fast 6000 Zwillingspaaren, die zwischen 1880 und 1910 in Dänemark geboren wurden, zwischen Verbrechen und kleineren Vergehen und nahm auch weibliche Zwillinge mit auf. Er berechnete einen Konkordanzfaktor, wobei bei 1,000 perfekte Konkordanz herrscht und bei 0,000 überhaupt keine Konkordanz. Bei den männlichen Zwillingen war der Faktor bei beiderseitiger strafrechtlicher Unauffälligkeit mit 0,907 bei eineiigen und mit 0,910 bei zweieiigen Zwillingen am größten. Für den Fall, dass beide Zwillinge wegen Verbrechen auffällig wurden, ergab sich bei eineiigen Zwillingen ein Faktor 0,527 und bei zweieiigen 0,219; für den Fall, dass beide Zwillinge nur wegen Vergehen auffällig wurden, ergab sich ein Faktor von 0,235 bei eineiigen Zwillingen und 0,084 bei zweieiigen. Insgesamt kommt *Christiansen* zu dem Schluss, dass die Konkordanz bei schweren Verbrechen höher ist als bei kleineren Vergehen, aber am höchsten bei der lebenslangen Unauffälligkeit, und dass die Konkordanz bei Frauen allgemein größer ist als bei Männern. Er versuchte, auch Umweltaspekte zu berücksichtigen und unterschied etwa zwischen ländlichem Raum und Stadt oder nach sozialen Klassen. Dabei fiel die Konkordanz auf dem Land erwartungsgemäß höher aus als in der Stadt, wo Umweltaspekte stärker wirken. Bei den sozialen Klassen konnten keine Ergebnisse erzielt werden, weil es in zu vielen Fällen keine Angaben dazu gab.

Eine norwegische Zwillingsstudie aus dem Jahr 1976[12] ergab zunächst eine Konkordanz bei eineiigen Zwillingen von 25,8 % und bei zweieiigen von 14,9 %. Nachdem aber die wechselseitige Nähe der Zwillinge kontrolliert wurde, konnte kein genetischer Einfluss mehr festgestellt werden. Dies betrifft einen Kritikpunkt, der auf viele Zwillingsstudien zutrifft: Es wird zumeist nicht berücksichtigt, dass zwischen eineiigen Zwillingen eine größere Nähe besteht als bei zweieiigen. Diese größere Nähe führt dazu, dass eineiige Zwillinge mehr gemeinsame Erlebnisse und einen weitgehend identischen Freundeskreis haben und insgesamt das erzieherische Verhalten der Eltern und der Schule ähnlicher ist als bei zweieiigen Zwillingen oder gar sonstigen, unterschiedlich alten Geschwistern. Eineiige Zwillinge haben dadurch nicht nur identische Gene, sondern unterliegen auch deutlich ähnlicheren Umwelteinflüssen.

---

[9] *Lange* 1929.
[10] *Lange* 1929, S. 82.
[11] *Christiansen* 1968.
[12] *Dalgard/Kringlen* 1976. In Dänemark ist die Mutter, die ihr Kind zur Adoption freigibt, verpflichtet, den biologischen Vater zu nennen.

7   Diesen Restriktionen in der Forschung versucht man mit **Adoptionsstudien** zu begegnen. Dabei können die Umwelt- und genetischen Einflüsse besser voneinander getrennt werden: Wenn adoptierte Straffällige zu einem signifikant höheren Anteil einen straffälligen biologischen Elternteil haben, wird daraus der Schluss gezogen, dass sich die genetische Prädisposition gegenüber den Umwelteinflüssen durchgesetzt hat. Das Problem ist dabei, dass in den seltensten Fällen die Adoptierten ihre biologischen Eltern kennen. In Dänemark wurde aber bei einer Studie über die Vererblichkeit von Schizophrenie ein Adoptionsregister erstellt für die Jahre 1924 bis 1947.[13] Dieses Register enthielt auch Aussagen über die biologischen Eltern der Adoptierten. In einer kriminologischen Auswertung dieses Registers wurden die verurteilten Adoptierten darauf untersucht, ob sie einen straffälligen biologischen Elternteil hatten.[14] Es wurde auch erhoben, ob die Adoptionseltern verurteilt wurden. Dabei stellte sich heraus, dass sowohl, wenn die Adoptionseltern verurteilt wurden, als auch, wenn sie nicht verurteilt wurden, der Anteil der verurteilten Adoptierten mit einem verurteilten biologischen Elternteil größer war als der mit einem nicht verurteilten biologischen Elternteil. Allerdings waren auch hier die Fälle fehlender Konkordanz deutlich in der Mehrheit.[15]

8   Eine neuere Studie aus Schweden[16] unterscheidet bei der abhängigen Variable Kriminalität und Gewaltkriminalität und weitet die unabhängigen Variablen stark aus: Nicht nur die Straffälligkeit von Adoptiv- und biologischen Eltern wird erforscht, sondern auch Drogen- und Alkoholmissbrauch und psychiatrische Erkrankungen. Als Umweltbedingungen wurden berücksichtigt u. a. früher Tod eines Adoptivelternteils, Scheidung und Bildungsstand. Darüber hinaus wurden die Adoptiv- und biologischen Geschwister in die Untersuchung mit einbezogen. Auch hier wurde ein erhöhtes Risiko der Kriminalität und der Gewaltkriminalität bei Adoptierten gemessen, wenn ein biologischer Elternteil (gewalt)kriminell geworden ist. In diesem Fall war auch das Risiko für Geschwister und Halbgeschwister der Adoptierten erhöht.[17] Die stärksten genetischen Risikofaktoren waren dabei eigene Straffälligkeit der biologischen Eltern und Alkoholmissbrauch. Aber auch die erhobenen Umweltfaktoren hatten einen signifikanten Einfluss auf die (Gewalt)Kriminalität der Adoptierten und ihrer biologischen Geschwister. Die Autoren resümieren, sie hätten „robuste Beweise für die genetische Übertragung von Kriminalität und Gewaltkriminalität gefunden".[18]

9   Obwohl Adoptionsstudien den Einfluss von Genetik und Umwelt besser voneinander separieren können als Zwillingsstudien, sind auch sie nicht frei von

---

[13] *Kety/Rosenthal/Wender/Schulsinger* 1968.
[14] *Mednick/Gabrielli/Hutchings* 1987, S. 74.
[15] *Mednick/Gabrielli/Hutchings* 1987, S. 79: Bei den nicht verurteilten Adoptionseltern lag der Anteil der verurteilten Adoptierten mit verurteiltem biologischen Elternteil bei 24,5 % (von 143), während nur 14,7 % (von 204) keinen verurteilten biologischen Elternteil hatten. Bei den nicht verurteilten Adoptionseltern lagen die Werte bei 20,0 % (von 1.226) bzw. bei 13,5 % (von 2.492).
[16] *Kendler/Larssson Lönn/Morris/Sundquist/Långström/Sundquist* 2014.
[17] *Kendler/Larssson Lönn/Morris/Sundquist/Långström/Sundquist* 2014, S. 1917.
[18] *Kendler/Larssson Lönn/Morris/Sundquist/Långström/Sundquist* 2014, S. 1920.

Beschränkungen. Keinerlei Umwelteinfluss geht von den biologischen Eltern aus, wenn die Kinder sofort nach der Geburt von ihren Eltern getrennt und adoptiert werden. Dies ist aber nicht immer der Fall: Manche Kinder leben noch Monate, sogar Jahre bei ihren Eltern bevor sie adoptiert werden. Ein früher formender Einfluss der biologischen Eltern kann dann nicht ausgeschlossen werden.[19] Daneben wird aus den veröffentlichten Studien nicht klar, was unter Straffälligkeit der Zwillinge und Adoptierten genau zu verstehen ist.

Zusammengefasst kommen die zum Teil sehr aufwändigen Zwillings- und Adoptionsforschungen nicht zu dem meist erstrebten Ergebnis, dass der genetischen Veranlagung eine bestimmende Rolle bei der Erklärung und Prognose von Kriminalität zukommt. Ein gewisser Einfluss auf die Kriminalität könnte gegeben sein, dominierend ist er aber sicher nicht. Wie groß er ist, ist umstritten. *Gottfredson/Hirschi* kommen in ihrer Bewertung von Adoptionsstudien zu dem Schluss: „That is, we suspect that the magnitude of this effect is minimal."[20]

3. Biochemie

Die Biokriminologie erforscht den Zusammenhang von bestimmten körperlichen Merkmalen und abweichendem Verhalten. Hierbei stehen Neurotransmitter wie Serotonin oder Dopamin oder verhaltensleitende Hormone wie Testosteron im Mittelpunkt des Interesses. Auch hier sollen einige Beispiele aus der Forschung die Methoden und Ergebnisse kurz beleuchten.

Neurotransmitter sind chemische Stoffe, die an den Synapsen die Verbindung zwischen zwei Nervenzellen (Neuronen) herstellen und so die Aktivität des Nervensystems beeinflussen. Für die Kriminologie besonders bedeutsam sind Neurotransmitter, denen eine verhaltens- oder stimmungsbeeinflussende Bedeutung zugeschrieben wird; dazu gehören etwa Dopamin und Serotonin. Es gibt grundsätzlich mehrere Methoden, diese Substanzen zu messen. Man kann eine Vorläufersubstanz messen, aus der sich die Zielsubstanz zusammensetzt (z. B. Trypthophan), ein Enzym, das am Aufbau beteiligt ist, oder ein Abbauprodukt (z. B. 5-Hydroxyindolessigsäure, 5-HIAA). Letzteres ist das verlässlichste Maß. Gemessen werden können diese Substanzen im Blut, im Urin oder – mit dem direktesten Zugang – in der Rückenmarksflüssigkeit.

Dopamin, auch als „Glückshormon" bezeichnet, wirkt anregend und spielt eine Rolle bei Motivation, Lernen und Konzentration sowie bei Belohnungs- und Glücksgefühlen. In der Untersuchung von *Buckholtz u. a.* aus dem Jahr 2010 wurde das Gehirn von 24 Probanden mit einer Positronenemissionstomografie, einem bildgebenden Verfahren, untersucht. Alle Probanden wurden darüber hinaus einem Test nach dem Psychopathie-Persönlichkeitsinventar (PPI), einem Standardinstrument zur Messung der Psychopathie nach der Definition von *Cleckley*, unterzogen. Probanden mit einem höheren Impulsivitätswert auf der Psychopathieskala zeigten

---
[19] *Newburn* 2017, S. 149.
[20] *Gottfredson/Hirschi* 1990, S. 58.

nach dem Konsum von dopaminstimulierenden Substanzen wie Amphetamin und Alkohol eine höhere Dopaminausschüttung als Personen mit einem geringeren Impulsivitätswert.[21] Die Forscher sehen darin einen Zusammenhang zwischen Dopamin und Drogenkonsum sowie letztlich Kriminalität, denn hohe Impulsivitätswerte auf der Psychopathieskala stehen in einem starken Zusammenhang mit Kriminalität. Das Beispiel zeigt den enormen Aufwand, der bei der biokriminologischen Forschung mitunter getrieben wird und als Kehrseite auch die relativ geringe Zahl der Probanden, die eine Verallgemeinerung der Ergebnisse erschwert.

14 Auch Serotonin ist ein (Hormon und) Neurotransmitter. Es wirkt eher hemmend, sodass ein geringes Niveau an Serotonin mit hoher Impulsivität, Aggression, aber auch Depression und der oppositionellen Verhaltensstörung in Verbindung gebracht wird. Möglicherweise wird bei vielen Personen ein hoher Serotoninwert, also ein stark hemmender Einfluss, durch enthemmenden Alkohol kompensiert.[22] In einer Meta-Analyse von 29 Studien aus den Jahren 1974 bis 1990 über „antisoziales Verhalten", also die dissoziale Persönlichkeitsstörung, kam *Raine* für Serotonin zu folgenden Ergebnissen:[23]

- Antisoziale ohne Alkoholmissbrauch hatten signifikant geringere Serotoninwerte als Antisoziale mit Alkoholmissbrauch.
- Antisoziale mit einer Borderline-Persönlichkeitsstörung und Suizidversuchen hatten signifikant geringere Serotoninwerte als Antisoziale ohne solch eine Biografie.
- Gewalttätige Antisoziale hatten signifikant geringere Serotoninwerte als nicht gewalttätige Antisoziale, deren durchschnittliche Effektgröße allerdings nicht signifikant war.
- Keine signifikanten Unterschiede bei den Effektgrößen konnten hinsichtlich des Alters der Probanden oder dem Vorliegen von Depressionen gefunden werden.

15 Diese Ergebnisse erscheinen äußerst speziell und auf den ersten Blick nicht weiterführend. Sie zeigen aber, dass beim Serotonin keine linearen Wirkungsmechanismen vorherrschen, sondern der Einfluss über verschiedene Zwischenstufen funktioniert: Es liegt die Wirkungslinie „geringer Serotoninwert → Kompensation der ‚Überhemmung' durch Alkohol → antisoziales bzw. gewalttätiges Verhalten" nahe. In einer weiteren Meta-Analyse aus dem Jahr 2002 wurden 20 Studien aus den Jahren 1978 bis 2000 ausgewertet. 34 Veröffentlichungen wurden ausgeschlossen, vor allem weil die darin verwendeten Daten in den erfassten Veröffentlichungen bereits analysiert wurden. Geringe Serotoninwerte stehen nach dieser Meta-Analyse in einem signifikanten Zusammenhang mit antisozialem Verhalten.[24]

---

[21] *Buckholtz et al.* 2010.
[22] Klassisch zur erhöhten Aggressionsneigung unter Alkoholeinfluss bei geringem Serotoninniveau *Virkkunen/Linnoila* 1993, S. 163.
[23] *Raine* 1993, S. 86 ff.
[24] *Moore/Scarpa/Raine* 2002, S. 310.

Dass **Hormone** die Stimmung und das Verhalten von Menschen beeinflussen, ist unbestritten. Hormone sind körpereigene Stoffe, die in Drüsen gebildet werden und über den Blutkreislauf als „chemische Boten" im Körper bestimmte Wirkungen entfalten. Schon relativ früh im 20. Jahrhundert wurden Hormone als „chemische Verursacher" von abweichendem Verhalten erforscht.[25] Insbesondere das Sexualhormon **Testosteron** wurde als wichtiger Einflussfaktor für männliche Kriminalität, vor allem Gewaltkriminalität angesehen. Es wird von Männern deutlich mehr produziert als von Frauen. Darüber hinaus wird es erst mit dem Einsetzen der Pubertät in größeren Mengen produziert und nimmt ab dem 25. Lebensjahr kontinuierlich ab. Damit ähnelt die Produktionskurve von Testosteron der kriminellen Belastung von Frauen und Männern im Lebenslauf (Abb. 5.1).

Die Werte auf der y-Achse bezeichnen die Tatverdächtigenbelastung pro 10.000 sowie den Bluttestosteronspiegel ng/l.

Unklar ist aber die Wirkungsrichtung von Testosteron. Es werden mindestens vier verschiedene Theorien vertreten:

- Alltagstheorie, das sog. „Mausmodell": Aus frühen Tierversuchen wird vermutet: Ein erhöhter Testosteronspiegel bewirkt erhöhte Aggression, dissoziales Verhalten, Kriminalität.
- (Stellvertretende) Wirkungstheorie: Ein erhöhter Testosteronspiegel ist nicht die Ursache bestimmter Verhaltensänderungen, sondern die Wirkung erfolgreich bestandener Konkurrenzsituationen.[26]

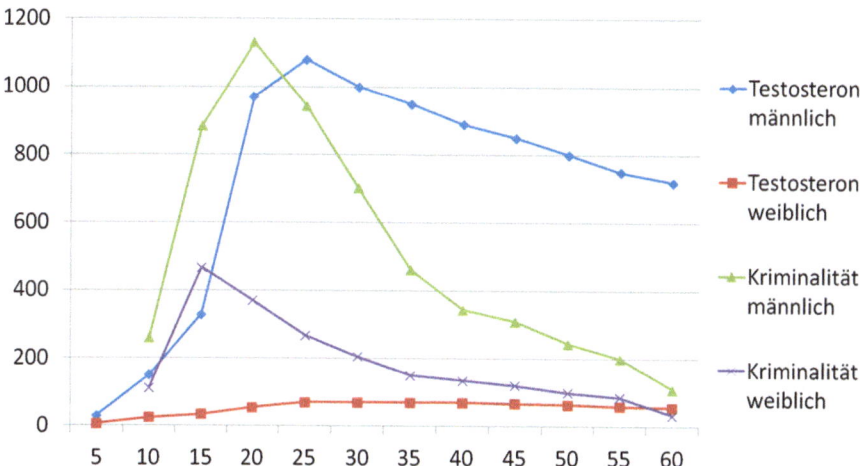

Abb. 5.1 Testosteronspiegel und Kriminalität im Lebenslauf. (Quellen: *PKS* 2018, Band 3 Tatverdächtige, V 2.0, S. 101; *Travison et al.* 2017, S. 1163)

---

[25] Siehe *Schlapp/Smith* 1928.
[26] *Bernhardt/Dabbs/Fielden/Lutter* 1998; *Salvador/Suay/Martinez-Sanches/Simon/Brain* 1999; *Stanton/Beehner//Saini/Kuhn/LaBar* 2009.

- Vermittlungstheorie: Bestimmte Verhaltensweisen erhöhen den Testosteronspiegel, der wiederum vermehrt aggressives Verhalten verursacht.[27]
- Theorie des Sozialen Status (auch challenge hypothesis): Testosteron bewirkt Statusstreben, insbesondere in Situationen, in denen der gesellschaftliche Rang einer Person gefährdet erscheint.[28]

18 Ein direkter linearer Zusammenhang zwischen Testosteronwert und Kriminalität bzw. Aggression schien durch frühe Tierversuche nahegelegt zu werden: In einem Versuch aus dem Jahr 1947[29] zeigten Labormäuse nach ihrer Kastration praktisch kein aggressives Verhalten mehr gegenüber ihren Art- und Geschlechtsgenossen. Wurden den kastrierten Mäusen aber dann Testosteronkapseln implantiert, welche die Tiere mit hohen Dosen des Hormons versorgten, trat ein radikaler Verhaltenswechsel ein: Die kastrierten Tiere mit Testosteron zeigten ein sehr aggressives Verhalten, signifikant aggressiver als ihre nicht kastrierten Geschlechtsgenossen. Nach dem Abklingen der Testosteronversorgung waren die kastrierten Mäuse wieder kaum aggressiv. Es wurde also ein linearer Zusammenhang zwischen Testosteron und Aggressivität bei Mäusen festgestellt. Bei Versuchen mit Affen fielen die Ergebnisse bereits weniger eindeutig aus: Nur Tiere, die einen hohen gesellschaftlichen Rang haben und sich in der Gruppe befinden, produzieren viel Testosteron; werden diese Tiere von der Gruppe getrennt, fällt der Testosteronwert fast schlagartig ab.[30]

19 Frühe Versuche mit Jugendlichen und Heranwachsenden ergaben dann ein deutlich differenzierteres Bild: In einer Studie[31] mit 58 schwedischen Schülern im Alter von 15 bis 17 Jahren konnte auch nach multivariater Auswertung lediglich ein signifikanter Zusammenhang mit provoziertem aggressiven Verhalten festgestellt werden, nicht dagegen mit unprovoziertem aggressiven Verhalten. Gleichzeitig stand ein hoher Testosteronwert in Zusammenhang mit einer geringen Frustrationstoleranz, die wiederum zu antisozialem Verhalten führen kann. Nach einer weiteren schwedischen Studie stehen hohe Testosteronwerte in keiner Beziehung zu physischer Aggression, aber in einem signifikanten Zusammenhang mit verbaler Aggression.[32]

20 Für Studien an Erwachsenen wurden zunächst vor allem Untersuchungen an Gefangenen durchgeführt. Hierbei konnte man auf ein größeres Reservoir an Straffälligen zurückgreifen. Gefangene mit Gewalttaten hatten dabei höhere Testosteronwerte als Gefangene mit gewaltloser Anlasstat.[33] Andere Aspekte, wie z. B. die Anzahl der Disziplinarstrafen in der Anstalt, standen nicht in einem signifikanten Zusammenhang mit Testosteron. Da nur Straffällige untersucht wurden und keine

---

[27] *Klinesmith/Kasser/McAndrew* 2006.
[28] Review von *Archer* 2006.
[29] *Beeman* 1947.
[30] *Schalling* 1987.
[31] *Olweus* 1987; *Olweus/Mattson/Schalling/Löw* 1988.
[32] *Schalling* 1987.
[33] *Dabbs/Frady/Carr/Besch* 1987.

normkonforme Kontrollgruppe gebildet wurde, ist die Aussagekraft solcher Gefangenenstudien eher gering. Untersuchungen mit „Normalbürgern" hingegen gestalten sich deswegen schwierig, weil die Feststellung der abhängigen Variabel problematisch ist. Eine Möglichkeit besteht darin, aggressives oder antisoziales Verhalten durch Fragebögen zu erheben. Studien, die diesen Weg beschritten haben, belegen mehrheitlich keinen signifikanten Zusammenhang zwischen Testosteron und Aggressivität bzw. Reizbarkeit.[34]

Schon bald mehrten sich die Zweifel, dass Testosteron unmittelbar menschliche Aggression befördert.[35] Ausgehend von Tierversuchen, vor allem mit Primaten,[36] bildete sich die Meinung, dass Testosteron sich insbesondere in Situationen auswirkt, in denen Männer um sozialen Status konkurrieren (Wirkungstheorie). Eine zweifache Auswirkung wurde beobachtet: Zum einen steigt der Testosteronwert kurz vor der Auseinandersetzung mit einem Statuskonkurrenten und zwar unabhängig davon, ob die Auseinandersetzung physisch ausgetragen wird oder unkörperlich nur verbal.[37] Zum anderen steigt nach dem Ende der Auseinandersetzung der Testosteronwert des Gewinners, während er beim Verlierer abfällt.[38] Dieser zweite Effekt wurde bei zahlreichen Wettkämpfen beobachtet, auch bei solchen, die keiner physischen Anstrengung bedürfen. So wurde in einer Untersuchung mit 16 männlichen Schachspielern am Tag vor einem Turnierspiel, unmittelbar vor diesem und unmittelbar danach jeweils eine Testosteronmessung vorgenommen. Die Gewinner hatten nach dem Spiel signifikant höhere Testosteronwerte als die Verlierer. Dieser Effekt wurde nicht nur bei den konkurrierenden Akteuren gemessen, sondern auch – stellvertretend – bei deren Anhängern. So wurde während des Endspiels der Fußballweltmeisterschaften 1994 zwischen Italien und Brasilien der Testosteronwert von italienischen und brasilianischen Anhängern gemessen. Brasilien gewann im Elfmeterschießen. Die Anhänger der siegreichen Brasilianer hatten nach dem Spiel signifikant höhere Testosteronwerte, während die Werte der unterlegenen italienischen Anhänger abfielen.[39]

Testosteron erscheint nach dieser Auffassung somit nicht mehr als Auslöser oder Grund für ein bestimmtes aggressives oder kriminelles Verhalten, sondern als Wirkung einer gewonnenen oder verlorenen Konkurrenzsituation. Dies nicht nur bei

---

[34] Vgl. etwa *Anderson et al.* 1992, bei denen die Untersuchung der Wirkung von exogenen Testosteronverabreichungen auf das Sexualverhalten im Vordergrund stand und Aggressivität nur eine Nebenrolle spielte. Ähnliche Ergebnisse bei *Bagatell et al.* 1994. Kritisch zu den „paper-and-pencil-tests" *Mazur/Booth* 1998, S. 356 ff.

[35] *Archer* 1991; *Albert/Walsh/Jonik* 1994. Eine Metaanalyse von 42 Studien, die einen direkten Zusammenhang zwischen Testosteronwerten und Aggression untersuchten, ergab lediglich eine Gesamtkorrelation von $r = 0.08$ zwischen Testosteron und den in den Studien verwendeten verschiedenen Maßen von Aggression, s. *Archer/Graham/Kevan/Davis* 2005.

[36] *Mazur* 1985.

[37] Siehe *Archer* 2006, S. 325 ff.

[38] *Mazur/Booth* 1998, S. 362.

[39] *Bernhardt/Dabbs/Fielden/Lutter* 1998. Für die Anhänger bei den US-Präsidentschaftswahlen 2008 vgl. *Stanton/Beehner/Saini/Kuhn/LaBar* 2009.

den Kontrahenten selbst, sondern auch stellvertretend bei mit den Kontrahenten sympathisierenden Personen.

23   Einige Untersuchungen haben eine dritte Theorie der Testosteronwirkungen aufkommen lassen. Im Jahre 2005 wurde ein Experiment mit insgesamt 30 jungen Männern durchgeführt,[40] von denen die ein Hälfte für 15 Minuten eine Schusswaffe ausgehändigt bekam mit dem Auftrag diese zu zerlegen und anschließend wieder zusammenzubauen. Der anderen Hälfte wurde mit dem gleichen Auftrag ein etwa gleich komplexes Kinderspielzeug in die Hand gedrückt. Anschließend sollten alle Probanden einen Geschmackstest mit 85 g Wasser durchführen, das mit einem Tropfen scharfer Sauce versetzt war. Die Schärfe dieses Getränks sollten sie auf einer Skala bewerten. Erst dann kam der eigentliche Test: Den Probanden wurde aufgetragen, für einen nachfolgenden Probanden eine Mischung aus Wasser und scharfer Sauce zusammenzustellen, damit dieser den Geschmackstest machen kann. Der Testosteronwert wurde vor und nach der Beschäftigung mit der Schusswaffe/dem Kinderspielzeug gemessen. Die abhängige Variable war das Mischungsverhältnis zwischen Wasser und scharfer Sauce. Es sollte die Aggression gegenüber dem nächsten Probanden abbilden. Dabei stiegen die Testosteronwerte bei den Probanden, die sich mit der Schusswaffe beschäftigten, während dieser Beschäftigung erheblich an. Bei den Probanden mit dem Kinderspielzeug war das nicht der Fall. Auch mischten die Probanden mit Schusswaffe signifikant schärfere Getränke. Die Forscher sehen darin eine Bestätigung der sog. Vermittlungsthese: Bestimmte Verhaltensweisen oder Erfahrungen erhöhen den Testosteronspiegel, der dann wiederum zu erhöhter Aggressivität führt.

24   Eine vierte Wirkungstheorie ist die Herausforderungshypothese. Sie wurde entwickelt zur Erklärung, warum der Testosteronwert bei männlichen Vögeln zu Beginn der Brutphase ansteigt und nach dieser Phase wieder absinkt. Übertragen auf Menschen und dementsprechend modifiziert wurde sie von *Archer*.[41] Er lehnt das lineare Modell eines direkten Wirkungszusammenhangs zwischen Testosteron und steigender Aggression als empirisch nicht bestätigt ab. Stattdessen vermutet er, dass Testosteron immer dann verstärkt produziert wird, wenn Männer in Situationen geraten, in denen ihr sozialer Status in Gefahr gerät oder verbessert werden kann. *Archer* führte keine eigene empirische Untersuchung durch, sondern wertet die vorhandenen Studien im Hinblick auf die Herausforderungsthese aus. Er verarbeitet dabei etwa die Erkenntnis, dass Männer vor Wettkämpfen vermehrt Testosteron produzieren. Auch bei Beleidigungen schütten insbesondere Südländer vermehrt Testosteron aus.[42] Testosteron ist danach ein Hormon, das den sozialen Status schützt, auch indem es in einer Auseinandersetzung mit Statuskonkurrenten zu erhöhter Aggressivität führt. Es hat diese Wirkung aber außerhalb von Herausforderungen des sozialen Status nicht. Die Forschung zu den Wirkungen von Testosteron auf das menschliche, insbesondere männliche Verhalten, hat somit zu einer erheblichen Ausdifferenzierung geführt.

---

[40] *Klinesmith/Kasser/McAndrew* 2006.
[41] *Archer* 2006.
[42] *Cohen/Nisbett/Bowdle/Schwarz* 1996.

Die Forschung über die Wirkung von Hormonen beschränkt sich unterdessen nicht mehr auf Aggression und Gewalt, sondern spielt auch in der Erklärung von wirtschaftlichem Handeln und Erfolg eine Rolle. In der Nachfolge der großen Bankenkrise 2008 wird versucht, die Risikofreudigkeit im Wirtschaftshandeln und den daraus resultierenden Erfolg oder Misserfolg mit Hormonen in Zusammenhang zu setzen. Theoretischer Anknüpfungspunkt sind die Wirkungstheorie und die Herausforderungstheorie, denn ein kapitalistisch ausgerichtetes Wirtschaftssystem wird als eine permanente gesellschaftlich institutionalisierte Konkurrenzsituation gedeutet. Insbesondere die Börse mit den riskanten Spekulationsgeschäften z. B. des Options- und Derivathandels ist in den Mittelpunkt des Interesses gerückt. Methodisch werden entweder experimentelle Spielsituationen kreiert, die wirtschaftliches Handeln simulieren sollen,[43] oder es werden professionelle Börsenhändler bei ihrer realen Arbeit analysiert.[44] Die Ergebnisse sind durchwachsen: Während bei real agierenden Börsenhändlern signifikante Zusammenhänge zwischen einem hohen Testosteronwert und größerer Profitabilität festgestellt werden konnten,[45] sind die Zusammenhänge bei den experimentellen Spielsituationen deutlich schwächer.[46]

Eine besondere Rolle wird Sexualhormonen bei sexuellem Missbrauch von Kindern und Pädophilie zugeschrieben. Pädophilie ist eine sexuelle Orientierung, die sich auf Kinder vor dem Erreichen der Pubertät konzentriert. Pädophilie soll bei etwa 50 % der Fälle von sexuellem Missbrauch von Kindern handlungsleitend sein.[47] Besonderes Interesse haben Sexualhormone wie Testosteron auch bei der Entstehung von sexuellen Orientierungen und der Genderidentität erlangt. Es wird vertreten, dass sowohl bei der Genderidentität als auch bei sexuellen Orientierungen wie Pädophilie der Entwicklungsprozess bei der Geburt vollständig abgeschlossen ist und Umweltfaktoren wie etwa Erziehung keine Bedeutung mehr zukommt.[48] Bei der vorgeburtlichen Ausbildung der sexuellen Identität und Orientierung scheinen Sexualhormone eine entscheidende Rolle zu spielen.[49] Sollte es sich bewahrheiten, dass sexuelle Orientierungen wie Pädophilie, die eng mit Straftaten in Verbindung stehen, bereits vorgeburtlich ausdifferenziert sind und nicht mehr wirksam verändert werden können, kommt man der Idee von der angeborenen (und vererbten) Kriminalität bereits recht nahe. Das bedeutet freilich nicht, dass solche Personen zur Kriminalität determiniert sind: Gerade bei der Pädophilie gibt es erfolgreiche Präventionsstrategien, die allerdings auf die Mithilfe der Betroffenen angewiesen sind.

---

[43] Siehe *Sapienza et al.* 2009.
[44] Vgl. etwa *Coates/Herbert* 2008, die 17 reale Händler an der Londoner Börse über 8 Handelstage untersucht haben.
[45] *Coates/Herbert* 2008.
[46] *Cueva et al.* 2017; *Sapienza/Zingales/Maestripieri et al.* 2009.
[47] *Whitaker et al.* 2008, S. 540.
[48] *Bao/Swaab* 2010, S. 563: „There is no proof that the social environment has an effect on the development of gender identity, sexual orientation, or pedophilia."
[49] Siehe *Krüger et al.* 2019.

4. Evolutionsbiologie

27 Die Evolutionsbiologie gilt als die Königsdisziplin der Biologie: Es gilt der Leitsatz, dass nur das biologisch Sinn macht, was sich an den Erkenntnissen der Evolutionsbiologie messen kann.[50] Das Gesetz der Evolution des Lebens auf der Erde geht zurück auf *Charles Darwin* (1809–1888). Er veröffentliche 1859 das Buch „Die Entstehung der Arten durch natürlich Zuchtwahl". Darin beschrieb er, wie sich das gesamte Leben auf der Erde durch den Mechanismus der natürlichen Selektion aus einem gemeinsamen Lebensursprung entwickelt und ausdifferenziert hat. Hierbei wirken drei Bedingungen:

1. Vererbung: Lebewesen vermehren sich durch Übertragung ihrer Gene an die Nachkommen.
2. Variation: Die Nachkommen sind genetisch nicht mit ihren Eltern identisch. Überhaupt gibt es keine identischen Lebewesen, selbst eineiige Zwillinge sind nicht identisch.
3. Unter den Lebewesen herrscht ein Konkurrenzdruck um knappe Güter. Dieser Konkurrenzdruck führt zu natürlicher Selektion.

28 Die Evolutionsbiologie bietet unter dem Licht der sexuellen Selektion auch eine Antwort auf die Frage, warum Männer stärker kriminalitätsbelastet sind als Frauen:[51] Menschen sind Säugetiere, bei denen die Last der Fortpflanzung zwischen den Geschlechtern ungleich verteilt ist. Weibchen tragen regelmäßig die Nachkommen aus und pflegen sie danach noch einige Zeit bis zur Reifeentwicklung. Weibchen sind daher wegen ihres größeren Engagements ein knappes Gut, um das die Männchen konkurrieren. Bei den meisten Säugetierarten wird die Konkurrenz durch eine Hierarchie in der Gruppe gelöst. Nur die ranghohen Männchen haben Zugang zu Fortpflanzungspartnerinnen. Wenn Männchen sich fortpflanzen wollen, müssen sie den Konkurrenzkampf gegen die anderen Männchen bestehen. Bei den allermeisten Arten bestehen die Konkurrenzkämpfe in körperlichen Auseinandersetzungen. Dabei gewinnt das stärkste und mutigste Männchen und kann seine Gene an die Nachkommen vererben. Wenn Männchen nicht genug Risikobereitschaft aufbringen, um sich in den Konkurrenzkampf zu begeben, dann können deren Gene nicht an die Nachkommen weitergegeben werden. So werden stets die Gene von den risikobereitesten, aggressivsten und kräftigsten Männchen übertragen. Risikobereitschaft, Aggression und Stärke sind also regelmäßig männliche Voraussetzungen, um sich fortzupflanzen. Diese Eigenschaften sind dagegen bei Weibchen nicht notwendig. So findet bei den Säugetieren eine geschlechtsspezifische Selektion statt: Männchen werden nach den Attributen Risikobereitschaft, Aggression und Kraft selektiert, Weibchen dagegen nicht. In der Natur wird dies bestätigt, denn bei Säugetieren sind die Männchen stets größer und kräftiger als die Weibchen, bei denen ein Selektionsdruck in diese Richtung nicht besteht.

---

[50] Von *Theodosius Dobzhansky* (1900–1975) stammt der Satz „Nothing makes sense in biology except in the light of evolution", siehe *Laue* 2010, S. 57.

[51] Vgl. zum Folgenden ausführlich *Laue* 2010, S. 314 ff. Zu den empirischen Grundlagen der kriminellen Mehrbelastung der Männer siehe a. a. O., S. 303 ff. Siehe auch *Rowe* 2002, S. 49 ff.

Selbstverständlich werden heute bei Menschen normalerweise keine Rangkämpfe mehr ausgefochten, um die Fortpflanzung zu ermöglichen. Kultur und Zivilisation haben diese Rangkämpfe längst durch andere Rituale abgelöst. Dennoch ist auch bei Menschen eine gewisse sexuelle Selektion zu beobachten: Männer sind im Durchschnitt größer, schwerer und kräftiger als Frauen, sie sind auch risikobereiter und aggressiver. Diese Eigenschaften stehen in einem Zusammenhang mit einer erhöhten Kriminalitätsbelastung. 29

Über den genauen Wirkmechanismus besteht keine Einigkeit: Wie genau sich die sexuell selektierten Gene der Männer in vermehrte Kriminalität exprimieren, steht nicht fest. Möglicherweise spielt hierbei Testosteron eine Rolle, aber, wie wir gesehen haben, nicht in einer direkten linearen Wirkung nach dem Maus-Modell. Die Frage nach solchen proximaten Gründen steht in der Evolutionsbiologie aber auch nicht im Vordergrund. Entscheidend ist die Frage, wie sich die erhöhte Kriminalitätsbelastung von Männern gegenüber Frauen, insbesondere bei der Gewaltkriminalität, evolutionstheoretisch erklären lässt. Die sexuelle Selektion als Säugetier ist eine naheliegende Erklärung. 30

5. Kritik an der Biokriminologie

Biokriminologie fristet im deutschsprachigen Raum, wie bereits erwähnt, ein Schattendasein. Aber auch im englischsprachigen Raum wird biokriminologische Forschung von vielen Kriminologen für wenig ertragreich gehalten. Das prominenteste Beispiel sind *Gottfredson* und *Hirschi*, die in ihrer „General Theory of Crime" den biologischen Ansatz resümieren mit den Worten:[52] „As a result, biological positivism has produced little in the way of meaningful or interpretable research. Instead, as we have seen, it has produced a series of ‚findings' (e.g. physiognomy, feeblemindedness, XYY inheritance of criminality) that survived only so long as was necessary to subject them to replication or to straightforward critical analysis." 31

Auch sonst stehen die meisten Kriminologen der Biokriminologie skeptisch gegenüber. Bestenfalls werden drei generelle Aussagen getroffen:[53] 32

- Biologische Faktoren spielen wohl eine Rolle bei kriminellem Verhalten.
- Der Einfluss dieser Faktoren ist sehr gering.
- Effekte sind vermittelt durch oder wirken nur zusammen mit gewichtigeren sozialen oder Umweltfaktoren.

Der Einfluss biologischer Faktoren erscheint daher vernachlässigenswert.

Diese Skepsis wird genährt durch zwei grundlegende Einwände, die gegen die Beschäftigung mit biologischen Grundlagen der Kriminologie immer wieder vorge- 33

---

[52] *Gottfredson/Hirschi* 1990, S. 61 f.
[53] *Newburn* 2017, S. 155.

bracht werden. Es sind dies zum einen methodische Einwände, zum anderen eine gewisse Furcht vor den möglichen Schlussfolgerungen aus der Tatsache, dass abweichendes Verhalten auch biologische Ursachen haben kann.

34 Die methodischen Einwände betreffen vor allem „unkriminologische" abhängige Variablen und das Design der Untersuchungen. Unkriminologisch sind die abhängigen Variablen, weil die oftmals aus klinischen Untersuchungen stammenden Fragestellungen nicht unmittelbar auf die Kriminalität der Probanden zielen, sondern andere Erkenntnisinteressen haben. So werden etwa die Ursachen von Persönlichkeitsstörungen, z. B. bei "antisozialem Verhalten", erforscht, die im Zusammenhang mit Kriminalität stehen können, aber nicht müssen. In die Testosteronforschung haben beispielsweise zahlreiche abhängige Variablen Eingang gefunden, die zum Teil nur sehr mittelbar Rückschlüsse auf Kriminalität erlauben:[54] verbale oder physische Aggression, Gewalt, initial oder provoziert, jeweils in Selbsteinschätzung erhoben oder durch Dritte bewertet, Ergebnisse diverser Persönlichkeitsinventare, kriminelle Handlungen, wiederum selbstberichtet oder von Gerichten festgestellt, Vorstrafen, Disziplinlosigkeit, Verstöße gegen eine Anstaltsordnung, soziale Härte, bis hin zu dem Einsatz scharfer Sauce oder der realen Leistung als Börsenhändler.[55]

35 Bei vielen Studien sind die Fallzahlen sehr gering, es findet keine Zufallsauswahl der Stichproben statt und die Kontrollgruppenbildung fehlt oder ist oftmals unzulänglich. Nicht immer werden konfundierende Variablen kontrolliert. Auch das hat damit zu tun, dass die Forschungen häufig von Naturwissenschaftlern im Rahmen von klinischen Untersuchungen durchgeführt werden, für die andere Fragestellungen relevant sind und andere Rahmenbedingungen gelten. Die Untersuchungen der Probanden sind mitunter, vor allem wenn bildgebende Verfahren eingesetzt werden, sehr aufwändig und teuer. Daneben gibt es aber auch Studien, die höchsten methodischen Ansprüchen genügen.[56]

36 Heute ist es nicht unüblich, beide Ansätze – täterorientierte und gesellschaftsorientierte – miteinander in interdisziplinären Forscherteams zu kombinieren. Es werden also biologische Merkmale zusammen mit sozialen Merkmalen erforscht. Wenn Kriminologie den Anspruch hat, abweichendes Verhalten umfassend zu erklären, ist dies der einzig gangbare Weg.

37 Zum zweiten scheinen einige Kriminologen Erkenntnisse der Biokriminologie von vornherein abzulehnen, weil sie die Ergebnisse fürchten. *Farrington* führt das darauf zurück, dass Kriminologen beim Wort Biologie zuallererst an *Lombroso* denken, der heute nicht mehr ernst genommen wird.[57] Relevanter dürfte aber die Angst vor dem Missbrauch biologischer Forschungsergebnisse sein, denn dafür gibt es ein naheliegendes historisches Beispiel: In der Zeit des Nationalsozialismus waren es auch die Kriminalbiologen, die die Begründung für die Wegsperrung, die Sterilisa-

---

[54] Siehe hierzu *Laue* 2010, S. 36.
[55] *Coates/Herbert* 2008.
[56] Vgl. etwa *Kendler/Larsson Lönn/Morris/Sunquist/Långström/Sundquist* 2014.
[57] *Farrington* 1987, S. 59.

tion oder Tötung erblich „minderwertiger" und „unverbesserlicher" Personen lieferten.[58]

Der allergrößte Teil der modernen Biokriminologen scheint vor dieser Gefahr gefeit. Dass aber auch renommierte Kriminalsoziologen in rassistische Argumentationsmuster abgleiten können, zeigt sich beispielsweise daran, dass insbesondere auf der Grundlage der Evolutionsbiologie auch dezidiert rassistische Theorien entwickelt wurden,[59] so wie die kriminologische *r/K*-Theorie von *Ellis/Walsh*[60] aus dem Jahr 1997. Ausgangspunkt ist die Beobachtung, dass es in der Tierwelt ein Spektrum von zwei grundlegend unterschiedlichen Reproduktionsstrategien gibt. Fische und Insekten verfolgen die *r*-Strategie und produzieren eine sehr große Menge an Nachkommen, die aber dann ihrem Schicksal überlassen werden. Insbesondere Vögel und Säugetiere produzieren nur vergleichsweise wenige Nachkommen und pflegen diese über einen längeren Zeitraum. Das Paradebeispiel für diese *K*-Strategie ist der Mensch: Kinder bleiben noch viele Jahre in der Obhut der Eltern und werden von diesen ernährt, erzogen und geschützt. Die Merkmale der beiden Strategien sind in Tab. 5.1 zusammengefasst.

Diese noch unverfängliche Beschreibung unterschiedlicher Fortpflanzungsstrategien ist aber anfällig für Missbrauch: *Ellis/Walsh* haben daraus zunächst die These entwickelt, dass diese Strategien mehr oder weniger auch innerhalb derselben Spezies, also auch unter den Menschen variieren können: So verfolgten Männer eher eine *r*-Strategie, indem sie sich auf viele Sexualpartnerinnen einließen und möglichst viele Nachkommen produzierten, um die sie sich nicht oder nur wenig kümmerten. Frauen dagegen brächten nur wenige Kinder zur Welt, die sie dann intensiv pflegten. Für das soziale Verhalten haben diese unterschiedlichen Strategien die Bedeutung, dass Frauen eher mit Verwandten kooperieren und zu sozial altruistischem Verhalten tendieren. Männer dagegen sind besonders erfolgreich, wenn sie ihre Sexualpartnerinnen über ihre wahren Absichten täuschen. Der Mann ist daher durch

Tab. 5.1 Merkmale der *r*- und der *K*-Strategien

Merkmale	*r*-Strategie	*K*-Strategie
Individualentwicklung	Schnell	Langsam
Körpergröße	Gering	Groß
Lebensspanne	Kurz	Lang
Vermehrungsrate	Hoch	Gering
Fortpflanzungsbeginn	Früh	Spät
Geburtenabstände	Kurz	Lang
Elterliche Fürsorge	Gering	Hoch
Gehirn	Klein (leistungsschwach)	Groß (leistungsstark)

Quelle: Voland 2000, S. 242

---

[58] Siehe dazu *Dölling* 1989, S. 202 ff.
[59] Vgl. dazu *Laue* 2010, S. 425 ff.
[60] *Ellis/Walsh* 1997, S. 229. Siehe ausführlich hierzu *Laue* 2010, S. 437 ff.

rücksichtsloses und antisoziales Verhalten geprägt: Er verfolgt egoistisch seine eigenen Interessen und setzt diese notfalls auch mit kriminellen Mitteln durch.[61]

40 Die beiden Autoren gehen aber noch einen Schritt weiter und behaupten, dass Schwarze mehr *r*-Merkmale zeigten als Weiße und diese wiederum mehr als Asiaten.[62] Im Vergleich zu Weißen hätten Schwarze daher höhere Geburtenraten, größere Familien, früher sexuelle Aktivitäten und höhere Raten an Kindesmisshandlung und -vernachlässigung. Dass Schwarze eine höhere Kriminalitätsbelastung hätten als Weiße, sei ja hinlänglich bekannt.[63] Keine andere Theorie könne die Reihung in der Kriminalitätsbelastung „Schwarz – Weiß – Asiatisch" erklären außer der *r/K*-Theorie.

41 Bei dieser Theorie handelt es sich um eine Ausnahme. Rassismus beruht auf dem Missverständnis, dass die Hautfarbe ein taugliches Kriterium sei, um zwischen genetisch unterschiedlichen Menschengruppen zu differenzieren. Das ist aus biologischer Sicht dezidiert falsch.[64] Dennoch birgt die Erforschung körperlicher Merkmale die Gefahr einer Typisierung und – vor allem im Bereich der Kriminalität – einer Diskriminierung. Diese Gefahr besteht allerdings auch, wenn soziale Merkmale erforscht werden. Es ist eine überdisziplinäre Frage der Forschungsethik, Diskriminierungen jeder Art zu vermeiden.

III. Kriminalpsychologie

42 Der Zusammenhang zwischen Psychologie und Kriminalität ist vielschichtig. Psychologen treten als Sachverständige vor Gericht auf, um etwa die Schuldfähigkeit von Angeklagten zu beurteilen. Sie sind wichtige Akteure bei der Therapie und Behandlung von verurteilten Straftätern. Und die Kriminalpsychologie hat sich mittlerweile als eigenständige und sehr fruchtbare Teildisziplin der Kriminologie etabliert. Im deutschsprachigen Raum hat es relativ lange gedauert, bis eine eigene Wissenschaft „Kriminalpsychologie", die nach psychologischen Ursachen der Kriminalität forscht, anerkannt wurde.[65]

43 In der Psychologie wird die **Persönlichkeit** des Menschen erforscht. Es handelt sich dabei um ein theoretisches Konstrukt, das die vielfältigen und komplexen Beziehungen zwischen den Denkprozessen, Gefühlen und sichtbaren Verhaltensweisen eines Menschen beschreibt.[66] Es ist davon auszugehen, dass jeder Mensch eine einzigartige Persönlichkeit besitzt. So gesehen sind zahlreiche Kriminalitätstheorien an sich psychologische Theorien, weil sie die Kriminalität über Persönlichkeitszustände oder -entwicklungen erklären. Hierzu gehören z. B. die Theorie der differenziellen Assoziation von *Sutherland*, die Subkulturtheorien und auch die

---

[61] *Ellis/Walsh* 1997, S. 250.
[62] Diese These stammt ursprünglich von *Rushton/Bogaert* 1988; dazu *Laue* 2010, S. 440 ff.
[63] *Ellis/Walsh* 1997, S. 252.
[64] Siehe dazu *Diamond* 1994.
[65] *Lösel* 1983.
[66] *Meier* 2021, § 3 Rn. 34.

voluntaristische Theorie von *Hermann*. Im Folgenden soll nur ein Überblick über die herkömmlich der Psychologie zugeordneten Theorien gegeben werden.[67]

1. Psychoanalyse

Die maßgeblich von *Sigmund Freud* (1856–1939) mitbegründete Psychoanalyse versteht sich als „Wissenschaft von den unbewussten seelischen Vorgängen, die auch treffend ‚Tiefenpsychologie' genannt wird."[68] Die Psychoanalyse geht davon aus, dass die Ursachen für psychische Krankheiten und soziales Fehlverhalten in frühen Störungen der psychischen Entwicklung liegen. Sie benennt drei psychische Instanzen, die in einem Miteinander und Gegeneinander die angeborenen Triebregungen mit den Anforderungen des sozialen Lebens regulieren:[69]

ES:
Sitz der elementaren Triebregungen wie Sexualität und Aggression. Diese Triebe gehören zur Grundausstattung des Menschen und verlangen nach Befriedigung. Das ES macht aus dem Menschen ein von Natur aus egoistisches, unsoziales Wesen.

ÜBER-ICH:
Es beinhaltet die kulturellen Moral-, Wert- und Normvorstellungen, die erst in den ersten Lebensjahren durch soziale Kontakte gebildet werden. Das ÜBER-ICH gilt als Zensor für die Triebregungen des ES, die aber weiterhin im Unbewussten erhalten bleiben.

ICH:
Es repräsentiert psychische Funktionen wie Gedächtnis, Wahrnehmung, Denken, Bewegungskoordination. Das ICH vermittelt zwischen ES und ÜBER-ICH und darf nur solche Triebregungen zulassen, die mit den im ÜBER-ICH repräsentierten Normvorstellungen vereinbar sind.

Das ICH verfügt über verschiedene Abwehrmechanismen, mit denen es die Triebregungen des ES, die den Anforderungen des ÜBER-ICH nicht entsprechen, an einem Bewusstwerden hindert. Die drei wichtigsten sind:

- Verdrängung: Die aus dem ES stammenden Triebregungen werden ins Unbewusste abgeschoben. Im Unbewussten bleiben sie weiterhin bestehen und werden immer stärker.
- Projektion: Die unbewusste Verlagerung von Triebimpulsen, eigenen Fehlern, Wünschen und Schuldgefühlen auf andere Menschen, Situationen und Gegenstände (Beispiel: Sündenbocktheorie der strafenden Gesellschaft, Neutralisationstheorie von *Sykes/Matza*).

---

[67] Siehe auch *Lösel* 1993.
[68] *Freud* 1926, S. 300.
[69] *Freud* 1923. Siehe auch *Hoffmann* 1999.

- Verschiebung: Die Triebbefriedigung ist aus äußeren oder inneren Gründen unmöglich und soll daher verhindert werden. Sie wird dann von einem eigentlich gemeinten Objekt auf ein anderes verlagert.

46 Ein harmonisches Zusammenspiel der drei psychischen Instanzen ist abhängig von den Einflüssen in den frühen Kindheitsjahren, in denen sich das ÜBER-ICH durch die Übernahme von kulturellen Wert- und Normvorstellungen und in weiterer Folge auch das ICH bilden. Störungen in diesen Jahren können zu Persönlichkeitsstörungen und sozialem Fehlverhalten führen. Auf dieser Basis kann die Psychoanalyse Kriminalität erklären. Als Beispiel für die spezifische Argumentation und Methodik der Psychoanalyse diene die Darstellung von *Toman*:[70]

47 Störungen im 1. Lebensjahr (orale Phase): Es ist davon auszugehen, dass die Bindung zu einer Person im 1. Lebensjahr, in der oralen Phase, entscheidend für die Bildung des Urvertrauens ist. Das Neugeborene erfährt, dass eine Person immer für es da ist und es vorbehaltlos und unbedingt liebt. Das ist meist die Mutter, andere Personen bleiben zunächst im Hintergrund. Störungen in dieser Phase – Verlust der Pflegeperson oder deren mangelnde Zuneigung, z. B. aufgrund von Krankheit oder Drogensucht – führen nach der Ansicht von Psychoanalytikern dazu, dass sich dieses Urvertrauen nicht ausbilden kann. Die Betroffenen bleiben zutiefst verunsichert, pessimistisch und mutlos. Sie bleiben anlehnungsbedürftig und anklammernd und können nur durch spektakuläre Erlebnisse kurzzeitig aufgeheitert werden. Sie neigen zu Alkohol- und Drogensucht, zum haltlosen Wechsel ihrer Bezugspersonen, depressiven Verstimmungen und Selbstzerstörung, in schweren Fällen scheuen sie jeden menschlichen Kontakt. Die Psychoanalyse verbindet mit solchen Personen Krankheiten wie Schizophrenie, Manie, Depression, Rauschgiftsucht, Hypochondrie und schwere psychosomatische Störungen. Das vorwiegende Persönlichkeitsbild ist das der emotional labilen, bindungsunfähigen, psychopathischen Persönlichkeit. Ihre Kriminalität ist oftmals durch absurd destruktive Straftaten gekennzeichnet, die den Tätern keinen Vorteil einbringen, so etwa Sachbeschädigung, Brandstiftung, Rauschtaten. Die Entdeckung scheint ihnen gleichgültig zu sein.[71]

48 Bei der klassischen Psychoanalyse verhält sich der Therapeut „abstinent", d. h. er gibt keine Ratschläge oder Direktiven und hört nur zu, fragt und deutet die Äußerungen des Patienten. Bei den beschriebenen sog. oralen Störungen wäre dies zu wenig. Der Psychotherapeut muss die Rolle der frühen Pflegeperson einnehmen, er muss „Ersatzmutter" spielen. Wenn es ihm gelingt, das in frühester Kindheit nicht entwickelte Urvertrauen nachzubilden, kann er in einer nächsten Phase – bei vorhandenem Vertrauen – langsam Forderungen stellen, die an jeden Menschen gestellt werden. Dies muss sehr behutsam und vorsichtig geschehen. Der Patient muss nach und nach allein für sich sorgen lernen. Dies sei theoretisch auch im Strafvollzug oder danach möglich, bedürfe aber von allen Seiten Geduld.

49 Störungen im 2. und 3. Lebensjahr (anale Phase): In dieser Phase setzt sich das Kind mit anderen Menschen als der primären Bezugsperson auseinander, d. h. mit

---
[70] Siehe zum Folgenden *Toman* 1983.
[71] *Toman* 1983, S. 43.

den Geschwistern und dem anderen Elternteil. Es lernt zu geben und nicht nur zu nehmen. Um seinen Besitz zu sichern, muss es den Besitz anderer respektieren. Es werden Forderungen – nun auch von der primären Pflegeperson – an das Kind herangetragen, denen es nachkommen muss oder sich dagegen auflehnen kann. So lernt es nach und nach den sozialen Umgang mit mehreren Menschen und damit die elementaren sozialen Regeln. Störungen in dieser Phase können aus dem Verlust von Elternteilen resultieren oder aus Konflikten zwischen den Eltern bzw. sonst innerhalb der Familie, etwa aufgrund von Krankheit, Kindesmisshandlung, sexuellem Missbrauch oder Drogenkonsum. Dies kann bei den Kindern zu Fehlentwicklungen des Machtstrebens und des Leistungswillens führen. Oftmals fühlen sie sich einem – vor allem dem dominanten – Familienmitglied gegenüber ohnmächtig, hassen es gar, müssen diesen Hass aber unterdrücken. Nicht selten identifizieren sie sich mit diesem Familienmitglied und behandeln andere so schlecht, wie sie von diesem Familienmitglied behandelt werden. Oder sie gewöhnen sich an den Missbrauch.

Die Psychoanalyse verbindet mit solchen Störungen Krankheiten wie Paranoia, motorische Störungen (Tics, Stottern), Zwangsneurosen. Zu den typischen Straftaten gehören alle Arten von Eigentums- und Vermögensdelikten, aber auch Gewalt- und Sexualstraftaten.[72] Hierbei besteht eine Basis für eine „normale" psychoanalytische Therapie.

So bietet die Psychoanalyse Deutungsmuster für unterschiedliche Verhaltensweisen. Die Psychoanalyse ist aber nicht unumstritten. Dies liegt auch daran, dass die Theorie empirisch nicht leicht nachzuprüfen ist. Einen entsprechenden Versuch unternahmen bereits 1936 *Healy* und *Bronner*. Sie untersuchten 105 Brüderpaare, wovon der eine ein Rückfalltäter und der andere strafrechtlich unauffällig war. Von den Straffälligen wuchsen nur 19 in geordneten Familienverhältnissen auf, von den Unauffälligen immerhin 30. Die Forscher zogen daraus den Schluss, dass die Verhältnisse in einem Haushalt günstig für ein Kind sein können, nicht aber für deren Geschwister. Diese hätten es nicht geschafft, eine emotionale Beziehung zu einem „guten Elternteil" aufzubauen und so eine verzögerte Entwicklung des ÜBER-ICHs erlebt. Allgemein könnten auch ähnliche ungünstige Familienverhältnisse dazu führen, dass der eine Bruder in Kriminalität abgleitet, der andere aber sich auf gesellschaftlich akzeptierte Aktivitäten, wie etwa Sport, konzentriert.[73]

Psychoanalytische Konstrukte sind oftmals Interpretationssache und es ist retrospektiv nicht objektiv feststellbar, ob Störungen der Art, wie sie die Theorie vorhersagt, tatsächlich vorgekommen sind. Allerdings hat die Psychoanalyse in letzter Zeit ausgerechnet durch die Neurobiologie einige Bestätigung erfahren. 1999 veröffentliche der Neurobiologe *Eric Kandel* einen Aufsatz, in dem er die mehr oder weniger verdrängte Psychoanalyse gerade durch die neuen bildgebenden Verfahren rehabilitiert sah.[74] Es erscheint nunmehr klar, dass sich verschiedene Gehirnfähigkeiten erst im Laufe der Kindheit in Abhängigkeit von Umwelteinflüssen, d. h.

---

[72] *Toman* 1983, S. 45.
[73] *Healy/Bronner* 1936.
[74] *Kandel* 1999.

insbesondere im Wechselspiel mit den nahen Bezugspersonen, ausbilden oder nicht. Bestimmte, auch soziale Fähigkeiten sind abhängig davon, dass sie von außen geweckt werden, damit die Verschaltung der noch unbesetzten Neuronen im Gehirn in Gang gesetzt wird. Dafür gibt es oftmals ein Zeitfenster, außerhalb dessen diese Verschaltung nicht mehr nachgeholt werden kann und nur mühsam über andere Wege ersetzt werden kann.[75]

53   Psychoanalytische Deutungsmuster werden nicht nur auf den individuellen Täter angewendet, sondern auch auf die Gesellschaft insgesamt. Nach der **Sündenbocktheorie** liegt in der Strafe eine Projektion der einerseits aggressiven Wünsche, andererseits Schuldgefühle der Gesellschaft auf Kriminelle. Wir, d. h. die Gesellschaft mit ihren Richtern und Staatsanwälten, strafen, um damit unsere eigenen unterdrückten Aggressionen, die wir nicht direkt ausleben können, zu kompensieren. Dabei erwecken vor allem spektakuläre Straftaten – z. B. an Kindern – unsere Schuldgefühle, die wir bewältigen müssen. Wir tun dies, indem wir einen für die Tat verantwortlich gemachten Täter möglichst hart bestrafen.[76]

54   Der Name dieser Theorie stammt aus dem Alten Testament (3. Buch Mose, 16, 8-21), nach dem die Israeliten einen Bock in die Wüste geschickt haben, auf den sie all ihre Sünden abgeladen haben. Nach der Sündenbocktheorie braucht die Gesellschaft ihre Verbrecher, damit ihre Mitglieder an ihnen ihre aggressiven Triebimpulse ausleben und so kanalisieren können. Diese Theorie war vor allem in den 1960er- und 1970er-Jahren beliebt, führte zu einer vehementen Kritik an den Instanzen der formellen Sozialkontrolle und gipfelte in verschiedenen Plädoyers für die Abschaffung des Strafrechts.[77] Trotz dieser fundamentalkritischen Schlüsse steckt in der Sündenbocktheorie möglicherweise eine gewisse Wahrheit. Insbesondere in der letzten Zeit wird deutlich, dass die mediale Berichterstattung regelmäßig dazu führt, dass sich die Konsumenten über Täter vehement erregen. Es ist genau dieses Miteinander von Abscheu und Faszination, das von der Sündenbocktheorie vorausgesagt wird.

2. Persönlichkeit und Delinquenz nach Eysenck

55   Eine weitere einflussreiche psychologische Theorie der Kriminalität hat der aus Deutschland stammende und nach England ausgewanderte Paychologe *Hans Eysenck* (1916–1997) entwickelt.[78] Er war ein dezidierter Kritiker der Psychoanalyse und seine Theorie baut auf dem Behaviorismus auf. *Eysenck* stellt den Mechanismus der Konditionierung in den Vordergrund: Konditionierung wurde das erste Mal von *Iwan Petrovich Pawlow* (1849–1936) mit seinem berühmten Hundeexperiment beschrieben: Ein Hund sondert Speichel ab, wenn er gefüttert wird. Er sondert aber bereits dann schon Speichel ab, wenn er das Futter nur sieht bzw. riecht. *Pawlow* wollte

---

[75] Siehe hierzu *Roth* 2003, S. 430 ff.
[76] Siehe *Steinert* 1993, S. 10 f.
[77] Siehe *Plack* 1974.
[78] Sie wird eingehend dargelegt in *Eysenck* 1977, kürzer dargestellt in *Eysenck* 1987.

herausfinden, ob dieser Reflex auch durch einen an sich neutralen Reiz ausgelöst werden könnte: Dazu ließ er bei jeder Fütterung ein Glockensignal ertönen. Nach kurzer Zeit sonderten die Hunde bereits nur beim Erklingen des Glockentons Speichel ab. Der Reflex war zu einem konditionierten, das heißt von einem an sich neutralen Reiz ausgelösten Reflex geworden.

Thorndike stellte 1905 das sog. Gesetz der Wirkung auf: Danach erhöht eine Reaktion mit belohnenden Folgen, ein positiver Reiz, die Wahrscheinlichkeit eines bestimmten Verhaltens, ein aversiver, d. h. strafender Reiz senkt dagegen die Wahrscheinlichkeit. Lernen wurde reduziert auf das Bestärken von Stimulus-Reiz-Verbindungen. *Burrhus F. Skinner* (1904–1990) arbeitete das Gesetz der Wirkung weiter aus, vor allem durch eine verbesserte experimentelle Methodik.[79] Seine Skinner-Box erlaubte es, ohne äußere Einflüsse verschiedenste Verhaltensweisen von Tieren zu bestärken. *Skinner* konnte so reine Verhaltenswissenschaft betreiben ohne die Miteinbeziehung von nicht beobachtbaren, intervenierenden Variablen. Diese damals neue Vorgehensweise bezeichnete man als Behaviorimus. *Skinner* unterteilte das von ihm beschriebene Verhalten in reaktiv und operant: Letzteres ist spontan auftretendes Verhalten ohne Vorhandensein eines offensichtlichen Reizes, reaktiv ist dagegen jedes Verhalten, das als Reaktion auf einen erkennbaren Reiz erfolgt. *Skinner* ging davon aus, dass jedes Verhalten von Tieren (und Menschen) vollständig durch entsprechende Belohnungsvorgänge beeinflusst werden könne. Die systematische Analyse der entsprechenden Mechanismen führe dazu, dass tierisches und menschliches Verhalten vollständig prognostizierbar und kontrollierbar sei. Tiere und Menschen sind aus der Sicht der Behavioristen extern determinierte und determinierbare Wesen. Lernen besteht nach dieser Auffassung aus Verstärkung durch Erfolg und aus Vermeidung bzw. Abgewöhnung durch die Erweckung von Unlustgefühlen, insb. Schmerz und Strafe.[80]

Mit der Konditionierungsthese des Behaviorismus wurde auch versucht, kriminelles Verhalten zu erklären: Kriminelle Verhaltensweisen entstehen, wenn sie von belohnenden Reizen gefolgt waren. Es muss der erfahrene Erfolg durch kriminelles Verhalten größer sein als die erfahrenen aversiven Reize: Sind die aversiven Reize – Strafen und Vorwürfe der Eltern, informelle Sanktionen der sozialen Umgebung, formelle Sanktionen – stärker, wird delinquentes Verhalten in Zukunft vermieden.

Eysenck weist darauf hin, dass es der Psychologie nicht primär um die Erklärung von Kriminalität gehe, sondern um die Analyse „antisozialen, psychopathischen bzw. soziopathischen Verhaltens". Es gebe antisoziales Verhalten, das nicht kriminell sei – z. B. Rauchen, Alkoholkonsum und Ehebruch – und kriminelles Verhalten, das nicht antisozial sei – insb. bei den sog opferlosen Delikten, von denen Eysenck die Prostitution ausdrücklich nennt. Der Vorteil der Kriminalität als abhängige Variable liege in ihrer besseren Erfassbarkeit, ihr Nachteil in der Notwendigkeit einer

---

[79] *Skinner* 1938.
[80] Dieses sehr einfache Modell beachtet nicht ausreichend die handlungsleitende intrinsische Motivation. Die Effekte einer motivierenden Belohnung gehen häufig völlig verloren oder wenden sich gar ins Gegenteil, wenn die Belohnung ein bereits vorher intrinsisch motiviertes Handeln verstärken soll, siehe dazu *Laue* 2010, S. 232 ff.

gesetzgeberischen Definition, die sich im Laufe der Zeit verändern könne. *Eysenck* definiert „Verbrechen" daher als diejenigen Ausprägungen antisozialen Verhaltens, die zu den meisten Zeiten in den meisten Staaten als so schwerwiegende Verletzungen sozialer Normen angesehen wurden, dass diese Staaten das Verhalten mit bestimmten Arten von Sanktionen versehen haben. Darunter fallen dann Diebstahl, Einbruch, Körperverletzung, Mord, Vergewaltigung, aber nicht lediglich unmoralische, sündhafte Verhaltensweisen.

59 Ausgangspunkt der Analyse ist das von *Eysenck* entwickelte faktorenanalytische Modell der Persönlichkeit und seine neurophysiologische Begründung. *Eysenck* war überzeugt, dass der Vererbung – z. B. von Kriminalität – eine entscheidende Rolle zukomme.[81]

60 Auch die Persönlichkeit sei durch die Gene bestimmt. *Eysencks* Persönlichkeitsmodell besteht aus drei Persönlichkeitsdimensionen – Extraversion, Neurotizismus und Psychotizismus, die zum Teil deutlich mit Kriminalität verbunden sein sollen:[82]

- Extraversion: Extravertierte sind in ihrer neurophysiologischen Ausstattung durch höhere Schwellenwerte und eine geringere kortikale Erregung (arousal) charakterisiert. Als Folge dieser geringen Reizbarkeit sind diese Personen schlecht zu konditionieren. Ihre konditionierten Reaktionen sind schwach und wenig löschungsresistent. Die Kontrolle antisozialen Verhaltens durch konditionierte Sozialisation ist schwerer möglich. Die extravertierten Charakterzüge sind: gesellig, lebhaft, aktiv, durchsetzungsfähig, sensation-seeking, unbekümmert, dominant, abenteuerlich.
- Neurotizismus: Personen mit hohem Neurotizismuswert haben aufgrund ihrer neurophysiologischen Ausstattung starke und lang anhaltende emotionale Reaktionen, darunter auch ein hohes habituelles Angstniveau. Sie zeigen Überreaktionen auf Stress und brauchen lange Erholungsphasen. Gleichzeitig haben sie eine hohe Emotionalität. Die neurotizistischen Charakterzüge sind: ängstlich, depressiv, Schuldgefühle, geringes Selbstwertgefühl, angespannt, irrational, schüchtern, launisch, emotional.
- Psychotizismus:[83] Am wenigsten ausgebaut ist die Theorie bei der Psychotizismusdimension: Sie soll gekoppelt sein mit männlichen, aggressiven und dominanten Verhaltensweisen und durch höhere Hormonausschüttungen ausgelöst werden. So soll insb. durch Testosteron die Neigung zu Kriminalität, vor allem Gewaltkriminalität, zu erklären sein. Die psychotizistischen Charakterzüge sind: aggressiv, kalt, egozentrisch, unpersönlich, impulsiv, antisozial, unempathisch, kreativ, kompromisslos.

61 *Eysenck* nahm den oben beschriebenen Prozess der Konditionierung in seine Überlegungen auf und beschrieb die Entstehung des menschlichen Gewissens: Durch Sanktionen der Eltern sollen im Laufe der Kindheit an gesellschaftlich uner-

---

[81] Er berief sich dabei u. a. auf die Zwillingsstudie von *Lange* 1929, siehe *Eysenck* 1977, S. 75 ff.
[82] *Eysenck* 1987, S. 34 ff.
[83] *Eysenck* 1977, S. 68.

wünschte Verhaltensweisen Furchtgefühle gekoppelt werden, die eine Vermeidung dieser Verhaltensweisen verursachen. So soll das „Gewissen" entstehen, das *Eysenck* als eine konditionierte Reaktion, das heißt als eine innerpsychische Instanz ansieht, die durch Lernprozesse geprägt wird. Bei schlechter konditionierbaren Personen kann dieser Prozess nur schwerer oder möglicherweise gar nicht ablaufen, weswegen die Ausbildung eines Gewissens gehindert ist Darüber hinaus suchen Personen mit einem geringeren Niveau kortikaler Erregung stärker nach Stimulierung („sensation seeking"), was zu leichterer Verführbarkeit und der Neigung zu riskantem oder abenteuerartigem Verhalten führt.[84]

Eysencks Theorie wird heute eher skeptisch betrachtet:[85] Die Entstehung des Gewissens aufgrund konditionierter Furchtreaktionen erscheint als zu einfach: Wichtige andere Lerntheorien bleiben unberücksichtigt, so das Modelllernen nach Bandura[86] oder die kognitiven Faktoren der Moralentwicklung nach Kohlberg.[87] Die Festlegung der Persönlichkeitsstruktur durch genetisch bedingte neurophysiologische Umstände blendet außerdem die prägende Bedeutung biografischer Erfahrungen aus. Auch ist die auf die Konditionierbarkeitsthese gestützte „Gewissenlosigkeit" unrealistisch: Sie müsste dazu führen, dass manche Menschen überhaupt kein Gewissen haben und ständig dissoziales Verhalten zeigen. Aber selbst Schwerverbrecher verhalten sich dem Großteil sozialer Normen gegenüber konform. Die Konditionierbarkeitsthese erklärt auch nicht, warum die meisten Menschen nur vorübergehend abweichendes Verhalten zeigen.

Anerkennung hat *Eysencks* These in Bezug auf das sensation seeking gefunden: Impulsivität und Abenteuerlust scheinen zumindest moderat mit Delinquenz zusammenzuhängen. Es muss auch berücksichtigt werden, dass *Eysenck* nicht jede Form der Kriminalität erklären wollte, sondern vor allem auf die (kleine) Gruppe der aktiv antisozialen, psychopathischen Kriminellen abzielt.

IV. Forensische Psychiatrie

Die Forensische Psychiatrie ist ein Teilgebiet der Psychiatrie, das sich mit von Gerichten und Behörden aufgeworfenen fachspezifischen Begutachtungsfragen und mit der Behandlung psychisch kranker Rechtsbrecher befasst.[88] Sie ist, obwohl die aktuellen Fragestellungen von außen, zumeist von Gerichten, an sie herangetragen werden, nicht nur „Gehilfe des Gerichts", sondern ein eigenständiges interdisziplinäres Wissenschaftsgebiet. Es geht dabei um die grundlegende Abklärung der Bedeutung von psychischer Verfassung, Persönlichkeit und psychischer Krankheit für die Bewährung des Einzelnen in der Begegnung mit anderen Menschen und mit

---

[84] *Zuckermann/Buchsbaum/Murphy* 1980.
[85] Siehe *Meier* 2021, § 3 Rn. 45; *Lösel* 1983, S. 32 f.
[86] *Bandura* 1979a.
[87] *Kohlberg* 1996.
[88] *Müller/Nedopil* 2017, S. 18.

soziale Anforderungen.[89] Verkürzt wird die Forensische Psychiatrie auch als „Kriminalpsychiatrie" bezeichnet, denn strafrechtliche Fragen spielen eine große Rolle bei der Begutachtung und Behandlung. Die Forensische Psychiatrie widmet sich aber auch zivil- und sozialrechtlichen Fragestellungen, etwa wenn es darum geht, die Erwerbsfähigkeit eines psychisch kranken Menschen zu beurteilen. Forensische Psychiatrie ist als Teilgebiet der Medizin interdisziplinär ausgerichtet. Es ergeben sich vielfältige Schnittmengen mit den Rechtswissenschaften, der Kriminologie, der Kriminalistik, der Psychologie, den Sozialwissenschaften sowie der Rechtsmedizin, der Neurologie und der Neurobiologie.[90]

65 Im Strafverfahren hat die Forensische Psychiatrie zahlreiche Einsatzgebiete: Zentral sind die Begutachtung der Schuldfähigkeit und der Rückfallwahrscheinlichkeit bei Beschuldigten, Gutachten hinsichtlich der Unterbringung im Maßregelvollzug, aber auch die Beurteilung der Glaubwürdigkeit von Zeugen. Im Maßregelvollzug sind Psychiater bei der Behandlung der Untergebrachten maßgeblich beteiligt.

66 Pathologie ist die Lehre von den Krankheiten, ihren Entstehungsursachen und ihren Symptomen. Die **Psychopathologie** ist daher die Lehre von den psychischen Erkrankungen. Sie „befasst sich mit der Erfassung, Beschreibung und Systematisierung psychischer Phänomene, wie sie bei den unterschiedlichen psychischen Erkrankungen vorkommen."[91] Dabei ist der Begriff der Krankheit in der Psychiatrie problematisch, weil die Abgrenzung zwischen „gesund" und „krank" noch schwieriger ist als sonst in der Medizin. Psychische Phänomene lassen sich schwer quantifizieren: Ab wann ist etwa eine Verminderung des Antriebs so gravierend, dass sie eine depressive Episode begründen kann? Das Diagnosemanual ICD 11 spricht daher in Kapitel V „Psychische und Verhaltensstörungen" nur noch von „Störungen" und nicht mehr von „Krankheiten". Die International Statistical Classification of Diseases and Related Health Problems (ICD) ist ein international gültiges Klassifikationssystem für Krankheiten und medizinische Diagnosen. Es wird von der Weltgesundheitsorganisation (WHO) herausgegeben. Derzeit gilt die elfte Version ICD-11. Unter bestimmten Buchstaben- und Nummernkombinationen sind die anerkannten Diagnosen symptomatisch umschrieben. Die leichte und vorübergehende depressive Verstimmung ist als „depressive Episode" unter dem Kürzel F32.0 codiert und – stark verkürzt – unter anderem umschrieben mit: „der betroffene Patient leidet unter einer gedrückten Stimmung und einer Verminderung von Antrieb und Aktivität." Insbesondere in den USA ist daneben das Diagnostic and Statistical Manual of Mental Disorders 5 (DSM 5) verbreitet.[92]

67 Stark umstritten ist in der Psychiatrie der Einfluss organischer Ursachen auf Störungen und Erkrankungen. Noch immer gilt eine Dreiteilung der Störungen und Erkrankungen:[93]

---

[89] *Kröber* 2007, S. 1.
[90] *Kröber* 2007, S. 3.
[91] *Hoff/Sass* 2010, S. 3.
[92] Siehe dazu *Falkai/Wittchen* 2015.
[93] *Hoff/Sass* 2010, S. 52 f.

- Psychische Erkrankungen, die klar einer körperlichen Ursache zugeordnet werden können – die exogenen oder organisch begründbaren Störungen;
- schizophrene und affektive Erkrankungen im engeren Sinne, bei denen zwar eine neurobiologische Ursache vermutet wird, deren kausale Relevanz aber nicht nachgewiesen ist – die früher sog. endogenen Psychosen;
- lebensgeschichtlich oder situativ bedingte und (zumindest teilweise) verstehend nachvollziehbare Störungen vom Typ der psychischen Reaktionen (laut ICD-10: „Anpassungsstörungen"), der langdauernden Persönlichkeitsfehlentwicklungen und der mit verschiedenen emotionalen Problemen einhergehenden, früher „Neurosen" genannten Störungsbilder.

Im Vordringen befindlich sind Ansichten, die ausnahmslos jede psychische Erkrankung und Störung auf neurobiologische Ursachen zurückführen wollen. Da diese neurobiologischen Wirkzusammenhänge aber bei zahlreichen Störungen nicht bekannt sind, erscheint die skizzierte Dreiteilung in der Praxis immer noch als tauglich. 68

Im Folgenden sollen einige wenige Störungen und ihre Auswirkungen auf die Kriminalität beschrieben werden. Als Beispiele dienen das hirnorganische Psychosyndrom, die Schizophrenie und die praktisch bedeutsamen Persönlichkeitsstörungen. 69

Einige Berühmtheit erlangte *Phineas Gage*,[94] der als Vorarbeiter einer Eisenbahngesellschaft im September 1848 in Vermont bei einem Sprengunfall schwer verletzt wurde. Eine 3 cm dicke Eisenstange trat durch *Gages* linke Wange in dessen Schädel ein, durchbohrte den vorderen Teil des Gehirns und trat mit hoher Geschwindigkeit aus dem Schädeldach wieder heraus. *Gage* war durch diese monströse Verletzung nicht getötet worden, er verlor nicht einmal das Bewusstsein, sondern sprach und konnte gehen. Tatsächlich lebte *Gage* nach dem Unfall noch 12 Jahre, allerdings unter schwerer Epilepsie leidend. Sobald aber die Hirnverletzung einigermaßen abgeheilt war, bemerkten die Zeitgenossen an ihm eine tief greifende Wesensänderung: War *Gage* vor dem Unfall ein allseits geschätztes Vorbild an Rechtschaffenheit und Verlässlichkeit, so war er nach dem Unfall genau das Gegenteil. Sein Arzt notierte, er sei jetzt launisch, respektlos, fluche auf abscheuliche Weise, erweise seinen Mitmenschen wenig Achtung, reagiere ungeduldig auf Einschränkungen und Ratschläge, sei entsetzlich halsstarrig und doch launenhaft und wankelmütig.[95] Was diesen Fall so bemerkenswert macht, war die Tatsache, dass zum ersten Mal eine Wesensänderung, ein Verlust an sozialen Fähigkeiten, auf eine Hirnverletzung zurückzuführen war. Schon im 19. Jahrhundert war deutlich, dass Hirnverletzungen zur Beeinträchtigung von Sprache, Wahrnehmung und motorischen Fähigkeiten führen können, aber dass auch die sozialen Fähigkeiten in einem bestimmten Gehirnareal zu verorten waren, war damals neu. 70

---

[94] Eine ausführliche Schilderung dieses Falles und eine Analyse aus neurologischer Sicht findet sich bei *Damasio* 2004, S. 25 ff.
[95] *Damasio* 2004, S. 31.

71 Das **hirnorganische Psychosyndrom** kann durch Unfälle und andere Traumata, durch Tumore oder Entzündungen ausgelöst werden. Zwei weitere weit verbreitete Ursachen von organischen Schädigungen des Gehirns sind zum einen Intoxikationen, etwa durch Alkoholmissbrauch, und zum anderen im Alterungsprozess auftretende Demenzsyndrome. Bei Patienten mit Hirnschädigungen durch Tumore, Traumata oder Entzündungen besteht eine höhere Neigung zu Gewaltdelinquenz als bei der Allgemeinbevölkerung. Nach einer Münchner Studie hatten Probanden mit hirnorganischen Psychosyndromen die zweithöchste Rückfallwahrscheinlichkeit unter allen Gewalttätern.[96] Entscheidende Faktoren für das Gewaltrisiko sind die Lokalisierung der Schädigung und soziale Faktoren wie z. B. das Zerbrechen von Familienstrukturen. *Müller/Nedopil* sehen das Risiko einer Gewalttat als besonders hoch ein, wenn zusammenkommen:[97]

- Schädigung des Stirnhirns oder des Schläfenlappens,
- beeinträchtigte Fähigkeit zur Emotionserkennung,
- verminderte Fähigkeit zur Impulskontrolle,
- Delinquenz in der Vorgeschichte,
- Substanzmissbrauch vor und/oder nach der Hirnverletzung,
- Auflösung der familiären Einbindung,
- psychopathologische Auffälligkeiten wie Reizbarkeit, Rücksichtslosigkeit und Orientierungsstörungen.

72 Es wird deutlich, dass auch bei dieser offensichtlich organischen Ursache abweichenden Verhaltens Umwelt- bzw. soziale Faktoren eine wichtige Rolle spielen. Es handelt sich um ein Beispiel der Erklärung von Kriminalität bzw. antisozialem Verhalten durch das Zusammenspiel von organischen Ursachen und Umwelteinflüssen.

73 Die **Schizophrenie** gilt als die klassische „Geisteskrankheit" und ist eine der schwersten Krankheiten der gesamten Psychiatrie.[98] Die schizophrenen Psychosen sind durch charakteristische Störungen des Denkens, des Antriebs, der Wahrnehmung, der Affektivität, des Ich-Erlebens und des Verhaltens und somit durch Änderungen der gesamten Persönlichkeit gekennzeichnet.[99] Sie sind mit großer Angst und Leid verbunden und bringen häufig einen völligen Verlust der sozialen Kompetenz mit sich. Oftmals müssen Erkrankte daher stationär untergebracht werden, nicht selten aufgrund von Fremd- oder Eigengefährlichkeit auch gegen ihren Willen.

74 Die Frage, ob Schizophrene eine erhöhte Gewaltneigung haben, wird kontrovers beantwortet. Der „wahnsinnige Killer" ist ein beliebtes Motiv in Krimis und Thrillern. Verschiedene, vor allem ältere Studien kamen dagegen zu dem Schluss, dass Gewalttaten bei psychisch Kranken nicht häufiger sind als bei Gesunden.[100] Speziell

---

[96] *Stadtland/Nedopil* 2005, S. 155.
[97] *Müller/Nedopil* 2017, S. 134.
[98] *Konrad/Huchzermeier/Rasch* 2019, S. 268.
[99] *Kröber/Lau* 2010, S. 312; *Müller/Nedopil* 2017, S. 173.
[100] *Böker/Häfner* 1973, S. 234. Einen neuen Schub bekam die Diskussion durch den absichtlich herbeigeführten Absturz des German Wings Flugzeugs am 24.03.2015.

bei Schizophreniepatienten ist das Risiko einer Gewalttat aber deutlich höher als bei anderen psychisch Kranken.[101] Kriminalität und Gewalt sind bei Schizophrenen auch häufiger als im Bevölkerungsdurchschnitt.[102] Signifikant erhöht ist das Risiko einer Gewalttat bei Schizophrenen mit gleichzeitigem Substanzmissbrauch.[103] Das Risiko für die Allgemeinheit, das von Schizophrenen ausgeht, ist allerdings sehr gering. Man müsste statistisch etwa 10.000 Menschen aus der Allgemeinbevölkerung begegnen, um auf einen Aggressionstäter zu stoßen. Um auf einen schizophrenen Gewalttäter zu treffen, müsste man statistisch aber 200.000 Menschen begegnen. Die Wahrscheinlichkeit, Opfer eines schizophrenen Gewalttäters zu werden, ist daher deutlich geringer als die Wahrscheinlichkeit, Opfer eines „normalen" Gewalttäters zu werden.[104]

Persönlichkeitsstörungen sind keine Krankheiten. Persönlichkeitsstörungen werden in ICD-11 unter F60. wie folgt umschrieben: „Sie verkörpern gegenüber der Mehrheit der betreffenden Bevölkerung deutliche Abweichungen im Wahrnehmen, Denken, Fühlen und in den Beziehungen zu anderen. Solche Verhaltensmuster sind meistens stabil und beziehen sich auf vielfältige Bereiche des Verhaltens und der psychologischen Funktionen. Häufig gehen sie mit einem unterschiedlichen Ausmaß persönlichen Leidens und gestörter sozialer Funktionsfähigkeit einher. Es handelt sich um schwere Störungen der Persönlichkeit und des Verhaltens der betroffenen Person, die nicht direkt auf eine Hirnschädigung oder -krankheit oder auf eine andere psychiatrische Störung zurückzuführen sind. Sie erfassen verschiedene Persönlichkeitsbereiche und gehen beinahe immer mit persönlichen und sozialen Beeinträchtigungen einher. Persönlichkeitsstörungen treten meist in der Kindheit oder in der Adoleszenz in Erscheinung und bestehen während des Erwachsenenalters weiter." Deutlich wird daraus, dass die erheblichen Abweichungen im Wahrnehmen, Denken und Fühlen entweder bereits seit der Jugendzeit manifest oder über einen längeren Zeitraum stabil sein müssen. Häufig liegt auch ein subjektives Leiden vor.

Es können nach ICD-11 u. a. folgende Persönlichkeitsstörungen unterschieden werden[105]:

F60.0 Paranoide Persönlichkeiten: übertriebenes Misstrauen und starke Empfindsamkeit; neutrale Handlungen werden als Zurückweisung empfunden. Betroffene sind nachtragend und bestehen beharrlich und oftmals situationsunangemessen auf ihren vermeintlichen Rechten. Sie stellen sich selbst in den Mittelpunkt ihres Denkens, können aber die Verantwortlichkeit für ihr eigenes Handeln und Fühlen nicht übernehmen. Projektion der eigenen unakzeptierten Gefühle in andere.

---

[101] *Müller/Nedopil* 2017, S. 180: Das Risiko einer Gewalttat liegt bei Schizophrenen bei 5: 10.000, bei den sonstigen psychisch Erkrankten bei 9: 100.000.
[102] *Maier et al.* 2016, S. 55 f.
[103] *Müller/Nedopil* 2017, S. 181; *Konrad/Huchzermeier/Rasch* 2019, S. 276 f.
[104] *Müller/Nedopil* 2017, S. 183.
[105] Zum überarbeiteten Konzept der Persönlichkeitsstörungen nach ICD-11 vgl. *Hauser/Herpertz/Habermeyer* 2021.

F60.1 Schizoide Persönlichkeiten: introvertiert, kontaktarm, sozial zurückgezogen, emotional kühl, unbeteiligt und distanziert.

F60.2 Dissoziale Persönlichkeiten: Missachtung sozialer Verpflichtungen, herzloses Unbeteiligtsein an Gefühlen anderer, also mangelnde Empathie,[106] ein Unvermögen, längerfristige Bindungen aufrechtzuerhalten, geringe Frustrationstoleranz und Neigung zu aggressivem und gewalttätigem Ausagieren. Betroffene empfinden keine Schuld und sind kaum in der Lage, aus ihren Erfahrungen zu lernen. Rationalisierung des eigenen Fehlverhaltens und Beschuldigung anderer als dessen Urheber.

77 Sehr einflussreich ist das Konzept der Psychopathy und die von *Robert Hare* entwickelte Psychopathy Checklist (PCL),[107] die nunmehr auch in einer offiziellen deutschen Übersetzung anwendbar ist.[108] *Hare* baute insbesondere auf Vorarbeiten von *Cleckley* auf, der mit dem „Psychopathen" einen ganz besonders rücksichtslosen Persönlichkeitstyp beschrieben hatte.[109] Die PCL ist ein relativ einfaches Erhebungsinstrument, das durch eine Befragung des Probanden oder durch Studium der Gerichts- bzw. Patientenakte angewendet werden kann. Es umfasst 20 Items, die mit folgendem 3-Punkte-Schema zu bewerten sind: nicht zutreffend = 0 Punkte, teilweise zutreffend = 1 Punkt, vollständig zutreffend = 2 Punkte. Erreichbar sind daher 0 bis 40 Punkte. Eine mittelgradige Ausprägung der Psychopathy wird ab 17 Punkten angenommen, eine hohe ab 25 Punkten und eine sehr hohe ab 33 Punkten. Die ursprüngliche PCL wurde zwei Mal überarbeitet und gilt jetzt als PCL-R in der Version von 2003.[110] Unterdessen gibt es auch eine Version für Kinder und Jugendliche,[111] bei denen eine Persönlichkeitsstörung per Definition nicht diagnostiziert werden kann, weil sie eine Stabilität für einen längeren Zeitraum verlangt.

78 Als Bedingungsfaktoren werden genannt:[112] genetische Prädisposition; neurologische Defizite (Geburtskomplikationen, Entwicklungsverzögerung, niedriger IQ, kindliche Hirntraumata und -entzündungen) und Störungen in der psychosozialen Entwicklung (Verlust eines oder beider Elternteile, wechselnde Bezugspersonen in Kindheit und Jugend, physischer und sexueller Missbrauch, Kriminalität in der Familie).

79 F60.3 Emotional instabile Persönlichkeitsstörung: Deutliche Tendenz, Impulse ohne Berücksichtigung von Konsequenzen auszuagieren, verbunden mit unvorher-

---

[106] Sie hierzu *Herpertz* 2018.
[107] Siehe dazu *Müller/Nedopil* 2017, S. 221 ff.
[108] *Mokros et al.* 2017. Siehe dazu *Hollerbach et al.* 2018.
[109] *Cleckley* 1941.
[110] *Hare* 1991; *Mokros et al.* 2017.
[111] Psychopathy Checklist Youth Version (PCL YV), siehe dazu *Ortner et al.* 2018; *Sevecke/Krischer* 2006.
[112] *Müller/Nedopil* 2017, S. 218.

sehbarer und launenhafter Stimmung. Es gibt zwei Untertypen: die impulsive oder explosible Persönlichkeitsstörung und die Borderline-Persönlichkeitsstörung. Bei impulsiver Störung häufig auch aggressives Verhalten, vor allem nach Kritik von anderen.

F60.4 Histrionische Persönlichkeitsstörung: Eine Persönlichkeitsstörung, die durch oberflächliche und labile Affektivität, Dramatisierung, einen theatralischen, übertriebenen Ausdruck von Gefühlen, durch Suggestibilität, Egozentrik, Genusssucht, Mangel an Rücksichtnahme, erhöhte Kränkbarkeit und ein dauerndes Verlangen nach Anerkennung, äußeren Reizen und Aufmerksamkeit gekennzeichnet ist.

F60.8 Narzisstische Persönlichkeitsstörung: übertriebenes Selbstwertgefühl, übermäßige Empfindlichkeit gegenüber der Einschätzung durch andere. Betroffene glauben, dass sie aufgrund ihrer Besonderheit auch besondere Ansprüche stellen dürfen und beuten deswegen ihre Mitmenschen oft aus.

Schon die Diagnosekriterien legen nahe, dass Personen mit diesen Persönlichkeitsstörungen in unterschiedlichem Ausmaß zu jeweils spezifischer Kriminalität neigen.[113] Paranoide Persönlichkeiten fallen als Querulanten oder pathologisch eifersüchtige Ehepartner auf. Vermeintlichen Feinden wird bisweilen mit Gewalt begegnet. Schizoide Persönlichkeiten sind dagegen forensisch eher unauffällig. Bei dissozialen Persönlichkeiten gehört die Missachtung sozialer Verpflichtungen, darunter auch der Strafgesetze, sowie Aggression und Gewalt zu den Diagnosekriterien, so dass Straffälligkeit in verschiedener Ausprägung nahe liegt. Allerdings besteht hier die Gefahr eines Zirkelschlusses: Das dissoziale Verhalten wird erklärt mit einer dissozialen Persönlichkeit, die wiederum das dissoziale Verhalten definiert.[114] Borderline-Persönlichkeiten können insbesondere aufgrund von übermäßiger Kränkbarkeit auf Zurückweisungen aggressiv reagieren. Impulsive Persönlichkeiten zeigen ebenfalls häufig aggressives Verhalten. Histrionische Persönlichkeiten neigen aufgrund eines gesteigerten Geltungsbedürfnisses oftmals zu Betrugstaten, wobei sie durch ihre hohe Anpassungsfähigkeit gutgläubige Opfer blenden können. Ähnlich führen bei narzisstischen Persönlichkeiten Geltungsbedürfnis, Mittelpunktstreben und Mangel an Selbstkritik zu Auffälligkeiten. Dementsprechend sind Personen mit Persönlichkeitsstörungen unter verurteilten Straftätern besonders häufig zu finden.[115]

---

[113] Zum Folgenden siehe *Herpertz/Saß* 2010, S. 451 ff; *Müller/Nedopil* 2017, S. 230; *Dreßing/Mokros/Habermeyer* 2021, S. 327 ff.
[114] *Konrad/Huchzermeier/Rasch* 2019, S. 309.
[115] *Müller/Nedopil* 2017, S. 228.

§ 6 Gesellschaftlich orientierte Kriminalitätstheorien

I. Die paradigmatische Verortung von Theorien

Unter einem Paradigma versteht man einen theoretischen Rahmen, der eine Ordnung von Theorien ermöglicht. Der Begriff stammt von *Thomas S. Kuhn*, der gemeinsame Grundannahmen von Theorien als Paradigma bezeichnet hat.[1] In der Soziologie beispielsweise wird zwischen **Handlungs-** und **Systemtheorien** als zwei Paradigmen unterschieden.[2]

Eine weitere Differenzierung ist die zwischen **normativem** und **interpretativem Paradigma**.[3] Der wesentliche Unterschied zwischen beiden liegt in ihrem Verständnis von zwischenmenschlicher Interaktion. Nach dem normativen Paradigma werden Interaktionen in einem von den Handelnden geteilten System von Symbolen und Bedeutungen vollzogen. Es wird angenommen, dass es zwischen den Interaktionspartnern es einen kognitiven Konsens über die Bedeutung von Worten, Gesten und Handlungen gibt. Die Bedeutung der Symbole beim interpretativen Paradigma hingegen wird erst während des Interaktionsprozesses geschaffen. Das erstgenannte Paradigma geht von einer objektiven Wirklichkeit aus, beim letztgenannten hingegen ist die Wirklichkeit subjektiv konstituiert.[4] Zwischen den beiden Paradigmen gibt es neben diesem fundamentalen Unterschied hinsichtlich des Wirklichkeitsverständnisses noch eine weitere Diskrepanz bezüglich des Theorieverständnisses. Während im normativen Paradigma Theorien in erster Linie mit dem Ziel entwickelt werden, deduktive Erklärungen zu erbringen, werden Theorien im interpretativen Paradigma vorwiegend dazu verwendet, den Forschern ein interpretatives Schema zur Verfügung zu stellen, das für die Analyse ihres

---

[1] *Kuhn* 2011.
[2] *Schwinn* 2010.
[3] Vgl. dazu oben § 3 Rn. 3; *Wilson* 1971, 1980.
[4] *Wilson* 1980, S. 56 ff., 66 f.

Forschungsproblems nützlich ist.⁵ Beide Paradigmen unterscheiden sich demnach grundsätzlich. Die Kompatibilität von Theorien aus verschiedenen Paradigmen ist somit ohne wesentliche Änderungen in den zu verknüpfenden Theorien nur bedingt gegeben.

3   Der Strukturfunktionalismus, die Systemtheorie, die Konflikttheorie, der utilitaristische Ansatz, die Verhaltens- und die Lerntheorie sind soziologische Theorien, die dem normativen Paradigma zugeordnet werden können, während der symbolische Interaktionismus und der phänomenologische Ansatz zum interpretativen Paradigma gehören.⁶ Diese Differenzierung in zwei Paradigmen kann auch auf Kriminalitätstheorien angewendet werden. Die ätiologischen Ansätze wie beispielsweise die Anomietheorie, die Subkulturtheorie, die Lerntheorie, die Kontrolltheorie und die Sozialisationstheorie können dem normativen Paradigma zugeordnet werden, die Labeling-Theorie und der ethnomethodologische Ansatz dem interpretativen Paradigma.⁷ Streng genommen basieren die Theorien des normativen und interpretativen Paradigmas auf unterschiedlichen und sich widersprechenden Grundannahmen. Somit führt eine Verknüpfung von paradigmatisch unterschiedlich verorteten Theorien zu Inkonsistenzen. Ein solcher Schritt würde nach *Popper* zu einer Falsifikation führen, denn theoretische Systeme und empirische Sätze müssen widerspruchsfrei sein.⁸

II. Utilitaristische Kriminalitätstheorien

1. Theorie

4   Die Kriminologie ist als eigenständige Wissenschaft im 18. Jahrhundert entstanden. Am Beginn steht die **„klassische Schule"** mit den Hauptvertretern *Cesare Beccaria* und *Jeremy Bentham*.⁹ Diese Schule nimmt an, dass Personen kriminelle Handlungen nach Abwägung der Vor- und Nachteile aufgrund eines freien Willensentschlusses begehen.¹⁰ Beccaria und Bentham gehen von einem utilitaristischen Menschenbild aus – menschliches Handeln sei bestimmt vom Streben nach Lust und vom Vermeiden von Schmerz.

5   Der Schwerpunkt ihrer Ausführungen liegt allerdings nicht in der Konzeption einer individuellen Kriminalitätstheorie, sondern in Implikationen des beschriebenen Menschenbildes für die Gesellschaft und ihr Strafsystem. Das Ziel müsse sein, durch staatliche Bemühungen das größtmögliche Glück für möglichst viele Gesellschaftsmitglieder zu erreichen. Damit formulieren *Beccaria* und *Bentham* die Basis der utilitaristischen Ethik, nach der die Grundlage für die ethische

---
[5] *Wilson* 1980, S. 72.
[6] *Camus/Elting* 1982, S. 53 ff., 60 f.; *Opp* 1986, S. 1.
[7] *Camus/Elting* 1982, S. 71.
[8] *Popper* 2005.
[9] *Beccaria* 1764; *Bentham* 1823.
[10] Vgl. *Dölling/Hermann* 2003.

II. Utilitaristische Kriminalitätstheorien

Bewertung einer Handlung das Nützlichkeitsprinzip ist. Eine Handlung ist dann ethisch gerechtfertigt, wenn dadurch Wohlergehen, Freude und Glück der Allgemeinheit maximiert wird. Deshalb sei es gerechtfertigt, Straftaten durch eine Sanktionierung des Täters zu ahnden, denn durch die abschreckende Wirkung der Strafe würden Straftaten verhindert. Gesetze und Strafen tragen somit zu einer Maximierung des kollektiven Wohls bei. Diese Sichtweise unterstellt, dass kriminelle Handlungen insbesondere auf utilitaristischen Abwägungen beruhen.[11]

Nach der utilitaristischen Kriminalitätstheorie ist kriminelles Handeln das Ergebnis einer rationalen Entscheidung, bei der Nutzen und Kosten von Handlungsalternativen abgewogen werden. Das Ziel des Handelnden liegt nach diesem Ansatz in der **Minimierung der Kosten** und der **Maximierung des Nutzens**. Bei der Auswahl einer Handlungsalternative wird die mit der günstigsten Kosten-Nutzen-Relation gewählt, wobei die Wahrscheinlichkeiten für die Realisierung des erwarteten Gewinns und der erwarteten Kosten berücksichtigt werden. Im Unterschied zu den klassischen utilitaristischen Ansätzen von *Beccaria* und *Bentham* wird in neueren Kriminalitätstheorien nicht mehr der Nutzen der Allgemeinheit als Handlungsmaxime berücksichtigt. Der Schwerpunkt liegt in der Betrachtung individueller Kosten und Nutzen, die als handlungsrelevante Faktoren berücksichtigt werden.

Das Modell, das den Erwartungsnutzen einer Handlung als Differenz zwischen erwartetem Nutzen und erwarteten Kosten bestimmt, die jeweils mit den subjektiven Eintrittwahrscheinlichkeiten gewichtet werden, wird als **SEU-Modell** (Subjective Expected Utility) bezeichnet.[12] In diesem Modell werden die subjektiven Unsicherheiten für die Realisierung von Nutzen und Kosten von Handlungen in die Handlungsentscheidung einbezogen. Die Entscheidungsregel nach dem SEU-Modell lautet demnach wie folgt: „Von mehreren Handlungsalternativen, die ein Akteur in Erwägung zieht, wählt er diejenige, für die die perzipierten Handlungskonsequenzen am positivsten bewertet und am sichersten erwartet werden."[13] Das Modell fragt allerdings nicht nach den Ursachen unterschiedlicher Bewertungen von Kosten und Nutzen.[14]

In der neueren ökonomischen Literatur zum Thema sind Erweiterungen des Ansatzes erkennbar. Es wird postuliert, dass neben rational-utilitaristischen Abwägungen andere Entscheidungsprinzipien relevant sind, insbesondere die möglichen (langfristigen) Konsequenzen einer Straftat für das persönliche **Sozialkapital**, also für die Vorteile aufgrund individueller sozialer Beziehungen.[15] Erweitert man aber den Ansatz so, dass unter Kosten und Nutzen nicht nur objektive ökonomische Merkmale, sondern auch subjektive Faktoren sozialer oder psychologischer Natur verstanden werden, wird der utilitaristische Ansatz verhaltenstheoretischen Theorien sehr ähnlich und verliert dadurch seine Trennschärfe.[16] Die Erweiterungen

---

[11] Ebenso *Becker* 1993.
[12] *Lee* 1977.
[13] *Kunz* 2004, S. 45.
[14] *McKenzie/Tullock* 1984.
[15] *Akerlof* 1997; *Entorf* 1999; *Imai/Krishna* 2001; *Englerth* 2010.
[16] *Jeffery* 1979.

beeinträchtigen somit die Originalität dieses Ansatzes und die Trennschärfe im Verhältnis zu anderen Kriminalitätstheorien. Der Kerngedanke utilitaristischer Kriminalitätstheorie ist in Abb. 6.1 grafisch dargestellt.

2. Empirie

9 Die empirischen Studien zur Überprüfung zur Überprüfung utilitaristischer Kriminalitätstheorien sind in der Regel Untersuchungen zur negativen Generalprävention. Dabei werden sowohl Aggregat- als auch Individualdaten verwendet. Die Aggregatdaten stammen meist aus Kriminalstatistiken und die Individualdaten aus Befragungen und Experimenten.

10 Die **makrosoziologischen Studien** untersuchen meist die Beziehung zwischen Abschreckungsindikatoren wie die Aufklärungs-, Verurteilten- und Inhaftiertenquote, die durchschnittliche Dauer verhängter Haftstrafen oder die Polizeidichte und der Häufigkeitszahl (Anzahl polizeilich registrierter Straftaten pro 100.000 Einwohner) als Indikator der Delinquenzbelastung. Die Abschreckungsindikatoren können als Messungen der Kosten von Kriminalität gesehen werden. Der Nutzen von Kriminalität bleibt in makrosoziologischen Studien unberücksichtigt. Somit berücksichtigen diese Studien die Hypothesen utilitaristischer Kriminalitätstheorien nur partiell. Hinzu kommt, dass die utilitaristische Kriminalitätstheorie ein mikrosoziologischer Ansatz ist und diese Ebene in makrosoziologischen Abschreckungsstudien unberücksichtigt bleibt. Somit liefern diese Studien bestenfalls Hinweise auf die Gültigkeit utilitaristischer Kriminalitätstheorien – aus diesem Grund sollen hier nur die Ergebnisse einiger wichtiger Studien beschrieben werden.

11 Für die Bundesrepublik Deutschland konnte ein signifikanter Zusammenhang zwischen Aufklärungsquote und Tatverdächtigenbelastungszahl nachgewiesen

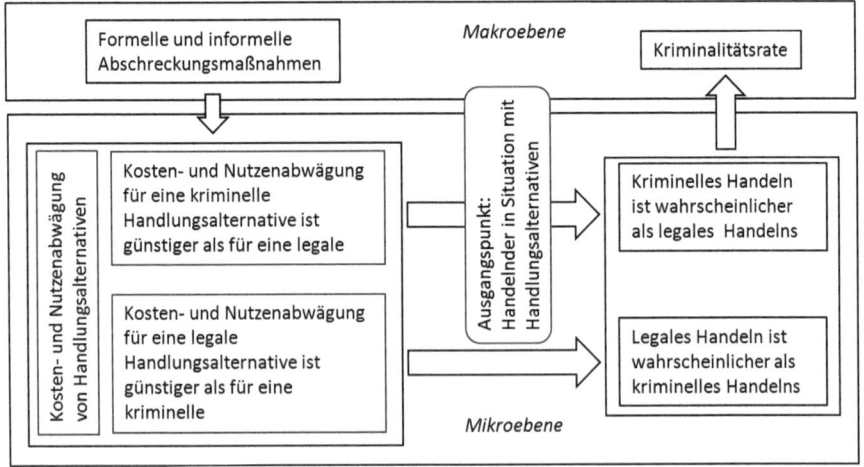

Abb. 6.1 Die utilitaristische Kriminalitätstheorie

werden, allerdings nicht für alle Deliktskategorien.[17] Die meisten Untersuchungen zu der Thematik wurden in den USA durchgeführt. So konnten in einer Analyse der U.S.-amerikanischen Kriminalstatistiken signifikante Zusammenhänge zwischen der Inhaftierungsrate des Vorjahres und Diebstahlsraten für PKW sowie Mordraten nachgewiesen werden und zudem eine Assoziation zwischen objektiver Entdeckungswahrscheinlichkeit und Deliktshäufigkeit.[18] Die Anzahl der Polizeibeamten pro Kopf der Bevölkerung hat nach einer Untersuchung einen Einfluss auf die Raten registrierter Kriminalität: Je größer die Kontrolldichte in der Vergangenheit war, desto geringer ist die Kriminalitätsbelastung in der Gegenwart.[19] Die Beziehung zwischen Polizeidichte und Kriminalitätsrate scheint eine Wechselbeziehung zu sein, denn nach einer umfangreichen Untersuchung von Daten aus über 50 größeren Städten und allen Staaten der USA für einen Zeitraum von 20 Jahren führt ein Anstieg der Kriminalitätsrate etwa zwei Jahre später zu einer größeren Polizeidichte.[20]

Einige makrosoziologische Studien führen jedoch zu gegenteiligen Ergebnissen.[21] Diese Widersprüchlichkeit findet man insbesondere in Studien zur **Abschreckungswirkung der Todesstrafe**. In einer umfangreichen Studie zu der Thematik von *Ehrlich* ergab sich, dass die Mord- und Totschlagrate pro Einwohner von der Exekutionswahrscheinlichkeit abhängig ist.[22] Die Daten zu der Studie stammten aus den Uniform Crime Reports (UCR), der Kriminalstatistik des FBI, und bezogen sich auf den Zeitraum von 1933 bis 1969. Letztlich verhindere jede Exekution acht Morde, so *Ehrlich*. In einer Replikationsstudie wurde die Validität der von Ehrlich verwendeten Daten und die Stabilität der Ergebnisse kritisiert.[23] Die Ergebnisse änderten sich mit der Variation der Zeiträume der UCR-Daten. Die Autoren fanden keine eindeutigen Befunde mehr, wenn andere Zeiträume als in der Ehrlich-Studie betrachtet wurden. Die Effektschätzungen waren nur noch zum Teil theoriekonsistent.

Ehrlich hat in einer weiteren Publikation die Datenbasis erweitert und UCR-Daten mit Daten der Sterbestatistik verknüpft. Dabei wurden Staaten der USA verglichen, die sich in der Gesetzgebung zur Todesstrafe unterschieden. Als Messzeitpunkte wählte *Ehrlich* hier die Jahre 1940 und 1950, da zu diesem Zeitraum die Exekutionsraten einzelner Staaten besonders hoch waren. Die Analysen zum Einfluss der Exekutionsrate auf die Tötungsrate bestätigten die Ergebnisse seiner oben beschriebenen Studie. Die Replikationsstudien der Analysen von *Ehrlich* hingegen kamen zu konträren Ergebnissen.[24]

---

[17] *Entorf* 1996; *Entorf/Spengler* 1998a, b, 2000.
[18] *Tittle/Rowe* 1974; *Cohen/Land* 1987.
[19] *Witt/Clarke/Fielding* 1999.
[20] *Marvell/Moody* 1996.
[21] *Myers* 1983; *Cherry/List* 2002.
[22] *Ehrlich* 1975.
[23] *Bowers/Pierce* 1975.
[24] *Beyleveld* 1982; *Forst* 1983.

14 Selbst Metaanalysen zu empirischen Untersuchungen über die Abschreckungswirkung der Todesstrafe führten zu unterschiedlichen Resultaten. *Zvekic* und *Kubo* fanden in einer Metaanalyse von 48 Untersuchungen bei etwa 75 % keine signifikanten Assoziationen zwischen Todesstrafe und Mordrate.[25] Dieses Ergebnis wurde durch eine Forschungsübersicht zu 74 empirischen Studien bestätigt.[26] Von diesen Studien kamen 66 % zu dem Ergebnis, dass die Abschreckungshypothese falsch sei, und lediglich 23 % bestätigten sie. In 11 % der Studien wurden widersprüchliche Ergebnisse berichtet. Zu einem ähnlichen Ergebnis gelangt eine qualitative Metaanalyse von vier Studien über die Wirkung von vollzogenen Todesstrafen.[27] Nur in einer Studie konnte eine Veränderung der Mordrate nachgewiesen werden.

15 Die Metaanalyse von *Yang* und *Lester* hingegen führte zu dem gegenteiligen Ergebnis. Die Untersuchung basierte auf 95 Publikationen. Zur Durchführung der Metaanalyse haben die Autoren jeweils alle Effektschätzungen aus einer Studie zum Einfluss der Todesstrafe auf Delinquenz in Pearsonsche Korrelationskoeffizienten umgerechnet und den Durchschnittswert gebildet. Somit wurden alle Einzelergebnisse einer Studie in einem einzigen Wert zusammengefasst. Der Durchschnittswert für alle Studien liegt bei $r = -0{,}12$ und ist theoriekonsistent und signifikant.

16 Die Untersuchungen zur negativen Generalprävention mit **Individualdaten** sind in der Regel Befragungsstudien. Problematisch an vielen dieser Untersuchungen ist allerdings, dass kein repräsentativer Bevölkerungsquerschnitt verwendet wird, so dass die Ergebnisse nicht verallgemeinerbar sind. Einige Studien untersuchen Studierende[28], manche Schülerinnen und Schüler[29] oder Jugendliche[30], etliche Erwachsene[31] und wenige männliche Erwachsene[32]. Zwar wurde in nahezu keiner der oben genannten Studien ein theoriewidriger Zusammenhang zwischen utilitaristischen Aspekten und Delinquenz gefunden, aber in relativ vielen Untersuchungen ist der theoriegemäße Zusammenhang nur schwach ausgeprägt oder gar nicht vorhanden. Bei allen Studien ist jedoch das Erklärungspotenzial von Kosten-Nutzen Abwägungen im Vergleich zu anderen Determinanten delinquenten Handelns relativ gering und zudem nicht für alle Delikten nachweisbar.

17 In der empirischen Sozialforschung gelten **Längsschnittstudien** als besonders elaboriert. In einer Befragungsstudie zur Abschreckung wurden 2147 zufällig ausgewählte Schülerinnen und Schüler aus zwei Städten der USA zweimal im Abstand von neun Monaten befragt.[33] Gegenstand der Befragung waren 13 Verhaltensweisen, die von Schulverweigerung bis zum bewaffneten Angriff reichten, wobei nur Hand-

---

[25] *Zvekic/Kubo* 1989.
[26] *Chan/Oxley* 2004.
[27] *H. Eisele* 1999, S. 109 ff.
[28] *Silberman* 1976; *Jensen/Erikson/Gibbs* 1978.
[29] *Jensen* 1969; *Bishop* 1982.
[30] *Bishop* 1984; *Schumann/Berlitz/Guth/Kulitzki* 1987.
[31] *Grasmick/Green* 1980; *Grasmick/Bryjak* 1980; *Kerschke-Risch* 1993.
[32] *H.-J. Albrecht* 1980a.
[33] *Bishop* 1982; *Bishop* 1984.

lungen der letzten 12 Monate berücksichtigt wurden. Für die Analyse wurde die Anzahl dieser Handlungen erhoben. Die unabhängige Variable wurde als Summenvariable konstruiert, in der drei Items zum perzipierten Entdeckungs- und Sanktionsrisiko und damit zu den erwarteten Kosten von Delinquenz berücksichtigt wurden. Das Ergebnis dieser Analyse ist, dass der Einfluss des perzipierten Entdeckungs- und Sanktionsrisikos auf die selbstberichteten Normverstöße signifikant von null verschieden ist: Je größer das Risiko ist, desto geringer ist die Anzahl von Normverstößen.

In einer **Panel-Studie** wurden von *Schumann, Berlitz, Guth* und *Kaulitzki* in den Jahren 1981 und 1982 jeweils 759 zufällig ausgewählte Bremer Jugendliche befragt und jedes Mal die Häufigkeit der Deliktsbegehung im letzten Jahr, das perzipierte Entdeckungsrisiko und verschiedene Kontrollvariablen erhoben.[34] Für die Messung der Delinquenz wurde in jeder Befragungswelle die Begehungshäufigkeit von 14 Delikten in den letzten 12 Monaten erfragt. Durch die Frage nach der Anzahl von Straftaten, die jemand nach Einschätzung der Befragten unentdeckt begehen kann, wurde das perzipierte Entdeckungsrisiko gemessen, wobei die Zahlenwerte logarithmisch transformiert wurden. Insbesondere für schwerere Delikte führte die Untersuchung zu einer Falsifikation der Hypothesen über einen Einfluss von Kostenaspekten auf delinquentes Handeln. Signifikante Effekte sind vor allem bei leichteren Delikten erkennbar. Die Diskrepanz in den Ergebnissen im Vergleich zur der oben erwähnten Studie[35] könnten durch Unterschiede in den Operationalisierungen und der Untersuchungsregion bedingt sein.

Im Gegensatz zur Studie von *Schumann* und anderen[36] ist in der **Querschnittstudie** von *Silberman* die entsprechende Assoziation für schwere Delikte größer als für leichte Delikte.[37] Möglicherweise liegt eine Ursache für die Diskrepanz zwischen den beiden Studien in unterschiedlichen Untersuchungsbedingungen und Untersuchungspopulationen. Während *Silberman* Studierende an einer Privatuniversität untersuchte, bezieht sich die Arbeit von *Schumann* und anderen auf Jugendliche einer Großstadt.

Zu der Frage, ob **Abschreckungseffekte bei allen Personengruppen** in gleichem Umfang nachweisbar sind, haben zwei Studien keine Unterschiede zwischen Teilpopulationen gefunden.[38] Dazu wurden die Befragten nach Persönlichkeitsmerkmalen und der Größe des Wohnortes aufgeteilt. In beiden Fällen unterschieden sich die Gruppen nicht hinsichtlich der Stärke des Zusammenhangs zwischen perzipiertem Abschreckungsniveau und Delinquenz.

In anderen Studien hingegen wurden Gruppenunterschiede in Abschreckungseffekten nachgewiesen. *Grasmick* und *Milligan* haben Erwachsene befragt und dabei die Anzahl von Geschwindigkeitsübertretungen und das perzipierte polizei-

---

[34] *Schumann/Berlitz/Guth/Kaulitzki* 1987.
[35] *Bishop* 1982, 1984.
[36] *Schumann/Berlitz/Guth/Kaulitzki* 1987.
[37] *Silberman* 1976.
[38] *Baily/Lott* 1976; *Erikson/Gibbs/Jensen* 1977.

liche Entdeckungsrisiko sowie das vermutete Verurteilungsrisiko erhoben.[39] Die Korrelation zwischen perzipiertem Abschreckungsniveau und der Anzahl von Geschwindigkeitsübertretungen ist für die älteren Befragten signifikant, für jüngere hingegen nicht.

22 Eine weitere Studie, in der Abschreckungseffekte gruppenspezifisch verglichen wurden, stammt von *H.-J. Albrecht*.[40] Dieser hat einen Einfluss der perzipierten Sanktionsschwere auf die Delinquenzbereitschaft für Personen mit niedriger Normakzeptanz ermittelt. In der Vergleichsgruppe, also Personen mit hoher Normakzeptanz, war dieser Effekt nicht vorhanden. Nur in der erstgenannten Gruppe ist der untersuchte Abschreckungseffekt signifikant. Ein solches Ergebnis ist plausibel. Falls jemand eine Norm akzeptiert, ist dies ein hinreichender Grund, diese Norm nicht zu verletzen. Mögliche Sanktionen bei einer Normverletzung sind für einen solchen Personenkreis somit weitgehend bedeutungslos. Falls jemand eine Norm nicht akzeptiert, können hingegen Abwägungen von Kosten und Nutzen einer Normverletzung entscheidend für einen Normbruch sein.

23 In der Untersuchung von *Hermann* und *Dölling* wurde ebenfalls die Frage nach **Bedingungen von Abschreckungseffekten** behandelt.[41] Es handelt sich dabei um repräsentative Bevölkerungsbefragungen in zwei Städten. Der Abschreckungsaspekt wurde als subjektive Einschätzung der Entdeckungswahrscheinlichkeit für selbst verübte Delikte (Beförderungserschleichung, Sachbeschädigung, Diebstahl, Einbruch, Körperverletzung, Trunkenheit im Verkehr und Drogenkonsum) erhoben. Die abhängige Variable wurde als Delinquenzbereitschaft operationalisiert, also als Selbsteinschätzung der Befragten, die oben aufgeführten Delikte unter Umständen oder unter gar keinen Umständen zu begehen. Untersucht wurde, ob innerhalb sozialer Gruppierungen und Milieus unterschiedlich starke Zusammenhänge zwischen Kosten-Nutzen-Abwägungen und Kriminalitätsbereitschaft existieren. Das Ergebnis ist, dass der Zusammenhang zwischen Risikobewertung und Delinquenzbereitschaft nicht in allen sozialen Milieus signifikant ist. Eine besonders hohe Korrelation ist im religiösen Milieu älterer Menschen zu finden, während im hedonistisch-materialistischen Milieu kein Zusammenhang erkennbar ist. Diese Milieus unterscheiden sich in ihren delinquenten Aktivitäten; diese sind im erstgenannten Milieu im Gegensatz zum hedonistisch-materialistischen Milieu gering ausgeprägt. Utilitaristische Aspekte haben danach vor allem in den Milieus mit wenig Delinquenz einen Einfluss auf die Delinquenzbereitschaft, während in Milieus mit hoher Delinquenz der Einfluss nicht signifikant ist.

24 Zu einem ähnlichen Ergebnis gelangte auch *Dölling* durch eine Befragung von Wehrpflichtigen, Insassen einer Jugendarrestanstalt und Insassen einer Jugendstrafanstalt.[42] Unter den Musterungsprobanden traten häufiger signifikante Zusammenhänge zwischen subjektivem Entdeckungsrisiko und selbstberichteter Delinquenz auf als unter den beiden Vergleichspopulationen. Demnach ist die strafrechtlich auf-

---

[39] *Grasmick/Milligan* 1976.
[40] *H.-J. Albrecht* 1980a.
[41] *Hermann/Dölling* 2001.
[42] *Dölling* 1983.

fällige Bevölkerung nur bedingt durch Abschreckung zu beeindrucken. Möglicherweise überwiegt bei dieser Population der Eindruck der Nichtentdeckung von Straftaten, sodass abschreckende Sanktionen nur bedingt handlungsrelevant werden.

Insgesamt gesehen sind die Untersuchungsergebnisse von Befragungsstudien über die Gültigkeit des Abschreckungsansatzes widersprüchlich. Möglicherweise liegt dies an der relativ großen Anzahl an Möglichkeiten, solche Untersuchungen zu konzipieren. Vermutet werden kann, dass die Operationalisierungen der Variablen relevant sind, die Durchführung als Längs- oder Querschnittstudie, die Rahmenbedingungen für die Wirksamkeit von Abschreckungsmaßnahmen sowie die soziale Verortung der untersuchten Population. Weitere Variationen liegen im Untersuchungsdesign vor. In der Regel wird das Verhalten des Befragten erfasst, daneben gibt es kleinere Erhebungen, die mit fiktiven Fällen arbeiten. In einer Vielzahl von Fallbeschreibungen wird eine Problemsituation mit delinquenten Lösungsmöglichkeiten systematisch variiert und die Befragten werden jeweils nach ihrer Handlungspräferenz gefragt. Diese Untersuchungen sind meist auf Studierende beschränkt und die Fallzahlen sind oft so gering, dass keine Aussagen über die gesamte untersuchte Teilpopulation getroffen werden können. Problematisch an diesen Studien ist zudem die ungeklärte Frage, ob die Antworten in Befragungen zu fiktiven Fällen dem tatsächlichen Verhalten entsprechen. In diesen Untersuchungen wird die Abschreckungshypothese relativ häufig bestätigt.[43]

Eine weitere Untersuchungsmethode sind **Laborexperimente**. Dabei werden häufig in einer Spielsituation der Einsatz und Nutzen des Spielgewinns sowie Kosten und Nutzen einer Verletzung der Spielregeln systematisch variiert und der Einfluss utilitaristischer Aspekte auf das Spielverhalten untersucht. Auch bei diesen Untersuchungen gilt die methodenkritisch begründete Einschränkung, dass die Untersuchungssituationen nicht ohne weiteres auf das reale Leben übertragen werden können. Insbesondere sind die Sanktionen in fiktiven Fällen und in Laborsituationen hinsichtlich der subjektiven Relevanz kaum mit strafrechtlichen Sanktionen zu vergleichen.[44] Zudem sind auch diese Untersuchungen meist auf Studierende beschränkt und berücksichtigen nur wenige Fälle. In diesen Untersuchungen wird relativ häufig die Abschreckungshypothese bestätigt.[45]

Allerdings sind nicht alle Laborexperimente pessimistisch zu beurteilen. Die Untersuchungsergebnisse der Ökonomen *Falk* und *Fischbacher* deuten darauf hin, dass zumindest die Rolle der sozialen Interaktion bei der Entstehung krimineller Aktivitäten experimentell nachgewiesen werden kann.[46] Besonderes Augenmerk schenken die neueren experimentellen Ansätze in der Ökonomie den Auswirkungen von „Fairness" und Reziprozität, was für die Untersuchung abweichenden Verhaltens interessante Forschungsperspektiven eröffnet.

Feldexperimente zur negativen Generalprävention sind in der Regel auf den Straßenverkehr beschränkt und untersuchen die abschreckende Wirkung polizei-

---

[43] *H. Eisele* 1999, S. 101 ff.
[44] *Dölling* 1992a, S. 198.
[45] *Hill/Kochendorfer* 1969; *Grala/McCauley* 1976; *H. Eisele* 1999, S. 96 ff.
[46] *Falk/Fischbacher* 2002.

licher Maßnahmen. Die Studien verwenden zum Teil Individualdaten, zum Teil aggregierte Daten. *Buikhuisen* behandelte die Frage, ob die Ankündigung, die Polizei werde in nächster Zeit gezielt Reifenkontrollen durchführen, zu einem erhöhten Wechsel abgefahrener Reifen führte. Die Studie bestätigte die abschreckende Wirkung dieser Maßnahme.[47] *Irby* und *Jacobs* untersuchten die Wirkung von Polizeipatrouillen, allerdings auf einen Militärstützpunkt beschränkt.[48] Sie kamen zu dem Ergebnis, dass die Einführung von Polizeistreifen die Unfallzahlen deutlich senkte. *Press* fand, dass eine Erhöhung der Anzahl von Streifenbeamten in einem zufällig ausgewählten Bezirk die Rate registrierter Kriminalität verringerte.[49] *Watson* untersuchte die Wirkungen verstärkter Polizeikontrollen, wobei die Einführung dieser Maßnahmen von einer Medienkampagne begleitet wurde, bei der über das Sanktionsrisiko bei Nichtanlegen des Sicherheitsgurtes informiert wurde.[50] Diese Maßnahmen führten zu einer Erhöhung des Prozentsatzes der Personen, die während der Fahrt den Sicherheitsgurt anlegten. Diese Feldexperimente bestätigen somit für einen Teilbereich die Gültigkeit der negativen Generalprävention. *Kelling u. a.* hingegen gelangten in ihrer Studie zum Einfluss von polizeilicher Streifenaktivität auf Kriminalitätsraten zu keiner Bestätigung des Ansatzes.[51] In dieser Studie wurde in einer Gruppe von Polizeirevieren die Streifenaktivität deutlich verringert, in einer anderen hingegen deutlich erhöht, während in einer dritten Gruppe die Streifenfahrten auf unverändertem Niveau blieben. Die Kriminalitätsraten in den drei Regionen veränderten sich nicht signifikant. Insgesamt gesehen lassen die Ergebnisse von Feldexperimenten vermuten, dass im Bereich leichter Normverstöße, insbesondere bei Vergehen im Straßenverkehr, Abschreckungseffekte existieren, wenn diese in geeigneter Weise publik gemacht werden.

29 Dem Bereich der Feldexperimente können auch Untersuchungen zur Kriminalprävention durch **Videoüberwachung** zugeordnet werden. So berichten *Chatterton und Frenz* einen Rückgang von 79 % aller Einbrüche und Einbruchsversuche in einem größeren Häuserkomplex, nachdem dort eine Videoüberwachung eingeführt wurde.[52] Diese Maßnahme führte zudem in Londoner U-Bahnhöfen nach einem Zeitraum von etwa zwei Jahren zu einem Rückgang von Raubdelikten. Dieser Rückgang liegt, im Vergleich zu U-Bahnhöfen, die diese Maßnahme nicht implementierten, zwischen 11 und 28 %.[53] *Tilly* beobachtete aufgrund der Einführung einer Videoüberwachung von Parkplätzen und Tiefgaragen eine erhebliche Abnahme der Anzahl von Sachbeschädigungen an Autos sowie des Diebstahls von und aus Autos.[54] *Brown* kam in einem Vergleich von Kriminalitätshäufigkeiten vor und nach der Einführung von Videoüberwachungen öffentlicher Plätze zu folgenden Er-

---

[47] *Buikhuisen* 1974.
[48] *Irby/Jacobs* 1960.
[49] *Press* 1971.
[50] *Watson* 1968.
[51] *Kelling/Pate/Dieckmann/Brown* 1974.
[52] *Chatterton/Frenz* 1994.
[53] *Webb/Laycock* 1992.
[54] *Tilly* 1993.

gebnissen: Die Anzahl der Wohnungseinbrüche reduzierte sich um 18 %, die Diebstahlshäufigkeiten für Autos sowie Diebstähle aus Autos wurden um etwa 10 % geringer.[55] Die Anzahl der Raubdelikte blieb jedoch unverändert. Allerdings wurde in vielen dieser Studien nicht überprüft, ob diese Veränderungen durch eine Verlagerung delinquenter Aktivitäten in unbewachte Gebiete bedingt sind. Zudem wurde meist nicht untersucht, ob sich die beobachtete regionale Kriminalitätsentwicklung auch auf Stadt- und Landesebene wiederfindet und somit keine spezifische Wirkung der Maßnahme ist.

Hinweise auf die Gültigkeit des Abschreckungs-Ansatzes erhält man auch durch einige **natürliche Experimente**, nämlich die Polizeistreiks in Liverpool im Jahr 1919 und in Montreal im Jahr 1956 sowie die Inhaftierung der Kopenhagener Polizei durch die deutsche Besatzungsmacht im Jahr 1944. Der mit dem Wegfall von Kontrollinstanzen verbundene Anstieg der Kriminalitätsrate wird oft als Hinweis für die Richtigkeit der negativen Generalprävention interpretiert.[56] Allerdings sind diese Ereignisse außergewöhnliche Situationen, sodass sich vermutlich nicht nur die polizeiliche Kontrollaktivität verändert hat, sondern mit den Streiks und der Polizeiinhaftierung auch andere gesellschaftlichen Bedingungen modifiziert wurden – dies erschwert eine Interpretation der Befunde. Die punktuellen Befunde der natürlichen Experimente erlauben keine Übertragung der Ergebnisse auf Alltagssituationen. 30

Hinweise auf die Gründe für Unterschiede in den Ergebnissen empirischer Abschreckungsstudien liefert die **Metaanalyse** von *Dölling, Entorf, Hermann* und *Rupp*.[57] Die Untersuchung basiert auf 700 Studien mit 7822 Effektschätzungen. Dabei zeigt sich, dass Untersuchungsmethoden, Operationalisierungen und der Forschungskontext das (publizierte) Ergebnis beeinflussen. Insgesamt gesehen sind bei einem Vergleich der Effektschätzungen signifikante hypothesenfalsifizierende Ergebnisse in der Minderheit. Allerdings sind auch nur 41,7 % der Effektschätzungen theoriekonsistent und signifikant; zudem sind die durchschnittlichen Effektschätzungen relativ niedrig. 31

Die Ergebnisse der Metaanalyse zeigen, dass nicht alle Handlungen gleichermaßen durch Sanktionsdrohungen beeinflusst werden können. Die größten Effekte findet man in experimentellen Studien. Dort wurden meist in Spielsituationen oder in der Realität Sanktionen variiert, wobei in der Regel die Strafen leicht waren und die Normen keine zentralen Güter schützen sollten. Die geringsten Abschreckungseffekte findet man in den Studien zur Todesstrafe. Es zeigt sich, dass auch die Fachrichtung der Forscher und des Publikationsorgans die (publizierten) Resultate bestimmen. Auf Grund der empirischen Untersuchungen von Kriminologen, Soziologen oder Rechtswissenschaftlern müsste man die Hypothese von der Abschreckungswirkung der Todesstrafe ablehnen, während die Untersuchungsergebnisse von Wirtschaftswissenschaftlern den umgekehrten Schluss nahelegen, wenn 32

---

[55] *Brown* 1995.
[56] *H. Eisele* 1999, S. 50.
[57] *Rupp* 2008; *Dölling/Entorf/Hermann/Rupp* 2009, 2011.

die Veröffentlichung in einer wirtschaftswissenschaftlichen Zeitschrift erfolgte.[58] Insgesamt gesehen widersprechen die Befunde der Metaanalyse einer universellen Gültigkeit utilitaristischer Kriminalitätstheorien. Dies entspricht der Vorstellung, dass menschliches Verhalten nicht nur von einer rationalen Kosten-Nutzen-Abwägung bestimmt wird, sondern von mehreren Ursachenkomplexen. Bereits ältere Handlungstheorien postulieren eine Handlungsrelevanz von wertrationalen, affektiven und traditionalen Abwägungen von Entscheidungsalternativen.[59] Möglicherweise führt die Theorie der Frame-Selektion zu einer Erweiterung der Theorie der rationalen Wahl.[60] Unter ‚Frame-Selektion' wird von *Esser* die situationsspezifische Festlegung eines Akteurs auf einen gedanklichen Rahmen verstanden, der reflektiert rational oder unreflektiert nichtrational sein kann. Diese Festlegung bedingt eine Eingrenzung von Handlungsalternativen. *Esser* versteht die Theorie der Frame-Selektion als Erweiterung utilitaristischer Handlungstheorien.[61]

III. Anomietheorien

1. Theorie

33 Die bekannteste soziologische Kriminalitätstheorie des normativen Paradigmas ist die Anomietheorie. Allerdings ist sie keine einheitliche Theorie, sondern ein Konglomerat verschiedener Theorien zur Erklärung delinquenten und abweichenden Verhaltens. Diese verwenden zwar alle den Anomiebegriff, jedoch mit unterschiedlichen Inhalten. Die älteste Version der Anomietheorie wurde von *Durkheim* in den 1890er-Jahren in seinen Studien zur Arbeitsteilung und zum Selbstmord veröffentlicht.[62] Die Ausgangsfrage in der erstgenannten Arbeit aus dem Jahr 1893 war: Was hält die Gesellschaft beisammen und wie hat sie sich verändert? Zur Beantwortung der Frage unterscheidet *Durkheim* zwischen mechanischer und organischer Solidarität. Die **mechanische Solidarität** ist ein Gemeinschaftsgefühl, das auf der Grundlage von Ähnlichkeiten wie beispielsweise Verwandtschaftsbeziehungen entsteht, die **organische Solidarität** hingegen entsteht durch eine funktionale Differenzierung der Gesellschaft, insbesondere durch Arbeitsteilung. Die erstgenannte Form der Solidarität ist vor allem in segmentär differenzierten Gesellschaften zu finden, also in Zusammenschlüssen von Stämmen, Sippen, Großfamilien oder Clans. In solchen Gesellschaften ist ein starkes Kollektivbewusstsein, ein geringer Individualisierungsgrad, wenig Arbeitsteilung und repressive Rechtssysteme typisch. In funktional differenzierten Gesellschaften dominieren die organische Solidarität, ein schwaches Kollektivbewusstsein, eine ausgeprägte Individualisierung und Arbeitsteilung sowie ein restitutives Rechtssystem. Unter **Kollektiv-**

---

[58] *Hermann* 2010.
[59] *Weber* o.J.
[60] *Esser* 2010.
[61] *Esser* 1999; *Kroneberg* 2007.
[62] *Durkheim* 1973, 2004.

bewusstsein versteht *Durkheim* die gemeinsam geteilten Glaubensvorstellungen und Gefühle der Mitglieder einer Gesellschaft, also auch gesellschaftlichen Werte, Moral sowie Recht. Den Grund für den Wandel von segmentären zu funktional differenzierten Gesellschaften sieht *Durkheim* in der demografischen Entwicklung, der Zunahme der Mobilität und Kommunikation sowie in zunehmender Urbanisierung. Die Folge dieses Wandels ist eine Steigerung der **Anomie**. Darunter versteht *Durkheim* eine Situation der Regellosigkeit, der gestörten Ordnung und der Normlosigkeit.

Die Ausgangsfrage in der 1897 veröffentlichten **Selbstmordstudie** ist: Wie können Unterschiede in Selbstmordraten erklärt werden? Diese Fragestellung basiert auf empirischen Analysen regionaler Suizidraten. Durkheim war aufgefallen, dass unter Protestanten die Selbstmordrate höher ist als unter Katholiken und Juden. Unter Alleinlebenden ist sie höher als unter Verheirateten. Diese Suizide erklärt *Durkheim* als Folge mangelnder Integration von Individuen in die Gesellschaft und bezeichnet deshalb diesen Selbstmordtyp als ‚egoistischen Selbstmord'. Ist die Integration von Individuen in die Gesellschaft zu stark, wie dies beispielsweise bei indischen Frauen der Fall ist, die sich nach dem Tod des Ehemannes selbst töten, führt dies ebenfalls zu erhöhten Suizidraten, dem ‚altruistischen Selbstmord'. Zudem bewirken, so *Durkheim*, ein schneller sozialer Wandel, ökonomische Krisen oder plötzliche Wachstumssteigerungen und die damit einhergehende Anomiesteigerung erhöhte Selbstmordraten, den ‚anomischen Selbstmord'. Wenn Anomie und damit ein normatives Vakuum zu erhöhten Suizidraten führt, müsste aus Gründen der Analogie, so *Durkheim*, auch die Überbetonung von Normen diese Wirkung entfalten. Diese Form des Suizids hat er als ‚fatalistischen Selbstmord' bezeichnet. Eine Störung des Gleichgewichts bezüglich Integration und Normgeltung führt demnach zu erhöhten Suizidraten.

Die Anomietheorie *Durkheims* ist somit in erster Linie eine Theorie der gesellschaftlichen Entwicklung und eine makrosoziologische Theorie zur Erklärung von Variationen in Suizidraten. Als Kriminalitätstheorie ist die Anomietheorie bei *Durkheim* selbst nur rudimentär formuliert;[63] er deutet in einer Fußnote an, dass Kriminalität ähnliche Ursachen habe wie der Selbstmord.[64] Somit kann man postulieren, dass ein schneller sozialer Wandel, die Zunahme der Arbeitsteilung, der Wegfall integrativer Institutionen sowie die Bildung neuer Organisationen mit fehlender kooperativer und normativer gesellschaftlicher Einbindung zu einem anomischen Zustand und somit zu fehlender Akzeptanz gesellschaftlicher Normen führen.[65] Ein solcher Zustand kann höhere Selbstmordraten, aber auch einen Anstieg der Mord- und Gewaltraten bewirken.[66]

Die Anomietheorie von *Merton* baut weitgehend auf der von *Durkheim* auf.[67] *Merton* verwendet jedoch einen anderen Anomiebegriff. Er versteht darunter einen

---

[63] *Gephart* 1990, S. 64 ff.
[64] *Durkheim* 1973, S. 355; *Gephart* 1990, S. 91.
[65] *Durkheim* 2004.
[66] *Durkheim* 1973, S. 329.
[67] *Merton* 1957, 1995a.

Zusammenbruch der kulturellen Struktur. Diese besteht nach seiner Definition aus zwei Komponenten: den gesellschaftlich vorgegebenen Zielen und den legalen Möglichkeiten, diese Ziele zu erreichen. Anomie entsteht insbesondere dann, wenn die tatsächlich zur Verfügung stehenden Mittel, also die soziale Struktur, nicht ausreichen, die gesellschaftlichen Ziele auf legalem Weg zu erreichen. Anomie ist somit Folge eines **Ziel-Mittel-Konflikts** und wird als Ursache erhöhter Kriminalitätsraten gesehen. Werden die gesellschaftlichen Ziele akzeptiert und sind die legalen Mittel zur Zielerreichung nicht ausreichend, werden bei mangelnder Akzeptanz von Normen illegale Mittel verwendet, um das Ziel zu erreichen. *Merton* spricht insoweit von Innovation. Mangelnde Normakzeptanz ist somit nach Merton mitverantwortlich für hohe Kriminalitätsraten. Bei *Merton* besteht der Anomiebegriff folglich aus den Komponenten einer fehlenden Normgeltung, der Akzeptanz gesellschaftlicher Ziele und der Unzulänglichkeit legaler Mittel zur Zielerreichung. Durch diese Definition wird der *Durkheimsche* Anomiebegriff um die beiden letztgenannten Aspekte erweitert. Neben der Innovation kennt *Merton* als Reaktionsformen auf die Nichterreichbarkeit gesellschaftlicher Ziele mit legalen Mitteln die Rebellion (Ersetzung der bisherigen Ziele und Mittel durch neue), den Rückzug (Aufgabe der kulturellen Ziele und legalen Mittel z. B. durch Alkohol- und Drogensüchtige), den Ritualismus (Aufgabe oder Herunterschrauben der Ziele bei Festhalten an den institutionellen Wegen) und Konformität.

37   In einer späteren Arbeit hat *Merton* den von *Srole* eingeführten Begriff der ‚**Anomia**' in seinen theoretischen Ansatz integriert und die ursprünglich oft unklare Zuordnung der zu erklärenden Ebene präzisiert.[68] Während sich der Anomiebegriff auf die Makroebene bezieht, bezeichnet Anomia einen individuellen Zustand.[69] Die Erklärungsmodelle für beide Ebenen sind allerdings weitgehend identisch. Das strukturelle Auseinandertreten von gesellschaftlichen Zielen und legalen Mitteln bedingt eine soziale Spannung, die auf gesellschaftlicher Ebene zur Anomie und auf individueller Ebene zu Anomia führt und dadurch erhöhte Kriminalitätsraten und Kriminalitätswahrscheinlichkeiten bedingt.[70] Abb. 6.2 beschreibt das Modell von *Merton*.

38   In der Interpretation der Anomietheorie durch *Opp* wird delinquentes Verhalten nicht durch eine einzige Ursache, sondern durch einen Ursachenkomplex erklärt, nämlich durch Ziele, Mittel und Normen.[71] In dem Ansatz von *Merton* sind das die verschiedenen Komponenten des Anomiebegriffes. Ein weiterer Unterschied zu den älteren Versionen der Anomietheorie ist der klare Bezug zur Individualebene. Während das *Durkheimsche* Modell durch das Ziel, Raten abweichenden Verhaltens zu erklären, auf der gesellschaftlichen Ebene verortet ist und der Ansatz von *Merton* zusätzlich die individuelle Ebene umfasst, zielt das Erklärungsmodell von *Opp* ausschließlich auf die Erklärung individuellen abweichenden Verhaltens. Als Determinanten für abweichendes Verhalten nennt *Opp* die Intensität illegitimer Ziele

---

[68] *Srole* 1956; *Merton* 1967.
[69] *Merton* 1967, S. 226 f.
[70] *G. Albrecht* 1981, S. 340.
[71] *Opp* 1974.

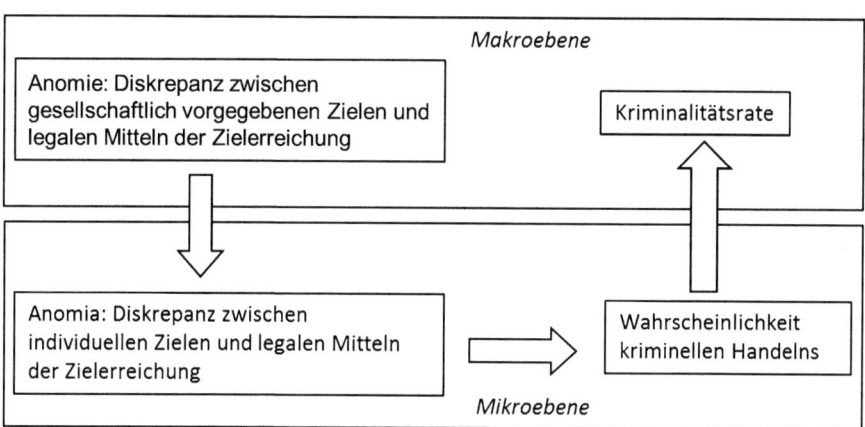

Abb. 6.2 Die Anomietheorie nach *Merton*

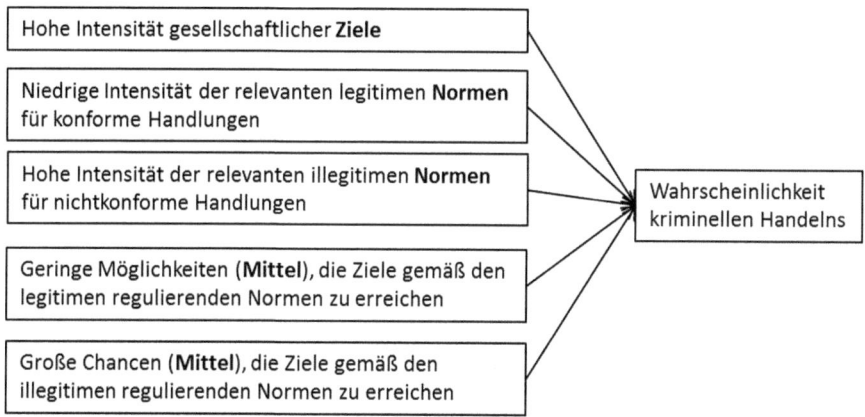

Abb. 6.3 Die Anomietheorie nach *Opp*

und Normen, die Intensität legitimer Normen und die Möglichkeiten, die Ziele mit legitimen und mit illegitimen Mitteln zu erreichen.[72] Der individuelle Grad der Geltung legitimer und illegitimer Normen und ihre Umsetzungsmöglichkeiten bei der Erreichung von Zielen sind somit die zentralen Merkmale für die Erklärung abweichenden Verhaltens. Abb. 6.3 beschreibt das Modell von *Opp*.

Eine Weiterentwicklung der Anomietheorie von Merton ist die **Institutionelle Anomietheorie** (IAT) von *Messner* und *Rosenfeld*.[73] Sie verwenden den *Merton*schen Anomiebegriff im Sinne eines Ziel-Mittel-Konflikts auf gesellschaftlicher Ebene und erweitern den Ansatz durch die Erklärung von Anomie. Der Ausgangspunkt ihrer Theorie ist eine Gesellschaftsanalyse. Demnach können in allen Gesell-

---

[72] *Opp* 1974, S. 132 f.
[73] *Messner* 2003; *Messner/Rosenfeld* 2013.

schaften vier Funktionsbereiche unterschieden werden: Familie, Bildung, Politik und Wirtschaft. *Messner* und *Rosenfeld* gehen wie *Durkheim* davon aus, dass Störungen des gesellschaftlichen Gleichgewichts zu einer anomischen Situation führen. Stehen die Funktionsbereiche einer Gesellschaft nicht mehr im Gleichgewicht, führt dies zu einer Veränderung von Handlungsmotiven und zu Kriminalität. Dabei kommt dem Wirtschaftsbereich eine besondere Rolle zu. Märkte setzen eine materialistische Zielorientierung unter den Akteuren voraus und fördern individualistisch-utilitaristische Werte. Bei einer Dominanz des Wirtschaftsbereichs werden sich diese Werte extrem entwickeln, während normativ-verhaltensregulierende Aspekte an Einfluss verlieren und der Grad an Orientierungslosigkeit und Anomie zunimmt. Insgesamt gesehen ist die Entwicklung der Anomietheorie durch eine Erweiterung der Ebenen gekennzeichnet: Die ursprünglich makrosoziologisch ausgerichtete Theorie von *Durkheim* wurde durch die mikrosoziologische Perspektive erweitert.[74]

40 Die in den 1980er-Jahren erstmals publizierte **General Strain Theory** (GST) von *Agnew* kann als Erweiterung der Anomietheorie gesehen werden.[75] *Agnew* selbst hingegen versteht die Anomietheorie von *Merton* als Variante der Strain-Theorien. In der deutschsprachigen Literatur wird die Theorie von *Agnew* auch als **Drucktheorie** bezeichnet. Unter „strain", also einer individuellen Belastung, versteht *Agnew* Situationen und Beziehungen, die zu psychischem Druck führen. Dies sind insbesondere Beziehungen, in der andere Personen den Einzelnen nicht so behandeln, wie er gern behandelt werden möchte.[76] Es handelt sich dabei um eine psychische Belastung, eine individuelle anomische Situation.

41 Die Theorie bezieht sich auf die Mikroebene, im Zentrum steht das Handeln von Personen. Dieses kann allerdings durch gesellschaftliche Rahmenbedingungen beeinflusst werden. Strains können objektiver oder subjektiver Natur sein. Objektive Belastungen beziehen sich auf mehrere Personen, die gleichermaßen betroffen sind, während sich subjektive Belastungen lediglich auf eine Person beziehen. Der methodologische Unterschied ist, dass bei der Untersuchung subjektiver Belastungen die individuelle Bewertung berücksichtigt werden kann, während bei der objektiven Belastung lediglich das objektive Ereignis und nicht die subjektive Relevanz im Vordergrund steht.

42 In seiner Publikation aus dem Jahr 2001 nennt *Agnew* drei Typen von Belastungen, die delinquentes Handeln wahrscheinlicher machen.[77]

- Der erste Typ beinhaltet die Unfähigkeit, seine Ziele zu erreichen – die Mittel des Akteurs reichen nicht aus, um die von ihm angestrebten Ziele zu erreichen. Diese Konstellation entspricht der anomischen Situation in der Arbeit von *Merton*, allerdings bezogen auf die Individualebene. Freilich scheinen nicht alle Ziel-Mittel-Konflikte einen kriminogenen Einfluss zu haben. Der nicht erfüllte Wunsch, in kurzer Zeit reich zu werden, habe, so Agnew, einen kriminogenen

---

[74] *Messner/Thome/Rosenfeld* 2008.
[75] *Agnew* 1985.
[76] *Agnew* 2001, S. 320.
[77] *Agnew* 2001.

Effekt, während dies für die Unfähigkeit, einen angestrebten Schul- oder Berufsabschluss zu erreichen, nicht zutrifft.[78]
- Die zweite große Belastungsart ist der Wegfall positiver Stimuli, wie beispielsweise der Verlust von Geld oder Eigentum, die Trennung von einer Partnerin oder einem Partner und Obdachlosigkeit.
- Die dritte Art umfasst Belastungen durch negative Stimuli. Dazu gehören verbale und körperliche Misshandlungen, Opferwerdungen, Diskriminierungen und Vorverurteilungen im Sinne der Zuschreibung negativer Attribute.

43 Belastungen führen zu emotionalen Reaktionen wie Ärger, Wut oder Depression. Diese Faktoren haben, so die GST, einen Einfluss auf die Entscheidung, eine Belastungssituation mit delinquenten Mitteln zu lösen. Wie bereits erwähnt, haben nicht alle Belastungen diesen Effekt. Werden sie als begründet oder gerecht angesehen, tritt dieser negative Effekt nicht auf. Zudem sind psychosoziale Kompetenzen von Bedeutung: Bei ausgeprägter psychischer Widerstandsfähigkeit und bei Personen, die Bewältigungsstrategien zum Umgang mit einem Problem erlernt haben, haben Belastungen einen vergleichsweise schwachen Einfluss auf delinquentes Handeln. Resilienz und Copingkompetenz sowie die subjektive Akzeptanz von Belastungen sind somit moderierende Merkmale für den Einfluss von Belastungen auf Delinquenz. Sind diese Kompetenzen nicht vorhanden, erhöhen Belastungen die Wahrscheinlichkeit delinquenten Handelns, so die GST. Die Anwendungen des Ansatzes sind vielfältig. Die Theorie wurde bereits zur Erklärung von Gruppenunterschieden in der Kriminalität verwendet, einschließlich Geschlechter-, Alters-, Ethnien- und Klassenunterschieden.[79]

2. Empirie

44 *Mehlkop* und *Graeff* haben die Anomietheorie von *Durkheim* überprüft, indem sie den Einfluss der Arbeitslosenrate als Indikator für Anomie und den Einfluss des Bevölkerungsanteils der männlichen 0- bis 14-Jährigen als Indikator für die Populationsdynamik einer Gesellschaft auf Selbstmord- und Mordraten untersucht haben.[80] Sie haben dazu Daten der United Nations Crime Surveys of Crime Trends and Operations of Criminal Justice Systems für 63 Länder und den Zeitraum von 1980 bis 2000 verwendet und diese durch Informationen für das Jahr 2004 der World Health Organization ergänzt. Mit diesen Quellen konnten sie die Anzahl vollendeter absichtlicher Tötungen sowie Suizide pro 100.000 Einwohner erfassen. Die Variation in den Mord- und Selbstmordraten ist erheblich: In Norwegen wurden 0,9, in Neuseeland 1,3, in Jamaika 25,2 und in Süd-Afrika 37,6 Morde pro 100.000 Einwohner pro Jahr registriert – die Selbstmordraten variierten zwischen 1,0 für Kuwait und 37,8 für Litauen. Die Unterschiede in den Mordraten können durch Anomie und

---

[78] *Agnew* 2012, S. 34 f.
[79] *Agnew* 2012.
[80] *Mehlkop/Graeff* 2006.

Populationsdynamik erklärt werden, die Variation der Suizidraten hängt nur von der Arbeitslosenrate ab. In multiplen Regressionen sind diese Effekte signifikant. Somit erklären anomische Situationen das gesellschaftliche Niveau von Mord- und Selbstmordraten.

45   *Baumer, Gustafson* und *Stults* haben ebenfalls eine Überprüfung des makrosoziologischen Teils der Anomietheorie von *Merton* durchgeführt.[81] Dazu haben sie Daten des Uniform Crime Reports, der General Social Surveys und des U.S. Census Bureau miteinander verknüpft: Häufigkeitszahlen aus der US-amerikanischen Polizeiliche Kriminalstatistik für das Jahr 1977, Umfragedaten aus den Jahren 1973 und 1976 sowie Daten des Bundesamts für Statistik für 1975. Die Daten standen für 77 von 87 Regionen der Vereinigten Staaten zur Verfügung. Die abhängige Variable war die Anzahl der polizeilich registrierten Straftaten pro Jahr und 100.000 Einwohner für die Delikte Raub, Wohnungseinbruch, allgemeiner Diebstahl und Autodiebstahl, die wichtigsten unabhängigen Variablen waren die Wichtigkeit materieller Güter sowie die Akzeptanz der Norm, nur durch legale Mittel materielle Güter zu erwerben. Die beiden Forscher haben die Anomietheorie Mertons so verstanden, dass die Verknüpfung der beiden unabhängigen Variablen einen Einfluss auf Kriminalitätsraten hat: Sind in einer Region materielle Güter vergleichsweise wichtig und ist die Akzeptanz der Norm, nur legale Mittel zur Bereicherung einzusetzen, niedrig, führt dies zu hohen Kriminalitätsraten. Dieses Ergebnis konnte durch die statistische Analyse bestätigt werden: In multiplen Regressionen hat der Interaktionsterm zwischen materialistischer Präferenz und Normakzeptanz einen signifikanten Einfluss auf die Kriminalitätsraten, auch wenn verschiedene Kontrollvariablen wie Sozialkapitalausstattung, Heiratsquote, familiale Bindung und Wahlbeteiligung berücksichtigt werden. Als problematisch an der Studie kann die Operationalisierung der beiden unabhängigen Variablen angesehen werden. So wird die Wichtigkeit materieller Güter durch den Zustimmungsgrad zu dem Statement erfasst, ob neben der Gesundheit Geld das Wichtigste im Leben sei. Der Messung der Normakzeptanz liegt folgendes Item zugrunde: „Es gibt weder richtige noch falsche Wege, um Geld zu verdienen, nur schwere oder leichte Wege".[82] Zudem kann gefragt werden, ob das Regressionsmodell die *Mertonschen* Anomietheorie richtig spezifiziert, denn das Ausmaß der legalen Zugangschancen zu gesellschaftlichen Ressourcen blieb unberücksichtigt.

46   In den mikrosoziologischen Studien zur Anomietheorie wird meist die Bedeutung der Normgeltung in die Analyse einbezogen und werden damit Aspekte der *Oppschen* Theorieversion berücksichtigt. *Ortmann* hat dazu eine umfassende Arbeit vorgelegt.[83] Es handelt sich um eine Panelbefragung von jugendlichen Strafgefangenen. Vier Wochen nach Aufnahme in die Anstalt wurden 199, vier Monate nach Aufnahme in die Anstalt 170 und acht Monate nach Aufnahme in die Anstalt 129 Personen befragt. Die abhängige Variable wurde als abweichendes Verhalten in der Anstalt aus Sicht der Anstaltsleitung operationalisiert; die Indikatoren sind

---

[81] *Baumer/Gustafson* 2007; *Stults/Baumer* 2008.
[82] *Baumer/Gustafson* 2007, S. 633.
[83] *Ortmann* 2000.

Arbeitsverweigerung, Schmuggel, „Dichthalten" und Beschwerden über Missstände. Eine multiple Regression führte zu dem Ergebnis: Je intensiver eine Person ihre Ziele verfolgt und je größer die Akzeptanz abweichender Normen ist, desto häufiger verhält sich diese Person abweichend. Dabei wurden unabhängige und abhängige Variablen zu unterschiedlichen Zeitpunkten gemessen. Die erklärte Varianz liegt bei 12 %. Somit bestätigt die Analyse die Theorie.

Kerschke-Risch hat eine Sekundäranalyse des ALLBUS 1990 durchgeführt und dabei das *Oppsche* Modell der Anomietheorie überprüft.[84] Die Erhebung ist eine repräsentative Bevölkerungsbefragung in Deutschland, an der 3051 zufällig ausgewählte wahlberechtigte Personen teilgenommen haben. Die Messung der selbstberichteten Delinquenz war auf die Delikte Ladendiebstahl, Beförderungserschleichung, Steuerbetrug und Fahren eines Kraftfahrzeugs mit mehr als 0,8 Promille Alkohol im Blut beschränkt. Für jede der vier Straftaten wurden die bisherige Begehungshäufigkeit, das subjektiv perzipierte Entdeckungsrisiko und die Akzeptanz der jeweils relevanten Rechtsnorm erfasst. Das Entdeckungsrisiko kann als Indikator für die perzipierte Chance interpretiert werden, Ziele mit illegitimen Normen zu erreichen. Die bi- und multivariaten Assoziationen zwischen dem Entdeckungsrisiko und der selbstberichteten Delinquenz sind alle signifikant von null verschieden. Je höher das Entdeckungsrisiko eingeschätzt wird, desto geringer ist die Delinquenzhäufigkeit. Zudem wurde sowohl in bivariaten als auch in multivariaten Analysen bei allen vier berücksichtigten Delikten ein signifikanter Zusammenhang zwischen den Merkmalen Normakzeptanz und selbstberichtete Delinquenz gefunden. Jedoch ist der Einfluss relativ gering. Der betragsmäßig größte standardisierte partielle Regressionskoeffizient hat den Wert -0,23. Die Analysen falsifizieren den Ansatz von *Opp* nicht.

Zur Überprüfung der Institutionellen Anomietheorie von *Messner* und *Rosenfeld* liegen inzwischen mehrere empirische Studien vor, die jedoch zum Teil nur einzelne Aspekte der Theorie berücksichtigen. Von den Theoriebegründern selbst ist eine Studie wegweisend. In der Arbeit von *Messner* und *Rosenfeld* aus dem Jahr 1997 werden Tötungsraten durch ökonomische Merkmale erklärt. Die untersuchten Objekte sind Nationen, der Untersuchungszeitraum reicht von 1980 bis 1990. Die Frage ist, wie sich die politische Kontrolle des Arbeitsmarktes auf Tötungsraten auswirkt. Dazu greifen die Forscher auf den Begriff der Dekommodifizierung von *Esping-Andersen* zurück. Dieser versteht darunter die Zugangschancen zu Sozialleistungen, unabhängig von der Stellung im Arbeitsmarkt.[85] Durch wohlfahrtstaatliche Konzepte wird der Arbeit der Warencharakter genommen[86] – unabhängig vom Markt hat eine Institution die Macht, Ressourcen zu verteilen. Zur Messung der Dekommodifizierung wurden mehrere Indikatoren wie die Ausgaben für Sozialversicherungsprogramme, Arbeitslosenunterstützung, Familienzulagen und Arbeitsunfälle berücksichtigt. Für die Analysen wurden bis zu 45 Länder berücksichtigt. Die Ergebnisse belegen einen signifikanten Zusammenhang der relevanten Variablen, auch bei einer

---

[84] *Kerschke-Risch* 1993.
[85] *Esping-Andersen* 1990.
[86] *Marx* 2017.

Kontrolle von Drittvariablen wie Bruttosozialprodukt, Gini-Index und Geschlechterrelation: Je ausgeprägter die Dekommodifizierung in einem Land ist, desto niedriger ist die Tötungsrate. Die bivariate Korrelation liegt bei -0,52, der standardisierte partielle Regressionskoeffizient beträgt -0,34. Die zentrale Hypothese der Institutionellen Anomietheorie wird in dieser Studie bestätigt.

IV. Subkulturtheorien

1. Theorie

49 Subkulturen sind Gruppierungen, die durch sozialstrukturelle und kulturelle Merkmale wie Werte und Lebensstile definiert sind. Somit können die kriminologischen Subkulturtheorien neben den Anomietheorien den sozialstrukturellen Kriminalitätstheorien zugeordnet werden. Die ersten Arbeiten sind in der Tradition der **Chicago-Schule** entstanden, einer einflussreichen, sozialökologisch und empirisch orientierten Richtung in der amerikanischen Soziologie. Die Theorien sind vor dem Hintergrund einer besonderen gesellschaftlichen Situation in den USA während der ersten Hälfte des 20. Jahrhunderts entstanden. Durch mehrere Immigrationswellen und soziale Spannungen waren in größeren Städten ethnische Gruppen und Jugendbanden mit ihren spezifischen Werten und Normen in verschiedenen Stadtteilen verortet und somit räumlich getrennt. In dieser segmentierten Gesellschaft kam es relativ häufig zu Konflikten, sowohl zu manifesten Konfrontationen zwischen den einzelnen Gruppen, Banden und der Polizei als auch zu Kulturkonflikten. In den Theorien wird hinsichtlich der dominanten Kultur ein gesellschaftlicher Konsens unterstellt, während die untergeordneten Teilkulturen nur innerhalb sozial und geografisch lokalisierbarer Bevölkerungsteile von Bedeutung sind. Angesichts der zunehmenden Individualisierung in westlichen Gesellschaften[87] ist heute eine Subkulturtheorie, die eine solche Gesellschaftsstruktur unterstellt und mit dem Anspruch auftritt, Kriminalität zu erklären, in erster Linie von historischem Interesse, zumindest, *Buchmann*, *Vaskovics* und *Baacke/Ferchhoff* sehen dies so.[88] Subkulturtheorien haben in erster Linie deskriptiven Charakter. Die Klassiker wie *Thrasher* und *Miller* haben in erster Linie die Frage behandelt, wie delinquente Subkulturen charakterisiert werden können und wie ihre Normen und Werte an neue Mitglieder weitergegeben werden.[89] Die Frage nach dem Ursprung dieser Kulturmuster hingegen blieb unbehandelt.[90]

50 Ausgangspunkt der Subkulturtheorien ist eine Diskrepanz zwischen den dominierenden Normen und gesellschaftlichen Zielen der Mittelschicht und den Normen und Zielen der Unterschicht. Vor allem die sozial Benachteiligten in einer Gesellschaft können aufgrund ihrer schichtspezifischen Sozialisation und strukturell ein-

---

[87] *Beck* 1983, 2016; *Hradil* 1987, 1993; *Esser* 1991.
[88] *Buchmann* 1989; *Vaskovics* 1989, 1995; *Baacke/Ferchhoff* 1995.
[89] *Cohen* 1961, 1962; *Thrasher/Beirne* 2006; *Miller* 1979.
[90] *Merton* 1995b, S. 171.

geschränkten Möglichkeiten die gesellschaftlichen Ziele nicht auf legalem Weg erreichen. Dieses Anpassungsproblem trifft insbesondere Unterschichtjugendliche. Sie können jedoch Statusdefizite durch die Partizipation an Subkulturen kompensieren. Dort werden Normen und Werte vertreten, die in der Unterschicht verbreitet sind, beispielsweise wird die Auseinandersetzung mit der Polizei und dem Gesetz positiv bewertet und Härte, Männlichkeit, Gerissenheit und personale Ungebundenheit werden als erstrebenswerte Eigenschaften und Ziele gesehen.[91] Durch die Übernahme dieser Normen und Werte und aufgrund der daraus resultierenden Verhaltensweisen – sie werden als nicht-utilitaristisch, bösartig und die Mittelschichtnormen negierend beschrieben[92] – ist ein Statuserwerb möglich.[93] Nimmt man an, dass die Aneignung subkultureller Normen und Werte die Wahrscheinlichkeit delinquenten Handelns verändert, können diese Subkulturtheorien auch zur Erklärung von Kriminalität verwendet werden.[94]

Auf dieses Erklärungsmuster greifen auch **Kulturkonflikttheorien** zurück; auch sie erklären, ebenso wie Subkulturtheorien, Delinquenz durch die Diskrepanz von Normen und Werten zwischen Gruppierungen. Migranten z. B. sind immer mit zwei Kulturkreisen konfrontiert, der Kultur des Heimatlandes und der Kultur des Gastlandes. Sobald sich die Normensysteme der beiden Kulturen widersprechen, entsteht ein Konflikt, der die Wahrscheinlichkeit eines Normbruchs erhöht. Der Ansatz ist wie der Subkulturansatz in der Zeit vor dem Zweiten Weltkrieg in den USA vor dem Hintergrund der Erfahrungen mit großen Einwanderungswellen entwickelt worden und ist heute im Rahmen der Diskussion um Ausländerkriminalität von Bedeutung.[95]

2. Empirie

Die empirischen Arbeiten zur Subkulturtheorie sind nahezu ausschließlich auf die Beschreibung von Subkulturen konzentriert. Eine Überprüfung der Theorie, insbesondere der Hypothese, dass subkulturelle Werte einen Einfluss auf Delinquenz haben, findet man in der Arbeit von *Lerman*.[96] Er hat die Beziehung zwischen individuellen Werten und perzipierten Werten der Peer-Group einerseits und selbstberichteter Delinquenz andererseits untersucht. Er verwendete dazu Befragungsdaten von Personen aus einer Zufallsstichprobe junger Menschen zwischen 10 und 19 Jahren. Die Messung der selbstberichteten Delinquenz ist auf einen lebenslangen Referenzzeitraum bezogen. Die Einzelfragen wurden zu einem Schwereindex zusammengefasst, in dem allerdings auch nicht strafbare abweichende Verhaltensmuster wie Lügen berücksichtigt wurden. Zur Messung von Werten wurden Fragen

---

[91] *Miller* 1979, S. 341 ff.
[92] *Kitsuse/Dietrick* 1959; *Cohen* 1961.
[93] *Cohen* 1961, S. 91.
[94] Vgl. *Cohen/Short* 1979.
[95] *Kubink* 1993.
[96] *Lerman* 1968.

verwendet, mit denen verschiedene Fähigkeiten aus Befragtensicht erfasst wurden, insbesondere Härte, Gerissenheit, das Talent, Gaunereien zu verüben, schnell Gewinn zu erzielen und andere zu überlisten. Außerdem wurden die Ansichten der Befragten über die Wertorientierungen ihres Freundeskreises berücksichtigt. Die Ergebnisse zeigen, dass es große geschlechtsspezifische Unterschiede in den Wertorientierungen gibt und eine hohe Korrelation zwischen individuellen Werten und selbstberichteter Delinquenz besteht. Unter den leistungsorientierten männlichen Jugendlichen haben nur 5 % mehr als 4 Straftaten verübt, während dieser Anteil unter den männlichen Jugendlichen mit den oben genannten Wertorientierungen bei 60 % liegt. Im Vergleich dazu ist der Einfluss der perzipierten Wertorientierungen in der Peer-Group auf die Delinquenz des Befragten geringer, aber deutlich nachweisbar.

53 Die deskriptiven Analysen von Subkulturen sind in der Regel auf einzelne Gruppen konzentriert.[97] An dieser Stelle sollen lediglich Rocker und Skinheads als Beispiele für Subkulturen beschrieben werden. Vor dem Hintergrund der oben dargestellten Kritik am Subkulturbegriff soll hier ein modifiziertes Konzept verwendet werden, das auch in entstrukturierten und individualisierten Gesellschaften brauchbar ist. Dies ist durch eine Anbindung des Subkulturbegriffs an den Milieubegriff möglich. Ein Merkmal entstrukturierter Gesellschaften ist, dass vertikale Ungleichheit relativ bedeutungslos ist, während horizontale und kulturelle Unterschiede einen verhältnismäßig großen Einfluss auf Denken und Handeln haben. In strukturierten Gesellschaften ist es umgekehrt.[98] Mit dem Milieubegriff ist es möglich, vertikale, horizontale und kulturelle Aspekte zu berücksichtigen. Somit scheint dieser Begriff die notwendige Flexibilität zu haben, Analysen für verschiedene Gesellschaftsformen zu ermöglichen.[99]

54 Unter ‚Milieu' sollen Personen einer Gesellschaft verstanden werden, die sich in homogenen sozialen Lagen befinden und ähnliche Normvorstellungen und Werte besitzen.[100] Ein Beispiel dazu ist das kleinbürgerliche Milieu. Gibt es in einer Gesellschaft eine dominante Hauptkultur, also weitgehend akzeptierte Regelsysteme, Normen und Werte, sind ‚Teilkulturen' Gruppierungen mit homogenen sozialen Lagen sowie Normen und Werten, die sich zwar von der Hauptkultur unterscheiden, jedoch gesellschaftlich akzeptiert sind. Teilkulturen grenzen sich also von der Hauptkultur durch eigene Normen und Werte und somit auch durch spezifische Lebensstile ab. Ein Beispiel sind die Mönche eines Ordens. ‚Subkulturen' sind Teilkulturen, die sich von einer dominanten Hauptkultur durch normativ-oppositionelle Aspekte unterscheiden und diesen Unterschied durch Distinktionsmechanismen zum Ausdruck bringen, also beispielsweise Rocker, Skins und Hooligans. „Kontrakulturen" sind Subkulturen, die eine gesellschaftliche Veränderung bewirken möchten, zum Beispiel rechtsradikale Skinheads.

---

[97] Anstatt vieler Publikationen: *Simon* 1996; *Lösel* 2006; *Pfahl-Traughber* 2007; *Laubenthal* 2010.
[98] *Berger* 1986; *Schulze* 2005.
[99] *Hradil* 1987; *Schulze* 2005.
[100] *Hradil* 1987.

IV. Subkulturtheorien

Die Subkultur der **Rocker** ist ein vergleichsweise langlebiges Phänomen. Die ersten Rockergruppen sind in der Zeit nach dem Zweiten Weltkrieg in den USA entstanden und wurden durch Soldaten gegründet. Als Geburtsstunde der Subkultur können die „Hollister-Unruhen" im Jahr 1947 gesehen werden. Auf einer Veranstaltung des US-Motorradverbandes kam es erstmalig zu gewalttätigen Ausschreitungen. Vom Veranstalter wurde damals betont, dass nur 1 % der beteiligten Motorradfahrer gewalttätig war. Daraufhin wurde von Motorradfans das „1 %-Zeichen" als Statussymbol und als Mittel der Abgrenzung verwendet. Der Träger signalisierte seiner Umwelt, dass er zu den gewalttätigen 1 % der Motorradfans gehört und damit zu einer Gruppe, die als „Rocker" bezeichnet wurden. In Deutschland traten die ersten Rocker in den 60er Jahren des letzten Jahrhunderts auf. Sie wurden von in Deutschland stationierten US-amerikanischen Soldaten gegründet.[101]

Nach Insiderschätzungen gab es in Deutschland Mitte der 90er-Jahre etwa zwei- bis dreitausend Rockerclubs mit etwa 25.000 Mitgliedern. Dazu kommen noch etwa 50.000 nicht organisierte Rocker.[102] Heute sind einige Rockergruppen weltweit agierende Organisationen. Die Hells Angels beispielsweise wurden 1948 von etwa 10 Personen, die sich aus der Armee kannten, gegründet. Als Gruppenname haben sie die Bezeichnung eines Kampfbombers gewählt. Zu Beginn des Jahres 2019 war die Gruppe in 58 Ländern vertreten und hatte 466 lokale Untergruppen, sogenannte Chapter.[103] Allein in Deutschland waren die Hells Angels in 80 Städten vertreten.[104] Diese Expansion erfolgte sowohl durch Neugründungen lokaler Gruppen als auch durch die Übernahme bereits bestehender Motorradclubs. Beispielsweise hat sich die Gruppe der „Bones" über dreißig Jahre nach ihrer Gründung den Hells Angels angeschlossen.[105]

Rockerclubs sind strikt hierarchisch, fast militärisch organisiert. Es gibt einen Präsidenten, einen Vize-Präsidenten, Offiziere wie den „Sergeant at Arms", der für die interne Disziplin zuständig ist, den „Road Captain", der für Gruppenausfahrten verantwortlich ist, oder den „Secretary", der für Schreibarbeiten und Internetpräsentationen zuständig ist. Die Mitgliedschaft in einem Club ist meist an einen längeren Sozialisationsprozess gebunden, wobei die Zugangswege unterschiedlich sind. Der restriktivste Modus ist, dass ein Interessent zu Beginn ein Anwesenheitsrecht erhält, er wird zum „Hangaround". Auf der nächsten Stufe wird er zum „Prospect", einem Anwärter auf die Mitgliedschaft. Erst als Vollmitglied, als „Member" erhält er alle Rechte. Zum Teil dauert dieser Weg mehrere Jahre und in einigen Clubs ist die Aufnahme an einen degradierenden Initiationsritus, die „Schlammtaufe", gekoppelt, einem Bad in einer Mischung aus Schlamm, altem Motorenöl, Senf, Ketchup, Urin und anderem.

Distinktionsmittel sind Motorrad, Kleidung, Rituale und Sprache. Das Motorrad ist nicht nur funktionales Fortbewegungsmittel, sondern wird oft aufwendig um-

---

[101] *Simon* 1996.
[102] *Simon* 1989; *Steuten* 2000.
[103] https://hells-angels.com.
[104] https://hells-angels.com/area/germany/.
[105] *Simon* 1989.

gebaut und individuell ausgestattet. Es soll Kraft und Stärke symbolisieren. Ihm kommt fast mystische Verehrung zu und es wird zum Teil sogar personifiziert. Das Erscheinungsbild des Rockers weist inzwischen eine Vielzahl international standardisierter Elemente auf. Dazu gehört eine Leder- oder Jeansjacke mit abgeschnittenen oder abgerissenen Ärmeln (die Kutte), auf der das Clubemblem (das Color) sowie andere Abzeichen (Patches) aufgenäht sind. Dieses Kleidungsstück hat fast die Bedeutung einer Reliquie. Durch sie weist sich ein Rocker als Mitglied einer bestimmten Gruppe aus, und mit ihrem Verlust endet zwangsweise die Mitgliedschaft.[106] Patches sind Zeichen, mit denen eine persönliche Orientierung zum Ausdruck gebracht werden kann, beispielsweise die Zahl 81 (der achte Buchstabe im Alphabet ist „H", der erste Buchstabe ist „A"; die Zahl 81 drückt die Sympathie mit den Hells Angels aus), die Zahl 13 (der 13. Buchstabe im Alphabet ist M und symbolisiert die Vorliebe für Marihuana) und der Schriftzug „74 – or more" (Hubraum eines präferierten Motorrads, gemessen in Kubik-Inch).

59 Ein weiteres Element des Erscheinungsbildes besteht in Tätowierungen – damit man auch als Nackter sichtbar anders ist, so die Erklärung eines Rockers in der qualitativen Studie von *Simon*.[107] Die Sprache von Rockern ist durch die relativ häufige Verwendung religiöser Begriffe und Euphemismen gekennzeichnet. Euphemismen sind sprachlich verhüllte, beschönigende Bezeichnungen. Beispielsweise wird das Verprügeln von Personen als „aufräumen" bezeichnet, stirbt ein Rocker, ist er „in die Kiste gesprungen".

60 Zu der Frage nach der Art und Weise, wie Personen Anschluss an eine Rockergruppe finden oder eine solche gründen, wurden zwei Gruppeninterviews durchgeführt.[108] Die Befragten bildeten bereits als Kinder eine Gruppe und die Gründung eines Motorradclubs wurde initiiert, nachdem die gemeinsamen Aktivitäten auf dem Abenteuerspielplatz ihren Reiz verloren hatten. Allerdings waren die befragten Personen keine typischen Rocker und ihre Clubs keine typischen Rockerclubs, so dass die Ergebnisse streng genommen nicht übertragbar sind.

61 Einen Einblick in die Gedankenwelt von Rockern erlaubt eine qualitative Studie von *Willis*.[109] Dabei erzählte ein Befragter anlässlich des Todes eines Freundes seinen Traum vom Paradies: „Ich fuhr mit einem Motorrad mit sagenhafter Geschwindigkeit auf freien Landstraßen. Keine Autos, keine Fahrradfahrer, keine Fußgänger – nur Motorräder. Die Grenzen der Physik waren aufgehoben, so dass ich in Kurven nicht langsamer fahren musste. Alle paar Kilometer gab es Raststätten, in denen alle Getränke umsonst waren. Und jedes Mal waren dort einige Blondinen, die nur auf mich warteten. Zudem erhielt ich von Petrus alle paar Wochen ein neues Motorrad." Der Traum eines Rockers vom Paradies.

62 Die ersten **Skinheads** sind Ende der 60er-Jahre in Englands Großstädten aufgetaucht. Es waren junge, meist männliche Personen, die ihre Zugehörigkeit zur Arbeiterklasse und die Ablehnung der intellektuellen Mittelschicht sowie lang-

---

[106] *Steuten* 2000.
[107] *Simon* 1989.
[108] *Simon* 1989, S. 227 ff.
[109] *Willis* 1989.

haariger Hippies durch gewalttätiges Verhalten und durch einen proletarischen Kleidungsstil zum Ausdruck brachten. Sie trugen Sicherheitsschuhe mit Stahlkappen, Hosenträger, grobe Hemden und kurze Haare. Sie vermengten dadurch die Kleidungsvorschriften, die 50 Jahre zuvor in viktorianischen Arbeitshäusern, Erziehungsheimen und Gefängnissen praktiziert wurden.[110]

Bereits Anfang der 60er-Jahre traten in England Gruppen auf, die ähnliche Stilelemente wie Skinheads verwendeten, die „Bootboys" und die „Hard-Mods". Die „Bootboys" waren gewaltorientierte Jugendgruppen, die in den Fans anderer Fußballmannschaften ihre Gegner sahen. Sie trugen stahlkappenbesetzte Schuhe, die in den Farben des Vereins bemalt wurden.[111] „Hard-Mods" waren Gruppen junger Arbeiter, die zur Demonstration ihrer Zugehörigkeit zum Proletariat schwere Stiefel, Jeans mit Hosenträgern und sehr kurzes Haar trugen.[112]

Zur Entstehung der Skinheads gibt es keine systematischen Untersuchungen. Man kann allerdings vermuten, dass eine hohe Arbeitslosenrate und ein Abbau sozialer Kontrolle durch städtebauliche Maßnahmen wie die Entstehung von Satellitenstädten und die Modernisierung alter Arbeiterviertel eine Rolle spielten.[113]

In Westdeutschland traten die ersten Skins etwa 10 Jahre später als in England auf, initiiert durch britische Soldaten, die hier stationiert waren. In der DDR gab es bereits drei Jahre später die ersten Skinheads, die vorwiegend rechtsradikal waren.[114] Inzwischen ist die neonazistische Skinhead-Organisation „Blood & Honour" von der Organisation „Combat 18" (C18) übernommen worden. Die Ziffern 1 und 8 stehen für den ersten und achten Buchstaben des Alphabets und symbolisieren die Initialen Adolf Hitlers.[115]

Bereits nach kurzer Zeit bestand die Subkultur der Skins aus verschiedenen Gruppen, die sich in politischen Orientierungen und Musikpräferenzen unterschieden: White-Skins, Nazi-Skins, Gruppen wie „Blood & Honour" und „Hammerskins" sind rechtsradikal und rassistisch orientiert; Red-Skins und SHARP-Skins (Skinheads Against Racial Prejudice) sind Vereinigungen linksextremistischer bzw. antirassistisch ausgerichteter Skins, Oi-Skins verstehen sich als apolitisch und identifizieren sich über eine Musikrichtung. Es gibt somit nicht die Skinheads als homogene Subkultur, sondern eine Vielzahl unterschiedlicher Richtungen.[116]

Musik, Sprache, Kleidungs- und Lebensstile wurden und werden von Skins als Mittel der Abgrenzung und Integration verwendet. Bereits beim Auftreten der ersten Skinheads wurde eine eigene Musikrichtung bevorzugt, die Ska-Musik, das ist eine Variation des Reggae.[117] Mit dem Aufkommen der „Oi-Musik" wechselte die Präferenz zu dieser Richtung. Oi-Musik ist Punk-Rock mit meist rechtsradikalen Texten.

---

[110] *Farin* 1998; *Farin/Seidel-Pielen* 2014; *Valeri/Borgeson* 2018.
[111] *Farin* 1998.
[112] *Simon* 1996, S. 89 ff.; *Baacke* 1999, S. 71 f.
[113] *Farin* 1998.
[114] *Farin* 1998.
[115] *Bundesministerium des Innern, für Bau und Heimat* 2017, S. 56 f.
[116] *Farin* 1998.
[117] *Farin* 1998.

Die Namen einiger Musikgruppen und die Namen von Skinhead-Fanzeitschriften enthalten häufig die Silbe „oi", um die Musikpräferenz zu verdeutlichen, so die Gruppen „Kraft durch Froide", „SpringtOifel" und „OI!REKA". Eine linguistische Analyse von Fanzeitschriften zeigte eine häufige Verwendung ausgrenzender Sprachelemente.[118]

68 *Heitmann* hat im Jahr 1995 zusammen mit *Farin* eine Befragung von Skinheads in Deutschland durchgeführt.[119] Dazu haben sie 8000 Fragebogen verteilt, erhielten aber nur etwa 400 ausgefüllte Fragebogen zurück. Die Antworten geben Hinweise auf die wichtigsten Freizeitlebensstile: Konzerte besuchen, Musik hören und „Saufen". Die Gewaltorientierung von Skinheads scheint sich in der Studie zu bestätigen. Ungefähr 70 % hatten sich nach eigenen Angaben in den letzten zwei Jahren geprügelt; Waffen wurden von etwa 20 % der Befragten getragen.

69 Eine relativ umfangreiche Befragungsstudie wurde von *Vignando* und *Haas* durchgeführt.[120] Sie haben im Jahr 1997 allen Rekruten der Schweiz einen Fragebogen ausgehändigt und dadurch 70 % aller 20jährigen Schweizer erreicht. Von den über 21.000 Befragten haben 300 angegeben, zu einer Skinheadgruppe zu gehören. Die befragten Skins und die restlichen Rekruten unterschieden sich erheblich in der Anwendung von Gewalt. Während etwa 75 % der Skins zugaben, im letzten Jahr gewalttätig gehandelt zu haben, traf dies nur auf 25 % der anderen Rekruten zu. Mit zunehmender Schwere der Gewalt vergrößern sich auch die Unterschiede zwischen beiden Gruppen. 40 % der Skins und 8 % der anderen Rekruten standen bereits als Angeklagte vor einem Gericht.

70 Ebenfalls deutliche Unterschiede konnten bei Selbstmordversuchen, Impulsivität, Aggressivität und fehlender Empathie festgestellt werden. Unter den gewalttätigsten Skinheads sind bei 64 % deutliche Hinweise auf das Vorhandensein einer dissozialen Störung erkennbar, unter den Nicht-Skinheads hingegen nur bei 7 %. *Vignando* und *Haas* interpretieren deshalb die Entscheidung, Mitglied einer Skingruppe zu werden, als „Suche nach klaren Identifikationen". In Tab. 6.1 werden charakteristische Merkmale von Rockern und Skinheads idealtypisch zusammengefasst.

V. Lerntheorien

1. Theorie

71 Lerntheorien gehen davon aus, dass abweichendes Verhalten genauso erlernt wird wie konformes Verhalten. Lernen ist dabei umfassend im Sinne des sozialen Lernens zu verstehen, nicht in einer eingeschränkt kognitiven Bedeutung wie im Schullernen. Eine klassische Lerntheorie zur Erklärung kriminellen Handelns ist die **Theorie der differentiellen Assoziation** von *Sutherland*. Nach dieser Theorie ist Kriminalität die Folge einer entsprechenden Einstellung. Diese und die zur Ausführung delinquenten Handelns notwendige Technik sowie die Motive werden aufgrund von Kontakten mit Kriminellen meist in intimen persönlichen Gruppen

---

[118] *Herth* 1997a, b.
[119] *Heitmann* 1997.
[120] *Vignando/Haas* 2001.

Tab. 6.1 Rocker und Skinheads – ein Vergleich

Subkulturen und ihre Charakteristika	Rocker	Skinheads
Werte und Normen	Hedonistische Werte, Machismo, Freiheit und Ehre, Solidarität mit der eigenen Gruppe	
Lebensstile	Provozierende Uniformierung im Kleidungsstil, freizeitorientierter Lebensstil	
Sprache	Euphemismen Polarisierende Konnotationen, übersteigerte Superlative, häufige Verwendung ausgrenzender Sprachelemente, Wortschöpfungen	
Weltbild	Duales Weltbild mit klaren Vorstellungen über die „Anderen": Spießer, Staat, Polizei, Ordnungsmacht	
Initiationsriten	Partiell vorhanden	Nein
Organisation	Hierarchische Organisation	Informelles Netzwerk

erlernt – dabei ist das Kennenlernen krimineller Verhaltensmuster besonders wichtig.[121]

In der Auseinandersetzung mit den bereits 1955 publizierten Arbeiten von *Sutherland*, *Cressey* und *Cohen* haben *Sykes* und *Matza* die Frage nach der Rechtfertigung von Kriminalität behandelt.[122] Die Lerntheorie *Sutherlands,* so die Kritik von *Sykes* und *Matza*, würde die Mechanismen des Erlernens delinquenter Handlungsmuster nur unzureichend berücksichtigen und die Subkulturansätze und somit auch die Arbeit von *Cohen* würden die gesellschaftliche Heterogenität von Werten und Normen unterstellen. *Sykes* und *Matza* formulierten in ihrer *Theorie der Neutralisierungstechniken* eine Gegenposition. Sie postulierten, dass der Grund für delinquentes Handeln in erlernten Techniken liege, mit denen abweichendes Handeln gerechtfertigt werden kann. Dies bedeutet, dass delinquente Personen ebenso wie andere auch die Normen und Werte der Gesellschaft akzeptiert haben, aber in der Lage sind, einen Normbruch zu legitimieren. *Sykes* und *Matza* beschreiben fünf Möglichkeiten, wie Delinquente ihre delinquenten Handlungen rechtfertigen:

- Der Täter rechtfertigt die Tat durch erfahrene Benachteiligungen. Er sieht sich als Opfer gesellschaftlicher Verhältnisse.
- Der Täter verharmlost oder bagatellisiert seine Tat, denn letztlich wurde das Opfer überhaupt nicht verletzt.

---

[121] *Sutherland* 1979, S. 396 f.
[122] *Sutherland/Cressey* 1955; *Cohen* 1955; *Sykes/Matza* 1957.

- Aus Tätersicht ist letztlich das Opfer Schuld an der Tat. Diese ist eine rechtmäßige Vergeltung oder eine Bestrafung des Opfers, das die an ihm begangene Tat verdient hat.
- Der Täter verurteilt die Verurteilenden. Die Sanktionsorgane seien Heuchler und die Sanktionierung würde nur persönlichen Interessen dienen.
- Der Täter akzeptiert zwar das Unrecht seiner Tat, rechtfertigt die Tat jedoch durch die Berufung auf eine höhere Norminstanz wie beispielsweise Freundschaft. Diese ist aus Tätersicht mit einer höheren Loyalität verknüpft.

73 *Sykes* und *Matza* bezeichnen ihren Ansatz als Kriminalitätstheorie. Dies ist nicht unproblematisch, denn sie beschreiben lediglich kognitive Prozesse, die nach der Entscheidung, delinquent zu handeln, relevant werden. Eine Ursache von Kriminalität kann aber nur etwas sein, das bereits vor der Handlungsentscheidung wirksam ist. Zudem klammert die Beschränkung auf Neutralisierungstechniken für kriminelles Handeln die Rechtfertigungsstrategien für normkonformes Handeln aus.

74 Die Frage, durch welche Mechanismen normabweichende Verhaltensmuster übernommen werden, wird in der Theorie von *Burgess* und *Akers* ausgeführt.[123] Nach dieser Theorie wird kriminelles Verhalten entsprechend den Prinzipien **operanter Konditionierung** gelernt. Nach diesen Grund-sätzen ist die Auftretenswahrscheinlichkeit kriminellen Verhaltens umso größer, je stärker dieses Verhalten in der Vergangenheit belohnt und je weniger es bestraft wurde.[124] „Lohn" und „Strafe" können beispielsweise die Erhöhung des Selbstwertgefühls, Anerkennung durch Freunde, Reichtum bzw. Angst, Kritik, Ablehnung oder eine Freiheitsstrafe sein – ausschlaggebend ist jeweils die subjektive Bewertung des Handelnden. Durch positive Verstärker werden kriminelle Verhaltensmuster erlernt, durch negative Verstärker wird Kriminalität gehemmt. *Skinner* geht davon aus, dass insbesondere bei Tieren und Kindern Handlungen nach dem Prinzip von Trial and Error ausgewählt werden.[125] Die Reaktionen auf eine solche Handlung, also die operante Konditionierung, entscheidet dann, ob und mit welcher Wahrscheinlichkeit es zu einer Wiederholung kommt. Wird ein Kind beispielsweise nach einem Diebstahl nicht sanktioniert, wird es diese Handlung wiederholen.

75 Nach der **sozial-kognitiven Lerntheorie** von *Bandura* werden illegale Verhaltensweisen in erster Linie durch Beobachtung erlernt.[126] Bei diesem „Lernen am Modell" spielen Bezugspersonen wie Eltern, Idole, Identifikationsfiguren in Peer-Groups und Medienvorbilder eine wichtige Rolle, wobei Rahmenbedingungen für die Übernahmen von Modellen von Bedeutung sind, nämlich die Ähnlichkeit zwischen Modell und Akteur, eine emotionale Beziehung zwischen Akteur und Modell sowie der soziale Status und die soziale Macht des Modells. Sind Modell und Akteur einander ähnlich oder werden Modellhandlungen von Personen ausgeführt, zu denen eine intensive emotionale Beziehung vorliegt, oder von Personen, die einen

---

[123] *Burgess/Akers* 1966.
[124] *Amelang* 1986, S. 171; *Lamnek* 1979, S. 195 ff.; *Wiswede* 1979, S. 196.
[125] *Skinner* 1953.
[126] *Bandura* 1979a, b.

höheren sozialen Status als der Akteur haben beziehungsweise sozial mächtiger sind, erhöht dies die Wahrscheinlichkeit der Verhaltensnachahmung. Der Lernprozess ist nach diesem Ansatz aber keine reine Imitation der Handlungen nahe stehender Personen, sondern beinhaltet neben der sozialen auch eine kognitive Komponente, indem eine Bewertung von positiven oder negativen Konsequenzen vorgenommen wird. Folglich ist der Lernprozess nach diesem Ansatz nicht ausschließlich reaktiv geprägt, sondern wird durch Mechanismen der Selbststeuerung beeinflusst, denn der Lernende gestaltet den Lernprozess durch eigene Wertorientierungen und rationale Abwägungen mit; die Handlungen des „Modells" werden im Hinblick auf eigene Werte und antizipierte Folgen bewertet.

2. Empirie

Die lerntheoretische Erklärung von Kriminalität durch *Sutherland* postuliert einen Einfluss des Freundeskreises auf den Akteur: Besteht der Freundeskreis aus delinquenten Personen, dann ist die Wahrscheinlichkeit delinquenten Handelns vergleichsweise hoch. Diese postulierte Beziehung zwischen der Delinquenz der Peer-Group und der Delinquenz des Handelnden wurde in vielen empirischen Untersuchungen bestätigt.[127] Auch die Studie von *Matsueda* und *Anderson* kommt zu diesem Ergebnis, wobei die Autoren Längsschnittdaten aus drei Wellen untersuchen und ein Modell zur Erklärung delinquenter Aktivitäten der Peer-Group und der delinquenten Aktivitäten des Handelnden prüfen.[128] Die Daten stammen aus dem National Youth Survey. Im Jahr 1977 wurde die Untersuchung mit einer Zufallsstichprobe von 11 bis 17 Jahre alten Personen aus den gesamten Vereinigten Staaten von Amerika begonnen und in regelmäßigen Abständen wiederholt. Die Forscher verwenden für ihre Analyse die Daten aus den Befragungswellen der Jahre 1977, 1979 und 1981 und können auf 1494 Personen zurückgreifen.[129] Ein Ergebnis der Analyse ist, dass bei einer Pfadanalyse mit einem Strukturgleichungsmodell die Delinquenz der Peer-Group sowie die selbstberichtete Delinquenz sehr starke eigendynamische Effekte haben, auch wenn Strukturmerkmale wie Alter, Geschlecht und strukturelle Defizite im Elternhaus kontrolliert werden. Die standardisierten Pfadkoeffizienten zwischen den Merkmalen aus der ersten und zweiten Welle sowie zwischen den Merkmalen aus der zweiten und dritten Welle unterscheiden sich nur minimal, so dass hier nur ein Wert angegeben wird. Der Pfadkoeffizient zwischen den Delinquenzbelastungen der Peers zu zwei benachbarten Untersuchungszeitpunkten beträgt 0,61 und der Pfadkoeffizient zwischen den selbstberichteten Delinquenzbelastungen zu zwei Zeitpunkten hat den Wert 0,72. Die Delinquenz der Peers beeinflusst die selbstberichtete Delinquenz zu einem späteren Zeitpunkt mit p = 0,11, der reziproke Effekt, also der Einfluss der Delinquenz des Untersuchten

---

[127] *Thornberry* 1996.
[128] *Matsueda/Anderson* 1998.
[129] *Matsueda/Anderson* 1998, S. 286 f.

auf die zeitversetzte Delinquenz der Peer-Group, ist mit p = 0,26 größer. Alle Werte sind signifikant von null verschieden.

77 Der starke Einfluss der Delinquenz der Peer-Group wird auch in einer weiteren Arbeit deutlich.[130] Sie untersucht den Einfluss verschiedener Arten sozialer Bindungen auf die selbstberichtete Delinquenz und verwendet dazu Daten aus sieben Wellen einer Längsschnittuntersuchung von 987 Schülerinnen und Schülern, die bei der Erstbefragung meist 14 oder 15 Jahre alt waren. In der Untersuchung sind Schülerinnen unterrepräsentiert, um einen höheren Anteil ‚ernsthafter' Straftaten berücksichtigen zu können. Das Ergebnis der Untersuchung ist, dass die Beziehung zu delinquenten Peers einen erheblich größeren Einfluss auf die Delinquenz der Befragten hat als Beziehungen zu Nachbarn oder die Bindung an Clubs und Vereine. Der standardisierte partielle Regressionskoeffizient zwischen der Delinquenz der Peer-Group und der selbstberichteten Delinquenz der Jugendlichen beträgt 0,36 und ist signifikant, während die anderen genannten Bindungen keinen signifikanten Einfluss auf die selbstberichtete Delinquenz haben.

78 In einer Analyse jugendlichen Gewalthandelns von *Pfeiffer, Delzer, Enzmann* und *Wetzels* wurden Schülerinnen und Schüler aus der 9. Jahrgangsstufe sowie aus der Berufsvorbereitung untersucht.[131] Die Befragung wurde 1998 an den Schulen von acht bundesdeutschen Städten durchgeführt. Insgesamt besteht die Analysestichprobe aus 12.882 Personen, die unter anderem zu ihren gewalttätigen Handlungen im vergangenen Jahr in Form von Raub, Erpressung, Körperverletzung und Bedrohung mit Waffen befragt wurden. Das Ergebnis der Analyse ist, dass das Gewalthandeln der Befragten von der Gewaltbelastung des Elternhauses abhängt, also von der Gewalt der Eltern gegenüber den Kindern und von der Gewalt der Partner untereinander. Der standardisierte Pfadkoeffizient zwischen Gewaltbelastung im Elternhaus und Gewalthandeln der Befragten beträgt 0,24 und ist signifikant von null verschieden. Zusätzlich gibt es einen indirekten Effekt zwischen diesen beiden Merkmalen. Die intervenierenden Variablen sind die Normen der Eltern und die Normen der Peer-Group hinsichtlich der Anwendung von Gewalt. Dies kann so interpretiert werden, dass Jugendliche dazu neigen, sich in solchen Cliquen aufzuhalten, deren Haltung zu Gewalt mit den normativen Überzeugungen ihrer Eltern weitgehend übereinstimmt. Der standardisierte Pfadkoeffizient zwischen der Akzeptanz von Gewalt durch die Peer-Group und Gewalthandeln der Befragten beträgt 0,26 und ist ebenfalls signifikant von null verschieden. Insgesamt gesehen belegt die Studie die normverstärkende und normstabilisierende Wirkung der Peer-Group.

79 Die Studien zum Einfluss der Delinquenz nahestehender Personen auf die Delinquenz des Akteurs können auch als Bestätigung der sozial-kognitiven Lerntheorie von *Bandura* interpretiert werden. Ihre Verhaltensmuster sind Modelle, die als Vorbild dienen und übernommen werden.

80 *Akers* und andere haben in einer umfassenden Studie die verschiedenen Versionen kriminologischer Lerntheorien verglichen.[132] Dazu haben sie in einem mehr-

---

[130] *Lizotte/Thornberry/Krohn/Chard-Wierschem/McDowall* 1994.
[131] *Pfeiffer/Delzer/Enzmann/Wetzels* 1998; *Wetzels/Enzmann* 1999.
[132] *Akers/Krohn/Lanza-Kaduce/Radosevich* 1979.

stufigen Auswahlverfahren eine Stichprobe von über 3000 Schülerinnen und Schülern der Klassen 7 bis12 rekrutiert und diese im Klassenverband befragt. Die Untersuchung bezieht sich auf die Erklärung von Alkohol- sowie Marihuanamissbrauch. Die Untersuchungsergebnisse zu den beiden abhängigen Variablen unterscheiden sich nicht prinzipiell, sodass hier lediglich die Ergebnisse zur Erklärung des Marihuanakonsums dargestellt sind. Die unabhängigen Variablen sind Indikatoren lerntheoretischer Kriminalitätstheorien. Für die Theorie der differenzielle Kontakte von *Sutherland* wurde die Zahl der drogenkonsumierenden Freunde berücksichtigt, für die Theorie der operanten Konditionierung nach *Burgess* und *Akers* die positiven und negativen Reaktionen von Freunden und Eltern zum eigenen Drogenkonsum sowie die perzipierte formelle und informelle Abschreckung und für den sozial-kognitiven Ansatz von *Bandura* die Zahl der Vorbilder (Modelle), die Drogen konsumieren, die perzipierte Einstellung zum Drogenkonsum seitens geachteter Freunde und Erwachsener sowie die eigene Einstellung zum Drogenkonsum. Die multiple Regression zur Erklärung des Marihuanakonsums mit den Indikatoren zur Theorie der differenziellen Kontakte ergab eine erklärte Varianz von 63 %. Das Erklärungspotenzial der anderen Regressionen war deutlich geringer. Integriert man alle Variablen in ein einziges Regressionsmodell, liegt die erklärte Varianz bei 68 %. Die Erklärungskraft der Lerntheorie für delinquentes Handeln ist vergleichsweise hoch. Das Problem dieses Ansatzes ist, dass letztlich Kriminalität durch Kriminalität erklärt wird und der Ansatz somit tautologische Züge aufweist.

VI. Sozialisationstheorien

1. Theorie

Sozialisationstheorien unterscheiden sich von Lerntheorien erstens durch die Berücksichtigung dynamischer Aspekte und zweitens durch die Einbeziehung des Einflusses von Gesellschaft und Kultur auf Individuen. Der Anspruch dieser Theorien ist, sowohl die Integration des Individuums durch die Internalisierung externer Normen und Werte als auch die Aufrechterhaltung von Kulturen und Institutionen zu erklären.[133] Sozialisation ist nach Parsons die Herausbildung von Autonomie.

Das sozialisationstheoretische Erklärungsmodell für delinquentes Verhalten berücksichtigt auf der mikrosoziologischen Ebene die Bedeutung von Sozialisationsdefiziten und auf der makrosoziologischen Ebene den Einfluss von soziökonomischen und kulturellen Merkmalen auf den Sozialisationsverlauf. Die wichtigsten Vertreter einer soziologischen Sozialisationstheorie sind *Parsons* und *Bales*.[134] Diese haben durch die Integration des *Freudschen* Entwicklungsmodells der Persönlichkeit in die struktur-funktionale Handlungs- und Gesellschaftstheorie die Grundlage für eine sozialisationstheoretisch orientierte Kriminalitätstheorie ge-

---

[133] *Parsons/Shils* 1951.
[134] *Parsons/Bales* 1964.

schaffen.[135] Der Schwerpunkt ihres Ansatzes liegt allerdings in der Erklärung konformen Verhaltens. Konformität in einer Gesellschaft setzt ein zumindest partiell gemeinsames Normen- und Wertesystem der Akteure voraus.[136] Verbindliche Normen und Werte werden durch den Sozialisationsprozess vermittelt, wobei die Strukturen, in denen die Sozialisationsagenten eingebunden sind, berücksichtigt werden müssen.[137] Die Sozialisation kann somit als Mittel zur Durchsetzung kulturell etablierter Erziehungsziele verstanden werden. Delinquentes Verhalten wird nach Ansicht von *Parsons* – wie jedes soziale Verhalten – von Normen beeinflusst. Es wird im Wesentlichen durch ein Ungleichgewicht zwischen positiven und negativen Sanktionen erklärt.[138] Eine Sozialisation, die zu einem normkonformen Verhaltensrepertoire führen soll, muss demnach auf ein Gleichgewicht zwischen Belohnung, Liebe und Zuwendung einerseits und Reglementierung, Bestrafung und Kontrolle andererseits bedacht sein.

83 Der dynamische Aspekt der Sozialisationstheorie wird in dem Ansatz von *Kohlberg* deutlich, der ein **Stufenmodell der Moralentwicklung** konzipiert hat.[139] Durch die Weiterentwicklung des 1932 erstmals veröffentlichten entwicklungspsychologischen Ansatzes von *Piaget*, der bei Kindern zwei Moralstufen unterschied – eine Zwangsmoral mit einer Handlungsregulierung durch äußere Zwänge und Belohnungen sowie eine kooperative Moral mit dem Kontrollmechanismus der inneren Zustimmung[140] – hat *Kohlberg*, ein Schüler *Piagets*, diesen Ansatz differenziert. *Kohlberg* unterscheidet zwischen sechs Stufen der moralischen Entwicklung:[141]

- Bei einer Person auf der Stufe 1 bestimmen die materiellen Folgen einer Handlung, ob sie als gut oder schlecht angesehen wird. Mögliche Folgen für andere Menschen werden in Entscheidungsprozessen nicht berücksichtigt, die Perspektive ist egozentrisch.
- Auf der Stufe 2 steht ebenfalls die instrumentelle Befriedigung eigener Bedürfnisse im Vordergrund, wobei auch der Nutzen für andere berücksichtigt wird. Menschliche Beziehungen werden als Handelsgeschäfte angesehen, wobei die Befriedigung eigener Interessen und Bedürfnisse im Vordergrund steht, aber Interessenkonflikte durchaus erkannt werden.
- Die Berücksichtigung von Interessen und Positionen anderer ist bei Personen, die sich auf der dritten Moralstufe befinden, stärker ausgeprägt als in niedrigeren Stufen, wobei sich diese Perspektive auf Menschen aus dem persönlichen Nahraum beschränkt. Das Ziel ist, diesen Personen zu gefallen und ihre Zustimmung zu finden, also ein ‚guter Junge' oder ein ‚nettes Mädchen' zu sein.

---

[135] *Parsons* 1979.
[136] *Parsons* 1979, S. 11.
[137] *Parsons/Bales* 1964, S. 35.
[138] *Parsons/Bales* 1964, S. 243.
[139] *Kohlberg* 1958.
[140] *Piaget* 1986.
[141] *Kohlberg/Althof* 1996, S. 51 ff., 128 ff.

- Für Personen auf Stufe 4 ist die Erfüllung von Pflichten, die von Autoritäten oder von der Gesellschaft vorgegeben wurden, besonders wichtig, wobei Autoritäten, Regeln und soziale Ordnungen nicht hinterfragt werden. Der Standpunkt des Systems, das Rollen und Regeln festlegt, wird übernommen.
- Auf Stufe 5 basiert das Urteil, ob etwas moralisch richtig oder falsch ist, auf allgemeinen gesellschaftlichen Kernaussagen wie die freiheitlich-demokratische Grundordnung, die Verfassung oder der Sozialvertrag. Das Ziel ist, einen maximalen Nutzen für möglichst viele Gesellschaftsmitglieder zu erzielen.
- Personen auf der höchsten Moralstufe treffen ihre Moralurteile auf Grund frei gewählter Grundsätze. Sie orientieren sich an universellen moralischen und ethischen Prinzipien der Gerechtigkeit, insbesondere an den Menschenrechten, am kategorischen Imperativ und an der Achtung vor der Würde des Menschen.

Die Moralentwicklung ist nach der Theorie *Kohlbergs* ein universal auftretender und irreversibler Prozess mit dem Anfangspunkt der präkonventionellen und dem Endpunkt der postkonventionellen Ebene, wobei der Endpunkt aber nicht in allen Fällen erreicht wird.[142] Die erstgenannte Phase ist durch eine Orientierung an einzelnen Personen definiert, insbesondere an den Eltern, wobei Gehorsam und Strafe wesentliche Elemente dieser Beziehung sind, während die letztgenannte Stufe eine Orientierung an universellen Normen und Prinzipien voraussetzt. Insgesamt gesehen beschreibt *Kohlberg* eine individuelle Entwicklung des Gerechtigkeitsdenkens, die Sozialisation von einer partikularistischen zu einer universalistischen Normorientierung.

Die Frage nach der Handlungsrelevanz der moralischen Entwicklung konzentriert *Kohlberg* auf ‚moralisches Handeln'.[143] Dieses ist gleichbedeutend mit dem Widerstand gegen Versuchungen, die aus dem Konflikt zwischen Bedürfnissen und gewissensbedingten Schuldgefühlen resultieren.[144] Moralisches Handeln ist demnach ein Handeln in Situationen, die durch Normen- und Wertekonflikte charakterisiert sind. Im Gegensatz zum Alltagsverständnis bezieht *Kohlberg* den Moralbegriff immer auf Dilemma-Situationen.

Nach *Kohlberg* wird die Überzeugung, dass Menschen für die Folgen ihrer Taten einzustehen haben, mit zunehmender Moralentwicklung evidenter.[145] Folglich ist zu erwarten, dass bei Personen auf einer hohen Moralstufe Handlungen, die negative Folgen für andere haben können, nicht realisiert werden. Demnach müsste die Wahrscheinlichkeit kriminellen Handelns – mit der Ausnahme opferloser Delikte – von der Moralentwicklung abhängig sein: Je höher die erreichte Moralstufe einer Person ist, desto geringer ist die Wahrscheinlichkeit delinquenten Handelns.

In vielen sozialisationstheoretischen Arbeiten zur Erklärung kriminellen Handelns wird allerdings ein weniger differenziertes Modell verwendet. Meist wird angenommen, dass die Wahrscheinlichkeit krimineller Handlungen von **Sozialisations-**

---

[142] *Kohlberg* 1958; *Kohlberg/Levine/Hewer* 1983; *Kohlberg/Candee* 1984.
[143] *Kohlberg/Althof* 1996, S. 222, 373 ff.
[144] *Kohlberg/Althof* 1996, S. 377.
[145] *Kohlberg/Althof* 1996, S. 419 ff.

defiziten abhängig ist.[146] Ein Großteil der Untersuchungen zu diesem Bereich beschäftigt sich mit der Bedeutung struktureller und funktionaler Defizite der Familie und anderen Sozialisationsinstanzen. Unter einer strukturell unvollständigen Familie wurde die zahlenmäßig unvollständige Familie gezählt, also das Fehlen eines Elternteils. Unter den funktionalen Defiziten verstand man solche Rahmenbedingungen unter den Erziehungsberechtigten, die eine Normvermittlung erschweren, beispielsweise ein emotional zerrüttetes Elternhaus. Der Begriff der strukturellen und funktionalen Defizite ist normativ geprägt; er orientiert sich am jeweils präferierten Familienmodell. Mit der Enttraditionalisierung der Lebensformen würde man heute strukturelle und funktionale Defizite anders definieren.[147] Die Hypothese hingegen beibehalten werden: Je ausgeprägter solche Defizite sind, desto größer ist die Wahrscheinlichkeit für normabweichendes Verhalten.[148] Nach anderen Sozialisationstheorien sind Sozialisationsstörungen in der Gesellschaft ungleich verteilt, wobei vorwiegend die Unterschicht kriminogene Sozialisationsbelastungen aufweisen soll.[149]

2. Empirie

88 Zur Frage nach dem Einfluss des moralischen Entwicklungsniveaus auf Kriminalität liegen zahlreiche empirische Studien vor. Problematisch ist, dass die Fallzahlen in den Untersuchungen zu dieser Thematik oft sehr klein sind. Dies liegt vermutlich an der meist qualitativen Erhebung der Moralentwicklung, die sehr zeitaufwendig ist. Umfangreiche Erhebungen wie die EMNID-Studie mit 708 Befragten sind die Ausnahme.[150] Anstatt an Zufallsstichproben wurden die Hypothesen meist an ausgewählten Populationen, in erster Linie an Studierenden, überprüft. Dies schränkt die Verallgemeinerungsfähigkeit der Untersuchungsergebnisse erheblich ein. Zudem wurde in vielen Studien nicht delinquentes, sondern abweichendes Verhalten wie fehlende Hilfsbereitschaft, die Teilnahme an einem Sitzstreik und aggressives Verhalten beim Milgram-Experiment untersucht.[151] Somit ist die Schlussfolgerung von den Ergebnissen dieser Untersuchungen auf die Erklärung delinquenten Handelns durch die moralische Entwicklung spekulativ.

---

[146] *Camus/Elting* 1982, S. 126 f.
[147] *Maier* 2018.
[148] *Feger* 1969; *Lösel/Linz* 1975; *Wiswede* 1979, S. 93 ff.
[149] *Moser* 1987, S. 283 ff.
[150] *Lind* 1993, S. 110 ff.
[151] Im Milgram-Experiment erhält ein nicht eingeweihter Proband die Aufgabe, bei einem Experiment mitzumachen, bei dem an einem vermeintlichen Schüler – in Wahrheit ein Schauspieler – die Auswirkung von Strafen (Elektroschocks) auf das Lernverhalten geprüft werden soll. Der Schüler erhält die Schocks nicht wirklich, allerdings ist das Experiment realistisch angelegt, wobei außerdem sozialer Druck auf den Probanden ausgeübt wird, die Strafen zu verhängen. Geprüft wird, wie weit der Proband mit den Elektroschocks geht (*Milgram* 1990).

McNamee hat 102 College-Studenten zwischen 18 und 25 Jahren untersucht und 89
mittels Signifikanztests einen Zusammenhang zwischen Moralentwicklung und aktiver Hilfsbereitschaft gefunden.[152] In der Analyse von *Candee* und *Kohlberg* wurden 339 Studenten berücksichtigt und eine Beziehung zwischen Moralentwicklung und Teilnahme an einem Sitzstreik bestätigt.[153] *Kohlberg* und *Althof* haben 26 Studenten im Grundstudium untersucht. Sie fanden eine Beziehung zwischen moralischem Entwicklungsniveau und dem Widerstand gegen normative Erwartungen zum Nachteil eines Dritten: Je höher das moralische Entwicklungsniveau war, desto früher wurde die Teilnahme am *Milgram*-Experiment beendet und desto geringer war der vermeintliche Schaden für den Schüler.[154]

Schwartz, Feldmann, Brown und *Heingartner* haben Untersuchungen zum Zu- 90
sammenhang zwischen Moralentwicklung und Mogeln durchgeführt. Die erstgenannten Autoren haben 35 Studenten der Anfangssemester in ihre Erhebung einbezogen und, obwohl keine Zufallsauswahl vorliegt, Signifikanztests durchgeführt. Das Ergebnis bestätigte die *Kohlbergsche* These, dass mit höherer Moral die Häufigkeit des Mogelns abnimmt.[155] Zu dem gleichen Ergebnis kommen *Krebs* und *Kohlberg*. Sie untersuchten mittels Signifikanztests eine nichtzufällige Stichprobe aus 123 Schülern aus sechsten Klassen.[156] In beiden Studien wurden relativ kleine Stichproben untersucht, die Untersuchten waren Studierende oder Schüler und Mogeln wurde nicht in Alltagsinteraktionen, sondern in Spielesituationen gemessen. Diese Einschränkungen und die statistischen Defizite dieser Arbeiten erlauben nur unsichere Schlussfolgerungen hinsichtlich der Beziehung zwischen Moralentwicklung und Delinquenz.

Zu dieser Fragestellung ist die Untersuchung von *Scheffel* wesentlich aussage- 91
kräftiger.[157] Sie vergleicht das moralische Entwicklungsniveau von sechs Populationen: 35 delinquente Personen im Alter zwischen 18 und 24 Jahren, 29 Richterinnen und Richter, 36 Angehörige einer Religionsgemeinschaft (Baha'i), 33 Studierende der Sozialpädagogik, 33 Leistungssportler und 38 Berufstätige verschiedener Berufsgruppen. Der moralische Entwicklungsstand wird nach dem Test von *Lind* und *Wakenhut* erfasst.[158] Die Gruppe der Delinquenten hatte ein deutlich niedrigeres Moralniveau als alle anderen Gruppen. Das höchste Niveau war unter den Baha'i-Anhängern zu finden, gefolgt von den Leistungssportlern.[159]

In der Arbeit von *Blasi* werden mehrere Studien zu solchen Gruppenvergleichen 92
nebeneinandergestellt. Von 15 Untersuchungen stützten 10 die Hypothese, dass delinquente Jugendliche eher eine niedrige Stufe des moralischen Bewusstseins haben

---

[152] *McNamee* 1977.
[153] *Candee/Kohlberg* 1987.
[154] *Kohlberg/Althof* 1996, S. 441 ff.
[155] *Schwartz/Feldmann/Brown/Heingartner* 1969.
[156] *Krebs/Kohlberg* 1973.
[157] *Scheffel* 1988.
[158] *Lind/Wakenhut* 1983.
[159] *Scheffel* 1988.

als vergleichbare Kontrollgruppen.¹⁶⁰ Allerdings sind aufgrund der kleinen Gruppenstärken die Ergebnisse nur vorsichtig interpretierbar, zumal als Delinquente ausschließlich Inhaftierte untersucht wurden.¹⁶¹ Somit bleibt unklar, ob die Gruppenunterschiede in der Moralentwicklung auf Prisonisierungseffekte zurückzuführen sind oder bereits vor der Inhaftierung vorlagen.

93 *Sagi* und *Eisikovitz* haben 249 Jugendliche zwischen 13 und 18 Jahren beiderlei Geschlechts untersucht.¹⁶² Die Untersuchung wurde in Israel durchgeführt; dort war man zum Untersuchungszeitpunkt bereits mit 13 Jahren strafmündig. In einem varianzanalytischen Untersuchungsdesign werden registrierte Delinquente mit Angehörigen der Unterschicht und der Mittelschicht verglichen. Die Messung der Moralentwicklung erfolgt durch einen modifizierten Test von *Ziv*.¹⁶³ Für sieben fiktive Situationen, die jeweils ein moralisches Dilemma beschreiben, sollen durch Fragen zum Widerstand gegen Versuchungen durch Kriminalität, zur moralischen Rechtfertigung von Handlungsmöglichkeiten, zu den Gefühlen nach dem Begehen einer Straftat, zur Ernsthaftigkeit von Sanktionen und zur Geständnisbereitschaft nach unmoralischen Handlungen fünf verschiedene Dimensionen der Moralität erfasst werden. Das Ergebnis der Untersuchung ist, dass Delinquente auf einer signifikant niedrigeren Moralstufe stehen als Personen der beiden Vergleichsgruppen.¹⁶⁴

94 Problematisch an der Untersuchung ist die Operationalisierung der Moralentwicklung durch ein Instrument, mit dem auch rationale Bewertungen – die Ernsthaftigkeit von Sanktionen – und emotionale Aspekte – die Gefühle nach dem Begehen von Straftaten – in die Messung einbezogen werden. Diese Erweiterung deckt sich nicht mit dem von *Kohlberg* konzipierten Moralbegriff. Allerdings unterscheiden sich Delinquente von den anderen Gruppen in allen untersuchten Dimensionen der Moralität, sodass auch nach dem *Kohlbergschen* Verständnis von moralischer Entwicklung das Untersuchungsergebnis haltbar ist. Die Operationalisierung von Moral durch *Kohlberg* dürfte weitgehend mit den Fragen nach den Rechtfertigungsgründen übereinstimmen.

95 *Schwabe-Höllein* führte im Jahr 1980 Befragungen mit 24 nichtstraffälligen und 28 straffälligen Kindern und ihren Eltern durch.¹⁶⁵ Die Kinder sind zwischen 1966 und 1970 geboren und waren zum Untersuchungszeitpunkt zwar strafunmündig, aber bereits in Polizei- und Jugendamtsakten registriert. Die Messung der Moralentwicklung erfolgte mit Hilfe fiktiver Geschichten, die aber im Gegensatz zu dem *Kohlbergschen* Konzept keine Konfliktsituationen beschrieben. Das sprachliche Material, das aus diesen Befragungen gewonnen wurde, erwies sich aber als ‚zu arm', um die Antworten in das von *Kohlberg* vorgeschlagene Kategorienschema zu bringen.¹⁶⁶ Aus diesem Grund verwendet die Autorin andere Merkmale der morali-

---

[160] *Blasi* 1980.
[161] *Blass* 1983, S. 97, 100 f.
[162] *Sagi/Eisikovitz* 1981.
[163] *Ziv* 1976.
[164] *Sagi/Eisikovitz* 1981, S. 85.
[165] *Schwabe-Höllein* 1984.
[166] *Schwabe-Höllein* 1984, S. 116.

schen Urteilsfähigkeit, nämlich das Wissen um die Strafbarkeit der in den fiktiven Geschichten beschriebenen Handlungen und die Orientierung an internalisierten oder externen Werten bei der Rechtfertigung der Handlungen. Ein Ergebnis der Untersuchung ist, dass es einen Zusammenhang zwischen Delinquenz und moralischem Urteil gibt. Zur Bestimmung dieser Assoziation wurden die beiden Merkmale der moralischen Urteilsfähigkeit zu einer Variablen zusammengeführt und dichotomisiert. Der ermittelte Phi-Koeffizient betrug 0,4 und ist signifikant von null verschieden.[167] Allerdings ist die Größe des Koeffizienten kaum zu interpretieren, da der Maximalwert von Phi von den Randverteilungen der beiden untersuchten Variablen abhängt und ein Signifikanztest bei nicht-zufälligen Stichproben nur bedingt aussagefähig ist. Außerdem unterscheidet sich die verwendete Operationalisierung des moralischen Urteils grundlegend von dem *Kohlbergschen* Stufenmodell. Somit ist das Ergebnis der Untersuchung nur eingeschränkt für die Behandlung der Frage nach dem Einfluss von moralischer Entwicklung auf delinquentes Handeln verwertbar.

Einen Gruppenvergleich haben auch *Goldsmith, Throfast* und *Nilsson* in einer explorativen Studie mit Männern zwischen 15 und 20 Jahren durchgeführt.[168] Eine Gruppe setzte sich aus 12 Delinquenten zusammen, die nach gescheiterten Resozialisierungsversuchen in eine besondere Schule eingewiesen wurden, die Kontrollgruppe bestand aus 12 Absolventen einer öffentlichen Schule. Die Moralentwicklung wurde mit einem Instrument erfasst, das von *Gibbs* und *Wiedaman* entwickelt wurde und weitgehend auf dem *Kohlbergschen* Konzept basiert.[169] Beide Gruppen unterschieden sich in der Moralentwicklung nur geringfügig, wobei die Unterschiede nicht signifikant waren. Interessant an der Untersuchung ist, dass die Autoren außerdem noch Lebensziele erfassten, die zumindest teilweise als individuell-reflexive Werte interpretiert werden können. Das sind Werte von Individuen, die sich auf Ziele des Individuums, also nicht auf Ziele der Gesellschaft beziehen. Zwischen diesen Merkmalen und der Moralentwicklung gab es relativ hohe Korrelationen, wenn die beiden Gruppen getrennt untersucht wurden. Auffällig ist, dass bei einem Vergleich der Korrelationen zwischen den Gruppen die Vorzeichen verschieden sind. Dies kann möglicherweise an der kleinen Stichprobe oder an den Einflüssen der unterschiedlichen Schulen liegen. Denkbar ist aber auch, dass die Beziehung zwischen Moralniveau und Werten von Drittvariablen abhängt.

Nelson, Smith und *Dodd* führten eine Meta-Analyse von 15 Studien durch, die alle den Zusammenhang zwischen Moralentwicklung und Delinquenz untersuchen.[170] In der Analyse wurden alle Studien berücksichtigt, die in pädagogischen und psychologischen Literaturdatenbanken zu finden waren, wobei Studien mit eklatanten methodischen Defiziten und Untersuchungen mit ausgewählten Teilpopulationen wie Drogenkonsumenten oder Mitgliedern von Subkulturen ausgeschlossen wurden. Allerdings betrug das Durchschnittsalter aller Untersuchten

---

[167] *Schwabe-Höllein* 1984, S. 206.
[168] *Goldsmith/Throfast/Nilsson* 1989.
[169] *Gibbs/Wiedaman* 1982.
[170] *Nelson/Smith/Dodd* 1990.

aus allen Studien nur 15 Jahre, das höchste Durchschnittsalter in einer Studie war 16 Jahre.[171] Somit ist anzunehmen, dass in allen Untersuchungen nur Kinder und Jugendliche berücksichtigt wurden. In der Meta-Analyse wurde für alle Erhebungen die Größe des Unterschieds in der Moralentwicklung zwischen Delinquenten und Nichtdelinquenten bestimmt. Diese Werte sind signifikant von null verschieden. Somit kann auf einen Unterschied in der Moralentwicklung geschlossen werden, wobei in allen Untersuchungen die moralische Entwicklungsstufe der Delinquenten niedriger war als in der Vergleichsgruppe.[172] Somit spricht die Meta-Analyse für die Hypothese, dass die moralische Entwicklung einen Einfluss auf delinquentes Handeln hat.

98 Die weiteren Ergebnisse der Meta-Analyse zeigen mögliche Randbedingungen für die Gültigkeit der Hypothese auf. *Nelson, Smith* und *Dodd* finden relativ hohe Korrelationen zwischen dem Durchschnittsalter in den Studien und der Größe des Unterschieds in der Moralentwicklung zwischen Delinquenten und Nichtdelinquenten: Je jünger die Probanden sind, desto größer ist der Unterschied zwischen diesen Gruppen.[173] Extrapoliert man diesen Trend, könnte man vermuten, dass der Einfluss der Moralentwicklung auf delinquentes Handeln ein Phänomen ist, das auf Kinder und Jugendliche konzentriert ist, wobei mit zunehmendem Alter dieser Effekt nachlässt.

99 Problematisch an der Meta-Analyse ist die Auswahl der berücksichtigten Studien. Durch das gewählte Verfahren wurden vorwiegend Untersuchungen mit jungen Probanden berücksichtigt. Die Anwendung von Signifikanztests bei der Meta-Analyse unterstellt aber, dass die ausgewählten 15 Studien eine Zufallsauswahl aller Studien zu dieser Fragestellung sind. Die inferenzstatistische Schlussfolgerung von der Stichprobe auf die Grundgesamtheit kann bei einer systematischen Verzerrung beim Auswahlverfahren zu Fehlschlüssen führen. Aus den Ergebnissen von Untersuchungen mit jungen Menschen kann auch durch Signifikanztests nicht auf die Gültigkeit dieser Ergebnisse für ältere Menschen geschlossen werden. Somit kann die Untersuchung von *Nelson, Smith* und *Dodd* nur als Bestätigung von Hypothesen für eine ausgewählte Population gesehen werden.

100 Im Vergleich zu den meisten der erwähnten Untersuchungen ist die von *Kröber, Scheurer* und *Richter* aufgrund der größeren Fallzahl und der Berücksichtigung von Hell- und Dunkelfeld wesentlich fundierter.[174] Sie untersuchten die Legalbewährung von 129 Männern zwischen 18 und 37 Jahren, die ein Gewaltdelikt begangen hatten, aber zum Untersuchungszeitpunkt nicht mehr in Haft waren. Die Untersuchung wurde zwischen Ende 1987 und 1989 durchgeführt. Der Rückfall wurde anhand von Bundeszentralregisterauszügen ermittelt, wobei der Zeitraum bis Ende 1990 berücksichtigt wurde. Bei der Erfassung der in der Vergangenheit verübten Delinquenz wurde sowohl das Dunkelfeld als auch das Hellfeld berücksichtigt. Die mo-

---

[171] *Nelson/Smith/Dodd* 1990, S. 234 f.
[172] *Nelson/Smith/Dodd* 1990, S. 236 f.
[173] *Nelson/Smith/Dodd* 1990, S. 236.
[174] *Kröber/Scheurer/Richter* 1993.

ralische Entwicklung wurde mit Hilfe des m-u-t-Tests von *Lind* gemessen.[175] Dabei zeigte sich, dass im Vergleich zu einer zusätzlich befragten Gruppe von Studierenden die untersuchten Delinquenten wesentlich höhere Verweigerungsquoten hatten. Möglicherweise ist dies durch die unterschiedlichen intellektuellen Fähigkeiten zu erklären.[176] Dies könnte auch die theorieinkonsistenten Ergebnisse verständlich machen. Eine Analyse der retrospektiven Umfragedaten erbrachte nicht nur sehr kleine Korrelationskoeffizienten (unter 0,1) zwischen moralischer Entwicklung einerseits und der Anzahl aller bereits verübten Delikte, der Zahl der Verurteilungen und der verbüßten Haftdauer andererseits, sondern sogar erwartungswidrige Vorzeichen. Auch bei der prospektiven Analyse ist das Untersuchungsergebnis theorieinkonsistent, hatten doch die Rückfälligen eine leicht höhere moralische Entwicklungsstufe erreicht als Nichtrückfällige.

Insgesamt gesehen führten die Untersuchungen über den Zusammenhang zwischen moralischer Entwicklung und Delinquenz zu widersprüchlichen Ergebnissen, wobei dies möglicherweise an kleinen Stichprobengrößen liegen kann, an Operationalisierungen der Moralentwicklung und an der Einschränkung der Untersuchungspopulation auf eng umgrenzte, in sich homogene und kaum vergleichbare Gruppen. Denkbar ist auch, dass die individuelle moralische Entwicklungsstufe situationsabhängig ist. Für diese Vermutung sprechen die Ergebnisse der Untersuchungen von *Nunner-Winkler* und *Hermann*.[177]

Zur kriminologischen Theorie der familialen Sozialisationsdefizite liegen umfassende empirische Studien vor. *Haas, Farrington, Killias* und *Sattar* haben zu der Fragestellung die Rekruten der Schweizer Armee untersucht; es handelt sich um eine Totalerhebung aus dem Jahr mit über 21.000 Fällen. Alle Befragten waren männlich und im Durchschnitt etwa 20 Jahre alt. Das abweichende Verhalten wurde durch eine Frage nach Verhaltensstörungen erfasst. Es zeigte sich, dass etwa 8 % der Rekruten aus intakten Familien solche Störungen aufwiesen, während dieser Anteil bei Befragten, die ohne Mutter aufwuchsen, bei 23 % lag. Auch bei jugendrechtlichen Auffälligkeiten zeigte sich dieser Unterschied. 5 % der Rekruten aus intakten Familien und 13 % der Armeeanwärter, die mutterlos aufgewachsen sind, mussten bereits mindestens einmal vor einem Jugendgericht erscheinen.[178]

Zu einem ähnlichen Ergebnis kommt die Cambridge Kohortenstudie von *West* und *Farrington*, das ist eine prospektive Panelstudie von über 400 Jungen aus London vom 8. bis zum 46. Lebensjahr. Die Wahrscheinlichkeit, dass ein Proband, der ohne Mutter aufwuchs, delinquent wird, ist 5,9 mal größer im Vergleich zu einem Probanden mit strukturell intaktem Elternhaus.[179]

Dieses Ergebnis wird durch eine Kohortenstudie aus Norwegen bestätigt.[180] Dabei wurden nahezu 50.000 Personen untersucht – eine Totalerhebung aller im

---

[175] *Lind* 1978.
[176] *Kröber/Scheurer/Richter* 1993, S. 97.
[177] *Nunner-Winkler* 1991; *Hermann* 2003, S. 409 f.
[178] *Haas/Farrington/Killias/Sattar* 2004.
[179] *West/Farrington* 1973.
[180] *Skardhamar* 2009.

Jahr 1982 in Norwegen geborenen Personen. Für diese wurden für den Zeitraum vom zehnten bis zum zweiundzwanzigsten Lebensjahr alle polizeilichen Registrierungen als Tatverdächtige erfasst. Zudem war es möglich, für den Untersuchungsbeginn im Jahr 1992 Informationen über die strukturelle Vollständigkeit des Elternhauses zu erheben, sodass dieses Merkmal mit polizeilich registrierter Delinquenz in Verbindung gebracht werden konnte. Von den Personen, die im Alter von 10 Jahren in einer strukturell vollständigen Familie lebten, wurden 9 % bis zum Alter von 22 Jahren polizeilich als Tatverdächtige erfasst, für die Personen in strukturell unvollständigen Familien liegt dieser Anteil bei 22 %. Zudem ist ein Effekt der sozioökonomischen Bedingungen im Elternhaus auf die Delinquenz der Kinder feststellbar. Aber die strukturelle Unvollständigkeit der Familie hat unabhängig von ökonomischen Indikatoren einen Einfluss auf polizeilich registrierte Delinquenz.

105 Insgesamt gesehen sprechen die Untersuchungen für einen Einfluss familialer Sozialisationsdefizite auf die Delinquenz der Kinder. Allerdings scheint dieser Effekt im Laufe des Lebens an Bedeutung zu verlieren, so das Ergebnis einer Langzeitstudie mit entlassenen Strafgefangenen.[181]

VII. Labelingtheorien und ethnomethodologischer Ansatz

1. Theorie

106 Die Theorien des interpretativen Paradigmas können die Definition von Kriminalität nicht vorgeben, denn die Subsumtion einer Handlung in die Kategorie krimineller Handlungen ist Resultat von Interaktionsprozessen und variiert folglich. Die zentrale Fragestellung der Labelingtheorien ist, wie und weshalb innerhalb bestimmter Interaktionsverläufe das Etikett ‚kriminell' vergeben wird. Die Klassifikation als kriminelles Verhalten wird als Ergebnis eines gesellschaftlichen Definitions- und Zuschreibungsprozesses gesehen, wobei diese Zuschreibung selektiv vorgenommen wird. Maßgebend für eine Kriminalisierung sind die Stigmata des Betroffenen. Kriminalität ist somit nicht das Ergebnis einer Handlung, sondern Resultat eines Etikettierungsprozesses. Infolgedessen liegt der thematische Schwerpunkt der Theorien des interpretativen Paradigmas in der Beschreibung und Erklärung der Zuschreibung von Kriminalität und nicht der kriminellen Handlung. Kriminalität wird nicht mehr als statische Größe betrachtet, sondern als ein sich fortlaufend bildendes Ergebnis dynamischer Prozesse der sozialen Interaktion.[182]

107 Die Theorien des interpretativen Paradigmas können erstens hinsichtlich der theoretischen Grundlage, zweitens hinsichtlich der Einbeziehung krimineller Handlungen in die Theorie und drittens hinsichtlich der Erklärungsmuster für die Zuschreibung des Etiketts ‚kriminell' unterschieden und klassifiziert werden.

108 Die Vertreter der **Labelingtheorie**, beispielsweise *Tannenbaum*, *Lemert* und *Becker*, stehen in der Tradition von *Mead* und seinem symbolischen Interaktionismus,

---

[181] *Hermann/Kerner* 1988.
[182] *Schur* 1974, S. 17.

während die Vertreter des **ethnomethodologischen** Ansatzes, insbesondere *Cicourel*, auf den Arbeiten von *Schütz* und *Husserl* aufbauen.[183] Der wesentliche Unterschied zwischen Labelingtheorie und ethnomethodologischem Ansatz liegt in den unterschiedlichen Theorietraditionen. Zudem ist eine Diskrepanz in der Bedeutung ätiologischer Aspekte vorhanden: In der Ethnomethodologie wird die Frage nach den Ursachen delinquenten Verhaltens vollständig ausgeklammert, während sie in der Labelingtheorie eine marginale Rolle spielen kann.

Neben *Garfinkel*, der sich vor allem mit grundlagentheoretischen Fragen befasst,[184] gilt *Cicourel* als einer der Hauptvertreter des ethnomethodologischen Ansatzes.[185] Eine besonders wichtige Arbeit ist die 1968 publizierte empirische Studie über Jugendgerichte, Jugendgerichtshilfe und Bewährungshilfe. Darin versucht *Cicourel* gemäß dem ethnomethodologischen Forschungskonzept, die Basisregeln der Mitglieder der Kontrollinstanzen aufzuzeigen, die in Interaktionen zu der Etikettierung einer Person als ‚kriminell' führen. Die **Basisregeln** versorgen den Handelnden mit einem ‚Gefühl' für die Situation, das ihn befähigt, einer Umwelt von Objekten Bedeutung oder Wichtigkeit zuzumessen.[186] Diese Regeln bestehen nach dieser Studie vor allem aus **Alltagstheorien** über den Einfluss von Sozialfaktoren auf delinquentes Verhalten. Die Ermittlung der Sozialisationsbedingungen und Sozialisationsverläufe ermöglicht somit den Kontrollinstanzen eine Typisierung von Personen.[187] Ergänzt werden diese Alltagstheorien durch Vorstellungen über Gut und Böse, über Moral und Unmoral, über Unterschicht und Oberschicht.[188] Diese Alltagstheorien der Vertreter der Justiz bestimmen ihre Interpretation von Interaktionen mit den Probanden und ermöglichen es, den Bösen und den Unmoralischen auch ohne Kenntnis von Handlungen der bewerteten Person zu erkennen. Die Reaktionen der Kontrollorgane erfolgen, so *Cicourel*, nicht aufgrund von Rechtsbrüchen, sondern aufgrund der durch die Alltagstheorien bedingten selektiven interpretativen Wahrnehmung von Wirklichkeit und aufgrund der Interpretation der zu beurteilenden Handlung und Handlungssituation.[189]

Im Gegensatz zum ethnomethodologischen Ansatz berücksichtigen die **gemäßigten Vertreter der Labelingtheorie**, dass es eine Beziehung zwischen kriminellem Handeln einerseits und der Kriminalisierung durch Justiz und Bevölkerung andererseits geben kann. Besonders deutlich wird dies in der Unterscheidung zwischen **primärer und sekundärer Devianz**.[190] Die beiden Begriffe kennzeichnen nach *Lemert* verschiedene Stadien bei kriminellen Karrieren. Die primäre Devianz umfasst die ursprünglichen, zu Beginn der Karriere verübten Rechtsverletzungen. Die möglichen strukturellen und individuellen Ursachen für diese Handlungen dis-

---

[183] *Tannenbaum* 1951; *Lemert* 1951, 1974; *Cicourel* 1978, 1995; *Becker* 1981.
[184] *Garfinkel* 1978, 2011.
[185] *Camus/Elting* 1982, S. 188; *Patzelt* 1984, S. 124.
[186] *Cicourel* 1978, S. 172.
[187] *Cicourel* 1995, S. 241.
[188] *Cicourel* 1995, S. 66, 198.
[189] *Camus/Elting* 1982, S. 195.
[190] *Lemert* 1951, 1974.

kutiert *Lemert* jedoch nur am Rande.[191] Werden diese Normübertretungen in den Alltag integriert und als ‚normale' Handlung angesehen, hat dies keine negativen Konsequenzen für die Betroffenen.[192] Erst wenn dieser Prozess der Normalisierung misslingt und soziale Kontrollinstanzen das abweichende Individuum entsprechend etikettieren und dadurch stigmatisieren, beginnt ein Prozess der Übernahme der abweichenden Rolle – das ursprüngliche Selbstbild wird durch das Fremdbild ersetzt. Dies führt zu Verhaltensänderungen, zu sekundärer Devianz.[193] Demnach ist kriminelles Handeln nicht nur die Folge ätiologischer Faktoren, sondern insbesondere das Ergebnis von Stigmatisierungen und Kriminalisierungen.

111 Eine vergleichbare Position wie *Lemert* nimmt *Becker* ein.[194] Er konstruiert an den Beispielen des Marihuana-Benutzers und Jazzmusikers ein Modell für die Entwicklung delinquenten Verhaltens. In den 1950er-Jahren in den USA war der Konsum von Marihuana verboten und Jazz wurde als abweichende, rebellische, antibürgerliche Musik gesehen. Becker postuliert eine Wechselbeziehung zwischen Delinquenz und Stigmatisierungen. Man braucht nur eine einzige kriminelle Handlung zu begehen, um als Krimineller bezeichnet zu werden und alle damit verbundenen Stigmatisierungen zu erfahren. Durch die justizielle Reaktion auf normverletzendes Verhalten erhält das Individuum einen neuen Status: Es wird als Rauschgiftsüchtiger, Krimineller oder Geistesgestörter abgestempelt und entsprechend behandelt. Dieser Prozess beinhaltet, so *Becker*, die Zuschreibung von Merkmalen, die als charakteristisch für einen Kriminellen gelten – dazu zählt auch die Wiederholung der Straftat.[195] Eine solche Erwartungshaltung verändert das Verhalten der Personen, die mit dem Stigmatisierten Kontakt haben, und letztlich auch sein Verhalten. Kriminalität ist demnach eine auf das Verhalten von Personen übertragene Eigenschaft und nicht den Personen immanent. So sind es letztlich die Instanzen sozialer Kontrolle, die durch Zuschreibungsprozesse entscheidend zu kriminellen Karrieren beitragen, indem das von ihnen geschaffene Fremdbild von den Betroffenen allmählich übernommen wird. Eine kriminelle Karriere wird durch den Zuschreibungsprozess zum Akt der **„self-fulfilling-prophecy"**.[196] Nach *Quensel* ist die fehlgeschlagene integrierende Interaktion zwischen Delinquenten und Sanktionsinstanzen verantwortlich für die Entstehung krimineller Karrieren.[197]

112 Während viele Labelingtheoretiker und Vertreter des ethnomethodologischen Ansatzes die Mechanismen der Kriminalisierung ausschließlich auf der Individualebene beschreiben, bezieht insbesondere *Sack* die **gesellschaftliche Ebene** in seine Arbeiten zu Kriminalitätstheorien mit ein.[198] Ausgangspunkt seines Ansatzes ist die Annahme einer ubiquitären Verteilung von Kriminalität. Nahezu alle Menschen

---

[191] *Lemert* 1974, S. 433.
[192] *Lemert* 1972, S. 50 ff.
[193] *Lemert* 1951, S. 77.
[194] *Becker* 1981.
[195] *Becker* 1981, S. 29 f.
[196] *Becker* 1981, S. 30 ff.
[197] *Quensel* 1970.
[198] *Sack* 1972, 1979.

sind kriminell, aber nur ein ganz kleiner Prozentsatz der kriminellen Handlungen wird sanktioniert.[199] Die Selektion basiert nicht auf einem Zufallsprozess, sondern auf unterschiedlichen Interpretationen von Handlungen. Eine Handlung liefert ihre eigene Interpretation nicht mit, diese erfolgt extern.[200] Insbesondere die Handlungsabsicht, die für eine justizielle Beurteilung besonders wichtig ist, ist nicht unmittelbar aus der Handlung selbst ableitbar. Das Ergebnis der Interpretation einer Handlung seitens der Strafjustiz ist die Zuschreibung der Etikette ‚kriminell' oder ‚rechtskonform'. Damit kann das Gericht ein neues Merkmal für den Angeklagten erzeugen und ihn in einen Status versetzen, den er vorher nicht hatte.[201] Die Selektion der Sanktionierten und die Aufteilung der Gesellschaft in gesetzestreue und normverletzende Bürger findet zwar auf der Individualebene statt, aber die Mechanismen zur Errichtung dieser Ordnungsprinzipien sind auf der gesellschaftlichen Ebene zu finden. In Anlehnung an einen materialistischen Ansatz versteht *Sack* Kriminalität als negatives Gut, als genaues Gegenstück zum Privileg, einem positiven Gut.[202] Die Verteilung der positiven und negativen Güter in der Gesellschaft geschieht jeweils nach dem gleichen Mechanismus, sie ist das Produkt gesellschaftlicher Auseinandersetzungen und abhängig von Macht.[203] Die gesellschaftlich ungleiche Verteilung negativer Güter führt zu einem erhöhten Sanktionsrisiko der unteren Schichten und von Personen mit strukturellen und funktionalen Defiziten im Elternhaus. Solche Individuen müssen damit rechnen, dass ihr Verhalten von den Trägern der öffentlichen sozialen Kontrolle mit größerer Wahrscheinlichkeit als kriminell definiert wird als das von jemandem, der sich in gleicher Weise verhält, aber einer anderen sozialen Schicht angehört oder aus einem intakten Elternhaus kommt.[204]

2. Empirie

In Labelingtheorien und im ethnomethodologischen Ansatz werden insbesondere die Wirkungen von Handlungen der Instanzen sozialer Kontrolle, also Polizei, Justiz und Sozialarbeit, auf die Zuschreibung von Kriminalität sowie die Dynamik krimineller Karrieren untersucht. Dabei steht nicht die Erklärung, sondern das Verstehen dieser Prozesse im Vordergrund. Diese Untersuchungsgegenstände legen für empirische Untersuchungen ein qualitatives Forschungsdesign nahe.[205] Qualitative Verfahren sind jedoch nur bedingt in der Lage, Hypothesen zu falsifizieren. Dies wäre jedoch relevant, wenn man diese Ansätze als Kriminalitätstheorien versteht, die Aussagen über Ursachen kriminellen Handelns machen. Deshalb sind im Rah-

---

[199] *Sack* 1979, S. 463 f.
[200] *Sack* 1979, S. 465.
[201] *Sack* 1979, S. 469.
[202] *Sack* 1972, S. 4; *Camus/Elting* 1982, S. 212 f.
[203] *Sack* 1979, S. 469 f.
[204] *Sack* 1979, S. 472 f.
[205] *Meuser/Löschper* 2002.

114 *Adams, Robertson, Gray-Ray* und *Ray* haben den Einfluss von Stigmatisierungen auf abweichendes Verhalten und Delinquenz untersucht.[206] Sie haben dazu im Klassenverband 249 Schüler und 28 Schülerinnen von zwei High Schools zu perzipierten Etikettierungen durch Kontrollinstanzen, Lehrer, Familie und Freunde befragt. Im Durchschnitt waren die Befragten 15 Jahre alt, fast alle waren nicht weiß. Die Fragen zu den Etikettierungen waren als semantische Differenziale konzipiert. Das sind Fragen, die nach Eigenschaften von Objekten fragen, wobei gegensätzliche Adjektivpaare als Antwortvorgaben genutzt werden. Mit dieser Erhebungstechnik sollten Einschätzungen des Befragten erfasst werden, wobei sie die Perspektive von Lehrer, Familie und Freunde einnehmen sollten. Die Beurteilungen betrafen Eigenschaften wie kooperativ versus lästig, gut versus schlecht und freundlich versus unfreundlich. In multiplen Regressionen zur Erklärung eines Summenindex aus Indikatoren zu selbstberichtetem abweichenden Verhalten und Delinquenz haben insbesondere die Etikettierungen durch Lehrer einen schwachen signifikanten Einfluss, die Effekte der anderen Etikettierungen sind nicht signifikant. Beschränkt man die abhängige Variable auf ernsthafte Delinquenz, sind die Effekte größer. In diesem Fall sind auch die Etikettierungen der Peer-Group von Bedeutung. Für die Erklärung von Drogendelinquenz ist keine Form der Etikettierung von Bedeutung. Das Problem an der Studie ist, abgesehen von der Konzeption der Stichprobe und der Messung von Etikettierungen, dass die zentrale Frage der Labelingtheorie unbeantwortet bleibt: Führen Etikettierungen zu einer Veränderung des Verhaltens oder sind Etikettierungen Charakterisierungen des Verhaltens der Etikettierten.

115 *Bernburg* und *Krohn* haben untersucht, ob Interventionen seitens der Polizei und Jugendgerichte während der Jugendphase zu einer Verschlechterung der Lebenschancen führen und diese zu erhöhter Delinquenz.[207] Dazu haben sie eine Sekundäranalyse der Daten der Rochester Youth Development Study durchgeführt, das ist eine mehrwellige Panelstudie mit anfänglich 1000 Schülerinnen und Schülern, die in der ersten Welle im Durchschnitt 13,5 Jahre alt waren. Die Stichprobe der Panelstudie ist mehrfach geschichtet, wobei männliche Jugendliche und Personen, die in Stadtteilen mit hoher Delinquenzbelastung wohnten, überrepräsentiert sind. *Bernburg* und *Krohn* haben ihre Analyse auf männliche Jugendliche und 12 Erhebungswellen beschränkt. Diese Teilpopulation umfasste anfänglich 605 Personen, in der letzten Welle – nach etwa neun Jahren – haben noch 529 Personen an der Untersuchung teilgenommen.

116 Die Informationen über polizeiliche Interventionen haben die Forscher aus Akten entnommen und sich dabei auf die Altersspanne bis zum 16. Lebensjahr beschränkt. Die Erfassung gerichtlicher Interventionen erfolgte durch Selbstauskünfte der Jugendlichen. Die Delinquenz der Probanden wurde ebenfalls durch Selbstberichte erfasst.

---

[206] *Adams/Robertson/Gray-Ray/Ray* 2003.
[207] *Bernburg/Krohn* 2003.

Logistische Regressionsanalysen führten zu den Ergebnissen, dass sich sowohl die polizeilichen als auch die jugendgerichtlichen Interventionen in der Jugendphase signifikant auf die schulische Qualifikation und Arbeitslosigkeit auswirken. Diese Effekte sind unabhängig von delinquenten Aktivitäten in der Jugendphase, ethnischer Zugehörigkeit und dem ökonomischen Status der Eltern. Beide Formen der Intervention wirken sich zudem signifikant auf Umfang und Schwere delinquenter Aktivitäten im Alter von 19 bis 20 sowie 21 bis 22 Jahren aus (Wellen 10 und 12), wobei wiederum die oben genannten Kontrollvariablen berücksichtigt wurden. Die Studie belegt somit einen Einfluss der Eingriffe von Kontrollorganen auf die weitere kriminelle Karriere.

In einer zweiten Studie von *Bernburg* und *Krohn*, die sie zusammen mit *Rivera* durchführten, haben sie den Einfluss justizieller Interventionen auf die Veränderung des Freundeskreises und spätere delinquente Aktivitäten untersucht.[208] Sie haben dazu wie in der oben beschrieben Studie eine Sekundäranalyse der Daten der Rochester Youth Development Study durchgeführt, wobei sie sich auf die ersten vier Wellen beschränkten, die jeweils im Abstand von 6 Monaten erhoben wurden. Sie haben die Analyse auf die Fälle begrenzt, die zu allen relevanten Variablen gültige Messwerte aufweisen – das sind insgesamt 870 Personen, davon waren 72 % männlich und 15 % weiß. Die Erfassung von gerichtlichen Interventionen und Delinquenz erfolgte durch Selbstauskünfte der Jugendlichen. Zudem wurden die Probanden gefragt, ob sie Mitglied in einer Jugendbande sind und wie viele ihrer Freunde delinquent sind. Eine multiple Regression zur Erklärung der Einbindung in delinquente Netzwerke zum Zeitpunkt der dritten Befragungswelle ergab, dass Interventionen durch Jugendgerichte in Welle 1 und 2 einen signifikanten Effekt hatten, unabhängig vom Grad der Einbindung in delinquente Netzwerke zum Zeitpunkt der zweiten Befragungswelle: Wenn eine justizielle Sanktion verhängt wurde, war 6 bis 12 Monate später der Anteil delinquenter Freunde in der Peer-Group größer als in allen anderen Fällen. Außerdem haben jugendrichterliche Maßnahmen einen Einfluss auf die Mitgliedschaft in einer Jugendbande. Wurde bei einem Jugendlichen eine solche Maßnahme verhängt, war die Wahrscheinlichkeit, 6 bis 12 Monate später Mitglied einer Jugendbande zu sein, etwa 5mal größer als bei Jugendlichen, die keine justizielle Intervention erfahren haben – unabhängig von einer früheren Mitgliedschaft in einer Jugendbande. In einer weiteren Analyse wurde die Varianz in der selbstberichteten Delinquenz zum vierten Befragungszeitpunkt untersucht. Dabei zeigte sich, dass jugendrichterliche Interventionen, die in den ersten beiden Wellen erfasst wurden, einen signifikanten kriminogenen Effekt auf Delinquenz haben, aber nur wenn die Delinquenz der Peer-Group und die Mitgliedschaft in einer Jugendbande (Welle 3) nicht als Kontrollvariablen berücksichtigt wurden. Bei einer Einbeziehung dieser Merkmale haben jugendrichterliche Interventionen keinen Einfluss auf die spätere Delinquenz. Dies würde bedeuten, dass sich die Etikettierung durch Jugendgerichte zwar auf die Zusammensetzung des Freundeskreises und auf die Mitgliedschaft in einer Jugendbande auswirkt, aber nicht auf die spätere Delinquenz. Dies würde dem Labelingansatz widersprechen.

---

[208] *Bernburg/Krohn/Rivera* 2006.

Allerdings fanden lediglich bei 3 % der Befragten jugendrichterliche Interventionen während des betrachteten Zeitraums statt, so dass die Schlussfolgerungen aus den Analysen nur bedingt verallgemeinerbar sind.

VIII. Ökologische Kriminalitätstheorien

1. Theorie

119 Ökologische Theorien enthalten Aussagen über Teilbereiche der Gesellschaft, meist über geografisch definierte Einheiten. Dies können Bundesländer, Stadt- oder Landkreise, Gemeinden oder Stadtteile sein; der Schwerpunkt der kriminologisch-ökologischen Forschungen hat Stadtteile zum Gegenstand. Folglich unterscheiden sich ökologische von individualistischen Theorien durch die Untersuchungsebene, also durch den Bezug auf makro- bzw. mikrosoziologische Fragestellungen.

120 Die kriminalsoziologische Richtung der ‚**Chicago School**' befasste sich schon früh mit stadtsoziologischen Fragen wie der Entstehung städtischer Siedlungssysteme, dem Wachstum von Städten und der räumlichen Verteilung ‚sozialpathologischer' Erscheinungen wie Kriminalität und Prostitution.[209] Der Schwerpunkt der Forschungen war auf Chicago konzentriert, und ein Großteil der Forscher war an der Universität Chicago tätig, daher der Name der Schule. Chicago war in den 1920er-Jahren eine Großstadt mit schnellen gesellschaftlichen Veränderungen, einer aufstrebenden Urbanisierung, zahlreichen sozialen Problemen und einer geografisch lokalisierbaren ethnischen Segmentierung. Die Gemeinde war typisch für die großen Städte in den USA und damit ein ideales Forschungsobjekt. Die Forscher der Chicago School betrachteten Gemeinden als Mikrokosmos, in dem individuelles Handeln insbesondere von strukturellen und kulturellen Bedingungen der Umgebung abhängt.

121 *Shaw, Zorbaugh, McKay* und *Cottrell* entdeckten bereits 1929 mittels einer Studie über die Wohnsitze männlicher Jugendlicher, dass Schulschwänzer und Straftäter auf bestimmte geografische Gebiete Chicagos konzentriert waren. Sie beschrieben diese Stadtteile als geprägt von baulichem Verfall, Armut und sozialer Desorganisation.[210] Durch *Shaw* und *McKay* wurden die Charakteristika dieser Stadtteile weiter differenziert: weit verbreitete Armut, Vermischung von Wohn-, Industrie- und Gewerbegebieten, hoher Migrantenanteil, hohe Fluktuation der Bewohnerinnen und Bewohner und unzureichende soziale Kontakte.[211]

122 Allerdings waren für die Autoren nicht die baulichen Zustände der beschriebenen Stadtteile die eigentliche Determinante für Kriminalität, sondern die Zusammensetzung der darin lebenden Bevölkerung. Bauliche Mängel und städtischer Verfall waren nur Merkmale, die einen Einfluss auf die Struktur der Wohnbevölkerung hatten, aber nicht direkt das Handeln dieser Personen bestimmten. Der strukturell-

---

[209] *Hamm* 1986, S. 278 f.
[210] *Shaw/Zorbaugh/McKay/Cottrell* 1929.
[211] *Shaw/McKay/Beirne* 2006.

ökologische Aspekt eines Stadtteils wurde als Kriterium für die individuelle Präferenz gesehen, in diesem Stadtteil zu wohnen, wobei angenommen wurde, dass diese Präferenzwahl von Wertorientierungen, dem Verständnis von Familie, der Bedeutung von Freunden und den Beziehungen zu anderen sozialen Gruppen abhängig war. Die Kriminalitätstheorie dieses Ansatzes kann demnach so zusammengefasst werden, dass regional-ökologische Bedingungen einen Einfluss auf die Zusammensetzung der Wohnbevölkerung haben. Die soziale und kulturelle Verortung einer Person bedingt die Wahrscheinlichkeit, kriminell zu handeln. Stadtteile unterscheiden sich im Anteil sozial und kulturell integrierter Einwohner; folglich unterscheiden sich Stadtteile auch in der Kriminalitätsbelastung. Es muss somit ein Zusammenhang zwischen der Struktur von Stadtteilen und ihrer Kriminalitätsrate vorliegen.

Eine weitere Differenzierung dieses Ansatzes stammt von *Stark*.[212] Dieser nennt in seiner Theorie der ‚**deviant places**' fünf Aspekte, die Stadtgebiete mit besonders hoher Kriminalitätsbelastung kennzeichnen: eine hohe Bevölkerungsdichte, Armut, gemischte Nutzung als Wohn-, Gewerbe- und Industriegebiete, hohe Fluktuation und bauliche Zerstörung. Die Bewohner solcher Gebiete haben, so der Autor, eine relativ negative Vorstellung von der Moral der anderen und eine erhöhte Motivation für sozial abweichendes Verhalten. Aufgrund einer verminderten sozialen Kontrolle in solchen Gebieten gibt es zudem mehr Gelegenheiten für die Ausübung von Kriminalität. In einem Stadtteil, der solche Merkmale aufweist, wird sich langfristig die Bevölkerungsstruktur verändern – und dies führt zu einem Anstieg der Kriminalität in diesem Viertel.

Sowohl in den Arbeiten der Chicago School als auch in der Theorie von *Stark* findet man Parallelen zur **broken windows-Theorie**;[213] nur wird beim broken windows-Ansatz die Kriminalitätsfurcht als zusätzliche intervenierende Variable berücksichtigt. Man kann die Arbeiten der Vertreter dieser Theorie vordergründig als kriminalpolitisches Plädoyer für eine veränderte Polizeitaktik interpretieren, die als community policing im weitesten Sinne bezeichnet werden kann. Genau betrachtet ist der Ansatz aber eine eigenständige Kriminalitätstheorie.[214]

Die zerbrochene Fensterscheibe signalisiert – ähnlich wie verlassene und verfallende Häuser, unentsorgter Müll oder Graffiti – Unordnung in einem Stadtteil (Incivilities oder Disorder). Diese perzipierte ‚Unordnung' verursacht Furcht unter der Bevölkerung, denn die Zerstörung einer Fensterscheibe ziehe die Zerstörung weiterer Scheiben des Gebäudes nach sich; sie signalisiert, dass in einem solchen Stadtteil Rechtsnormen verletzt werden können, ohne dass jemand daran Anstoß nimmt. Nach der broken windows-Theorie ist die Fensterscheibe nur ein (harmloses) Symbol für die eigentlichen Quellen der Furcht – das sind insbesondere Menschen mit ‚schlechtem' Ruf, aufdringlichem oder unberechenbarem Verhalten. Diese Anzeichen von Unordnung verunsichern die Bevölkerung; die Menschen ziehen sich als Reaktion auf das Gefühl der Unsicherheit zurück, und es entsteht

---

[212] *Stark* 1987.
[213] *Wilson/Kelling* 1982, deutsche Übersetzung 1996.
[214] *Skogan* 1990; *Hermann/Laue* 2003a.

Kriminalitätsfurcht. Eine Reaktion auf Unsicherheit und Kriminalitätsfurcht ist der Wegzug aus dem Stadtteil, insbesondere durch die gesellschaftlich integrierten Personen. Zudem wird das Wohngebiet für wenig integrierte Personen interessant. Dadurch verringert sich das Ausmaß an sozialer Kontrolle, und dies führt zu einem weiteren Anstieg von ‚incivilities'. Die von *Wilson* und *Kelling* beschriebene Entwicklung ist somit ein Aufschaukelungsprozess mit den Stufen: Incivilities und Disorder – Kriminalitätsfurcht – Strukturwandel – Abbau sozialer Kontrolle – Kriminalität – Incivilities und Disorder.

126 *Hermann* und *Laue* fassen die genannten Arbeiten in folgenden Hypothesen zu einer ökologischen Kriminalitätstheorie zusammen:[215]

- Die Strukturbedingungen in einem Stadtteil beeinflussen das Kontrollpotenzial dieses Stadtteils. Je problematischer die Situation in einem Stadtteil ist, beispielsweise die Heterogenität und der Individualisierungsgrad der Bewohner sowie die Wohndichte des Stadtteils, desto schwieriger ist dort die Ausübung sozialer Kontrolle.
- Je geringer der Grad sozialer Kontrolle in einem Stadtteil ist, desto größer ist die Delinquenzbelastung dieses Stadtteils.
- Je höher die Problembelastung und die Kriminalitätsbelastung eines Stadtteils sind, desto ausgeprägter ist das Niveau der Kriminalitätsfurcht in diesem Stadtteil und desto schlechter ist die Bewertung der Lebensqualität seitens der Bewohner.
- Je höher die Kriminalitätsbelastung sowie die Kriminalitätsfurcht in einem Stadtteil sind und je schlechter die perzipierte Lebensqualität ist, desto größer ist der Anteil der Personen, die diesen Stadtteil verlassen. Unter ihnen sind Personen, die lokal eine soziale Kontrolle ausüben, überrepräsentiert. Dies führt zu einer Reduzierung der Bevölkerungsdichte und zu einer Änderung der Bevölkerungsstruktur.
- Eine Veränderung der Bevölkerungsstruktur verändert die Strukturbedingungen und das Kontrollpotenzial in einem Stadtteil.

127 Demnach sind Strukturbedingungen Ursachen für Kriminalitätsbelastung, Kriminalitätsfurcht und Lebensqualität. Diese Merkmale eines Stadtteils bedingen eine Änderung der Bevölkerungsstruktur, und dies führt in einem Rückkopplungsprozess zu einer Veränderung von Strukturbedingungen.

2. Empirie

128 Nach der broken windows-Theorie von *Wilson* und *Kelling* ist die Beziehung zwischen Incivilities und Kriminalitätsfurcht von zentraler Bedeutung.[216] *Wyant* hat den

---
[215] *Hermann/Laue* 2003a.
[216] *Wilson/Kelling* 1982.

VIII. Ökologische Kriminalitätstheorien

Einfluss von Incivilities auf die Kriminalitätsfurcht empirisch untersucht.[217] Im Vergleich zu älteren Studien werden dabei zahlreiche Kontrollvariablen berücksichtigt. Die Daten basieren auf telefonischen Befragungen von 331 zufällig ausgewählten erwachsenen Personen aus der Kommune Philadelphia, die 45 Stadtteilen zugeordnet werden können. Die Messung der abhängigen Variablen, nämlich die Kriminalitätsfurcht, berücksichtigte sowohl die affektive als auch die konative Dimension, also die Gefühls- und die Verhaltensebene. Wyant hat auch die kognitive Dimension der Kriminalitätsfurcht berücksichtigt, allerdings ist sie in der Analyse kein Teilaspekt der abhängigen Variablen, sondern sie wird als Kontrollvariable eingesetzt. Zur Messung perzipierter Incivilities wurde die Beurteilung von möglichen Problemen wie Gruppen unbeaufsichtigter Jugendlicher, leer stehende Gebäude und Graffitis erfragt. Eine Mehrebenenanalyse zeigte, dass Incivilities sowohl auf der Mikro- als auch auf der Makroebene einen signifikanten Einfluss auf die abhängige Variable haben, auch bei einer Kontrolle der strukturellen Verortung der Individuen und der kognitiven Kriminalitätsfurcht.

Eine ähnliche Studie wurde von *Lüdemann, Klimke* und *Häfele* in Hamburg durchgeführt.[218] Dabei wurden 3612 Personen schriftlich befragt und bei 187 Personen Beobachtungen durchgeführt. Die Auswahl basierte auf einer geschichteten Stichprobe, mit der in einem ersten Schritt solche Stadtteile ausgewählt wurden, die sich in den theoretisch relevanten Variablen möglichst optimal unterschieden, und in einem zweiten Schritt Personen aus diesen Stadtteilen zufällig ausgewählt wurden. Durch diese Methode wurden 49 von den 98 Stadtteilen Hamburgs gezogen. Die Messung der Kriminalitätsfurcht berücksichtigte Fragen zum Sicherheitsgefühl, zur subjektiven Viktimisierungswahrscheinlichkeit und zu Handlungen zur Vermeidung oder Abwehr von Kriminalität. Damit wurde die affektive, kognitive und konative Dimension der Kriminalitätsfurcht berücksichtigt. Die Messung von Incivilities basierte auf Fragen nach dem Grad der Ablehnung von Störungen des ästhetischen Erscheinungsbildes wie Schmutz und Müll auf der Straße, Hundekot auf Gehwegen, kaputte Beleuchtung, falsch parkende Autos und verwahrloste Wohngebäude sowie auf Fragen nach der beobachteten Häufigkeit der Incivilities im Stadtteil des Befragten. Eine Mehrebenenanalyse zeigte, dass die subjektiv wahrgenommenen Incivilities sowohl auf der Mikro- als auch auf der Makroebene die Kriminalitätsfurcht beeinflussen, unabhängig von Kontrollvariablen wie die strukturelle Verortung und Viktimisierungserfahrungen. Dagegen haben die beobachteten Incivilities keinen Effekt auf die Kriminalitätsfurcht. Allerdings ist hier die Fallzahl vergleichsweise niedrig.

Die beiden aufgeführten Studien beschränken sich durch die Konzentration auf die Erklärung von Kriminalitätsfurcht auf einen kleinen Ausschnitt einer ökologischen Kriminalitätstheorie. Die Arbeiten von *Oberwittler* sowie *Hermann* und *Laue* hingegen untersuchen auch Bedingungen und Wirkungen von Kriminalitätsraten. Beide Arbeiten basieren auf Querschnittsdaten.[219]

---

[217] *Wyant* 2008.
[218] *Häfele* 2006; *Häfele/Lüdemann* 2006; *Lüdemann* 2006; *Lüdemann/Sascha* 2007.
[219] *Oberwittler* 2004, 2005; *Hermann/Laue* 2011.

131 *Oberwittler* hat auf der Grundlage von Befragungsdaten die Bedingungen von Jugendkriminalität untersucht.[220] Die Untersuchungseinheiten sind 61 Stadtteile in Köln, Freiburg und im Umland von Freiburg. Die Daten zu den Stadtteilen stammen aus schriftlichen Befragungen von 13- bis 16-jährigen Schülerinnen und Schülern der ausgewählten Gemeinden, wobei die Umfragen im Klassenverband durchgeführt wurden. Im Durchschnitt liegen zu einem Stadtteil 79 Fälle vor. Zudem wurden zur Charakterisierung der Stadtteile ein Teil der Bewohnerinnen und Bewohner zwischen 25 und 80 Jahren befragt – im Durchschnitt 42 Personen pro Stadtteil. Die Validität der Befragungsdaten wurde durch einen Vergleich mit kommunalstatistischen Daten bestätigt. Der Umfang der Jugendkriminalität in den Stadtteilen wurde durch Fragen zur selbstberichteten Delinquenz in der Schülerbefragung gemessen, wobei die gängigen Jugenddelikte wie Körperverletzung, Drogendelinquenz und Sachbeschädigung berücksichtigt wurden. Durch die Befragung der Bewohnerinnen und Bewohner wurden insbesondere die Toleranz gegenüber Gewalt als Indikator einer subkulturellen Orientierung und der intergenerationale Zusammenhalt als Indikator des Sozialkapitals in einem Stadtteil erfasst. Eine Mehrebenenanalyse, in der die strukturelle Verortung der Befragten auf der Mikroebene kontrolliert wurde, führte zu folgenden Erklärungen für das Ausmaß der Jugendkriminalität:

- Je größer das Sozialkapital in einem Stadtteil ist, desto geringer ist dort die Delinquenzbelastung
- Je größer in einem Stadtteil der prozentuale Anteil an Sozialhilfeempfängern unter 18 Jahren ist, desto größer ist dort die Delinquenzbelastung.

132 Die beschriebenen Effekte sind signifikant. Nicht signifikant hingegen ist der Einfluss der Gewalttoleranz und des Urbanisierungsgrades im Sinne der Unterscheidung zwischen städtischen und ländlichen Stadtteilen.

133 Die Daten der Studie von *Hermann* und *Laue* sind Strukturdaten und Umfragedaten für Heidelberg und Freiburg für das Jahr 1998.[221] Die Strukturdaten sind veröffentlichte Statistiken vom Amt für Stadtentwicklung und Statistik Heidelberg und vom Amt für Statistik und Einwohnerwesen der Stadt Freiburg und erfassen insbesondere die Wohndichte, die Zahl der Ein-Personen-Haushalte als Indikator für den Individualisierungsgrad, den Ausländeranteil und die Bevölkerungsentwicklung. Die Umfragedaten wurden durch schriftliche Befragungen im Jahr 1998 gewonnen. Die Grundgesamtheit der Befragung war die Bevölkerung Heidelbergs und Freiburgs, und zwar alle Personen, die zum Befragungszeitpunkt mindestens 14 und höchstens 70 Jahre alt waren. Aus der Grundgesamtheit wurde eine Zufallsstichprobe gezogen. Die realisierte Stichprobe umfasste 2930 Fälle. Die statistische Analyse wurde mit Daten durchgeführt, die Stadtteile charakterisierten. Dazu wurden die verwendeten Individualdaten auf der Stadtteilebene aggregiert. Die Messung der Kriminalitätsbelastung erfolgte durch die Bestimmung der Opferanteile zu Eigentums- und Gewaltdelikten in den Stadtteilen. Das Niveau der affektiven, kognitiven

---

[220] *Oberwittler* 2004, 2005.
[221] *Hermann/Laue* 2011.

und konativen Kriminalitätsfurcht in einem Stadtteil und die Bewertung der Lebensqualität seitens der Wohnbevölkerung ist jeweils der Durchschnittswert der Angaben der Befragten des Stadtteils. Für die Analyse wurden alle 40 Stadtteile der beiden Gemeinden berücksichtigt. Eine Pfadanalyse kam zu folgenden Ergebnissen:

- Die strukturellen Bedingungen in einem Stadtteil beeinflussen die Kriminalitätsbelastung in diesem Stadtteil: Je höher Wohndichte und Individualisierungsgrad sind, desto größer ist die Kriminalitätsbelastung. Der Ausländeranteil und damit die Heterogenität der Wohnbevölkerung hat keinen Einfluss auf dieses Merkmal. Anders ausgedrückt: Die Wahrscheinlichkeit einer Viktimisierung für einen Bewohner eines Stadtteils ändert sich nicht, wenn sich der Ausländeranteil in dem Stadtteil erhöht, vorausgesetzt, die Bevölkerungsdichte und die Familienstruktur der Bewohner bleiben unverändert. Zu dem gleichen Ergebnis gelangte auch *Eisner* in einer Analyse polizeilich registrierter Gewaltdelikte in 24 Kantonen der Schweiz.[222]
- Das Niveau der Kriminalitätsfurcht in einem Stadtteil wird von lokalen Strukturbedingungen und von der Kriminalitätsbelastung beeinflusst: Je ausgeprägter die Heterogenität und je höher die Kriminalitätsbelastung ist, desto größer ist die Kriminalitätsfurcht.
- Das Niveau perzipierter Lebensqualität in einem Stadtteil ist von der Heterogenität und von dem Individualisierungsgrad in dem Stadtteil abhängig. Je größer die Heterogenität und je geringer der Individualisierungsgrad ist, desto schlechter ist die Bewertung der Lebensqualität. Dieses Merkmal sowie die Kriminalitätsbelastung beeinflussen die Bevölkerungsentwicklung. Je größer die Kriminalitätsbelastung und je schlechter die Lebensqualität in einem Stadtteil ist, desto größer ist der Anteil der Personen, die aus dem Stadtteil wegziehen.
- Die Bevölkerungsentwicklung in einem Stadtteil hat einen unmittelbaren Einfluss auf die Bevölkerungsstruktur in dem Stadtteil. Je mehr Personen aus einem Stadtteil wegziehen, desto geringer wird die Bevölkerungsdichte. Somit gibt es einen Rückkopplungseffekt von der Bevölkerungsentwicklung zu den Strukturbedingungen in einem Stadtteil. Das bedeutet, dass Stadtteile zumindest teilweise als selbstregulierende Systeme betrachtet werden können. Durch einen Anstieg der Kriminalität steigt der Anteil der Personen, die aus dem Stadtteil wegziehen, die Bevölkerungsdichte wird geringer und dies reduziert nach den oben beschriebenen Ergebnissen der empirischen Untersuchung die Kriminalitätsbelastung, vorausgesetzt, die Heterogenität und das Individualisierungsniveau ändern sich nicht.

IX. Der Routine Activity Approach

1. Theorie

Ende der 1970er-Jahre haben *Cohen* und *Felson* die **Routine Activity Approach** vorgestellt.[223] Ihre Arbeit basierte auf den ökologischen Studien der **Chicago-**

---
[222] *Eisner* 1997, S. 121.
[223] *Cohen/Felson* 1979.

Schule. Anlass für diese Untersuchungen war das schnelle Wachstums US-amerikanischer Großstädte in der ersten Hälfte des 20. Jahrhunderts.[224] Eine weitere Grundlage war die Arbeit von *Hawley*, der ein Instrument entwickelte, um diesen Wandel zu beschreiben.[225] Er nutzte dazu erstens Angaben zur Häufigkeit von Ereignissen pro Zeiteinheit wie beispielsweise die Anzahl von Straftaten pro Tag an einem bestimmten Ort, zweitens die Regelmäßigkeit von Ereignissen wie beispielsweise die Verkehrsmenge pro Zeiteinheit und drittens die Verknüpfung von verschiedenen Aktivitäten wie beispielsweise die Bewegungsmuster von Tätern und Opfern. Somit ist der Routine Activity Approach in erster Linie makrosoziologisch orientiert. Das Ziel des Ansatzes war es, die Entwicklung von Kriminalitätsraten zu erklären. Allerdings berücksichtigten *Cohen* und *Felson* auch die Individualebene; folglich ist der Ansatz auch eine Theorie kriminellen Handelns. Im Unterschied zu anderen Theorien steht der **situative Aspekt krimineller Handlungen** im Vordergrund. Somit werden die Ursachen von Kriminalität nicht auf Persönlichkeitsmerkmale oder andere individuelle Faktoren reduziert, sondern durch die Verknüpfung von Situation und Person erklärt.

135   Bei den Ausführungen zu der Theorie nehmen *Cohen* und *Felson* die Perspektive von Opfer und Täter ein. Eine Viktimisierung, beziehungsweise eine Straftat wird dann wahrscheinlich, wenn

- erstens ein geeignetes Opfer oder Tatobjekt vorhanden ist, sodass der erwartete Nutzen für den Delinquenten ausreichend groß ist,
- zweitens die Schutzmaßnahmen und die Kontrollsituation eine Straftat als realisierbar erscheinen lassen und
- drittens eine anwesende Person motiviert ist, Straftaten zu begehen.

136   Erst wenn alle drei Bedingungen erfüllt sind, wird eine kriminelle Handlung wahrscheinlich. Dies bedeutet, dass das Fehlen einer dieser drei Bedingungen ausreicht, um Kriminalität zu verhindern.

137   Unter dem Begriff „Routine Activity" verstehen *Cohen* und *Felson* Handlungsmuster des täglichen Lebens wie beispielsweise der Weg zur Arbeitsstelle, die berufliche Tätigkeit und Freizeitaktivitäten. Diese beeinflussen die Möglichkeiten, kriminelle Handlungen zu verüben, sowie das Risiko, Opfer einer Straftat zu werden. *Cohen* und *Felson* argumentieren, dass Veränderungen in den Routine Activities die Kriminalitätsraten beeinflussen können, indem sie das Zusammentreffen von Situationen, die kriminelles Handeln lohnenswert erscheinen lassen, sowie Kontroll- und Schutzmaßnahmen und Tätermotivation beeinflussen. Die Argumentation im Routine Activity Approach entspricht somit dem **Makro-Mikro-Makro-Modell** der soziologischen Erklärung von *Coleman*.[226] Die Beziehung zwischen zwei Makrophänomen wird so erklärt, dass das ursächliche Makrophänomen einen Einfluss auf Merkmale des Handelnden hat. Die kausalen individuellen Folgen

---

[224] *Shaw/McKay/Beirne* 2006; *Cloward/Ohlin* 1960.
[225] *Hawley* 1950.
[226] *Coleman* 2010.

davon beeinflusst durch die Aggregation die Makroebene. Nach dem Routine Activity Approach beeinflusst somit der Wandel gesellschaftlicher Rahmenbedingungen die Veränderung der Handlungsroutinen von Personen. Dies hat einen Einfluss auf den Wandel von Viktimisierungsrisiken, weil sich Tatgelegenheiten und möglicherweise auch Handlungsmotive verändert haben. In der Folge davon ändern sich auch Kriminalitätsraten. Beispiele für gesellschaftliche Veränderungen, die zu Veränderungen von Kriminalitätsraten führen, sind die Zunahme der Mobilität, Änderungen in der Erwerbsstruktur, Verstädterung, Globalisierung und Digitalisierung.

Der Ansatz wurde mehrfach differenziert. *Felson* und *Clarke* haben den Ansatz mit der Rational-Choice-Theorie verknüpft und ihn auf die Präventionsforschung übertragen.[227] Inzwischen liegen zahlreiche Studien vor, in denen die klassische Vorstellung ökologischer Analysen erweitert und virtuelle Räume berücksichtigt wurden.[228] Außerdem wurde die Parallelität zwischen dem Routine Activity Approach und dem Lebensstilansatz von *Hindelang* aufgezeigt.[229] Dieser postuliert, dass das Viktimisierungsrisiko einer Person von seinem **Lebensstil** abhängig ist. Darunter versteht er die routinemäßigen täglichen Aktivitäten in Bezug auf Arbeit und Schule sowie Freizeitaktivitäten. Insbesondere außerhäusliche Aktivitäten sollen das Viktimisierungsrisiko erhöhen. Dies entspricht dem Ansatz von *Felson* und *Clarke*.

138

2. Empirie

Anhand der Daten verschiedener Quellen zur Kriminalitätsentwicklung und Familienstruktur überprüften *Cohen* und *Felson* den Routine Activity Approach. Es zeigte sich, dass Veränderungen in der Familien- und Erwerbsstruktur mit dem Wandel von Kriminalitätsraten korrespondierten. Konkret untersuchten sie den Einfluss des Anteils von Single-Haushalten sowie erwerbstätiger verheirateter Frauen an allen Haushalten auf Kriminalitätsraten. Personen, die in den genannten Haushalten leben, sind häufiger und länger als andere außerhalb des Wohnraums aktiv. Somit steigt auch ihr Viktimisierungsrisiko. Eine elaboriert durchgeführte Zeitreihenanalyse für die Jahre 1947–1974 belegte positive und statistisch signifikante Beziehungen: Mit der Zunahme des Anteils von Single-Haushalten sowie dem Anstieg des Anteils erwerbstätiger verheirateter Frauen stieg die Kriminalitätsrate, unabhängig davon, welche Statistik zur Erfassung der Kriminalitätsrate verwendet wurde. Zudem war das Ergebnis gegenüber Variationen bezüglich der Skalierung der Variablen konstant. Somit bestätigen die Analysen die Theorie.

139

In einer Literaturübersicht haben *Spano* und *Freilich* die Ergebnisse empirischer multivariater Studien über den Routine-Activity-Approach zusammengestellt.[230] Dazu haben sie alle einschlägigen Untersuchungen berücksichtigt, die von 1995 bis

140

---

[227] *Clarke/Felson* 1993, 2011.
[228] *Leukfeldt/Yar* 2016; *Chen/Beaudoin/Hong* 2017.
[229] *Maxfield* 1987; *Hindelang/Gottfredson/Garofalo* 1978.
[230] *Spano/Freilich* 2009.

2005 in gängigen kriminologischen und soziologischen Zeitschriften veröffentlicht wurden – das sind 35 Publikationen mit 295 Effektschätzungen. Dabei zeigte sich, dass die meisten Effektschätzungen theoriekonform und signifikant sind. Allerdings ist der Bestätigungsgrad nicht bei allen Hypothesen gleich gut. In den Studien, in denen Viktimisierungswahrscheinlichkeiten erklärt werden, sind 20 % der Effektschätzungen theoriefalsifizierend, während in den Untersuchungen zur Erklärung selbstberichteter Delinquenz nur 14 % eine Hypothese zum Routine-Activity-Approach widerlegen. Der Bestätigungsgrad variiert auch zwischen Hypothesentests zu den unterschiedlichen Ursachen von Delinquenz und Viktimisierung. In den mikrosoziologischen empirischen Studien werden insbesondere vier Ursachenkomplexe untersucht: die Intensität der elterlichen Aufsicht, die Attraktivität von Zielen für mögliche Täter, der deviante Lebensstil und die Kontakthäufigkeit zu potenziellen Delinquenten. 24 % aller 70 Effektschätzungen zum letztgenannten Merkmal sind nicht theoriekonform. In den Studien, die sich auf College-Studierende beschränken, falsifizieren 50 % der 24 Effektschätzungen die Hypothese.[231] Somit scheint der kriminogene und viktimogene Effekt der Kontakte zu potenziellen Delinquenten von Rahmenbedingungen abhängig zu sein. Einen sehr hohen Bestätigungsgrad haben Effektschätzungen zum Einfluss des delinquenten Lebensstils. Darunter werden meist ein intensiver Alkoholkonsum und der Konsum illegaler Drogen verstanden. Es wird postuliert, dass dies mit einem geringeren Schutz durch Elternhaus und Kontrollinstanzen verbunden ist und dass solche Personen attraktive Ziele für Delinquente sind. Insgesamt gesehen ist die Theorie sowohl durch mikro- als auch durch makrosoziologische Studien belegt, wobei eine Differenzierung durch Rahmenbedingungen Verbesserungen erzielen könnte. Allerdings fehlt, wie bei anderen Kriminalitätstheorien auch, eine Theorieprüfung, die mikro- und makrosoziologische Daten gleichermaßen berücksichtigt.

X. Kontrolltheorien

1. Theorie

141 Die Kontrolltheorie wurde vor allem durch die Arbeit von *Hirschi* aus dem Jahr 1969 begründet,[232] aber es gab Vorläufer. So wurde bereits 1951 durch *Reiss* postuliert, dass persönliche Kontrolle in der Kindheit einen größeren Einfluss auf spätere Kriminalität hat als institutionelle Kontrolle.[233] In seiner **Theorie der inneren Kontrolle** unterscheidet er zwischen verschiedenen Gruppen. Die Familie ist das wichtigste Kontrollorgan, die Primärgruppe, gefolgt von Freundeskreis, Schule, Arbeitsstelle und staatlichen Institutionen. Das Ziel der Kontrolle ist die Vermittlung der Fähigkeit, von solchen Bedürfnisbefriedigungen abzusehen, die sozialen Normen widersprechen. Gelingt dieser Sozialisationsprozess nur unzureichend und werden

---

[231] *Spano/Freilich* 2009, S. 309.
[232] *Hirschi* 1969.
[233] *Reiss* 1951.

normkonforme Rollen nicht vermittelt, erhöht dies die Wahrscheinlichkeit späterer Delinquenz.[234]

Reckless nimmt in seiner **Halttheorie** an, dass gesellschaftlicher Druck durch ungünstige Lebensbedingungen, gesellschaftlicher Zug z. B. durch Subkulturen und innere Impulse kriminogene Faktoren sind. Sie können durch inneren und äußeren Halt abgewehrt werden. Der innere Halt besteht insbesondere aus einem günstigen Selbstkonzept, guter Selbstbeherrschung und einem starken Gewissen. Der äußere Halt wird vor allem durch ein funktionierendes Familienleben und stützende Gruppen gebildet. Ist der innere Halt zu schwach, um kriminelles Verhalten zu verhindern, kann das durch einen starken äußeren Halt ausgeglichen werden. Umgekehrt kommt es auch bei einem schwachen äußeren Halt nicht zu einer Straftat, wenn der innere Halt stark ausgeprägt ist.[235] *Reckless* ist davon ausgegangen, dass die gesellschaftliche Entwicklung in westlichen Ländern durch Industrialisierung und Individualisierung geprägt sei und dies zu einem Verlust des inneren und äußeren Halts geführt habe. Gemeint ist damit der Bedeutungsverlust von Elternhaus und wertevermittelnder Institutionen sowie das Fehlen von Grenzen und Rollenvorgaben und ein schwaches Ich und Über-Ich, wobei diese Defizite insbesondere bei Jugendlichen und Heranwachsenden auftreten würden. Dies fördere egoistische Präferenzen, die Entwicklung einer geringen Frustrationstoleranz und schwäche das Verantwortungsgefühl. Diese Faktoren würden die Wahrscheinlichkeit delinquenten Handelns erhöhen.[236]

In allen diesen Ansätzen wird Delinquenz durch fehlende innere und äußere Kontrolle erklärt. Durch Sozialisationsprozesse muss der Mensch lernen, seine Freiheit einzuschränken, auch die Freiheit, nach seinen Wunschvorstellungen zu handeln und Straftaten zu begehen. Der Erfolg dieses Prozesses ist nach *Hirschi* von vier Faktoren abhängig, die verschiedene **Bindungsformen** und die damit verbundenen Kontrollarten repräsentieren: attachment, commitment, involvement und belief.[237] „Attachment" beinhaltet die Bindungen durch emotional persönliche Beziehungen. Das Objekt der Bindungen ist eine Person oder eine Institution, beispielsweise Eltern, Freunde oder die Schule. Unter „commitment" werden Bindungen an soziale Rollen verstanden, insbesondere alle sozialen Investitionen, wie beispielsweise das Erreichen eines beruflichen oder privaten Status, die verloren gehen könnten, wenn Normverstöße bekannt werden. „Involvement" ist die organisatorische Einbindung in Institutionen und konventionelle Aktivitäten, die erstens mit zeitlichen Restriktionen verbunden sind und dadurch die Möglichkeiten zu delinquenten Handlungen einschränken und zweitens mit kognitiven Restriktionen korrespondieren, sodass die Möglichkeit illegaler Problemlösungen nur in beschränktem Umfang berücksichtigt wird. „Belief" ist der Glaube an die Verbindlichkeit konventioneller Moralvorstellungen und Glaubensüberzeugungen. Je

---

[234] *Huber* 2013, S. 208 ff.
[235] *Reckless* 1961, 1973, S. 50 ff.
[236] *Reckless* 1964.
[237] *Hirschi* 1969.

stärker alle vier Elemente ausgeprägt sind, desto geringer ist die Wahrscheinlichkeit, kriminelle Handlungen zu verüben.

144 Dieser Ansatz wurde von *Gottfredson* und *Hirschi* zu einer Theorie der **Selbstkontrolle** erweitert.[238] Der damit verbundene Anspruch ist, eine allgemeine Kriminalitätstheorie formuliert zu haben, mit der alle Formen von Kriminalität und alle kriminellen Handlungen zu jedem Zeitpunkt des Lebens eines Menschen erklärt werden können.[239] Ausgangspunkt des Ansatzes ist die Frage nach dem Wesen der Kriminalität, um daraus die Ursachen der Kriminalität abzuleiten. Kriminelle Handlungen sind dadurch charakterisiert, dass sie mit geringen kognitiven und manuellen Fähigkeiten durchgeführt werden können und eine sofortige und leicht zu erlangende Belohnung versprechen, während das Bestrafungsrisiko tendenziell in ‚ferner' Zukunft liegt. Insgesamt gesehen ist also der kurzfristig erzielbare Nutzen durch kriminelle Handlungen relativ hoch, langfristig gesehen haben sie allerdings einen relativ geringen Nutzen oder sogar eine negative Nutzenbilanz. Aus dieser Phänomenologie der Kriminalität können ihre Ursachen abgeleitet werden. Ein rational handelnder Mensch wird Kosten und Nutzen von Handlungen abwägen und deshalb in der Regel nicht kriminell handeln. Werden allerdings von einer Person die kurzfristig zu erreichenden Vorteile überbetont und die langfristig anfallenden Kosten kaum berücksichtigt, sind delinquentes Handeln und andere Formen abweichenden Verhaltens wahrscheinlicher als bei einer Person mit realistischer Nutzeneinschätzung für delinquentes Handeln.[240] Die Fähigkeit, auch langfristige Kostenaspekte in Überlegungen einzubeziehen, wird als ‚Selbstkontrolle' bezeichnet.

145 Die Ausbildung der Selbstkontrolle geschieht weitgehend in der Familie und ist auf die ersten sechs bis acht Lebensjahre konzentriert; danach ist diese Eigenschaft weitgehend invariant.[241] Die Autoren nennen drei Faktoren, die zu einer geringen Fähigkeit der Selbstkontrolle führen: die unzureichende Beaufsichtigung der Kinder durch die Eltern, das Nichterkennen von deviantem Verhalten und eine fehlende Bestrafung. Demnach gibt es eine Verbindung zwischen der Kontrolle durch Eltern und der Selbstkontrolle ihrer Kinder.

146 Insgesamt gesehen ist der Ansatz von *Gottfredson* und *Hirschi* eine Verknüpfung der Rational-Choice-Theorie mit der Sozialisationstheorie und erklärt kriminelles Handeln vor allem durch die fehlende soziale Kontrolle in der Kindheit, die zu einem Defizit bei der Ausbildung der Selbstkontrolle und damit zu Einschränkungen bei rationalen Entscheidungsfindungen führt. Die Konsequenzen fehlender Selbstkontrolle sind nicht auf kriminelles Handeln beschränkt; sie betreffen alle Handlungen mit hohem kurzfristigen Nutzen und hohen langfristigen Kosten. Dazu zählen auch viele gesundheitsschädigende Handlungen wie Rauchen und übermäßiger Alkoholkonsum. Folglich ist diese Theorie nicht nur eine Kriminalitätstheorie, sondern auch eine Theorie zur Erklärung von Handlungen mit einer spezifischen Kos-

---

[238] *Gottfredson/Hirschi* 1990; *Huber* 2013.
[239] *Gottfredson/Hirschi* 1990.
[240] *Gottfredson/Hirschi* 1990, S. 91 ff.
[241] *Gottfredson/Hirschi* 1990, S. 272.

ten-Nutzen-Relation. *Gottfredson* und *Hirschi* gehen von der Austauschbarkeit dieser Handlungen aus – dies führt zu einer Unschärfe der Theorie, die eine empirische Überprüfung erheblich erschwert. Die Hypothese „Je geringer die Selbstkontrolle einer Person ausgeprägt ist, desto größer ist die Wahrscheinlichkeit, dass sie bei einer Handlungsentscheidung nur den kurzfristigen Nutzen, aber nicht langfristige Kostenaspekte berücksichtigt", ist auf Grund der Unbestimmt der Handlungsarten nur an Beispielen zu prüfen – und diese Offenheit in der zu erklärenden Variablen macht eine Falsifikation der Hypothese nur bedingt möglich.

Le Blanc hat die Kontrolltheorie, die in ihrer ursprünglichen Form von *Gottfredson* und *Hirschi* individuelles Verhalten erklärt, zu einem dynamischem **Mehrebenenmodell** weiterentwickelt, das neben individueller Kriminalität auch Kriminalität auf der gesellschaftlichen Ebene berücksichtigt.[242] Er unterscheidet dabei die Ebene der kriminellen Handlung an sich, die Ebene krimineller Karrieren als Sequenz von individuellen, in einem bestimmten Zeitraum stattfindende Handlungen und die Ebene der Kriminalität als Charakteristika für geografische und soziale Einheiten.[243]

Kriminelle Karriereverläufe sind nach Ansicht von *Le Blanc* von Bindungen an Personen, insbesondere an die Eltern, von Bindungen an Institutionen wie Schule, Kirche und Arbeitsstelle sowie von Bindungen an die Gesellschaft abhängig. Eine zweite Einflussgröße ist der Sozialisationserfolg, insbesondere die Ausbildung einer allozentrischen Grundhaltung, also der Abbau egozentristischer Orientierungen. Der dritte Faktor umfasst externe und interne Zwänge wie Kontrollstrukturen einerseits sowie Werte und Glaubensüberzeugungen andererseits. Zudem sind kriminelle Karrieren von prosozialen Einflussfaktoren abhängig. Zwischen diesen vier Merkmalsbereichen postuliert *Le Blanc* wechselseitige, zeitlich versetzte Abhängigkeiten, wobei die Bindungen, der Sozialisationserfolg und die Wahl der Peer-Group von sozialen und biologischen Ressourcen abhängig sind.[244]

Unterschiedliche Kriminalitätsraten zwischen Gesellschaften und die Veränderung von Kriminalitätsraten in einer Gesellschaft erklärt *Le Blanc* durch Variationen in Gelegenheitsstrukturen für delinquente Aktivitäten in den Gesellschaften.[245] Dazu gehört beispielsweise die Existenz von Schwarzmärkten. Ein weiterer erklärender Faktor ist das Ausmaß der direkten Kontrolle in einer Gesellschaft durch die Polizei, aber auch durch soziale Einrichtungen und Schulen. Die soziale und die kulturelle Situation in einer Gesellschaft, insbesondere der Grad sozialer Integration, die gesellschaftliche Differenzierung in Subkulturen, Kulturkonflikte und Anomie im *Mertonschen* Sinne sind weitere Determinanten der Delinquenz auf gesellschaftlicher Ebene. Zwischen diesen Determinanten der Kriminalitätsraten werden interdependente Beziehungen unterstellt, wobei alle Determinanten, bis auf das Ausmaß der direkten Kontrolle in der Gesellschaft, von sozialstrukturellen und demografischen Rahmenbedingungen abhängig sind. Darunter versteht Le

---

[242] *Le Blanc* 1993, 1997.
[243] *Le Blanc* 1997, S. 220 f.
[244] *Le Blanc* 1997, S. 228 ff.
[245] *Le Blanc* 1997, S. 238 ff.

Blanc insbesondere die sozioökonomische Lage einer Gesellschaft, aber auch den Urbanisierungsgrad, die Bevölkerungsstruktur, die Bevölkerungsdichte und das Bevölkerungswachstum.

150 Kriminelle Handlungen an sich erklärt *Le Blanc* durch das Ausmaß an vorhandenen Gelegenheiten zu delinquenten Handlungen, durch den Lebensstil des Handelnden, durch die Ausprägung seiner Fähigkeit zur Selbstkontrolle und durch den Grad der situativen Fremdkontrolle.[246] Diese vier Faktoren beeinflussen sich nach Ansicht von *Le Blanc* wechselseitig.

151 Auch wenn die Abgrenzung der Merkmalsbereiche in den Erklärungsmodellen nicht immer eindeutig erscheint, kann dieser Theorieentwurf so interpretiert werden, dass auf allen Ebenen strukturelle Bedingungen über Kulturmerkmale als intervenierende Variablen delinquentes Handeln beeinflussen, wobei für die Determinanten von Delinquenz sowohl innerhalb der als auch zwischen den Ebenen Interdependenzen angenommen werden.

152 Eine weitere Differenzierung der allgemeinen Kriminalitätstheorie von *Gottfredson* und *Hirschi* stammt von *Sampson*, *Laub* und *Nagin*.[247] Diese postulieren ein Kausalmodell, nach dem der strukturelle Hintergrund einer Person – insbesondere die soziale Schicht und die Zugehörigkeit zu einer ethnischen Gruppe – den Umfang der sozialen Kontrolle und somit der Bindungen an Personen und Instanzen bedingen. Dabei ist die Relevanz von sozialen Kontrollpersonen und Kontrollinstanzen – Eltern, Schule, Freundeskreis, Beruf, Polizei und Justiz – von den Phasen des Sozialisationsprozesses abhängig. Für kriminelles Handeln sind Kontrolle und Bindung in Kindheit und Jugend entscheidend. Eine schwache Bindung und eine geringe Kontrolle seitens der Eltern und gesellschaftlicher Einrichtungen korrespondieren mit einer relativ hohen Wahrscheinlichkeit delinquenten Handelns, ebenso eine starke Bindung an delinquente Peers.

153 Nach *Sampson*, *Laub* und *Nagin* ist der Verlauf krimineller Karrieren aber nicht durch die Kindheit unabänderlich festgelegt. In ihrer **„developmental theory"** gehen sie davon aus, dass wichtige Lebensereignisse die Entwicklungslinien des Lebenslaufs beeinflussen können. Mögliche Wendepunkte im Karriereverlauf und Übergänge im Lebensverlauf sind beispielsweise die Gründung einer eigenen Familie, der Eintritt in die berufliche Phase, Scheidung oder Verlust der Arbeitsstelle. Während *Gottfredson* und *Hirschi* die Art und Intensität der sozialen Bindungen in Kindheit und Jugend für die Ausbildung krimineller Karrieren betonen, berücksichtigen *Sampson*, *Laub* und *Nagin* auch aktuelle soziale Bindungen. Zudem grenzen sie sich durch die Einbeziehung situativer Elemente für die Erklärung des Karriereverlaufs vom klassischen kontrolltheoretischen Ansatz ab. Kontrolle und soziale Bindungen verändern sich nach diesem Karrieremodell in Abhängigkeit vom Alter und beeinflussen auf diese Art und Weise den Lebensverlauf, wobei deutliche Veränderungen der Situation den Lebensverlauf verändern können.

154 Ein weiteres Theorieelement, das *Sampson*, *Laub* und *Nagin* verwenden, ist die Annahme einer zunehmenden Sanktionsschwere seitens der Justiz bei wiederholten

---

[246] *Le Blanc* 1997, 246 ff.
[247] *Sampson/Laub* 1990, 1993, 1997; *Laub/Nagin/Sampson* 1998; *Huber* 2013.

Rechtsverletzungen. Ein solcher Eskalationsprozess bei wiederholten Normverstößen ist auch im Bereich der Familie, des Freundeskreises und anderer sozialer Gruppen zu beobachten und führt letztlich zu kumulativer Benachteiligung und zu einer Verlagerung von sozialen Bindungen und somit zu einer Distanzierung zu Familie und bisherigem Freundeskreis.

Thornberrys interaktionales Modell ist ebenfalls eine Weiterentwicklung der Kontrolltheorie von *Gottfredson* und *Hirschi*.[248] Es wird als **„Interactional Theory"** bezeichnet und berücksichtigt zusätzlich lerntheoretische Postulate. Eine Grundannahme des Modells ist, dass menschliches Verhalten, also auch kriminelles Verhalten, in sozialen Interaktionen geschieht, wobei die Interaktionspartner des Handelnden nicht nur Einzelpersonen sein können, sondern auch Zusammenschlüsse von Personen. Die für die Entstehung kriminellen Handelns wichtigsten Interaktionspartner sind Eltern, Schule und Peer-Groups, in bestimmten Altersgruppen auch die eigene Familie, die Arbeitsstelle und gesellschaftliche Institutionen. Die Bindungen an diese Interaktionspartner sind entscheidend für die Wertorientierungen des Handelnden, und umgekehrt ist die Bindung an andere von den Werten des Handelnden abhängig. Werte und Bindungen beeinflussen die Wahrscheinlichkeit, kriminell zu handeln, und die Ausübung krimineller Handlungen verändert Werte und Bindungen.

155

Thornberry postuliert nicht nur eine zeitliche Veränderung von Modellvariablen, sondern auch eine Veränderung von Kausalstrukturen. Er verwendet insgesamt drei verschiedene Kausalmodelle für die unterschiedlichen Phasen der Adoleszenz. Die Veränderung von Lebensumständen in diesen zeitlichen Abschnitten bedingt, dass jeweils andere Merkmale für die Erklärung kriminellen Handelns relevant werden. Zu Beginn der Adoleszenz ist insbesondere das Risiko, in einer defekten Familie aufzuwachsen, eine entscheidende Weichenstellung für spätere Delinquenz. Dieses Risiko ist von der sozialen Herkunft, der ethnischen Zugehörigkeit, dem Geschlecht und der Wohngegend abhängig. In späteren Phasen sind andere Faktoren von Bedeutung, insbesondere schlechte Schulleistungen, Integration in delinquente Peer-Groups und die Entwicklung schwacher Bindungen an die Gesellschaft.

156

2. Empirie

Polakowski hat die Frage nach dem Einfluss elterlichen Kontrollverhaltens und des Grades der Selbstkontrollkompetenz auf Delinquenz mit Hilfe der Daten der Cambridge-Kohortenstudie von *West* und *Farrington* empirisch untersucht.[249] Dies ist eine Panelstudie mit anfangs über 680 männlichen Jugendlichen, die 1961 in London lebten und damals 8 oder 9 Jahre alt waren. Diese wurden im weiteren Lebensverlauf mehrfach befragt und zudem wurden Auskünfte von Eltern, Lehrern und Freunden eingeholt und durch Angaben zur polizeilich registrierten Kriminalität ergänzt. Die Analyse basiert auf 411 Fällen. Multiple Regressionen führen zu

157

---

[248] *Thornberry* 1987, 1996.
[249] *Polakowski* 1994; *West/Farrington* 1977.

einem Modell, das die Häufigkeit polizeilicher Registrierungen im Alter von 10 bis 13 Jahren durch die Selbstkontrolle im Alter von 8 bis 10 Jahren erklärt; diese ist insbesondere von der Kontrolle durch die Eltern und durch soziale Dienste abhängig. Die Verurteilungen in der genannten Altersphase beeinflussen die Fähigkeit zur Selbstkontrolle zu einem späteren Zeitpunkt, nämlich im Alter von 14 bis 16 Jahren. Auch in diesem Altersabschnitt ist ein Einfluss der Selbstkontrolle auf polizeilich erfasste Taten erkennbar. Die Ergebnisse sprechen für eine Kausalkette, in der die Kontrolldichte in der Kindheit die Fähigkeit zur Selbstkontrolle zu späteren Zeitpunkten beeinflusst und diese in der Folge die Delinquenzbelastung. Multiple Regressionen zur Erklärung der selbstberichteten Delinquenz bestätigen dieses Modell, allerdings nur für schwere Delinquenz; für leichte selbstberichtete Delinquenz ist der Einfluss von Selbstkontrolle nicht signifikant. Zudem ist die Aussagekraft der Studie durch die Operationalisierung von Selbstkontrolle reduziert. Schlechte Schulleistungen, Fehlverhalten zu Hause und in der Schule, Konzentrationsmangel, Risikoverhalten und motorische Defizite werden als Indikatoren niedriger Selbstkontrolle verstanden – dies deckt sich mit dem Verständnis von *Gottfredson* und *Hirschi* nur partiell.

158 Bemerkenswert sind weitere Teilergebnisse. Die Zusammenhänge zwischen der selbstberichteten Delinquenz zu verschiedenen Messzeitpunkten sind höchst signifikant, wenn für beide Messungen dieselbe Operationalisierung von Delinquenz verwendet wurde: Leichte Delinquenz in der Vergangenheit korreliert höchst signifikant mit leichter Delinquenz in der Gegenwart und schwere Delinquenz korreliert höchst signifikant mit schwerer Delinquenz. Die anderen Verknüpfungen, leichter mit schwerer Delinquenz und umgekehrt, sind nicht signifikant. Das heißt, dass kriminelles Verhalten in der Vergangenheit ein gutes Prognosemerkmal für zukünftige Kriminalität ist. Dieses Ergebnis spricht für eine ausgeprägte Verhaltensstabilität.

159 *Sampson* und *Laub* haben zur Überprüfung ihrer Theorie die Daten der Untersuchung von *Sheldon* und *Eleanor Glueck* „Unraveling Juvenile Delinquency" verwendet, eine Panelerhebungen von 500 weißen Inhaftierten im Alter von 10 bis 17 Jahren und Personen aus einer gleich großen Vergleichsgruppe.[250] Dabei zeigte sich ein signifikanter Einfluss der sozialen Kontrolle durch Familie und Schule auf die Delinquenz im Kindes- und Jugendalter. Diese beeinflusst die Bindungsintensität als Erwachsener und in Folge davon auch die Delinquenzbelastung.

160 Zu einem ähnlichen Ergebnis gelangen *Thornberry* und andere mit Hilfe der Daten der Rochester Youth Development Study, einer Panelbefragung von etwa 900 Schülerinnen und Schülern, die zu Beginn der Studie 13 bis 14 Jahre alt waren.[251] Die Befragten waren zu einem großen Teil männliche Afro-Amerikaner und gehörten alle einer einzigen Schule an. In halbjährlichem Abstand wurden alle zu ihren Bindungen an die Eltern, ihrer schulischen Einbindung und nach der von ihnen verübten Delinquenz befragt Die Autoren haben die Daten aus drei Wellen

---

[250] *Laub/Sampson* 1992; *Glueck/Glueck* 1964.
[251] *Thornberry/Lizotte/Krohn/Farnworth/Jang* 1991; *Loeber/Wei/Stouthamer-Loeber/Huizinga/Thornberry* 1999.

untersucht. Das Ergebnis der Studie ist, dass die Delinquenzbelastung zum Zeitpunkt der zweiten Erhebungswelle mit der Bindung an die Eltern zur Zeit der ersten Welle erklärt werden kann. Der Effekt ist signifikant. Die Delinquenzbelastung zum Zeitpunkt der dritten Welle kann durch die Bindung an die Eltern zur Zeit der zweiten Welle nicht erklärt werden. Die Einbindung in die Schule hat zwar für alle Untersuchungswellen einen signifikanten Einfluss auf das delinquente Verhalten, aber er ist relativ niedrig. Die soziodemografischen Hintergrundvariablen Alter, Geschlecht und Ethnie haben keinen Einfluss auf die Bindung an die Eltern und nur geringe Einflüsse auf die schulische Einbindung. Somit haben die Variablen des getesteten Modells, die zur klassischen Kontrolltheorie gehören, ein relativ geringes Erklärungspotenzial. Als Fazit der Studie kann festgehalten werden, dass die Bindung an Eltern und Schule die selbstberichtete Delinquenz zu einem späteren Zeitpunkt beeinflusst, wobei der Einfluss der Eltern mit zunehmendem Alter der Untersuchten abnimmt.

Im Vergleich zu der oben beschriebenen Untersuchung von *Thornberry* und anderen hat *Junger-Tas* bei einer Überprüfung der Kontrolltheorie wesentlich positivere Ergebnisse für die Theorie erzielt.[252] Sie hat eine Zufallsstichprobe von 2500 Jugendlichen aus zwei niederländischen Städten gezogen. Zur Erfassung der familialen Integration wurden der Grad der Kontrolle seitens der Eltern, der Umfang gemeinsamer Aktivitäten und die Kommunikation zwischen Eltern und Kinder erhoben. Die schulische Integration wurde durch Fragen nach der Bedeutung guter schulischer Leistungen, der emotionalen Bindung an die Schule, dem schulischen Leistungsverhalten und dem Sozialverhalten in der Schule gemessen. Die beiden Integrationsmerkmale wurden von der Autorin zu einem Index zusammengefasst, der die soziale Integration messen soll. Für eine zweite Befragung wurde zwei Jahre später eine Stichprobe von 543 Jugendlichen ausgewählt. 61 % davon haben an der Zweituntersuchung teilgenommen. Nach einem Strukturgleichungsmodell hat die soziale Integration einen starken Effekt auf Delinquenz – dies gilt für beide Befragungswellen.

Im Vergleich zu der Untersuchung von *Thornberry* und anderen[253] hat *Junger-Tas* genau genommen ein anderes Modell überprüft und kommt vermutlich deshalb zu anderen Ergebnissen. Die erstgenannten Autoren interpretierten soziale Bindungen als Ursache und Wirkung von delinquentem Verhalten, während in dem letztgenannten Beitrag kein Rückkopplungseffekt von Delinquenz auf Bindungen unterstellt wird. Die Unterschiede in der Stärke des Effektes von Bindungen auf Delinquenz sind zudem vermutlich auf die unterschiedlichen Populationen in den beiden Studien zurückzuführen. Während *Junger-Tas* eine repräsentative Stichprobe junger Personen untersucht, konzentrieren sich *Thornberry* und andere auf eine ethnische Gruppe, die zudem eine Minderheit in der Gesellschaft ist.

Die Arbeit von *Seipel* will die Theorie des geplanten Verhaltens von *Ajzen* mit der Allgemeinen Theorie der Kriminalität von *Gottfredson* und *Hirschi* ver-

---

[252] *Junger-Tas* 1992.
[253] *Thornberry/Lizotte/Krohn/Farnworth/Jang* 1991.

gleichen.[254] Die Daten der Studie stammen aus einer Face-to-Face Befragung im Jahr 1997 von 508 zufällig ausgewählten Personen aus Niedersachsen. Alle Befragten mussten mindestens 18 Jahre alt und im Besitz einer gültigen PKW-Fahrerlaubnis sein. Der Grund für diese Einschränkung ergibt sich aus der Konstruktion der abhängigen Variablen, nämlich die Bereitschaft, in alkoholisiertem Zustand mit dem Pkw zu fahren. Die unabhängige Variable, die Fähigkeit zur Selbstkontrolle, wurde durch die vom Verfasser übersetzte Skala von *Grasmick* gemessen.[255] Diese Skala umfasst die Dimensionen Impulsivität, Präferenz für einfache Aufgaben, Bereitschaft zu risikoreichem Verhalten, Vorliebe für körperliche Aktivitäten, Selbstbezogenheit und Gereiztheit. In einem Strukturgleichungsmodell, das alle Dimensionen der Selbstkontrolle als Indikatoren der Selbstkontrolle ansieht, beträgt der standardisierte Pfadkoeffizient zwischen Selbstkontrolle und Bereitschaft zur Autofahrt in alkoholisiertem Zustand -0,28. Der Wert ist signifikant und bleibt es auch, wenn zusätzlich Merkmale aus der Theorie des geplanten Verhaltens berücksichtigt werden.

164 In der Studie von *Seipel* und *Eifler* wird das Ergebnis der oben beschriebenen Studie modifiziert.[256] Mit Hilfe von Befragungsdaten aus dem Jahr 1999 von 494 erwachsenen Personen, die mittels eines quotierten Auswahlverfahrens ausgewählt wurden, zeigen *Seipel* und *Eifler*, dass die Selbstkontrollfähigkeit das abweichende Handeln in Low-Cost-Situationen im Vergleich zu High-Cost-Situationen relativ gut erklären kann. Die Rational-Choice Theorie hingegen hat ihre Stärke in der Erklärung von Delinquenz in High-Cost-Situationen.

165 *Perrone, Sullivan, Pratt* und *Margaryan* haben die Theorie von *Gottfredson* und *Hirschi* mittels der Daten der National Longitudinal Study of Adolescent Health überprüft.[257] Bei der Studie handelt es sich um Befragungen von Jugendlichen, wobei sich die Forschergruppe in der Analyse lediglich auf die erste Welle mit 13.500 Befragten stützt. Die Operationalisierung der Fähigkeit zur Selbstkontrolle deckt sich weitgehend mit der Konzeption von *Gottfredson und Hirschi*. Delinquenz wurde durch Fragen nach dem Konsum von Zigaretten, Alkohol und Marihuana sowie durch Fragen nach ungebührlichem Verhalten in der Öffentlichkeit, Beteiligung an einer Schlägerei und Belügen der Eltern erfasst. Multiple Regressionen belegten einen starken und signifikanten Einfluss der Selbstkontrolle auf Delinquenz.

166 Dieses Ergebnis entspricht dem Resultat einer Metaanalyse empirischer Studien von *Pratt* und *Cullen* zur Kontrolltheorie.[258] Diese haben 21 Studien berücksichtigt und eine mittlere Effektstärke von 0,27 für den Einfluss von Selbstkontrolle auf Delinquenz berechnet. Dieser Wert entspricht einer Korrelation von 0,13.

---

[254] *Seipel* 2001.
[255] *Grasmick/Tittle/Bursik/Arneklev* 1993.
[256] *Seipel/Eifler* 2004, 2010.
[257] *Perrone/Sullivan/Pratt/Margaryan* 2004. Zur Beschreibung der „National Longitudinal Study of Adolescent Health" siehe http://www.cpc.unc.edu/projects/addhealth.
[258] *Pratt/Cullen* 2000.

XI. Voluntaristische Kriminalitätstheorie

1. Theorie

Die meisten Kriminalitätstheorien wurden speziell für die Erklärung eines bestimmten Phänomens entwickelt, das zur Zeit der Theorieentwicklung evident war. Bis zur Mitte des 20. Jahrhunderts war die gesellschaftliche Situation in den Vereinigten Staaten von deutlichen Schichtunterschieden und ethnischen Konflikten geprägt.[259] Folglich stand die Erklärung schichtspezifischer Unterschiede in der Delinquenzbelastung im Zentrum vieler Kriminalitätstheorien, so in der Anomietheorie von *Merton*, in den subkulturtheoretischen und den sozialökologischen Ansätzen der Chicago-Schule und in Sozialisationstheorien; auch in labelingtheoretischen Ansätzen wurde versucht, eine höhere Kriminalisierungswahrscheinlichkeit unterer Schichten zu belegen.[260] Heute findet man in westlichen Gesellschaften kaum noch einen nennenswerten Zusammenhang zwischen Schichtzugehörigkeit und kriminellem Handeln und bei bestimmten Delikten sogar eine Überrepräsentation höherer Schichten – zumindest bei solchen Delikten, die üblicherweise in Dunkelfeldstudien berücksichtigt werden.[261] Folglich basieren einige Kriminalitätstheorien auf nicht mehr aktuellen empirischen Beziehungen. Zudem sind die meisten Ansätze in ihrer Fragestellung begrenzt; relevante Fragen wie die Erklärungen von individuellen kriminellen Karrieren, Kriminalitätsraten und die Veränderung von Kriminalitätsraten werden oft nicht berücksichtigt.

167

Die voluntaristische Kriminalitätstheorie ist ein Ansatz, der Mikro- und Makroebene, statische und dynamische Aspekte von Kriminalität sowie Handlungs- und Zuschreibungsebene berücksichtigen will.[262] Dieser umfassende Anspruch kann nur erfüllt werden, wenn der Ansatz auf einer breiten theoretischen Basis steht. Für die voluntaristische Kriminalitätstheorie wurden dazu die Handlungs- und Gesellschaftstheorie von *Parsons* sowie verwandte Ansätze verwendet.[263]

168

Nach handlungstheoretischen Annahmen wird der Mensch als **produktiv realitätsverarbeitendes Subjekt** gesehen, das in eine komplexe Umwelt eingebunden ist.[264] Zur Reduzierung der Komplexität, zur Verarbeitung der Informationen und zur Auswahl von subjektiv Wichtigem werden Stereotypen sowie **Normen** und **Werte** verwendet – das sind Faktoren, die von der strukturellen Verortung des Handelnden abhängig sind. Diese „Filter" beeinflussen nicht nur das Ergebnis der Informationsverarbeitung, sondern sind auch Selektionsfaktoren für die Auswahl von Handlungszielen und von Mitteln zur Zielerreichung. Aus der Vielfalt wahrgenommener Ziele und Mittel muss vor jeder Handlung eine Auswahl getroffen werden. Durch Werte können wichtige von unwichtigen Handlungszielen unter-

169

---

[259] *Adler/Mueller/Laufer* 2022.
[260] Siehe auch *Sack* 1977, 1979; *Miller* 1979; *Merton* 1995a.
[261] *Tittle/Villemez/Smith* 1978; *Albrecht/Howe* 1992; *Kerschke-Risch* 1993, S. 108.
[262] *Hermann* 2003.
[263] *Parsons* 1967, 1972.
[264] *Hurrelmann* 1983.

schieden und durch Normen können akzeptierte von nicht akzeptierten Handlungsmitteln abgegrenzt werden. Jede Handlung ist sowohl das Ergebnis der Wahrnehmung der Situation als auch der Auswahl von Handlungszielen und Handlungsmitteln.[265]

170 In dem Ansatz wird die die Gesellschaft als Menge von Systemen und Subsystemen verstanden, die sich gegenseitig beeinflussen. Dies bedeutet, dass die Normen, Werte und Glaubensüberzeugungen von Individuen und von Umgebungssystemen wie Gesellschaft, Institutionen, Subkulturen und Peer-Groups in einem Interdependenzverhältnis stehen.[266]

171 Eine Anwendung dieser allgemeinen Postulate auf Kriminalität und eine empirische Überprüfung führen zu der voluntaristischen Kriminalitätstheorie, die hier nur in ihren Kernaussagen dargestellt werden kann.[267] Für die Erklärung **kriminellen Handelns** sind Wertorientierungen von zentraler Bedeutung. Sie sind von Strukturmerkmalen wie Alter und Bildung abhängig und beeinflussen über die Normakzeptanz des Individuums seine Kriminalität. Dabei sind insbesondere zwei Wertedimensionen von Bedeutung: die Dimension der traditionellen Werte – das ist die Orientierung an einer normenbezogenen Leistungsethik, der christlichen Religion und einem konservativen Konformismus, und die Dimension der modernen materialistischen Werte – das ist die Orientierung an subkulturell-materialistischen sowie hedonistischen Zielen. Im Einzelnen gilt:

- Je ausgeprägter die Akzeptanz von Rechtsnormen ist, desto geringer sind die Delinquenzbelastung einer Person und die Bereitschaft, delinquent zu handeln.
- Je ausgeprägter die Orientierung an traditionellen Werten ist, desto höher ist die Normakzeptanz.
- Je ausgeprägter die Orientierung an modernen materialistischen Werten ist, desto geringer ist die Normakzeptanz.
- Je älter eine Person ist, desto ausgeprägter ist die Orientierung an traditionellen Werten.
- Je älter eine Person ist, desto geringer ist die Orientierung an modernen materialistischen Werten.
- Je höher der erreichte Bildungsstatus einer Person ist, desto geringer ist die Orientierung an traditionellen Werten.

172 Die mikrosoziologisch formulierten Hypothesen können auch auf die **Makroebene** übertragen werden, und bisherige empirische Analysen führten auf beiden Ebenen zu keiner Falsifikation. Nach der voluntaristischen Kriminalitätstheorie ist die Kriminalitätsrate einer Gesellschaft vom Niveau der Normgeltung abhängig, und dieses wird sowohl von traditionellen als auch von modern-materialistischen gesellschaftlichen Werten beeinflusst. Gesellschaftliche Werte sind von Struktur-

---

[265] *Hermann* 2003, 2004a, b.
[266] *Hermann* 2003, S. 52.
[267] Ausführlich siehe *Hermann* 2003.

merkmalen, insbesondere vom Grad der Anomie, der sozialen Desorganisation, dem Urbanisierungsgrad und dem Ausmaß ethnischer Inhomogenität abhängig.

Sowohl auf der Mikro- als auch auf der Makroebene sind Normen und Werte die zentralen intervenierenden Variablen. Sie stellen zudem eine Verbindung zwischen den genannten Ebenen her, denn die Normen und Werte eines Individuums stehen nach diesem Ansatz in einem Interdependenzverhältnis zu den Normen und Werten von nahestehenden Personen und Gruppen, von relevanten Organisationen und Institutionen sowie zu gesellschaftlichen Normen und Werten. Die Verknüpfung zwischen Mikro- und Makroebene erfolgt in diesem Ansatz somit in erster Linie im Bereich Normen und Werte.

Die Hypothesen zur Erklärung **krimineller Karrieren** postulieren einen Einfluss von Norm- und Werteänderungen auf den Karriereverlauf. Normen und Werte wandeln sich erstens durch den Prozess des Älterwerdens; die Beziehung zwischen dem Alter und der Orientierung an traditionellen Werten ist durch eine U-förmige Funktion beschreibbar. Bei Jugendlichen, Heranwachsenden und Jungerwachsenen verliert diese Wertorientierung mit zunehmendem Alter an Bedeutung. Bei älteren Personen hingegen gilt: Je älter eine Person ist, desto ausgeprägter ist die Orientierung an traditionellen Werten. Zudem erfährt die Orientierung an modernen materialistischen Werten mit zunehmendem Alter einen Bedeutungsverlust. Die zweite Einflussgröße sind Sanktionen. Insbesondere durch den Strafvollzug können sich Normakzeptanz und Wertorientierungen verändern. Je schwerer die Sanktionen für eine Person sind, desto stärker wird die Akzeptanz von Rechtsnormen und gesellschaftlichen Normen verringert und desto bedeutsamer ist der Abbau traditioneller Werte und der Ausbau moderner materialistischer Werte. Schließlich können sich Normen und Werte einer Person ändern, wenn sich die Normen und Werte seines sozialen Umfelds wandeln, beispielsweise durch den Wechsel des Freundeskreises oder durch eine Heirat.

Auch die mikrosoziologisch formulierten Hypothesen zur Dynamik von Kriminalität können auf die Makroebene übertragen werden. Demnach ändert sich die Kriminalitätsrate einer Gesellschaft, wenn sich das Niveau der Normgeltung und die Bedeutung modern-materialistischer gesellschaftlicher Werte ändern. Zudem wird wie bei *Inglehart* und *Klages* angenommen, dass ein Wertewandel in der Gesellschaft von strukturellen Änderungen und von Änderungen in der Sanktionspraxis abhängig ist.[268]

Die aufgeführten Hypothesen beschreiben die voluntaristische Kriminalitätstheorie nicht vollständig, aber wichtige Kernbereiche der Theorie sind abgedeckt. Insbesondere die Hypothesen zum Kriminalisierungsprozess sowie zur Integration von Straftheorien wurden nicht berücksichtigt.[269] In Abb. 6.4 sind die Hypothesen der voluntaristischen Kriminalitätstheorie grafisch dargestellt.

Das Forschungsprogramm der voluntaristischen Kriminalitätstheorie kann aber nicht auf eine Überprüfung der oben beschriebenen Hypothesen beschränkt werden. Hypothesen bedürfen der Konkretisierung, bevor sie getestet werden können. So ist

---

[268] *Klages* 1992; *Inglehart* 1995, 1998.
[269] Siehe dazu *Hermann* 2003.

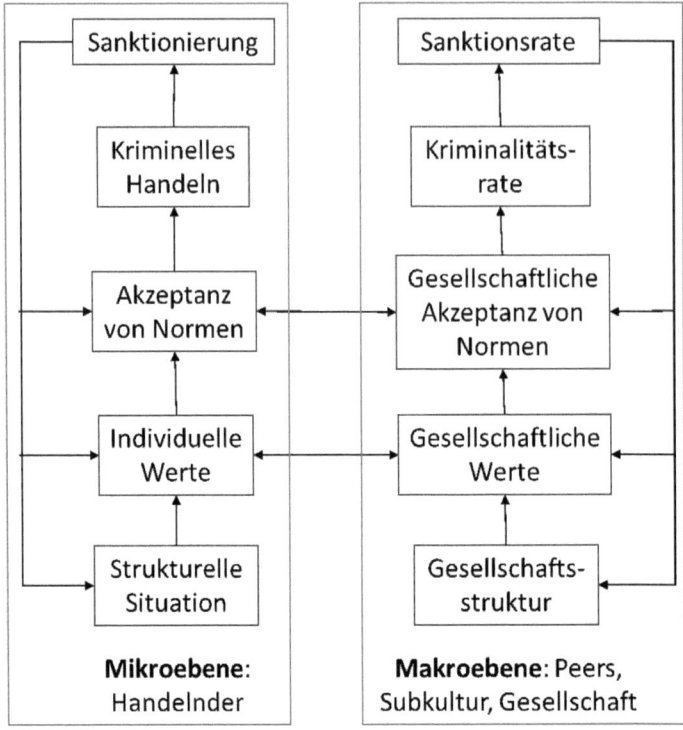

Abb. 6.4 Hypothesen der voluntaristischen Kriminalitätstheorie

es erforderlich, Fragen nach der Struktur des Werteraums zu beantworten – zudem Fragen nach der Entstehung und der intergenerationalen Transmission von Werten, nach ihrer Konsistenz und Stabilität und den Bedingungen für eine Veränderung von Werten. Diese Themen sind mit den Hypothesen der voluntaristischen Kriminalitätstheorie inhaltlich verknüpft.[270]

2. Empirie

178 Die Studie von *Clark* und *Wenninger* untersucht den Zusammenhang zwischen individuellen Werten und Delinquenzbelastung vor dem Hintergrund horizontaler und vertikaler Differenzierung.[271] Dazu haben die Autoren aus vier Regionen der USA eine Stichprobe aus Schülern der sechsten bis zwölften Schulklasse gezogen. Zur Messung der Werte wurden drei Skalen verwendet. Die erste erfasst die Orientie-

---

[270] Siehe dazu *Hermann/Dölling/Resch* 2012; *Hermann* 2013a, 2018a; *Hermann/Treibel* 2013; *Bilsky/Hermann* 2016; *Borg/Hermann* 2017; *Borg/Hermann/Hertel* 2017; *Borg/Hermann/Bilsky/Pöge* 2019.
[271] *Clark/Wenninger* 1963.

rung an allgemeinen Zielen der amerikanischen Gesellschaft, die zweite misst die subjektive Bedeutung subkultureller Ziele und die dritte beinhaltet Fragen nach der Wichtigkeit von Mittelklassezielen. In den untersuchten Regionen unterscheiden sich die befragten Schüler deutlich in Wertorientierungen und Kriminalitätsbelastung. Bivariate Analysen zum Zusammenhang zwischen Werten und Delinquenzbelastung erbrachten zum Teil sehr hohe Korrelationen. Die engsten Zusammenhänge mit einer niedrigen Kriminalitätsbelastung wurden mit folgenden Items erzielt: fleißig sein, Zielstrebigkeit, Hilfsbereitschaft, Fähigkeit zur Vermeidung von Ärger und körperlichen Auseinandersetzungen sowie Vorsicht im Umgang mit fremdem Eigentum.

Auch die Arbeit von *Cernkovich* ist eine empirische Untersuchung zur Frage nach dem Zusammenhang zwischen Delinquenz und individuellen Wertorientierungen.[272] Die Thesen lauten, dass erstens die Bindung an subkulturelle Werte zu umfangreicher und schwerer Delinquenz führt, während die Bindung an konventionelle Werte delinquentes Verhalten unterbindet, und dass zweitens der Einfluss von subkulturellen und konventionellen Werten auf Delinquenz sowohl von der Schichtzugehörigkeit als auch von den subjektiven Chancen, mit legalen Mitteln gesellschaftlich vorgegebene Ziele zu erreichen, abhängig ist. Die Daten der Untersuchung stammen aus einer Befragung von männlichen weißen Schülern im Alter zwischen 14 und 18 Jahren. Zur Messung der konventionellen Werte wurden folgende subjektive Orientierungen und Ziele berücksichtigt: Bedeutung der protestantischen Ethik und säkularer Rationalität, Leistungsorientierung, Bereitschaft zu harter Arbeit, Wichtigkeit formaler Erziehung und Wichtigkeit des Fortschritts. Subkulturelle Werte wurden durch Fragen nach der Relevanz kurzfristiger Bedürfnisbefriedigung, innerer Erregung (thrill), Zähigkeit und Ausdauer erfasst. Außerdem wurden Fragen nach der Bedeutung des Zieles, möglichst schnell Gewinn zu erlangen, und der Fähigkeit, andere zu überlisten, gestellt. Die Delinquenzbelastung wurde durch die Teilnahme an delinquenten Handlungen mittels des *Sellin-Wolfgang*-Index erfasst, einer Skala zur Erfassung der Schwere von Kriminalität.[273] Beide Hypothesen konnten in der Untersuchung bestätigt werden. Eine bivariate Analyse erbrachte signifikante Gamma-Werte zwischen den beiden hier verwendeten Dimensionen der Wertorientierung und der Delinquenzbelastung. Je höher die Orientierung an konventionellen Werten und je geringer die Orientierung an subkulturellen Werten ist, desto geringer ist die Delinquenzbelastung. Eine zusätzliche Kontrolle der Schichtzugehörigkeit und der subjektiven Chancen, mit legalen Mitteln gesellschaftlich vorgegebene Ziele zu erreichen, veränderte die Gamma-Werte nur wenig, sodass die zweite Hypothese als widerlegt angesehen werden kann. Der Einfluss der subkulturellen Werte ist größer als der Einfluss konventioneller Werte.

Mit den Daten von Bevölkerungsbefragungen in Heidelberg und Freiburg aus dem Jahr 1998 wurden mithilfe von Strukturgleichungsanalysen die Beziehungen zwischen Werten, Normen und selbstberichteter Delinquenz geprüft. Die realisierte

---

[272] *Cernkovich* 1978, S. 1978.
[273] Vgl. *Sellin/Wolfgang* 1964.

Stichprobe umfasste etwa 3000 zufällig ausgewählte Personen zwischen 14 und 70 Jahren.[274] Das Ergebnis ist in Abb. 6.5 grafisch dargestellt. Die Zahlenwerte auf den Pfeilen sind standardisierte Pfadkoeffizienten. Demnach sind Wertorientierungen von Strukturmerkmalen abhängig. Traditionelle Werte korrespondieren mit normkonformem Handeln, moderne materialistische Werte hingegen mit Delinquenz, wobei die Effekte über die Normakzeptanz vermittelt werden.[275]

181 Dieses Ergebnis kann reproduziert werden, wenn anstatt der Differenzierung von Werten in moderne und traditionale Werte das Wertekonzept von *Shalom Schwartz* verwendet wird.[276] Dieser hat mittels zahlreicher internationaler Studien eine Skala entwickelt, die den gesamten Werteraum abdecken soll, wobei die Werte nach Ähnlichkeiten in einem zweidimensionalen Raum geordnet werden können.

182 Die Schulbefragungen von *Boers, Reinecke, Motzke* und *Wittenberg* wurden als Vollerhebung der 7. Klasse und Stichproben aus den 9. und 10. Klassen der Sonder-, Haupt- und Realschulen, Berufsschulen und Gymnasien in Münster und Duisburg durchgeführt.[277] Die Befragungen in Münster fanden zwischen 2000 und 2004 im Abstand von jeweils einem Jahr statt, wobei etwa 2000 Personen pro Welle teilnahmen. Die Erhebungen in Duisburg erfolgten erstmals im Jahr 2002 mit über 5000 Befragten. Bei der Operationalisierung von Werten wurden zwischen einer hedonistischen, deprivierten, traditionellen und technischen Wertorientierung unterschieden.

183 In einer Analyse der 2001 in Münster befragten Achtklässler zeigte sich ein delinquenzfördernder Effekt der hedonistischen und technischen Orientierungen. Traditionelle Wertorientierungen hingegen hatten den gegenteiligen Einfluss auf Delinquenz, wobei in beiden Fällen die Normakzeptanz einen moderierenden Einfluss hat. In einer weiteren Analyse von über 2600 Schülerinnen und Schüler neunter Klassen in Duisburg wurden clusteranalytisch Wertegruppen bestimmt.[278] Die Clusteranalyse ist ein statistisches Verfahren, mit dem Fälle in homogene Gruppen aufgeteilt werden, die sich möglichst deutlich voneinander unterscheiden.[279] Diese

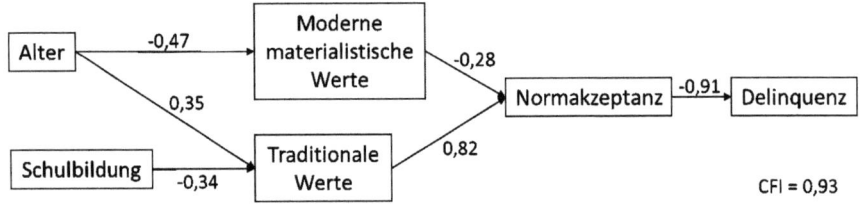

Abb. 6.5 Strukturgleichungsmodell mit standardisierten Effektschätzungen zum Einfluss von individuell reflexiven Werten und Normen auf Delinquenz

---

[274] *Hermann* 2003.
[275] *Hermann* 2003, S. 195.
[276] *Schwartz* 2012; *Bilsky/Hermann* 2016.
[277] *Boers/Reinecke/Motzke/Wittenberg* 2002.
[278] *Boers/Pöge* 2003.
[279] *Bacher/Pöge/Wenzig* 2010.

Gruppen unterscheiden sich im Hinblick auf die selbstberichtete Gewalt- und Eigentumskriminalität. Überdurchschnittliche Delinquenzhäufigkeiten finden sich insbesondere in Gruppen, in denen traditionelle Werte abgelehnt oder hedonistische Werte präferiert werden, unterdurchschnittliche Delinquenzbegehungen sind in einer Gruppe zu finden, die eine ablehnende Haltung zu allen Wertorientierungen hat, sowie in einer Gruppe, die traditionelle Werte präferiert und hedonistische Werte ablehnt.

Hermann, Dölling, Fischer, Haffner, Parzer und *Resch* zeigten mit Hilfe einer 3-welligen Panelerhebung unter den Schülerinnen und Schülern der Klassenstufen 5 bis 9 aller Haupt- und Förderschulen in Heidelberg, dass idealistische Werte, gepaart mit einer Lebensphilosophie, die das Einhalten von Gesetzen für wichtig erachtet, bei 10- bis 16- jährigen Kindern und Jugendlichen einen bedeutsamen Einfluss auf delinquentes Handeln haben, wobei der Effekt mit zunehmendem Alter stärker wird.[280] Diese Analyse basiert auf mehr als 3400 Befragungen in allen drei Wellen.

Kerner, Stroezel und *Wegel* haben zahlreiche Untersuchungen mit Inhaftierten im Jugendstrafvollzug (N = 370) sowie Schülerinnen und Schülern (N > 3500) zum Einfluss von Werten auf Delinquenz und Gewaltbereitschaft durchgeführt. In allen Studien wird ein solcher Einfluss bestätigt.[281] Die Effekte variieren zwischen den untersuchten Gruppen; tendenziell sind sie bei jungen Gefangenen größer als bei Schülerinnen und Schülern.

Woll hat den Einfluss von Werten auf Delinquenz anhand einer schriftlichen Befragung in Form einer Panelerhebung von Berufsschülerinnen und -schülern untersucht.[282] Aus 131 Anfängerklassen in fünf Heidelberger und einer Weinheimer Berufsschule wurde eine gewichtete Zufallsauswahl von Klassen gezogen. Es wurden insgesamt vierzehn Anfängerklassen ausgewählt und alle Schülerinnen und Schüler viermal im halbjährlichen Abstand befragt. Die Untersuchung begann im Juli 2003 – insgesamt wurden 1506 Schülerinnen und Schüler berücksichtigt. Dabei zeigte sich, dass traditionelle Werte einen delinquenzhemmenden und moderne materialistische Werte einen delinquenzfördernden Effekt ausüben, der durch die Akzeptanz von Rechtsnormen vermittelt wird.

XII. Situational Action Theory

1. Theorie

Die Situational Action Theory (SAT) von *Wikström* verfolgt einen handlungstheoretischen Ansatz.[283] Das Basismodell ist: Ein Handelnder steht in einer Situation. Es wir postuliert, dass sowohl Merkmale des Handelnden als auch situative

---

[280] *Hermann/Dölling/Fischer/Haffner/Parzer/Resch* 2010.
[281] *Kerner/Stroezel/Wegel* 2009 und 2011.
[282] *Woll* 2011.
[283] *Wikström* 2004, 2010, 2015; *Wikström/Schepers* 2018.

Rahmenbedingungen handlungsrelevant sind. Wie in der voluntaristischen Kriminalitätstheorie wird angenommen, dass der Mensch einen freien Willen hat, aber Handlungen von Normen geleitet werden. Zudem wird angenommen, dass die Gründe von Handlungen situativer Natur sind. Das meint, dass die subjektiven Handlungsalternativen, der Prozess der Auswahl einer Handlung aus den perzipierten Alternativen und die Handlungsausführung von der Situation des Handelnden abhängig sind.

188   In dem Ansatz von *Wikström* sind zwei Begriffe zentral: Moral beziehungsweise Moralität und Selbstkontrolle. Moralische Regeln sind Regeln, die eine Aussage darüber treffen, ob etwas richtig oder falsch ist.[284] Unter **Moralität** versteht Wikström die Akzeptanz gesetzeskonformer moralischer Regeln sowie das Schamgefühl bei einer Verletzung moralischer Regeln.[285] Die Hypothese ist, dass Personen, die solche moralische Regeln verinnerlicht haben, die dem Gesetz entsprechen, tendenziell eine geringe Verbrechensneigung haben als andere, wohingegen Personen, deren moralische Regeln im Widerspruch zu den gesetzlichen Bestimmungen stehen, tendenziell eine hohe Verbrechensneigung haben.

189   Der Begriff der **Selbstkontrolle** spielt in der General Theory of Crime von *Gottfedson* und *Hirschi* eine zentrale Rolle. Sie verstehen darunter die individuelle Fähigkeit, langfristige Handlungsfolgen in Entscheidungsprozesse einzubeziehen, wobei insbesondere Impulsivität, fehlende Sensibilität in Bezug auf die Interessen und Wünsche anderer Menschen sowie Risikobereitschaft von Bedeutung sind.[286] Nach *Wikström* hingegen ist die Fähigkeit zur Selbstkontrolle ein Teil des Entscheidungsprozesses, wenn ein Individuum auf Umweltreize reagiert. Selbstkontrolle wird definiert als eine erfolgreiche Verhinderung wahrgenommener Handlungsalternativen oder Unterbrechung einer Handlung, die mit der Moral des Akteurs in Konflikt stehen.[287] Die Fähigkeit zur Ausübung von Selbstkontrolle ist von den **situativen Rahmenbedingungen** des Akteurs abhängig, wobei unter dem Situationsbegriff nicht der objektive Sachverhalt verstanden wird, sondern die Menge der subjektiv möglichen Handlungsalternativen in einer Situation.[288] In empirischen Studien zu der Theorie hingegen werden in erster Linie objektive Situationsmerkmale wie die Dauer des Aufenthalts in kriminogenen Settings und die Assoziation mit delinquenten Peers erfasst.[289]

190   Die zentralen Mechanismen der Situational Action Theory, insbesondere die Beziehung zwischen Makro- und Mikroebene, werden von Wikström in Abb. 6.6 grafisch dargestellt.

191   Zur Erklärung von Delinquenz und Delinquenzbereitschaft wird postuliert, dass die subjektive Wichtigkeit von rechtsrelevanten Moralvorstellungen und die Fähigkeit zur Ausübung von Selbstkontrolle zentrale Ursachen sind, wobei diese beiden

---

[284] *Wikström/Treiber* 2018, S. 241.
[285] *Wikström/Svensson* 2010.
[286] *Gottfredson/Hirschi* 1990, S. 90 f., 255.
[287] *Wikström/Treiber* 2018, S. 244.
[288] *Wikström/Treiber* 2018, S. 234.
[289] *Wikström/Schepers* 2018, S. 69.

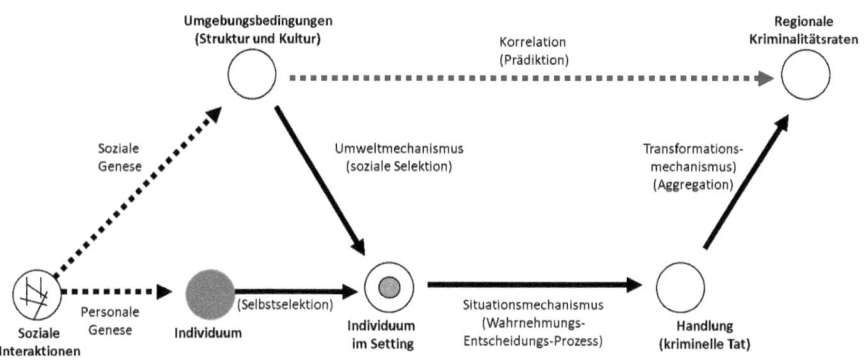

Abb. 6.6 Zentrale Mechanismen der Situational Action Theory. (Quelle: *Wikström/Schepers* 2018, S. 62)

Merkmale nicht nur direkte Einflüsse ausüben, sondern auch die Interaktion der Merkmale relevant ist.[290] Das heißt insbesondere, dass der Einfluss der Selbstkontrollfähigkeit auf die Delinquenzbereitschaft von der Moralität abhängt.

Zudem wird postuliert, dass die Delinquenzbereitschaft sowohl von personenbezogenen Merkmalen wie Moralität und Selbstkontrolle als auch vom situationsbezogenen kriminogenen Umfeld abhängig ist. Die Kriminogenität des Umfelds ist insbesondere durch die Kriminalitätsbelastung der Peer-Group und die Aufenthaltsdauer in Regionen mit einem geringen Grad an informeller und formeller Sozialkontrolle charakterisiert. Die zentrale Annahme ist, dass individuelle und situative Aspekte in einer Interaktionsbeziehung stehen. Dies bedeutet, dass sich das situative kriminogene Umfeld umso stärker auf die Delinquenzbereitschaft auswirkt, je stärker die individuelle Kriminalitätsneigung aufgrund von Defiziten hinsichtlich normkonformer Moralität und Selbstkontrolle ist.

Insgesamt gesehen ist eine Überschneidung zwischen voluntaristischer Kriminalitätstheorie und Situational Action Theory erkennbar. Beide Theorien unterstellen das gleiche Menschenbild und postulieren einen Einfluss der individuellen Kriminalitätsneigung auf Delinquenz. In der voluntaristischen Kriminalitätstheorie sind dies die Akzeptanz von Rechtsnormen und Wertorientierungen, wobei diese in einer Kausalbeziehung stehen. In der Situational Action Theory ist die individuelle Kriminalitätsneigung insbesondere durch die gesetzeskonforme Moralität charakterisiert. Dieser Begriff entspricht, zumindest in den empirischen Studien, weitgehend dem Begriff der Normakzeptanz. Auf der theoretischen Ebene sind Werte Bestandteil des Moralitätsbegriffs.[291] Zudem berücksichtigen beide Theorien die Mikro- und Makroebene. Die Ähnlichkeit beider Theorien würde eine Integration ermöglichen.

---

[290] *Wikström/Svensson* 2010.
[291] *Wikström/Svensson* 2010, S. 397; *Hirtenlehner/Kunz* 2016, S 395.

2. Empirie

194 Die empirischen Studien von *Wikström* zur Situational Action Theory basieren in der Regel auf den Daten der Peterborough Youth Study und der Peterborough Adolescent and Young Development Study (PADS+). Die letztgenannte Studie ist eine Längsschnittbefragung, die im Jahr 2003 zum ersten Mal durchgeführt wurde. Berücksichtigt wurden mehr als 700 Kinder der Stadt Peterborough, die zum damaligen Zeitpunkt 12 Jahre alt waren. Anfänglich wurden die Kinder jährlich befragt, danach im Abstand von zwei Jahren. Zusätzlich wurden Strafregisterauszüge berücksichtigt. Die Analysen mit den Daten aus PADS+ bestätigen die generellen Annahmen der Theorie.[292]

195 In den Publikationen von *Wikström* werden in der Regel nur Einzelaspekte der Theorie getestet. Zur Überprüfung der Hypothese über die Interaktion zwischen Moralität und Selbstkontrollkompetenz wurden Daten aus einer Befragung von 1957 Jugendlichen aus Peterborough verwendet.[293] Die Studie wurde im Jahr 2000 durchgeführt. Die abhängige Variable wurde durch Fragen zu selbstberichteter Delinquenz operationalisiert, wobei die Delikte Diebstahl, Sachbeschädigung, Körperverletzung und Wohnungseinbruch berücksichtigt wurden. Moralität wurde durch Fragen zur Normakzeptanz und zum Schamgefühl erfasst. Zur Messung von Selbstkontrolle wurde eine modifizierte Version der Skala von *Grasmick* verwendet.[294] Diese enthält Fragen zur Gegenwartsorientierung, zur Präferenz für einfache Aufgaben und körperlicher Aktivität, zu Abenteuerlust, zu Selbstbezogenheit und zur Frustrationstoleranz. Eine multiple Regressionsanalyse zur Erklärung der selbstberichteten Delinquenz kam zu dem Ergebnis, dass Moralität, Selbstkontrollkompetenz und die Interaktion von Moralität und Selbstkontrollkompetenz signifikante Effekte auf die selbstberichtete Delinquenz ausüben. Die standardisierten partiellen Regressionskoeffizienten liegen alle über 0,20. Die Selbstkontrollkompetenz hat nur dann einen Einfluss auf die Delinquenz, wenn rechtskonforme Moralvorstellungen kaum relevant sind. Bei ausgeprägten rechtskonformen Moralvorstellungen ist der Einfluss der Selbstkontrollkompetenz auf die Delinquenz vernachlässigbar klein.

196 Diese Ergebnisse wurden in der Studie von *Hirtenlehner* und *Kunz* bestätigt.[295] Die Datengrundlage war eine postalischen Befragung von Personen zwischen 50 und 80 Jahren aus Baden-Württemberg; die Erhebung wurde im Jahr 2009 durchgeführt. Die Stichprobe ist eine mehrfach geschichtete Zufallsstichprobe. Insgesamt haben sich 1997 Personen an der Umfrage beteiligt. Auch in dieser Personengruppe zeigte sich, dass bei ausgeprägten rechtskonformen Moralvorstellungen der Einfluss der Selbstkontrollkompetenz auf die Delinquenz nicht signifikant und vernachlässigbar klein ist, während bei schwachen rechtskonformen Moralvorstellungen die Selbstkontrollkompetenz mit Delinquenz korrespondiert. Die Effekte

---

[292] *Wikström/Schepers* 2018, S. 68 f.
[293] *Wikström/Svensson* 2010.
[294] *Grasmick/Tittle/Bursik/Arneklev* 1993.
[295] *Hirtenlehner/Kunz* 2016.

bleiben auch bei einer Kontrolle der Drittvariablen Alter, Geschlecht und Schulbildung bestehen.

Kroneberg und *Schulz* modifizierten dieses Ergebnis geringfügig.[296] Sie griffen dazu auf Befragungsdaten einer zweiwelligen Panelerhebung im Ruhrgebiet zurück. Die erste Befragungswelle war 2013. Die Stichprobe ist eine Totalerhebung von Schülerinnen und Schülern der siebten Klassen in fünf Städten im Ruhrgebiet. In die Analyse wurden 2074 Personen einbezogen. Für die Analysen wurden die Messungen der abhängigen Variable, der selbstberichteten Delinquenz, aus der zweiten Welle verwendet, während die Erhebungen der unabhängigen Variablen, der rechtskonformen Moralvorstellungen und der Selbstkontrollkompetenz, aus Welle 1 stammen. Die Analysen bestätigen, dass bei ausgeprägten rechtskonformen Moralvorstellungen der Einfluss der Selbstkontrollkompetenz auf die Delinquenz nicht signifikant und vernachlässigbar klein ist, während bei schwachen rechtskonformen Moralvorstellungen die Selbstkontrollkompetenz mit Delinquenz korrespondiert. Diese Interaktionsbeziehung ist jedoch nicht vollkommen symmetrisch. Bei ausgeprägter Selbstkontrollkompetenz ist ein schwacher Einfluss der rechtskonformen Moralvorstellungen auf Delinquenz vorhanden. Er ist zwar schwächer als bei geringer Selbstkontrollkompetenz, aber noch signifikant. Demnach scheint Moralität eine wichtigere Rahmenbedingung für den Entscheidungsprozess in kriminogenen Situationen zu sein als die Selbstkontrollkompetenz.

Eine Studie mit Schülerinnen und Schülern aus Dortmund und Nürnberg sowie eine Schülerbefragung in Mannheim und Köln bestätigten weitgehend die Hypothese von einer Interaktionsbeziehung zwischen der individuellen Kriminalitätsneigung und der Konfrontation mit kriminogenen Umgebungsbedingungen.[297] In diesen Arbeiten wurden weitgehend die Operationalisierungsvorschläge von *Wikström* übernommen. In der Studie von *Streng* hingegen wurden in kreativer Weise andere Operationalisierungen verwendet; trotzdem wird die Hypothese von der Interaktion zwischen individueller Kriminalitätsneigung und kriminogenen Umgebungsbedingungen bestätigt.[298] Dies zeigt die Robustheit der Theorie. In der Untersuchung von Streng wurden Schülerinnen und Schüler an Erlanger Schulen in den Jahren 1995 und 2008 schriftlich befragt. Die realisierten Stichproben umfassten 455 und 427 Personen. Die selbstberichtete Delinquenz wurde durch Fragen zu körperlich aggressiven Verhaltensweisen gegen andere Personen sowie zur Begehung von Vandalismus und Diebstahl erfasst. Die Messung der Kriminogenität des Umfelds erfolgte durch Fragen nach der Wahrnehmung des Schulklimas als mehr oder minder gewaltgeprägt, der Quantität von in der Schule beobachteten Gewalthandlungen sowie der Wahrnehmung von Eigentumsdelikten. Zur Erhebung der individuellen Kriminalitätsneigung wurde Fragen zur kriminogenen Haltung, zu kriminogenen Werten und zu einem Aspekt der Selbstkontrolle, der Bereitschaft zu Zugeständnissen, gestellt. Unter der kriminogenen Haltung und kriminogenen Werten versteht *Streng* die Bejahung von Gewalt zur Konfliktlösung, die Akzeptanz

---

[296] *Kroneberg/Schulz* 2018.
[297] *Gerstner/Oberwittler* 2015; *Schepers/Reinecke* 2015.
[298] *Streng* 2017.

verbotener Methoden, um Ziele zu erreichen, sowie die Haltung, sich nichts gefallen zu lassen.[299] Die Ergebnisse zeigen, dass auch bei einer Berücksichtigung von Kontrollvariablen (Gewaltviktimisierung, Geschlecht, Schulart und Verhältnis zu den Lehrern) die Kriminogenität des Umfelds und die individuelle Kriminalitätsneigung signifikante Effekte auf die selbstberichtete Gewalt- und Eigentumsdelinquenz haben. Zudem wird belegt, dass der Einfluss der individuellen Kriminalitätsneigung auf Delinquenz von der schulischen Situation abhängig ist. Bemerkenswert und durch die Situational Action Theory nur bedingt erklärbar, ist, dass die Gewaltwahrnehmung in der Schule einen Einfluss auf außerschulische Taten hat.[300]

---

[299] *Streng* 2017, S. 342.
[300] *Streng* 2017, S. 343 f.

§ 7 Integrative Kriminalitätstheorien

I. Begriff und Arten des Mehrfaktorenansatzes

Da die meisten Kriminalitätstheorien nur Ausschnitte der Kriminalität erklären können,[1] liegt es nahe, mehrere Einzeltheorien zu einer übergreifenden Theorie zu verknüpfen. Als Beispiel für einen **Mehrfaktorenansatz** aus der Geschichte der Kriminologie kann die Konzeption *Ferris* angeführt werden. Danach haben Verbrechen anthropologische, physische und soziale Ursachen. Anthropologische Faktoren sind Merkmale des Täters, physische Faktoren betreffen die natürliche Umwelt (z. B. Klima), und zu den sozialen Faktoren gehören z. B. wirtschaftliche Zustände und die Strafgesetzgebung.[2] Ein Mensch mit bestimmten bio-psychologischen Eigenschaften begeht nach *Ferri* unter bestimmten physischen und sozialen Bedingungen ein bestimmtes Verbrechen, wobei der Einfluss der drei Ursachenklassen bei den einzelnen Verbrechen unterschiedlich ist.[3] In ähnlicher Weise hat *von Liszt* individuelle und soziale Einflussfaktoren miteinander kombiniert. Danach entsteht „jedes einzelne Verbrechen durch das Zusammenwirken zweier Gruppen von Bedingungen …, der individuellen Eigenart des Verbrechers einerseits, der diesen umgebenden äußeren, physikalischen und gesellschaftlichen, insbesondere wirtschaftlichen Verhältnisse andererseits".[4]

1

Es wird zwischen empirisch ausgerichteten Mehrfaktorenansätzen und theorieverbindenden Erklärungsansätzen unterschieden.[5] Die **empirisch ausgerichteten Mehrfaktorenansätze** prüfen unter Verzicht auf eine bestimmte forschungsleitenden Theorie für eine Vielzahl von Variablen, ob Zusammenhänge mit kriminellem Verhalten bestehen, und leiten aus diesem empirisch-induktiven Vorgehen

2

---

[1] *Meier* 2021, § 3 Rn. 118, 126; *Schwind/Schwind* 2021, § 8 Rn. 20.
[2] *Ferri* 1896, S. 125 f.
[3] A. a. O., S. 64 ff., 131 ff.
[4] *Von Liszt* 1919, S. 10 f.
[5] *Schöch* 2015, Rn. 89 ff.; *Meier* 2021, § 3 Rn. 119 ff.

Aussagen über Kriminalitätsursachen ab.[6] Als Beispiel für diesen Ansatz gelten die Arbeiten des amerikanischen Ehepaars *Eleanor* und *Sheldon Glueck*. Sie verglichen jeweils 500 delinquente und nicht delinquente Jugendliche im Hinblick auf hunderte von Merkmalen miteinander und ermittelten auf diese Weise im Zusammenhang mit Kriminalität stehende Faktoren.[7]

3   Bei den **theorieverbindenden Erklärungsansätzen** werden bereits bestehende Kriminalitätstheorien in ein übergreifendes Erklärungsmodell überführt. Zu diesen integrativen Theorien können neben den bereits in § 6 dargestellten Theorien von *Thornberry, Sampson/Laub* und *Wikström*[8] die Theorien der unterschiedlichen Sozialisation und Sozialkontrolle von *Kaiser*, die integrative Kriminalitätstheorie von *Elliott u. a.*, die Theorie der reintegrativen Beschämung von *Braithwaite* und die konstruktivistische Kriminalitätstheorie von *Hess* und *Scheerer* gezählt werden.

4   Nach der **Theorie der unterschiedlichen Sozialisation und Sozialkontrolle** von *Kaiser* können Defekte im Sozialisationsprozess die Internalisierung der in der Gesellschaft herrschenden Normen, Werte und Orientierungen verhindern und damit zu Delinquenz führen. Auch eine funktionierende Sozialisation reicht aber nicht aus, um Kriminalität unter allen Umständen zu verhindern. Es bedarf daher der Ergänzung der Sozialisation um externe Verhaltenskontrolle, um Konformität zu gewährleisten.[9] Nach der **integrativen Kriminalitätstheorie** von *Elliott u. a.* schwächen soziale Desorganisation, inadäquate Sozialisation und das Scheitern in konventionellen Kontexten die konventionellen Bindungen von Personen. Diese Schwächung der sozialen Bindungen fördert kriminogene Lernprozesse insbesondere in delinquenten Peergroups, was dann zu kriminellen Handlungen führt.[10]

5   Nach der **Theorie der reintegrativen Beschämung** von *Braithwaite* entsteht delinquentes Verhalten aufgrund Lockerung der konventionellen sozialen Bindungen, die insbesondere durch Merkmale wie Alter 15 bis 25, männlich, ledig, arbeitslos, niedriges Ausbildungsniveau und fehlendes berufliches Engagement begünstigt wird. Die Umwelt reagiert hierauf mit der Beschämung des Täters, d. h. mit der Missbilligung der Tat. Die Beschämung wirkt sozial integrativ, wenn sie mit Zeremonien der Wiedereingliederung des Täters in die Gemeinschaft verbunden ist, also die Tat, nicht aber die Person verurteilt wird. Eine den Täter stigmatisierende Beschämung begründet dagegen die Gefahr sekundärer Devianz. Das reintegrative Beschämen gelingt in kommunitaristischen Gesellschaften, die durch wechselseitige Hilfsbereitschaft und Vorrang der Loyalität zur Gemeinschaft gegenüber persönlichen Interessen gekennzeichnet sind.[11]

6   Die **konstruktivistische Kriminalitätstheorie** von *Hess* und *Scheerer* will sowohl die Mikro-Ebene der einzelnen kriminellen Handlung als auch die

---

[6] *Göppinger/Bock* 2008, § 2 Rn. 49.
[7] *Glueck/Glueck* 1964.
[8] Vgl. dazu oben § 6 Rn. 152 ff., 187 ff.
[9] *Kaiser* 1996, § 27 Rn. 1 ff.
[10] *Elliott/Ageton/Canter* 1979; *Elliott/Huizinga/Ageton* 1985.
[11] *Braithwaite* 1989; dazu *Münster* 2006.

Makro-Ebene (z. B. Kriminalitätsraten) erfassen.[12] Die Theorie geht von der Makro-Ebene aus, auf der soziale Risiken als Kriminalität definiert werden. Auf der Mikro-Ebene finden sich die Bedingungen der Makro-Ebene in den subjektiven Interpretationen der Akteure wieder. Kriminelle Taten werden von der Theorie als subjektiv sinnhaftes Handeln verstanden. Zu ihrer Erklärung werden die Anomie-Theorie, die Theorie der differenziellen Assoziation, Subkultur- und Sozialisationstheorien, Kontrolltheorien und situative Kriminalitätstheorien herangezogen. Das menschliche Handeln ist jedoch nicht determiniert. Reaktionen der Kontrollinstanzen können über einen Identitätswandel des Akteurs zu sekundärer Devianz führen, müssen dies aber nicht. Auch insoweit gilt, dass in jeder Situation „die Fäden nach ganz verschiedenen Richtungen weiterlaufen" können.[13] Aus der Masse der kriminellen Einzelhandlungen und den Interaktionen der kriminellen Akteure mit den Kontrollorganen entstehen Makro-Phänomene wie Kriminalstatistiken, Kriminalitätsdiskurse und Alltagsmythen, die wiederum die Mikro-Ebene beeinflussen. Zwischen Mikro- und Makro-Ebene besteht also eine ständige Wechselwirkung.

II. Die Notwendigkeit einer integrativen Kriminalitätstheorie

Das Bemühen um eine integrative Kriminalitätstheorie erscheint sinnvoll, weil sich die Einzeltheorien nur als beschränkt erklärungskräftig erwiesen haben.[14] Werden die Ursachen kriminellen Verhaltens ausschließlich in bestimmten Merkmalen der Person oder von sozialen Einheiten gesehen, impliziert dies die Annahme, dass alle anderen persönlichen und gesellschaftlichen Merkmale keinerlei Einfluss auf Delinquenz haben. Diese Annahme ist wenig plausibel. Eine integrative Kriminalitätstheorie kann allerdings überzeugend nicht in der Weise entwickelt werden, dass aus empirischen Untersuchungen und bisherigen Kriminalitätstheorien entnommene mögliche Kriminalitätsursachen einfach aneinandergereiht werden und pauschal angenommen wird, dass für verschiedene Delikte jeweils unterschiedliche Kriminalitätsursachen relevant sein können. Ein solcher Ansatz kann niemals widerlegt werden und entzieht sich damit der empirischen Überprüfung.[15] Nach *Cohen* ist ein solcher Mehr-Faktoren-Ansatz keine Theorie, sondern „der Verzicht auf die Suche nach einer Theorie".[16] Erforderlich ist es vielmehr, möglichst präzise zu erfassen, welche Variablen mit welcher Stärke welche Kriminalitätsformen beeinflussen. Dabei sind auch die Beziehungen zwischen den unabhängigen Variablen in den Blick zu nehmen und ist zu klären, inwieweit sich diese gegenseitig beeinflussen und wie sie im Entstehungsprozess von Kriminalität zusammenwirken. Hierbei sind sowohl proximale (direkte) als auch distale (indirekte) Faktoren der Entstehung

---

[12] *Hess/Scheerer* 1997.
[13] *Hess/Scheerer* 1997, S. 121.
[14] *Brown/Esbensen/Geis* 2019, S. 361, 367.
[15] *Meier* 2021, § 3 Rn. 121.
[16] *Cohen* 1979, S. 221.

delinquenten Verhaltens in den Blick zu nehmen.[17] Es können Einzeltheorien nur dann miteinander verknüpft werden, wenn ihre Ansätze miteinander vereinbar sind. Eine integrative Kriminalitätstheorie muss auch die Wechselwirkungen von Kriminalität und Kriminalitätskontrolle einbeziehen.

III. Ein Modell der Entstehung kriminellen Verhaltens

8   Eine allgemein anerkannte übergreifende Kriminalitätstheorie gibt es nicht.[18] Es erscheint aber möglich, in einem Modell der Entstehung kriminellen Verhaltens die bisherigen Befunde über Kriminalitätsursachen sinnvoll aufeinander zu beziehen und hierdurch den kriminalitätstheoretischen Erkenntnisstand zu strukturieren. Dieses Modell ist in Abb. 7.1 dargestellt.[19]

9   Danach wird auf der **Mikroebene** davon ausgegangen, dass kriminelle Taten von bestimmten Personen in bestimmten Situationen begangen werden.[20] Die Situatio-

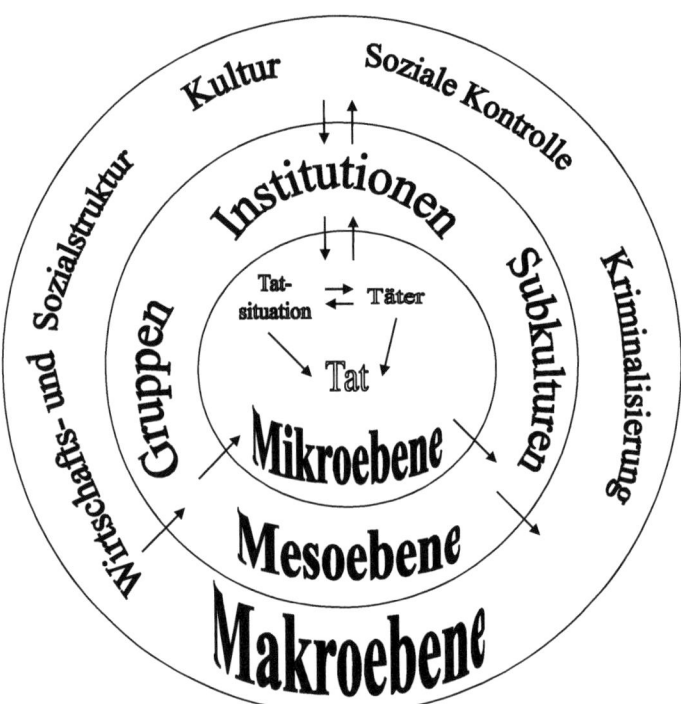

Abb. 7.1 Entstehungsbedingungen kriminellen Verhaltens. (Quelle: *Dölling* 2006, S. 83)

---

[17] Vgl. *Boers/Reinecke* 2019a, S. 81.
[18] *Kaiser* 1996, § 25 Rn. 4; *Meier* 2021, § 3 Rn. 127; *Schwind/Schwind* 2021, § 8 Rn. 28.
[19] Vgl. auch das Modell von *Boers/Reinecke* 2019a, S. 81.
[20] Hierzu und zum Folgenden *Dölling* 2006.

nen können delinquentes Verhalten mehr oder weniger wahrscheinlich machen. So können günstige Tatgelegenheiten oder Konflikt- und Belastungssituationen das Kriminalitätsrisiko erhöhen. Diese Umstände werden von den situativen Kriminalitätstheorien und den Stresstheorien erfasst. Auch Verhaltensweisen des Opfers können eine Tatbegehung hervorrufen oder erleichtern.

Ob es in einer bestimmten Situation zur Tatbegehung kommt, hängt von dem in der Situation stehenden Akteur ab. Dieser interpretiert die Situation in einer bestimmten Weise und entscheidet dann, wie er sich in der Situation verhält. Situationsinterpretation und Verhalten hängen von den Wahrnehmungs- und Deutungsmustern sowie den Einstellungen des Akteurs, insbesondere seinen Wertorientierungen, seinen Zielen, Ansprüchen, Relevanzbezügen und Bindungen, seinen Fähigkeiten und Ressourcen zur legalen und illegalen Situationsbewältigung und seinen Persönlichkeitseigenschaften ab. Insoweit sind die voluntaristische Kriminalitätstheorie, die Bindungs- und Kontrolltheorien und psychologische Kriminalitätstheorien von Bedeutung. Der aktuelle Status des Akteurs hat sich aus seinen Anlagen, den Einflüssen, denen er in seiner Lebensgeschichte ausgesetzt war, und der Art und Weise, wie er mit diesen Faktoren umgegangen ist, entwickelt. Insoweit sind die Theorien der differenziellen Sozialisation und der differenziellen Assoziation sowie Lerntheorien relevant.

Kriminelle Handlungen können stärker durch die Situation oder durch die Persönlichkeit des Täters geprägt sein. Personen mit starker Delinquenzneigung suchen oder schaffen Situationen, die sich zur Tatbegehung eignen. Außer dem Täter und dem Opfer können gegebenenfalls dritte Personen zur Tatentstehung – oder zur Tatverhinderung – beitragen. Nach der Tatbegehung wird das weitere Verhalten des Täters durch die Erfahrungen beeinflusst, die er mit der Tat und ihren Folgen macht. Insoweit sind die informellen und formellen Reaktionen auf die Tatbegehung von Bedeutung. Positive Reaktionen des sozialen Umfelds, z. B. ein Statusgewinn in der Gruppe der Gleichaltrigen, können die Begehung weiterer Taten begünstigen, ablehnende Reaktionen zur Abstandnahme von weiteren Taten führen. Formelle Reaktionen der strafrechtlichen Sozialkontrolle haben nicht immer eine rückfallverhindernde Wirkung. Unter bestimmten Bedingungen können sie auch zu weiterer Delinquenz im Sinne von sekundärer Devianz führen. Diese Problematik wird durch den Labeling Approach bearbeitet. Für die Wirkung der Reaktionen kommt es auch darauf an, wie der Täter sie interpretiert und wie er sich damit auseinandersetzt. Einstellungen und Verhaltensmuster des Akteurs sind nicht statisch. Sie können sich im Lebensverlauf ändern, sodass es zum Einstieg in kriminelle Karrieren und ihren Abbruch kommen kann. Dies ist Gegenstand der Theorie der altersabhängigen informellen Sozialkontrolle von *Sampson* und *Laub*.

Das Geschehen auf der Mikroebene wird durch Variablen beeinflusst, die auf der **Mesoebene** angesiedelt sind. Dies betrifft sowohl die Frage, welchen Situationen der Akteur ausgesetzt ist, als auch das Verhalten in der Situation. Ist der Akteur in Institutionen eingegliedert, in denen konventionelle Normen gelten und durch wirksame Kontrollprozesse abgesichert sind, wirkt sich dies delinquenzhemmend aus. Gehört der Akteur dagegen einer Subkultur an, die an ihre Mitglieder von den strafbewehrten Normen abweichende Verhaltenserwartungen richtet, erhöht dies das Delinquenzrisiko. Dies ist Gegenstand der Subkulturtheorien.

13 Außerdem hängt kriminelles Verhalten mit Variablen der **Makroebene** zusammen. So können Merkmale der Wirtschafts- und Sozialstruktur das Kriminalitätsaufkommen beeinflussen.[21] Sie können Akteure in eine Lage bringen, in der sie gesellschaftlich vorgegebene Ziele mit legalen Mitteln nicht erreichen können. Die kriminalitätsfördernde Wirkung dieser Konstellation wird von der Anomietheorie behandelt. Relevant sind auch die kulturellen Strukturen einer Gesellschaft.[22] Weisen strafbewehrte Normen in einer Gesellschaft eine allgemein geteilte starke moralische Verbindlichkeit auf, wirkt sich die Internalisierung dieser Normen durch viele Akteure kriminalitätshemmend aus. Wird die moralische Richtigkeit strafbewehrter Normen dagegen in Frage gestellt und werden abweichende normative Konzepte propagiert, begünstigt diese Normerosion delinquentes Verhalten. Die kriminogene Relevanz von vom geltenden Strafrecht abweichenden Normen hat die Kulturkonflikttheorie herausgearbeitet. Weiterhin beeinflussen die in einer Gesellschaft ablaufenden Prozesse der informellen und formellen Verbrechenskontrolle die Kriminalitätsrate. Ist die strafrechtliche Sozialkontrolle schwach oder fällt sie ganz aus, steigt das Delinquenzrisiko. Damit sind Zusammenhänge angesprochen, die von der ökonomischen Kriminalitätstheorie behandelt werden. Strafrechtliche Kontrollprozesse können sich aber auch – wie der Labeling Approach gezeigt hat – kriminalitätsfördernd auswirken.

14 Wie sich die Einflüsse der Meso- und Makro-Ebene auf das Verhalten des Akteurs auswirken, hängt auch davon ab, wie sich der Akteur mit den Einflüssen auseinandersetzt. Die Variablen der Meso- und Makro-Ebene beeinflussen nicht nur die aktuelle Tatsituation, sondern sie haben auch in der Lebensgeschichte des Akteurs zur Herausbildung der Einstellungen und Eigenschaften beigetragen, die der Akteur in der potenziellen Tatsituation hat. Es gibt nicht nur Einflüsse von der Makro- auf die Meso- und die Mikro-Ebene und von der Meso- auf die Mikro-Ebene. Vielmehr entstehen aus den Ereignissen auf der Mikro-Ebene neue Phänomene auf der Meso- und Makro-Ebene.[23] So können sich aus devianten Handlungen Szenen und Subkulturen entwickeln und können sich subkulturelle Normen ausbreiten und schließlich gesamtgesellschaftlich toleriert werden. Die Variablen des Modells beeinflusse sich also wechselseitig, wodurch ständig neue Konstellationen entstehen, die dann wieder weiterwirken.[24]

15 Das Modell geht davon aus, dass Handelnde sich mit den auf sie einwirkenden Einflüssen aktiv auseinandersetzen, und ist offen für die Möglichkeit einer Wahl der Person zwischen verschiedenen Handlungsalternativen.[25] Die kriminelle Tat wird

---

[21] Zu Zusammenhängen zwischen makroökonomischen Faktoren und Kriminalität vgl. *Eisenberg/Kölbel* 2017, § 50 Rn. 1 ff.
[22] Zu Beziehungen zwischen kulturellen Gegebenheiten und Kriminalität siehe *Eisenberg/Kölbel* 2017, § 51 Rn. 1 ff.; *Schmidt/Ward* 2021.
[23] *Hess/Scheerer* 1997, S. 122.
[24] Vgl. *Hess/Scheerer* 1997, S. 84; *Boers/Pöge* 2003, S. 251.
[25] Zum Verhältnis zwischen Kriminalitätstheorien und Willensfreiheit siehe *Dölling* 2008.

nicht nur als ein Resultat äußerer Umstände, sondern auch als Werk eines handelnden Subjekts verstanden.[26] Beim Abbruch krimineller Karrieren kann die häufig als „human agency" bezeichnete Fähigkeit des Individuums zur aktiven Lebensgestaltung als auf eigener Entscheidung beruhendes Bemühen um eine konforme Lebensführung eine erhebliche Rolle spielen.[27] Da sich Menschen immer wieder mit neuen Situationen auseinandersetzen müssen und sie sich im Lauf ihres Lebens verändern, ist eine strikte Trennung von delinquenten und nicht delinquenten Personen nicht möglich. Auch Menschen ohne Persönlichkeitsauffälligkeiten und mit normaler Sozialisation begehen in bestimmen Situationen, wie z. B. zugespitzten Konflikten, Straftaten, und auch Personen, die viele oder schwere Delikte begangen haben, gelingt es, in ein konformes Leben zurückzufinden. Die Übergänge zwischen Tätern und Nichttätern sind daher fließend.[28] Die aufgezeigten Strukturen sind verhältnismäßig allgemein, erlauben aber die Entwicklung und Integration spezifischer Theorien über Zusammenhänge zwischen bestimmten Variablen und Kriminalität.

---

[26] Ähnlich *Hess/Scheerer* 1997, S. 110, 113, 121; *Boers/Pöge* 2003, S. 248; *Kunz/Singelnstein* 2016, § 10 Rn. 17; § 14 Rn. 20, 23, 28; *Eisenberg/Kölbel* 2017, § 25 Rn. 5; § 54, Rn. 3.
[27] *Laub/Sampson* 2003, S. 55, 281; *King* 2012; *Healey* 2013; *Paternoster* 2017; kritisch zum Konzept der human agency *Cullen* 2017.
[28] Vgl. *Dölling* 2012, S. 285 ff.

Teil III
Verbrechen

§ 8 Die kriminologische Erfassung des Verbrechens

Die Ausführungen in diesem Teil gehen vom Verbrechen im formellen Sinn aus. Es geht also um Verhaltensweisen, die von der Rechtsordnung mit Strafe bedroht sind.[1] Die kriminologische Erfassung des Verbrechens ist schwierig, weil die Täter wegen der Gefahr negativer Sanktionierung um Verheimlichung ihrer Delinquenz bemüht sind. Amtliche Kriminalstatistiken sind das Ergebnis von Selektionsprozessen. Sie bilden nur einen Teil der Kriminalität ab und enthalten über diesen Teil nur begrenzte Informationen. Die Kriminologie zieht daher in der Dunkelfeldforschung weitere Erkenntnisquellen heran, deren Aussagekraft aber ebenfalls begrenzt ist.[2] Die Befunde der Kriminologie über die Verbrechenswirklichkeit sind daher mit Vorsicht zu interpretieren. Im Folgenden wird zunächst das Hellfeld der amtlich registrierten Kriminalität behandelt. Anschließend wird auf die Dunkelfeldforschung eingegangen und sodann erfolgt eine Gesamtbetrachtung der vorliegenden Befunde.

---

[1] Zum formellen Verbrechensbegriff siehe oben § 1 Rn. 2.
[2] Zu den Methoden der Kriminologie vgl. oben § 3.

§ 9 Hellfeld

I. Vorhandene Kriminalstatistiken

Den Strafverfolgungsorganen bekannt gewordene Straftaten werden in Kriminalstatistiken registriert. Die amtlich registrierte Kriminalität wird als Hellfeld bezeichnet.[1] Ihr steht das Dunkelfeld der amtlich nicht bekannt gewordenen Straftaten gegenüber. Die Kriminalstatistiken bilden die tatsächliche Kriminalität nicht exakt ab, sondern stellen die Kriminalität so dar, wie sie von den Strafverfolgungsorganen als Ergebnis ihrer Arbeit wahrgenommen wird.[2] In der Bundesrepublik Deutschland gibt es mehrere Kriminalstatistiken:

Die **Polizeiliche Kriminalstatistik** (PKS) wird seit 1953 vom Bundeskriminalamt herausgegeben. Die Daten werden von den einzelnen Polizeibehörden erhoben und gelangen über die Landeskriminalämter zum Bundeskriminalamt. Die PKS erfasst zunächst die polizeilich **bekannt gewordenen Fälle**. Erfasst werden Verbrechen und Vergehen einschließlich strafbarer Versuche, „denen eine (kriminal-)polizeilich bearbeitete Anzeige zugrunde liegt".[3] Nicht erfasst werden Straftaten, die ausschließlich von anderen Behörden, z. B. Staatsanwaltschaften und Finanzämtern, bearbeitet werden. Vom Zoll bearbeitete Rauschgiftdelikte gehen allerdings in die PKS ein. Die Fälle werden mit einem differenzierten Straftatenschlüssel erhoben. Außerdem enthält die PKS Angaben zur Tatzeit und zum Tatort sowie bei bestimmten Straftaten zur Schadenshöhe.

Weiterhin sind in der PKS Angaben über die **aufgeklärten Fälle** enthalten. Als aufgeklärt wurde bis zur PKS 2015 eine Tat angesehen, „die nach dem (kriminal-)polizeilichen Ermittlungsergebnis mindestens ein namentlich bekannter oder auf frischer Tat ergriffener Tatverdächtiger begangen hat".[4] Seit der PKS 2016 wird ein

---

[1] *Schwind/Schwind* 2021, § 2 Rn. 1, 61.
[2] Näher *Heinz* 2009, S. 4 ff.
[3] *PKS* 2019, Bd. 4, V2.0, S. 202.
[4] *PKS* 2015, S. 374.

aufgeklärter Fall bei einer Tat angenommen, „die nach dem polizeilichen Ermittlungsergebnis mindestens ein Tatverdächtiger begangen hat, von dem grundsätzlich die rechtmäßigen Personalien (z. B. mittels Ausweisdokument, ED-Behandlung etc.) bekannt sind".[5] Für die polizeiliche Aufklärung eines Falles kommt es nicht darauf an, ob der ermittelte Tatverdächtige strafmündig ist oder schuldhaft gehandelt hat. Es ist auch unerheblich, ob es in dem Fall zu einer Anklageerhebung oder Verurteilung durch die Justiz kommt. Die Aufklärungsquote bezeichnet das prozentuale Verhältnis von aufgeklärten zu bekannt gewordenen Fällen im Berichtszeitraum.

4   Bei bestimmten Straftaten gegen höchstpersönliche Rechtsgüter werden in der PKS Angaben über die **Opfer**, insbesondere zu Alter, Geschlecht und Opfer-Tatverdächtigen-Beziehung ausgewiesen.

5   Außerdem werden in der PKS Angaben zu den **Tatverdächtigen** veröffentlicht. Tatverdächtiger im Sinne der PKS ist jeder, der nach dem polizeilichen Ermittlungsergebnis aufgrund zureichender tatsächlicher Anhaltspunkte verdächtig ist, eine rechtswidrige (Straf-)Tat begangen zu haben. Dazu zählen auch Mittäter, Anstifter und Gehilfen.[6] Auf Strafmündigkeit und Schuldfähigkeit kommt es für den Tatverdächtigenbegriff der PKS nicht an. Ebenfalls unerheblich ist, ob die Person von der Justiz angeklagt oder verurteilt wird. Die PKS weist für die Tatverdächtigen insbesondere Angaben zu Alter, Geschlecht, Staatsangehörigkeit und Wohnsitz aus.

6   Um bei Kriminalitätsvergleichen die Bevölkerungsgröße berücksichtigen zu können, enthält die PKS Häufigkeitszahlen und Tatverdächtigenbelastungszahlen. Die **Häufigkeitszahl** ist die Zahl der bekannt gewordenen Fälle errechnet auf 100.000 Einwohner. Die **Opfergefährdungszahl** gibt die Zahl der Opfer bezogen auf 100.000 Einwohner an. Unter **Tatverdächtigenbelastungszahl** wird die Zahl der ermittelten Tatverdächtigen bezogen auf 100.000 Einwohner verstanden, wobei Kinder unter 8 Jahren nicht berücksichtigt werden.[7]

7   Die PKS hat seit 1953 erhebliche **Veränderungen** erfahren.[8] 1959 wurden die Staatsschutzdelikte aus der PKS herausgenommen. 1963 erfolgte die Herausnahme der Verkehrsdelikte. Straftaten nach den §§ 315 und 315b StGB sowie nach § 22a StVG werden allerdings weiterhin in der PKS erfasst. 1971 wurde die PKS auf EDV umgestellt. Hiermit war eine stärkere Differenzierung des Straftatenkatalogs und die Einführung weiterer Erhebungsmerkmale verbunden. Außerdem wurde bundeseinheitlich die Ausgangsstatistik eingeführt, d. h., dass die Fälle erst nach Abschluss der polizeilichen Ermittlungen vor der Abgabe der Akten an die Staatsanwaltschaft statistisch erfasst werden. 1984 wurde die „echte Tatverdächtigenzählung" eingeführt. Tatverdächtige, die im Berichtsjahr in einem Bundesland mehrfach wegen gleicher Straftaten erfasst werden, werden danach nur einmal gezählt. 1991 wurde die PKS in den neuen Bundesländern eingeführt. Wegen Anlaufschwierigkeiten liegen jedoch erst ab 1993 belastbare Daten für die neuen Bundesländer vor. Ab 2009

---

[5] *PKS* 2016, Bd. 4, S. 185.
[6] *PKS* 2019, Bd. 4, V2.0, S. 207.
[7] Vgl. zu diesen Kriminalitätsquotienten *PKS* 2019, Bd. 4, V2.0, S. 203 ff.
[8] Zur Entwicklung der PKS siehe *PKS* 2011, S. I ff.; *Heinz* 2013a.

werden dem Bundeskriminalamt die Daten von den Bundesländern in Form von Einzeldatensätzen angeliefert. Seit diesem Jahr kann deshalb auch auf Bundesebene eine „echte Tatverdächtigenzählung" durchgeführt werden.

Die Statistik „**Staatsanwaltschaften**" wird seit 1981 vom Statistischen Bundesamt veröffentlicht. Seit 1989 liegen flächendeckende Ergebnisse für das frühere Bundesgebiet vor, seit 1995 für die gesamte Bundesrepublik Deutschland einschließlich der neuen Bundesländer.[9] Die Statistik enthält Angaben über die bei den Staatsanwaltschaften eingegangenen und erledigten Verfahren, die Art der Erledigung und die Verfahrensdauer. Seit 2004 gibt es eine Aufgliederung nach Straftatengruppen.

Seit 1950 wird vom Statistischen Bundesamt die **Strafverfolgungsstatistik** (SVS) herausgegeben. Ab 1992 wurde die SVS in den neuen Bundesländern sukzessive eingeführt. Flächendeckende Ergebnisse für die gesamte Bundesrepublik Deutschland liegen erst seit 2007 vor.[10] Erhebungseinheit der SVS sind die von den Strafgerichten abgeurteilten Personen. **Abgeurteilte** sind die Angeklagten, gegen die ein Strafbefehl erlassen wurde oder deren Strafverfahren nach Eröffnung des Hauptverfahrens durch Urteil oder Einstellungsbeschluss rechtskräftig abgeschlossen worden ist.[11] Zu den Abgeurteilten gehören also nicht nur die Verurteilten, sondern auch die Personen, gegen die andere gerichtliche Entscheidungen (Freispruch oder Verfahrenseinstellung) getroffen wurden. Zu den Abgeurteilten und den Verurteilten werden Alter, Geschlecht und Staatsangehörigkeit, die Art der der gerichtlichen Entscheidung zugrunde liegenden Straftat, die Art der Entscheidung, die Art der Sanktion, das Vorliegen von Untersuchungshaft und frühere Verurteilungen erfasst. Zu den Verurteilten werden **Verurteiltenziffern** angegeben, das ist die Zahl der Verurteilten bezogen auf 100.000 der strafmündigen Bevölkerung. Die SVS enthält alle von den Strafgerichten abgeurteilten Straftaten, also z. B. auch die Verkehrsdelikte. Andererseits werden nur solche Straftaten erfasst, die von den Staatsanwaltschaften durch Anklage oder Strafbefehlsantrag vor die Gerichte gebracht worden sind.

Die vom Statistischen Bundesamt herausgegebene Statistik „**Strafgerichte**" erfasst die bei den Strafgerichten eingegangenen und erledigten Verfahren, die Art der Erledigung und die Verfahrensdauer. Seit 1995 liegen vollständige Ergebnisse für die gesamte Bundesrepublik Deutschland vor. Seit 2004 enthält die Statistik auch eine Untergliederung nach Straftatengruppen.[12]

Die seit 1963 vom Statistischen Bundesamt herausgegebene Statistik „**Bewährungshilfe**" erfasst die Unterstellungen unter einen hauptamtlichen Bewährungshelfer, die Unterstellungsgründe, die beendeten Unterstellungen und die Beendigungsgründe sowie Angaben zu den zugrunde liegenden Straftaten und Alter, Geschlecht und Staatsangehörigkeit der Unterstellten. Die Statistik wird für

---

[9] *Staatsanwaltschaften* 2019, S. 5.
[10] *Strafverfolgung* 2019, S. 5. Zur Strafverfolgungsstatistik vgl. *Kerner* 2021.
[11] A. a. O., S. 13.
[12] *Strafgerichte* 2019, S. 5, 8.

die alten Bundesländer (seit 1992 ohne Hamburg) veröffentlicht, für die neuen Bundesländer liegen keine flächendeckenden Angaben vor.[13]

12 Die ebenfalls vom Statistischen Bundesamt veröffentlichte **Strafvollzugsstatistik** gibt Auskunft über die Zahl der Justizvollzugsanstalten, ihre Belegungsfähigkeit und ihre Belegung sowie die Zu- und Abgänge. Seit 1993 werden diese Daten jeweils zu drei Stichtagen eines Jahres erhoben (31. März, 31. August und 30. November). Außerdem erfasst die Strafvollzugsstatistik demografische und kriminologische Merkmale der jeweils am 31. März eines Jahres einsitzenden Gefangenen (Alter, Geschlecht, Staatsangehörigkeit, Wohnsitz im In-/Ausland, Familienstand, Art der Straftat, Art und voraussichtliche Dauer der Freiheitsentziehung, Art und Häufigkeit der Vorstrafen und gegebenenfalls Wiedereinlieferungsabstände). Die Strafvollzugsstatistik wird seit 1992 auch in den neuen Bundesländern erhoben.[14]

13 Die **Täter-Opfer-Ausgleichs-Statistik** informiert seit 1993 über am Täter-Opfer-Ausgleich beteiligte Einrichtungen, das Fallaufkommen dieser Einrichtungen, Merkmale der Fälle, der Geschädigten und der Beschuldigten sowie über Ablauf und Ergebnis des Täter-Opfer-Augleichs.[15] Erfasst werden nur die Daten der Einrichtungen, die sich freiwillig an der Erhebung beteiligen.

14 Die strafrechtlichen Sanktionierungen werden im **Bundeszentralregister** eingetragen. Durch Auswertung dieser Eintragungen werden Rückfallstatistiken erstellt, die angeben, wie viele Verurteilte (einschließlich Einstellungen nach den §§ 45 und 47 JGG) in einem bestimmten Zeitraum nach der Entscheidung erneut sanktioniert wurden.[16]

15 Kriminalstatistische Daten aus zahlreichen europäischen Ländern enthält das „**European Source Book of Crime and Criminal Justice Statistics**", das erstmals 1999 erschien.[17] **Weltweite Zusammenstellungen** kriminalstatistischer Daten finden sich in der von Interpol seit 1950 geführten internationalen Kriminalstatistik[18] und in den United Nations Surveys on Crime Trends and the Operations of Criminal Justice Systems (UN-CTS).[19]

II. Aussagekraft der Kriminalstatistiken

16 Die Aussagekraft der Kriminalstatistiken ist in vielerlei Hinsicht eingeschränkt. Den Strafverfolgungsorganen nicht bekannt gewordene Taten werden nicht erfasst. Auch wenn ein Delikt zur Kenntnis eines Strafverfolgungsorgans gelangt, muss das nicht unbedingt zur Aufnahme der Tat in die Kriminalstatistik führen. So kann es

---

[13] *Bewährungshilfe* 2007, S. 9.
[14] *Strafvollzug* 2019, S. 4.
[15] Siehe *Hartmann/Schmidt/Kerner* 2020.
[16] Vgl. *Jehle/H.-J. Albrecht/Hohmann-Fricke/Tetal* 2020.
[17] Siehe *Aebi u. a.* 2014; dazu *Meier* 2021, § 12 Rn. 13 ff.
[18] Dazu *Kaiser* 1996, § 38 Rn. 63.
[19] Siehe dazu *Aromaa/Huiskanen* 2008; *Harrendorf/Heiskanen/Malby* 2010.

geschehen, dass die Polizei eine Anzeige „abwimmelt", weil sie den Fall als unerhebliche Bagatelle oder als „Privatangelegenheit" einstuft.[20] Andererseits ist es denkbar, dass die Polizei einen ihr bekannt gewordenen Sachverhalt zu Unrecht als Straftat einstuft und in die PKS aufnimmt oder einen Fall in eine „zu schwere" Deliktskategorie einstuft.[21] Eine justizielle Überprüfung der PKS-Daten findet nicht statt. Die in die Kriminalstatistik aufgenommenen Delikte werden nur in vergröberter Form erfasst:[22] Die unter einen bestimmten Straftatbestand fallenden Taten werden unabhängig von ihrer Schwere als ein Delikt in die Statistik aufgenommen. Der „Raub" eines Spielzeugs unter Kindern zählt ebenso als ein Raub wie ein Banküberfall mit hohem Schaden. Dies wird durch die Formulierung zum Ausdruck gebracht, dass die Kriminalstatistik zählt, aber nicht gewichtet.[23] Sind mehrere Taten bekannt geworden, werden sie nicht immer alle erfasst. In der PKS wird bei Tateinheit nur die Straftat gezählt, für die nach Art und Maß die schwerste Strafe angedroht ist. Mehrere gleichartige Straftaten desselben Tatverdächtigen werden als ein Fall erhoben, wenn sie sich gegen denselben Geschädigten oder gegen die Allgemeinheit richten.[24] In der SVS wird bei Tateinheit und Tatmehrheit nur der Straftatbestand erfasst, der nach dem Gesetz mit der schwersten Strafe bedroht ist.[25]

Ob ein Fall in der PKS als aufgeklärt eingeordnet wird, bestimmt allein die Polizei. Der Fall geht auch dann als aufgeklärt in die PKS ein, wenn die Staatsanwaltschaft eine Anklageerhebung mangels hinreichenden Tatverdachts ablehnt oder der Beschuldigte freigesprochen wird. In der PKS wurde inzwischen die echte Tatverdächtigenzählung eingeführt. In der SVS wird dagegen eine Person mehrfach gezählt, wenn sie in mehreren Verfahren abgeurteilt wird.[26] Die soziodemografischen und kriminologischen Daten der Strafgefangenen werden nur für die Gefangenen erhoben, die am Stichtag 31. März einsitzen. Gefangene mit einer Verbüßungszeit von weniger als einem Jahr, die nicht auf den 31. März entfällt, werden nicht erfasst.

Ein Längsschnittvergleich der Daten einzelnen Kriminalstatistiken ist nicht ohne weiteres möglich. Es muss beachtet werden, ob sich Strafvorschriften geändert haben oder ob die Erfassungskriterien geändert worden sind. Ein Steigen oder Fallen der registrierten Straftaten muss nicht auf einer tatsächlichen Veränderung der Kriminalität beruhen, sondern kann auf Veränderungen der Anzeigebereitschaft der Bevölkerung oder polizeilicher Kontrollstrategien zurückzuführen sein.[27] Anders als es das früher teilweise angenommene Gesetz der konstanten Verhältnisse besagt, kann nicht davon ausgegangen werden, dass registrierte und tatsächliche Kriminali-

---

[20] *Göppinger/Münster* 2008, § 23 Rn. 30; *Neubacher* 2020, Kap. 4 Rn. 18.
[21] Zur „Überbewertungstendenz" in der polizeilichen Definitionspraxis siehe *Schwind/Schwind* 2021, § 2 Rn. 8.
[22] *Meier* 2021, § 5 Rn. 13.
[23] *Göppinger/Münster* 2008, § 23 Rn. 32.
[24] *PKS* 2015, S. 386.
[25] *Strafverfolgung* 2019, S. 13.
[26] A. a.O.
[27] *Meier* 2021, § 5 Rn. 14.

tät in einer festen Beziehung zueinander stehen.[28] Verschiedene Kriminalstatistiken können nicht ohne weiteres miteinander verglichen werden, da die Kriminalstatistiken unabhängig voneinander nach verschiedenen Regeln erstellt werden.[29] Eine durchlaufende Kriminalstatistik, in der die Entscheidungen über einen Fall vom polizeilichen Bekanntwerden bis zur rechtskräftigen gerichtlichen Entscheidung dokumentiert sind, gibt es in Deutschland nicht.[30] Internationale kriminalstatistische Vergleiche sind wegen der voneinander abweichenden Deliktsdefinitionen und der unterschiedlichen Erfassungsgrundsätze problematisch.[31]

19 Kriminalstatistiken können als Arbeitsstatistiken und zur Analyse des Entscheidungsverhaltens der Strafverfolgungsorgane herangezogen werden. Inwieweit anhand der Kriminalstatistiken Aussagen über die Kriminalitätswirklichkeit getroffen werden können, muss für die jeweilige Fragestellung sorgfältig geprüft werden. Hierbei sind alle relevanten Kriminalstatistiken sowie sonstige Erkenntnisquellen, insbesondere Befunde der Dunkelfeldforschung, heranzuziehen.[32]

20 Die in Deutschland vorhandenen Kriminalstatistiken haben eine Reihe von Schwächen.[33] Vorschläge für die Weiterentwicklung der Kriminalstatistiken hat der *Rat für Sozial- und Wirtschaftsdaten* vorgelegt.[34]

III. Umfang, Struktur und Entwicklung der registrierten Kriminalität

21 Im Jahr 2019 wurden in der **PKS** 5.436.401 Straftaten registriert. Das ergibt eine Häufigkeitszahl von 6548.[35] Bei dem größten Teil der polizeilich registrierten Straftaten handelt es sich um **Eigentums- und Vermögensdelikte**.[36] 2019 waren 33,6 % der registrierten Straftaten Diebstähle (18,9 % einfache Diebstähle und 14,7 % Diebstähle unter erschwerenden Umständen). Werden die Betrugsdelikte mit einem Anteil von 15,3 % und die Sachbeschädigungen (10,4 %) sowie das Erschleichen von Leistungen (3,7 %), Unterschlagung (2,0 %) und Veruntreuungen (0,3 %) hinzugezählt, ergibt dies einen Anteil der Eigentums- und Vermögensdelikte von 65,3 %, also von etwa zwei Dritteln der polizeilich registrierten Straftaten (vgl. Tab. 9.1). Für 2019 wurde in der PKS ein Gesamtschaden von mehr als 6,64 Milliarden Euro erfasst.[37] Der durch die Diebstahlsdelikte verursachte Schaden wird mit

---

[28] *Heinz* 2009, S. 4 f., 17 f.
[29] *Eisenberg/Kölbel* 2017, § 15 Rn. 32.
[30] *Göppinger/Münster* 2008, § 23 Rn. 34.
[31] *H. J. Schneider* 2007a, S. 306.
[32] *Meier* 2021, § 5 Rn. 16.
[33] Vgl. *Heinz* 2017a.
[34] *Rat für Sozial- und Wirtschaftsdaten* 2020.
[35] *PKS* 2019, Bd. 1, V 1.0, S. 15.
[36] *Meier* 2021, § 5 Rn. 25.
[37] *PKS* 2019, Bd. 1, V 1.0, S. 45.

Tab. 9.1 Straftatengruppen nach ihren Anteilen an der Gesamtzahl der in der PKS erfassten Fälle 2019

Straftaten(gruppen)	Erfasste Fälle	Straftatenanteil in %
Straftaten insgesamt	**5.436.401**	**100,0**
Diebstahl ohne erschwerende Umstände	1.025.321	18,9
Betrug	832.966	15,3
Diebstahl unter erschwerenden Umständen	796.891	14,7
Sachbeschädigung	563.062	10,4
Körperverletzung	546.363	10,1
Rauschgiftdelikte	359.747	6,6
Beleidigung	218.905	4,0
Erschleichen von Leistungen	200.901	3,7
Zwangsheirat, Nachstellung (Stalking), Freiheitsberaubung, Nötigung, Bedrohung	192.087	3,5
Widerstand gegen die Staatsgewalt und Straftaten gegen die öffentliche Ordnung	159.620	2,9
Unterschlagung	108.754	2,0
Wohnungseinbruchdiebstahl	87.145	1,6
Urkundenfälschung	73.560	1,4
Raub, räuberische Erpressung und räuberischer Angriff auf Kraftfahrer	36.052	0,7
Straftaten gegen die sexuelle Selbstbestimmung unter Gewaltanwendung oder Ausnutzen eines Abhängigkeitsverhältnisses	29.606	0,5
Begünstigung, Strafvereitelung (ohne Strafvereitelung im Amt), Hehlerei und Geldwäsche	24.280	0,4
Brandstiftung und Herbeiführen einer Brandgefahr	19.985	0,4
Ausnutzen sexueller Neigung	18.138	0,3
Veruntreuungen	16.788	0,3
Sexueller Missbrauch von Kindern	13.670	0,3
Ausspähen, Abfangen von Daten einschl. Vorbereitungshandlungen, Datenhehlerei	9926	0,2

Quelle: *PKS* 2019, Bd. 1, V1.0, S. 12, 19

2,09 Milliarden Euro angegeben. Allerdings lag der Schaden bei 35,4 % der einfachen Diebstähle unter 50 Euro.[38]

Demgegenüber ist der Anteil der **Gewaltdelikte** verhältnismäßig gering.[39] Die Körperverletzung hatte 2019 einen Anteil von 10,1 % an den registrierten Straftaten, 0,7 % fielen in die Kategorie „Raub, räuberische Erpressung und räuberischer Angriff auf Kraftfahrer", und der Anteil der vorsätzlichen Tötungsdelikte lag unter 0,1 %. Die Anteile der Straftaten gegen die sexuelle Selbstbestimmung unter Ge-

---

[38] A. a. O., S. 46.
[39] *Neubacher* 2020, Kap. 5 Rn. 2.

waltanwendung oder Ausnutzen eines Abhängigkeitsverhältnisses und des sexuellen Missbrauchs von Kindern betrugen 0,5 bzw. 0,3 % (siehe ebenfalls Tab. 9.1).

23 Bei der räumlichen Verteilung der Kriminalität besteht ein **Stadt-Land-Gefälle**.[40] Die Häufigkeitszahl betrug 2019 in Großstädten ab 500.000 Einwohnern 11.217, in Großstädten von 100.000 bis unter 500.000 Einwohnern 8392, in Städten von 20.000 bis unter 100.000 Einwohnern 6380 und in Gemeinden unter 20.000 Einwohnern 3697.[41] Die höhere Kriminalitätsbelastung in den Großstädten kann u. a. mit einer größeren Zahl von Tatgelegenheiten, stärkerer Anonymität und geringerer informeller Sozialkontrolle erklärt werden.[42] Außerdem besteht ein **Nord-Süd-Gefälle** mit höherer Belastung der nördlichen Bundesländer.[43] Die Kriminalitätsbelastung war in den neuen Bundesländern zunächst höher als in den alten Bundesländern. Inzwischen haben sich die Kriminalitätsbelastungen in **West- und Ostdeutschland** angenähert.[44]

24 Die **Aufklärungsquote** betrug 2019 57,5 %.[45] Wie Tab. 9.2 zeigt, stehen hinter dieser Gesamtaufklärungsquote sehr unterschiedliche Aufklärungsraten bei den einzelnen Delikten. Sie hängen in erheblichem Maß davon ab, welche Situation die Polizei beim Bekanntwerden eines Delikts vorfindet.[46] Das polizeiliche Bekanntwerden eines Rauschgiftdeliktes geht in der Regel mit der Kenntnisnahme von einem Tatverdächtigen einher, sodass die Aufklärungsquote bei Rauschgiftdelikten sehr hoch ist. Demgegenüber werden Diebstähle unter erschwerenden Umständen regelmäßig von zunächst unbekannten Tätern begangen, sodass die Aufklärungsquote niedrig ausfällt. Die Aufklärungsquote hängt somit mit der Deliktsstruktur zusammen.[47] So liegt ein Grund für den Anstieg der Gesamtaufklärungsquote in den letzten Jahren in dem Rückgang der Diebstähle unter erschwerenden Umständen und dem gestiegenen Anteil der Betrugsdelikte, die eine hohe Aufklärungsquote aufweisen.[48]

25 Nach der **Strafverfolgungsstatistik** 2019 betreffen ca. 36,0 % der Verurteilungen Eigentums- und Vermögensdelikte (Betrug und Untreue, Diebstahl und Unterschlagung sowie sonstige Vermögensdelikte). Mehr als ein Fünftel der Verurteilten wurden wegen Straftaten im Straßenverkehr bestraft (vgl. Tab. 9.3). 16,4 % der Verurteilten hatten Straftaten nach strafrechtlichen Nebengesetzen begangen, hierunter fallen insbesondere Betäubungsmitteldelikte. Der Anteil der Verurteilungen wegen Gewaltdelikten ist begrenzt. 8,3 % der Verurteilten wurden wegen Körperverletzungsdelikten bestraft. 1,0 % der Verurteilungen fielen auf Raub und Erpressung,

---

[40] *Eisenberg/Kölbel* 2017, § 53 Rn. 14 f.; zu Ausnahmen a. a. O., Rn. 16 f.
[41] *PKS* 2019, Bd. 1, V1.0, S. 21.
[42] *Schwind/Schwind* 2021, § 2 Rn. 22; *Eisenberg/Kölbel* 2017, § 53 Rn. 15.
[43] *Meier* 2021, § 5 Rn. 22 f.; *Eisenberg/Kölbel* 2017, § 53 Rn. 9 ff. mit Hinweisen auf teilweise divergierende Befunde der Dunkelfeldforschung.
[44] Vgl. *PKS* 2019, Bd. 1, V1.0, S. 25.
[45] *PKS* 2019, Bd. 1, V1.0, S. 15.
[46] *Meier* 2021, § 5 Rn. 31 f.
[47] *Neubacher* 2020, Kap. 4 Rn. 6.
[48] *Neubacher*, a. a. O.

Tab. 9.2 Aufklärungsquoten bei einzelnen Straftatengruppen 2019

Straftatengruppen	%
Straftaten gegen das Aufenthalts-, das Asylverfahrens und das Freizügigkeitsgesetz/EU	98,9
Begünstigung, Strafvereitelung (ohne Strafvereitelung im Amt), Hehlerei und Geldwäsche	94,3
Mord, Totschlag und Tötung auf Verlangen	94,0
Rauschgiftdelikte (BtMG)	92,5
Vorsätzliche einfache Körperverletzung	90,7
Beleidigung	89,8
Straftaten gegen die persönliche Freiheit	88,6
Vergewaltigung, sex. Nötigung und sex. Übergriff im besonders schweren Fall einschl. mit Todesfolge	84,5
Gefährliche und schwere Körperverletzung, Verstümmelung weiblicher Genitalien	82,9
Urkundenfälschung	81,4
Wettbewerbs-, Korruptions- und Amtsdelikte	80,1
Betrug	66,6
Raubdelikte	59,0
Straftaten gegen die Umwelt	55,9
Brandstiftung und Herbeiführen einer Brandgefahr	47,8
Unterschlagung	46,7
Diebstahl ohne erschwerende Umstände	40,3
Sachbeschädigung	25,2
Diebstahl unter erschwerenden Umständen	14,8
Straftaten insgesamt	57,5

Quelle: *PKS* 2019, Bd. 1, V1.0, S. 35.

0.1 % auf Straftaten gegen das Leben. Wegen Straftaten gegen die sexuelle Selbstbestimmung erfolgten 1,2 % der Verurteilungen.

Entsprechend der allgemeinen **Entwicklung** in westlichen Ländern[49] ist die polizeilich registrierte Kriminalität in der Bundesrepublik bis in die neunziger Jahre des vorigen Jahrhunderts erheblich angestiegen, hat sie sich dann auf hohem Niveau stabilisiert und geht sie in den letzten Jahren zurück (vgl. Abb. 9.1).[50] Der Anstieg ist vor allem auf die Eigentums- und Vermögensdelikte zurückzuführen und kann mit steigenden Tatgelegenheiten (Selbstbedienungsläden und Fahrzeuge) sowie einer Abschwächung der informellen Sozialkontrolle in Verbindung gebracht werden.[51] Auch die registrierte Gewaltkriminalität war angestiegen.[52] In den letzten Jahren ist ein Rückgang des einfachen Diebstahls und des Diebstahls unter erschwerenden Umständen zu verzeichnen.[53] Während die registrierten vorsätzlichen

26

---

[49] *H.-J. Albrecht* 2007, S. 261 ff.; *Eisenberg/Kölbel* 2017, § 44 Rn. 13.
[50] *Kunz/Singelnstein* 2016, § 16 Rn. 34.
[51] *Neubacher* 2020, Kap. 5 Rn. 8.
[52] *Kaiser* 1996, § 38 Rn. 10.
[53] *PKS* 2019, Bd. 4, V2.0, S. 59, 69.

Tab. 9.3 Anteil der Hauptdeliktsgruppen an den Verurteilungen nach der Strafverfolgungsstatistik 2019

Deliktsgruppe	Verurteilungen	in %
Straftaten im Straßenverkehr (§§ 142, 315b, 315c, 316, 222, 230, 323a StGB i. V. m. Verkehrsunfall und nach dem StVG)	171.691	23,6
Betrug und Untreue (§§ 263–266b StGB)	136.501	18,7
Straftaten nach anderen Bundes- und Landesgesetzen	119.796	16,4
Diebstahl und Unterschlagung (§§ 242–248c StGB)	111.914	15,4
Körperverletzung	60.157	8,3
Straftaten gegen den Staat, die öffentliche Ordnung und im Amt (§§ 80–168 und 331–358 StGB)	29.630	4,1
Beleidigung (§§ 185–200 StGB)	26.554	3,6
Urkundenfälschung (§§ 267–281 StGB)	22.105	3,0
Sonstige Vermögensdelikte (§§ 283–305a StGB)	14.205	1,9
Straftaten gegen die persönl. Freiheit (§§ 232–241a StGB)	10.679	1,5
Straftaten gegen die sexuelle Selbstbestimmung (§§ 174–184c StGB)	8782	1,2
Raub und Erpressung (§§ 249–256, 316a StGB)	6929	1,0
Begünstigung, Hehlerei und Geldwäsche	3678	0,5
Gemeingefährliche Straftaten außer im Straßenverkehr (§§ 306–323c StGB)	2344	0,3
Sonstige Straftaten gegen die Person (§§ 169–173, 201–206 StGB)	1923	0,3
Straftaten gegen die Umwelt (§§ 324–330a StGB)	1127	0,2
Straftaten gegen das Leben außer im Straßenverkehr (§§ 211–222 StGB)	853	0,1
Verurteilungen insgesamt	728.868	100

Quelle: *Strafverfolgung* 2019, S. 24 f.

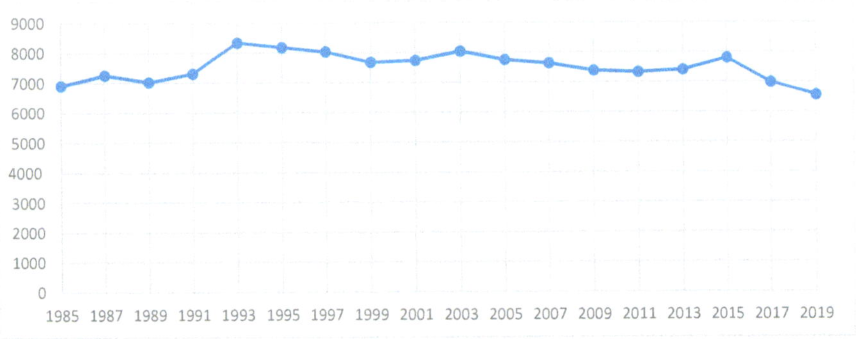

Abb. 9.1 Entwicklung der Häufigkeitszahlen von 1985 bis 2019. (Quelle: *PKS* 2004, S. 28; 2019, Bd. 1, V1.0, S. 16)

leichten Körperverletzungen bis 2016 angestiegen sind, ist bei der gefährlichen und schweren Körperverletzung seit 2007 ein Rückgang festzustellen.[54] Die Raubdelikte gehen seit 1997 zurück,[55] und auch bei den vorsätzlichen Tötungsdelikten ist langfristig ein Rückgang zu verzeichnen.[56] Insgesamt sind die Gewaltdelikte in den letzten Jahren somit rückläufig. Als Ursachen für den Rückgang werden u. a. weniger Gewaltanwendung in der Erziehung, geringerer Alkoholkonsum, stärkere Orientierung junger Menschen an konventionellen Haltungen und Werten sowie Maßnahmen der technischen und entwicklungsbezogenen Prävention diskutiert.[57]

Der Anstieg der polizeilich registrierten Kriminalität bis in die neunziger Jahre des vorigen Jahrhunderts hat sich in den Verurteiltenziffern nicht entsprechend niedergeschlagen, denn viele Ermittlungsverfahren werden von der Staatsanwaltschaft eingestellt und gelangen deshalb nicht vor Gericht. Bei der Zusammensetzung der Verurteilten ist ein Rückgang des Anteils der Verurteilungen wegen Diebstahls und Unterschlagung (von 22,9 % 1990 auf 15,4 % 2019), und ein Anstieg des Anteils der Verurteilungen wegen Betruges (von 7,2 % auf 18,7 %) feststellbar. Der Anteil der Verurteilungen wegen eines Straßenverkehrsdelikts ging von 37,4 % auf 23,6 % zurück. Der Anteil der Verurteilungen wegen Körperverletzung ist von 4,1 % auf 8,3 % gestiegen.[58]

27

---

[54] A. a. O., S. 44.
[55] *PKS* 2003, S. 43; 2019, Bd. 4, V2.0, S. 29.
[56] *PKS* 2003, S. 133; 2019, Bd. 4, V2.0, S. 11.
[57] *Eisenberg/Kölbel* 2017, § 44 Rn. 15, § 48 Rn. 24; *Lösel* 2017, S. 549 ff.
[58] Die Zahlen für 1990 wurden berechnet nach *Strafverfolgung* 1990, S. 12 ff. Zu den Zahlen für 2019 siehe Tab. 9.3. Die Zahlen für 1990 betreffen die alten Bundesländer, die Zahlen für 2019 die gesamte Bundesrepublik.

§ 10 Dunkelfeld

I. Definitionen

Der Begriff des Dunkelfeldes der Kriminalität scheint intuitiv klar zu sein. In der *Polizeilichen Kriminalstatistik* wird darunter „die der Polizei nicht bekannt gewordene Kriminalität" verstanden.[1] Diese Definition verwenden auch andere.[2] Zudem wird in der Polizeilichen Kriminalstatistik und bei *Kunz* und *Singelnstein* zwischen absolutem und relativem Dunkelfeld unterschieden.[3] Das **absolute Dunkelfeld** enthält alle Straftaten, die weder polizeilich erfasst sind noch durch Dunkelfeldforschung aufgehellt werden können. Das **relative Dunkelfeld** umfasst alle Straftaten, die durch Dunkelfelduntersuchungen erfassbar sind.[4] Durch Dunkelfelduntersuchungen wie beispielsweise Opferbefragungen werden jedoch auch Straftaten erfasst, die polizeilich registriert sind. Somit gibt es eine Schnittmenge zwischen relativem Dunkelfeld und polizeilich registrierter Kriminalität – das sind alle in Dunkelfeldstudien erfassten Straftaten, die polizeilich registriert wurden und damit zum Hellfeld gerechnet werden.[5] Es ist zumindest sprachlich verwirrend, wenn ein Teil des Hellfeldes zum Dunkelfeld gerechnet wird.

Noch komplexer wird es, wenn man anstatt der Perspektive der gesellschaftlichen Kontrollinstanzen wie Polizei und Justiz die Perspektive des Opfers einnimmt. Es gibt Straftaten, die das Opfer nicht als Straftat erkennt, so kann es sich beispielsweise bei dem sexuellen Missbrauch von Kindern verhalten.[6] Aus Opfersicht würde man solche Straftaten zum Dunkelfeld zählen, ebenso Straftaten, die

---

[1] *PKS* 2019, Bd. 1, V1.0, S. 6.
[2] *Kunz/Singelnstein* 2016, § 15, Rn. 7; *Schwind* 2016, § 2 Rn. 34.
[3] *PKS* 2019, Bd. 1, V1.0, S. 6; *Kunz/Singelnstein* 2016, § 15, Rn. 8.
[4] *PKS* 2019, Bd. 1, V1.0, S. 6.
[5] PKS 2019, Bd. 1, V1.0, S. 6.
[6] *Dreßing u. a.* 2018a.

vom Opfer gar nicht wahrgenommen werden, so beispielsweise manche Fälle der Computersabotage oder des Betrugs.

3   Der Begriff des Dunkelfelds wird in der Literatur unterschiedlich verwendet. Somit ist es erforderlich, die Ergebnisse von Dunkelfeldstudien immer vor dem Hintergrund der verwendeten Operationalisierung des Begriffs des Dunkelfelds zu interpretieren.

II. Methoden und Probleme der Dunkelfeldforschung

4   Das Ziel der Dunkelfeldforschung ist es, fundierte Information über die nicht registrierte Kriminalität zu erhalten und damit ein Bild von der insgesamt verübten Kriminalität zu bekommen. In Dunkelfeldstudien wird unter „Kriminalität" die Gesamtheit der juristisch strafbewehrten Handlungen verstanden. Dieser juristisch-handlungstheoretische Kriminalitätsbegriff unterscheidet sich von einem labelingtheoretischen Verständnis, nach dem die Zuschreibung des Etiketts „kriminell" durch gesellschaftliche Kontrollinstanzen erforderlich ist.[7] Nach dieser Definition wäre ein Dunkelfeld der Kriminalität nicht vorhanden.

5   In Dunkelfeldstudien kann zwischen verschiedenen Fragestellungen unterschieden werden:

- Die Erfassung der Gesamtkriminalität, also polizeilich registrierte sowie nicht registrierte Kriminalität, in einer Region für einen bestimmten Zeitpunkt,
- Die Erfassung der Entwicklung der Gesamtkriminalität in einer Region,
- Die Erfassung der Entwicklung der Gesamtkriminalität von Personen.

6   Für jede dieser Fragestellungen muss eine andere Methode angewandt werden. Die Erfassung der Gesamtkriminalität einer Region für einen Zeitpunkt ist eine Punktschätzung. Somit ist eine einmalige Erhebung ausreichend. Um Entwicklungen für eine Region zu erfassen, sind Längsschnitterhebungen erforderlich: Die Erhebungen müssen mehrfach durchgeführt werden, wobei aus derselben Grundgesamtheit zu mehreren Zeitpunkten Stichproben gezogen werden müssen. Um Entwicklungen für Personen zu erfassen, müssen die gleichen Personen mehrfach untersucht werden – es muss also eine Panelerhebung durchgeführt werden.

7   In der Dunkelfeldforschung werden unterschiedliche Methoden eingesetzt, das Experiment, die teilnehmende Beobachtung und die Befragung, wobei die Zielgruppe entweder Opfer von Kriminalität oder Täterinnen und Täter sein können. Die Befragungen können quantitativer oder qualitativer Natur sein. Als Erkenntnismittel sind Experimente, teilnehmende Beobachtung und qualitative Befragungen aufgrund fehlender Verallgemeinerungsfähig nicht geeignet, Umfang, Struktur und Entwicklung von Kriminalität zu erfassen.[8] Aber auch mittels quantitativer Befragungen kann das Dunkelfeld nur näherungsweise ermittelt werden. Dies liegt

---

[7] *Menzel/Peters* 1998.
[8] *Heinz* 2009, S. 21.

nicht nur an Problemen der Erreichbarkeit der Befragten, an nichtzufälligen Antwortverweigerungen, an Defiziten in Erhebungsinstrumenten, Halo-Effekten, response sets, sozial erwünschtem Antwortverhalten, sondern auch an unterschiedlichen Ergebnissen bei Täter- und Opferbefragungen.[9] Unter einem **Halo-Effekt** versteht man die Auswirkungen einer Frage auf das Antwortverhalten bei nachfolgenden Fragen. Dies ist möglich, wenn durch eine Frage ein kognitiver oder affektiver Kontext geschaffen wird. So würde beispielsweise die Frage nach der Beurteilung eines besonders verwerflichen Verbrechens das Antwortverhalten auf die nachfolgende Erfassung selbstberichteter Delinquenz beeinflussen. Somit kann die Reihenfolge der Fragen in einem Fragebogen das Ergebnis der Befragung verzerren. Unter **response set** oder **response bias** versteht man eine systematische Abweichung der berichteten von den tatsächlichen Werten. Manche Befragten präferieren die Extremwerte der Antwortvorgaben, andere bevorzugen die Skalenmitte. Auch der Druck, sozial erwünscht zu antworten, ist eine Art des response set.

Eine Studie, in der bei den gleichen Personen eine Täter- und eine Opferbefragung zu den gleichen Delikten durchgeführt wurde, zeigt eine erhebliche Diskrepanz zwischen Täter- und Opferzahlen.[10] Die Anzahl der Opfer für die Delikte Diebstahl und Körperverletzung ist fünfmal so groß wie die Anzahl der Täter. Für das Delikt Sachbeschädigung ist die Diskrepanz noch größer.[11] Die Befragung wurde in zwei Städten durchgeführt. In beiden Städten war die Täter-Opfer-Relation für alle Delikte nahezu identisch. Dies spricht für reliable Messungen der selbstberichteten Delinquenz und Viktimisierungen, aber auch für Validitätsdefizite bei mindestens einem der Erhebungsinstrumente. Allerdings ist anzunehmen, dass verübte Straftaten häufiger verschwiegen werden als Opferwerdungen. Somit scheint die Opferbefragung das zuverlässigere Instrument zur Aufhellung des Dunkelfeldes zu sein.

III. Ergebnisse von Opfer- und Täterbefragungen

Zur Erfassung der Gesamtkriminalität in einer Region durch eine **einmalige Befragung** liegen zahlreiche Studien vor. In Deutschland haben etliche Landeskriminalämter einschlägige Untersuchungen initiiert.[12] Eine umfassende Darstellung solcher Opferbefragungen ist in der Arbeit von *Guzy* und anderen zu finden.[13]

Die Untersuchungen zur **Entwicklung der Gesamtkriminalität** beziehen sich in der Regel auf eine Region oder auf eine Personengruppe. Eine der ersten Opferbefragungen, die wiederholt wurden, stammt von *Schwind* und anderen. Sie haben

---

[9] *Kriz* 1981; *Faulbaum/Prüfer/Rexroth* 2009; *Atteslander* 2010; *Schnell/Hill/Esser* 2018.
[10] *Hermann/Weninger* 1999.
[11] *Hermann/Weninger* 1999, S. 764.
[12] Anstatt vieler: *Liebl* 2014; *Dreißigacker* 2015; *Landeskriminalamt Niedersachsen* 2016.
[13] *Guzy/Birkel/Mischkowitz* 2015.

die Entwicklung der Kriminalität in Bochum seit 1975 untersucht.[14] Die ersten Opferbefragungen wurden bereits in den 1960er-Jahren in den USA durchgeführt; die ersten Studien in Europa wurden kurz danach in skandinavischen Ländern realisiert.[15]

11 Das *Kriminologisches Forschungsinstitut Niedersachsen* hat mehrere Opfer- und Täterbefragung von Schülerinnen und Schülern durchgeführt, beschränkt auf Niedersachsen.[16] Dieser Survey wurde 2013, 2015 und 2017 realisiert. Die Stichprobe ist eine nach Schularten geschichtete Zufallsstichprobe von Klassen, in denen Totalerhebungen durchgeführt wurden. Die Befragungen wurden in Förderschulen, Hauptschulen, Realschulen, Gesamtschulen, Oberschulen und Gymnasien durchgeführt. Im Jahr 2013 wurden bei einer Rücklaufquote von 64 Prozent 9513 Jugendliche befragt, im Jahr 2015 wurden bei einer Rücklaufquote von 69 Prozent 10.638 Jugendliche erreicht. Der Rücklauf für 2017 lag bei 59 Prozent. In jenem Jahr wurden 8938 Schülerinnen und Schüler befragt.

12 In Tab. 10.1 sind die Ergebnisse der Opferbefragungen aufgeführt. Demnach hat sich die Eigentumskriminalität unter Schülerinnen und Schülern zwischen 2013 und 2017 uneinheitlich entwickelt; bei Gewaltkriminalität ist tendenziell ein Anstieg der Opferzahlen erkennbar.

Tab. 10.1 Opfererfahrungen von Eigentums- und Gewaltdelikten im Zeitvergleich (prozentualer Anteil der Befragten, die mindestens einmal Opfer wurden)

	Lebenszeit-Prävalenz			12-Monats-Prävalenz		
	2013	2015	2017	2013	2015	2017
Eigentumsdelikte insgesamt	-	**38,3**	**41,3**	-	**22,3**	**23,4**
Fahrraddiebstahl	17,5	15,6	16,7	8,0	7,3	7,2
anderer Fahrzeugdiebstahl	0,6	0,7	0,8	0,3	0,2	0,3
Diebstahl	18,2	16,2	18,0	9,2	8,4	9,2
Sachbeschädigung	21,2	19,8	23,8	12,0	11,7	13,5
Gewaltdelikte insgesamt	**24,0**	**23,7**	**27,2**	**13,2**	**12,4**	**14,4**
Raub	7,6	6,4	7,8	3,3	2,9	3,5
Erpressung	3,2	3,1	4,5	1,2	1,4	2,3
sexuelle Gewalt	1,6	1,6	2,1	0,6	0,7	1,0
Körperverletzung mit Waffe	4,3	4,4	5,7	2,3	2,2	2,9
Körperverletzung durch mehrere Personen	4,2	4,6	5,5	1,9	1,8	2,3
Körperverletzung durch einzelne Person	16,1	16,6	19,2	8,7	8,2	9,3
sexuelle Belästigung	7,7	7,9	10,5	5,0	5,0	7,1

-: nicht bestimmt
Quellen: *Bergmann/Baier/Rehbein/Mößle* 2017, S. 43, 50; *Bergmann/Kliem/Krieg/Beckmann* 2019, S. 28, 36

---

[14] *Schwind/Fetchenhauer/Ahlborn/Weiß* 2001; *Feltes/Feldmann-Hahn* 2009.
[15] *Dijk/Castelbajac* 2015.
[16] *Bergmann/Baier/Rehbein/Mößle* 2017; *Bergmann/Kliem/Krieg/Beckmann* 2019.

III. Ergebnisse von Opfer- und Täterbefragungen

Tab. 10.2 Selbstberichtete Delinquenz von Eigentums- und Gewaltdelikten im Zeitvergleich (prozentualer Anteil der Befragten, die mindestens ein Delikt verübt haben)

	Lebenszeit-Prävalenz			12-Monats-Prävalenz		
	2013	2015	2017	2013	2015	2017
Fahrzeugdiebstahl	2,2	1,8	2,0	1,3	1,0	1,3
Diebstahl	3,4	2,8	5,4	1,6	1,2	2,4
Sachbeschädigung	13,2	10,1	11,0	6,3	4,8	5,3
Ladendiebstahl	16,4	14,3	15,8	5,2	4,0	4,2
Schwarzfahren	40,1	38,1	38,5	28,7	25,8	26,1
Graffitisprühen	5,0	4,6	5,3	2,8	2,8	3,1
illegales Downloaden	42,2	36,9	37,4	35,3	29,5	28,9
Einbruchsdiebstahl	1,2	0,9	1,4	0,5	0,5	0,7
Drogenverkauf	3,5	3,5	3,9	3,0	2,8	3,3
Gewaltdelikte insgesamt	**16,7**	**14,8**	**17,7**	**7,9**	**6,1**	**7,7**
Raub	1,2	1,2	1,6	0,6	0,5	0,7
Erpressung	0,4	0,5	0,6	0,2	0,2	0,3
sexuelle Gewalt/Belästigung	0,8	0,6	0,9	0,5	0,4	0,5
Körperverletzung mit Waffe	1,6	1,3	1,6	0,8	0,6	0,7
Körperverletzung mit mehreren Personen	4,6	3,3	3,6	2,3	1,4	1,5
Körperverletzung allein	14,4	12,5	15,7	6,6	4,9	6,4

Quellen: *Bergmann/Baier/Rehbein/Mößle* 2017, S. 43, 50; *Bergmann/Kliem/Krieg/Beckmann* 2019, S. 31, 41

In Tab. 10.2 sind die Ergebnisse der Befragungen zur selbstberichteten Delinquenz aufgeführt. Demnach hat sich die Eigentumskriminalität von Schülerinnen und Schülern zwischen 2013 und 2017 uneinheitlich entwickelt; ebenso verhält es sich mit den Täterzahlen bei Gewaltkriminalität.

Zu etwas anderen Ergebnissen kommt die Studie von *Niproschke*.[17] Allerdings unterscheidet sich die Studie hinsichtlich des Untersuchungszeitraums, der Untersuchungsregion und der berücksichtigten Delikte. In den Jahren 1996 und 2014 wurden Schülerinnen und Schüler der Klassen sechs und acht an Gymnasien, Oberschulen und Förderschulen im Bundesland Sachsen befragt. In jeder Erhebungswelle haben etwas mehr als 2000 Schülerinnen und Schüler teilgenommen. Die Rücklaufquoten lagen bei 79 und 78 Prozent. In Tab. 10.3 sind die Ergebnisse zusammengefasst.

Lediglich die Viktimisierungshäufigkeit durch Anschreien, Beschimpfen und Beleidigen hat sich nicht signifikant verändert. Für alle anderen Delinqenzbereiche sind die Täter- und Opferzahlen signifikant gesunken. In der oben dargestellten Studie des *Kriminologischen Forschungsinstituts Niedersachsen* ist der berücksichtigte Zeitraum kürzer und zudem wurden schwerere Delikte berücksichtigt. Dies kann die Diskrepanz in den Untersuchungsergebnissen erklären.

Einen Rückgang der Raten selbstberichteter Delinquenz (Lebenszeitprävalenzen) zwischen 1998 und 2006 konnte auch in einer Schülerbefragung durch *Dünkel, Ge-*

---

[17] *Niproschke* 2018.

Tab. 10.3 Opfer- und Tätererfahrungen von Gewaltdelikten im Zeitvergleich

	Prävalenz (alle paar Monate oder häufiger) Häufigkeit (%)	
	1996	2014
Opfererfahrungen in den letzten 12 Monaten: Sind Sie von anderen …[1]		
gehänselt oder geärgert worden.	15,5	11,5
angeschrien, beschimpft, beleidigt worden.	15,2	16,2
geschlagen worden.	7,2	4,9
auf dem Schulweg belästigt, bedroht worden.	4,7	1,5
unter Druck gesetzt worden.	3,9	7,2
Selbstberichtete Delinquenz in den letzten 12 Monaten: Haben Sie …[2]		
andere im Unterricht geärgert, beworfen oder beschossen.	32,8	11,8
andere mit gemeinen Ausdrücken beschimpft.	24,1	15,2
andere gehänselt oder mich über sie lustig gemacht.	21,7	15,7
andere mit Sachen (zum Beispiel Lineal, Mäppchen) beworfen.	16,0	6,5
mit anderen bewusst Streit angefangen, sie angeschrien, beschimpft.	12,7	7,4
andere unter Druck gesetzt.	8,8	2,8

1: Prozentualer Anteil der Befragten, die „alle paar Monate" oder häufiger Opfer wurden
2: Prozentualer Anteil der Befragten, die „alle paar Monate" oder häufiger mindestens ein Delikt verübt haben
Quelle: *Niproschke* 2018, S. 285 f.

bauer und *Geng* in Greifswald nachwiesen werden.[18] In drei Wellen wurden zwischen 724 und 1529 Schülerinnen und Schüler der neunten Schulklassen zu fünf Gewalt- und fünf Nichtgewaltdelikten befragt, wobei Lebenszeitprävalenzen erfasst wurden. Die Lebenszeitprävalenzen der ersten und letzten Befragung betrugen für den Ladendiebstahl 58 und 41 Prozent – dies ist im Vergleich zu den anderen Delikten der größte Rückgang. Bei den anderen Delikten – Einbruchdiebstahl, Fahrzeugdiebstahl, Vandalismus, Belästigung, Raub, Betrug, Erpressung, Bedrohung mit einer Waffe und Körperverletzung – waren die Veränderungen vergleichsweise marginal. Der Anteil der Personen, die nach eigenen Angaben eine Körperverletzung verübten, verringerte sich von 1998 bis 2006 von 21 auf 20 Prozent. Beim Vandalismus blieb der Täteranteil unverändert bei 19 Prozent und beim Fahrzeugdiebstahl bei 11 Prozent. Der Anteil der Personen, die keines der oben aufgeführten Delikte verübt haben, ist von 32 auf 47 Prozent gestiegen.

17 In der Greifswalder Dunkelfeldstudie wurden auch Opfererfahrungen erfasst, beschränkt auf die Delikte Raub, Erpressung, sexuelle Gewalt, Körperverletzung mit und ohne Waffengebrauch. Die Lebenszeitprävalenzen haben sich nur wenig verändert: Der Anteil der Opfer von Raubdelikten hat sich zwischen 1998 und 2006 von 11 auf 7 Prozent reduziert, bei Erpressungen von 6 auf 5 Prozent. Der Anteil der Opfer sexueller Gewalt hat sich von 5 auf 6 Prozent erhöht. Der Anteil der Opfer

---

[18] *Dünkel/Gebauer/Geng* 2008, S. 32.

von Körperverletzungen ohne Waffe hat sich von 25 auf 23 Prozent verringert, und bei Körperverletzungen mit Waffe von 7 auf 4 Prozent.[19]

Einen Rückgang der Gewaltdelinquenz zwischen 1998 und 2006 belegt die Schülerstudie von *Baier* für ausgewählte Städten Deutschlands.[20] Bei Schülerinnen und Schülern der neunten Jahrgangsstufe reduzierte sich Lebenszeitprävalenz für Gewaltdelikte um vier Prozentpunkte und die Zwölfmonatsprävalenz um drei Prozentpunkte.

Dieser Trend wurde auch in einer Befragung an bayerischen Schulen durch *Fuchs* und andere gefunden.[21] Sowohl bei physischer als auch nichtphysischer Gewalt ist das Gewaltniveau zwischen 1994 und 2004 signifikant zurückgegangen. Diese Tendenz wurde in der Untersuchung von *Block* und anderen bestätigt.[22] Diese Studie wurde in Hamburg mit Schülerinnen und Schülern der neunten Klassen in den Jahren 1998, 2002 und 2005 durchgeführt. Insgesamt gesehen zeigen die seit Ende der 1990er- Jahre durchgeführten Befragungen von Schülerinnen und Schülern keinen Anstieg der Gewaltkriminalität.

Vom *Bundeskriminalamt* wurde 2012 erstmals eine **deutschlandweite Opferbefragung** initiiert; sie wurde 2017 wiederholt.[23] Ein Ziel dieses Deutschen Viktimisierungssurveys ist es herauszufinden, wie häufig die Bürgerinnen und Bürger Opfer von Straftaten wurden und was sich zwischen 2012 und 2017 verändert hat. Bei der letzten Befragung wurden zwischen Mitte 2017 und Anfang 2018 insgesamt 31.000 Bürgerinnen und Bürger ab 16 Jahren befragt. Eine Stichprobe mit 30.000 Fällen wurde über zufällig generierte Mobil- und Festnetznummern bestimmt. Zudem wurden 1000 zufällig ausgewählte Bürgerinnen und Bürger mit türkischem Migrationshintergrund befragt. Die ausgewählten Personen wurden telefonisch und computergestützt befragt. Dieses Auswahlverfahren wurde auch 2012 angewandt, wobei damals 35.503 zufällig ausgewählte Personen befragt wurden. Der Fragebogen wurde auch in Fremdsprachen übersetzt und die Interviews bei Bedarf von zweisprachigen Interviewern durchgeführt.

In den beiden Wellen wurden die Teilnehmer und Teilnehmerinnen jeweils gefragt, ob sie in den letzten fünf Jahren Opfer ausgewählter Delikte wurden. Die Ergebnisse sind in Tab. 10.4 dargestellt.

Bei den Delikten persönlicher Diebstahl, Zahlungskartenmissbrauch, Raub sowie bei dem Internetdelikt Phishing, also der betrügerischen Aufforderung zur Preisgabe von vertraulichen Informationen durch E-Mails, hat sich in den letzten fünf Jahren der Opferanteil erhöht. Der Anteil der Personen, die durch Schadsoftware Datenverluste oder sonstige Schäden erlitten, ist zurückgegangen. Die Ver-

---

[19] *Dünkel/Gebauer/Geng* 2008, S. 22.
[20] *Baier* 2008.
[21] *Fuchs/Baur/Lamnek/Luedtke* 2009.
[22] *Block/Brettfeld/Wetzels* 2007.
[23] *Birkel/Guzy/Hummelsheim/Oberwittler/Pritsch* 2014; *Birkel/Church/Hummelsheim-Doss/ Leitgöb-Guzy/Oberwittler* 2019.

Tab. 10.4 Opferanteile der jeweils letzten fünf Jahre für Personendelikte (Prävalenzrate in Prozent) im Zeitvergleich

Erhebungszeitpunkt Delikt	2012	2017
Persönlicher Diebstahl	10,7	11,5
Waren- und Dienstleistungsbetrug	13,8	13,6
Raub	3,1	3,9
Körperverletzung	8,8	9,2
Schadsoftware (Viren, Würmer oder Trojaner)	24,1	19,1
Zahlkartenmissbrauch	3,0	4,1
Phishing	2,4	3,1

Quelle: *Birkel/Church/Hummelsheim-Doss/Leitgöb-Guzy/Oberwittler* 2019, S. 11.

änderungen sind statistisch signifikant. Für die Delikte Waren- und Dienstleistungsbetrug sowie Körperverletzung sind die Veränderungen statistisch nicht signifikant.

23 Einige Delikte wie der Wohnungseinbruch müssen auf Haushalte und nicht auf Personen bezogen werden. Der Anteil der Haushalte, bei denen in den letzten fünf Jahren eingebrochen wurde oder es versucht wurde, ist von 5,4 auf 8,1 Prozent signifikant gestiegen. Die Prävalenzrate für den Diebstahl eines Pkw, eines Kleintransporters oder eines anderen Kraftwagens ist von 0,7 auf 0,9 Prozent gestiegen. Gesunken sind die Opferraten beim Fahrraddiebstahl, von 15,4 auf 14,5 Prozent, sowie beim Diebstahl von Mopeds, Mofas, Motorrädern oder Motorrollern, nämlich von 0,8 auf 0,5 Prozent.[24]

24 Dunkelfeldstudien sollen die Häufigkeitsverteilung und Entwicklung von Kriminalität beschreiben. Im ersten Fall wird eine Personengruppe einmal, im zweiten Fall mehrfach befragt. Die Mehrfacherhebung bezieht sich nicht dieselben Personen, sondern nur auf die gleiche Personengruppe, also beispielsweise Schülerinnen und Schüler der Klasse 9. Darüber hinaus gibt es Dunkelfeldstudien, welche die gleichen Personen zu mehreren Zeitpunkten befragen, um Altersverläufe der Kriminalitätsentwicklung zu bestimmen. Solche **Kohortenstudien** unterscheiden sich in der Zielsetzung von den hier beschriebenen Studien. Diese haben das Ziel, den Umfang und die Schwere von Kriminalität für eine Population möglichst genau zu schätzen, während die Kohortenstudien den Umfang und die Schwere delinquenter Aktivitäten im Lebensverlauf bestimmen, so beispielsweise die Cambridge Kohortenstudie,[25] die Philadelphia Kohortenstudie,[26] die Duisburger und Münsteraner Längsschnittstudien.[27]

25 Ein weiteres Ziel von Opferbefragungen ist es, die **Anzeigequoten** zu bestimmen. Dazu gibt es unterschiedliche Methoden.[28] Im Deutschen Viktimisierungs-

---

[24] *Birkel/Church/Hummelsheim-Doss/Leitgöb-Guzy/Oberwittler* 2019, S. 17.
[25] *West/Farrington* 1973; *Farrington* 2003.
[26] *Tracy/Wolfgang/Figlio* 1990.
[27] *Boers/Walburg/Reinecke* 2006.
[28] *Enzmann* 2015.

survey wurde die Anzeigequote bestimmt, indem für jede berichtete Viktimisierung der letzten 12 Monate gefragt wurde, ob die Polizei über den genannten Vorfall informiert wurde oder nicht. Die Anzeigequote wurde als prozentualer Anteil der angezeigten Fälle an der Summe angezeigter und nicht angezeigter Fälle berechnet. Mit den Daten des Deutschen Viktimisierungssurveys 2017 wurden folgende Anzeigequoten ermittelt:[29]

- Persönlicher Diebstahl: 42,3 %,
- Waren- und Dienstleistungsbetrug: 11,1 %,
- Raub: 32,0 %,
- Körperverletzung: 36,6 %,
- Schadsoftware (Viren, Würmer oder Trojaner): 5,1 %,
- Zahlkartenmissbrauch: 40,7 %,
- Phishing (E-Mail-Betrug): 10,5 %.

Die Veränderungen der Anzeigequoten zwischen 2012 und 2017 waren statistisch nicht signifikant.

---

[29] *Birkel/Church/Hummelsheim-Doss/Leitgöb-Guzy/Oberwittler* 2019, S. 40.

§ 11 Gesamtbetrachtung

Weder Kriminalstatistiken noch Dunkelfeldbefragungen ergeben ein genaues Abbild der tatsächlichen Kriminalität. Vielmehr handelt es sich lediglich um mit Fehlerquellen behaftete **Indikatoren** für die Delinquenz, sodass Aussagen über Umfang, Struktur und Entwicklung der Kriminalität weiterhin mit Unsicherheiten behaftet sind.[1] Die Dunkelfeldforschung zeigt, dass Delinquenz tatsächlich viel weiter verbreitet ist, als es aus den Kriminalstatistiken hervorgeht. Eine Viktimisierung durch leichtere Delikte ist kein ganz seltenes Ereignis.[2] Nach beiden Erkenntnisquellen dominiert die Eigentums- und Vermögenskriminalität. Straßenverkehrsdelikten kommt ebenfalls eine erhebliche Bedeutung zu. Auch leichtere Delikte stellen bei massenhaftem Vorkommen eine erhebliche Beeinträchtigung dar und müssen daher zurückgedrängt werden. Gewaltdelikte werden weniger häufig bekannt, sie können aber für die Verletzten besonders gravierende Folgen haben. Auch schwere Delikte verbleiben teilweise im Dunkelfeld. Das gilt z. B. für gravierende Sexualdelikte. Nach den Kriminalstatistiken ist die Delinquenz in Deutschland ebenso wie in den anderen westlichen Staaten in den letzten Jahren zurückgegangen. Dies wird durch Dunkelfelduntersuchungen teilweise bestätigt. Freilich dürfte die expandierende Cyberkriminalität bisher nicht ausreichend erfasst sein. Zur genaueren Erfassung der Kriminalität sind ein Ausbau der Kriminalstatistiken und eine Intensivierung der Dunkelfeldforschung angezeigt.

---

[1] *Kaiser* 1996, § 37 Rn. 92, 94.
[2] *Eisenberg/Kölbel* 2017, § 44 Rn. 17.

© Der/die Autor(en), exklusiv lizenziert an Springer-Verlag GmbH, DE, ein Teil von Springer Nature 2022
D. Dölling et al., *Kriminologie*, Springer-Lehrbuch,
https://doi.org/10.1007/978-3-642-01473-4_11

Teil IV
Verbrecher

§ 12 Lebensalter

I. Kriminalitätsverteilung über die Altersgruppen

Nach den Kriminalstatistiken **variiert die Kriminalitätsbelastung** der verschiedenen Altersgruppen erheblich. Die Kriminalitätsbelastung steigt im zweiten Lebensjahrzehnt stark an, erreicht etwa um das 20. Lebensjahr den Gipfelpunkt und fällt dann ab. In Dunkelfeldbefragungen im Rahmen von Verlaufsstudien findet sich die höchste Belastung bereits im Jugendalter.[1] Nach der Polizeilichen Kriminalstatistik (PKS) 2019 betrug die Tatverdächtigenbelastungszahl (nur Deutsche) bei den Kindern (ab 8 bis unter 14 Jahre) 1264, bei den Jugendlichen (14 bis unter 18 Jahre) 4954, bei den Heranwachsenden (18 bis unter 21 Jahre) 5344, bei den Jungerwachsenen (21 bis unter 25 Jahre) 4281, bei den 25- bis unter 30-Jährigen 3520, bei den 30- bis unter 40-Jährigen 3053 und sank dann auf unter 1000 bei den 60-Jährigen und Älteren (vgl. Abb. 12.1).[2] Bei den Männern ist der Anstieg der registrierten Kriminalität im Jugendalter ausgeprägter als bei den Frauen. Bei diesen ist die höchste Tatverdächtigenbelastungszahl bereits im Alter von 14 bis unter 16 Jahren zu verzeichnen und verläuft die Kurve der Kriminalitätsbelastung insgesamt flacher als bei den Männern.

Allerdings kann die Tragweite dieses Befundes dadurch eingeschränkt sein, dass junge Tatverdächtige wegen leichterer Sichtbarkeit der von ihnen begangenen Delikte und größerer Geständnisbereitschaft eher überführt werden als ältere Beschuldigte.[3] Auch nach Dunkelfelduntersuchungen ist jedoch die höchste Delinquenzbelastung im Jugendalter zu verzeichnen, wobei die Belastungsspitze etwas früher liegt als nach den Kriminalstatistiken.[4] In der **Age-Crime-Kurve** mit einer Kumulation der Kriminalität im Jugendalter kann daher ein universeller Befund gesehen

---
[1] *Kaiser* 1996, § 43 Rn. 7; *Eisenberg/Kölbel* 2017, § 48 Rn. 14.
[2] *PKS* 2019, Bd. 3, V3.0, S. 101.
[3] *Meier* 2021, § 9 Rn. 54.
[4] *Dölling* 2007a, S. 471 f.

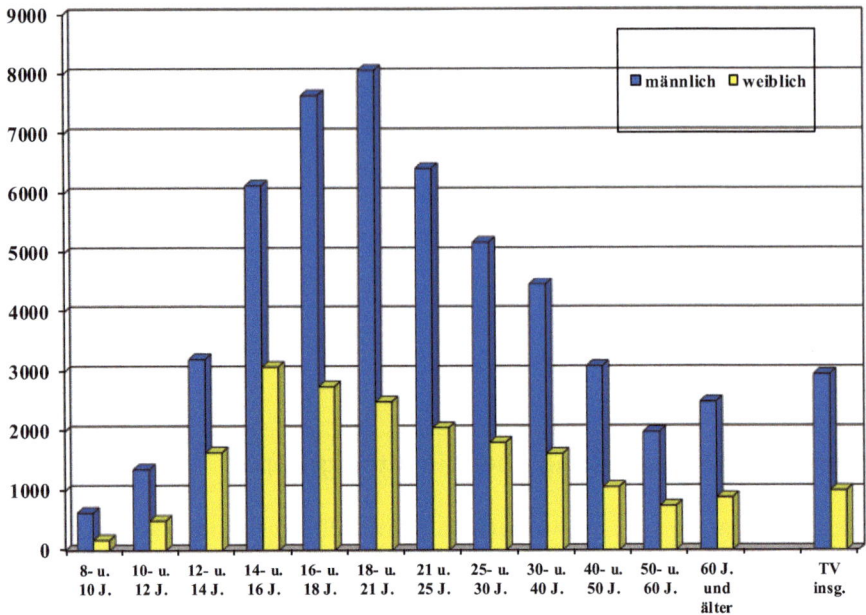

Abb. 12.1 Tatverdächtigenbelastungszahlen deutscher Tatverdächtiger nach Alter und Geschlecht (2019). (Quelle: *PKS* 2019, Bd. 3, V3.0, S. 101)

werden.[5] Allerdings dürften bestimmte Straftaten Erwachsener wie Steuer- und Wirtschaftsdelikte auch in Dunkelfelduntersuchungen weniger gut erfasst werden als Straftaten junger Menschen, sodass der Unterschied zwischen Jugend- und Erwachsenenkriminalität bei Berücksichtigung dieser Delikte möglicherweise nicht so stark ausfallen würde.[6]

II. Kinderdelinquenz

3   Kinder (junge Menschen unter 14 Jahren) sind unter den polizeilich registrierten Tatverdächtigen unterrepräsentiert.[7] Nach dem die polizeilich registrierte Kinderdelinquenz in den achtziger Jahren des vorigen Jahrhunderts rückläufig war, ist sie bis 1998 gestiegen. Seitdem ist ein Rückgang der registrierten Kinderdelinquenz zu verzeichnen.[8] Nach Dunkelfelduntersuchungen begeht nahezu jedes Kind geringfügige Delikte.[9] Die Delinquenz entspringt häufig normalem kindlichen Verhalten und

---

[5] *Brown/Esbensen/Geis* 2019, S. 103; *Neubacher* 2020, Kap. 6 Rn. 2.
[6] *Dölling* 2007a, S. 472.
[7] *Schwind/Schwind* 2021, § 3 Rn. 10a.
[8] *Göppinger/Maschke* 2008, § 24 Rn. 26.
[9] *Dölling* 2007a, S. 474.

ist mit Spiel, Abenteuer und Fantasie verbunden.[10] Die Kinder erfassen vielfach den Unrechtsgehalt der Taten nicht voll.[11] Häufigste Delikte sind Diebstahl, Sachbeschädigung und Körperverletzung.[12] Die Delikte sind meistens einfach strukturiert,[13] und die durch die Taten verursachten Schäden fallen gering aus.[14] Jungen sind stärker belastet als Mädchen.[15] Delikte von Kindern werden nur selten angezeigt.[16] Kinderdelinquenz ist in der Regel episodenhaft und hat keine Schrittmacherfunktion für spätere Jugend- und Erwachsenenkriminalität.[17] Eine erhöhte kriminelle Gefährdung kann allerdings bestehen, wenn zu der Delinquenz weitere Auffälligkeiten und Probleme, etwa im Elternhaus und in der Schule, hinzukommen.[18]

III. Kriminalität von Jugendlichen und Heranwachsenden

Bei den Jugendlichen und Heranwachsenden ist entsprechend der Age-Crime-Kurve eine Kumulation der Delinquenz festzustellen. Unter Jugendlichen werden hier wie in § 1 Abs. 2 des Jugendgerichtsgesetzes die 14- bis unter 18-Jährigen, unter Heranwachsenden die 18- bis unter 21-Jährigen verstanden. Ihre Überrepräsentation unter den Tätern kann mit der Lebensphase der Jugend erklärt werden.[19] Es handelt sich hierbei um eine Übergangsphase, in der die jungen Menschen sich von ihrem Elternhaus lösen, sich die Rollen der Erwachsenen aneignen müssen und zu eigenständigen Persönlichkeiten mit spezifischen Einstellungen und Wertorientierungen heranreifen. Diese Übergangsphase ist mit zahlreichen Schwierigkeiten verbunden. Junge Menschen neigen dazu, ihre Grenzen auszutesten, und ihre Fähigkeiten zu rationalem und kontrolliertem Handeln sind weniges stark ausgeprägt als bei Erwachsenen. Es leuchtet daher ein, dass sie stärker mit Delinquenz belastet sind.[20]

4

Viele Menschen begehen in ihrer Jugendphase gelegentlich leichtere Delikte.[21] Dies gilt für Jugendliche aller sozialen Schichten. Die Delinquenz hat vorübergehenden Charakter und endet in der Regel im Erwachsenenalter. Es wird deshalb von Normalität, Ubiquität und Episodenhaftigkeit der Jugenddelinquenz

5

---

[10] *Feest* 1993, S. 212; *Kaiser* 1996, § 43 Rn. 17; *Eisenberg/Kölbel* 2017, § 48 Rn. 6.
[11] *Schwind/Schwind* 2021, § 3 Rn. 11 f.
[12] *Dölling* 2007a, S. 474.
[13] *Schneider* 1998, S. 472.
[14] *Pongratz* 2000, S. 67.
[15] *Kaiser* 1996, § 43 Rn. 14.
[16] *Schwind/Schwind* 2021, § 3 Rn. 14.
[17] *Dölling* 2007a, S. 474.
[18] *Göppinger/Maschke* 2008, § 24 Rn. 34; *Eisenberg/Kölbel* 2017, § 48 Rn. 9 f.
[19] *Meier* 2021, § 5 Rn. 41.
[20] *Eisenberg/Kölbel* 2017, § 48 Rn. 27; *Neubacher* 2020, Kap. 6 Rn. 1.
[21] *Dölling* 2007a, S. 472.

gesprochen.[22] Die Delikte werden in der Regel nicht strafrechtlich sanktioniert.[23] Zahlreiche und schwere Delikte werden nur von wenigen Jugendlichen und Heranwachsenden begangen. Diese Minderheit ist für einen Großteil der Straftaten junger Menschen, insbesondere der Gewaltdelikte, verantwortlich. Es wird angenommen, dass 5 bis 10 % eines Jahrgangs mehr als die Hälfte der Delikte dieses Jahrgangs und die meisten schweren Straftaten begehen.[24] Insoweit wird von Intensivtätern gesprochen.[25] Sie unterliegen einem erhöhten Risiko, auch im Erwachsenenalter kriminell zu werden.[26] Vielen von ihnen gelingt aber noch im Jugendalter oder im dritten oder vierten Lebensjahrzehnt die soziale Integration.[27]

6   Eine Reihe von Verlaufsstudien hat für Geburtskohorten über längere Zeiträume regelmäßig Daten erhoben und aufgrund der Befunde Tätergruppen gebildet, die sich im biografischen Deliktsverlauf unterscheiden. Zu diesen Kohortenstudien gehören u. a. die Philadelphia Birth Cohort Study,[28] die Cambridge Study in Delinquent Development,[29] die Reanalyse der von dem Forscherehepaar *Glueck* in mehreren Wellen über jugendliche Delinquenten und eine Vergleichsgruppe erhobenen Daten und die Weiterführung der Untersuchung über die Delinquenten bis ins 70. Lebensjahr durch *Sampson* und *Laub*,[30] die Rochester Youth Development Study,[31] die Pittsburgh Youth Study,[32] die Dunedin Multidisciplinary Health and Development Study[33] und die Münsteraner und Duisburger Verlaufsstudie „Kriminalität in der modernen Stadt".[34] Bekannt geworden ist die Differenzierung von *Moffitt* zwischen adolescent-limited offenders, deren Delinquenz sich auf die Jugendzeit beschränkt, und life-course persistent offenders, deren Auffälligkeit bereits im Kindesalter beginnt und bis in hohe Altersstufen fortdauert.[35] Diese Dichotomie wird jedoch den unterschiedlichen Entwicklungsverläufen nicht hinreichend gerecht.[36] Auch Täter, die bis in das dritte Lebensjahrzehnt häufig Straftaten begangen haben, brechen später häufig ihre kriminelle Karriere ab. Andererseits gibt es „Spätstarter", die in Kindheit und früher Jugend keine erheblichen Delikte begehen, dann aber

---

[22] *Kreuzer* 1993, S. 185.
[23] *Kaiser* 1996, § 37 Rn. 88; *Eisenberg/Kölbel* 2017, § 48 Rn. 16.
[24] *Eisenberg/Kölbel* 2017, § 48 Rn. 25.
[25] *Schwind/Schwind* 2021, § 3 Rn. 24.
[26] *Schneider* 1998, S. 469.
[27] *Eisenberg/Kölbel* 2017, § 55 Rn. 7 f.
[28] *Wolfgang/Figlio/Sellin* 1972; *Tracy/Wolfgang/Figlio* 1990.
[29] *West* 1982; *Farrington* 2003.
[30] *Sampson/Laub* 1993; *Laub/Sampson* 2003.
[31] *Thornberry/Lizotte/Krohn/Smith/Porter* 2003.
[32] *Loeber/Farrington/Stouthamer-Loeber* 2003.
[33] *Moffitt* 2003.
[34] *Boers* u. a. 2014; *Boers/Reinecke* 2019b; zu weiteren deutschen Längsschnittuntersuchungen siehe *Heinz/Spieß/Storz* 1988; *Kerner/Weitekamp/Stelly* 1995 und *Stelly/Thomas* 2001; *Schumann* 2003a, 2003b; *H.-J. Albrecht/Grundies* 2009.
[35] *Moffitt* 1993.
[36] *Boers* 2009, S. 146.

eine kriminelle Karriere beginnen.[37] Insgesamt sind die kriminellen Verlaufsmuster weniger durch Konstanz als durch Veränderung gekennzeichnet.[38] *Boers u.a.* unterscheiden aufgrund einer in Duisburg durchgeführten Verlaufsstudie (13. bis 22. Lebensjahr) zwischen Nichtdelinquenten (43 %), Geringdelinquenten (14 %), Abbrechern bei frühem, aber auf niedrigem Niveau verbleibendem Beginn (9 %), jugendlichen Mehrfachtätern (15 %), früh intensiv delinquenten Abbrechern (6 %), späten Startern (6 %) und Persistenten (8 %).[39] *Grundies* betont die Vielfalt der Verläufe, welche Taxonomien infrage stellt.[40]

Die registrierte Kriminalität der Jugendlichen und Heranwachsenden ist in der zweiten Hälfte des 20. Jahrhunderts stark angestiegen. Seit einigen Jahren ist ein Rückgang zu verzeichnen.[41] Die häufigsten Delikte jugendlicher Tatverdächtiger sind nach der PKS Diebstahl, Körperverletzung, Betäubungsmitteldelikte und Sachbeschädigung. Im Vergleich mit dem Anteil der Jugendlichen an allen Straftaten ist eine überproportionale Beteiligung der Jugendlichen insbesondere an den Delikten Raub, gefährliche/schwere Körperverletzung, Diebstahl, Sachbeschädigung und Betäubungsmittelstraftaten festzustellen.[42] Bei den Heranwachsenden sind die häufigsten Straftaten nach der PKS Betäubungsmitteldelikte, Körperverletzungen, Diebstahl und Betrug. Überproportional sind die Heranwachsenden insbesondere an Raub, gefährlicher/schwerer Körperverletzung, schwerem Diebstahl und Rauschgiftdelikten beteiligt.[43] Häufig begehen junge Menschen ihre Taten gemeinschaftlich.[44] In der Regel verursachen die Delikte junger Menschen geringere Schäden als die Taten Erwachsener.[45] Im Einzelfall kann es aber aufgrund fehlender Planung und Abwägung und gruppendynamischen Einflüssen zu schweren Folgen kommen.[46] Die Delikte von Jugendlichen und Heranwachsenden richten sich häufig ebenfalls gegen junge Menschen, und in vielen Fällen sind die Täter bereits selbst Opfer gewesen.[47]

IV. Delinquenz im mittleren Lebensalter

Erwachsene der mittleren Altersstufen von 30 bis unter 60 Jahren sind insbesondere bei der Wirtschafts- und Umweltkriminalität überrepräsentiert. Nach der PKS 2019 betrug der Anteil der Tatverdächtigen von 30 bis unter 60 Jahren an allen registrierten

---

[37] *Boers* 2009, S. 144 ff.; *Neubacher* 2020, Kap. 6 Rn. 8.
[38] *Bock* 2019, Rn. 252 f.
[39] *Boers u.a.* 2014, S. 189.
[40] *Grundies* 2013, S. 50.
[41] *Göppinger/Maschke* 2008, § 24 Rn. 55.
[42] *Dölling* 2007a, S. 475.
[43] A. a. O.
[44] *Schwind/Schwind* 2021, § 3 Rn. 22.
[45] *Heinz* 2002, S. 540 ff.
[46] *Kaiser* 1996, § 51 Rn. 11.
[47] *Meier* 2019c, § 3 Rn. 8.

Tatverdächtigen 47,3 %. Demgegenüber belief sich der Anteil dieser Altersgruppen bei der Wirtschaftskriminalität auf 73,0 % und bei der Umweltkriminalität auf 64,7 %.[48] Diese Delikte haben an der polizeilich registrierten Kriminalität nur einen kleinen Anteil, verursachen aber teilweise sehr hohe Schäden. So wurden in der PKS 2019 von den Delikten mit Schadenserfassung 1,3 % der Wirtschaftskriminalität zugerechnet. Der durch diese Straftaten verursachte Schaden machte 44,7 % der in der PKS registrierten Gesamtschadenssumme aus.[49]

V. Alterskriminalität

9   Unter Alterskriminalität wird im Allgemeinen die Delinquenz von Menschen verstanden, die 60 Jahre oder älter sind.[50] Diese Altersgruppe hatte im Jahr 2019 einen Anteil von 7,7 % an den polizeilich registrierten Tatverdächtigen.[51] Der Bevölkerungsanteil lag demgegenüber bei einem Viertel. Ältere Menschen werden also selten wegen einer Straftat registriert. Es wird angenommen, dass viele Straftaten alter Menschen nicht angezeigt werden, weil die verursachten Schäden gering sind und gegenüber alten Menschen Nachsicht geübt wird.[52] Der Anteil der 60-Jährigen und älteren an den polizeilich registrierten Tatverdächtigen ist von 5,2 % im Jahr 1995 auf 7,7 % im Jahr 2019 gestiegen.[53] Ein weiterer Anstieg wird teilweise prognostiziert.[54] In einer 2009 durchgeführten Selbstbericht-Studie mit Befragten im Alter von 49 bis 81 Jahren ergaben sich Prävalenzraten (mindestens ein Delikt begangen) von 47,3 % nach dem 50. Geburtstag und 26,0 % innerhalb der letzten 12 Monate.[55]

10 Bei den polizeilich registrierten Delikten der 60-Jährigen und älteren steht der einfache Diebstahl mit einem Anteil von 15,2 % bei den Männern und von 27,5 % bei den Frauen im Vordergrund.[56] Hierbei handelt es sich insbesondere um Ladendiebstähle.[57] Weitere Delikte mit Anteilen von jeweils über 10 % sind Beleidigung und Betrug sowie bei den Männern die einfache vorsätzliche Körperverletzung.[58] In einer Dunkelfeldbefragung ergab sich eine andere Deliktsstruktur: Die häufigsten Delikte waren Trunkenheit am Steuer, Steuerhinterziehung und Schwarzfahren; Diebstahl und Körperverletzung hatten demgegenüber geringere Bedeutung.[59] Von

---

[48] Berechnet nach *PKS* 2019, Tabelle 20.
[49] Berechnet nach *PKS* 2019, Bd. 1, V1.0, S. 46; Bd. 4, V2.0, S. 177.
[50] *H.J. Schneider* 1987, S. 699; *Kaiser* 1996, § 43 Rn. 21; *Lachmund* 2011, S. 32; kritisch *Verrel* 2018, S. 680.
[51] *PKS* 2019, Bd. 3, V3.0, S. 43.
[52] *Göppinger/Maschke* 2008, § 24 Rn. 77; *Eisenberg/Kölbel* 2017, § 48 Rn. 33.
[53] *PKS* 1995, S. 76; 2019, Bd. 3, V3.0, S. 43.
[54] *Schwind/Schwind* 2021, § 3 Rn. 32; kritisch *Ahlf* 2007, S. 517 f.; *Verrel* 2018, S. 689.
[55] *F. Kunz* 2014, S. 138.
[56] *PKS* 2019, Bd. 3, V3.0, S. 51 f.
[57] *Göppinger/Maschke* 2008, § 24 Rn. 72; *Lachmund* 2011, S. 148; *Heinz* 2014, S. 246.
[58] *PKS* 2019, Bd. 3, V3.0, S. 51 f.
[59] *F. Kunz* 2014, S. 137 ff.

V. Alterskriminalität

den Verurteilungen betrafen 2019 49,5 % Straßenverkehrsdelikte.[60] Die Straftaten älterer Menschen haben überwiegend eine geringe Schwere.[61] Sexualdelikte, insbesondere der sexuelle Missbrauch von Kindern, spielen in der Alterskriminalität nur eine geringe Rolle.[62] Von den männlichen Tatverdächtigen im Alter von 60 Jahren und mehr wurden 2019 lediglich 3,3 % wegen einer Straftat gegen die sexuelle Selbstbestimmung registriert, darunter 0,7 % wegen des sexuellen Missbrauchs von Kindern (§§ 176 bis 176b StGB).[63] Teilweise wird angenommen, dass es sich bei den älteren Straftätern ganz überwiegend um Ersttäter handelt (so genannte Spätkriminalität).[64] Nach einer sich auf Selbstberichte stützenden Untersuchung betrug allerdings der Anteil der erstmals nach dem 50. Geburtstag polizeilich registrierten Personen an allen nach dem 50. Geburtstag Registrierten nur 36 %.[65]

Als Erklärungen für die geringere Kriminalitätsbelastung alter Menschen werden nachlassenden physische und psychische Fähigkeiten (so genannte Schwächetheorie) sowie die Abnahme sozialer Interaktionen und erhöhte informelle Kontrolle in Familie oder Altersheim angeführt.[66]

---

[60] Berechnet nach *Strafverfolgung* 2019, S. 24 f.
[61] *Lachmund* 2011, S. 56; *F. Kunz* 2014, S. 294.
[62] *Kreuzer/Hürlimann* 1992, S. 29, 36; *Göppinger/Maschke* 2008, § 24 Rn. 74.
[63] Berechnet nach *PKS* 2019, Tabelle 20.
[64] *Schwind/Schwind* 2021, § 3 Rn. 34.
[65] *F. Kunz* 2014, S. 164.
[66] *Ahlf* 2007, S. 515 f.; *Schwind/Schwind* 2021, § 3 Rn. 38 ff.; kritisch zur Schwächetheorie *Göppinger/Maschke* 2008, § 24 Rn. 81 ff.

§ 13 Geschlecht

I. Geschlechterunterschiede in der Kriminalitätsbelastung

Die niedrigere **Kriminalitätsrate** von Frauen im Vergleich zu Männern wurde vielfach empirisch belegt, wobei die Unterschiede hinsichtlich Gewaltkriminalität und schwerer Kriminalität besonders ausgeprägt sind. So zeigt beispielsweise eine Metaanalyse mehrerer Dunkelfeldstudien, dass die mittlere Geschlechterrelation für Raub und Sachbeschädigung ungefähr bei 1:3 liegt und für Körperverletzung etwa bei 1:4; bei leichten Delikten und bei abweichendem Verhalten hingegen kann man keine Geschlechterunterschiede erkennen.[1] Auch unter Tatverdächtigen, Verurteilten sowie Inhaftierten findet man das gleiche Bild: Die Anzahl der Frauen, die angezeigt, verurteilt oder inhaftiert werden, ist erheblich geringer als die der Männer. Nach den Polizeilichen Kriminalstatistiken und Justizstatistiken Europas beträgt beispielsweise die durchschnittliche Geschlechterverteilung der Tatverdächtigen bei Körperverletzungsdelikten 1:9. Unter den Verurteilten liegt sie bei 1:12, und im Strafvollzug sind 29-mal so viel Männer wie Frauen wegen einer Körperverletzung inhaftiert.[2] Die Geschlechterunterschiede findet man gleichermaßen in der Polizeilichen Kriminalstatistik Deutschlands.[3] Insgesamt gesehen gibt es im Hell- und Dunkelfeld deutliche geschlechtsspezifische Unterschiede.[4]

Der Frauenanteil sinkt mit zunehmender Deliktschwere. Nach der Polizeilichen Kriminalstatistik für das Jahr 2019 liegt der Frauenanteil bei Diebstählen unter erschwerenden Umständen bei 13,0 % und bei Diebstählen ohne erschwerende Umstände bei 32,9 %. Die Abstufung findet man auch bei Gewaltdelikten. Unter den

---

[1] *Gottfredson/Hirschi* 1990, S. 146.
[2] *Aebi u.a.* 2014, S. 83, 180, 286.
[3] *PKS* 2019.
[4] *Steffensmeier/Allan* 1996, S. 459 ff.; *Franke* 2000, S. 17 ff.; *Bruhns/Wittmann* 2003, S. 41 ff.; *Eisner/Ribeaud* 2003, S. 182 ff.; *Schmölzer* 2003, S. 58 ff.; *Baier/Pfeiffer/Rabold* 2009; *Heinz* 2015a.

Tatverdächtigen, die wegen Mord oder Totschlag polizeilich registriert wurden, sind 10,8 % Frauen, bei gefährlicher und schwerer Körperverletzung sind es 16,3 % und bei leichter Körperverletzung 19,9 %.[5]

3   Frauen und Männer unterscheiden sich auch in den Verläufen **krimineller Karrieren**. Dies zeigt eine Analyse zur Beziehung zwischen Alter und Kriminalität mit den Daten der zweiten Philadelphia Kohorten-Studie.[6] Das Ergebnis war, dass der Kurvenverlauf für Frauen und Männer zwar ähnlich ist, aber auf unterschiedlichen Niveaus erfolgt.[7] Sowohl Frauen als auch Männer steigern bis zum Ende der Adoleszenz das Ausmaß krimineller Aktivitäten; danach flacht die Kurve ab und die Kriminalität pro Jahr wird geringer. Allerdings ist der Kurvenverlauf bei Männern erheblich steiler und verläuft zudem in allen Altersphasen auf höherem Niveau als bei Frauen.

4   Die aufgeführten Geschlechterunterschiede hinsichtlich delinquenter Aktivitäten findet man in europäischen sowie anglo-amerikanischen Ländern und in verschiedenen ethnischen Gruppen.[8] Im Ersten Periodischen Sicherheitsbericht wird als Bilanz zu der Thematik festgehalten: „Männliche Jugendliche sind häufiger delinquent als weibliche. Dies ist bei Gewaltdelikten besonders ausgeprägt."[9]

5   Allerdings gelten diese Befunde nicht für **autoaggressive Gewalt**. Bei dieser Gewaltform sind die Geschlechterunterschiede nicht mehr so offensichtlich wie bei Gewaltanwendungen gegen Dritte. Bei selbstverletzendem Verhalten, also der absichtlich zugefügten Verletzung oder Beschädigung des eigenen Körpers, scheint das weibliche Geschlecht überrepräsentiert zu sein, nicht aber bei Suiziden.[10] Nach der Todesursachenstatistik des Statistischen Bundesamtes wurden 2016 in Deutschland 25 % der Suizide von Frauen verübt. Bei leichteren Formen von autoaggressivem Verhalten sind also Frauen überrepräsentiert, während schwerere Formen in erster Linie von Männern begangen werden. Möglicherweise kann diese Diskrepanz durch die Auswirkung von autoaggressivem Gewalthandeln auf Dritte erklärt werden. Ein Suizid betrifft zwar in erster Linie den Suizidenten oder die Suizidentin, aber er führt auch zu einer psychischen Verletzung von nahestehenden Personen. Bei einfachen Formen von selbstverletzendem Verhalten wie sich die Haare ausreißen, beißen, schneiden oder verbrennen sind Dritte in geringerem Umfang betroffen als bei einem Suizid. Somit unterscheiden sich Suizide und selbstverletzendes Verhalten im Grad der Fremdschädigung.

---

[5] *PKS* 2019, Bd. 4, V2.0, S. 12, 45, 61, 71. Zu den von Frauen begangenen Delikten siehe *Leuschner* 2020.
[6] Die zweite Philadelphia Kohorten-Studie umfasste alle Personen, die im Jahr 1958 in Philadelphia lebten und zu dem Zeitpunkt zwischen 10 und 18 Jahre alt waren – insgesamt über 27.000 Personen. Zur Erfassung der Delinquenzbelastung wurde auf Daten der Polizei zurückgegriffen (*Tracy/Wolfgang/Figlio* 1990).
[7] *D'Unger/Land/McCall* 2002.
[8] *Junger-Tas/Ribeaud/Cruyff* 2004, S. 343 f.
[9] *Bundesministerium des Innern und Bundesministerium der Justiz* 2001, S. 552.
[10] *Petermann/Nitkowski* 2015.

II. Erklärungen der Geschlechterunterschiede hinsichtlich Kriminalität

In über 100 Jahren Forschung zu der Frage nach Geschlechterdifferenzen bei delinquenten Aktivitäten wurden zahlreiche Erklärungsmodelle entwickelt. Insbesondere in älteren biologisch orientierten Arbeiten wurde versucht, die besondere psychophysische Ausstattung des weiblichen Geschlechts zur Erklärung geschlechtsspezifischer Unterschiede heranzuziehen. Die Hypothesen, dass erstens Frauen zwar evolutionsmäßig unterentwickelt seien, aber die daraus zu erwartende höhere Kriminalitätsbelastung von Frauen durch Prostitution kompensiert werde, und zweitens die Beweglichkeit der männlichen Samenzelle im Vergleich zur Unbeweglichkeit der weiblichen Eizelle zu Unterschieden im Grad der Passivität und Kriminalität führen müsse, sind heute nur noch von historischem Interesse.[11] In neueren Arbeiten wird angenommen, dass Unterschiede in der Chromosomenstruktur, in der hormonellen Ausstattung oder im angeborenen Aggressionspotenzial geschlechtsspezifische Differenzen hinsichtlich krimineller Aktivitäten erklären.[12] Eine umfassende Übersicht zur Erklärung geschlechtsspezifischer Unterschiede in der Kriminalitätsbelastung unter besonderer Berücksichtigung evolutionsbiologische Ansätze ist bei *Laue* zu finden.[13]

Die ätiologischen kriminalsoziologischen und kriminalpsychologischen Ansätze für die Erklärung der geringeren Kriminalitätsbelastung von Frauen können meist auf ein Modell der **geschlechtsspezifischen Sozialisation** zurückgeführt werden. Demnach – so wird postuliert – hätten Frauen und Männer sozialisationsbedingt unterschiedliche Rollen und würden bei der Lösung von Konflikten auf unterschiedliche Lösungsmuster zurückgreifen. Die Sozialisationsziele für Frauen würden in engem Zusammenhang mit gesellschaftlich normierten Verhaltenserwartungen stehen. Dies führe zu einer geschlechtsspezifischen Übernahme typisierter Rollen- und Verhaltensmuster, zu Unterschieden in der sozialen Kontrolle und damit verbunden auch zu Unterschieden in der Gelegenheitsstruktur für die Ausführung delinquenter Handlungen.[14]

Zu den sozialisationstheoretischen Ansätzen gehört auch die **These von der moralischen Andersartigkeit der Frau**. Es wird postuliert, dass Frauen und Männer unterschiedliche Moralvorstellungen besäßen; bei Frauen würde Fürsorge und Hilfsbereitschaft im Vordergrund stehen, bei Männern hingegen Gerechtigkeit. Die Frau sei, weil sie einer Ethik der Fürsorge und Liebe statt einer Ethik der Gerechtigkeit folge, unfähig zum Bösen und zur Gewalt. Gewalt und Verbrechen durch Frauen werden zwar nicht bestritten, aber sie werden als Anpassung an die männliche (Un-)Moral erklärt und somit nicht der moralischen Verantwortlichkeit der Frau zugerechnet.[15]

---

[11] *Lombroso/Ferrero* 1894.
[12] *Franke* 2000, S. 31 ff.
[13] *Laue* 2010.
[14] *Hagan/Simpson/Gillis* 1979; *Funken* 1989; *Schmölzer* 1995; *Oxford* 2000; *Schmitt* 2001.
[15] *Gilligan* 1991; kritisch: *Lind/Grocholewska/Langer* 1986; *Nunner-Winkler/Nikele* 2001.

9   In einem kultursoziologischen Ansatz wird angenommen, dass Kriminalität und somit auch Gewaltkriminalität durch Wertorientierungen erklärt werden kann. Die Werte eines Individuums seien sozialisationsbedingte und durch Reflexion modifizierte abstrakte und allgemeine Zielvorstellungen, die einen Einfluss auf Einstellungen und Handeln haben. Frauen und Männer unterscheiden sich in der Präferenz von solchen Wertorientierungen, die das Allgemeinwohl zum Gegenstand haben – folglich sind die Geschlechter in unterschiedlichem Ausmaß gewalttätig.[16]

10   Ein zweiter großer Diskussionsstrang innerhalb der ätiologischen Ansätze zur Frauenkriminalität postuliert einen kausalen Zusammenhang zwischen gesellschaftlich unterschiedlichen Rollen und Positionen von Mann und Frau einerseits und Kriminalität andererseits. Die Rollen und Positionen der Geschlechter würden gesellschaftlich ungleich bewertet werden und würden somit zu geschlechtsspezifischen Differenzen im Grad anomischer Belastungen und in der Folge zu entsprechenden Diskrepanzen bei kriminellen Aktivitäten führen. Zudem würde die Konzentration des primären Lebensfeldes der Frau auf die Versorgung und Pflege der Kinder sowie des Mannes und des Haushaltes eine ‚geschütztere' soziale Lage sowie verhältnismäßig seltenere Möglichkeiten der Begehung krimineller Handlungen bedingen. Solche Hypothesen werden meist im Zusammenhang mit der kriminologischen Emanzipationsdiskussion vertreten. Durch eine stärkere Beteiligung der Frau am öffentlichen Leben und durch eine Anpassung an die Lebenssituation des Mannes werden sich, so wird vermutet, auch die Unterschiede zwischen der weiblichen und männlichen Kriminalität nivellieren.[17]

11   In der Sichtweise des definitorischen Ansatzes wird die geringere Häufigkeit und Schwere weiblicher Kriminalität als Ergebnis einer geschlechtsspezifisch unterschiedlichen und Frauen begünstigenden Kriminalisierung gedeutet. Dabei wird auf zwei zentrale Argumente zurückgegriffen: auf die Gleichverteilungsthese und auf die Ritterlichkeitsthese. Es wird darauf verwiesen, dass Straftaten von Frauen seltener entdeckt und angezeigt würden; zudem wird angenommen, dass Frauen seltener angeklagt und verurteilt sowie mit einem geringeren Strafmaß belegt würden. Geschlechtsspezifische Unterschiede im Delinquenzbereich wären demnach das Ergebnis eines **geschlechtsspezifischen Selektionsprozesses**, der von der Registrierung einer Straftat durch die Bevölkerung und die Polizei bis zur gerichtlichen Verurteilung reicht. Für die meisten Delikte wird ein Frauenbonus angenommen, bei einigen Delikten jedoch auch ein Frauenmalus.[18]

12   In der **feministischen Kriminologie** werden die oben genannten Positionen als Produkte androzentristischen Denkens kritisiert. So bleibe häufig die Unterscheidung zwischen dem biologischen und sozialen Geschlecht unberücksichtigt – mit der Folge, dass die Fragen nach den gesellschaftlichen Mechanismen für die kulturelle Konstruktion der Geschlechterdifferenz und nach den Bedingungen der Unterdrückung der Frau durch patriarchale Strukturen sowie die Folgen von Unterdrückung

---

[16] *Hermann* 2004c, 2004d, 2011.
[17] *Box/Hale* 1984; *Leder* 1988, S. 117 ff.; *Lauritsen/Heimer/Lynch* 2009; kritisch zur Emanzipationstheorie: *Hermann/Dittmann* 1999.
[18] *Pollak* 1950; *Geißler/Marißen* 1988; *Oberlies* 1990.

in Bezug auf Kriminalität und Kriminalisierung nicht thematisiert werden. In patriarchalen Gesellschaften würden sich, so wird postuliert, spezifische Kontrollmuster gegenüber Frauen entwickeln, die zu geschlechtsspezifisch unterschiedlichen Gelegenheiten für kriminelle Handlungen, zu geschlechtsspezifischen Rollen- und Reaktionsmustern in Konfliktlagen und folglich auch zu geschlechtsspezifischen Unterschieden in der Kriminalität führen würden.[19]

III. Empirische Studien

Die Hypothese, dass Frauen in größerem Ausmaß sozialer Kontrolle unterliegen als Männer und Frauen deshalb rechtskonformer sind, wurde empirisch mit Hilfe einer Befragung von etwa 2000 kanadischen Schülerinnen und Schülern im Alter von 14 bis 18 Jahren untersucht.[20] Das Ergebnis dieser Studie war, dass das Geschlecht den Grad der elterlichen Kontrolle bestimmt und diese das Ausmaß krimineller Aktivitäten beeinflusst. Diese Kausalkette erklärt die Beziehung zwischen Geschlecht und Kriminalität jedoch nur partiell, denn in einer multivariaten Analyse kommen die Autoren zu dem Ergebnis, dass Kriminalität von der Geschlechtszugehörigkeit abhängig ist, wenn der Grad der elterlichen Kontrolle statistisch konstant gehalten wird. Anders ausgedrückt: Frauen und Männer, die im Ausmaß elterlicher Kontrolle nicht differieren, unterscheiden sich immer noch signifikant in der Delinquenzbelastung. Somit ist dieser Ansatz nur partiell geeignet, die kausale Beziehung zwischen Geschlecht und Kriminalität zu klären. Zu ähnlichen Ergebnissen kommen die Autoren bei einer Anwendung der allgemeinen Kriminalitätstheorie von *Gottfredson* und *Hirschi*.[21] Das Ausmaß der Fähigkeit zur Selbstkontrolle ist einerseits geschlechterabhängig und andererseits Bedingung für Kriminalität, aber die Geschlechtszugehörigkeit hat auch dann einen Einfluss auf Kriminalität, wenn sich die Befragten nicht in der Fähigkeit zur Selbstkontrolle unterscheiden. Beide Ansätze haben demnach nur ein partielles Erklärungspotenzial.

Eine ähnliche Fragestellung haben *Deschenes* und *Esbensen* verfolgt.[22] Sie haben sich in ihrer Untersuchung auf die Erklärung von Gewaltkriminalität beschränkt und dazu die Daten einer Schülerbefragung aus dem Jahr 1998 verwendet, die im Rahmen einer „Gang-Studie" durchgeführt wurde. Insgesamt wurden 5935 Schülerinnen und Schüler der 8. Klasse aus 42 Schulen schriftlich zu Gewaltaktivitäten befragt, dazu zählen die Autorinnen verschiedene Formen der Körperverletzung und Nötigung, aber auch das Mitführen einer Waffe zu Verteidigungszwecken. Die Geschlechterunterschiede bei allen genannten Delinquenzformen sind signifikant, und auch in einer multivariaten Analyse, in der das Ausmaß sozialer Bindungen, die Fähigkeit zur Selbstkontrolle, die Einstellung zu Gewalt, die Mitgliedschaft in einer

---

[19] *Brökling* 1980; *Messerschmidt* 1988; *Dietzen* 1993; *Mischau* 1997; *Mischau* 1999; kritisch: *Schmölzer* 2003.
[20] *LaGrange/Silverman* 1999.
[21] *Gottfredson/Hirschi* 1990.
[22] *Deschenes/Esbensen* 1999.

Bande, die Gewalt in der Schule und Viktimisierungserfahrungen als unabhängige Variablen berücksichtigt wurden, ist der Einfluss von Geschlecht auf Gewaltkriminalität signifikant. Das bedeutet, dass die zu Grunde liegenden Theorien – Bindungstheorie, die Theorie der Selbstkontrolle und die soziale Lerntheorie – die Beziehung zwischen Geschlecht und Gewaltkriminalität nicht vollständig erklären können. Die Analyseergebnisse deuten vielmehr darauf hin, dass es zwischen den Erklärungsmodellen für Gewalt von Mädchen und Gewalt von Jungen zwar große Ähnlichkeiten gibt, aber auch graduelle Unterschiede. So scheint sich die Kontrolle seitens der Eltern zwar bei Schülern auf Gewaltkriminalität auszuwirken, bei Schülerinnen hingegen nicht, und die soziale Integration in die Schule hat nur bei Schülerinnen einen Gewalt reduzierenden Effekt, nicht aber bei Schülern.

15 Die Frage nach der kausalen Vermittlung zwischen Geschlecht und Kriminalität wurde auch auf der Grundlage der „strain-theory" von *Agnew* untersucht.[23] Dieser Ansatz geht davon aus, dass ungünstige Sozialkontakte und negative Lebenserfahrungen die Wahrscheinlichkeit kriminellen Handelns erhöhen. Solche hinderlichen Bedingungen sind beispielsweise ein harter oder sprunghafter Erziehungsstil seitens der Eltern, der Missbrauch von Vertrauen durch den Freundeskreis sowie selbst erfahrene Viktimisierungen. Solche Erlebnisse würden zu Zorn führen und schließlich zur Motivation, die negativen Erfahrungen durch korrigierende Aktionen zu kompensieren – und dies können, so *Agnew*, kriminelle Handlungen sein. *Hay* überprüfte mit den Daten einer Befragung von 87 Schülern und 95 Schülerinnen einer „Highschool" folgende Hypothesen: Die beiden Geschlechter unterscheiden sich im Umfang, in dem sie negativen Belastungen ausgesetzt waren; die Art der Belastungen ist für Schülerinnen und Schüler verschieden; die Reaktion auf negative Belastungen erfolgt geschlechtsspezifisch.

16 Die Operationalisierung der negativen Belastungen wurde auf den familiären Bereich beschränkt, insbesondere auf körperliche Züchtigungen, emotionale Zurückweisungen und ungerechte Behandlungen seitens der Eltern. Zudem wurden Bevormundung durch die Eltern sowie strukturelle Defizite des Elternhauses berücksichtigt. Die Reaktion auf negative Belastungen, also die abhängige Variable, wurde als Bereitschaft zu kriminellen Handeln erfasst.

17 Auch in der Studie von *Hay* korrelieren Geschlecht und Delinquenzbereitschaft signifikant (r = 0,23). Zudem unterscheiden sich Schülerinnen und Schüler in der Art der Belastungen: Jungen werden häufiger als Mädchen von ihren Eltern geschlagen, und das Ausmaß dieser Belastung hat einen Einfluss auf die Delinquenzbereitschaft. Der Autor untersucht jedoch nicht, ob die Geschlechtzugehörigkeit die Delinquenzbereitschaft beeinflusst, wenn der elterliche Erziehungsstil in Gestalt der Anwendung der Prügelstrafe statistisch kontrolliert wird. Allerdings kann eine entsprechende Analyse auf Grund der publizierten Angaben über Korrelationen, Mittelwerte und Standardabweichungen durchgeführt werden.[24] Demnach hat das Geschlecht auch bei einer statistischen Kontrolle des elterlichen Züchtigungsverhaltens einen signifikanten Einfluss auf die Delinquenzbereitschaft. Auch wenn zu-

---

[23] *Hay* 2003; *Agnew* 1992.
[24] *Hay* 2003, S. 127.

sätzlich die Bereitschaft zu zornigen Reaktionen als weitere intervenierende Variable berücksichtigt wird, ändert sich das Ergebnis nur unwesentlich. Folglich gibt es zwar Zusammenhänge zwischen Geschlecht und negativen Belastungen sowie zwischen negativen Belastungen und Delinquenzbereitschaft, aber die Geschlechterunterschiede in der Delinquenzbereitschaft können damit nur partiell erklärt werden.

Die Hypothese, dass Frauen und Männer unterschiedlich auf negative Belastungen reagieren, wird nicht falsifiziert. Bei Schülern ist ein signifikanter Einfluss des Belastungsumfangs auf die Delinquenzbereitschaft nachweisbar, bei Schülerinnen hingegen ist dieser Effekt nicht signifikant. Dies würde bedeuten, dass die Kausalmechanismen, die Belastungen und Kriminalität verbinden, für Frauen und Männer verschieden sind. Allerdings sind die Ergebnisse der Studie nach Ansicht des Autors unter Vorbehalten zu interpretieren, zumal es sich bei den Daten um eine nicht zufällige Stichprobe von Schülerinnen und Schülern einer einzigen Schule handelt.[25]

Bachman und *Peralta* haben mit den Daten von „Monitoring the Future" aus dem Jahr 1994 die Frage untersucht, ob Geschlechterunterschiede in Gewaltdelinquenz an unterschiedlichen Alkohol- und Drogenkonsummustern liegen.[26] Mit „Monitoring the Future" werden Umfragen bezeichnet, die seit 1975 jährlich in den USA unter Highschool-Absolventen durchgeführt wurden. Die weitgehend repräsentativen Stichproben umfassten in jedem Jahr mehr als 15.000 Personen. Allerdings wurden nicht allen Befragten alle Fragen des gesamten Fragebogens gestellt, sodass einige Fragenkomplexe nur von etwa 2600 Personen beantwortet wurden.

Für die Studie wurden über 2600 zufällig ausgewählte Schülerinnen und Schüler der Abschlussklassen von 139 „Highschools" berücksichtigt; die Befragten waren etwa 18 Jahre alt. 17 % der Schülerinnen und 32 % der Schüler gaben an, in den letzten 12 Monaten mindesten einmal Gewalt im Sinne einer Körperverletzung, Bedrohung mit einer Waffe oder Brandstiftung verübt zu haben. Der Anteil von gewalttätigen Personen ist bei Personen mit erheblichem Alkoholkonsum und bei Personen, die mehrere Drogenarten konsumieren, überdurchschnittlich groß. Die Geschlechtszugehörigkeit hat auch dann einen signifikanten Einfluss auf Gewaltdelinquenz, wenn der Alkohol- und Drogenkonsum statistisch kontrolliert werden. Demnach können Alkohol- und Drogenkonsum geschlechtsspezifische Unterschiede in Gewaltkriminalität nur bedingt erklären. In einer weiteren Analyse untersuchten die Verfasser die Frage, ob sich die Modelle zur Erklärung von Gewaltkriminalität geschlechtsspezifisch unterscheiden. Das Ergebnis ist, dass dies partiell der Fall ist; es gibt zwar große Ähnlichkeiten, aber auch kleinere Unterschiede. Der Alkohol- und Drogenkonsum hat zwar sowohl bei Schülerinnen als auch bei Schülern einen Einfluss auf Gewaltdelinquenz, aber eine strukturell unvollständige Familie beispielsweise hatte nur bei Schülerinnen und die Hautfarbe nur bei Schülern einen signifikanten Effekt auf Gewalt. Allerdings wurde nicht geprüft, ob die Unterschiede zwischen den Geschlechtergruppen signifikant sind.

In einer Studie von *Hermann* wurde untersucht, ob durch die Berücksichtigung von Wertorientierungen und der Akzeptanz von Rechtsnormen die Mechanismen

---

[25] *Hay* 2003, S. 124.
[26] *Bachman/Peralta* 2002.

der kausalen Verknüpfung zwischen Geschlecht und Gewaltkriminalität geklärt werden können.[27] Zur Beantwortung der Frage wurde überprüft, ob sich erstens Frauen und Männer in ihren kriminellen Aktivitäten und in ihren Wertorientierungen unterscheiden, ob zweitens Werte einen Einfluss auf Gewaltkriminalität haben und ob drittens die Beziehung zwischen Geschlecht und Gewaltkriminalität durch Wertorientierungen und Normakzeptanz vermittelt wird – also keine direkte Beziehung zwischen Geschlecht und Gewaltkriminalität vorliegt, wenn Wertorientierungen und die Akzeptanz von Rechtsnormen als intervenierende Variablen in dem Modell berücksichtigt werden.

22 Die Hypothesen wurden mit den Daten einer repräsentativen Bevölkerungsbefragung zufällig ausgewählter Personen aus Heidelberg und Freiburg überprüft. Die Umfrage wurde 1998 durchgeführt und umfasste etwa 3000 Personen zwischen 14 und 70 Jahren. Gewaltkriminalität wurde durch Fragen nach der Begehungshäufigkeit von Sachbeschädigung, Einbruch und Körperverletzung gemessen. Zudem wurde noch die Bereitschaft zu Gewaltkriminalität erhoben und bei der Konstruktion eines Kriminalitätsindexes berücksichtigt. Die Messung von Wertorientierungen erfolgte mit Hilfe einer Itemliste, die erstrebenswerte Dinge und Lebenseinstellungen für das Individuum aufzählt. Dabei können drei Wertedimensionen unterschieden werden: traditionelle Werte, moderne idealistische Werte und moderne materialistische Werte.[28] In den Fragen zur Normakzeptanz wurde erhoben, wie schlimm verschiedene Verhaltensweisen bewertet werden. Für die Analyse wurden nur gewalttätige Verhaltensweisen berücksichtigt.

23 Die Analyse zeigte, dass sich Frauen und Männer sowohl in den Prävalenz- als auch in den Inzidenzraten von Gewaltkriminalität erheblich unterscheiden. Im Durchschnitt haben 100 Frauen 30 Sachbeschädigungen verübt, die gleiche Anzahl von Männern hingegen 155. Bei Körperverletzungen beträgt die Geschlechterrelation etwa 1:2 und bei Einbrüchen 1:5. Auch hinsichtlich Wertorientierungen konnten Differenzen zwischen den Geschlechtern nachgewiesen werden. Den größten Unterschied zwischen Männern und Frauen findet man bei modernen idealistischen Werten; darunter fallen soziale, altruistische, sozialintegrative und ökologisch-alternative Wertorientierungen sowie politische Toleranz. Die Orientierung von Frauen an diesen Werten ist erheblich ausgeprägter als die von Männern, und die Unterschiede sind in nahezu allen Altersgruppen gravierend und signifikant. Die individuelle Relevanz moderner idealistischer Werte korreliert negativ mit Gewaltkriminalität, und diese Korrelation ist unabhängig vom Geschlecht des Befragten. Dies bestätigte eine Pfadanalyse, mit der die postulierten kausalen Beziehungen zwischen Geschlecht und Gewaltkriminalität abgebildet wurden, wobei letztlich nur die relevanten, für die Erklärung von Gewaltkriminalität bedeutsamen Variablen berücksichtigt wurden, sofern sie mit dem Geschlecht in Verbindung stehen; geschlechtsunabhängige Merkmale, die einen Einfluss auf Gewaltkriminalität ha-

---

[27] *Hermann* 2004c, 2004d, 2011.
[28] Eine differenzierte Beschreibung aller Wertedimensionen ist bei *Hermann* (2003, S. 192 f.) zu finden.

ben, sind nicht berücksichtigt worden.²⁹ Nach diesem Modell beeinflusst das Geschlecht über die Variablen ‚moderne idealistische Wertorientierungen' und ‚Normakzeptanz' die Begehungshäufigkeit von Gewaltkriminalität. Die Schätzungen der Modellparameter bestätigten diese Modellstruktur. Die Effekte zwischen Geschlecht und modernen idealistischen Wertorientierungen (0,20), zwischen modernen idealistischen Wertorientierungen und Normakzeptanz (0,23) und zwischen Normakzeptanz und Gewaltkriminalität (−0,43) sind signifikant und relevant; die Zahlen in Klammern sind standardisierte Pfadkoeffizienten. In dem beschriebenen Modell gibt es keinen relevanten direkten Effekt zwischen Geschlecht und Gewaltkriminalität. Dies bedeutet, dass die Beziehung zwischen diesen Merkmalen durch Wertorientierungen und Normakzeptanz vermittelt wird. Somit beschreibt dieses Modell einen Kausalprozess, der geschlechtsspezifische Unterschiede hinsichtlich Gewaltkriminalität durch kultursoziologische intervenierende Variablen erklärt. Das Ergebnis der Analyse kann folgendermaßen interpretiert werden: Die Orientierung von Frauen an modernen idealistischen Werten ist ausgeprägter als die von Männern; je bedeutsamer diese Werte sind, desto größer ist die Akzeptanz von Gewalt verbietenden Rechtsnormen, und je größer diese Normakzeptanz einer Person ist, desto seltener verübt sie Gewaltdelikte.

In einer Replikationsstudie wurde das oben beschriebene Modell überprüft und differenziert.³⁰ Die Analyse basiert auf einer weitgehend repräsentativen Bevölkerungsbefragung aus dem Jahr 2009 mit zufällig ausgewählten Personen aus Heidelberg. Die Umfrage umfasste etwa 1600 Personen zwischen 14 und 70 Jahren.³¹ Die Messung der Variablen erfolgte genauso wie in der ersten Studie aus dem Jahr 1998. Allerdings wurden die Fragen zur selbstberichteten Delinquenz nicht gestellt, sodass sich die Replikation auf die Beziehung zwischen Geschlecht, Wertorientierungen und Normakzeptanz beschränkt.

Für die Charakterisierung des Werteraums wurde – anders als in der zu replizierenden Studie – wie bei *Rokeach* eine hierarchische Struktur der Wertorientierungen angenommen, denn die Berücksichtigung einer Hierarchie der Wertedimensionen führt zu einem erhöhten Erklärungspotenzial. *Rokeach* unterscheidet zwischen terminalen und instrumentellen Werte, also zwischen Grundwerten und funktionalen, abgeleiteten Werten.³² Religiöse Werte sind die einzigen, die transzendente Bereiche einbeziehen und somit vergleichsweise umfassend sind. Zudem scheinen religiöse Werte vergleichsweise früh vermittelt zu werden. Sie bilden einen Rahmen, der die Ausbildung weiterer Wertorientierungen beeinflusst. Religiöse Werte können als „Werte erster Ordnung" und die abgeleiteten Werte als „Werte zweiter Ordnung" bezeichnet werden. Dazu zählen nach einer faktorenanalytischen Klassifizierung

---

[29] Effekte, die betragsmäßig kleiner sind als das Maximum der Differenz zwischen empirischer und erwarteter Korrelation, wurden als nicht 'relevant' angesehen. Gibt es in einem Pfadmodell Effekte, die dieses Kriterium nicht erfüllen, ist dies ein Hinweis auf Spezifikationsfehler (*Hermann* 1984, S. 83 ff.).
[30] *Hermann* 2011.
[31] *Hermann* 2009b.
[32] *Rokeach* 1973.

der nichtreligionsbezogenen Werteitems idealistische, hedonistisch-materialistische und posttraditionale Werte. Typische Items für die idealistische Wertedimension sind Fragen nach der Wichtigkeit, sozial benachteiligten Gruppen zu helfen, sich umweltbewusst zu verhalten, sich politisch zu engagieren, tolerant zu sein, eigenverantwortlich zu leben und zu handeln. Die hedonistisch-materialistische Wertedimension wurde insbesondere durch Fragen nach der Wichtigkeit folgender Ziele erfasst: Die guten Dinge des Lebens genießen, ein vergnügungsreiches Leben führen, einen hohen Lebensstandard haben, schnell Erfolg haben und cleverer und gerissener sein als andere. Die Messung posttraditionaler Werte erfolgte vor allem mittels Fragen zur Wichtigkeit von Gesetz und Ordnung, Sicherheit, Fleiß und Tradition.

26 Die Ergebnisse der Analyse legen folgende Interpretation nahe: Die Orientierung von Frauen an christlichen und idealistischen Werten ist ausgeprägter als die von Männern, wobei die Präferenz christlicher Werte mit einer Präferenz idealistischer und posttraditionaler Werte korrespondiert. Je bedeutsamer diese Werte sind, desto größer ist die Akzeptanz von Gewalt verbietenden Rechtsnormen. Hedonistisch-materialistische Werte hingegen sind für Männer wichtiger als für Frauen, und je ausgeprägter diese Wertorientierung ist, desto größer ist die Ablehnung von Gewalt verbietenden Rechtsnormen. Somit hat die Geschlechterzugehörigkeit einen direkten und/oder indirekten Einfluss auf die Wichtigkeit christlicher, idealistischer hedonistisch-materialistischer und posttraditionaler Werte, und diese Werte haben einen Einfluss auf die Einstellung zu Gewalt verbietenden Rechtsnormen. In dem Modell gibt es keinen direkten Effekt zwischen Geschlecht und Normakzeptanz. Dies bedeutet, dass die Beziehung zwischen diesen Merkmalen vollständig durch Wertorientierungen vermittelt wird. Somit beschreibt dieses Modell einen Kausalprozess, der geschlechtsspezifische Unterschiede im Normverständnis durch kultursoziologische Merkmale umfassend erklärt.

IV. Erklärung geschlechtsspezifischer Unterschiede in der Kriminalitätsbelastung durch geschlechtsspezifische Kausalmodelle?

27 Einige Studien kommen zu dem Ergebnis, dass geschlechtsspezifische Kriminalitätsunterschiede durch **geschlechtsspezifische Kausalmodelle** erklärt werden können.[33] Damit ist gemeint, dass die Ursachen für die Kriminalität von Frauen andere sind als die Ursachen für die Kriminalität von Männern. Ein solches Ergebnis beantwortet die ursprüngliche Frage nur bedingt, denn die Frage, warum soziale Abläufe für Frauen und Männer nach unterschiedlichen Gesetzmäßigkeiten verlaufen, bleibt offen. Zudem fehlt in den genannten Studien ein Vergleich der Erklärungspotenziale der verwendeten Modelle. Zum einen werden geschlechtsspezifische Unterschiede in der Kriminalitätsbelastung durch eine oder mehrere Ursachen erklärt, zum anderen wird ein Vergleich von Kausalmodellen durchgeführt, die für Frauen und Män-

---

[33] *Deschenes/Esbensen* 1999; *Bachman/Peralta* 2002; *Hay* 2003.

ner getrennt bestimmt wurden. Für die erstgenannten Analysen werden erklärte Varianzen angegeben, für die zweiten hingegen nicht. Folglich ist unklar, welches Modell besser ist. Das Argument für die Verwendung geschlechtsspezifischer Kausalmodelle hat meist folgende Form: In einem Modell, das nur Frauen berücksichtigt, hat das Merkmal X einen signifikanten Einfluss auf Kriminalität, in einem Modell hingegen, das nur Männer einbezieht, hat X keinen signifikanten Effekt. Dieses Argument ist jedoch nur bedingt tragfähig, denn es könnte sein, dass die Unterschiede der Effekte von X in beiden Modellen nicht signifikant sind. Die verwendete statistische Methode ist für die Fragestellung nur bedingt geeignet.

Die Ergebnisse einer umfangreichen Analyse mit den Daten der International Self-Report Delinquency Study (ISRD) liefern ein weiteres Argument gegen geschlechtsspezifische Kausalmodelle für die Erklärung geschlechtsspezifische Unterschiede in der Kriminalitätsbelastung.[34] Die Befragten der ISRD-Studie waren zufällig ausgewählte Personen aus 10 europäischen Ländern beziehungsweise Großstädten und einem Staat der USA. Das Alter der etwa 11.000 Untersuchten lag zwischen 14 und 21 Jahren. Die Ergebnisse bestätigen, dass die unzureichende soziale Kontrolle durch Familie und Schule eine bedeutsame Bedingung für die Delinquenz von Jungen und Mädchen ist – dies bestätigt die Kontrolltheorie von *Hirschi*. Die Korrelationen zwischen Kontrollintensität und Delinquenz sind für beide Geschlechtergruppen sehr ähnlich, sodass die Kontrolltheorie für Jungen und Mädchen gleichermaßen relevant ist.[35] Dies spricht für geschlechterunabhängige Kausalstrukturen zur Erklärung von Kriminalität.

V. Fazit

Als Fazit kann festgehalten werden: Nahezu alle Kriminalitätstheorien können genutzt werden, um Erklärungen für Geschlechterunterschiede in delinquenten Aktivitäten abzuleiten. Folglich gibt es eine Vielzahl von Erklärungsversuchen, jedoch nur wenige fundierte empirische Analysen, und zum Teil ist deren Aussagekraft durch die Beschränkung auf Schülerinnen und Schüler und durch geringe Fallzahlen eingeschränkt.

In vielen Ansätzen zur Erklärung geschlechtsspezifischer Unterschiede in Kriminalitätshäufigkeiten und -schwere wird versucht, die Beziehung zwischen den Merkmalen Geschlecht und Kriminalität durch intervenierende Variablen zu differenzieren. Das Geschlecht einer Person wird beispielsweise als Ursache und Bedingung für den Umfang sozialer Kontrolle in der Kindheits- und Jugendphase gesehen, und dieses Merkmal, so wird angenommen, ist für Umfang und Schwere krimineller Handlungen von Bedeutung. Die intervenierenden Variablen können mit einer „black box" verglichen werden, die in einer Kausalkette zwischen Geschlecht und Kriminalität steht. Nach den beschriebenen Untersuchungen kann diese „black box" mit Merkmalen wie dem elterlichen Erziehungsstil, dem Ausmaß

---

[34] *Junger-Tas/Ribeaud/Cruyff* 2004.
[35] *Junger-Tas/Ribeaud/Cruyff* 2004, S. 357.

und der Art der elterlichen Kontrolle, der Fähigkeit zur Selbstkontrolle, der Art der Sozialkontakte, dem Alkohol- und Drogenkonsum sowie mit individuellen Wertorientierungen und der Akzeptanz von Normen ausgefüllt werden, wobei diese Variablen – mit Ausnahme der zuletzt genannten – die Beziehung zwischen Geschlecht und Kriminalität nicht vollständig erklären können. Dieses Ergebnis lässt vermuten, dass diese Merkmale nicht unabhängig voneinander sind. Es kann angenommen werden, dass eine geschlechtsspezifische Sozialisation durch die Eltern mit Unterschieden in Art und Umfang sozialer Kontrolle verknüpft ist und die Ausbildung unterschiedlicher Werte fördert.[36] Werte steuern auf vielfältige Weise das Handeln: Sie beeinflussen die Wahrnehmung der Situation, die Verarbeitung von Wahrgenommenem, die Akzeptanz und Ablehnung von Normen, die Auswahl konkreter Handlungsziele sowie die Mittel zur Zielerreichung.[37] Werte haben, so die Hypothese, Einflüsse auf die Akzeptanz von Normen, die Art der Sozialkontakte, das Ausmaß von Alkohol- und Drogenkonsum und die Fähigkeit zur Selbstkontrolle, insbesondere auf die Risikobereitschaft und auf den Grad der Selbstüberschätzung. Geschlechtsspezifische Unterschiede in der Kriminalitätsbelastung könnten schließlich durch Geschlechterdifferenzen in diesen Merkmalen erklärt werden. Somit ist es möglich, die Untersuchungsergebnisse in ein Gesamtmodell zu integrieren, dieses Modell bedarf jedoch der empirischen Überprüfung.

---

[36] *Hagemann-White* 1984.
[37] *Parsons* 1967.

§ 14 Nationalität

I. Kriminalstatistische Daten

Die Polizeiliche Kriminalstatistik (*PKS*) unterscheidet zwischen deutschen und nichtdeutschen **Tatverdächtigen**. Nichtdeutsch ist, wer ausschließlich eine ausländische Staatsbürgerschaft besitzt oder staatenlos ist. Die *PKS* weist auch die Nationalität der Tatverdächtigen aus. Die Tatverdächtigenbelastungszahl (TVBZ) der Nichtdeutschen, d. h. der Anteil der registrierten nichtdeutschen Tatverdächtigen bezogen auf 100.000 der jeweiligen Bevölkerungsgruppe, wird allerdings nicht berechnet, denn ein nicht unerheblicher Teil der registrierten nichtdeutschen Tatverdächtigen gehört nicht zur gemeldeten Bevölkerung als Grundgesamtheit, sei es weil sich diese Tatverdächtigen nur kurzfristig, z. B. als Touristen, Geschäftsreisende, Besucher, Grenzpendler oder Diplomaten, oder aber illegal in Deutschland aufhalten.

Ein gutes Drittel (34,6 %) der nach der *PKS* 2019 polizeilich registrierten Straftatverdächtigen sind Nichtdeutsche (vgl. hierzu und zum Folgenden Tab. 14.1). Hierbei gibt es jedoch in den einzelnen Hauptdeliktsgruppen einige Unterschiede:[1] Im Vergleich zur Gesamtkriminalität mehr nichtdeutsche Tatverdächtige wurden 2019 bei Mord und Totschlag (39,7 %), bei Raubdelikten (39,7 %) sowie beim Diebstahl (38,0 %; Taschendiebstahl: 68 %[2]) registriert; unterdurchschnittlich ist der Anteil nichtdeutscher Tatverdächtiger dagegen vor allem bei der Sachbeschädigung (21 %), bei Rauschgifttaten (27,1 %), sowie bei Freiheitsdelikten (27,7 %). Auch bei Sexualdelikten und bei Körperverletzungen sind nichtdeutsche Tatverdächtige weniger häufig registriert als bei der Gesamtheit der Kriminalität. Eine Sonderrolle spielen dabei strafbewehrte Verstöße gegen das Aufenthaltsgesetz, das Asylverfahrensgesetz und das Freizügigkeitsgesetz, die den Status von Ausländern regeln und deren Strafvorschriften als Sonderdelikte zumeist nur von Nichtdeut-

---

[1] Vgl. *Hartmann* 2009, S. 196 f.
[2] *PKS* 2018, Bd. 3, S. 129.

Tab. 14.1 Deliktsgruppenspezifischer Anteil deutscher und nichtdeutscher Tatverdächtiger nach der PKS 2019

Deliktskategorie	TV insg.	Dt. TV	%	Nichtdt. TV	%
Straftaten insg.	2.019.211	1.319.950	65,4	699.261	34,6
Mord/Totschlag	2987	1802	60,3	1185	39,7
Schwere Sexualdelikte	8189	5175	63,2	3014	36,8
Raubdelikte	26.678	16.088	60,3	10.590	39,7
Körperverletzung	462.976	312.551	67,5	150.425	32,5
Persönliche Freiheit	160.294	115.953	72,3	44.341	27,7
Diebstahl	404.574	251.014	62,0	154.559	38,0
Betrug	354.529	233.055	65,7	121.474	34,3
Sachbeschädigung	124.216	98.140	79,0	26.076	21,0
Rauschgift	284.390	207.259	72,9	77.131	27,1
Aufenthalts-, Asylverfahrens- und Freizügigkeitsgesetz	149.950	1229	0,8	148.721	99,2

Quelle: *PKS* 2019, Bd. 3, V3.0, S. 54 f.

Tab. 14.2 Deliktsgruppenspezifischer Anteil deutscher und ausländischer Verurteilter nach der Strafverfolgungsstatistik 2019

Deliktskategorie	Verurteilte insg.	Dt. Verurteilte	%	Nichtdt. Verurteilte	%
Straftaten insg.	728.868	472.983	64,5	255.885	35,5
Mord/Totschlag	853	520	61,0	333	39,0
Sexuelle Selbstbestimmung	8782	6295	71,7	2487	28,3
Raubdelikte	6929	4500	64,9	2429	35,1
Körperverletzung	60.157	39.494	65,7	20.663	34,3
Persönliche Freiheit	10.679	7110	66,6	3569	33,4
Diebstahl	85.116	46.786	55,0	38.330	45,0
Betrug	78.476	57.873	73,7	20.603	26,3
Sachbeschädigung	12.225	9127	74,7	3098	25,3
Rauschgift	69.471	49.961	71,9	19.510	28,1
Aufenthaltsgesetz	9468	155	1,6	9313	98,4

Quelle: *Strafverfolgung* 2019, S. 454, 462. Als Ausländer gelten in der Strafverfolgungsstatistik alle Personen, die nicht die deutsche Staatsangehörigkeit besitzen, also auch Staatenlose. Personen, die neben der deutschen noch eine weitere Staatsangehörigkeit haben, gelten als Deutsche

schen erfüllt werden können. In diesem Deliktsbereich ist der Anteil der deutschen Tatverdächtigen dementsprechend sehr gering.

3   Der Anteil der Ausländer unter den **Verurteilten** (des Jahres 2019) deckt sich weitgehend mit den Daten der *PKS*: Tendenziell ist der Ausländeranteil der wegen aller Straftaten Verurteilten ein wenig höher, er liegt aber auch etwa bei einem guten Drittel (35,5 %) (siehe Tab. 14.2). Significant niedriger ist der Ausländeranteil an den Verurteilten im Vergleich zu den registrierten Tatverdächtigen bei Raub und bei Betrug, signifikant höher ist er beim Diebstahl.

12,2 % der in der Bundesrepublik Deutschland wohnenden Bevölkerung hat keine deutsche Staatsbürgerschaft.[3] Der Anteil der von der *PKS* erfassten nichtdeutschen Tatverdächtigen liegt regelmäßig deutlich über diesem Anteil an der Wohnbevölkerung (vgl. Tab. 14.3).

Der Anteil der nichtdeutschen Tatverdächtigen ist somit über die Jahre ca. dreimal so hoch wie der Anteil der Nichtdeutschen an der Bevölkerung in Deutschland. Nichtdeutsche sind daher in der *PKS* als Tatverdächtige **überrepräsentiert**. Dabei ist die Überrepräsentation nach dem Höhepunkt 2015/2016 in den letzten zwei Jahren wieder leicht rückläufig.

Abb. 14.1 zeigt den Anteil der nichtdeutschen Tatverdächtigen in den einzelnen **Bundesländern**. Hierbei spiegelt sich im Wesentlichen der Anteil der Ausländer an der Wohnbevölkerung wider, der in den Stadtstaaten mit jeweils über 16 % am größten und in Mecklenburg-Vorpommern mit 4,7 % am geringsten ist.[4] Der überproportional große Anteil von nichtdeutschen Tatverdächtigen in Hessen könnte mit dem Großraum Frankfurt zu erklären sein, der mit seinem Flughafen und der international ausgerichteten Wirtschaftstätigkeit einen starken Auslandsbezug aufweist.

Tab. 14.4 stellt für das Jahr 2019 die zehn unter den nichtdeutschen Tatverdächtigen am häufigsten vertretenen **Nationalitäten** dar. Dabei entspricht die Reihung im Wesentlichen der Reihung der Nationalitäten in der Wohnbevölkerung, mit den Ausnahmen Rumänien, Afghanistan und Irak. Neben Rumänien sind insbesondere die Herkunftsländer von Schutzsuchenden – Syrien, Afghanistan und Irak – bei den Tatverdächtigen überrepräsentiert. Dies könnte mit der Altersstruktur dieser

Tab. 14.3 Nichtdeutsche Tatverdächtige nach der Polizeilichen Kriminalstatistik (1997–2019)

Jahr	Tatverdächtige	Nichtdeutsche Tatverdächtige		Anteil nichtdeutsche Wohnbevölkerung
		absolut	in %	
1997	2.273.560	633.480	27,9	9,0
2000	2.286.372	589.109	25,8	8,8
2003	2.355.161	553.750	23,5	8,9
2006	2.283.127	503.037	22,0	8,8
2009	2.187.217	462.378	21,1	8,7
2011	2.112.843	484.529	22,9	7,9
2012	2.094.118	502.390	24,0	8,1
2013	2.094.160	538.449	25,7	8,3
2014	2.149.504	617.392	28,7	9,3
2015	2.369.036	911.864	38,5	10,5
2016	2.360.806	953.744	40,4	11,2
2017	2.112.715	736.265	34,8	11,7
2018	2.051.266	708.380	34,5	12,2
2019	2.019.266	699.261	34,6	12,5

Quelle: *PKS* 1997 ff.; *Statistisches Bundesamt* 2021, S. 8.

---

[3] Stand 30.09.2018 nach *Statistisches Bundesamt* 2021, S. 8.
[4] Berechnet nach *Statistisches Bundesamt* 2021, S. 29.

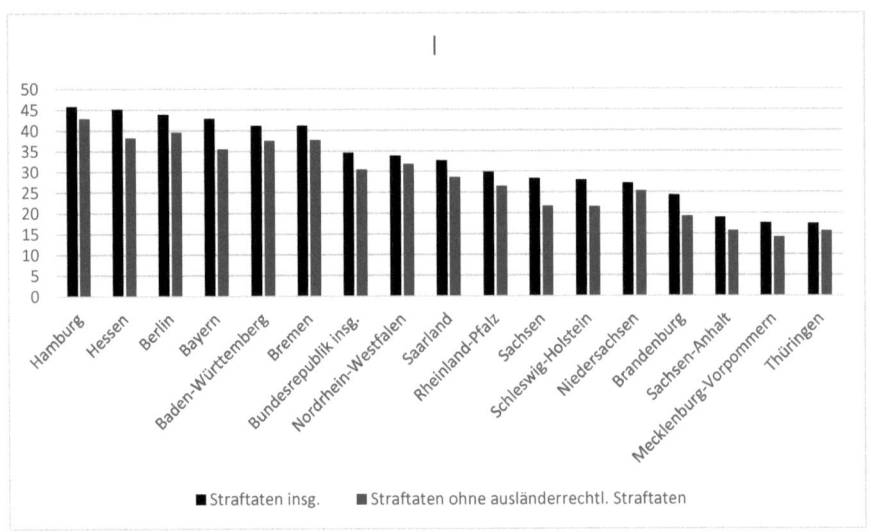

Abb. 14.1 Prozentanteil nichtdeutscher Tatverdächtiger an Straftaten nach Bundesländern 2019. (Quelle: *PKS* 2019, Bd. 3,V3.0, S. 56)

Tab. 14.4 Die Nationalität nichtdeutscher Tatverdächtiger und ihr Anteil an der nichtdeutschen Bevölkerung (ohne ausländerrechtliche Verstöße) 2019

Nichtdeutsche Tatverdächtige	Absolut	%	Nichtdeutsche Bevölkerung	Absolut	%
Insgesamt	577.241	100	Insgesamt	10.915.455	100
Türkei	61.785	10,7	Türkei	1.476.410	13,5
Rumänien	53.183	9,2	Rumänien	696.275	6,4
Polen	44.020	7,6	Polen	860.145	7,9
Syrien	42.212	7,3	Syrien	745.645	6,8
Afghanistan	23.022	4,0	Afghanistan	257.110	2,4
Bulgarien	21.738	3,8	Bulgarien	337.015	3,1
Italien	21.574	3,7	Italien	643.530	5,6
Serbien	18.151	3,1	Serbien	231.230	2,1
Irak	17.151	3,0	Irak	247.800	2,3
Kosovo	11.167	1,9	Kosovo	218.150	2,0

Quellen: *PKS* 2019, Bd. 3, V 3.0, S. 131; *Statistisches Bundesamt* 2019, S. 27 ff.

Nationalitäten zusammenhängen: Es handelt sich überwiegend um junge Personen, vor allem Männer, während Ältere, insbesondere ältere Frauen, deutlich unterrepräsentiert sind.

II. Verzerrungsfaktoren[5]

Das Ausländerrecht, insbesondere das Aufenthaltsgesetz, das Asylverfahrensgesetz und das Freizügigkeitsgesetz, regelt den Status von Ausländern in Deutschland und beinhaltet Strafvorschriften, die nur von Ausländern erfüllt werden können. Beispielsweise ist ein Verstoß gegen die Passpflicht von Ausländern (§ 3 AufenthG) nach § 95 Abs. 1 Nr. 1 AufenthG strafbar. Täterschaftlich kann nur ein Ausländer gegen die Passpflicht verstoßen und sich so strafbar machen. Im Jahr 2019 wurden 148.721 ausländische Tatverdächtige wegen **ausländerrechtlicher Straftaten** registriert. Das ist über ein Fünftel aller registrierten nichtdeutschen Tatverdächtigen. Nimmt man die spezifisch ausländerrechtliche Kriminalität aus der Gesamtkriminalität heraus, sinkt der Anteil der nichtdeutschen Tatverdächtigen an allen Tatverdächtigen auf 29,4 %. Für einen angemessenen Vergleich der Kriminalitätsbelastung von Nichtdeutschen und Deutschen müssten diese Straftaten unberücksichtigt bleiben.

Zu einer statistischen Verzerrung führen nichtdeutsche Tatverdächtige, die in Deutschland **nicht gemeldet** sind. Personen, die ihren Wohnsitz im Ausland haben, aber in Deutschland als Tatverdächtige registriert werden, vergrößern die Zahl der nichtdeutschen Tatverdächtigen, ohne gleichzeitig in der nichtdeutschen Wohnbevölkerung umfasst zu sein. Sie tragen damit direkt zu einer Überrepräsentation nichtdeutscher Tatverdächtiger gegenüber der nichtdeutschen Wohnbevölkerung bei.

Darunter fallen z. B. Tatverdächtige mit einem sog. unerlaubten Aufenthalt. Im Jahr 2019 waren dies 122.958 Tatverdächtige, also 17,6 % aller registrierten ausländischen Tatverdächtigen.[6] Wenn man diese Tatverdächtigen abzieht, verringert sich der Anteil der nichtdeutschen Tatverdächtigen an der Gesamtzahl auf 28,5 %. Wenn man sowohl die ausländerrechtlichen Delikte als auch die nicht zur Wohnbevölkerung zählenden nichtdeutschen Tatverdächtigen mit unerlaubtem Aufenthalt unberücksichtigt lässt, sinkt der Anteil der nichtdeutschen Tatverdächtigen an allen Tatverdächtigen auf 21,5 %.

Bis für das Jahr 2016 wurden in der *PKS* besondere Gruppen von Nichtdeutschen noch gesondert ausgewiesen. Dies waren „Schüler/Studenten", „Touristen/Durchreisende", „Gewerbetreibende" sowie „Stationierungskräfte und Angehörige". Sie sind ebenfalls nichtgemeldete Ausländer. Insgesamt fielen in diese Gruppen knapp 57.000 Tatverdächtige, was einen Anteil von 6 % an den nichtdeutschen Tatverdächtigen und einen Anteil von 2,4 % an der Gesamtzahl der Tatverdächtigen 2016 bedeutete.

Es ist davon auszugehen, dass Nichtdeutsche zu einem höheren Anteil als Deutsche

- junge Personen, darunter überproportional viele Männer sind,[7]

---

[5] Siehe auch *Hartmann* 2009, S. 192 ff.
[6] *PKS* 2019, Bd. 3, V 3.0, S. 138.
[7] Siehe *Statistisches Bundesamt* 2021, S. 17.

- in städtischen Ballungsgebieten wohnen und
- zu den sozial schwachen Gruppen mit geringerem Bildungs- und Einkommenspotenzial gehören.

12 Diese drei Bevölkerungsgruppen haben – unabhängig von der Nationalität – eine höhere Kriminalitätsbelastung als Ältere bzw. Frauen, als Bewohner ländlicher Gegenden und als sozial gut integrierte bildungs- und einkommensstarke Personen. Die **Überrepräsentation** von Nichtdeutschen in diesen **sozialen Gruppen** lässt somit bereits eine höhere strafrechtliche Auffälligkeit erwarten.

Ein gewisses Gegengewicht hierzu könnten Aussiedler und Spätaussiedler bilden, die – zum Teil schlecht integriert – in ähnlichen sozialen Verhältnissen wie viele Nichtdeutsche leben und nach manchen Studien eine überdurchschnittliche Kriminalitätsbelastung aufweisen,[8] aber die deutsche Staatsbürgerschaft besitzen.

13 Manches spricht dafür, dass die polizeiliche **Kontrolldichte** gegenüber nichtdeutschen Tatverdächtigen höher ist als gegenüber deutschen.[9] Uneinheitlich sind die Befunde darüber, ob sich die Nationalität von Täter und Opfer auch auf das Anzeigeverhalten auswirkt.[10] Verlässliche Daten hierzu fehlen weitgehend. Es ist aber nicht ausgeschlossen, dass auch die polizeiliche Kontrolle bzw. das private Anzeigeverhalten als entscheidende Selektionskriterien zwischen Dunkel- und Hellfeld zu einer Überrepräsentation nichtdeutscher Tatverdächtiger in der *PKS* beitragen. Dafür sprechen könnte auch der etwas geringere Anteil der ausländischen Verurteilten im Vergleich zu den nichtdeutschen Tatverdächtigen.

III. Nationalität als untaugliches Kriterium

14 Die Betrachtung der Kriminalät(sentwicklung) unter dem Aspekt der Nationalität spielt zwar in der öffentlichen Diskussion eine erhebliche Rolle,[11] ist aber unter kriminologischen Gesichtspunkten problematisch. „Ausländerkriminalität", „Fremdenkriminalität" oder „Migrantenkriminalität" sind Bezeichnungen für ein Phänomen, das Teile der Öffentlichkeit beschäftigt. Es handelt sich dabei nicht um synonyme Bezeichnungen für dieses Phänomen. Ausländerkriminalität beispielsweise erfasst die Kriminalität von Tätern, die keinen deutschen Pass besitzen. Darunter fällt auch derjenige mit ausländischer Nationalität, dessen Familie, weitgehend assimiliert, bereits in mehreren Generationen in Deutschland lebt und der im

---

[8] Siehe dazu *Bals/Bannenberg* 2007, S. 180; *Reich* 2005; *Grundies* 2000.

[9] So *Meier* 2021, § 5 Rn. 46, § 9 Rn. 37.

[10] Siehe etwa *Schwind/Fetchenhauer/Ahlborn/Weiß* 2001, S. 200 f.: „Der höhere Anteil an Nicht-Deutschen in der PKS ist sicherlich nicht (nur) darauf zurückzuführen, daß diese im Falle einer Straftat häufiger angezeigt werden als Deutsche. Wenn überhaupt, deuten sich hier eher geringe Unterschiede an." Anders für Körperverletzungsdelikte unter Jugendlichen *Köllisch* 2009, S. 28, 45: Eine signifikant höhere Anzeigerate ergibt sich, wenn Täter und Opfer unterschiedlichen Ethnien angehören.

[11] Siehe zur Kölner Silversternacht 2015 und der darauf folgenden öffentlichen Diskussion *Egg* 2017; *Neubacher* 2020, Kap. 16 Rn. 3a ff.

Straßenverkehr eine fahrlässige Körperverletzung begeht. Erfasst wird auch der Schweizer DAX-Manager, der tatverdächtig ist, Millionenbeträge veruntreut zu haben. Beides sind keine Fälle, die unter den landläufigen Begriff der Ausländerkriminalität fallen. Nicht erfasst wird auf der anderen Seite der Spätaussiedler mit deutschem Pass, der ohne hinreichende Deutschkenntnisse den sozialen Anschluss verloren hat und mit Drogen dealt. Die Nationalität ist also alles andere als ein trennscharfes Kriterium zur Umschreibung eines real existierenden gesellschaftlichen Phänomens.

Der Begriff der Fremdenkriminalität dagegen knüpft an das Fremdsein als eine soziale Konstruktion an. Aber hier mangelt es an einem trennscharfen Kriterium: Fremd ist derjenige, der von seinem sozialen Umfeld als kulturell oder sozial anders wahrgenommen wird oder der sich selbst so sieht. Fremd ist der Flüchtling aus Afghanistan in Deutschland, aber möglicherweise nicht in seiner unmittelbaren sozialen Gruppe, die ein ähnliches Schicksal teilt. Fremd kann aber auch der (deutsche) Landflüchtling in der Großstadt sein, der Arme unter Reichen, der Muslim unter Christen, der Veganer unter Fleischessern (und jeweils andersherum). In einer heterogenen Gesellschaft erlebt jeder, der sich nicht ständig in seinem unmittelbaren sozialen Umfeld aufhält, Phasen des Fremdseins. Möglicherweise hat dieses (Erleben von) Fremdsein auch Auswirkungen auf das Legalverhalten, doch sind die Ausprägungen des Fremdseins zu vielgestaltig, um es für eine kriminologische Betrachtung zu operationalisieren.

Somit haben wir mit der Nationalität zwar ein hinreichend trennscharfes Kriterium, das aber keinen Erklärungswert hat: Welchen Pass jemand besitzt, sagt unmittelbar nichts aus über die Wahrscheinlichkeit, strafrechtlich auffällig zu werden. Die Nationalität wird weitgehend überdeckt von individueller Ausstattung, Sozialisationsbedingungen, sozialem und kulturellem Umfeld und möglicherweise der Intensität der sozialen Kontrolle.[12] Hier mag es zu Korrelationen kommen, indem z. B. zahlreiche Flüchtlinge aus Afghanistan unter besonders schlechten Sozialisationsbedingungen aufgewachsen sind, in einem fremden sozialen und kulturellen Umfeld leben und besonderer sozialer Kontrolle unterliegen (Ausländerstrafrecht) und deswegen besonders häufig als straffällig registriert werden. Dies hat aber nichts mit dem afghanischen Pass zu tun, sondern mit den genannten prägenden Sozialisations- und Lebensbedingungen, die bei afghanischen Staatsbürgern eben signifikant häufiger sind als bei deutschen Staatsbürgern.

Besonders hitzig diskutiert wurden die Auswirkungen der „Flüchtlingswelle" im Jahr 2015 auf die Sicherheitslage in Deutschland. Tatsächlich ist der Anteil der registrierten nichtdeutschen Tatverdächtigen in den Jahren 2015 und 2016 deutlich angestiegen (s. o. Tab. 14.1). Auch die Ereignisse auf der Kölner Domplatte in der Silvesternacht 2015 haben in der Öffentlichkeit einen erheblichen Eindruck hinterlassen. Erste Untersuchungen zum Einfluss der Geflüchteten auf die Kriminalitätsentwicklung zeigen, dass die bisher vorgebrachten Erklärungsansätze für einen beobachteten Kriminalitätsanstieg im Wesentlichen auch hier greifen. Nach einem

---

[12] Zu den komplexen Beziehungen zwischen Migration und Jugenddelinquenz vgl. *Walburg* 2014.

vom Bundesfamilienministerium in Auftrag gegebenen Gutachten[13] ist die registrierte Gewaltkriminalität in Niedersachsen in den Jahren 2015 und insbesondere 2016 nicht unerheblich angestiegen. Im Vergleich zu 2014 ist auch der Anteil der wegen Gewaltkriminalität tatverdächtigen Flüchtlinge von 4,3 % auf 13,3 % gestiegen. Die Autoren benennen sechs Faktoren, die diesen Anstieg beeinflusst haben:

- Der Anteil von Geflüchteten an der Gesamtbevölkerung ist größer geworden. Im untersuchten Niedersachsen gab es 2014 75.345 geflüchtete Personen, im Jahr 2016 163.468 Geflüchtete. Dies entspricht einer Steigerung um 117 %.
- Der Anteil der 14- bis 30-jährigen Männer unter den Geflüchteten betrug 27,9 %, also deutlich mehr als in der Gesamtbevölkerung (ca. 10 %). Diese Bevölkerungsgruppe ist bei der Sexual- und Gewaltkriminalität deutlich überrepräsentiert.[14]
- Befragungen haben auch ergeben, dass unter männlichen Flüchtlingen gewaltlegitimierende Männlichkeitsnormen eine größere Verbreitung haben als unter in Deutschland aufgewachsenen Personen mit Migrationshintergrund.[15]
- Auch die Anzeigebereitschaft scheint bei „fremden" Tätern, d. h. bei Tätern, die eine andere Sprache sprechen oder einer anderen Kultur zu entstammen scheinen, größer zu sein als bei Nichtfremden.
- Unter den Geflüchteten wurden insbesondere solche wegen Gewaltkriminalität registriert, die kaum Bleibechancen hatten, also insbesondere junge Männer aus Nordafrika, während Flüchtlinge aus Syrien, Irak oder Afghanistan signifikant seltener registriert wurden. Sie haben relativ gute Chancen auf ein gesichertes Aufenthaltsrecht, das durch Gewalttätigkeit gefährdet würde.[16] Ein normangepasstes Verhalten erscheint dadurch wahrscheinlicher.
- Schließlich dürften auch die besonderen sozialen Rahmenbedingungen und Lebensumstände der Geflüchteten in Deutschland einen Einfluss haben. Mangelnde Tagesstruktur, fehlende verlässliche soziale Beziehungen, unbewältigte Traumata und unsichere Perspektiven können zu Frustration und Verhaltensauffälligkeiten führen.[17]

18 Insgesamt scheint der zu einem nicht unerheblichen Teil von Flüchtlingen verursachte Anstieg der (Gewalt-)Kriminalität in den Jahren 2015 und 2016 somit vor allem auf die besonderen und besonders ungünstigen Lebensbedingungen und Perspektiven der Geflüchteten zurückzuführen zu sein, nicht aber auf die Nationalität an sich.

---

[13] *Pfeiffer/Baier/Kliem* 2018.
[14] *Pfeiffer/Baier/Kliem* 2018, S. 73 f.
[15] *Pfeiffer/Baier/Kliem* 2018, S. 74.
[16] *Pfeiffer/Baier/Kliem* 2018, S. 77 ff.
[17] *Pfeiffer/Baier/Kliem* 2018, S. 80 ff.

§ 15 Persönlichkeit

I. Begriff der Persönlichkeit

Intuitiv stellt man einen Zusammenhang zwischen der Persönlichkeit eines Menschen und seinem Verhalten her. Bei der Persönlichkeit handelt es sich um ein theoretisches Konstrukt, das die vielfältigen und komplexen Beziehungen zwischen den Denkprozessen, Gefühlen und sichtbaren Verhaltensweisen eines Menschen beschreibt.[1] Es ist davon auszugehen, dass jeder Mensch eine einzigartige Persönlichkeit besitzt: Selbst eineiige Zwillinge, die zusammen aufwachsen und somit sowohl genetisch praktisch identisch ausgestattet sind als auch in ihrer Entwicklung äußerst ähnliche Bedingungen genießen, unterscheiden sich in ihrer Persönlichkeit in einem Ausmaß, dass es in Persönlichkeitstests nachweisbar ist.

II. Die „Vermessung" der Persönlichkeit

Die Vielgestaltigkeit der individuellen Persönlichkeiten macht es schwierig, sie zu beschreiben und zu kategorisieren. Von *Hippokrates* (460-377 v.Chr.) stammt die Unterscheidung verschiedener Temperamente in Sanguiniker, Phlegmatiker, Choleriker und Melancholiker. Dieses Viererschema, das die damals bekannten vier Elemente Luft, Wasser, Feuer und Erde repräsentiert, hat sich bis in die Neuzeit gehalten.

Auch aus äußeren Merkmalen zog man Rückschlüsse auf die Persönlichkeit. Dieser Methode bediente sich bereits die Kriminalanthropologie *Lombrosos*, der den geborenen Verbrecher an äußeren Merkmalen zu erkennen suchte.[2] In der Mitte des 20. Jahrhunderts gewann die vom Psychiater *Ernst Kretschmer* (1888–1964)

---

[1] *Meier* 2021, § 3 Rn. 34.
[2] Siehe hierzu *Laue* 2010, S. 431 ff.

entwickelte Konstitutionentypologie einige Bedeutung.[3] Er unterschied die drei Konstitutionen des Leptosomen (schlank), des Athletikers (muskulös) und des Pyknikers (dicklich) und wies ihnen unterschiedliche Persönlichkeiten zu:[4]

- Leptosome: schizothym (ungesellig, still, feinfühlig, empfindlich)
- Athletiker: viskös (schwer bewegliche Affektivität, starre Beharrungstendenz, Neigung zu perseverativen [beharrlichen] und stereotypen Handlungsabläufen)
- Pykniker: zyklothym (gesellig, gutherzig, freundlich, gemütlich oder heiter, humoristisch, lebhaft und witzig, mitunter auch still und weich, ruhig und schwernehmend).

4   Diese alltagsplausible Charakterisierung verschiedener Körpertypen konnte empirisch aber kaum belegt werden. Die Zuschreibung eines Hanges des Athletikers zu Gewalttaten und des Leptosomen zu Betrugstaten bleibt daher sehr vage.

III. Das Fünf-Faktoren-Modell („Big Five")

5   Heute bedeutsamer ist ein Faktorenmodell, dass auf fünf Persönlichkeitsausprägungen basiert. Diese Persönlichkeitsausprägungen sind dargestellt in Tab. 15.1.

6   Entwickelt wurde dieses Faktorenmodell eher aus Zufall: *E.C. Tupes* und *R.C. Christal*, zwei Personalforscher der US Air Force, ließen in den ausgehenden 1950er-Jahren Soldaten Fremdbeurteilungen ihrer Kollegen durchführen. Sie verwendeten dabei Persönlichkeitsinventare, die über bis zu 20 Persönlichkeitsfaktoren verfügten. Bei ihren Studien bemerkten sie aber bald, dass die Soldaten nur lediglich fünf Faktoren benutzten und dass diese auch ausreichten, um die Probanden zu kategorisieren. *Goldberg* bezeichnete diese fünf Persönlichkeitsfaktoren dann als die „Big Five".[5] Ein einflussreicher Test zur Selbst- und Fremdbeurteilung wurde von *Costa* und *McGrae* im Jahre 1992 entwickelt.[6] Sie orientierten sich zunächst an den Persönlichkeitsdimensionen von *Eysenck*[7] Neurotizismus und Extraversion und erweiterten diese um Offenheit für Erfahrungen, bevor sie die beiden anderen Faktoren Verträglichkeit und Gewissenhaftigkeit hinzufügten. Diese anfängliche Orientierung an *Eysenck* spiegelt sich in der Bezeichnung des Inventars als „NEO-Persönlichkeitsinventar" wider. 2004 wurde der Test ins Deutsche übersetzt.[8] Er ist im Internet mit 30 Items leicht zugänglich.

7   Obwohl das Fünf-Faktorenmodell auch auf Grund seiner leichten Handhabarkeit sehr einflussreich geworden ist, sind die Bezugnahmen zur Kriminalität noch spärlich. Dies liegt u. a. daran, dass die Persönlichkeitsfaktoren den Normalbereich

---

[3] *Kretschmer* 1961.
[4] Nach *Stemmler/Hagemann/Amelang/Spinath* 2016, S. 329.
[5] *Goldberg* 1981.
[6] *Costa/McCrae* 1992.
[7] Siehe oben § 5 Rn. 55 ff.
[8] *Ostendorf Angleitner* 2004.

III. Das Fünf-Faktoren-Modell („Big Five")

Tab. 15.1 Faktoren des Fünf-Faktoren-Modells und deren Variablen

Faktor I Neurotizismus
Ängstlichkeit
Reizbarkeit
Depression
Soziale Befangenheit
Verletzlichkeit
Faktor II Extraversion
Herzlichkeit
Geselligkeit
Durchsetzungsfähigkeit
Aktivität
Erlebnishunger
Frohsinn
Faktor III Offenheit für Erfahrungen
Offenheit für Fantasie
Offenheit für Ästhetik
Offenheit für Gefühle
Offenheit für Handlungen
Offenheit für Ideen
Offenheit des Werte- und Normensystems
Faktor IV Verträglichkeit
Vertrauen
Freimütigkeit
Altruismus
Entgegenkommen
Bescheidenheit
Gutherzigkeit
Faktor V Gewissenhaftigkeit
Kompetenz
Ordnungsliebe
Pflichtbewusstsein
Leistungsstreben
Selbstdisziplin
Besonnenheit

Quelle: Revidiertes NEO-Persönlichkeitsinventar in der deutschen Fassung, siehe *Stemmler/Hagemann/Amelang/Spinath* 2016, S. 368 ff.

beschreiben. Extreme und verfestigte Ausprägungen dieser Faktoren können eine Persönlichkeitsstörung begründen und dann mit gehäufter Kriminalität in Zusammenhang stehen.[9]

---

[9] Siehe dazu oben § 5 Rn. 58 ff.

IV. Intelligenz

8 Ein deutlicher Zusammenhang wird zwischen Intelligenz und Kriminalität hergestellt. Dabei ist Intelligenz nicht eindeutig definiert. Sie hängt von einigen Fertigkeiten ab, z. B. Kognition, Sprache, Merkfähigkeit, Gedächtnis, Übersichtsfähigkeit, aber auch von motorischen und sozialen Fähigkeiten.[10] Üblicherweise werden drei Fähigkeiten zusammengefasst: a. die Fähigkeit, praktische Probleme zu lösen, b. eine sprachliche Aufnahme- und Ausdrucksfähigkeit und c. die soziale Fähigkeit im Umgang mit anderen Menschen.[11] In den 1960er-Jahren wurde auch in der Öffentlichkeit die genetische Disposition der Intelligenz leidenschaftlich diskutiert. In den USA wurde von manchen Forschern die unterschiedliche Kriminalitätsbelastung verschiedener ethnischer Gruppen vor allem mit deren unterschiedlicher Intelligenz begründet.[12] Eine ausführliche Analyse der Rolle des Intelligenzquotienten in der Kriminologie bis zur damaligen Zeit lieferten 1977 *Hirschi* und *Hindelang*.[13] Sie resümierten, dass der Intelligenzquotient ein sehr gutes Vorhersagekriterium für Kriminalität darstellt, aber weniger als direkter Einflussfaktor, sondern über eine enge Verbindung zur sozialen Klasse und der ethnischen Gruppe. Dass Kriminalität ein Phänomen vor allem jüngerer, sozial schwacher Männer aus ethnischen Minderheiten sei, sei vor allem mit deren geringeren Intelligenzquotienten zu erklären. Als Reaktion entwickelte sich eine heftige Diskussion über die Validität und Kulturabhängigkeit von Intelligenztests. Die „IQ-Debatte" beschäftigte sich mit drei Hauptfragen: Misst der Intelligenzquotient Intelligenz? Sind IQ-Tests kulturabhängig? Ist das unterschiedliche Abschneiden europäischstämmiger Amerikaner und afrikanischstämmiger Amerikaner genetisch bedingt oder umweltabhängig?[14]

9 Der mögliche Zusammenhang zwischen Intelligenz und Kriminalität ist vielgestaltig:[15]

- Geringe Intelligenz kann die Entscheidungsfindung negativ beeinflussen, indem die Konsequenzen des Handelns nicht angemessen eingeschätzt werden.
- Geringe Intelligenz kann Frustration verursachen und eine Unfähigkeit, das eigene Verhalten zu kontrollieren.
- Geringe Intelligenz kann die Bildungs- und damit Lebenschancen negativ beeinflussen. Der soziale Status bleibt gering.
- Höhere Intelligenz ermöglicht ein besseres Verständnis für soziale Regeln und Gesetze. Sie ermöglicht auch eine angemessene Risikoeinschätzung kriminellen Verhaltens.

---

[10] *Müller/Nedopil* 2017, S. 254; *Lammel* 2010, S. 375
[11] *Weinberg* 1989, S. 98.
[12] *Shockley* 1967.
[13] *Hirschi/Hindelang* 1977.
[14] Einen guten Überblick über die „IQ-Debatte" gibt *Weinberg* 1989.
[15] Vgl. *Newburn* 2017, S. 176.

- Höhere Intelligenz ermöglicht insbesondere eine bessere Einschätzung des Entdeckungsrisikos bei einer Straftat.[16]
- Schließlich kann sich höhere Intelligenz und ein damit verbundener hoher sozialer Status auch auf die Strafzumessung auswirken.

Relativ gesicherte Erkenntnisse gibt es über die Kriminalität bei Intelligenzminderung (Oligophrenie, geistige Behinderung). Davon spricht man ab einem Intelligenzquotienten von unter 70, wobei ein Intelligenzquotient von 100 den Durchschnitt der Bevölkerung abbilden soll. Eine Intelligenzminderung kann nach §§ 20, 21 StGB zur Schuldunfähigkeit oder einer erheblich verminderten Schuldfähigkeit führen.[17] Intelligenzgeminderte begehen besonders häufig Sexualdelikte, vor allem pädophile Handlungen, Exhibitionismus und sexuelle Nötigung. Oftmals gelingt es erwachsenen Intelligenzgeminderten nicht, sich Gleichaltrigen sozial angemessen und angstfrei zu nähern; dieses Problem besteht bei der Annäherung an Kinder nicht.[18] Überdurchschnittlich häufig begehen Intelligenzgeminderte auch Brandstiftungsdelikte und Aggressionstaten. Vor allem letztere beruhen nicht selten auf Überforderung durch die fehlende Fähigkeit, sich verbal zu wehren und angemessen auf Kränkungen zu reagieren.

---

[16] Siehe *Meier* 2021, § 6 Rn. 28.
[17] Siehe hierzu *Lammel* 2010.
[18] *Müller/Nedopil* 2017, S. 257.

§ 16 Sozialisation

I. Begriff

Durkheim verstand unter Sozialisation die Vergesellschaftung des Menschen.[1] Heute wird der Begriff weiter gefasst und nicht nur als Anpassung an gesellschaftliche Zielvorstellungen verstanden, sondern als Prozess der Persönlichkeitsentwicklung in Abhängigkeit von der sozialen Umwelt.[2] Diese besteht nicht nur aus den Eltern als den erziehenden Personen, sondern kann auch den Kindergarten, die Schule, Peergroup, Medien und Subkulturen umfassen. Das Ziel der Sozialisation ist auch nicht mehr auf Vergesellschaftung festgelegt; sogar die Sozialisation in Gefängnissubkulturen kann zur Persönlichkeitsentwicklung beitragen.

Es gibt mehrere Ansätze, um verschiedene Phasen der Sozialisation zu charakterisieren. Meist handelt es sich dabei um Kategorien, die einen Bezug zum Alter des zu Sozialisierenden aufweisen. Die erste Sozialisationsphase wird in der Regel von den Eltern dominiert. Nach *Berger* und *Luckmann* ist dies die Phase der Sozialisation, in der ein Mensch zum Mitglied der Gesellschaft wird – die **primäre Sozialisation**. In dieser Phase wird dem Kind eine Deutung der Welt vermittelt. Mit der Konfrontation anderer Weltbilder beginnt die zweite Sozialisationsphase – die **sekundäre Sozialisation**. Diese umfasst spätere Vorgänge, durch die eine bereits sozialisierte Person in neue Ausschnitte der objektiven Welt ihrer Gesellschaft eingewiesen wird.[3] Manche Autoren teilen die zweite Phase in zwei Abschnitte auf und unterscheiden zwischen schulischer und beruflicher Sozialisation. Die letztgenannte Phase wird dann als **tertiäre Sozialisation** bezeichnet.

---

[1] *Durkheim* 1973.
[2] *Niederbacher/Zimmermann* 2017.
[3] *Berger/Luckmann* 2004; Abels 2007, S. 107.

II. Sozialisation durch Lernen

3   Die klassische Antwort auf die Frage nach der sozialisationstheoretischen Erklärung von Kriminalität liefern die **Lerntheorien** von *Sutherland* und *Bandura*. Diese können genutzt werden, um insbesondere den Einfluss von Eltern, Peers und Medien auf delinquentes Handeln zu erklären. Nach der Lerntheorie von *Sutherland* ist Kriminalität die Folge einer entsprechenden Einstellung, die insbesondere durch Kontakte mit Kriminellen und meist in persönlichen Gruppen erlernt wird. Die Interaktionspartner müssen nicht reale Personen sein – sie können auch fiktiv sein. Nach dieser Theorie müsste die Erziehung durch gewaltbereite Eltern, ein gewaltorientierter Freundeskreis und der Konsum von gewaltorientierten Medieninhalten die Gewaltbereitschaft fördern. Voraussetzung ist, dass die realen und fiktiven Gewaltakteure für den Rezipienten sympathisch sind.[4] Auch nach der Lerntheorie von *Bandura* wird aggressives Verhalten erlernt, wobei das Lernen am Modell im Vordergrund steht.[5] Die Modelle können realer oder fiktiver Natur sein. Zum Einfluss des Medienkonsums auf Gewaltpräferenzen hat *Bandura* ein bekanntes Experiment durchgeführt.[6] Einer Gruppe von Jungen und Mädchen wurde ein Film gezeigt, in dem Rocky, eine erwachsene Person, die Hauptrolle spielte. Der Inhalt des Filmes beschränkte sich auf aggressive Handlungen von Rocky gegenüber einer lebensgroßen Puppe, ein immer lächelndes Stehaufmännchen. Die Puppe wurde mit mehreren Gegenständen attackiert, beschimpft und getreten, ohne dass sie zu Schaden kam. Diesen Teil des Films sahen alle Probanden. Diese wurden danach drei Experimentalgruppen zugeordnet, die jeweils ein unterschiedliches Ende des Films zu sehen bekamen: Rocky wird für sein Verhalten belohnt – er wird bestraft – sein Verhalten blieb unkommentiert. Anschließend wurden die Kinder einzeln in einen Raum mit der gleichen Ausstattung wie der im Film gezeigte Raum gebracht. Die Kinder, die das Filmende mit einer positiven Reaktion auf Rockys Verhalten gesehen hatten, zeigten das aggressivste Verhalten. Die Aggressivität der Kinder, die den Film mit unkommentiertem Ende gesehen hatten, unterschieden sich kaum von dieser Gruppe. Die Kinder, die den Film mit einer Bestrafung Rockys gesehen hatten, waren deutlich weniger aggressiv. Nach dieser Theorie führt der Konsum von medialer Gewalt zu realer Gewalt, wenn bestimmte personale und situative Bedingungen erfüllt sind. Die Akzeptanz der interagierenden Personen und die Kontaktdauer sind wichtige Kriterien für die Übernahme von Verhaltensmustern. Somit dürfte der Einfluss der Eltern und der Peergroup größer sein als der Einfluss des Medienkonsums.

---

[4] *Sutherland* 1979.
[5] *Bandura* 1968, 1979a, b.
[6] *Bandura/Ross/Ross* 1963.

III. Familiale Sozialisation

Mayer hat die intergenerationale Transmission von Gewalt bei Migranten und Deutschen untersucht.[7] Dazu hat sie im Jahr 2003 über 200 türkische und mehr als 200 deutsche Jugendliche sowie zum Teil deren Väter und Mütter schriftlich befragt. Die Auswahl wird als „Gelegenheitsstichprobe" von Schülerinnen und Schülern an Berliner Schulen bezeichnet.[8] Die Analyse zeigt, dass in der Stichprobe der Türken Gewalt über drei Generationen hinweg „vererbt" wird: Erfahren Mütter oder Väter Gewalt durch ihre Eltern, erhöht dies die Wahrscheinlichkeit, dass sie selbst und in der Folge davon auch ihre Kinder gewalttätig werden. Bei den deutschen Untersuchten kann dieses Drei-Generationen-Modell nicht vollständig aufrechterhalten werden: Es gilt zwar für die Väter, aber nicht für die untersuchten Mütter. Bei den deutschen Müttern hat zwar die erlebte Gewalterfahrung keinen Einfluss auf ihre Gewaltaktivitäten, jedoch korrespondiert die Gewalt der Mütter signifikant mit der Gewalt ihrer Kinder. Bei türkischen Vätern, türkischen Müttern und deutschen Vätern kann somit ein Transmissionseffekt über drei Generationen belegt werden, während dies bei deutschen Müttern nur für zwei Generationen zutrifft. Allerdings basieren die Untersuchungen mit deutschen Müttern und Vätern auf unterschiedlichen Fallzahlen und somit auf unterschiedlichen Teilstichproben: Es wurden 161 Mütter und 129 Väter in die Analyse einbezogen.[9] Dies könnte die Unterschiede zwischen Vater- und Muttereinfluss erklären.

Weijer und andere haben anhand von Strafakten die Beziehung zwischen registrierter Gewaltkriminalität von Großeltern, Eltern und Kinder untersucht.[10] Dazu haben sie Daten aus dem Bevölkerungsregister mit Daten aus dem Strafregister für 621 Großeltern, 1315 Eltern und 1982 Kindern verknüpft.[11] Ausgangspunkt der Stichprobenziehung war eine Gruppe von Schülerinnen und Schülern, die zu Beginn des 20. Jahrhunderts eine holländische Schule für Problemjugendliche besuchten. Deren Kinder, Enkel und Urenkel wurden in die Analyse einbezogen – diese drei Generationen werden als G1, G2 und G3 bezeichnet. Zum Zeitpunkt der Untersuchung lagen die Durchschnittsalter der drei berücksichtigten Generationen G1 bis G3 bei 76, 48 und 22 Jahren. Die Prävalenzraten für die registrierte Gewaltkriminalität von Frauen waren sehr niedrig, deshalb wurde die Analyse auf Männer beschränkt. Zur Bestimmung des Transmissionseffektes wurden Odds Ratios berechnet; das sind Maßzahlen, die das Verhältnis der Gewaltdelikte zwischen zwei Gruppen angeben, die sich beispielsweise durch die Gewalttätigkeit der Eltern- oder Großelterngeneration unterscheiden. Sind beispielsweise in zwei Kindergruppen, die sich durch die Gewaltaktivitäten ihrer Eltern unterscheiden, Gewaltdelikte in gleicher relativer Häufigkeit vertreten, hat die Maßzahl den Wert 1 – die Gewalttätigkeit der Kinder mit gewalttätigen Eltern unterscheidet sich nicht von der

---
[7] *Mayer* 2006.
[8] *Mayer* 2006, S. 57.
[9] *Mayer* 2006, S. 94, 96.
[10] *Weijer/Bijleveld/Blokland* 2014.
[11] *Weijer/Bijleveld/Blokland* 2014, S. 112.

Gewalttätigkeit der Kinder mit nicht gewalttätigen Eltern. Die Analyse zeigte, dass Männer mit gewalttätigen Väter ein deutlich höheres Risiko hatten, eine Gewaltstraftat zu begehen – dies gilt für alle berücksichtigten Generationen. Beim Vergleich der Generationen G2 und G3 liegt der Odds-Ratio-Wert bei 3,4 und für G1 und G2 bei 2,3. Beide Statistiken sind signifikant.[12] Die entsprechenden Schätzungen für gewaltfreie Kriminalität sind deutlich niedriger. Dies lässt vermuten, dass insbesondere Gewaltkriminalität „vererbt" wird, andere Arten der Kriminalität nur bedingt.

6   Diese Hypothese wird gestützt durch eine qualitative Studie von *van Dijk* und anderen.[13] Sie befassten sich mit der Kriminalität der Kinder von 25 Straftätern, die wegen organisierter Kriminalität verurteilt wurden. 80 % dieser Straftäter hatten mindestens ein Kind, das polizeilich in Erscheinung trat. Dies traf auf 48 % der 25 Töchter und 91 % der 23 Söhne zu. Demnach scheint es auch geschlechterspezifische Unterschiede im Umfang der intergenerationalen Transmission von Kriminalität zu geben.

7   Nach einer Metaanalyse von *Besemer* und anderen mit 23 Studien zur intergenerationellen Transmission von kriminellem Verhalten haben Kinder mit kriminellen Eltern im Durchschnitt ein deutlich höheres Risiko für kriminelles Verhalten als Kinder, deren Eltern nicht kriminell sind. Der Odds-Ratio Wert beträgt 2,4.[14] Dieses Ergebnis erlaubt jedoch noch keine Aussage über die Gründe für die Korrespondenz von Eltern- und Kinderkriminalität.

8   In der Studie von *Schulz, Eifler* und *Baier* steht ein empirischer Vergleich von Theorien zur Erklärung der intergenerationalen Transmission von Gewalt im Vordergrund, nämlich der sozialen Lerntheorie und der Selbstkontrolltheorie.[15] Ausgehend davon, dass es für beide Modelle empirische Belege für die Erklärung delinquenten Handelns gibt, ist es das Ziel dieses empirischen Theorienvergleichs, das Erklärungspotenzial der beiden Ansätze für die intergenerationale Transmission von Gewaltverhalten zu vergleichen. Datengrundlage ist eine Teilstichprobe der KFN-Schülerbefragung aus dem Jahr 2005, die 4583 Neuntklässler an allgemeinbildenden Schulen in Dortmund und Stuttgart umfasste. Die Schüler wurden schriftlich befragt. Die Gewalthandlungen der Schüler innerhalb der letzten 12 Monate stellte die abhängige Variable dar. Die unabhängige Variable „Elterngewalt" wurde retrospektiv für den Zeitraum vor dem 12. Lebensjahr der Schüler erhoben, jeweils für Mütter und Väter getrennt. In Umsetzung der theoretischen Annahmen wurden als Mediatorvariablen u. a. der Erziehungsstil, das Ausmaß elterlicher Zuwendung und Kontrolle, die Selbstkontrollfähigkeit, die Motivation zur Gewalt und die Verhaltenskontrolle durch die Eltern berücksichtigt. Die Datenauswertung erfolgt anhand von Strukturgleichungsmodellen, wobei zunächst ein Basismodell mit der unabhängigen Variable „Elterngewalt" und der abhängigen Variable „Prävalenz von Gewalthandlungen im Jugendalter" spezifiziert wurde. Anschließend wurde im Vergleich zu diesem Basismodell in getrennten Modellen analysiert, welcher Anteil des

---

[12] *Weijer/Bijleveld/Blokland* 2014, S. 115.
[13] *van Dijk/Kleemans/Eichelsheim* 2018.
[14] *Besemer/Ahmad/Hinshaw/Farrington* 2017.
[15] *Schulz/Eifler/Baier* 2011.

Gesamteffekts über die spezifischen Mediatorvariablen vermittelt wird. Dadurch sollen die soziale Lerntheorie und die Selbstkontrolltheorie verglichen werden. Im simultanen Test der beiden Theorien wird in einem Strukturgleichungsmodell die Erklärungskraft der sozialen Lerntheorie unter statistischer Kontrolle der Konstrukte der Selbstkontrolltheorie analysiert. Ein Strukturgleichungsmodell ist ein statistisches Verfahren, mit dem die Effekte in komplexen Modellen geschätzt werden können. Dabei kann zwischen unabhängigen, abhängigen und intervenierenden Variablen unterschieden werden, wobei diese auch durch mehrere Indikatoren erfasst werden können.[16] Die Ergebnisse der isolierten Theorienprüfungen zeigten, dass sowohl die soziale Lerntheorie als auch die Selbstkontrolltheorie dazu beitragen, den Prozess der Transmission von Gewalt zu erklären. Allerdings kann die Transmission von Gewalt zu einem überwiegenden Teil auf Lernprozesse und zu einem geringeren Teil auf eine Schwächung der Selbstkontrolle von Jugendlichen zurückgeführt werden. Dass eine Motivation zu Gewalt jedoch nur zu ca. 5 % durch das Erleben elterlicher Gewalt erklärt wird, deutet darauf hin, dass zumindest bei Neuntklässlern elterliche gewalttätige Modelle nicht die einzige und nicht die wichtigste Ursache für die Gewalt ihrer Kinder sein dürften.

Neben den aufgeführten Erklärungsmodellen wurden bisher weitere Einflussfaktoren untersucht, von denen angenommen wurde, dass sie bei der Transmission von Gewaltverhalten wirksam sein könnten, beispielsweise ein niedriger Selbstwert[17] oder Defizite in der sozialkognitiven Informationsverarbeitung.[18] Zusammenfassend lässt sich sagen, dass es unterschiedliche Modelle zur Erklärung der Transmission von Gewalt gibt. Für jedes dieser Modelle gibt es empirische Belege in dem Sinne, dass die jeweils postulierten Einflussfaktoren zwar als wirksam betrachtet werden können, keines der Modelle ist jedoch in der Lage, die intergenerationale Transmission von Gewalt vollständig zu erklären.[19]

In der Studie von *Hermann* wurde die Frage untersucht, ob intergenerationale Transmissionseffekte durch die Wertevermittlung der Eltern erklärt werden können. Dazu wurden Kinder und ein Elternteil befragt.[20] Die Grundgesamtheit bestand aus allen 8- bis 9-jährigen Kindern in Deutschland. Die Stichprobe dieser Befragten wurde durch eine zweistufige Zufallsauswahl festgelegt. Auf der ersten Stufe wurden zufällig 81 Gemeinden in Deutschland ausgewählt, auf der zweiten Stufe wurden dann von den zuvor gewählten Gemeinden Adressen der Zielgruppe angefordert und daraus jeweils Zufallsstichproben gezogen. Dieses Verfahren führte zu 11.824 Adressen von Kindern und ihren Eltern. Diese erhielten Fragebögen zugesandt, wobei für jede Familie die Identifikationsnummern der Kinder- und Elternfragebögen übereinstimmten, um eine Zuordnung zu gewährleisten. Die Eltern wurden gebeten, dass der Elternteil den Fragebogen ausfüllt, der im Wesentlichen für die religiöse Erziehung zuständig ist. Der Grund für diese Vorgabe liegt in der

---

[16] *Reinecke* 2014.
[17] *Kaplan* 1975.
[18] *Dodge/Bates/Pettit* 1990.
[19] *Avakame* 1998; *Rebellon/van Gundy* 2005.
[20] *Hermann* 2015.

Intention der Studie, die eine Evaluation der Erstkommunionkatechese zum Ziel hatte.[21] An der ersten Befragung (Sommer 2010) haben 2529 Kinder und Eltern teilgenommen; davon waren 1877 zu weiteren Befragungen bereit. Die erste Befragung diente in erster Linie der Erfassung der Bereitschaft, mehrfach an der Befragung teilzunehmen. An der ersten, inhaltlich umfassenderen Befragung im Spätsommer 2010 (Welle 2) haben sich 1383 Kinder und jeweils ein Elternteil beteiligt. An der dritten Welle im Frühsommer 2011 waren es 1111, an Welle 4 im Sommer 2012 noch 1022 und an Welle 5 im Herbst 2013 noch 603 Personenpaare. Durch die Methode der Auswahl kann die Stichprobe als zufällig angesehen werden. Für die Hypothesenprüfung wurde lediglich auf die Fälle zurückgegriffen, die sich erstens an allen fünf Wellen beteiligt haben und zweitens entweder einer christlichen Konfession angehören oder konfessionslos sind – das sind 452 Personenpaare.

11   Die Hypothesen in Anlehnung an die voluntaristische Kriminalitätstheorie lauten, dass die Werte der Kinder die Gewaltbereitschaft von Kindern und die Werte der Eltern die Gewaltbereitschaft von Eltern erklären. Zudem werden Transmissionseffekte von Werten und Gewaltbereitschaft angenommen. Dabei werden zwei Wertedimensionen unterschieden: christlich-religiöse Werte einerseits sowie idealistische und an der Einhaltung sozialer Normen orientierte Werte andererseits. Sie wurden durch folgende Fragen gemessen: „Jeder Mensch hat etwas, das für ihn besonders wichtig ist. Wie wichtig ist für Dich" ... „an Gott zu glauben", „so zu leben, wie Gott es will", „anderen Menschen zu helfen" und „sich an die Regeln der Schule halten".

12   Zur Prüfung der Hypothesen werden die postulierten kausalen Beziehungen durch Strukturgleichungsmodelle abgebildet und geprüft, wobei zeitlich versetzte Messungen von Ursache und Wirkung verwendet werden, um die postulierte kausale Ordnung abzubilden. Strukturgleichungsmodelle sind Verallgemeinerungen von multiplen Regressionen, die durch Mehrfachmessungen die Verzerrungen von Effektschätzungen durch zufällige Messfehler kompensieren können. Nach diesem statischen Verfahren hat die Gewaltbereitschaft der Eltern zum Zeitpunkt der dritten Befragung einen signifikanten Einfluss auf die Gewaltbereitschaft der Kinder in der fünften Befragung, wenn diese Merkmale isoliert in einem Modell berücksichtigt werden. Zwischen dritter und fünfter Welle liegen etwa 2,5 Jahre. Dieses Modell würde für die direkte Transmission von Gewaltbereitschaft sprechen: Gewaltbereite Eltern vermitteln diese Haltung unmittelbar ihren Kindern. Berücksichtigt man allerdings gemäß der voluntaristischen Kriminalitätstheorie die Werte der Eltern und Kinder als weitere unabhängige Variablen, ist der Einfluss der Gewaltbereitschaft der Eltern auf die Gewaltbereitschaft der Kinder nicht mehr signifikant – das Ergebnis der entsprechenden Analyse ist in Abb. 16.1 dargestellt. Somit wird die Gewaltbereitschaft der Eltern nicht unmittelbar von ihren Kindern übernommen – Werte dienen als Mediatorvariablen.

13   In dem Schaubild sind die Zahlen auf den Pfeilen standardisierte Pfadkoeffizienten. Alle Effekte sind bis auf den Einfluss der Gewaltorientierung der Eltern auf ihre Kinder signifikant. Insgesamt gesehen übernehmen Kinder die Wertorientierungen

---

[21] *Forschungsgruppe Religion und Gesellschaft* 2015.

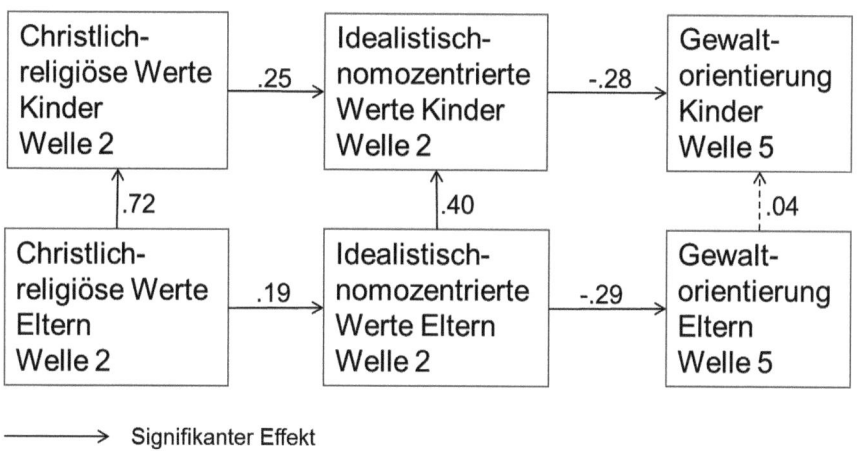

Abb. 16.1 Intergenerationale Transmission von Werten und der Einfluss von Werten auf Gewaltbereitschaft

ihrer Eltern, wobei idealistisch-nomozentrierte und christlich-religiöse Werte eine zentrale Rolle spielen. Diese Werte haben sowohl bei den Eltern als auch bei den Kindern direkt oder indirekt einen Einfluss auf die Gewaltorientierung. Somit spielen Eltern bei der Sozialisation von Gewaltbereitschaft eine wichtige Rolle, aber die Vorstellung, dass Kinder diese Handlungsorientierung ihrer Eltern einfach übernehmen, ist falsch. Die Beziehung zwischen der Gewaltorientierung der Eltern und der Gewaltorientierung der Kinder ist eine Scheinkorrelation, die auf gemeinsamen Ursachen, nämlich den Werten beider Personengruppen, basiert. Dieses Ergebnis kann auch als Hinweis interpretiert werden, dass bei intergenerationalen Sozialisationsprozessen abstrakte Wertorientierungen wichtiger sind als konkrete Handlungsorientierungen.

IV. Sozialisation durch die Peergroup

Wird die Kriminalität von Kindern und Jugendlichen durch die Kriminalität der Peers erklärt, hat dies tautologische Züge – zumindest ist der Informationsgehalt einer solchen Theorie relativ gering.[22] Trotzdem liegen zu der Thematik relativ viele empirische Studien vor. Eine der ältesten Untersuchungen dazu stammt von *Akers* und anderen.[23] Sie haben dazu über 3000 Schülerinnen und Schüler der Klassen 7 bis 12 befragt – eine Zufallsstichprobe von Schulen und Klassen aus 7 ausgewählten Gemeinden in den USA. Das Ziel der Studie war ein Vergleich verschiedener Lerntheorien. Ihr Erklärungspotenzial sollte in Bezug auf den Missbrauch von Alkohol

---

[22] *Lamnek* 2021, S. 267.
[23] *Akers/Krohn/Lanza-Kaduce/Radosevich* 1979.

und Marihuana verglichen werden. Relevante unabhängige Variablen waren insbesondere die Anzahl der Freunde, die selbst Alkohol beziehungsweise Drogen konsumierten, die Anzahl der beobachteten Handlungen, die perzipierte Einstellung zum Alkohol- und Drogenkonsum seitens geachteter Freunde, die positiven und negativen Reaktionen von Freunden zum Drogenkonsum, die eigene Einstellung zum Drogenkonsum, die Normakzeptanz, die perzipierte formelle sowie informelle Abschreckung und die Effekte des eigenen Drogenkonsums. Mit diesen Variablen kann mittels multipler Regressionen 55 % der Varianz des Alkoholmissbrauchs und 68 % der Varianz des Marihuanakonsums erklärt werden. Den größten Einfluss hat die Zahl der Freunde, die selbst Alkohol oder Drogen konsumierten. Der standardisierte partielle Regressionskoeffizient für diese Variable beträgt $\beta = 0{,}46$ für die Erklärung des Alkoholmissbrauchs und $\beta = 0{,}55$ für die Erklärung des Marihuanakonsums. Jugendliche und ihre Peergroup weisen demnach häufig die gleichen delinquenten und normkonformen Verhaltensmuster auf.

15   Allerdings scheint die Stärke von Transmissionseffekten durch die Peergroup deliktspezifisch zu variieren. Nach der oben dargestellten Studie besteht eine hohe Übereinstimmung zwischen dem Alkohol- und Drogenkonsum eines Jugendlichen und der Peergroup. Ähnlich starke Effekte findet man auch bei Gewaltkriminalität, aber nicht bei anderen Deliktsarten.[24]

16   *Henneberger* und andere haben die Daten der Chicago Youth Development Study analysiert – dies ist eine Längsschnitterhebung mit fünf Wellen über sieben Jahre.[25] Die Ersterhebung war 1991. Befragt wurden 364 männliche Jugendliche, 54 % davon waren Afroamerikaner und 40 % Hispanoamerikaner. Für die Auswahl der Befragten wurden in einem ersten Schritt alle 1105 Jungen der fünften und siebten Klasse aus öffentlichen Schulen im Großraum Chicago ermittelt. Aus diesem Pool potenzieller Probanden wurden auf Grund von Auskünften von Lehrern solche Jugendliche ausgewählt, die ein erhöhtes Maß an aggressivem Verhalten aufwiesen. Diese Teilstichprobe wurde ergänzt durch eine etwa gleich große Anzahl zufällig aus dem restlichen Teil der Bevölkerung ausgewählter Jugendlichen. Diese spezielle Art der Stichprobenziehung erschwert den Vergleich mit anderen Studien. Näherungsweise kann die Stichprobe als Extremgruppenvergleich angesehen werden. Folglich ist zu erwarten, dass die Effekte im Vergleich zu einer Analyse mit Zufallsstichproben überschätzt werden.

17   Delinquenz wurde durch Selbstberichte erfasst. Die Studie berücksichtigt alle gängigen Delikte in Dunkelfeldstudien. Dies gilt auch für die Messung der Peerdelinquenz. Die Analysen beziehen sich jedoch lediglich auf Gewaltdelinquenz. Unter der Kontrolle von Alter und ethnischer Zugehörigkeit hat die perzipierte Gewaltdelinquenz der Peergroup einen starken Einfluss auf die Gewaltdelinquenz des Befragten. Der standardisierte partielle Regressionskoeffizient beträgt 0,62 – ein signifikanter Wert.

18   Das Problem vieler Untersuchungen zum Einfluss der Peergroup auf Delinquenz ist, dass in der Analyse zwei unterschiedliche Effekte zusammengefasst werden,

---

[24] *Henry/Tolan/Gorman-Smith* 2001.
[25] *Henneberger/Durkee/Truong/Atkins/Tolan* 2013.

zum einen ein **Sozialisationseffekt** und zum anderen ein **Selektionseffekt**. Die Wahl des Freundeskreises ist kein Zufallsprozess; und es ist nicht auszuschließen, dass gewaltorientierte Jugendliche Freunde mit einer ähnlichen Gesinnung präferieren. Dies führt, ebenso wie der sozialisierende Einfluss der Peergroup, zu einer Korrelation zwischen der Gewaltorientierung eines Jugendlichen und der Gewaltorientierung der Peergroup. Die Berücksichtigung von Sozialisations- und Selektionseffekt wurde in der Studie von *Manzoni* und *Schwarzenegger* umgesetzt.[26] Allerdings ist die Fragestellung dieser Untersuchung umfassender: Die Autoren stellen die Frage, wie der Einfluss von Kindesmisshandlungen durch die Eltern der Kinder auf die Gewaltdelinquenz der Kinder erklärt werden kann. Dazu vergleichen sie verschiedene Theorien. Eine davon besagt, dass sich erlebte Elterngewalt auf die Wahl des Freundeskreises auswirkt und gewaltorientierte Freunde bevorzugt werden, was sich letztlich in der Gewaltbereitschaft von Jugendlichen auswirkt. Durch diese Hypothese werden der Sozialisations- und der Selektionseffekt berücksichtigt. Die verwendeten Daten stammen aus der International Self-Report Delinquency Study (ISRD3).[27] Diese umfasste Befragungen in 26 Ländern, wobei Schülerinnen und Schüler der Klassen sieben bis neun berücksichtigt wurden. Die Stichprobe umfasste 61.040 Jugendliche. Zur Messung der Gewaltdelinquenz der Befragten wurde nach Tathandlungen von Raub, gemeinschaftlicher und gefährlicher Körperverletzung gefragt. Zur Kriminalität in der Peergroup wurde erhoben, wie viele der Freunde Drogen konsumieren, einen Ladendiebstahl begangen haben und verschiedene Formen von Gewaltkriminalität verübt haben. Die Kindesmisshandlung seitens Eltern oder anderer Erziehungsberechtigten wurde durch eine Frage nach erlittenen schweren Körperverletzungen erfasst. Die Analysen belegen einen signifikanten Effekt der Kindesmisshandlungen durch die Eltern der Kinder auf die perzipierte Delinquenz im Freundeskreis des Befragten. Der standardisierte partielle Regressionskoeffizient beträgt 0,14, wobei Geschlecht und sozioökonomischer Status kontrolliert wurden. Zudem hat die Delinquenz der Peergroup einen signifikanten Einfluss auf die Gewalthandlungen des Befragten. Der Odds-Ratio-Wert beträgt 1,3, wenn nur diese beiden Merkmale berücksichtigt werden; die Einbeziehung von Kontrollvariablen wie Selbstkontrollkompetenz, moralische Werte und soziale Bindungen erhöht die Effektschätzung auf 2,2. Dies Ergebnisse bedeuten, dass misshandelte Kinder und Jugendliche solche Freunde bevorzugen, die wie ihre Eltern Gewalt präferieren – ein Selektionseffekt. Die Kontakte zu diesen Freunden führen dann zu einer Verstärkung der Gewaltpräferenz, die sie von ihren Eltern zumindest partiell übernommen haben – ein Sozialisationseffekt.

Ein Problem nahezu aller Studien zur Beziehung zwischen der Kriminalität eines Jugendlichen und der Peerkriminalität ist, dass zur Erfassung der Kriminalität in der Peergroup der Proband selbst befragt wird und nicht die Jugendlichen der Peergroup. Es ist aber nicht auszuschließen, dass Jugendliche mit kriminellen Präferenzen die kriminelle Orientierung im Freundeskreis falsch einschätzen. Wahrnehmung ist immer selektiv, wobei die eigenen Erwartungen, Hoffnungen und Wünsche von

---

[26] *Manzoni/Schwarzenegger* 2019.
[27] *Enzmann/Haen Marshall/Hough/Killias/Kivivuori/Steketee* 2018.

Bedeutung sind.[28] Somit könnte die Assoziation zwischen der Kriminalität eines Jugendlichen und der Peerkriminalität ein Artefakt sein, das auf einem Messproblem der Peerkriminalität basiert.

V. Sozialisation durch Kindergarten, Kindertagesstätte und Schule

20   Die Reduzierung des Alters von Kindern für ihre Aufnahme in Kindergarten und Kindertagesstätte, die Ausweitung der Betreuungszeiten, die zunehmende Bildungsbeteiligung der Bevölkerung und der Trend zu höheren Schulabschlüssen haben dazu geführt, dass der Kindergarten, die Kindertagesstätte und die Schule heute im Leben von Kindern und Jugendlichen eine zentrale Stellung einnehmen. Dadurch sind diese Organisationen bedeutsame Agenturen im Sozialisationsprozess geworden – mit einem Auftrag zur Erziehung und Wissensvermittlung der Kinder und Jugendlichen.[29] Die kriminologischen Fragen zu den Sozialisationsagenturen Kindergarten, Kindertagesstätte und Schule beziehen sich insbesondere auf die Themen Kriminalität, insbesondere Gewaltkriminalität, und Kriminalprävention. In § 10 und § 30 sind Untersuchungen über Gewalt an Schulen, insbesondere Mobbing und Bullying beschrieben. In § 27 werden Präventionsprojekte zu Mobbing und Schulgewalt sowie Evaluationen vorgestellt.

VI. Sozialisation durch Medien

21   Der Medienpädagogische Forschungsverbund Südwest führt in regelmäßigen Abständen Studien zum Mediennutzungsverhalten in Deutschland durch. Der Name der Studie richtet sich nach der Befragtengruppe: **JIM-Studie** für Jugendliche, **KIM-Studie** für Kinder, **miniKIM-Studie** für Kleinkinder und **FIM-Studie** für Familien als Untersuchungsobjekte.[30] Die Ergebnisse der miniKIM -Studie aus dem Jahr 2014 zeigen, dass bereits Kinder im Vorschulalter etwa eine Stunde pro Tag fernsehen. 38 % nutzten mindestens einmal pro Woche eine Spielkonsole, etwa 55 % nutzten für Computerspiele den Computer.[31] Diese Angaben stammen von den Eltern der Kindern, sodass angenommen werden kann, dass sie eher unter- als überschätzt sind. Mit zunehmendem Alter nimmt der Umfang des Medienkonsums erheblich zu, sodass ein Sozialisationseffekt des Medienkonsums angenommen werden kann. Aus kriminologischer Sicht ist insbesondere die Frage nach dem Einfluss des Medienkonsums auf delinquentes Handeln von Interesse, sowie die Frage nach den Bedingungen für die Präferenz von Mediengewalt. Diese Thematik ist in § 17 dargestellt.

---

[28] *Balcetis/Dunning* 2006; *Nuszbaum* 2010.
[29] *Siebertz-Reckzeh/Hofmann* 2008; *Rabe-Kleberg* 2018.
[30] *Feierabend/Rathgeb/Reutter* 2019, 2020; *Feierabend/Plankenhorn/Rathgeb* 2015.
[31] *Feierabend/Plankenhorn/Rathgeb* 2015.

§ 17 Medien

I. Fragestellungen der Medienforschung

Die Veröffentlichungen zur Medienforschung sind kaum überschaubar. Bereits zu Beginn des 21. Jahrhunderts wurde die Anzahl einschlägiger Studien auf über 5000 geschätzt.[1] Zudem befassen sich mehrere wissenschaftliche Disziplinen mit dem Thema Medien, insbesondere Kriminologie, Kriminalsoziologie, Medien- und Kommunikationssoziologie, Wahlsoziologie, Marktforschung, Psychologie und Medizin.

Die Kriminologie thematisiert insbesondere die Beziehung zwischen Medienrezeption und (Gewalt-)Kriminalität.[2] In der Medien- und Kommunikationssoziologie wird insbesondere die Bedeutung des Medienkonsums als Sozialisationsfaktor und der Einfluss auf gesellschaftliche Verhältnisse untersucht.[3] Die Wahlsoziologie behandelt die Frage nach dem Einfluss medialer Berichterstattung auf das Wahlverhalten,[4] die Marktforschung überprüft insbesondere die Wirkung von Werbung auf das Kaufverhalten und das Image von Produkten,[5] und in der Medienpsychologie werden kognitive und affektive Prozesse bei der Medienrezeption sowie die Abhängigkeit von Wahrnehmungsprozessen von Persönlichkeitsmerkmalen untersucht.[6] Die Medizin untersucht unter anderem den Medieneinfluss auf neurologische Strukturen.[7] Die Fachrichtungen unterscheiden sich in der Terminologie, veröffentlichen in verschiedenen Zeitschriften und zitieren in erster Linie Beiträge der eige-

---

[1] *Kunczik/Zipfel* 2002.
[2] Bspw. *Esser/Scheufele/Brosius* 2002; *Scheungrab* 1993.
[3] Bspw. *Neumann-Braun/Müller-Doohm* 2000; *Kunkel, Opaschowski* 1998.
[4] Bspw. *Dörner/Erhardt* 1998; *Quiring* 2003.
[5] Bspw. *Griese/Brüne* 1993; *Kroeber-Riel* 1986.
[6] Bspw. *Janschek/Vitouch/Tinchon* 1997; *Weiß/Grimm/Klinger* 2000.
[7] Bspw. *Hummer/Kronenberger/Wang/Anderson/Mathews* 2014; *Jabr/Denke/Rawls/Lamm* 2018.

nen Diszplin, so dass eine interdisziplinäre Gesamtbilanz soweit ersichtlich bisher noch nicht erstellt wurde.

II. Theorien der kriminologischen Medienwirkungsforschung

3   Die gängigen und häufig zitierten Hypothesen zum Einfluss des Medienkonsums auf Gewalt basieren weitgehend auf tiefenpsychologischen Triebtheorien und lerntheoretischen Ansätzen.

4   Die **Katharsishypothese**, die sich bis auf Aristoteles zurückführen lässt, geht von der Existenz eines angeborenen Aggressionstriebes aus, der durch den Konsum medialer Gewalt befriedigt wird. Die in der Fantasie des Rezipienten erlebte Gewalt wird als gleichwertig zu tatsächlicher Gewalt verstanden. Folglich führe das mentale Erleben von Mediengewalt zu einem Aggressionsabbau und somit zu einer Reduzierung gewalttätiger Aktivitäten.[8] In der Katharsishypothese wird unterstellt, dass der Aggressionstrieb destruktiv ist. Die Aussage, Aggression sei eine angeborene Triebkraft und der Mensch folglich von Natur aus gewalttätig, findet man insbesondere bei *Sigmund Freud* und *Konrad Lorenz*. Nach *Freud* ist der Aggressionstrieb Teil des Todestriebes – Gewalt, Hass und Selbstzerstörung sind Folgen davon. Bei *Lorenz* hingegen ist der Aggressionstrieb nicht destruktiv, sondern funktional für die Erhaltung der Art und des Individuums.

5   Auch die **Inhibitionsthese** postuliert eine gewaltreduzierende Wirkung des Konsums medialer Gewalt. Durch die Rezeption entsprechender Filme oder Texte werde Angst ausgelöst, die zu einer Hemmung der Gewaltbereitschaft führen soll.[9]

6   Nach der **Habitualisierungsthese** ist Medienkonsum weitgehend wirkungslos, denn mit zunehmender Häufigkeit des Konsums medialer Gewalt stumpfe der Rezipient ab und anfängliche emotionale Reaktionen auf Mediengewalt würden durch Gewöhnung abnehmen oder ganz ausbleiben. Ein gewohnheitsmäßiger Gewaltkonsum führe demnach zu einer reduzierten Bereitschaft, selbst gewalttätig zu werden; zudem steige die Gleichgültigkeit gegenüber Gewaltopfern.[10]

7   Nach der **Suggestionsthese** werden medial vermittelte Handlungen nachgeahmt. Insbesondere Gewaltdarstellungen würden durch ihre suggestive Wirkung auf den Rezipienten zur Imitation anregen. Die Wahrnehmung von Gewalt wird als Stimulus gesehen, der zu einer entsprechenden Reaktion führt. Eine weitere Version dieses Stimulus-Response Ansatzes postuliert, dass die Reaktion auf Mediengewalt nicht auf Nachahmungstaten beschränkt ist, sondern jede Form von Gewalt provozieren kann. Durch die Rezeption von Gewalt werde die Aggressionsschranke durchbrochen und die Bereitschaft zu Gewalt würde handlungsrelevant werden. Nach beiden Positionen führt der Konsum von medialer Gewalt auch zu realer Gewalt.[11]

---

[8] *Feshbach* 1961.
[9] *Kniveton* 1978.
[10] *Carnagey/Anderson/Bushman* 2007; *Krahé/Möller/Kirwil/Huesmann/Felber/Berger* 2011.
[11] *Rauchfleisch* 1992.

Die **Stimulationsthese** basiert auf der Frustrations-Aggressions-Hypothese von *Dollard*.[12] Demnach führen tiefgehende Enttäuschungen, das Ausbleiben erwarteter Belohnungen und unerfüllte Triebbefriedigung zu Reaktionen, von denen Aggression eine von mehreren Möglichkeiten ist. Frustration führe nicht zwangsläufig zu Aggression, aber jede Aggression basiere auf frustrierenden Erlebnissen. Die Stimulationshypothese postuliert, dass der Konsum medialer Gewalt bei bereits frustrierten und damit emotional erregten Personen Aggression und Gewalt auslöse. Der Medienkonsum wird als Reiz gesehen, der die Kausalkette Frustration-Aggression in Gang setzt. Auch nach dieser Hypothese führt der Konsum von medialer Gewalt zu realer Gewalt, allerdings nicht bei allen Personen, sondern nur bei einer Auswahl.[13]

Neben diesen klassischen Hypothesen zur Erklärung des Einflusses von Medienkonsum auf Gewalt können auch noch einige Kriminalitätstheorien genutzt werden, diesen Zusammenhang zu begründen. Nach der **Lerntheorie** von *Sutherland* ist Kriminalität die Folge einer entsprechenden Einstellung, die insbesondere durch Kontakte mit Kriminellen und meist in persönlichen Gruppen erlernt wird. Die Interaktionspartner müssen nicht reale Personen sein – sie können auch fiktiv sein. Nach dieser Theorie müsste der Konsum von gewaltorientierten Medieninhalten die Gewaltbereitschaft fördern, wenn die fiktiven Gewaltakteure für den Rezipienten sympathisch sind.[14]

Auch nach der **Lerntheorie von *Bandura*** wird aggressives Verhalten erlernt, wobei das Lernen am Modell im Vordergrund steht.[15] Die Modelle können auch fiktiver Natur sein. Dazu hat Bandura ein bekanntes Experiment durchgeführt.[16] Einer Gruppe von Jungen und Mädchen wurde ein Film gezeigt, in dem Rocky, eine erwachsene Person, die Hauptrolle spielte. Der Inhalt des Filmes beschränkte sich auf aggressive Handlungen von Rocky gegenüber einer lebensgroßen Puppe, ein immer lächelndes Stehaufmännchen. Die Puppe wurde mit mehreren Gegenständen attackiert, beschimpft und getreten, ohne dass sie zu Schaden kam. Diesen Teil des Films sahen alle Probanden. Diese wurden drei Experimentalgruppen zugeordnet, die jeweils ein unterschiedliches Ende des Films zu sehen bekamen: Rocky wird für sein Verhalten belohnt, er wird bestraft und sein Verhalten blieb unkommentiert. Anschließend wurden die Kinder einzeln in einen Raum mit der gleichen Ausstattung wie der im Film gezeigte Raum gebracht. Die Kinder, die das Filmende mit einer positiven Reaktion auf Rocky's Verhalten gesehen hatten, zeigten das aggressivste Verhalten. Die Aggressivität der Kinder, die den Film mit unkommentiertem Ende gesehen hatten, unterschieden sich kaum von dieser Gruppe. Die Kinder, die den Film mit einer Bestrafung Rockys gesehen hatten, waren deutlich weniger aggressiv. Nach dieser Theorie führt der Konsum von medialer Gewalt zu realer Gewalt, wenn bestimmte personale und situative Bedingungen erfüllt sind.

---

[12] *Dollard/Doob/Miller/Mowrer/Sears* 1939.
[13] *Berkowitz* 1989.
[14] *Sutherland* 1979.
[15] *Bandura* 1968, 1979.
[16] *Bandura/Ross/Ross* 1963.

11 Neuere Theorien der Medienwirkungsforschung verknüpfen die Elemente älterer Ansätze und versuchen dadurch, Bedingungen für die Umsetzung perzipierter Medieninhalte in Handeln zu formulieren. Das Ziel scheint zu sein, die einfache Sichtweise von Stimulus-Reaktions-Theorien zu differenzieren. Der Rezipient wird nicht mehr als ein naiver Akteur gesehen, der beobachtete Handlung einfach nachahmt.

12 Die **Skripttheorie** behandelt insbesondere die Frage nach dem Erwerb und der Handlungsrelevanz von Skripts.[17] Darunter versteht man verinnerlichte Handlungsmuster und mentale Routinen, die automatisch aktiviert werden, wenn Entscheidungen getroffen werden. Skripts enthalten Informationen über Handlungsabläufe. Nach der Skripttheorie beeinflusst Inhalt und Umfang des Medienkonsums den Inhalt von Skripten. Die umfassende Rezeption medialer Gewalt würde demnach zu Skripten führen, die Gewalt als angemessene Handlungs- und Problemlösungsstrategie beinhalten. Der Ansatz greift somit auf Lerntheorien zurück, wobei sowohl Modelllernen als auch die operante Konditionierung als Lernmethoden von Bedeutung sind. Skripte werden aber nicht automatisch handlungsrelevant, sondern werden vom Akteur auf die Kompatibilität mit internalisierten Normen geprüft. Erst wenn eine Gewaltanwendung als legitime Konfliktlösungsstrategie angesehen wird, werden gewaltbezogene Skripte handlungsrelevant.

13 Die Idee, dass Handlungsmuster mit Emotionen zusammen in neuronalen Netzen gespeichert werden, ist eine Annahme des **Priming-Ansatzes**.[18] Wird ein Knoten innerhalb eines Netzwerkes stimuliert, führe dies zu einer Anregung der anderen Knoten des Netzwerkes. Dieser Ausstrahlungseffekt kann durch einen Stimulus wie beispielsweise gewalttätige Medieninhalte zu einer Aktivierung der anderen Elemente des neuronalen Netzes kommen – und wenn dieses aggressive Handlungsmuster umfasst auch zu aggressiven Handlungen.

14 Das **General Aggression Model** ist ein handlungstheoretischer Ansatz, der kognitionspsychologische Elemente integriert.[19] Ausgangspunkt ist das Grundmodell jeder Handlungstheorie, also ein Akteur in einer Situation. Der Handelnde ist durch demografische Merkmale, Werte, Einstellungen und verinnerlichte Handlungsmuster (Skripte) charakterisiert. Die Situation umfasst alle Umweltfaktoren, beispielsweise aggressive Schlüsselreize, Provokation und Frustration. Darauf reagiert der Akteur affektiv und kognitiv: Skripte werden aktiviert. Bei einer permanenten Wiederholung der Aktivierung aggressiver Skripte sinke die Schwelle der Aktivierung, sodass mit der Zeit auch schwache Impulse relevant werden. Aggressive Impulse würden zudem einen Zustand der Abwehrbereitschaft hervorrufen und zu einem Zustand erhöhter Erregung führen: Beide Aspekte würden bereits vorhandene Neigungen zu aggressivem Verhalten verstärken. Die Aktivierung aggressiver Skripte führe zu Bewertungs- und Entscheidungsprozessen, wobei im ersten Schritt die Situation automatisch und unreflektiert beurteilt wird. Hat der Akteur ausreichende kognitive Fähigkeiten, wird die Bewertung der Situation neu über-

---

[17] *Huesmann* 1988.
[18] *Jo/Berkowitz* 1994.
[19] *Carnagey/Anderson* 2003; *Anderson/Bushman* 2002a.

dacht. Abgespeicherte Skripte werden somit bei einem entsprechenden Stimulus nicht automatisch umgesetzt – dies hängt von hemmenden und fördernden Faktoren ab. Dazu gehört die Fähigkeiten zu Selbstreflexion, aber auch das Normverständnis, perzipierte Handlungsfolgen, emotionale Distanz und die Fähigkeit zur Selbstkontrolle. Insgesamt gesehen beschreibt das General Aggression Model einen Prozess, der den Weg von der Rezeption medialer Gewalt bis zur Gewalthandlung differenziert beschreibt.

Die Studien zur Wechselwirkung zwischen dem Konsum medialer Gewalt und Gewaltbereitschaft benötigen eine Theorie, die neben der Wirkung des Medienkonsums auch die Frage nach den Ursachen und Bedingungen von Medienpräferenzen und -konsum behandelt. Eine Theorie zu dem letztgenannten Aspekt liefert der **Uses and Gratifications Approach**.[20] Demnach präferieren Rezipienten solche Medienangebote, die ihren Bedürfnissen am besten entsprechen. Es handelt sich also um einen utilitaristischen Ansatz, wobei medial erfüllte Bedürfnisse dem Nutzen von Medienkonsum entsprechen; die Kosten sind der zeitliche und materielle Aufwand, der damit verbunden ist. Aus diesem Ansatz kann man die Hypothese ableiten: Gewaltorientierte Personen haben ein vergleichsweise höheres Bedürfnis nach Gewalt und folglich auch nach medialer Gewalt – in der Folge wird diese deshalb auch vergleichsweise häufig konsumiert.

III. Methoden der kriminologischen Medienwirkungsforschung

In der Regel werden Medienwirkungsstudien als Befragungen oder Laborexperimente durchgeführt. Dabei ist es möglich, das **Dunkelfeld** aggressiven Handelns und nicht nur polizeilich oder justiziell registrierte Aktivitäten zu berücksichtigen. Bei **Hellfeldstudien** besteht immer das Risiko, dass die Untersuchungsergebnisse von Erledigungsstrategien der Kontrollinstanzen abhängig sind; deshalb sind Dunkelfeldstudien in der Regel valider als Untersuchungen mit Hellfelddaten. Befragungen und Laborexperimente sind also meist Dunkelfeldstudien; sie beziehen sich auf die **Individualebene** – die untersuchten Objekte sind Personen. Studien auf der **Makroebene** hingegen basieren auf Hellfelddaten. Dabei werden Kriminalitätsraten für ausgewählte Delikte mit der Ausstrahlungshäufigkeit medialer Gewalt in Verbindung gebracht. Folglich sind die Ergebnisse empirischer Medienwirkungsstudien mit Hell- bzw. Dunkelfelddaten sowie Studien auf Mikro- und Makroebene nur bedingt miteinander vergleichbar.

Dies gilt auch für **Experimente** und **Befragungen**. Der Vorteil von Experimenten gegenüber Befragungen ist zwar die gute Kontrollierbarkeit von Rahmenbedingungen, aber die Übertragbarkeit der Ergebnisse auf nichtexperimentelle Situationen ist weitgehend ungeklärt. Zudem können in Experimenten nur Kurzzeiteffekte gemessen werden, und eine Extrapolation auf einen längeren Zeitraum ist mit Unsicherheiten behaftet. Die Hypothese, dass eine intensive Rezeption medialer Gewalt über einen längeren Zeitraum das Verhalten des Rezipienten beeinflusst, kann

---

[20] *Katz/Blumler/Gurevitch* 1973.

experimentell kaum überprüft werden, und die Hypothese, dass der Konsum von medialer Gewalt unmittelbar nach der Rezeption handlungsrelevant ist, kann durch Befragungen nur getestet werden, wenn die Erhebung unmittelbar nach der Medienrezeption erfolgt.

18 Die Vorteile von Befragungen gegenüber Experimenten sind, dass sie meist auf größere Fallzahlen zurückgreifen können und Gewalthandeln relativ differenziert erfassen können. In Experimenten wird meist nur die Aggressivität in einer Spielsituation erhoben. Zwar ist die Messung von Gewaltaktivitäten, insbesondere von Gewaltkriminalität, in Umfragen nur eingeschränkt valide: Es ist zu erwarten, dass Umfang und Schwere unterschätzt werden. Allerdings betreffen diese Messprobleme alle Personen, sowohl die mit intensivem als auch die mit geringem Konsum an medialer Gewalt. Bei einem Vergleich dieser Personengruppen ist folglich nicht zu erwarten, dass die genannten Defizite in der Messqualität zu einer wesentlichen Verzerrung von Untersuchungsergebnissen führen. Eine Schwierigkeit von Befragungen ist die Erfassung des Medienkonsums. Trotz der Wichtigkeit von Befragungen im Rahmen der Medienwirkungsforschung gibt es dazu nur wenige valide und reliable Skalen.[21]

19 Bei **Querschnittsbefragungen** werden Medienkonsum und Gewalthandeln retrospektiv gemessen. Dadurch können Ursache und Wirkung in statistischen Analysen nicht unterschieden werden, so dass in Assoziationsmaßen beide Kausalrichtungen berücksichtigt sind, nämlich der Einfluss des Medienkonsums auf Gewalt und der Einfluss von Gewaltorientierung auf den Medienkonsum. Dieses Problem ist bei **Panelstudien** nicht so gravierend, aber letztlich können sie die Angelegenheit nur bedingt beheben. Auch wenn der Konsum medialer Gewalt zeitlich vor der Messung des Gewalthandelns erfasst wurde und beide miteinander korrelieren, kann nicht gefolgert werden, dass Medienkonsum handlungsrelevant ist. Es könnte durchaus auch so sein, dass der Gewaltmedienkonsum und das entsprechende Handeln die Folge einer vorliegenden Gewaltorientierung sind, so dass letztlich nur eine Scheinkorrelation erfasst wird. Dieses Problem kann nur durch eine angemessene Modellbildung, bei der solche Drittvariablen berücksichtigt sind, behoben werden.[22]

IV. Empirische Studien der kriminologischen Medienwirkungsforschung

20 Zur kriminologischen Medienwirkungsforschung liegen zahlreiche **Einzelstudien** vor. Die Durchführung von **Feldexperimenten** war nur eine kurze Zeit nach der Einführung des Fernsehens möglich. Solche Studien wurden, soweit ersichtlich, in Deutschland nicht realisiert. Die Untersuchung von *Joy, Kimball* und *Zabrack* ist eines der wenigen Feldexperimente. Dazu beobachteten die Autoren das Ausmaß physischer und verbaler Aggression von Kindern in drei kleinen kanadischen Städ-

---

[21] *Möhring/Schlütz* 2013.
[22] *Hermann* 2012.

ten, die sich durch den Empfang von Fernsehsendern unterschieden: In einer Gemeinde war kein Fernsehempfang möglich; in der zweiten Gemeinde konnte ein Fernsehsender und in der dritten Stadt konnten mehrere Sender empfangen werden. Die Beobachtungen wurden zwei Jahre nach der Einführung des Fernsehens in der vorher fernsehfreien Gemeinde wiederholt, mit dem Ergebnis, dass es in dieser und nur in dieser Gemeinde eine signifikante Aggressionssteigerung gab. Bereits die Konfrontation mit Fernsehsendungen scheint demnach aggressionsfördernd zu wirken.[23]

Grimm hat mehrere **Laborexperimente** zur Medienwirkungsforschung durchgeführt. Im ersten Experiment wurden 186 Probanden zwischen 11 und 65 Jahren – das Durchschnittsalter lag bei 22 Jahren – Ausschnitte aus verschiedenen Kampfsportfilmen gezeigt, nachdem sie zuvor schriftlich zu ihrer Angst, Aggression, ihrem Verständnis von Gewalt, ihrer Gewaltbereitschaft und anderen Themen befragt wurden. Die Probanden wurden in vier Gruppen aufgeteilt, die unterschiedliche Filmausschnitte in unterschiedlicher Reihenfolge zu sehen bekamen, wobei sich die Szenen in der Art der gezeigten Gewalt unterschieden. Der Film „Karate Tiger" wurde als Beispiel „sauberer" und „Bloodsport" als Beispiel „schmutziger" Gewalt gezeigt. In den Kampfsportszenen mit „sauberer" Gewalt wurde fair nach Regeln und weitgehend ohne eine Schädigung des Gegners gekämpft, während die Ausschnitte mit „schmutzigen" Gewaltszenen erheblich brutaler waren und sogar den Tod des Gegners zur Folge hatten. Während der Filmvorführung wurden physiologische Messungen, Pulsfrequenz und Hautleitfähigkeit, durchgeführt. Nach der Vorführung erfolgte eine erneute Messung psychosozialer Eigenschaften durch den bereits verwendeten Fragebogen. Im Gesamtsample führte der Filmkonsum zu einer signifikanten Abnahme von selbst eingeschätztem Aggressionspotenzial und einer signifikanten Zunahme von Angst, wobei die Angststeigerung in erster Linie auf den Konsum der Filmszenen mit schmutziger Gewalt zurückzuführen ist. Die Aggressionsminderung war in der Gruppe am größten, die zuerst mit schmutziger und anschließend mit sauberer Gewalt konfrontiert wurde.[24] In einem weiteren Experiment hat *Grimm* geschlechtsspezifische Unterschiede in der Wirkung des Konsums medialer Gewalt untersucht. Dazu wurden 92 Probanden zwischen 12 und 60 Jahren – das Durchschnittsalter lag bei 20 Jahren – in drei etwa gleich große Gruppen aufgeteilt. Diesen wurden Ausschnitte aus dem Film „Savage Street – Straße der Gewalt" in unterschiedlicher Reihenfolge gezeigt. In einem Filmausschnitt sind eine Frau der Täter und ein Mann das Opfer, in dem anderen ist es umgekehrt. Wurden die Filme in dieser Reihenfolge gezeigt, zeigten Frauen extreme Angstreaktionen; ihre Aggressivität hingegen blieb unverändert, während sie bei männlichen Rezipienten geringer wurde. Wurden die Filme hingegen in der umgekehrten Reihenfolge gezeigt, führte dies bei Männern zu einer Erhöhung ihrer Aggressions- und Gewaltbereitschaft.[25]

---

[23] *Joy/Kimball/Zabrack* 1986.
[24] *Grimm* 1999, 2000.
[25] *Grimm* 1999, 2000.

22 Mithilfe einer **Befragung** von Schülerinnen und Schülern der Klassen 7 und 9 an Haupt- oder Realschulen sowie der Klassen 7, 9 und 11 an Gymnasien hat *Streng* den Zusammenhang zwischen Medienkonsum und Gewalthandeln untersucht. Die Analyse basiert in erster Linie auf den Daten einer Befragung, die 2008 durchgeführt wurde (N = 427). Eine weitere Befragung des Autors aus dem Jahr 1995 ist für die hier relevante Fragestellung sekundär. Ein Ergebnis ist, dass bivariate Korrelationen zwischen der Art des Medienkonsums und der Gewalthäufigkeit in unterschiedliche Richtungen weisen: Während die Präferenz für realistische Gewaltfilme mit häufigen Gewaltaktivitäten korrespondiert, sind Personen mit einer Vorliebe für Kinderfilme und Comedy relativ selten gewalttätig. Ähnliche Unterschiede zeigen sich auch bezüglich der Nutzung von Videospielen. Insbesondere die Nutzer von Actionspielen und Ego-Shooter sind vergleichsweise gewalttätig. Bei einer Kontrolle von Drittvariablen wie Geschlecht, Schulform, Schulklima, Normakzeptanz und Viktimisierungserfahrung schwächen sich die Effektstärken ab, aber die Richtung der Zusammenhänge bleibt unverändert, und die partiellen Regressionskoeffizienten sind nach wie vor signifikant.[26]

23 Insbesondere mit dem Einfluss von **Videospielen** befasst sich die **Befragungsstudie** von *Gentile*. Sie befragten in den USA 607 etwa 13- bis 15-jährige Schülerinnen und Schüler. Nach einer Pfadanalyse haben die Häufigkeit, mit der die Befragten Gewalt-Videospiele durchführten sowie die Gewaltintensität der Spiele signifikante Effekte auf die Anzahl verübter Körperverletzungen. Der standardisierte Pfadkoeffizient beträgt jedoch nur 0,07. Die Dauer der Beschäftigung mit Videospielen hingegen hat keinen Einfluss auf dieses Verhalten, wohl aber auf die Schulleistungen.[27]

24 Ebenfalls mit dem Einfluss von **Videospielen** hat sich auch *Raithel* befasst, wobei er zusätzlich andere Medienkontakte berücksichtigt hat, so dass anhand dieser Studie Effekte von Videospielen und Filmkonsum miteinander verglichen werden können. In einer Befragung von 436 Schülerinnen und Schülern hat er den Zusammenhang zwischen Medienkonsum und Gewaltdelinquenz untersucht. Die Befragten waren zwischen 15 und 18 Jahren alt und besuchten weiterführende Schulen in Bamberg. Die Erfassung der Gewaltkriminalität erfolgte durch Fragen, ob in den letzten 12 Monaten ein Raub, eine Körperverletzung mit bzw. ohne Waffe verübt wurde. Die Ergebnisse multipler Regressionen zeigten, dass insbesondere die Körperverletzung ohne Waffe durch die Intensität der Nutzung bestimmter Computerspiele, nämlich Ego-Shooter und Kampfsportspiele erklärt werden kann: Der standardisierte partielle Regressionskoeffizient liegt über 0,5. Im Vergleich dazu spielt der Konsum gewaltbezogener Filme (Horror-, Kriegs-, Kampf- und Actionfilme sowie Krimis) eine untergeordnete Rolle. Bei Körperverletzungen mit Waffe sind die Kausalmechanismen jedoch umgekehrt: Vor allem der Konsum aggressionsbetonter Filme korrespondiert hoch mit der Ausführung dieses Delikts, Computerspiele sind im Vergleich dazu von marginaler Bedeutung. Auch bei Raubdelikten ist nur der Filmkonsum und nicht die Verwendung von Computerspielen

---

[26] *Streng* 2012.
[27] *Gentile/Lynch/Linder/Walsh* 2004.

mit der Deliktsausführung assoziiert. Trotz der Verschiedenheit der Ergebnisse, die vermutlich durch die Komplexität von Medienkonsummustern entstanden sind, dominiert das Ergebnis, dass der Konsum medialer Gewalt mit Gewaltbereitschaft.[28]

Die Frage nach der Kausalität – ist der Konsum medialer Gewalt die Ursache von Gewaltbereitschaft und Gewalthandeln, oder führt eine hohe Gewaltbereitschaft zu einer Präferenz für Mediengewalt – kann nur mit Hilfe von Experimenten und Panelerhebungen beantwortet werden. Bei Experimenten können jedoch nur kurzfristige Medienwirkungen beobachtet werden, Panelstudien hingegen ermöglichen auch die Untersuchung langfristiger Folgen. Somit ist die Aussagekraft von Panelstudien vergleichsweise groß, wenn die Frage nach der Wirkung der Rezeption von Mediengewalt beantwortet werden soll. Allerdings gibt es nur wenige Panelstudien zu dem Thema.

Huesmann hat zusammen mit anderen etliche **Panelstudien** durchgeführt.[29] Eine Studie begann im Jahr 1977 und umfasste eine Befragung von nahezu 750 Jungen und Mädchen aus Chicago im Alter von sechs und acht Jahren. In der letzten Befragungswelle in den Jahren 1992 bis 1994 konnten mehr als 300 Personen berücksichtigt werden. Die Korrelationen zwischen dem Umfang des Konsums von Fernsehgewalt der befragten Kinder und der verbalen und physischen Aggressivität der gleichen Personen im Erwachsenenalter betrugen sowohl für die männlichen als auch für die weiblichen Befragten etwa 0,2. Wurde in der Analyse nur physische Aggressivität berücksichtigt, waren die Koeffizienten etwas kleiner. Die Werte sind signifikant, und die Effekte konnten auch bei einer statistischen Kontrolle von Schichtzugehörigkeit, Intelligenzquotient, Geschlecht und ursprünglichem Aggressivitätsniveau bestätigt werden. Umgekehrt hat die Aggressivität der untersuchten Kinder keinen signifikanten Einfluss auf die Zunahme im Konsum medialer Gewalt.[30]

Eine weitere Studie von *Huesmann* und anderen basiert auf den Daten der Columbia County Longitudinal Study. Das ist eine 40-jährige Langzeitstudie, die Schülerinnen und Schüler aller dritten Klassen von Columbia County vom 8. bis hin zum 48. Lebensjahr begleitete. In der ersten Welle im Jahr 1960 wurde jedes Kind aus den dritten Klassen aller Schulen von Columbia County befragt, insgesamt nahezu 900 Personen. Im Durchschnitt waren die Befragten damals 8 Jahre alt. Bei den nachfolgenden Erhebungen betrug das Alter 19, 30 und 48 Jahre, wobei die letzte Welle nicht in die Medienwirkungsanalyse einbezogen wurde. Insgesamt wurden 285 Personen in allen Wellen befragt. Auch in dieser Studie konnte ein Einfluss des Konsums von Mediengewalt in der Kindheitsphase auf Aggressivität in der Erwachsenenphase nachgewiesen werden. So hat insbesondere der entsprechende Medienkonsum zum Zeitpunkt der ersten Welle Effekte auf die Aggressivität in den

---

[28] *Raithel* 2003.
[29] *Huesmann/Moise-Titus/Podolski/Eron* 2003; *Huesmann/Beatty* 2002; *Huesmann/Eron* 2013; *Huesmann/Dubow/Boxer* 2009; *Huesmann/Moise* 1998; *Huesmann/Moise/Podolski* 1997.
[30] *Huesmann/Moise-Titus/Podolski/Eron* 2003.

nachfolgenden Erhebungswellen, unabhängig vom Intelligenzquotienten, Geschlecht und dem ursprünglichem Aggressivitätsniveau der Befragten.[31]

28 Eine weitere Panelstudie stammt von *Johnson, Cohen, Smailes, Kasen* und *Brook*. Sie haben dazu insgesamt 707 Kinder zufällig ausgewählter Familien aus zwei Landkreisen (Counties) des Staates New York ausgewählt. Die Befragungen fanden in den Jahren 1975, 1983, 1985 und 1986, 1991 bis 1993 sowie 2000 statt. Das Alter der Kinder in der ersten Welle lag zwischen einem und zehn Jahren; im Durchschnitt waren sie sechs Jahre alt. Nach den Ergebnissen der Studie beeinflusst die Situation in der Kindheit (1. Welle) den Umfang des späteren Fernsehkonsums (2. Welle): Sozial vernachlässigte und psychisch auffällige Kinder aus unteren Schichten, die in einer unsicheren Gegend aufwuchsen, verbringen als Jugendliche signifikant mehr Zeit vor dem Fernsehgerät als andere. Der Umfang des Fernsehkonsums der Befragten zum Zeitpunkt der zweiten Welle korrespondiert signifikant mit ihrer Aggressivität und Gewalt in der nächsten und übernächsten Welle. Besonders gravierend ist der Unterschied zwischen Wenig- und Vielsehern unter männlichen Jugendlichen, die bereits in der zweiten Welle ein relativ hohes Aggressionspotenzial besaßen: Unter den Personen, die weniger als eine Stunde pro Tag vor dem Fernseher verbrachten, lag die Prävalenzrate für aggressives Verhalten in den beiden nachfolgenden Wellen unter 10 %; wurden jedoch mehr als drei Stunden täglich Fernsehen konsumiert, betrug der entsprechende Wert über 60 %. Aber auch unter den nicht aggressiven männlichen Jugendlichen variiert die Aggressivitätsrate signifikant in Abhängigkeit von der Dauer des früheren Fernsehkonsums. Für weibliche Jugendliche ist der Zusammenhang zwischen Konsumintensität und Aggressivität nicht signifikant. Auch die Assoziation zwischen dem Fernsehkonsum zu Beginn der Erwachsenenphase, nämlich zum Zeitpunkt der vierten Welle, und späterem aggressiven Verhalten ist signifikant. Die gesamten Ergebnisse ändern sich nur unwesentlich, wenn Drittvariablen wie der Grad sozialer Vernachlässigung in der Kindheit, Grad der Unsicherheit in der Wohngegend, Höhe des Familieneinkommens, Erziehungsstil der Eltern, psychische Auffälligkeit in der Kindheit und frühere Aggressivität statistisch kontrolliert werden.[32]

29 Die Ergebnisse der oben beschriebenen Panelstudien wurden in der Arbeit von *Hopf, Huber, und Weiß* bestätigt. Diese haben Schülerinnen und Schüler aus bayrischen Hauptschulen zweimal befragt. An der ersten Erhebung in den Klassen 5 bis 7 haben 653 Personen teilgenommen, an der zweiten 314. Der Einfluss des Mediengewaltkonsums auf die Schülergewalt war signifikant und größer als der Einfluss der Gewaltorientierung auf den Konsum medialer Gewalt.[33]

30 Mit den Daten der Panelstudie „Kriminalität in der modernen Stadt" hat *Kanz* den Einfluss des Konsums medialer Gewalt auf Gewalt und Gewaltbereitschaft untersucht und schwache, aber signifikante Effekte gefunden, wobei der Zeitunter-

---

[31] *Huesmann/Moise/Podolski* 1997; *Huesmann/Moise* 1998.
[32] *Johnson/Cohen/Smailes/Kasen/Brook* 2002.
[33] *Hopf/Huber/Weiß* 2008.

schied zwischen den Messungen von unabhängiger und abhängiger Variable lediglich ein Jahr betrug.³⁴

Experimente und Befragungen ermöglichen die Untersuchung von Zusammenhängen auf der Mikroebene. Die kriminologische Medienforschung befasst sich jedoch auch mit Fragen auf der **Makroebene**: Führt die Berichterstattung zu einer Veränderung der Häufigkeit und Schwere von Straftaten? Solche Studien haben *Brosius*, *Esser* und *Scheufele* durchgeführt.³⁵ Sie untersuchten, ob die Berichterstattung über fremdenfeindliche Straftaten, insbesondere Brandanschläge auf Asylbewerberheime, nur eine Reaktion auf entsprechende Taten war, oder ob es durch entsprechende Medienberichte zu einem Anstieg von Straftaten gekommen ist. Die Autoren überprüften diese Hypothese für mehrere Zeiträume. Auf der Grundlage von Daten über die Entwicklung von Zuwanderungszahlen, Bevölkerungsmeinungen, Medienberichterstattung und Straftaten entwickeln Brosius und Esser (1995) ein Eskalationsmodell der Gewalt. Die Ergebnisse haben sie insbesondere durch eine Verknüpfung von Inhaltsanalysen von Zeitungsberichten und Fernsehnachrichten über fremdenfeindliche Straftaten einerseits mit Daten der Polizeilichen Kriminalstatistik über fremdenfeindliche und rechtsextreme Straftaten andererseits erzielt – dies waren wöchentlich aufbereitete Daten der Landeskriminalämter aus sechs Bundesländern. Durch die Bestimmung zeitversetzter Korrelationen, so genannte Kreuzkorrelationen, konnten die Hypothesen über die Beziehung zwischen Berichterstattung und Straftaten getestet werden, wobei eine Überprüfung beider Kausalrichtungen möglich ist: Straftaten können als Folge der Berichterstattung und die Berichterstattung kann als Reaktion auf Straftaten gesehen werden. Für die Analyse teilten die Autoren den Untersuchungszeitraum von August 1990 bis Juli 1993 in zwei Phasen ein. Die erste Phase dauerte bis September 1992 und war durch eine stetig wachsende Zahl von Gewalttaten und insbesondere durch Anschläge in den Neuen Bundesländern (Hoyerswerda, Rostock) gekennzeichnet. In der zweiten Phase hat die Anzahl der Anschläge dramatisch zugenommen. Darunter fallen auch die Anschläge in Mölln und Solingen (Alte Bundesländer). In der ersten Phase ist der Zusammenhang zwischen der medialen Berichterstattung und dem Umfang fremdenfeindlicher Gewalt besonders ausgeprägt. Das Ausmaß dieser Gewaltform wuchs etwa eine Woche nach entsprechenden Medienberichten deutlich an. Die Korrelation zwischen der Anzahl der Berichte über fremdenfeindliche Straftaten und der Anzahl entsprechender Straftaten, die in der nachfolgenden Woche verübt wurden, betrug 0,6 und ist signifikant. Die Autoren kamen zu dem Ergebnis, dass vor allem die reflexhafte Reaktion des gesamten Mediensystems auf die besonders gewaltträchtigen Schlüsselereignisse (Hoyerswerda, Rostock, Mölln und Solingen) eine Fülle von Nachahmungstaten hervorgerufen hat. Die Berichterstattung über die genannten Ereignisse trug zur suggestiv-imitativen Gewaltverbreitung bei. In der zweiten Phase hat sich die Art der Berichterstattung über diese Straftaten geändert und in der Bevölkerung wurden Protestaktionen gegen Fremdenfeindlichkeit organisiert. In diesem Zeitraum liegt

---

³⁴ *Kanz* 2014, 2016.
³⁵ *Brosius/Esser* 1995; *Esser/Scheufele/Brosius* 2002; vgl. *Ohlemacher* 1998.

die größte Korrelation zwischen Medienberichten und Kriminalität dann vor, wenn beide Merkmale zeitgleich erfasst wurden – es liegen somit keine Nachahmungseffekte mehr vor.

32 In einer weiterführenden Analyse für den Zeitraum von August 1993 bis Dezember 1995 fanden die Autoren keinen Ansteckungseffekt von Medienberichten.[36] Die Berichterstattung spiegelte weitgehend die vom Bundeskriminalamt ermittelte Ereignislage wider. Auch für die Zeit vom Januar bis Dezember 1996 waren keine eindeutigen Muster in den Kreuzkorrelationen erkennbar, wenn in der Medienanalyse alle fremdenfeindlichen Straftaten berücksichtigt wurden. Verknüpft man allerdings die Häufigkeit von polizeilich registrierten fremdenfeindlichen Straftaten mit der Häufigkeit von Berichten über die Gewalt von Kurden und der PKK, erhält man Kreuzkorrelationen, die je nach Themenschwerpunkt der Berichterstattung größer als 0,6 sind, wobei die Berichterstattung den Straftaten zeitlich vorausgeht. 1996 gab es in Deutschland einige verbotene und gewalttätige Demonstrationen von Kurden und PKK-Anhängern, und allein im Juli verübte die PKK mehr als 50 Brandanschläge gegen türkische Einrichtungen. Je häufiger Zeitungen Kurden als extremistische Gewalttäter darstellten, desto mehr fremdenfeindliche Gewalt schien es zu geben. Die Latenzzeit lag bei zwei bis vier Wochen. Die Autoren führten die Untersuchung auch noch für das Zeitintervall von Januar bis Dezember 2000 fort. Ab Juni ist die Anzahl der Medienberichte über ausländerfeindliche und rechtsextreme Straftaten deutlich angestiegen, und für diesen Zeitraum ist ein Effekt erkennbar, der sich allerdings auf die BILD-Zeitung beschränkte. Je häufiger über NPD-Verbote und Maßnahmen gegen die NPD berichtet wurde, desto größer war mit einer Verzögerung von etwa einer Woche die Anzahl rechtsextremer Straftaten ($r = 0,4$). Weitere Zusammenhänge konnten nicht gefunden werden.

33 Insgesamt gesehen scheinen Medienberichte unter bestimmten gesellschaftlichen Bedingungen zu kriminellen Reaktionen zu führen, insbesondere dann, wenn die Berichte für einige Personengruppen provozierenden Charakter haben.

34 Die Befunde von Einzelstudien wurden in **Reviews** und **Metaanalysen** zusammengeführt. In der Mehrzahl der bislang erschienenen Studien zur Mediengewalt wurde nur schwacher aggressionsverstärkender Effekt festgestellt. Nur wenige Untersuchungen fanden keine oder sogar aggressionshemmende Wirkungen. Zu diesem Ergebnis kommt *Felson* in einer Literaturübersicht: Sporadisches Sehen gewaltbezogener Medieninhalte scheinen folgenlos zu sein, aber bei intensivem Konsum und ungünstigen Rahmenbedingungen wie ein kriminogener Freundeskreis, Konflikte mit den Eltern oder aggressiver Grundhaltung ist ein Einfluss des Medienkonsums auf Gewalt erkennbar, wobei dieser Effekt in Laborstudien größer ist als in Feldstudien.[37]

35 In der Bibliografie von *Signorielli* und *Gerbner* (1988) stellen die Autoren etwa 800 Studien zum Thema Gewalt und Terror in Massenmedien jeweils kurz vor und geben einen Gesamtüberblick über den Forschungsstand bis zur zweiten Hälfte der

---

[36] *Esser/Scheufele/Brosius* 2002.
[37] *Felson* 1996.

achtziger Jahre. Die meisten Studien befassen sich jedoch nur mit der Beschreibung von Umfang und Veränderung medialer Gewaltdarstellungen. Die Aussage, dass entsprechender Konsum zu verstärkter Aggression führt, wird in vielen Studien belegt, allerdings sind die berichteten Effekte vergleichsweise gering.[38]

Die Publikation von *Kinkel* und *Josef* befasst sich mit Studien zum Imitationsverhalten bei Suiziden. In der Literaturübersicht werden 17 empirische Untersuchungen zu der Frage nach dem Einfluss von Medienberichten auf die Nachahmung berichteter Verhaltensweisen vorgestellt. Alle geprüften Hypothesen sind auf der Makroebene verortet. Meist wird folgende Hypothese geprüft: Je häufiger in Medien von Selbstmorden berichtet wird, desto größer ist die Suizidrate. Von 11 Studien über den Imitationseffekt von Medienberichten über reale Selbstmorde wurde nur in einer einzigen die Hypothese falsifiziert, während in vier von sechs Studien über fiktionale Selbstmorde die Nachahmungshypothese abgelehnt werden kann. Demnach scheinen die Nachahmungseffekte bei fiktionalen Berichten deutlich geringer zu sein als bei realen.[39] 36

Paik und *Comstock* führten eine Metaanalyse von 217 Studien aus den Jahren 1957 bis 1990 zum Thema Fernsehgewalt und antisoziales Verhalten durch. In diesen Studien wurden insgesamt 1142 Hypothesentests zu der Thematik durchgeführt. Etwa 58 % davon bestätigen einen positiven Zusammenhang: Je ausgeprägter die Rezeption von Mediengewalt ist, desto deutlicher sind auch antisoziale Verhaltensweisen erkennbar, in 8 % der Hypothesen ist der Zusammenhang negativ und in ungefähr 33 % kann keine Assoziation nachgewiesen werden. Fasst man alle Studien zusammen, beträgt der Korrelationskoeffizient zwischen dem Konsum gewaltbezogener Fernsehsendungen und antisozialem Verhalten r = 0,31. Die Größe des Assoziationsmaßes ist von der Art der Studie abhängig. Für Laborexperimente beträgt der Wert r = 0,40 und für Befragungsstudien r = 0,19. Alle genannten Koeffizienten sind hoch signifikant. Geschlechtsspezifische Unterschiede treten vorwiegend bei Experimenten auf. Unabhängig vom Studiendesign beträgt die Korrelation zwischen dem Konsum von Fernsehgewalt und antisozialem Verhalten bei Frauen r = 0,26 und bei Männern r = 0,36. Geht man davon aus, dass in Experimenten eher kurzfristige Effekte und in Befragungsstudien langfristige Effekte und Wechselbeziehungen erfasst werden, kann die Metaanalyse so zusammengefasst werden, dass der Konsum von Fernsehgewalt insbesondere unter Männern einen erheblichen kurzfristigen Einfluss auf antisoziales Verhalten hat. Über einen längeren Zeitraum gesehen ist die Assoziation weniger stark ausgeprägt.[40] 37

Die Metaanalyse von *Sherry* ist auf Experimente zu Videospielen und Aggression beschränkt. Insgesamt wurden 25 Studien aus den Jahren 1975 bis 2000 berücksichtigt. Die Experimente waren meist so konzipiert, dass eine Treatment-Gruppe gewaltbezogene und eine Vergleichsgruppe gewaltfreie Videospiele konsumierten. Aggression wurde durch verschiedene Verfahren gemessen: Die Beobachtung von aggressivem Verhalten während der Durchführung des Experiments, 38

---

[38] *Signorielli/Gerbner* 1988.
[39] *Kinkel/Josef* 1991.
[40] *Paik/Comstock* 1994.

eine persönliche Befragung zur Aggressionsbereitschaft und eine schriftliche Befragung über das Vorhandensein aggressiver Gefühle. Das Alter der Probanden lag in den berücksichtigten Studien zwischen vier und 34 Jahren, wobei der größte Teil der Untersuchungen auf Jugendliche beschränkt war. Die Fallzahl der Studien variierte zwischen 14 und 278 Fällen. In nahezu allen Studien wird ein Zusammenhang zwischen der Art der Videospiele und Aggressivität belegt. Die ungewichtete mittlere Korrelation zwischen Videospielen und Aggression betrug $r = 0{,}16$: Probanden, die Gewalt-Videospielen konsumierten, waren aggressiver als die anderen. Der Wert ist hoch signifikant und ändert sich bei einer Gewichtung durch die Fallzahl nur geringfügig. Der Effekt von Videospielen ist zudem von der Art der Gewalt abhängig, die in den Spielen dominiert. Bei Videospielen zu aggressiven Sportarten und reglementierter Gewaltausübung ist die Assoziation mit Aggression am geringsten, bei Spielen mit unreglementierter Gewalt gegen Personen bzw. Fantasy-Spielen ist die Korrelation größer. Die Größe der Korrelationskoeffizienten in den berücksichtigten Studien kann zudem durch den Zeitpunkt der Untersuchung relativ gut erklärt werden ($r = 0{,}39$): Je aktueller eine Studie ist, desto größer ist der Korrelationskoeffizient.[41]

39 Anderson und Bushman haben eine umfassende Metaanalyse durchgeführt, indem sie aus der Literaturdatenbank PsycINFO alle einschlägigen Untersuchungen bis zum Jahr 2000 ausgewählt haben. Sie haben sich dabei auf Studien beschränkt, die Medienkonsum mit aggressivem Verhalten in Verbindung bringen. Folglich haben sie Untersuchungen ausgeschlossen, die sich nur mit aggressiven Einstellungen, Gewaltbereitschaft oder unsozialem Verhalten befassen. In der Metaanalyse werden insgesamt 202 Studien berücksichtigt, die alle auf unterschiedlichen Stichproben basieren. Der überwiegende Teil der Untersuchungen, nämlich 85 %, wurde 1970 und später durchgeführt. Ein zentrales Ergebnis der Metaanalyse ist, dass die Korrelation zwischen dem Konsum medialer Gewalt und Gewalthandeln vom Untersuchungszeitpunkt abhängig ist. Je aktueller eine Studie ist, desto größer ist der berichtete Korrelationskoeffizient. Zudem sind die Ergebnisse der Medienwirkungsstudien vom Untersuchungsdesign abhängig. Die Stärke des Zusammenhangs zwischen entsprechendem Medienkonsum und Gewalt ist bei experimentellen Untersuchungen größer als bei nichtexperimentellen Studien. Aber mit zunehmender Aktualität werden die Unterschiede geringer. Die Korrelation zwischen den Publikationszeitpunkten der Studien und den Effektstärken für den Konsum medialer Gewaltdarstellungen beträgt 0,4, wenn alle 202 Studien einbezogen werden; dieser Wert ist signifikant von null verschieden. Die entsprechende Korrelation für Experimente ist hingegen nicht signifikant – im Gegensatz zu Befragungsstudien. Der Anstieg der Effektstärken könnte an einer Qualitätssteigerung bei den Befragungsstudien liegen, denn sowohl die Methoden der Stichprobenziehung als auch die Methoden der statistischen Analyse haben sich verbessert. Aber es könnte auch daran liegen, dass der Medienkonsum erheblich an Bedeutung gewonnen hat und mediale Gewalt zumindest in Teilen der Gesellschaft zunehmend häufiger rezipiert wird, so dass langfristige Medienwirkungseffekte deutlicher werden. Den er-

---

[41] *Sherry* 2001.

wähnten Unterschied in der Schätzung von Medienwirkungseffekten zwischen Experimenten und Befragungen erklären Anderson und Bushman durch die bessere Kontrollierbarkeit von Drittvariablen bei Experimenten, durch die kürzere Zeitspanne zwischen Medienkonsum und Messung von Wirkungen sowie – im Vergleich zum Medienalltag – durch die größere Intensität medialer Gewalt in experimentellen Situationen.[42]

V. Die Eskalationshypothese

Die Eskalationshypothese postuliert eine Wechselwirkung zwischen Medienkonsum und Handeln. Sie basiert somit auf zwei Theoriekomplexen, einer Medienwirkungstheorie und einer Medienkonsumtheorie. Es wird angenommen, dass die Gewaltorientierung einer Person zu einer vergleichsweise starken Präferenz für Mediengewalt und zu einem erhöhten Konsum führt. Weil die Bedürfnisse gewaltorientierter Personen durch den Konsum medialer Gewalt befriedigt werden, werden solche Medieninhalte verstärkt konsumiert. Dies führe zu einer Übernahme gewaltpräferierender Handlungsmodelle, und dies erhöhe die Wahrscheinlichkeit der Nutzung von Gewalt zur Konfliktlösung und Bedürfnisbefriedigung. Personen mit einem distanzierten Verhältnis zu Gewalt hingegen hätten weniger das Bedürfnis, mediale Gewalt zu konsumieren. Dadurch spielt für sie Gewalt als Handlungsmodell und Konfliktlösungsmuster eine untergeordnete Rolle. Selbst wenn sie hin und wieder Mediengewalt rezipieren würden, müsste ihre Fähigkeit zur Selbstregulierung und zur Selbstreflexion eine Übertragung verhindern. Somit müsste die Gewaltentwicklung von gewaltaffinen und gewaltdistanzierten Personen unterschiedlich verlaufen, und der Unterschied müsste mit zunehmendem Alter immer größer werden. 40

Der Konsum medialer Gewalt und Gewaltbereitschaft stehen nach der Eskalationshypothese in einer Wechselbeziehung. Eine solche Eigendynamik hätte die Konsequenz, dass ohne Eingriff von außen die Gewaltbereitschaft von gewaltbereiten Personen ständig zunimmt, wobei der Konsum medialer Gewalt eine Katalysatorfunktion hat – eine Abwärtsspirale. Allerdings müsste diese Eigendynamik ihre Wirkung auch dann entfalten, wenn beispielsweise durch präventive Maßnahmen der Konsum medialer Gewalt reduziert wird – dies müsste eine Aufwärtsspirale auslösen. 41

Slater interpretiert die Eskalationshypothese so, dass die Gewaltorientierung eine Eigendynamik besitzt, die durch den Konsum medialer Gewalt verstärkt wird. Auch der Konsum medialer Gewalt unterliege einer Eigendynamik, die durch die Gewaltorientierung verstärkt wird.[43] In Abb. 17.1 ist diese Beziehung grafisch dargestellt. 42

Empirische Studien zur Eskalationshypothese müssen auf Paneldaten zurückgreifen. Man benötigt mindestens zwei Messzeitpunkte, um beide Richtungen der 43

---

[42] *Bushman/Anderson* 2001; *Anderson/Bushman* 2002b.
[43] *Slater* 2007, S. 284.

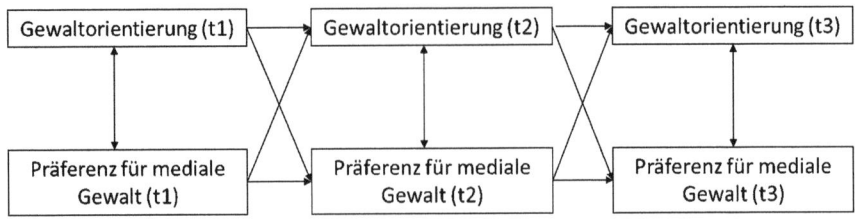

Abb. 17.1 Hypothetisches Modell der Eskalationshypothese nach *Slater*

Kausalbeziehung zwischen dem Konsum medialer Gewalt und Gewaltbereitschaft abzubilden. *Anderson* und andere haben dazu Schülerinnen und Schüler zweimal befragt.[44] Der zeitliche Abstand betrug im Durchschnitt zwar nur fünf Monate, aber dies sei nach Ansicht der Autoren gerechtfertigt, weil der Schwerpunkt der Studie auf Computerspielen lag. Die Konsumintensität für gewalthaltige Computerspiele in der ersten Welle korrespondierte signifikant mit verbaler und physischer Aggression in der zweiten Welle (r = 0,28). Bemerkenswert ist, dass dieser Effekt immer noch signifikant ist, wenn in einer multiplen Regression die Aggressivität zur zweiten Welle durch die Konsumintensität gewaltbezogener Computerspiele und die Aggressivität zur ersten Welle erklärt wird. Dies bedeutet, dass der Konsum solcher Computerspiele bereits nach wenigen Monaten zu einer Aggressionssteigerung führt, und zwar unabhängig vom ursprünglichen Aggressionsniveau. Zudem zeigte die Analyse, dass der Einfluss von Aggressivität (1. Welle) auf den späteren Konsum gewaltbezogener Computerspiele zwar geringer als der Effekt für die umgekehrte Kausalrichtung, aber er ist immer noch signifikant. Zu einem ähnlichen Ergebnis kommt die ähnlich konzipierte Studie von *Ihori* und anderen.[45]

Auch in der KUHL-Studie (*K*inder, Comp*u*ter, *H*obby, *L*ernen) wurde die Wechselwirkung zwischen der Nutzung von Gewalt-Computerspielen und Aggression überprüft.[46] Dazu wurden Kinder, die anfänglich in der 3. und 4. Klasse waren, dreimal in einem Zeitfenster von drei Jahren befragt. Die Ergebnisse der Analysen mit zeitversetzten Messungen belegen einen Selektionseffekt für die Nutzung von Computerspielen: Kinder, die bereits in der ersten Welle überdurchschnittlich aggressiv waren, wenden sich später vermehrt Gewaltspielen auf dem Computer oder der Konsole zu. Allerdings ist der Effekt nur für Jungen signifikant (Beta = 0,23), nicht für Mädchen. Der Einfluss der Nutzung von Gewalt-Computerspielen auf die spätere Aggressivität ist nicht signifikant. Dies könne möglicherweise, so die Autorinnen, auf das Alter der Schülerinnen und Schüler zurückzuführen sein, die sich erst am Spielangebot orientieren und noch keine stabilen Präferenzen entwickelt haben.

---

[44] *Anderson/Gentile/Buckley*, 2007.
[45] *Ihori/Sakamoto/Kobayashi/Kimura* 2003.
[46] *Von Salisch/Kristen/Oppl* 2007.

V. Die Eskalationshypothese

Slater hat nicht nur die Eskalationshypothese als Modell der Abwärtsspirale formuliert, sondern auch empirisch getestet.[47] Dazu wurden Schülerinnen und Schüler innerhalb von zwei Jahren viermal befragt. Die Analyseergebnisse sind weitgehend im Einklang mit dem vorgeschlagenen Modell, so *Slater*. Eine Fixed-Effects-Regression erbrachte einen signifikanten Effekt des früheren Konsums medialer Gewalt mit späterer Aggressivität (Beta = 0,046) sowie einen signifikanten Zusammenhang zwischen früherer Aggressivität und späterem Mediengewaltkonsum (Beta = 0,043), der allerdings bei der Berücksichtigung von Kontrollvariablen nicht mehr signifikant ist. Ob dieses Ergebnis die Hypothese wirklich bestätigt, ist diskutierenswert.

45

Die Eskalationshypothese wurde auch mittels der Daten einer deutschlandweiten Befragung von Kindern und einem Elternteil geprüft. In drei Wellen (2012, 2013 und 2014) wurden Medienpräferenzen, Medienkonsum und Gewaltbereitschaft erfasst.[48] Die Analysen beziehen sich auf 512 Personenpaare. Die befragten Kinder waren zu Beginn der Erhebung 10 bis 11 Jahre alt. Die Stichprobe der Eltern bestand zu 86 % aus Frauen. Der Grund für diese Asymmetrie in der Geschlechterverteilung lag in der Aufforderung an die Befragten, dass der Elternteil den Fragebogen ausfüllen soll, der im Wesentlichen für die religiöse Erziehung zuständig ist – der primäre Zweck der Studie war eine Evaluation der Erstkommunionkatechese.[49]

46

Die Ergebnisse der Analysen widersprechen der Eskalationshypothese nach *Slater*. Die Präferenz für mediale Gewalt hat weder bei Kindern noch bei Erwachsenen einen signifikanten Einfluss auf die Gewaltorientierung, wenn die Eigendynamik der Gewaltorientierung in der Modellkonstruktion des Strukturgleichungsmodells berücksichtigt und somit die Gewaltorientierung sowohl durch ihren Zustand in der Vergangenheit als auch durch die Präferenz für mediale Gewalt erklärt wird. Anders ausgedrückt: Unabhängig von der Gewaltorientierung hat die Präferenz für mediale Gewalt keinen Einfluss auf die Gewaltorientierung zu einem späteren Zeitpunkt. Damit ist die Teilhypothese zur Wirkung von Medienpräferenzen falsifiziert (Wirkungspfad). Die andere Teilhypothese (Selektionspfad), die Gewaltorientierung beeinflusst die Präferenz für mediale Gewalt, ist für Kinder falsifiziert, für Erwachsene nicht. Bei Kindern ist der Effekt nur signifikant, wenn keine Drittvariablen (Alter, Geschlecht, Schulbildung und Orientierung an idealistisch-nomozentrierte Werte) kontrolliert werden. Insbesondere das Geschlecht hat einen signifikanten Einfluss auf die Gewaltorientierung und den Medienkonsum, ebenso die Wertorientierungen – die Kontrolle dieser Variablen führt zu einem nichtsignifikanten Selektionspfad. Bei Eltern hingegen bleibt dieser Effekt auch nach der Einbeziehung von Kontrollvariablen signifikant. Die Eskalationshypothese nach *Slater* unterstellt jedoch signifikante Selektions- und Wirkungspfade – beide Bedingungen müssen erfüllt sein; dies trifft weder bei Kindern noch bei Erwachsenen zu.

47

Ebenso wie in dem Modell für Kinder ist auch in dem Modell für Erwachsene der Einfluss der Präferenz für mediale Gewalt auf die spätere Gewaltbereitschaft

48

---

[47] *Slater/Henry/Swaim/Anderson* 2003; *Slater* 2007.
[48] *Hermann* 2017c.
[49] *Forschungsgruppe Religion und Gesellschaft* 2015.

nicht signifikant. Damit widerspricht dieses Ergebnis den meisten der oben dargestellten Studien. Der Unterschied liegt in den Modellannahmen: In dieser Studie wird im Gegensatz zu anderen Untersuchungen eine Eigendynamik der Gewaltorientierung angenommen. Ein Strukturgleichungsmodell, das auf diese Annahme verzichtet, reproduziert die Ergebnisse anderer Studien. So korreliert bei Kindern die Gewaltorientierung mit der späteren Präferenz für mediale Gewalt ($r = 0{,}39$; $p < 0{,}001$), ebenso die Präferenz für mediale Gewalt mit der späteren Gewaltorientierung ($r = 0{,}38$; $p < 0{,}001$). Bei den Eltern sind die Korrelationen noch höher. Sie betragen $r = 0{,}60$ ($p < 0{,}001$) und $r = 0{,}59$ ($p < 0{,}001$). Je nach Modellierung der Eskalationshypothese wird diese in empirischen Studien falsifiziert oder bestätigt.

§ 18 Sozialstatus

I. Konzepte sozialer Ungleichheit

Unter „**sozialer Ungleichheit**" versteht man Unterschiede in der Ressourcenausstattung oder in den Lebensbedingungen von größeren Personengruppen. Dazu gehören beispielsweise Differenzen in Bildungsmöglichkeiten und Erwerbschancen von Gütern. Bei der Analyse sozialer Ungleichheit stehen objektive Zuordnungskriterien im Vordergrund. Die zentralen Fragen sind, wie soziale Ungleichheit entsteht und welchen Einfluss es auf Denken und Handeln hat.[1] Der zuletzt genannte Aspekt ist die Schnittstelle zwischen sozialwissenschaftlicher Ungleichheitsforschung und Kriminologie. Es geht um die Frage, wie sich soziale Ungleichheit auf Kriminalität auswirkt.

Es gibt mehrere Begriffe, mit denen versucht wird, das Phänomen sozialer Ungleichheit analytisch zu beschreiben. Die populärsten Ansätze basieren auf den Begriffen Klasse, Schicht und Milieu.

Karl Marx hat den **Klassenbegriff** verwendet, wobei er zwischen „Klasse an sich" und „Klasse für sich" unterscheidet.[2] Die Klassen an sich sind durch den Besitz beziehungsweise Nichtbesitz an Produktionsmitteln definiert. Produktionsmittel sind die technischen Mittel für die Produktion von Gütern. Nach dieser Definition ist die Gesellschaft in zwei Klassen aufgeteilt: das Proletariat, also die Nichtbesitzer von Produktionsmitteln, und die Bourgeoisie, die Besitzer von Produktionsmitteln. Der Besitz an Produktionsmitteln ist ein objektives Kriterium der Klassenzugehörigkeit. Dies bedeutet jedoch nicht, dass jedem Mitglied von Bourgeoisie und Proletariat bewusst ist, zu einer bestimmten Klasse zu gehören. Erst wenn diese Personen ein Klassenbewusstsein haben, bezeichnet sie *Marx* als „Klassen für sich".[3] Dieser Ansatz ist in der Mitte des 19. Jahrhunderts entstanden,

---

[1] Anstatt vieler: *Hradil/Schiener* 2001; *Burzan* 2011.
[2] *Marx* 2012.
[3] *Vester* 2008; *Burzan* 2011, S. 15 ff.; *Marx* 2012.

in einer gesellschaftlichen Situation, die erstens durch zunehmende ländliche Armut, hervorgerufen durch agrarische Überbevölkerung, zweitens durch industrielle Armut, entstanden infolge sozialer Ausbeutung durch niedrigste Löhne und fehlenden sozialen Sicherheiten sowie hoher Arbeitslosigkeit, drittens durch Konflikte zwischen Adel und liberalem Bürgertum, viertens durch Konflikte zwischen Armut und Reichtum und fünftens durch Aufstände und Revolutionen in mehreren Ländern charakterisiert war.

4 Etwa 50 Jahre später hat sich die gesellschaftliche Situation verändert. Mit der Gründung des deutschen Kaiserreichs 1871 wurde eine Reichsverfassung mit Gewaltenteilung verabschiedet. Die damals aktuellen gesellschaftlichen Konflikte betrafen das Verhältnis zwischen Staat und Kirche sowie zwischen Konservativen, Liberalen und Sozialisten. Zudem wurden soziale Reformen gefördert und die soziale Versicherungsgesetzgebung gegründet.[4] In dieser Zeit hat *Max Weber* sein Werk entwickelt, in dem soziale Ungleichheit wesentlich differenzierter beschrieben wird als bei *Marx*. In seiner Theorie sozialer Ungleichheit unterscheidet *Weber* zwischen den Begriffen **Partei, Klasse** und **Stand**.[5] Parteien sind Sphären der Macht, Klassen sind Gruppierungen, die sich durch ihre sozioökonomische Lage, insbesondere durch die Art und Weise des Gütererwerbs und durch die Stellung zu Produktionsmitteln unterscheiden, und Stände sind Gruppierungen, die sich durch ihr Prestige in der Gesellschaft und durch ihre Lebensführung voneinander abgrenzen. Der Klassenbegriff ist primär durch ökonomische und soziale Merkmale definiert, während beim Standesbegriff Ehre und Ansehen von Bedeutung sind. Klassen und Stände sind nach *Weber* durch typische Lebensstile charakterisiert.[6]

5 Etwa 50 Jahre später hat *Theodor Geiger* mittels der Daten einer Volkszählung aus dem Jahr 1925 eine Kategorisierung der Wohnbevölkerung in Deutschland vorgenommen.[7] Der zentrale Begriff dieser Analyse ist der **Schichtbegriff.** Darunter versteht *Geiger* eine Gruppe von Personen mit gemeinsamen erkennbaren Merkmalen, die ihren Status in der Gesellschaft bestimmen. Mit dem Statusbegriff werden der Lebensstandard und die Chancen der Allokation gesellschaftlicher Ressourcen sowie gesellschaftliche Privilegien zusammengefasst. Die gemeinsamen erkennbaren Merkmale, die den Status einer Person bestimmen, sind, so *Geiger*, von der gesellschaftlichen Situation abhängig. Für das frühe 20. Jahrhundert waren dies insbesondere die Beschäftigung in bestimmten Wirtschaftszweigen, die Stellung im Beruf, die Einkommenshöhe sowie die Art und der Grad der Ausbildung. Diese Kriterien werden auch im 21. Jahrhundert noch verwendet, um die Schichtzugehörigkeit von Personen zu charakterisieren. Der Schichtbegriff ist der ökonomischen und sozialen Lage zugeordnet und damit objektiver Natur. *Geiger* verbindet diesen mit dem Mentalitätsbegriff. Darunter versteht er die geistig-seelische Disposition eines Menschen, seine Ideologien und Lebensstile. Somit verknüpft *Geiger* objektive und subjektive Kriterien sozialer Ungleichheit miteinander zu einem

---

[4] *Bayly/Bertram/Klaus* 2008; *Osterhammel* 2011.
[5] *Weber* o.J., S. 177 ff.
[6] *Weber* o.J., S. 704 f.
[7] *Geiger* 1987; *Schroth* 1999.

Gesamtkonzept. Aufgrund der Daten der Volkszählung unterscheidet *Geiger* zwischen folgenden Gruppierungen:

- Kapitalisten (Großunternehmer in Industrie und Handel, Finanzkapital, Großagrarier),
- Alter Mittelstand (mittlere und kleinere Unternehmer),
- Neuer Mittelstand (besser qualifizierte Angestellte und Beamte, akademische Berufe),
- Proletaroide (sozial deklassierte Tagwerker; abgeglittener alter Mittelstand),
- Proletarier (Lohneinkommensbezieher ohne Qualifikationen).

Zwischen Anfang und Ende des 20. Jahrhunderts haben sich westliche Gesellschaften erheblich verändert: Das Bildungsniveau ist angestiegen, die Mobilität hat zugenommen, der materielle Lebensstandard hat sich erhöht, ebenso die Lebenserwartung. Durch einen späteren Berufseintritt und frühere Beendigung der Berufstätigkeit hat sich die Arbeitszeit verringert, während die Freizeit einen zunehmend größeren Stellenwert bekommen hat. Gesellschaftliche Werte und Traditionen wurden in Frage gestellt, die Tätigkeit von Institutionen wurde hinterfragt. Die Antworten auf die Frage nach dem Sinn des Lebens wurden von großen Teilen der Bevölkerung nicht mehr in Religionen, Weltanschauungen und Ideologien gesucht. Lust und Erlebnis sind für viele zum Lebensinhalt geworden. Rationalisierung, Säkularisierung, Individualisierung, Pluralisierung und Demokratisierung sind Schlagworte, mit denen wichtige Aspekte des gesellschaftlichen Wandels beschrieben werden können.[8]

Für den einzelnen Bürger bedeutet dies einerseits eine Erhöhung der Lebenschancen und eine Verstärkung der individuellen Autonomie. Andererseits ist als Preis für die funktionale Differenzierung der Gesellschaft ein Ordnungsschwund zu verzeichnen, verursacht durch die Herauslösung aus traditionellen Sozialformen und -bindungen, der mit einem Verlust von Sicherheiten im Hinblick auf Handlungswissen, Glauben und Normen verbunden ist.[9] Das heißt, das Handeln von Personengruppen, die früher durch traditionelle Sozialformen und -bindungen charakterisiert werden konnten, kann heute wesentlich schlechter prognostiziert werden, als dies vor diesem Modernisierungsprozess der Fall war. Die gesellschaftlichen Gruppen, die durch Merkmale vertikaler Ungleichheit gekennzeichnet waren, sind nicht mehr homogen, sondern durch eine komplexe Verflechtung der Individuen in verschiedene Teilbereiche der Gesellschaft gekennzeichnet. Die Prognostizierbarkeit von Handlungen gesellschaftlicher Gruppen ist unsicherer geworden. Dies hat in der Soziologie zu einer kultursoziologischen Wende geführt, sodass zur Erfassung sozialer Ungleichheit verstärkt kulturspezifische Faktoren wie Werte und Lebensstile herangezogen wurden. Nicht nur sozioökonomische, sondern auch kulturelle Unterschiede wurden als handlungsrelevant angesehen. Diese Verknüpfung zwischen Merkmalen horizontaler und vertikaler Ungleichheit, be-

---

[8] *Beck* 1983, 2016; *Esser* 1991; *Georg* 1998; *Schulze* 2005.
[9] *Heitmeyer et al.* 1995.

8   ziehungsweise die Konzentration der Analysen auf Merkmale horizontaler Ungleichheit kennzeichnet den **Milieuansatz** sowie die Differenzierung des Klassenbegriffs von *Pierre Bourdieu*.[10]

8   *Bourdieu* unterscheidet zwischen ökonomischem, sozialem und kulturellem Kapital.[11] Das ökonomische Kapital besteht aus Geld und Besitz und das soziale Kapital aus persönlichen Beziehungen sowie sozialen Netzwerken. Der Begriff des kulturellen Kapitals wird weiter differenziert. Es besteht aus inkorporiertem kulturellem Kapital, das sind insbesondere kulturelle Kompetenzen, aus institutionalisiertem kulturellem Kapital, das sind vor allem formale Bildungsabschlüsse, sowie aus objektiviertem kulturellen Kapital, also dem Besitz von Kunstobjekten und Büchern. Mittels des Kapitalbegriffs kann der Klassenbegriff definiert werden. Klassen sind Gruppen von Personen, die durch das Kapitalvolumen der drei verschiedenen Kapitalsorten, die Verteilung der verschiedenen Kapitalsorten und der sozialen Laufbahn charakterisiert sind. Die Zugehörigkeit zu einer Klasse verortet das Individuum im „Raum der sozialen Positionen". Je nachdem über welche Kapitalmittel eine Person verfügt, wird ihre Position im sozialen Raum festgelegt. Der Raum der sozialen Positionen ist durch objektive Kriterien vertikaler Ungleichheit charakterisiert. Nach *Bourdieu* besteht dieser Raum, empirisch gesehen, aus der herrschenden Klasse, der Mittelklasse und der Volksklasse, wobei die herrschende Klasse in zwei Fraktionen aufgeteilt werden kann, eine Gruppierung mit hohem ökonomischen Kapital und geringem kulturellen Kapital und eine andere Gruppierung mit hohem kulturellen und wenig ökonomischem Kapital.

9   *Bourdieu* stellt dem Raum der sozialen Positionen den Raum der Lebensstile gegenüber. Dieser ist durch subjektive Kriterien horizontaler Differenzierung charakterisiert. Dies sind bei *Bourdieu* ästhetische Präferenzen und klassifizierbare Handlungsmuster mit distinktiver Funktion. Der Habitus, ein System aus Wahrnehmungs-, Denk- und Bewertungsschemata, ist die Verknüpfung zwischen dem Raum der sozialen Positionen und dem Raum der Lebensstile. Das heißt, mittels des Habitus entwickelt jede Klasse ihre charakteristischen Lebensstile, wobei diese durch ihre distinktive Funktion die Klassen sichtbar machen. Mittels zweier Bevölkerungsbefragungen in Frankreich in den 1960er-Jahren kann *Bourdieu* den Klassen im Raum der sozialen Positionen typische Lebensstile zuordnen. So ist die Volksklasse durch einen „barbarischen" ästhetischen Geschmack gekennzeichnet: Quantität statt Qualität. Die Mittelklasse ist durch einen prätentiösen Geschmack charakterisiert, durch die Imitation des Geschmacks der oberen Klasse. Luxusgüter, Spesen und Distinktion zu unteren Klassen sind typisch für die Fraktion der Oberklasse, die durch viel ökonomisches und wenig kulturelles Kapital gekennzeichnet ist, während die Fraktion mit wenig ökonomischem und viel kulturellem Kapital die Hochkultur präferiert.

10 Unter **Milieu** im allgemeinen Sinn werden Personen einer Gesellschaft verstanden, die sich einerseits in homogenen sozialen und natürlichen Lagen befinden und andererseits gleichartig denken und handeln. Diese allgemeine Definition kann

---

[10] Hradil 1987; *Bourdieu* 2018.
[11] *Bourdieu* 2018.

auf verschiedene Weise konkretisiert werden. *Gerhard Schulze* verwendet in seiner Arbeit über die Erlebnisgesellschaft das Alter und den Bildungsgrad als milieukonstituierende Faktoren, wobei Milieus durch Lebensstile und alltagsästhetische Präferenzen charakterisiert werden können.[12] In der *SINUS*-Studie werden Milieus durch die Dimensionen Werte und Schichtzugehörigkeit definiert, wobei zusätzlich Lebensstile berücksichtigt werden.[13]

Schulze definiert soziale Milieus als Personengruppen mit gruppenspezifischen Existenzformen und erhöhter Binnenkommunikation, als Gemeinschaften der Weltdeutung und soziokulturelle Gravitationsfelder mit eigenen Wirklichkeiten. Milieukonstituierende Merkmale sind Alter und Schulbildung. Diese Zeichen sind für andere gut wahrnehmbar und werden als Indikatoren für die Interessen einer Person interpretiert. Milieus entstehen durch Beziehungswahl. Somit werden überdurchschnittlich häufig Kontakte zu Personen mit gleichen Interessen geknüpft, und als Indikatoren dafür dienen Alter und Bildung. Nach *Schulze* können im Deutschland am Ende des 20. Jahrhunderts fünf Milieus unterschieden werden: Personen mit höherem Alter, die sich durch eine niedrige, mittlere oder hohe Bildung unterscheiden sowie jüngere Personen, die eine niedrige beziehungsweise hohe Bildung haben. Der Verzicht auf die Berücksichtigung der mittleren Bildung bei jüngeren Personen liege an der veränderten Bedeutung von Bildungsabschlüssen. Mittels einer Befragung von 1014 zufällig ausgewählten erwachsenen Einwohnern Nürnbergs im Jahr 1985 zu Freizeitaktivitäten, kulturellen Präferenzen, Musikpräferenzen, zum Medienkonsum und zur Arbeits- und Wohnsituation kann *Schulze* zeigen, dass sich die fünf Milieus durch alltagsästhetische Schemata unterscheiden. Darunter versteht er kollektive Kodierungen des Erlebens und Routinen zur Auswahl kultureller und ästhetischer Aktivitäten und Präferenzen: Welche Bücher liest jemand, welche Musik hört er, welche Fernsehsendungen und Kinofilme sieht er sich an, wie verbringt er seine Freizeit? Die alltagsästhetischen Schemata können empirisch drei Dimensionen zugeordnet werden:

- Hochkulturschema: Beispielsweise Präferenz für klassische Musik, Museumsbesuche und Lektüre „guter Literatur",
- Trivialschema: Vorliebe für deutsche Schlager, Quizsendungen im Fernsehen und Arztromane,
- Spannungsschema: Präferenz für Rockmusik, Thriller, Kneipen-, Disko- und Kinobesuche.

Die Zuordnung der Milieus zu alltagsästhetischen Schemata und die Bezeichnung der Milieus ist in Tab. 18.1 dargestellt.

Das Milieukonzept des *SINUS*-**Instituts** ist mit dem Ziel entwickelt worden, die Lebenswelten der Menschen zu charakterisieren, um dadurch Marketingstrategien zu entwickeln.[14] Zur Beschreibung von Milieus werden grundlegende Wertorien-

---

[12] *Schulze* 2005.
[13] *Flaig/Meyer/Ueltzhöffer* 1997.
[14] *Flaig/Meyer/Ueltzhöffer* 1997; *SINUS* 2018.

Tab. 18.1 Milieukonstituierende und milieucharakterisierende Merkmale nach *Schulze* 2005

Bildungsgrad	Alter	Milieu	Alltagsästhetische Schemata		
			Hochkulturschema	Trivialschema	Spannungsschema
hoch	niedrig	Selbstverwirklichungsmilieu	+	-	+
niedrig	niedrig	Unterhaltungsmilieu	-	-	+
hoch	hoch	Niveaumilieu	+	-	-
mittel	hoch	Integrationsmilieu	+	+	-
niedrig	hoch	Harmoniemilieu	-	+	-

tierungen, Lebensstile, Alltagseinstellungen zu Arbeit, Familie, Freizeit, Geld und Konsum sowie die Schichtzugehörigkeit verwendet. Mit diesen Kriterien sollen Gruppen Gleichgesinnter gefunden werden, die auch ähnliche Kaufpräferenzen haben. Der Fragenkatalog wird immer wieder an die gesellschaftliche Entwicklung angepasst. Das Fragen zur Erfassung der Milieus sind nicht publiziert, sodass das Konzept für wissenschaftliche Zwecke nur bedingt einsetzbar ist. In Deutschland wurden von SINUS für 2018 folgende Milieus unterschieden:[15]

- Das konservativ-etablierte Milieu: Das klassische Establishment, charakterisiert durch eine hohe soziale Position und Exklusivitäts- und Führungsansprüche (10 %),
- Das liberal-intellektuelle Milieu: Die aufgeklärte Bildungselite mit kritischer Weltsicht, liberaler Grundhaltung und postmateriellen Wurzeln in hoher soziale Position (7 %),
- Das Milieu der Performer: Die multi-optionale, effizienz-orientierte Leistungselite in hoher sozialer Position, gekennzeichnet durch globalökonomisches Denken; sie sehen sich selbst als Konsum- und Stil-Avantgarde mit hoher Technik und IT-Affinität (8 %),
- Das expeditive Milieu: Die ambitionierte, kreative Avantgarde in hoher sozialer Position, mental, kulturell und geografisch mobil, online und offline vernetzt, nonkonformistisch, auf der Suche nach neuen Grenzen und neuen Lösungen (9 %),
- Die bürgerliche Mitte: Der leistungs- und anpassungsbereite bürgerliche Mainstream in mittlerer sozialer Position, charakterisiert durch eine generelle Bejahung der gesellschaftlichen Ordnung und den Wunsch nach beruflicher und sozialer Etablierung sowie nach gesicherten und harmonischen Verhältnissen (13 %),
- Das adaptiv-pragmatische Milieu: Die moderne junge Mitte in mittlerer sozialer Position mit ausgeprägtem Lebenspragmatismus und Nützlichkeitsdenken, leistungs- und anpassungsbereit, aber auch mit dem Wunsch nach Spaß und Unterhaltung, zielstrebig, flexibel, weltoffen, verknüpft mit einem starken Bedürfnis nach Verankerung und Zugehörigkeit (11 %),

---

[15] *SINUS* 2018, S. 16.

- Das sozialökologische Milieu: Gesellschaftskritisches Milieu in mittlerer sozialer Position mit normativen Vorstellungen vom „richtigen" Leben, ausgeprägtes ökologisches und soziales Gewissen, Globalisierungs-Skeptiker, Bannerträger von Political Correctness und multikultureller Diversität (7 %),
- Das traditionelle Milieu: Die Sicherheit und Ordnung liebende ältere Generation in unterer sozialer Position, verhaftet in der kleinbürgerlichen Welt und in der traditionellen Arbeiterkultur, gekennzeichnet durch Sparsamkeit und Anpassung an die Notwendigkeiten (11 %),
- Das prekäre Milieu: Die um Orientierung und Zugehörigkeit bemühte Unterschicht mit dem Wunsch des Anschlusses an die Konsumstandards der breiten Mitte, konfrontiert mit einer Häufung sozialer Benachteiligungen und Ausgrenzungserfahrungen (9 %),
- Das hedonistische Milieu: Die spaß- und erlebnisorientierte moderne Unterschicht, präferiert ein Leben im Hier und Jetzt, unbekümmert und spontan. Im Berufsleben ist dieses Milieu häufig angepasst und kann in der Freizeit aus den Zwängen des Alltags ausbrechen (15 %).

II. Soziale Ungleichheit und Kriminalität aus der Sicht von Kriminalitätstheorien

Der Ausgangspunkt für die Entwicklung zahlreicher Kriminalitätstheorien waren Phänomene, die in den Konzeptionsphasen der Theorien gesellschaftlich relevant waren. Viele Theorien entstanden in der Mitte des 20. Jahrhunderts in den Vereinigten Staaten. Damals war die gesellschaftliche Situation geprägt von deutlichen Schichtunterschieden, ethnischen Konflikten und räumlicher Segregation.[16] Diese Situation führte zu Theorien, die Delinquenz durch schichtspezifische Unterschiede und soziokulturelle Diskrepanzen erklärten, so die Anomietheorie von *Merton* sowie die subkulturtheoretischen und sozialökologischen Ansätze der Chicago-Schule.[17] Die radikale Variante der Labelingtheorie geht zwar von einer Ubiquität der Kriminalität aus, aber das Risiko der Kriminalisierung, in der Sprache von *Fritz Sack* ein negatives Gut, ist in unteren Schichten größer als in höheren.[18] Nach einer Übersicht zu der Frage nach dem theoretisch begründeten Einfluss der Schichtzugehörigkeit auf kriminelles Handeln von *Ziegler* kommen fast alle Kriminalitätstheorien zu dem Ergebnis einer erhöhten Kriminalitätsbelastung in der Unterschicht: Mit schwindendem gesellschaftlichen Status steige die Kriminalitätsrate.[19]

Durch empirische Untersuchungen ist das Fundament dieser Ansätze fraglich geworden. So zeigen sich kaum noch Zusammenhänge zwischen Schichtzuge-

---

[16] *Adler/Mueller/Laufer* 2022.
[17] *Sellin* 1938; *Miller* 1979; *Merton* 1995a, 1995b.
[18] *Sack* 1972, 1977, 1979.
[19] *Ziegler* 2009, S. 256.

hörigkeit und kriminellem Handeln.[20] Das empirische Phänomen existiert nicht mehr, die darauf aufbauenden Kriminalitätstheorien sind geblieben.

III. Vertikale Ungleichheit und Kriminalität

16   Die Komplexität der Konzepte vertikaler Ungleichheit spiegelt sich nicht in den empirischen Studien zum Einfluss sozialer Ungleichheit auf Kriminalität wider. Diese sind auf die Analyse des Zusammenhangs zwischen Schicht und Kriminalität reduziert. Bereits in den 1970er-Jahren hat *Tittle* eine Metaanalyse einschlägiger empirischer Studien durchgeführt.[21] Er berücksichtigte 35 Publikationen, die zwischen 1947 und 1977 erschienen. Die Analyse bezieht sich auf 363 Effektschätzungen in diesen Studien. Alle Effektschätzungen wurden in Gamma-Werte umgerechnet. Diese Statistik kann Werte zwischen -1 und $+1$ annehmen. Ein Wert von null, bedeutet, dass kein Zusammenhang vorliegt. Je näher der Gamma-Wert an die Grenzwerte heranreicht, desto stärker ist der Zusammenhang. Allerdings hat Gamma die Eigenschaft, dass schwache Zusammenhänge „aufgebläht" werden. Der durchschnittliche Gamma-Wert für alle 363 Effektschätzungen liegt bei $-0{,}09$. Das negative Vorzeichen bedeutet, dass eine höhere Schicht eine geringere Delinquenzaktivität aufweist. Allerdings ist der Wert nicht signifikant.[22] Das Bemerkenswerte an der Studie ist der Zusammenhang zwischen den Effektschätzungen und dem Untersuchungszeitpunkt: Der durchschnittliche Gamma-Wert der Studien vor dem Jahr 1950 beträgt $-0{,}73$, für Studien zwischen 1950 und 1959 liegt der Wert bei $-0{,}31$, für Studien zwischen 1960 und 1969 ist der Durchschnittswert für Gamma $-0{,}13$. In den Studien nach 1969 beträgt Gamma im Durchschnitt $-0{,}03$.[23] Dies zeigt, dass mit zunehmender Aktualität der Studie der Zusammenhang zwischen Schichtzugehörigkeit und Delinquenz geringer wurde und ab den 1970er-Jahren vernachlässigbar klein ist. Diese Entwicklung zeigte sich für Studien mit selbstberichteter Delinquenz und für Studien mit formell registrierter Kriminalität, allerdings waren die Effektstärken in den Selbstberichtsstudien erheblich schwächer als in den Untersuchungen mit registrierter Kriminalität. Vor diesem Hintergrund ist der Titel der Arbeit von *Tittle*, in dem das Phänomen als Mythos bezeichnet wird, nachvollziehbar.

17   Die Studie von *Tittle* wurde von *Braithwaite* kritisiert. Die Auswahl der Studien sei selektiv und die Verwendung von Gamma problematisch. In einer umfassenden Metaanalyse mit 99 Untersuchungen zu offiziell registrierter Kriminalität und 47 Untersuchungen zu selbstberichteter Delinquenz wurde jedoch das Ergebnis der *Tittle*-Studie weitgehend reproduziert. Von den 99 Untersuchungen zu offiziell registrierter Kriminalität kamen 90 zu dem Ergebnis, dass die Kriminalitätsrate von

---

[20] *Tittle/Villemez/Smith* 1978; *Albrecht/Howe* 1992.
[21] *Tittle/Villemez/Smith* 1978.
[22] *Tittle/Villemez/Smith* 1978, S. 647.
[23] *Tittle/Villemez/Smith* 1978, S. 649.

Unterschichtangehörigen größer sei als die von Mitgliedern höherer Schichten. Von den Dunkelfeldstudien erzielten nur 18 dieses Ergebnis.

Dieses Bild uneinheitlicher Ergebnisse wird in der Literaturübersicht von *Ziegler* bestätigt.[24] Die Studie von *Glueck* und *Glueck* aus dem Jahr 1939 zeigt einen Zusammenhang zwischen sozialer Lage und Delinquenz, wobei Delinquenz als registrierte Kriminalität erfasst wurde. Diese war abhängig von der Wirtschaftslage der Untersuchten und der beruflichen Lage der Eltern der Untersuchten.[25] Auch in der Untersuchung von *Wolfgang, Figlio* und *Sellin* wurde ein Einfluss des sozioökonomischen Status auf die polizeilich registrierte Kriminalität sowie auf das Sanktionierungsrisiko und die Rückfallwahrscheinlichkeit ermittelt. Diese Studie begann im Jahr 1964.[26] In der Untersuchung von *Gold* aus dem Jahr 1961 hingegen wurde Delinquenz als Selbstberichte von Befragten erhoben. Dabei zeigten sich uneinheitliche Effekte zwischen dem sozialen Status und Delinquenz.[27] *Göppinger u. a.* fanden in der Tübinger Jungtäter Vergleichsuntersuchung eine Beziehung zwischen der Schichtzugehörigkeit der Herkunftsfamilie der Untersuchten sowie der Schul- und Berufsausbildung mit der Delinquenz, wobei diese als sanktionierte Kriminalität gemessen wurde. Die Studie wurde ab 1965 durchgeführt.[28] Zu ähnlichen Ergebnissen gelangte *Dillig* mittels einer Studie aus den 1970er-Jahren. Die Delinquenz von Jugendlichen war abhängig von der Schulbildung und dem Berufsstatus der Eltern der Untersuchten.[29] In neueren Untersuchungen waren die Ergebnisse ambivalent. In Abhängigkeit von der Deliktsart waren die Korrelationen zwischen Schicht und Kriminalität positiv oder negativ, so in den Arbeiten von *Dunaway* und anderen sowie von *Oberwittler* und anderen aus den 1990er-Jahren.[30] In beiden Fällen wurde Delinquenz als Selbstberichte der Befragten erhoben. Auch der Zusammenhang zwischen dem sozioökonomischen Status der Herkunftsfamilie und der Delinquenz des Jugendlichen fällt nur schwach aus.

Mehlkop und *Becker* haben eine Sekundäranalyse zu der Frage nach dem Einfluss der sozialen Schichtung auf Delinquenz durchgeführt.[31] Die Datengrundlage waren Bevölkerungsbefragungen in Deutschland, die in den Jahren 1990 und 2000 im Rahmen der ALLBUS-Erhebungen durchgeführt wurden. Die Untersuchungen bezogen sich auf Zufallsstichproben der volljährigen Bevölkerung der Bundesrepublik Deutschland. Der Stichprobenumfang betrug für 1990 und 2000 jeweils etwa 3000 Personen; allerdings konnten wegen der Aufteilung der Stichprobe in zwei Gruppen, die sich insbesondere durch die Formulierung von Fragen unterschieden, lediglich etwa die Hälfte der Befragten in die Analyse einbezogen werden. Die abhängige Variable wurde durch Fragen nach der selbstberichteten Delin-

---

[24] *Ziegler* 2009.
[25] *Glueck/Glueck* 1964.
[26] *Wolfgang/Figlio/Sellin* 1979.
[27] *Gold* 1970.
[28] *Göppinger* 1983.
[29] *Dillig* 1976.
[30] *Dunaway/Cullen/Burton/Evans* 2000.
[31] *Mehlkop/Becker* 2004.

quenz und der Delinquenzbereitschaft erhoben. Die Analysen zeigten, dass in beiden Untersuchungsjahren die unteren Schichten seltener einen Steuerbetrug verübten als obere Schichten. Für den Ladendiebstahl wurde kein Zusammenhang gefunden.

20 *Ring* und *Svensson* haben die Fragestellung mittels zweier Erhebungen in Schweden untersucht.[32] Die Datengrundlage bestand aus einer Befragung von mehr als 5300 zufällig ausgewählten 15-jährigen Schülerinnen und Schülern in Schweden sowie einer Registerstudie mit über 86.000 schwedischen Jugendlichen, die im Jahr 1975 geboren wurden. Die Erhebungen wurden 1995 durchgeführt. In der Befragungsstudie wurde die abhängige Variable durch zahlreiche Fragen zur selbstberichteten Delinquenz gemessen, wobei ein breites Deliktspektrum abgedeckt wurde. In der Registerstudie wurde Delinquenz mittels Strafregisterauszügen erfasst. Die unabhängige Variablen wurde in beiden Erhebungen durch den Beruf der Eltern erhoben, wobei zwischen Arbeiterklasse, Mittelklasse und Oberklasse unterschieden wurde. Die Hypothese von *Ring* und *Svensson* ist, dass die Klassenzugehörigkeit der Eltern einen Einfluss auf die schulische Leistung hat und diese die Häufigkeit delinquenten Handelns beeinflusst. Der erste Teil der Hypothese konnte in beiden Erhebungen bestätigt werden: Die schulischen Leistungen von Kindern aus oberen Klassen waren besser als die von unteren Klassen, auch bei einer Kontrolle von demografischen Merkmalen. Die Effekte sind signifikant. Der standardisierte partielle Regressionskoeffizient der Klassenzugehörigkeit auf die schulische Leistung beträgt −0,44 für die Registerstudie und −0,37 für die Befragungsstudie − dabei wurde die Arbeiterklasse mit der Oberklasse verglichen.[33] Der Einfluss der Klassenzugehörigkeit auf Delinquenz ist signifikant, wenn die schulische Leistung nicht als Kontrollvariable berücksichtigt wird. Bei einer Einbeziehung der schulischen Leistung bei der Erklärung der Delinquenz durch die Klassenzugehörigkeit der Eltern findet man in der Befragungsstudie keine signifikanten Zusammenhänge. In der Registerstudie ist der Effekt nicht signifikant, wenn die Arbeiterklasse mit der Oberklasse verglichen wird. Lediglich bei einer Beschränkung der Analyse auf Mittel- und Oberklasse findet man einen signifikanten Effekt, wobei der standardisierte partielle Regressionskoeffizient lediglich −0,02 beträgt. Insgesamt gesehen scheinen die Studien zum Einfluss vertikaler Ungleichheit auf Kriminalität zu zeigen, dass mit zunehmender Modernisierung von Gesellschaften der Einfluss von Schicht- oder Klassenzugehörigkeit auf Delinquenz kleiner wird und nur noch deliktspezifisch existiert.

IV. Horizontale Ungleichheit und Kriminalität

21 Die empirischen Studien zum Einfluss horizontaler sozialer Ungleichheit auf Kriminalität sind auf Milieukonzepte beschränkt.

---

[32] *Ring/Svenson* 2007.
[33] *Ring/Svenson* 2007, S. 222.

Heitmeyer und andere sowie *Ulbrich-Herrmann* haben das Gewalthandeln und die Gewaltbereitschaft von jungen Menschen untersucht.[34] Sie haben dazu 1992 und 1993 über 3400 Jugendliche und Heranwachsende in Deutschland befragt. Während in der Publikation von *Heitmeyer* auf das *SINUS*-Milieukonzept zurückgegriffen wird, konstruiert *Ulbrich-Herrmann* Milieus heuristisch mittels der Antworten auf Fragen nach Lebensstilen. *Heitmeyer* unterscheidet zwischen neun Milieus für die Jugendlichen in Westdeutschland.[35] Für Ostdeutschland unterscheidet sich die Differenzierung der Milieus geringfügig. Die Milieus in Westdeutschland sind:

- Konservatives gehobenes Milieu: Die typischen Milieu-Vertreter sind leitende Beamte und Angestellte, Freiberufler, Unternehmer. Sie gehören bezüglich Bildung und beruflicher Position meist zur gehobenen Mittelschicht. Sie präferieren traditionelle und christlich-religiöse Werte und sind häufig gesellschaftlich engagiert. Sie legen großen Wert auf eine kultivierte Lebensart; die Familie ist ein zentraler Lebensinhalt.
- Kleinbürgerliches Milieu: Hinsichtlich Bildung, Einkommen und Berufsstatus repräsentiert dieses Milieu die Mitte. Sie bevorzugen eine konservative Haltung; Ehrfurcht, Sauberkeit, Fleiß und Zielstrebigkeit sind wichtig. Insbesondere für die Frauen aus diesem Milieu sind Heim und Familie die Lebensmittelpunkte. Sicherheit und die Absicherung von persönlichem Besitz sind wichtige Ziele.
- Traditionelles Arbeitermilieu: In diesem Milieu findet man überwiegend Personen mit kleinen bis mittleren Einkommen und niedrigem Bildungsniveau. Typisch ist eine pragmatische Lebenseinstellung, verknüpft mit Sparsamkeit, Disziplin, Pflichtbewusstsein und materieller Sicherheit.
- Traditionsloses Arbeitermilieu: Dieses Milieus besteht zu einem großen Teil aus Personen mit Bildungs- und Ausbildungsdefiziten und niedrigem Einkommen. Arbeit wird als notwendiges Übel gesehen, die Lebensziele sind auf den privaten Bereich konzentriert, der von materialistischen Zielen dominiert wird.
- Neues Arbeitnehmermilieu: Die Veränderung der Arbeitswelt durch neue Technologien war die Grundlage für die Entstehung dieses Milieus. Typische Berufsfelder sind der der EDV-Bereich und die Sozialpädagogik. Die Angehörigen dieses Milieus haben meist eine mittlere Schulbildung. Wichtige Ziele sind ein selbstbestimmtes, möglichst angenehmes Leben ohne materielle Einbußen. Der Freizeitbereich und die Partnerschaft nimmt eine wichtige Stellung in der Lebensgestaltung ein.
- Aufstiegsorientiertes Milieu: Dieses Milieu ist insbesondere durch eine ausgeprägte Erfolgsorientierung beschreibbar. Das Ideal ist, den Aufstieg aus kleinen Verhältnissen mit eigener Kraft zu schaffen, wenn es sein muss, auf Kosten der Freizeit und der Gesundheit. Statussymbole sind wichtig, um den eigenen Erfolg anderen sichtbar zu machen.

---

[34] *Heitmeyer/Collmann/Conrads/Matuschek/Kraul/Kühnel/Möller/Ulbrich-Herrmann* 1995; *Ulbrich-Herrmann* 1996, 1998.
[35] *Heitmeyer/Collmann/Conrads/Matuschek/Kraul/Kühnel/Möller/Ulbrich-Herrmann* 1995; S. 191 ff.

- Technokratisch-liberales Milieu: In diesem Milieu finden sich oft leitende Angestellte, Selbstständige und Freiberufler, die einen gehobenen, exklusiven Lebensstil praktizieren. Leistungsbereitschaft und Durchsetzungsvermögen sind wichtige Ziele. Charakteristisch ist die Offenheit für Neues und das ausgeprägte Bedürfnis nach Selbstdarstellung, wobei der berufliche Erfolg mit hedonistischen Elementen verknüpft wird.
- Hedonistisches Milieu: Die wichtigsten Ziele der Angehörigen dieses Milieus sind Unabhängigkeit und Selbstverwirklichung. Die Arbeit ist unwichtig, aber sie soll Spaß machen und möglichst gut bezahlt werden. Die Freizeit hat einen höheren Stellenwert als die Arbeit. Werte wie Religion, Tradition und Ordnung werden eher abgelehnt. Das Streben nach Genuss steht im Vordergrund.
- Alternatives Milieu: Dieses Milieu ist durch die Diskrepanz zwischen Wunsch und Wirklichkeit gekennzeichnet. Dem Wunsch nach Selbstverwirklichung, einer kreativen oder künstlerischen Tätigkeit in Beruf und Freizeit, einer Tätigkeit als Ökobauer oder einer Tätigkeit in selbstverwalteten, umweltfreundlich produzierenden Betrieben steht die raue Wirklichkeit gegenüber, die eine Umsetzung dieser Ziele meist nur ansatzweise erlauben. Typisch sind eine kritische Einstellung zu unserer Gesellschaft und eine Ablehnung materialistischer Werte.

23   Ein Ergebnis der Untersuchung ist, dass in Westdeutschland Gewalt und Gewaltbereitschaft vorwiegend im hedonistischen und im aufstiegsorientierten Milieu sowie im traditionslosen Arbeitermilieu zu finden sind. In Ostdeutschland trifft dies auf das hedonistische und das traditionslose Arbeitermilieu zu. Besonders niedrig sind Gewalt und Gewaltbereitschaft im konservativ-gehobenem Milieu (Westdeutschland) und im traditionsverwurzelten Arbeiter- und Bauernmilieu (Ostdeutschland).[36] Die Unterschiede sind signifikant. Somit gibt es völlig verschiedenartige Gruppen Jugendlicher mit einer hohen Neigung zu Gewalttaten.

24   Mit Hilfe der Daten von 1998 durchgeführten repräsentativen Bevölkerungsbefragungen zufällig ausgewählter Personen zwischen 14 und 70 Jahren aus Heidelberg und Freiburg wurden die Brauchbarkeit von zwei verschiedenen Milieukonzepten überprüft. Die realisierte Stichprobe beider Erhebungen umfasste etwa 3000 Personen.[37] Kriminalität wurde durch Fragen nach der Begehungshäufigkeit vorgegebener Handlungen gemessen, und zwar für die Delikte Beförderungserschleichung, Sachbeschädigung, Diebstahl, Einbruch, Körperverletzung, Trunkenheit im Verkehr sowie für Drogenkonsum. Die Deliktshäufigkeit wurde für mehrere Zeiträume erfragt. Für die Analysen wurden die Fragen zur selbstberichteten Delinquenz durch Faktorenanalysen zusammengefasst und für die unterschiedlichen Referenzzeiträume Indizes für leichte und schwere Delikte gebildet. Die Gruppe der leichteren Delikte umfasste Trunkenheitsfahrt, Beförderungserschleichung und Drogenkonsum, die Gruppe der schwereren Delikte Sachbeschädigung, Diebstahl, Einbruch und Körperverletzung.

---

[36] *Heitmeyer/Collmann/Conrads/Matuschek/Kraul/Kühnel/Möller/Ulbrich-Herrmann* 1995, S. 231 ff.
[37] *Hermann/Dölling* 2001; *Hermann* 2003.

Eine Analyse zur Milieuabhängigkeit delinquenter Aktivitäten führte zu signifikanten Unterschieden, sowohl bei schwerer als auch bei leichter Delinquenz. Dabei wurde das Milieukonzept von *Schulze* verwendet. Das Ergebnis der Analyse ist in Abb. 18.1 dargestellt. Auf der horizontalen Achse sind die Milieus mit Fallzahl und auf der vertikalen Achse die prozentualen Anteile der Befragten, die seit dem 14. Lebensjahr mindestens ein Delikt verübten, aufgeführt. Die Intervalle um die milieuspezifischen Prävalenzraten sind 95 %-Konfidenzintervalle. Demnach zeigen sich erhebliche Unterschiede zwischen den Milieus. Bei schwereren Delikten sind die Milieuunterschiede in delinquenten Aktivitäten geringer, aber immer noch signifikant – die Prävalenzraten variieren zwischen 30 und 50 %.

In der Arbeit von *Hermann* und *Dölling* wurden mit den oben beschriebenen Daten der Bevölkerungsbefragung aus Heidelberg und Freiburg Milieus nicht nach dem Ansatz von *Schulze*, sondern heuristisch gebildet, indem Merkmale vertikaler Ungleichheit einerseits mit Wertorientierungen und andererseits mit Lebensstilen verknüpft wurden.[38] Die Messung von Wertorientierungen erfolgte mit Hilfe einer Itemliste, die erstrebenswerte Dinge und Lebenseinstellungen aufzählte. Lebensstile wurden durch Fragen nach Verhaltensmustern aus dem Arbeits-, Freizeit- und Konsumbereich erfasst. Relativ hohe Delinquenzraten findet man im oppositionellen Milieu junger Personen, im hedonistisch-materialistischen Milieu jüngerer

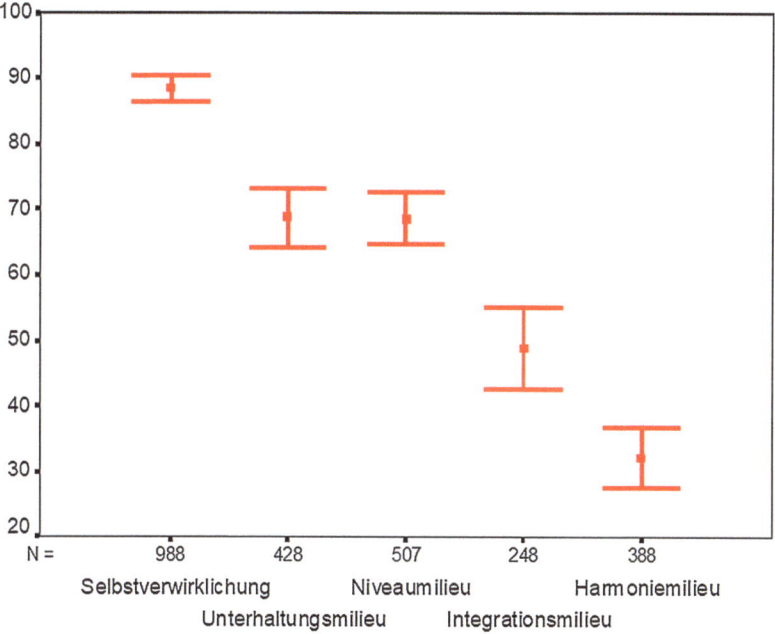

Abb. 18.1 Milieuspezifische Prävalenzraten leichter Delikte. (Quelle: *Hermann* 2004a, S. 324)

---

[38] *Hermann/Dölling* 2001.

Menschen und im avantgardistischen Milieu jüngerer Personen. Eine geringe Delinquenzbelastung weisen das religiöse Milieu älterer Menschen und konformistische Milieus auf. Die Unterschiede in der Delinquenzbelastung zwischen diesen wertebasierten Milieus sind signifikant.[39] Dies trifft auch auf die Milieus zu, die mittels Lebensstilen konstruiert wurden. Relativ hohe Delinquenzraten findet man unter materialistisch orientierten jungen Personen und männlichen Yuppies, während Idealisten und ältere Kleinbürger vergleichsweise selten delinquent sind.[40] Erklärt man die Variation in der selbstberichteten Delinquenz durch die Milieuzugehörigkeit, ist die Assoziation signifikant; die Eta-Werte liegen sowohl bei der Analyse mit Wertemilieus als auch bei der Analyse mit Lebensstilmilieus über 0,30; die Prävalenzraten für die verschiedenen Milieus variieren zwischen 40 und 90 %.[41]

27   Vergleicht man das Potenzial von Konzepten horizontaler und vertikaler sozialer Ungleichheit für die Erklärung delinquenten Handelns, spricht vieles für den Milieuansatz, zumindest für postmoderne Gesellschaften. Allerdings wurden die aktuelleren Schicht- und Klassenansätze in der kriminologischen Forschung bisher nur unzureichend empirisch umgesetzt.

---

[39] *Hermann/Dölling* 2001, S. 45.
[40] *Hermann/Dölling* 2001, S. 55.
[41] *Hermann/Dölling* 2001, S. 56, 58.

§ 19 Tätertypologien

In der Kriminologie ist häufig der Versuch unternommen worden, die Straftäter in Typologien einzuteilen.[1] Hierzu wurden unterschiedliche Kriterien verwendet, wie etwa Art und Häufigkeit der Delikte, Tatmotive oder die Eignung von Tätern für bestimmte Rechtsfolgen.[2] So unterschied *von Liszt* zwischen den Augenblicksverbrechern, bei denen ein in leidenschaftlicher Erregung oder unter dem Einfluss einer drückenden Notlage begangenes Delikt eine vereinzelt bleibende Episode im Lebenslauf darstellt, und den Zustandsverbrechern, bei denen die Straftaten aus einer dauernden Eigenart des Täters erwachsen. Die Zustandsverbrecher teilte er in besserungsfähige und unverbesserliche ein.[3] *Ferri* differenzierte zwischen verbrecherischen Irren, geborenen Verbrechern, Verbrechern aus erworbener Gewohnheit, Gelegenheitsverbrechern und Leidenschaftsverbrechern.[4] *Aschaffenburg* nahm eine Unterscheidung zwischen Zufalls-, Affekt-, Gelegenheits-, Vorbedachts-, Rückfall-, Gewohnheits- und Berufsverbrechern vor.[5]

Exner unterschied charakterologisch zwischen aktiven und passiven Zustandsverbrechern und aktiven und passiven Gelegenheitsverbrechern und nahm nach der äußeren Erscheinungsform der Verbrechenslaufbahn eine Unterteilung in Betätigungstypen (homotroper „reiner Typ" und monotroper „Mischtyp"), gefährliche Antisoziale und lästige Asoziale, Frühkriminelle und Spätkriminelle sowie in Berufsverbrecher vor.[6] *Mezger* bildete die Hauptkategorien der Situationsverbrecher und der Charakterverbrecher. Zu den Situationsverbrechern rechnete er die Konfliktverbrecher, die in einer besonders schwierigen Lebenslage ein Delikt begehen, die Entwicklungsverbrecher, bei denen die Straftaten mit einer Entwicklungsphase,

---

[1] Zum Begriff der Typologie siehe *Eisenberg/Kölbel* 2017, § 19 Rn. 2.
[2] *Eisenberg/Kölbel* 2017, § 19 Rn. 9 ff.; kritisch zu Tätertypologien *P.-A. Albrecht* 2010, S. 380 ff.
[3] *Von Liszt* 1919, S. 11.
[4] *Ferri* 1896, S. 74 ff., 85 ff.
[5] *Aschaffenburg* 1923, S. 231 ff.
[6] *Exner* 1949, S. 205 ff.

insbesondere der Jugend, im Zusammenhang stehen, und die Gelegenheitsverbrecher, die durch eine äußere Gelegenheit zu einer Straftat veranlasst werden.[7] Die Charakterverbrecher unterteile *Mezger* nach der Intensität der kriminellen Disposition in Neigungsverbrecher, Hangverbrecher und Zustandsverbrecher.[8]

3   *Mergen* unterschied zwischen Berufsverbrechern, die durch Straftaten ihren Lebensunterhalt bestreiten, Gewohnheitsverbrechern, deren Delinquenz aus endogenen Momenten hervorgeht, ohne direkt auf Gelderwerb gerichtet zu sein, Zufallsverbrechern, die Delikte auf affektiver Grundlage begehen, und Gelegenheitsverbrechern, die momentanen Versuchungen erliegen.[9] Außerdem nahm er eine Einteilung der Täter nach dem Grad der Gefährlichkeit vor. Dieser ergibt sich nach ihm aus der kriminellen Kapazität des Täters, also seiner kriminellen Disposition, und seiner sozialen Anpassungsfähigkeit. Dies führt zu einer Unterscheidung zwischen Tätern mit starker krimineller Kapazität und starker Anpassungsfähigkeit, Verbrechern mit starker krimineller Kapazität und schwacher Anpassungsfähigkeit, Tätern mit schwacher krimineller Kapazität und schwacher Anpassungsfähigkeit und Verbrechern mit schwacher krimineller Kapazität und starker Anpassungsfähigkeit.[10]

4   *Konrad/Huchzermeier/Rasch*[11] nehmen eine Unterteilung in acht Gruppen vor: Überzeugungstäter begehen Straftaten in dem Bewusstsein, im Besitz überlegener Normen zu sein. Bewusst Kriminelle entscheiden sich bewusst für kriminelles Verhalten, gegebenenfalls nach kritischer Abwägung der Chancen und Risiken. Bei Situationstätern ist die Tat das Ergebnis eines vom Täter nicht bewältigten Konflikts. Subkulturell identifizierte Täter orientieren sich an einem Normen- und Wertesystem, das kriminelles Verhalten gestattet. Unter Psychopathen werden in dieser Typologie Persönlichkeiten verstanden, bei denen in Folge einer mangelhaften Sozialisation schwere psychische Defekte bestehen, deren Hauptsymptome in emotionaler Gestörtheit und in einer Neigung zu impulsiven Handlungen liegen. Unter den Typus des Neurotikers werden Persönlichkeiten eingeordnet, die normal sozialisiert sind, aber dazu neigen, auf schwere Belastungen mit der Begehung von Delikten zu reagieren. Auch Täter mit Suchtproblemen und sexuellen Perversionen sind in dieser Kategorie enthalten. In die Gruppe der Schwachsinnigen fallen die Täter mit intellektueller Minderbegabung. Dem Typus der psychisch Kranken werden schließlich die Täter zugeordnet, die an einer schizophrenen oder manisch-depressiven Erkrankung oder an psychischen Veränderungen als Folge einer Hirnschädigung leiden.

5   In der aufgrund eingehender empirischer Erhebungen von *Göppinger* begründeten Konzeption des Täters in seinen sozialen Bezügen werden im Hinblick auf die

---

[7] *Mezger* 1934, S. 150 ff.
[8] A. a. O.
[9] *Mergen* 1995, S. 167 f.
[10] A. a. O., S. 169 ff.
[11] 2019, S. 51 ff.

Stellung der Delinquenz im Leben des Täters fünf Verlaufsformen unterschieden.[12] Bei der kontinuierlichen Hinentwicklung zur Kriminalität mit frühem Beginn kommt es bereits früh im Leistungs-, Freizeit-, Aufenthalts- und Kontaktbereich zu Auffälligkeiten sowie zu deliktischen Handlungen. Diese setzen sich kontinuierlich in Straftaten im Rahmen eines von zahlreichen Auffälligkeiten gekennzeichneten Lebensstils fort. Bei der Hinentwicklung zur Kriminalität mit spätem Beginn setzen die sozialen Auffälligkeiten und die Delinquenz erst in der späten Jugendzeit oder zu Beginn des dritten Lebensjahrzehnts ein. Bei der Kriminalität im Rahmen der Persönlichkeitsreifung handelt es sich um vorübergehende Delinquenz junger Menschen im Verlauf des Erwachsenwerdens. Die sozialen Beziehungen bleiben im Wesentlichen geordnet. Auffälligkeiten sind nur partiell und vorübergehend, insbesondere im Freizeitbereich, zu verzeichnen. Bei der Kriminalität bei sonstiger sozialer Unauffälligkeit handelt es sich insbesondere um Kleinkriminalität und profitorientierte Kriminalität im Rahmen der Berufsausübung. Die Täter sind äußerlich sozial eingeordnet, sind aber bereit, insbesondere aus Gewinnstreben, Karrieredenken und Eigennutz Normen zu brechen. Beim „kriminellen Übersprung" kommt die Tat gewissermaßen „aus heiterem Himmel". Sie stellt einen Bruch in der Lebensentwicklung dar. Zwei weitere Verlaufsformen hat *Bock* entwickelt.[13] Die Kriminalität in Krisen betrifft das Erwachsenenalter. Hier führen kritische Lebensereignisse zur Delinquenz, wobei der Lebenszuschnitt des Täters durch eine latente Anfälligkeit für Krisen geprägt ist. Bei der kontinuierlichen Hinentwicklung zur Kriminoresistenz kommen überhaupt keine Straftaten vor. Es bestehen im Lebenslängs- und Lebensquerschnitt keine Anhaltspunkte, die mit Delinquenz in Verbindung gebracht werden können. Straftaten kommen überhaupt nicht in den Sinn. Bei diesen Verlaufsformen handelt es sich um Idealtypen.[14] Sie stecken den Raum möglicher Lebensentwicklungen ab.[15] Aufgrund von Analysen des Lebenslängsschnitts, des Lebensquerschnitts, der Relevanzbezüge (Grundintentionen einer Persönlichkeit und personelle, sachliche und örtliche Bezüge, die für eine Person besonders bedeutsam sind) und der Wertorientierungen des Täters sind Annäherungen an und Differenzierungen zu den Verlaufsformen zu beschreiben und ist eine individuelle Diagnose für den jeweiligen Täter zu erstellen (Methode der idealtypisch-vergleichenden Einzelfallanalyse: MIVEA).[16] Weiterhin hat die kriminologische Lebenslaufforschung Täter nach unterschiedlichen biografischen Deliktsverläufen gruppiert.[17]

Tätertypologien sind mit der Gefahr verbunden, dass sie der Komplexität der Delinquenz nicht ausreichend gerecht werden. Teilweise bereitet die hinreichend präzise Umschreibung der Tätertypen Probleme. Tätertypologien dürfen auch nicht schematisch angewendet werden. Sie dürfen der differenzierten Erfassung der indi-

---

[12] *Göppinger* 1983; *Göppinger/Bock* 2008, § 18 Rn. 18 ff.
[13] *Bock* 2019, Rn. 559 ff.
[14] *Göppinger/Bock* 2008, § 18 Rn. 2.
[15] *Bock* 2019, Rn. 560.
[16] *Göppinger* 1985; *Göppinger/Bock* 2008, § 15 ff.; *Bock* 2019, Rn. 314 ff.
[17] Siehe dazu oben § 12.

viduellen Persönlichkeit nicht entgegenstehen und müssen berücksichtigen, dass Menschen sich verändern können. Sie dürfen nicht zu Exklusion und desintegrierenden Etikettierungsprozessen führen.[18] Wenn sie aber im Sinne von Idealtypen verstanden werden, können sie eine wertvolle Hilfe für die individuelle Täterdiagnose und Kriminalprognose sein.

---

[18] Vgl. *Höffler* 2016, S. 1050 ff.

§ 20 Kriminalprognose

I. Begriff und praktische Bedeutung der Kriminalprognose

Unter dem **Begriff** der Kriminalprognose werden in der Kriminologie herkömmlich Täter-Individualprognosen verstanden.[1] Das sind Aussagen darüber, ob eine Person in der Zukunft Straftaten begehen wird. Neben der Täter-Individualprognose gibt es in der Kriminologie weitere Prognosearten. So können Opferprognosen darüber erstellt werden, ob eine Person in der Zukunft Opfer von Straftaten werden wird. Auf der Aggregatebene werden durch Kriminalitäts- oder Kollektivprognosen Voraussagen über die Kriminalitätsentwicklung in einem bestimmten Gebiet getroffen.[2] Bei Voraussagen über die Wirkungen von bestimmten kriminalpolitischen Maßnahmen kann von kriminalpolitischen Prognosen gesprochen werden.[3] Die folgenden Ausführungen konzentrieren sich auf die Täter-Individualprognose.

Täter-Individualprognosen haben in der **Strafrechtspraxis** eine sehr große Bedeutung. Zahlreiche Vorschriften des Sanktionenrechts verlangen bei der Rechtsanwendung die Erstellung von Prognosen. So setzt z. B. die Aussetzung der Vollstreckung einer Freiheitsstrafe zur Bewährung nach § 56 Abs. 1 StGB die Prognose voraus, dass der Verurteilte künftig auch ohne die Einwirkung des Strafvollzugs keine Straftaten mehr begehen wird. Voraussetzung für die Aussetzung der Vollstreckung des Restes einer zeitigen Freiheitsstrafe ist nach § 57 Abs. 1 S. 1 Nr. 2 StGB, dass die Aussetzung unter Berücksichtigung des Sicherheitsinteresses der Allgemeinheit verantwortet werden kann, dem Verurteilen also eine günstige Prognose gestellt werden kann. Die Unterbringung in einem psychiatrischen Krankenhaus nach § 63 StGB hat die Prognose zur Voraussetzung, dass von dem schuldunfähigen oder erheblich vermindert schuldfähigen Täter infolge seines Zustands bestimmte erhebliche rechtswidrige Taten zu erwarten sind und er deshalb für die

---

[1] *Kaiser* 1996, § 86 Rn. 1.
[2] *Schöch* 2007, S. 359.
[3] *Kaiser* 1996, § 86 Rn. 2.

Allgemeinheit gefährlich ist. Auch alle anderen Maßregeln der Besserung und Sicherung setzen eine ungünstige Kriminalprognose voraus.

3   Nach dem Zusammenhang, in dem die Prognose erstellt wird, kann zwischen verschiedenen **Prognosearten** unterschieden werden. Prognosen, die der richterlichen Sanktionsentscheidung vorausgehen, werden als Urteilsprognosen bezeichnet.[4] Ist die Prognose Voraussetzung für eine Entlassungsentscheidung, wird von Entlassungsprognose gesprochen.[5] Prognosen im Strafvollzug, etwa über das Verhalten eines Gefangenen im Falle einer Vollzugslockerung, werden als Vollzugsprognosen bezeichnet.[6] Bei den genannten Prognosen handelt es sich um Rückfallprognosen. Werden bereits für Kinder Prognosen darüber erstellt, ob sie künftig delinquent werden, wird von Frühprognosen gesprochen.[7]

II. Probleme der Kriminalprognose

4   Die Erstellung von Kriminalprognosen ist sehr schwierig. Zwar weisen Menschen Verhaltensregelmäßigkeiten auf, die in gewissen Grenzen Voraussagen künftigen Verhaltens ermöglichen.[8] Wie sich eine Persönlichkeit in Zukunft entwickelt wird, lässt sich jedoch nicht vollständig überblicken,[9] und in welchen verhaltensrelevanten Situationen Personen in Zukunft stehen werden, lässt sich nicht genau vorhersehen.[10] Sichere Kriminalprognosen sind daher nicht möglich. Bei Kriminalprognosen handelt es sich vielmehr um **Wahrscheinlichkeitsaussagen**.[11] Mit Kriminalprognosen lässt sich aber ein Maß an Wahrscheinlichkeit erreichen, dass es als verantwortbar erscheinen lässt, Rechtsfolgenentscheidungen auf ihnen aufzubauen.

5   Die Erstellung von Kriminalprognosen ist mit dem strafrechtlichen Postulat der **Willensfreiheit** vereinbar, denn Wahrscheinlichkeitsaussagen lassen die Möglichkeit des Andershandelns offen. Auch wenn Willensfreiheit angenommen wird, können Aussagen darüber getroffen werden, wie sich Menschen mit bestimmten Einstellungen und Eigenschaften voraussichtlich verhalten werden.[12] Die Erstellung von Kriminalprognosen ist auch mit der **Menschenwürde** vereinbar. Zwar ist die Person, über die eine Prognose erstellt wird, Objekt der Kriminalprognose, es geht bei der Kriminalprognose aber gerade darum, der Individualität der Person gerecht

---

[4] *Meier* 2021, § 7 Rn. 4.
[5] A. a. O.
[6] *Schöch* 2007, S. 360.
[7] *Kaiser* 1996, § 88 Rn. 12.
[8] *Meier* 2021, § 7 Rn. 9.
[9] *Schöch* 2007, S. 361.
[10] *Göppinger/Brettel* 2008, § 14 Rn. 2.
[11] *Kaiser* 1996, § 86 Rn. 1.
[12] *Schöch* 2007, S. 361 f.

zu werden. Selbstverständlich dürfen bei der Erstellung von Kriminalprognosen keine nach § 136a StPO unzulässigen Methoden angewendet werden.[13]

Ernst zu nehmen ist das Problem der **self-fulfilling prophecy**. Hiermit ist gemeint, dass eine ungünstige Prognose selbst das vorausgesagte delinquente Verhalten herbeiführen kann, indem der Proband das durch die ungünstige Prognose an ihn herangetragene Fremdbild in sein Selbstbild übernimmt und sich deshalb delinquent verhält oder die ungünstige Prognose zu sozialen Ausschluss- und Diskriminierungsprozessen führt, die kriminelles Verhalten des Probanden zur Folge haben.[14] Der Gefahr der self-fulfilling prophecy kann begegnet werden, wenn bei ungünstigen Prognosen dem Probanden Wege aufgezeichnet werden, wie er sich verändern und so die jetzt ungünstige Beurteilung zum Besseren wenden kann.

Ziel der kriminalprognostischen Bemühungen sind Prognosen mit hoher **Treffsicherheit**. Möglichst zu vermeiden ist sowohl die Voraussage der Rückfälligkeit von Personen, die nicht rückfällig werden („falsch Positive") als auch die Prognose künftigen straffreien Verhaltens von Personen, die rückfällig werden („falsch Negative").[15] Die Möglichkeit treffsicherer Prognosen wird durch die Problematik der Basisrate eingeschränkt. Unter Basisrate ist die Häufigkeit zu verstehen, mit der das vorherzusagende Ereignis in einer Population eintritt.[16] Je geringer die Basisrate ist, desto größer ist der Anteil der Fälle, in denen der Eintritt des Ereignisses zu Unrecht vorausgesagt wird. Da Straftaten verhältnismäßig seltene Ereignisse sind, besteht bei Kriminalprognosen das Problem der Überschätzung des Kriminalitätsrisikos.[17]

III. Methoden der Kriminalprognose

Es werden herkömmlich drei Methoden der Kriminalprognose unterschieden: die intuitive, die statistische und die klinische Methode.[18] Die **intuitive Prognose** wird von einem psychiatrisch und psychologisch nicht ausgebildeten Beurteiler aufgrund seines Eindrucks von dem Probanden erstellt, wobei dieser Eindruck durch die Lebens- und Berufserfahrung sowie die Alltagstheorien des Beurteilers geprägt ist. Die intuitive Prognose ist die in der Strafrechtspraxis ganz überwiegend angewandte Prognosemethode.[19] Ihre Nachteile bestehen darin, dass die Erfahrungsbasis des Beurteilers begrenzt ist und die Erfahrungen nicht systematisch ausgewertet werden, sodass die Gefahr subjektiver Verzerrungen besteht.[20]

Die Nachteile der intuitiven Prognose sollen durch die **statistischen Prognoseverfahren** vermieden werden. Statistische Prognosemethoden, die auch als

---

[13] A. a. O., S. 361.
[14] *Eisenberg/Kölbel* 2017, § 8 Rn. 6, § 21 Rn. 12 f.
[15] *Meier* 2021, § 7 Rn. 8.
[16] *Dahle* 2006, S. 11.
[17] *Schöch* 2007, S. 368.
[18] Kritisch zu dieser Unterteilung *Volckart* 1997, S. 3.
[19] *Kaiser* 1996, § 88 Rn. 4.
[20] *Streng* 2012, Rn. 781 ff.

aktuarische Prognoseverfahren bezeichnet werden, beruhen auf empirischen Untersuchungen, in denen Rückfällige und nicht Rückfällige (bzw. Straffällige und nicht Straffällige) miteinander verglichen werden und in denen die Merkmale ermittelt werden, die bei den Rückfälligen überdurchschnittlich häufig vorkommen. Diese Merkmale werden als Schlechtpunkte bezeichnet. Für jeden untersuchten Probanden wird ermittelt, wie viele Schlechtpunkte bei ihm vorliegen. Die untersuchten Personen werden dann nach der Zahl der Schlechtpunkte in Gruppen eingeteilt und es wird für jede Gruppe der Anteil der Rückfälligen berechnet. Diese Quote fungiert als Rückfallwahrscheinlichkeit für Personen mit der entsprechenden Punktzahl. Bei der Anwendung der auf diese Weise entstandenen Prognosetafel wird für die zu beurteilende Person ermittelt, wie viele Schlechtpunkte auf sie entfallen. Die Person wird dann der Gruppe mit der entsprechenden Schlechtpunktzahl und der für diese Gruppe berechneten Rückfallwahrscheinlichkeit zugeordnet. In manchen Prognosetafeln werden auch Gutpunkte für Merkmale vergeben, die bei nicht Rückfälligen überdurchschnittlich häufig vorkommen.

10 Es gibt mehrere Varianten der statistischen Prognose. Beim **einfachen Punkteverfahren** werden alle Merkmale als gleichwertig behandelt: Jedes Merkmal enthält einen Punkt. Beim **Punktwertverfahren** werden die Merkmale nach der Stärke ihres Zusammenhangs mit dem Rückfall, die z. B. mit Korrelationskoeffizienten berechnet werden kann, gewichtet. Die Merkmale erhalten also unterschiedliche Punktwerte. Ein Beispiel für ein solches Verfahren ist der Violence Risk Appraisal Guide-Revised (VRAG-R):

Der VRAG-R wurde entwickelt, um zwei Vorgängerinstrumente – den Violence Risk Appraisal Guide (VRAG)[21] und den Sex Offender Risk Appraisal Guide (SORAG)[22] – durch ein einziges Verfahren zu ersetzen, mit dem gewalttätige Rückfalldelikte (gewalttätige Sexualstraftaten und nicht sexuell motivierte Gewaltdelikte) vorhergesagt werden können.[23] Anhand einer Stichprobe von 1261 männlichen Straftätern (Entwicklungsstichprobe von 961 Tätern und Validierungsstichprobe von 300 Tätern) wurden 12 Items ermittelt, die einen unabhängigen Beitrag zur Vorhersage der Rückfälligkeit leisten, und entsprechend der Abweichung von der Basisrate des Rückfalls gewichtet.[24] Hierbei handelt es sich um die in Tab. 20.1 dargestellten Items:

Die Addierung der für die einzelnen Items ermittelten Werte ergibt einen Gesamtscore, der maximal 46 Punkte betragen kann. Für die Gesamtwerte wurden neun Risikokategorien ermittelt, denen aufgrund der empirisch ermittelten Rückfallraten Rückfallwahrscheinlichkeiten zugeordnet sind. Die Risikokategorien sind in Tab. 20.2 dargestellt. Außerdem wird das relative Rückfallrisiko über Prozentränge erfasst, die sich jeweils auf gleiche oder niedrigere Werte beziehen (vgl. Tab. 20.3).

---

[21] Dazu *Quinsey/Harris/Rice/Cormier* 2006; *Rossegger/Urbaniok/Danielson/Endrass* 2009; *Rossegger/Gerth/Endrass* 2013a.

[22] Dazu *Quinsey/Harris/Rice/Cormier* 2006; *Rossegger/Gerth/Urbaniok/Laubacher/Endrass* 2010; *Rossegger/Gerth/Endrass* 2013b.

[23] *Harris/Rice/Quinsey/Cormier* 2015, S. 142 ff.; *Rettenberger/Gregório Hertz/Eher* 2017, S. 7 ff.

[24] *Harris/Rice/Quinsey/Cormier* und *Rettenberger/Gregório Hertz/Eher* a. a. O.

Tab. 20.1 Items des Violence Risk Appraisal Guide-Revised (VRAG-R)

Item	Beschreibung	Kodierung
1	Zusammenleben mit beiden biologischen Eltern bis zum 16. Lebensjahr	Ja = –2 Nein = +2
2	Schulische Verhaltensprobleme (bis einschließlich der 8. Jahrgangsstufe)	Keine Probleme = –3 Leichte oder mittelgradig ausgeprägte Probleme = +1 Gravierendes (d. h. häufig auftretendes oder schwerwiegendes) Problemverhalten = +4
3	Alkohol- oder Drogenprobleme in der Vergangenheit	<3 Punkte = –2 3 Punkte = 0 4 Punkte = +1 >4 Punkte = +4
4	Ehestatus zur Zeit des Index-Delikts	Jemals verheiratet (oder eine mindestens sechs Monate dauernde eheähnliche Beziehung) = –1 Niemals verheiratet = +1
5	Punktwert der kriminellen Vergangenheit für Verurteilungen oder Anklagen von nicht-gewalttätigen Straftaten vor dem Index-Delikt	Punktwert von 0 = –3 Punktwert von 1 oder 2 = –1 Punktwert von 3 bis einschließlich 8 = +1 Punktwert von 9 bis einschließlich 17 = +3 Punktwert von 18 oder mehr = +5
6	Bewährungsversagen	Nein = –2 Ja = +4
7	Alter zum Zeitpunkt des Index-Delikts	>45 = –7 39–45 = –4 34–38 = –2 31–33 = –1 26–30 = +1 <26 = +2
8	Punktwert der kriminellen Vergangenheit für Verurteilungen oder Anklagen von gewalttätigen Straftaten vor dem Index-Delikt	Punktwert von 0 = –2 Punktwert von 1 bis einschließlich 4 = +2 Punktwert von 5 bis einschließlich 18 = +3 Punktwert von über 18 = +4
9	Anzahl früherer Inhaftierungen	0 = –2 1 = +2 2 = +3 3 oder 4 = +4 >4 = +6
10	Verhaltensstörung (vor dem 15. Lebensjahr)	0 Punkte = –2 1 Punkt = 0 > 1 Punkt und < 5 Punkte = +4 > 4 Punkte = +5
11	Sexualität in der Vorgeschichte	Keine Hands-on Sexualdelikte = –2 Ausschließlich gegen Kinder < 14 Jahre = –1 Passt zu keiner anderen Kategorie = +2 Mindestens ein Hands-on Sexualdelikt gegen ein weibliches Opfer ≥ 14 Jahre = +3
12	Antisozialität	Facette 4 Punktwert von 0 = –6 Facette 4 Punktwert von ≥ 1 und < 2.5 = –3 Facette 4 Punktwert von ≥ 2.5 und < 3.5 = +2 Facette 4 Punktwert von ≥ 3.5 und < 7.5 = +3 Facette 4 Punktwert von ≥ 7.5 = +6

Quelle: *Rettenberger/Gregório Hertz/Eher* 2017, S. 45 f.

Tab. 20.2 Risikokategorien des Violence Risk Appraisal Guide-Revised (VRAG-R)

Risikokategorie	Gesamtwert	Rückfallwahrscheinlichkeit nach 5 Jahren	Rückfallwahrscheinlichkeit nach 12 Jahren
1	≤ −24	9 %	15 %
2	−23 bis −17	12 %	24 %
3	−16 bis −11	16 %	33 %
4	−10 bis −4	20 %	42 %
5	−3 bis +3	26 %	51 %
6	+4 bis +11	34 %	60 %
7	+12 bis +17	45 %	69 %
8	+18 bis +26	58 %	78 %
9	≥ +27	76 %	87 %

Quelle: *Rettenberger/Gregório Hertz/Eher* 2017, S. 11

Tab. 20.3 Prozentränge für die Gesamtwerte des Violence Risk Appraisal Guide-Revised (VRAG-R)

Gesamtwert	Perzentil	Gesamtwert	Perzentil	Gesamtwert	Perzentil	Gesamtwert	Perzentil
−34	1,2	−14	30,1	6	60,7	26	89,3
−33	1,4	−13	31,3	7	62,1	27	90,4
−32	1,9	−12	33,2	8	63,9	28	91,2
−31	2,6	−11	35,6	9	65	29	92,4
−30	3,7	−10	36,8	10	66,1	30	93,6
−29	4,9	−9	38,5	1	67,4	31	94,3
−28	5,7	−8	39,5	12	69,7	32	95,1
−27	7,0	−7	41,2	13	71,7	33	95,8
−26	8,8	−6	42,2	14	73,6	34	96,6
−25	9,6	−5	43,8	15	75	35	97,3
−24	11,2	−4	45,5	16	76,7	36	97,7
−23	13,2	−3	46,5	17	78,1	37	98
−22	14,5	−2	48,1	18	79,8	38	98,2
−21	16	−1	49,7	19	81,4	39	98,8
−20	17,7	0	51,4	20	83,2	40	99
−19	20,1	1	53,3	21	83,9	41	99,5
−18	21,7	2	54,5	22	84,8	42	99,8
−17	24	3	56	23	86,1	43	99,9
−16	26,5	4	57,6	24	86,9	44	100,0
−15	28,4	5	59,2	25	88,1		

Quelle: *Rettenberger/Gregório Hertz/Eher* 2017, S. 12

Die Anwendung des VRAG-R erfolgt in der Weise, dass für die zu beurteilende Person die 12 Items bewertet, die Einzelwerte zu einem Gesamtscore addiert und der Proband dann einer Risikogruppe bzw. einem Prozentrang zugeordnet wird.[25] Überprüfungen des Instruments ergaben eine hohe Treffergenauigkeit.[26]

Bei den **Strukturprognosetafeln** werden Merkmalskombinationen mit unterschiedlicher Rückfallwahrscheinlichkeit gebildet. Hierdurch sollen die Wechselbeziehungen zwischen den Prognosemerkmalen berücksichtigt werden.[27] Die statistischen Prognoseverfahren enthielten zunächst vor allem statische, also unveränderbare Merkmale (z. B. Alter oder Anzahl der Vorstrafen). Neuere statistische Verfahren berücksichtigen demgegenüber auch dynamische, also veränderbare Faktoren (etwa Feindseligkeit).[28] Es wird zwischen stabil-dynamischen Faktoren, die sich eher langsam über Monate oder Jahre hinweg verändern, und akut-dynamischen Faktoren, die kurzfristig veränderbar sind, unterschieden.[29] Statistische Prognoseverfahren mit statischen und mit dynamischen Merkmalen können auch kombiniert angewendet werden.[30] In den letzten Jahren sind zahlreiche statistische Prognoseverfahren entwickelt worden.[31]

Statistische Prognosen haben den Vorteil, dass sie nach festen Regeln erstellt werden, deren Einhaltung überprüft werden kann.[32] Sie können allerdings nur auf Personen und unter Rahmenbedingungen angewendet werden, die der Konstruktionsstichprobe der Prognosetafel entsprechen.[33] Statistische Prognosen enthalten nur Aussagen über gruppenbezogene Rückfallwahrscheinlichkeiten, sie erlauben keine Aussage über das Rückfallrisiko bei einer einzelnen Person.[34] Besonderheiten des Einzelfalles, die nicht von den Merkmalen der Prognosetafel erfasst werden, bleiben unberücksichtigt.[35] Gegen die statistischen Prognoseverfahren wird außerdem die begrenzte Aussagekraft im Mittelfeld der Täter eingewendet, bei denen weder besonders viel noch besonders wenig Prädiktoren erfüllt sind.[36] Eine Überlegenheit der Strukturprognosetafeln gegenüber den anderen statistischen Verfahren hat sich bisher nicht ergeben.[37]

Die **klinische Prognose** wird von einem kriminologisch erfahrenen Psychiater oder Psychologen erstellt. Sie beruht auf einer Exploration des Probanden, psychodiagnostischen Testverfahren, ggf. körperlichen Untersuchungen und auf

---

[25] *Rettenberger/Gregório Hertz/Eher* 2017, S. 10.
[26] *Harris/Rice/Quinsey/Cormier* 2015, S. 145; *Gregógio Hertz/Eher/Etzler/Rettenberger* 2019.
[27] Vgl. etwa *Grygier* 1966.
[28] *Rettenberger* 2018, S. 29; *Dahle/Lehmann* 2018, S. 38 f.
[29] *Matthes/Eher* 2013a, S. 202; 2013b, S. 212.
[30] *Rosegger/Endrass/Gerth* 2012b, S. 114, 128.
[31] Siehe die Darstellung bei *Rettenberger/von Franqué* 2013.
[32] *Dahle* 2006, S. 28.
[33] *Schöch* 2007, S. 384.
[34] *Meier* 2021, § 7 Rn. 29.
[35] *Eisenberg/Kölbel* 2017, § 21 Rn. 22.
[36] *Kaiser* 1996, § 88 Rn. 11.
[37] *Schöch* 2007, S. 376.

dem Studium der Akten. Die erhobenen Befunde werden zum kriminologischen Erfahrungswissen in Beziehung gesetzt, und auf dieser Grundlage wird die Prognose erstellt. Die klinische Prognose ermöglicht es, der Individualität der zu beurteilenden Person gerecht zu werden.[38] Ein Nachteil der klinischen Prognose ist, dass sie mit hohen Kosten und erheblichem Zeitaufwand verbunden ist.[39] Außerdem hängt bei klinischen Prognosen die Qualität von Fachwissen und Erfahrung des Gutachters ab und kann die Transparenz problematisch sein: Es kann unklar sein, nach welchen Regeln der Gutachter seine Schlussfolgerungen zieht.[40]

13 Eine Weiterentwicklung der klinischen Prognose sind Verfahren der **strukturierten professionellen Risikobeurteilung** (Structural Professional Judgement, SPJ). Sie geben bestimmte Risiko- und Schutzfaktoren, die sich als kriminalprognostisch relevant erwiesen haben, vor. Das Vorliegen und die Ausprägung dieser Merkmale sind im Einzelfall zu beurteilen. Es wird dann kein numerischer Gesamtwert errechnet, sondern es werden die Einzelbefunde vom Gutachter zu einer Gesamtbeurteilung integriert.[41] So wurde für die Vorhersage des künftigen Verhaltens gewalttätiger Probanden mit Verdacht einer psychischen Störung das HCR-20-Schema (Historical-Clinical-Risk) entwickelt.[42] Es enthält 20 Variablen, welche die Vergangenheit (Historical), den gegenwärtigen klinischen Befund (Clinical) und Risikovariablen der Zukunft (Risk) betreffen. Die historischen Variablen sind: frühere Gewaltanwendung, Alter bei der ersten Gewalttat, Stabilität von Partnerbeziehungen, Stabilität in Arbeitsverhältnissen, Alkohol-/Drogenmissbrauch, psychische Störung, Psychopathie (Wert der Psychopathie-Checkliste PCL-R),[43] frühe Anpassungsstörung, Persönlichkeitsstörung und frühere Verstöße gegen Bewährungsauflagen. Bei den klinischen Variablen handelt es sich um Mangel an Einsicht, negative Einstellungen, aktive Symptome, Impulsivität und fehlenden Behandlungserfolg. Die Risikovariablen sind: Fehlen realisierbarer Pläne, destabilisierende Einflüsse, Mangel an Unterstützung, fehlende Compliance und Stressoren.[44] Jedes Item wird auf einer Skala von 0 bis 2 bewertet. Die Einschätzung des Risikos künftiger Gewaltdelinquenz erfolgt in den Kategorien „niedrig", „mittel" und „hoch". Summenwerte, bei deren Erreichen die verschiedenen Risikokategorien erfüllt sind, werden nicht für sinnvoll gehalten.

14 Es sind für die auf den Einzelfall bezogene klinische Prognose weitere **Kriterienkataloge** aufgestellt worden, die bei der Prognoseerstellung auszuwertende Dimensionen enthalten. *Rasch/Konrad* haben vier Dimensionen herausgearbeitet: bekannte Kriminalität, Zwischenanamnese (Verlauf zwischen Tat und Prognosebeurteilung), Persönlichkeitsquerschnitt/aktueller Krankheitszustand und Perspektiven/Außenorientierung. Für jede Dimension geben sie Anhaltspunkte an, die für

---

[38] *Dahle* 2006, S. 31.
[39] *Schöch* 2007, S. 385.
[40] *Meier* 2021, § 7 Rn. 34.
[41] *Dahle/Lehmann* 2018, S. 39.
[42] *Webster/Douglas/Eaves/Hart* 1997.
[43] Zur PCL-R siehe *Hare* 1991; *Nedopil* 2005, S. 99 ff.; *Mokros* 2013.
[44] Näher zum HCR-20 *Nedopil* 2005, S. 109 ff.; *von Franqué* 2013.

eine ungünstige oder günstige Prognose sprechen.[45] *Nedopil* hat eine Integrierte Liste der Risikovariablen mit den Hauptdimensionen Ausgangsdelikt, anamnestische Daten, postdeliktische Persönlichkeitsentwicklung und sozialer Empfangsraum entwickelt (siehe Tab. 20.4).[46] Der Basler Kriterienkatalog zur Beurteilung der

Tab. 20.4 Integrierte Liste der Risikofaktoren nach Nedopil

A.	Das Ausgangsdelikt
	1. Statistische Rückfallwahrscheinlichkeit
	2. Bedeutung situativer Faktoren für das Delikt
	3. Einfluss einer vorübergehenden Krankheit
	4. Zusammenhang mit einer Persönlichkeitsstörung
	5. Erkennbarkeit kriminogener oder sexuell devianter Motivation
B.	Anamnestische Daten
	1. Frühere Gewaltanwendung
	2. Alter bei 1. Gewalttat
	3. Stabilität von Partnerbeziehungen
	4. Stabilität in Arbeitsverhältnissen
	5. Alkohol-/Drogenmissbrauch
	6. Psychische Störung
	7. Frühe Anpassungsstörungen
	8. Persönlichkeitsstörung
	9. Frühere Verstöße gegen Bewährungsauflagen
C.	Postdeliktische Persönlichkeitsentwicklung (Klinische Variablen)
	1. Krankheitseinsicht und Therapiemotivation
	2. Selbstkritischer Umgang mit bisheriger Delinquenz
	3. Besserung psychopathologischer Auffälligkeiten
	4. Pro-/antisoziale Lebenseinstellung
	5. Emotionale Stabilität
	6. Entwicklung von Coping-Mechanismen
	7. Widerstand gegen Folgeschäden durch Institutionalisierung
D.	Der soziale Empfangsraum (Risikovariablen)
	1. Arbeit
	2. Unterkunft
	3. Soziale Beziehungen mit Kontrollfunktion
	4. Offizielle Kontrollmöglichkeiten
	5. Verfügbarkeit von Opfern
	6. Zugangsmöglichkeit zu Risiken
	7. Compliance
	8. Stressoren

PCL-R Wert = Psychopathic Checklist Revised
Die Items B.1. bis 9., C.4. und 5. und D.6. bis 8. wurden aus dem HCR-20 übernommen.
Quelle: *Nedopil* 2005, S. 126

---

[45] *Rasch/Konrad* 2004, S. 393 ff.; Modifizierung dieser Konzeption bei *Konrad/Huchzermeier/Rasch* 2019, S. 429 ff.
[46] *Nedopil* 2005, S. 122 ff., 282 ff.; vgl. auch *Mokros/Dreßing/Habermeyer* 2021, S. 475 ff.

Legalprognose, die sog. „Dittmann-Liste", umfasst die folgenden Beurteilungsdimensionen: Analyse der Anlasstat, bisherige Kriminalitätsentwicklung, Persönlichkeit und psychische Störung, Einsicht des Täters in seine Störung, soziale Kompetenz, spezifisches Konfliktverhalten, Auseinandersetzung mit der Tat, allgemeine Therapiemöglichkeiten, reale Therapiemöglichkeiten, Therapiebereitschaft, sozialer Empfangsraum und bisheriger Verlauf nach der Tat. Für jede Dimension werden prognostisch günstige und ungünstige Ausprägungen angeführt.[47]

15   Ein Strukturmodell der klinisch-idiografischen Urteilsbildung, das eine individuelle kriminalprognostische Beurteilung für den jeweiligen Täter ermöglicht, hat *Dahle* entwickelt.[48] Danach ist zunächst die bisherige delinquente Entwicklung der zu beurteilenden Person nachzuzeichnen. Auf dieser Grundlage ist ein Erklärungskonzept zu erarbeiten, mit dem die bisherige Delinquenz des Betreffenden schlüssig erklärt werden kann (individuelle Handlungstheorie). Sodann sind die relevanten Entwicklungen seit der letzten Tat zu analysieren und zu erklären (individuelle Entwicklungstheorie). Anschließend ist der aktuelle Entwicklungsstand im Hinblick auf die spezifischen Risikopotenziale festzustellen. Sodann sind die zukünftigen Lebensperspektiven des Betreffenden aufzuklären. Hierbei geht es darum, die Wahrscheinlichkeit solcher Situationen einzuschätzen, die eine Verwirklichung aktuell noch feststellbarer individueller Risikopotenziale befürchten lassen. Auf dieser Grundlage kann dann die Kriminalprognose erstellt werden.

16   Die intuitive und die nicht durch Kriterienkataloge strukturierte klinische Prognose werden in der Literatur teilweise als Prognosemethoden der 1. Generation bezeichnet.[49] Die statistischen Prognosen mit statischen Faktoren bilden die 2. Generation, die Verfahren mit dynamischen Merkmalen die 3. Generation. Die strukturierte professionelle Prognose ist die 4. Generation und komplexe klinisch-idiografische Prognosemodelle können als 5. Generation angesehen werden. Teilweise wird aufgrund von Metaanalysen angenommen, dass statistische Prognoseverfahren klinischen Prognosen überlegen seien.[50] Es ist jedoch zu berücksichtigen, dass in die Metaanalysen häufig klinische Prognosen eingingen, die nicht den modernen Anforderungen an ein strukturiertes klinisch-idiografisches Vorgehen entsprachen. Nach einer neuen Untersuchung führte eine komplexe klinisch-idiografische Fallbeurteilung zu einer bedeutsamen Verbesserung der Vorhersagegüte im Vergleich zu einer bloßen Anwendung von statistischen Prognoseverfahren.[51]

17   Die in der Praxis der Strafrechtspflege zu erstellenden Kriminalprognosen erfordern eine individuelle kriminalprognostische Beurteilung für den jeweiligen Täter.[52] Die alleinige Anwendung statistischer Prognosemethoden reicht hierfür nicht aus. Einschlägige statistische Prognoseverfahren sollten jedoch herangezogen wer-

---

[47] *Dittmann* 2000; *Hachtel/Vogel/Graf* 2019.
[48] *Dahle* 2006, S. 54 ff.
[49] Vgl. hierzu und zum Folgenden *Rettenberger* 2018, S. 29, und *Dahle/Lehmann* 2018, S. 38 ff.
[50] *Rosegger/Endrass/Gerth* 2012a, S. 94.
[51] *Dahle/Lehmann* 2018, S. 37, 45 f.
[52] *Boetticher et al.* 2009, S. 479 f.

den.⁵³ Mit ihnen kann das Straftatenrisiko der Gruppe, welcher der zu beurteilende Täter angehört, eingeschätzt werden. Anhand der Umstände des Einzelfalls kann dann ermittelt werden, inwieweit das für den individuellen Täter bestimmte Risiko nach oben oder unten von dem Gruppenrisiko abweicht. Handelt es sich um psychisch nicht beeinträchtigte Täter, können auch kriminologisch geschulte Juristen sachgerechte Prognosen erstellen, indem sie den Lebenslauf des Täters, die bisherige Delinquenz, die Entwicklung nach der Tat, die gegenwärtige Situation und die Zukunftsperspektiven auf der Grundlage des kriminologischen Erfahrungswissens analysieren.⁵⁴ Hierbei kann die Methode der idealtypisch-vergleichenden Einzelfallanalyse hilfreich sein.⁵⁵ Bestehen Anhaltspunkte für psychische Störungen des Täters, ist ein Prognosegutachten durch einen Psychiater oder Psychologen entsprechend den für kriminalprognostische Gutachten entwickelten Standards⁵⁶ zu erstellen. Bei Prognosen ist neben personalen Faktoren (Persönlichkeitseigenschaften, Fähigkeiten und Einstellungen des Probanden) auch das soziale Umfeld des Täters zu berücksichtigen.⁵⁷ Neben Risikofaktoren sind auch Schutzfaktoren zu beachten, die künftigem kriminellen Verhalten entgegenstehen können.⁵⁸ Die Prognose darf sich nicht nur auf statische, also unveränderbare Faktoren wie Ereignisse in der Vergangenheit des Probanden stützen, sondern muss auch dynamische, also veränderbare Faktoren einbeziehen.⁵⁹ Zu berücksichtigen sind auch die Wirkungen, die gegen den Täter zu verhängende Sanktionen auf ihn haben können.⁶⁰ Es kann ein Risikomanagement zu entwickeln sein, mit dem weitere Delikte verhindert werden können.

---

[53] *Rettenberger* 2018, S. 35.
[54] *Brunner/Dölling* 2018, Einf. Rn. 78.
[55] *Göppinger/Brettel* 2008, § 14 Rn. 50 ff. Vgl. zu dieser Methode oben § 19 Rn. 5.
[56] Siehe dazu *Boetticher u. a.* 2019; *Kröber u. a.* 2019.
[57] *Meier* 2021, § 7 Rn. 23.
[58] *Nedopil* 2005, S. 135 f.
[59] *Schöch* 2007, S. 370 f.
[60] *Meier* 2021, § 7 Rn. 45.

§ 21 Tätergruppen

Die meisten Straftaten werden von einem einzigen Täter begangen. So wurden nach der Polizeilichen Kriminalstatistik für das Jahr 2019 88,2 % der aufgeklärten Taten von allein handelnden Tatverdächtigen verübt.[1] Allerdings ist bei Delikten mit einem erheblichen Unrechtsgehalt der **Anteil der gemeinschaftlich begangenen Taten** teilweise überdurchschnittlich hoch. So betrug dieser Anteil bei den 2019 von der Polizei aufgeklärten Raubdelikten 39,5 % und beim schweren Diebstahl 38,1 %.[2] In Gruppen begangene Taten können somit besonders gefährlich sein. Beim Handeln in einer Gruppe werden die Hemmungen des Einzelnen gegenüber der Tatbegehung geschwächt und fühlt er sich weniger verantwortlich.[3] In der Phase der Zugehörigkeit zu einer delinquenten Gruppe steigt die deliktische Aktivität des Einzelnen.[4] Außerdem können sich kriminelle Gruppen die Vorteile der Arbeitsteilung zunutze machen und deshalb effektiver als Einzeltäter handeln. Tätergruppen verdienen daher besondere Aufmerksamkeit.

Das **Spektrum der Tätergruppen** ist sehr weit.[5] Die Gruppen können nach dem Grad der Verfestigung des Zusammenschlusses unterschieden werden.[6] Gehen mehrere Personen in einer bestimmten Situation eine Verbindung zur Begehung einer Straftat ein und endet der Zusammenschluss nach der Tatbegehung, kann von einer **Spontangruppe** gesprochen werden.[7] Schließen sich mehrere Personen zu nicht deliktischen Zwecken zusammen, kommt es aber im Zusammenhang mit den Gruppenaktivitäten auch zu Straftaten, liegt eine **Gelegenheitsgruppe** vor.[8] Besteht

---

[1] *PKS* 2019, Bd. 1, V1.0, S. 41.
[2] A. a. O.
[3] *Kaiser* 1996, § 45 Rn. 3.
[4] *Eisenberg/Kölbel* 2017, § 58 Rn. 11, 24.
[5] *Hartmann* 2009, S. 212; *Eisenberg/Kölbel* 2017, § 58 Rn. 1.
[6] *Kaiser* 1996, § 45 Rn. 4.
[7] *Kaiser* 1996, § 45 Rn. 9.
[8] A. a. O.

der Zweck eines auf eine gewisse Dauer angelegten Zusammenschlusses von mindestens drei Personen in der Begehung von Straftaten, wird von einer **Bande** gesprochen.[9] In den Banden begegnen häufig die Rollen des Bandenchefs, der Spezialisten und der allgemeinen Mitglieder (Mitläufer).[10] Weist der Zusammenschluss eine verfestigte Organisationsstruktur auf, wird von **organisierter Kriminalität** gesprochen. Die begriffliche Erfassung der organisierten Kriminalität ist allerdings schwierig.[11] Nach den Gemeinsamen Richtlinien der Justizminister/-senatoren und der Innenminister/-senatoren der Länder über die Zusammenarbeit von Staatsanwaltschaft und Polizei bei der Verfolgung der Organisierten Kriminalität von 1990 ist organisierte Kriminalität „die von Gewinn- oder Machtstreben bestimmte planmäßige Begehung von Straftaten, die einzeln oder in ihrer Gesamtheit von erheblicher Bedeutung sind, wenn mehr als zwei Beteiligte auf längere oder unbestimmte Dauer arbeitsteilig a) unter Verwendung gewerblicher oder geschäftsähnlicher Strukturen, b) unter Anwendung von Gewalt oder anderer zur Einschüchterung geeigneter Mittel oder c) unter Einflussnahme auf Politik, Medien, öffentliche Verwaltung, Justiz oder Wirtschaft zusammenwirken".[12] Diese Definition lässt erhebliche Interpretationsspielräume.[13]

3   Gemeinschaftliche Straftaten werden häufig von Jugendlichen und Heranwachsenden begangen.[14] Hierbei handelt es sich überwiegend um lockere Zusammenschlüsse.[15] In den USA haben sich seit dem 19. Jahrhundert in erheblichem Umfang **Jugendbanden** ausgebreitet, die als Gangs bezeichnet werden.[16] Auch in Europa treten Jugendbanden auf.[17] In Deutschland sind sie verhältnismäßig selten. Sie treten vor allem in Großstädten in Erscheinung,[18] die Mitglieder sind ganz überwiegend junge Männer.[19] Unterschieden wird zwischen vermögenskriminellen Banden und gewaltorientierten Tätergemeinschaften.[20] Außerdem gibt es ethnisch geprägte Jugendbanden, die teils politisch motiviert sind und teils als Streetgangs die Herrschaft über ein bestimmtes „Revier" beanspruchen.[21]

4   In den 60er-Jahren des vorigen Jahrhunderts traten in Deutschland **Rockergruppen** in Erscheinung.[22] Ihr Ideal sind harte, männliche Motorradfahrer.[23]

---

[9] *Kaiser* 1996, § 45 Rn. 10.
[10] *Eisenberg/Kölbel* 2017, § 58 Rn. 28; *Hartmann* 2009, S. 219 f.
[11] *Kaiser* 1996, § 38 Rn. 15.
[12] *Meyer-Goßner/Schmitt* 2020, S. 2545 ff.
[13] *Hartmann* 2009, S. 224; *Eisenberg/Kölbel* 2017, § 58 Rn. 46; *Neubacher* 2020, Kap. 23 Rn. 7.
[14] *Schwind/Schwind* 2021, § 29 Rn. 4.
[15] *Kaiser* 1996, § 51 Rn. 41.
[16] *Dölling* 2007a, S. 489 f.
[17] *Weitekamp* 2001.
[18] *Schwind/Schwind* 2021, § 29 Rn. 7.
[19] *Hartmann* 2009, S. 219.
[20] *Schwind/Schwind* 2021, § 29 Rn. 16; kritisch zu dieser Unterscheidung *Hartmann* 2009, S. 220.
[21] *Hartmann* 2009, S. 219; *Schwind* 2016, § 28 Rn. 31 ff.
[22] *Kaiser* 1996, § 51 Rn. 44.
[23] *Schwind/Schwind* 2021, § 29 Rn. 21a.

Rockergruppen, zu denen etwa die „Hell's Angels" und die „Bandidos" zählen, sind hierarchisch organisiert.[24] Während die Rocker früher durch gewalttätige Ausschreitungen auffielen, haben sich heute verschiedene Rockerbanden der professionellen Kriminalität zugewandt.[25] Seit den 70er-Jahren des vorigen Jahrhunderts treten in Deutschland **Punker-Gruppen** auf.[26] Die Punker lehnen die Werte der bürgerlichen Gesellschaft ab und bringen dies durch ein bewusst hässliches Aussehen zum Ausdruck.[27] Punker sind durch gewalttätige Ausschreitungen bekannt geworden, insbesondere die „Chaostage" 1995 in Hannover.[28] Die Ablehnung der bürgerlichen Gesellschaft kennzeichnet auch die „**Autonomen**", die insbesondere als Demonstrationsgewalttäter in Erscheinung getreten sind und ebenso wie die Punker hierarchische Strukturen ablehnen.[29] Die **Skinheads**, deren Ursprung in England liegt, treten seit den 80er-Jahren des vorigen Jahrhunderts in Deutschland in Erscheinung.[30] Bei den Skinheads handelt es sich häufig um sozial randständige junge Männer.[31] Die Skinheads zeigen überwiegend eine rechtsradikale und rassistische Einstellung („Fascho-Skins" und „White-Power-Skins"). Daneben gibt es Skinheads mit einer eher unpolitischen, am „Spaß" orientierten Haltung („Oi-Skins") und linksorientierte Skins („Red Skins") sowie antirassistische Skins („Sharp Skins": Skinheads against racial prejudice).[32] Es ist allerdings zweifelhaft, ob bei den Skinheads eine gefestigte politische Orientierung vorliegt.[33] Skinheads sind mit massiven Gewaltdelikten in Erscheinung getreten, bei denen häufig Alkoholeinfluss eine Rolle spielt.[34] Für die Skinheadszene kommt der Musik der Skins-Bands erhebliche Bedeutung zu.[35] Der Befriedigung von Bedürfnissen nach Spannung, Abenteuer und Risiko dienen die von den **Hooligans** aus Anlass von Fußballspielen begangenen Gewalttaten.[36]

Die **organisierte Kriminalität** ist dadurch gekennzeichnet, dass Verbindungen professioneller Täter durch sorgfältig geplante Straftaten bei möglichst geringem Risiko und niedrigen Kosten möglichst hohe Gewinne erzielen wollen.[37] Häufig geht es um die Befriedigung von Bedürfnissen nach Gütern und Dienstleistungen,

---

[24] *Hartmann* 2009, S. 223.
[25] *Eisenberg/Kölbel* 2017, § 58 Rn. 33; zu Entwicklungen im Rockermilieu siehe *Bannenberg/Schmidt* 2019.
[26] *Schwind/Schwind* 2021, § 29 Rn. 23.
[27] *Kaiser* 1996, § 51 Rn. 45.
[28] *Schwind/Schwind* 2021, § 29 Rn. 24.
[29] *Hartmann* 2009, S. 215; *Eisenberg/Kölbel* 2017, § 58 Rn. 15 ff.
[30] *Schwind/Schwind* 2021, § 29 Rn. 26.
[31] *Hartmann* 2009, S. 221.
[32] *Hartmann* 2009, S. 221; *Schwind/Schwind* 2021, § 29 Rn. 28b.
[33] *Kaiser* 1996, § 51 Rn. 46.
[34] *Schwind/Schwind* 2021, § 29 Rn. 27a, 28.
[35] *Hartmann* 2009, S. 221.
[36] *Hartmann* 2009, S. 216 f.; *Schwind/Schwind* 2021, § 29 Rn. 29 ff.
[37] *H. J. Schneider* 2007a, S. 699 f.

für die rechtliche Beschränkungen bestehen.[38] Gewalt wird als letztes Mittel rationell eingesetzt.[39] Vielfach besteht eine Verknüpfung von legalen und illegalen Aktivitäten[40] und wird versucht, staatliche und gesellschaftliche Institutionen zu unterwandern.[41] Das organisierte Verbrechen weist unterschiedliche Organisationsformen auf; es gibt hierarchische Organisationen und flexible Netzwerkstrukturen.[42] Erscheinungsformen der organisierten Kriminalität sind insbesondere in Italien (Mafia in Sizilien, Camorrha in Neapel, N'drangheta in Kalabrien und Sacra Corona Unita in Apulien), in den USA (amerikanische „Mafia"), in Südamerika, in den Staaten der ehemaligen Sowjetunion, in China (Triaden) sowie in Japan (Yakuza) festgestellt worden.[43] Für Deutschland wird angenommen, dass es neben einigen hierarchischen Gruppen, etwa in den Bereichen Rauschgifthandel,[44] Rockerkriminalität[45] und auf Verwandtschaftsbeziehungen beruhender Clankriminalität,[46] vor allem kriminelle Netzwerkstrukturen gibt, die aus größeren und kleineren Gruppierungen und Einzelpersonen bestehen, die miteinander zusammenarbeiten.[47]

6 **Terroristische Gruppierungen** begehen Gewalttaten, um Aufsehen, Furcht und Schrecken hervorzurufen und hierdurch politische Ziele zu erreichen.[48] Terrorismus kann zur Verteidigung der etablierten Ordnung oder zu ihrem Umsturz ausgeübt werden.[49] Er kann politisch-ideologisch, ethnisch-national oder religiös motiviert sein, wobei sich diese Motive überschneiden können.[50] Terroristische Handlungen können durch staatliche Organe, halbstaatliche oder gesellschaftliche Gruppen begangen werden.[51] Terroristische Gruppierungen weisen unterschiedliche Erscheinungsformen auf. Sie können hierarchisch organisiert sein oder einen Netzwerkcharakter haben.[52] Häufig werden sie durch eine Sympathisantenszene unterstützt.

7 In der Bundesrepublik Deutschland sind linksextremistische terroristische Anschläge vor allem in den 70er- und 80er-Jahren des vorigen Jahrhunderts durch die aus der Protestbewegung der 60er-Jahre hervorgegangene Rote-Armee-Fraktion be-

---

[38] *Kaiser* 1996, § 38 Rn. 19; *Eisenberg/Kölbel* 2017, § 58 Rn. 49.
[39] *H. J. Schneider* 2007a, S. 700.
[40] *Kaiser* 1996, § 38 Rn. 16; *Eisenberg/Kölbel* 2017, § 58 Rn. 51.
[41] A. a. O.
[42] *H. J. Schneider* 2007b, S. 701 f.
[43] *Hartmann* 2000; *H. J. Schneider* 2007b, S. 694 ff., 711 ff.; *Schwind/Schwind* 2021, § 30 Rn. 8 ff.; *Eisenberg/Kölbel* 2017, § 58 Rn. 54 f.; *Newburn* 2017, S. 434 ff.; *Siegel* 2018, S. 485 ff.
[44] *Kinzig* 2004, S. 772.
[45] *Ziercke* 2012, S. 22.
[46] *Goertz* 2019a; *Dienstbühl* 2021; *Duran* 2021; *Bannenberg/Schmidt* 2021.
[47] *Hartmann* 2009, S. 224; *Eisenberg/Kölbel* 2017, § 58 Rn. 57; *Neubacher* 2020, Kap. 23 Rn. 2.
[48] Siehe zur Definition des Terrorismus *Hartmann* 2009, S. 226; *Kaiser* 1996, § 62 Rn. 13 f.; *H. J. Schneider* 2007c, S. 794 f.; *Schwind/Schwind* 2021, § 31 Rn. 2 ff.
[49] *Schwind/Schwind* 2021, § 31 Rn. 2 ff.
[50] *H. J. Schneider* 2007c, S. 796 f.; *Hartmann* 2009, S. 227.
[51] *Schwind/Schwind* 2021, § 31 Rn. 2 ff.
[52] *Hartmann* 2009, S. 227.

gangen worden.⁵³ Außerdem sind Terroranschläge mit rechtsradikalem Hintergrund zu verzeichnen, u. a. durch den „Nationalsozialistischen Untergrund (NSU)".⁵⁴ Terroristische Anschläge verübten in Europa auch die baskische ETA und die irische IRA. In Japan hat die AUM-Sekte 1995 einen Giftanschlag auf die U-Bahn von Tokio ausgeführt.⁵⁵ Eine Reihe von Ländern sind durch Anschläge des islamistisch motivierten Terrorismus erschüttert worden.⁵⁶ Für die Entstehung des Terrorismus dürften mit einem absoluten Wahrheitsanspruch auftretende Weltanschauungen und Religionen sowie Gefühle kultureller, gesellschaftlicher und ökonomischer Degradierung eine Rolle spielen.⁵⁷

Werden Straftaten von Inhabern staatlicher Führungspositionen unter Einsatz des Staatsapparates begangen, wird von **Staatskriminalität** gesprochen.⁵⁸ Sie ist eine Ausprägung der **Kriminalität der Mächtigen**. Hierunter werden Straftaten verstanden, die von Personen mit herausgehobener Machtstellung zur Verteidigung oder Stärkung ihrer Macht verübt werden.⁵⁹ Durch Staatskriminalität werden besonders schwere Schäden verursacht.⁶⁰ Bei Delikten wie Genozid, Verbrechen gegen die Menschlichkeit und Kriegsverbrechen wird daher von **Makrokriminalität** gesprochen.⁶¹ Die strafrechtliche Verfolgung der Staatskriminalität steht wegen der Macht der Täter vor besonderen Schwierigkeiten.⁶² Eine Antwort hierauf stellt die sich herausbildende internationale Strafgerichtsbarkeit dar.⁶³

8

---

⁵³ Dazu näher *Schwind/Schwind* 2021, § 31 Rn. 6 ff.; zur aktuellen Lage linksextremistisch motivierter Kriminalität siehe *Goertz* 2020a.

⁵⁴ Dazu *Neubacher* 2020, Kap. 22 Rn. 2.; zu Rechtsextremismus und Rechtsterrorismus vgl. *Goertz* 2020b.

⁵⁵ *Schwind/Schwind* 2021, § 31 Rn. 24 ff.

⁵⁶ A. a.O, § 31 Rn. 32 ff.

⁵⁷ *Hartmann* 2009, S. 228 f.; *Schwind/Schwind* 2021, § 31 Rn. 49a ff. Eine Zusammenstellung der Erklärungsansätze findet sich bei *H. J. Schneider* 2007c, S. 809 ff. Zu in den Terrorismus führenden Radikalisierungsprozessen siehe *Eisenberg/Kölbel* 2017, § 58 Rn. 42 ff.; *Goertz* 2019b, S. 33 ff.; *Neubacher* 2020, Kap. 22 Rn. 4 f.

⁵⁸ *Neubacher* 2020, Kap. 21 Rn. 2 f.

⁵⁹ *Kaiser* 1996, § 38 Rn. 31.

⁶⁰ *Kaiser* 1996, § 38 Rn. 36; *Neubacher* 2020, Kap. 21 Rn. 3.

⁶¹ *Jäger* 1989.

⁶² *Kaiser* 1996, § 38 Rn. 39.

⁶³ Dazu *Neubacher* 2005.

Teil V
Verbrechensopfer

§ 22 Begriff und Fragestellungen der Viktimologie

Der Teil der Kriminologie, der sich mit der Erforschung des Verbrechensopfers befasst, wird als **Viktimologie** (nach dem lateinischen victima: das Opfer) bezeichnet. Nachdem die Kriminologie die Befassung mit dem Opfer zunächst vernachlässigt hatte, hat die opferbezogene Forschung in den letzten Jahrzehnten einen starken Aufschwung genommen.[1] Es ist vorgeschlagen worden, die Viktimologie als eine selbstständige Wissenschaft zu etablieren, deren Gegenstand die Opfer von Verbrechen und Unfällen sind.[2] Diese Bestrebungen haben sich jedoch zu Recht nicht durchgesetzt. Die Zusammenhänge zwischen Verbrechensopfer, Verbrechen und Verbrechenskontrolle sind so eng, dass diese Gegenstände gemeinsam von der Kriminologie behandelt werden müssen.[3]

Die Definition des Begriffs des **Verbrechensopfers** ist umstritten. Eine enge Definition hat *Hans von Hentig* vorgelegt. Danach ist Opfer eine Person, die objektiv in einem geschützten Rechtsgut verletzt ist und subjektiv diese Verletzung mit Unlust oder Schmerz empfindet.[4] Diese Definition erfasst den Geschädigten eines vollendeten Betruges nicht, der nicht merkt, dass er geschädigt worden ist, und passt nicht für geschädigte juristische Personen. Eine weite Umschreibung des Opferbegriffs hat demgegenüber *H. J. Schneider* entwickelt. Danach ist Opfer „eine Person, Organisation, die Gesellschaft, der Staat oder die internationale Ordnung …, die durch Kriminalität gefährdet, geschädigt oder zerstört werden".[5] Nach dieser Definition gibt es auch „abstrakte Opfer",[6] bei denen sich die Opfereigenschaft zu

---

[1] *Kaiser* 1996, § 47 Rn. 2; *H. J. Schneider* 2007d, S. 396; zur Entwicklung der Viktimologie siehe *Görgen* 2009, S. 237 ff.; *Sautner* 2014, S. 5 ff.
[2] *Mendelsohn* 1956.
[3] *Kaiser* 1996, § 47 Rn. 8; *Sautner* 2014, S. 1 f.; *Meier* 2021, § 8 Rn. 3.
[4] *Von Hentig* 1962, S. 488.
[5] *H. J. Schneider* 1987, S. 755.
[6] *H. J. Schneider* 1987, S. 755.

verflüchtigen droht,[7] sodass sich die Frage stellt, ob insoweit von „opferlosen Delikten"[8] gesprochen werden sollte. Noch weiter geht die Auffassung, die als Opfer losgelöst vom Strafrecht alle durch menschliches Verhalten geschädigten Personen ansieht,[9] was die Gefahr einer Ausweitung des Begriffs ins Uferlose begründet.[10] Diese Gefahr besteht auch bei einem subjektiven Opferbegriff, nach dem es für das Opfersein auf das „Opfererleben", also einen Selbstdefinitionsprozess, ankommt.[11] Klarer ist es, für den Opferbegriff an eine Schädigung durch die Verletzung von Strafrechtsnormen anzuknüpfen, wobei zu berücksichtigen ist, dass durch die Tat neben dem direkten Opfer auch weitere Personen (z. B. Familienangehörige eines Getöteten) geschädigt werden können.[12]

3   Das Opfer steht im Schnittpunkt von Verbrechen und Verbrechenskontrolle. Hieraus ergeben sich die vielfältigen **Fragestellungen** der Viktimologie.[13] Sie untersucht insbesondere, wer Opfer von Straftaten wird, welche Beziehungen zwischen Täter und Opfer bestehen, inwieweit das Opfer an der Entstehung der Tat beteiligt ist, welche Schäden durch Straftaten verursacht werden, wie Viktimisierungen zu erklären sind, welche Bedürfnisse Opfer von Straftaten haben, wie sie auf die Viktimisierung reagieren (u. a. Anzeigeerstattung und Verhalten im Strafverfahren), wie durch Delikte entstandene Schäden wiedergutgemacht werden können und Hilfe für das Opfer geleistet werden kann und wie Viktimisierungen verhindert werden können. Neben der Viktimisierung bedarf die Kriminalitätsfurcht der Erforschung.

---

[7] *Kaiser* 1996, § 47 Rn. 13, 21.
[8] *Schur* 1965.
[9] Dazu *Neubacher* 2020, Kap. 12 Rn. 3.
[10] *Bock* 2019, Rn. 913.
[11] Dazu *Kaiser* 1996, § 47 Rn. 25; *Meier* 2021, § 8 Rn. 8.
[12] *H. J. Schneider* 1987, S. 755; *Meier* 2021, § 8 Rn. 4, 6.
[13] Vgl. *H. J. Schneider* 1987, S. 759 f.; *Görgen* 2009, S. 237; *Sautner* 2014, S. 10; *Schwind/Schwind* 2021, § 19 Rn. 10.

§ 23 Viktimisierungen

Im Hinblick auf die Belastung der Bevölkerung mit Viktimisierungen ist aufgrund von Dunkelfeldbefragungen anzunehmen, dass viele Menschen im Laufe ihres Lebens Opfer irgendeiner Straftat werden. Hierbei handelt es sich größtenteils um gewaltlose Eigentums- und Vermögensdelikte, Viktimisierungen durch Gewalt- und Sexualdelikte sind seltener.[1] In der Polizeilichen Kriminalstatistik, die Angaben über Opfer nur bei bestimmten Straftaten erfasst, wurden im Jahr 2019 1.013.048 Opfer registriert.[2] Das **Viktimisierungsrisiko** ist in der Bevölkerung nicht gleich verteilt. Ein erhöhtes Risiko besteht bei jungen Menschen, Männern hinsichtlich Gewaltdelikten und Frauen bezüglich Sexualstraftaten, Ledigen, Großstadtbewohnern, Angehörigen unterer Schichten bei Gewaltdelikten und Mitgliedern von Haushalten mit höheren Einkommen bei Straftaten ohne direkten Kontakt zwischen Täter und Opfer.[3] Einen spezifischem Viktimisierungsrisiko sind besonders schutz- und hilflose Menschen wie Kinder und Menschen in Alten- und Pflegeheimen ausgesetzt.[4] Eine frühere Viktimisierung ist ein Prädiktor für künftiges Opferwerden.[5] Auf eine verhältnismäßig kleine Anzahl von Personen entfällt eine Vielzahl von Viktimisierungen.[6] Ein Teil der Menschen, die mehrfach viktimisiert werden, ist auch mehrfach Täter (Victim-Offender-Overlap).[7] Gewalt- und Sexualdelikte werden häufig im sozialen Nahbereich begangen.[8] Gehen diese Taten aus einer aktuellen Auseinandersetzung von Täter und Opfer hervor, wird von einem

---

[1] *Kaiser* 1996, § 50 Rn. 3; *Meier* 2021, § 8 Rn. 11 ff.; *Neubacher* 2020, Kap. 12 Rn. 3.
[2] PKS 2019, Bd. 2, V2.0, S. 11.
[3] PKS 2019, Bd. 2, V2.0, S. 11 ff.; *Görgen* 2009, S. 249 ff.; *Kunz/Singelnstein* 2016, § 18 Rn. 21 f.; *Meier* 2021, § 8 Rn. 19 ff.; *Eisenberg/Kölbel* 2017, § 49 Rn. 1 ff.
[4] *Eisenberg/Kölbel* 2017, § 49 Rn. 4, 6.
[5] *H. J. Schneider* 2007d, S. 409; *Görgen* 2009, S. 209.
[6] *H. J. Schneider* 2007d, S. 411; *Kunz/Singelnstein* 2016, § 18 Rn. 31.
[7] *Görgen* 2009, S. 251 f.; *Jennings/Piquero/Reingle* 2012.
[8] PKS 2019, Bd. 2, V2.0, S. 26; *Kaiser* 1996, § 49 Rn. 4; *Meier* 2021, § 8 Rn. 18.

Beziehungsverbrechen gesprochen.⁹ Opfer von Straftaten wie z. B. Straßenverkehrs- und Eigentumsdelikten kann als Zufallsopfer jeder sein.¹⁰

2 Hinsichtlich der **Schäden**, die Opfer von Straftaten erleiden, wird zwischen primärer, sekundärer und tertiärer Viktimisierung unterschieden. Die primäre Viktimisierung erfasst die unmittelbar durch die Straftat verursachten Schäden, bei der sekundären Viktimisierung geht es um Schäden, die durch Reaktionen der sozialen Umwelt des Opfers oder der Institutionen der Verbrechenskontrolle ausgelöst werden, und von tertiärer Viktimisierung wird gesprochen, wenn das Opfer den Opferstatus in sein Selbstbild aufnimmt.¹¹ Die Folgen, die eine Straftat für das Opfer hat, können je nach den Umständen des Einzelfalls sehr unterschiedlich sein.¹² Sie hängen u. a. von der Art und Schwere der Tat, der Täter-Opfer-Beziehung, Merkmalen des Opfers wie seiner Vulnerabilität und seiner Fähigkeit, Belastungssituationen zu verarbeiten, und dem Vorhandensein von Unterstützung für das Opfer ab. Es können finanzielle, körperliche, psychische und soziale Schäden eintreten und die Schäden können kurz- oder langfristig sein.¹³ Insbesondere schwere Gewalt- und Sexualdelikte können tief greifende psychische Beeinträchtigungen auslösen,¹⁴ u. a. eine posttraumatische Belastungsstörung.¹⁵ Es wird angenommen, dass die Misshandlung und der Missbrauch von Kindern das Risiko späterer Delinquenz der Kinder erhöht.¹⁶ Sekundäre Viktimisierungen können z. B. dadurch verursacht werden, dass dem Opfer nicht geglaubt wird oder Mitschuldvorwürfe erhoben werden. Die Gefahr einer tertiären Viktimisierung kann bei mehrfachem Opferwerden bestehen.

3 Zur **Erklärung** von Viktimisierungen wird häufig das **Lebensstilkonzept** herangezogen. Danach ist das Opferrisiko bei Personen erhöht, die sich nach ihrem Lebensstil häufiger und länger in der Öffentlichkeit aufhalten und häufigeren und intensiveren Kontakt mit tatgeneigten Personen haben.¹⁷ Damit im Zusammenhang steht der **Routine Activity Approach**, nach dem die Viktimisierungsgefahr steigt, wenn motivierte Täter auf attraktive Tatobjekte treffen, die nicht hinreichend geschützt sind. Inwieweit diese Situationen auftreten, hängt von den jeweiligen Alltagsaktivitäten in einer Gesellschaft ab.¹⁸ Die **Theorie der erlernten Hilflosigkeit**, nach der die wiederholte Erfahrung, Nachteile nicht vermeiden zu können, zur widerstandslosen Duldung von Viktimisierungen führen kann, kommt zur Erklärung

---

⁹ *Schultz* 1956.
¹⁰ *Kaiser* 1996, § 47 Rn. 19; *Schwind/Schwind* 2021, § 19 Rn. 13; *Neubacher* 2020, Kap. 12 Rn. 2.
¹¹ *Göppinger/Bock* 2008, § 11 Rn. 6; *Kunz/Singelnstein* 2016, § 18 Rn. 20; *Neubacher* 2020, Kap. 12 Rn. 4.
¹² *Meier* 2021, § 8 Rn. 36.
¹³ *Görgen* 2009, S. 253 f.; *Sautner* 2014, S. 43 ff.
¹⁴ *Görgen* 2009, S: 253; *Bock* 2019, Rn. 17.
¹⁵ Dazu *Dudeck/Freyberger* 2009; *Dreßing/Foerster* 2021.
¹⁶ *Sautner* 2014, S. 75 f.; *Widom/Czaja/DuMont* 2015; *Eisenberg/Kölbel* 2017, § 56 Rn. 22; differenzierend *Meier* 2021, § 8 Rn. 44 ff.; kritisch *H. J. Schneider* 2007d, S. 410 f.; *Lichstein* 2017.
¹⁷ *Hindelang/Gottfredson/Garofalo* 1978; *Kunz/Singelnstein* 2016, § 18 Rn. 26; *Meier* 2021, § 8 Rn. 32; *Bock* 2019, Rn. 914.
¹⁸ *Cohen/Felson* 1979; *Kunz/Singelnstein* 2016, § 18 Rn. 26; *Meier* 2021, § 8 Rn. 33; *Bock* 2019, Rn. 915 f.

von Mehrfachviktimisierungen in Betracht.[19] Außerdem werden zur Erklärung von Viktimisierungen verfehlte Täter-Opfer-Interaktionen (z. B. Fehlinterpretation des Opferverhaltens bei einer Vergewaltigung) und tatförderndes Opferverhalten („Opferpräzipitation") angeführt.[20]

---

[19] *Seligman* 1992; *Kunz/Singelnstein* 2016, § 18 Rn. 24; *Meier* 2021, § 8 Rn. 28; *Bock* 2019, Rn. 920.

[20] *Sautner* 2014, S. 60 ff.; *Meier* 2021, § 8 Rn. 29 f.

§ 24 Reaktionen auf Viktimisierungen

Die psychische Lage und die Reaktionen von Opfern nach einer Viktimisierung sind vielgestaltig.[1] Bei Eigentums- und Vermögensdelikten spielt das Interesse an Schadenswiedergutmachung eine große Rolle. Häufig haben die Opfer **Bedürfnisse** nach emotionaler Unterstützung, Wiedergewinnung der Kontrolle über ihr Fühlen und Handeln, künftiger Sicherheit und Rückkehr in die Normalität. Insbesondere bei schweren Delikten, die gravierende körperliche oder seelische Schäden verursachen, ist der Wunsch nach Bestrafung des Täters von Bedeutung. Viele Opfer legen Wert darauf, dass das ihnen angetane Unrecht anerkannt und die Verantwortlichkeit des Täters hierfür festgestellt wird. Außerdem möchten viele Opfer aktiv am Strafverfahren beteiligt sein.[2] Die Tatbewältigung gelingt in unterschiedlichem Maß, bei Nichtkontaktdelikten eher als bei Kontaktdelikten.[3] Bei der Verarbeitung der Viktimisierung kann Unterstützung und Beratung hilfreich sein, wie sie etwa durch die Opferhilfeorganisation Weisser Ring geleistet wird. Bei schweren psychischen Beeinträchtigungen ist eine psychologische Behandlung indiziert.[4]

Ist eine Person viktimisiert worden, muss sie entscheiden, ob sie wegen der Tat **Strafanzeige** erstattet. Die wichtigsten Motive für eine Anzeigeerstattung sind nach Opferbefragungen Schadenswiedergutmachung (einschließlich der Erlangung einer Versicherungssumme), Hilfe bei einer Konfliktregulierung, Verhinderung weiterer Straftaten, die Ansicht, dass Straftaten immer angezeigt werden sollten, und bei schwereren Delikten die Bestrafung des Täters.[5] Die häufigsten Gründe für den

---

[1] *Kaiser* 1996, § 50 Rn. 1, 14; *Meier* 2021, § 8 Rn. 47.
[2] Siehe zu den Opferbedürfnissen *Kilchling* 1995, S. 180 ff.; *H. J. Schneider* 2007d, S. 410; *Görgen* 2009, S. 254; *Meier* 2021, § 8 Rn. 47 ff.; *Neubacher* 2020, Kap. 12 Rn. 7.
[3] *Kilchling* 1995, S. 209 ff.; *Kaiser* 1996, § 50 Rn. 14.
[4] *Meier* 2021, § 8 Rn. 40, 41.
[5] *Kilchling* 1995, S. 257 ff.; *Kaiser* 1996, § 50 Rn. 8, 11; *Schwind/Fetchenhauer/Ahlborn/Weiß* 2001, S. 201 ff.; *Sautner* 2014, S. 106 f.; *Schwind/Schwind* 2021, § 20 Rn. 8 f.; *Birkel/Church/Hummelsheim-Doss/Leitgöb-Guzy/Oberwittler* 2019, S. 37. f

Verzicht auf eine Anzeige sind die Geringfügigkeit des erlittenen Schadens, die vermutete Erfolgslosigkeit der Anzeige, die Betrachtung der Tat und ihrer Regulierung als Privatangelegenheit bzw. Rücksichtnahme auf den Täter und zu großer Zeitaufwand.[6] Viele Opfer nehmen also für die Entscheidung über die Anzeigeerstattung eine Abwägung von Aufwand und Nutzen der Anzeige vor.[7] Objektive Faktoren, welche das Anzeigeverhalten beeinflussen, sind die Tatschwere, Merkmale des Opfers (jüngere Viktimisierte erstatten z. B. seltener Anzeige als ältere), des Täters (jüngere und ältere Täter werden seltener angezeigt als solche mittleren Alters) und der Täter-Opfer-Beziehung (Taten im sozialen Nahraum werden seltener zur Anzeige gebracht).[8] Im Deutschen Viktimisierungssurvey 2017 variierten die Anzeigequoten von 100 % beim Diebstahl eines Kraftwagens bis zu 5,1 % bei Viktimisierung durch Schadsoftware.[9] Das Anzeigeverhalten hängt auch vom allgemeinen kriminalpolitischen Klima (z. B. Bewertung der Schwere bestimmter Delikte, Kriminalitätsfurcht, Bestrafungswünsche) ab.[10] Ob das Opfer Strafanzeige erstattet, ist von erheblicher Bedeutung dafür, ob die Tat strafrechtlich verfolgt wird. Im Bereich der herkömmlichen Kriminalität werden etwa 90 % der Strafverfahren durch eine Anzeige in Gang gesetzt, wobei die Anzeigen ganz überwiegend von den Opfern erstattet werden.[11] Im Hinblick auf die Einleitung der Strafverfolgung kann daher von einer „Selektionsmacht des Opfers" gesprochen werden.[12]

3 Hinsichtlich der **Beteiligung** des Opfers **am Strafverfahren** haben in der Rechtsgeschichte grundlegende Wandlungen stattgefunden. In der Frühzeit verfolgten das Opfer und seine Angehörigen Rechtsverletzungen selbst. Dann wurde die Strafverfolgung durch den Staat übernommen und geriet das Opfer im Strafverfahren in eine marginale Position.[13] Im Zuge einer „Blickschärfung für das Opfer"[14] wurden jedoch in den letzten Jahrzehnten im Sinne einer „opferbezogenen Strafrechtspflege"[15] zahlreiche Gesetze erlassen, durch welche die Stellung des Opfers im Strafverfahren gestärkt wurde.[16] Hierbei wurden sowohl der prozessuale Schutz des Opfers verstärkt als auch die verfahrensrechtlichen Aktivbefugnisse des Opfers

---

[6] *Kilchling* 1995, S. 253, 256; *Kaiser* 1996, § 50 Rn. 12; *Schwind/Fetchenhauer/Ahlborn/Weiß* 2001, S. 206; *Sautner* 2014, S. 107; *Schwind/Schwind* 2021, § 20 Rn. 5 ff.; *Birkel/Church/Hummelsheim-Doss/Leitgöb-Guzy/Oberwittler* 2019, S. 38. f

[7] *Sautner* 2014, S. 106; *Meier* 2021, § 8 Rn. 50.

[8] *Kilchling* 1995, S. 211 ff.; *Schwind/Fetchenhauer/Ahlborn/Weiß* 2001, S. 157 ff.; 185 ff.; *Meier* 2021, § 9 Rn. 34 ff.; *Schwind/Schwind* 2021, § 20 Rn. 9 ff.

[9] *Birkel/Church/Hummelsheim-Doss/Leitgöb-Guzy/Oberwittler* 2019, S. 35 f.

[10] *Kunz/Singelnstein* 2016, § 16 Rn. 12.

[11] *Blankenburg/Sessar/Steffen* 1978, S. 119 ff.; *Dölling* 1987, S. 127, 191, 218, 238; *Kaiser* 1996, § 50 Rn. 13; *Kunz/Singelnstein* 2016, § 19 Rn. 14; *Meier* 2021, § 8 Rn. 52.

[12] *Schwind/Schwind* 2021, § 20 Rn. 2.

[13] *Kaiser* 1996, § 47 Rn. 11; *Bock* 2019, Rn. 907.

[14] *Kaiser* 1996, § 97 Rn. 1.

[15] *Rössner/Wulf* 1984.

[16] Überblick über die Gesetze bei *Schwind/Schwind* 2021, § 20 Rn. 36c ff.; *Neubacher* 2020, Kap. 12 Rn. 9 ff.

ausgebaut.[17] Dem Opferschutz dienen z. B. die Möglichkeit der audio-visuellen Aufzeichnung einer Vernehmung im Ermittlungsverfahren, die eine Vernehmung in der Hauptverhandlung ersparen kann (§§ 58a, 255a Abs. 2 StPO) und die Einführung einer psychosozialen Prozessbegleitung (§ 406g StPO). Ein Ausbau der Aktivbefugnisse erfolgte etwa durch die Ausweitung der Nebenklage (§ 395 StPO) und eine Stärkung des Adhäsionsverfahrens (§§ 407 ff. StPO), mit dem das Opfer aus der Straftat entstandene zivilrechtliche Schadenersatzansprüche im Strafverfahren gelten machen kann. Dieser Ausbau der Opferrechte steht in einem Spannungsverhältnis zu den Interessen des Beschuldigten, hat aber nicht zu einer unangemessenen Einschränkung der Verteidigungsrechte des Beschuldigten geführt.[18]

4 Eine weitere Möglichkeit zur Einbringung von Opferinteressen in das Strafverfahren bietet der **Täter-Opfer-Ausgleich**. Hierbei geht es um eine einvernehmliche Regelung des mit der Straftat im Zusammenhang stehenden Konflikts durch Täter und Opfer, die in der Regel unter Vermittlung durch einen Dritten erfolgt.[19] Ein Täter-Opfer-Ausgleich setzt die freiwillige Teilnahme beider Beteiligter voraus. Es kann insbesondere eine Entschuldigung durch den Täter und eine Schadenswiedergutmachung vereinbart werden. Der Täter-Opfer-Ausgleich ermöglicht in leichteren Fällen ein Absehen von Strafe und bei schwereren Taten eine Strafmilderung (vgl. § 46a StGB, §§ 153 Abs. 1 S. 2 Nr. 5, 155a, 155b StPO; für das Jugendstrafrecht §§ 10 Abs. 1 S. 3 Nr. 7, 45 Abs. 2 und 3, 47 Abs. 1 Nr. 2 und 3 JGG). Das Opfer kann in einem Täter-Opfer-Ausgleich seine Sicht von der Tat und die erlittenen Tatfolgen darlegen und Schadensersatz erlangen, ohne einen förmlichen Prozess führen zu müssen. In der Praxis der Strafrechtspflege wird der Täter-Opfer-Ausgleich allerdings nur begrenzt und in regional unterschiedlichem Umfang angewendet.[20] Auch abgesehen von einer persönlichen Konfliktbereinigung durch Täter und Opfer dient die Leistung von **Schadensersatz** für die durch die Straftat erlittenen Einbußen den Interessen des Opfers.[21]

---

[17] *Kaiser* 1996, § 97 Rn. 1.
[18] *Schöch* 1996, Rn. 20; *Dölling* 2022, Rn. 38.
[19] *Dölling* 1992b; *Meier* 2019a, S. 407 ff.
[20] Vgl. zur Praxis des Täter-Opfer-Ausgleichs *Hartmann/Schmidt/Kerner* 2020; *Kerner/Belakouzova* 2020.
[21] Siehe dazu *Schöch* 2004.

§ 25 Kriminalitätsfurcht

Auf Menschen wirken sich nicht nur Viktimisierungen, sondern auch Kriminalitätsfurcht **belastend** aus. Kriminalitätsfurcht beeinträchtigt die Lebensqualität und kann zu sozialem Rückzugsverhalten führen. Hierdurch kann das Zusammenleben beeinträchtigt werden und können sich erhöhte Delinquenzrisiken ergeben. Breitet sich Kriminalitätsfurcht in einer Gemeinde aus, ist dies ein Standortnachteil. Kriminalitätsfurcht beeinflusst zudem die kriminalpolitische Einstellung der Bevölkerung.[1] Kriminalitätsfurcht ist daher zu einem wichtigen Gegenstand der kriminologischen Forschung geworden.[2]

Es ist zwischen allgemeiner und persönlicher Kriminalitätsfurcht zu unterscheiden. Die allgemeine (soziale) Kriminalitätsfurcht bezieht sich auf die Einschätzung der Kriminalität in einem Land oder einer Region, die persönliche (personale) Kriminalitätsfurcht auf die Beurteilung der individuellen Sicherheitslage.[3] Außerdem wird zwischen einer affektiven (gefühlsmäßigen), einer kognitiven (verstandesbezogenen) und einer konativen (verhaltensbezogenen) Dimension der Kriminalitätsfurcht differenziert.[4] Die **affektive Kriminalitätsfurch**t betrifft das Unsicherheitsgefühl einer Person. Diese Dimension wird meistens durch das sog. Standarditem erfasst. Dieses Item, von dem es verschiedene Versionen gibt, lautet etwa: „Wie sicher fühlen Sie sich oder würden Sie sich fühlen, wenn Sie hier in dieser Gegend nachts draußen allein sind?".[5] Bei der **kognitiven Dimension** geht es insbesondere um die Einschätzung der Wahrscheinlichkeit, innerhalb eines bestimmten Zeit-

---

[1] Vgl. zur Relevanz der Kriminalitätsfurcht *Dölling* 1986, 50 ff.; *Schwind/Schwind* 2021, § 20 Rn. 14 ff.
[2] Siehe zur Entwicklung der Erforschung der Kriminalitätsfurcht *Boers* 1991.
[3] *Kaiser* 1996, § 33 Rn. 23; *Kunz/Singelnstein* 2016, § 23 Rn. 21.
[4] *Schwind/Schwind* 2021, § 20 Rn. 17b ff.; *Neubacher* 2020, Kap. 12 Rn. 13.
[5] *Dölling/Hermann* 2006, S. 806; zur Kritik am Standarditem siehe *Kury/Lichtblau/Neumaier/Obergfell-Fuchs* 2005, S. 4 f., 6 ff.

raums, etwa der nächsten 12 Monate, Opfer einer Straftat zu werden.[6] Die **konative Kriminalitätsfurcht** wird durch Fragen nach Vermeide- und Abwehrmaßnahmen, durch die eine Viktimisierung verhindert werden soll, erfasst.[7]

3   Die **allgemeine Kriminalitätseinschätzung** ist dadurch gekennzeichnet, dass die Bevölkerung überwiegend – auch bei einem Rückgang der registrierten Kriminalität – von einem Anstieg der Kriminalität ausgeht[8] und den Anteil der schweren Straftaten an der Gesamtdelinquenz deutlich überschätzt.[9] Die Kriminalitätseinschätzung wird durch die Mediennutzung beeinflusst. Es wurde ein Zusammenhang zwischen der Häufigkeit des Konsums kriminalitätsbezogener Sendungen von privaten Fernsehsendern und der Überschätzung der Kriminalitätsentwicklung ermittelt.[10] Je enger der Bezug des Gebietes, auf das sich die Befragung bezieht, zur eigenen Wohngegend ist, desto günstiger wird die Kriminalitätslage eingeschätzt.[11] Wird nach der Bedrohung durch unterschiedliche Lebensrisiken gefragt, spielt die Kriminalität in der Regel ein verhältnismäßig geringe Rolle.[12]

4   Hinsichtlich der **persönlichen Kriminalitätsfurcht** ergaben Umfragen in Deutschland, dass sich die Mehrheit der Bevölkerung verhältnismäßig sicher fühlt. So gaben im Deutschen Viktimisierungssurvey 2017 78,6 % der Befragten an, dass sie sich nachts in ihrer Wohngegend sehr oder eher sicher fühlen (36,7 % sehr sicher, 41,9 % eher sicher). 21,5 % fühlten sich eher unsicher oder sehr unsicher (15,2 % eher unsicher, 6,3 % sehr unsicher).[13] Eine deutliche Mehrheit der Befragten hielt es für unwahrscheinlich, in den nächsten 12 Monaten Opfer bestimmter Straftaten (Körperverletzung, Wohnungseinbruch, Raub, Sexuelle Belästigung, Terroranschlag) zu werden.[14] Verhältnismäßig weit verbreitet ist Vermeidungsverhalten zum Schutz vor Kriminalität. So vermeiden nach dem Deutschen Viktimisierungssurvey 2017 21 % der Männer und 39 % der Frauen bestimmte Straßen, Plätze und Parks.[15] Während bis vor einigen Jahren ein Rückgang der Kriminalitätsfurcht seit den Neunzigerjahren des vorigen Jahrhunderts festgestellt wurde,[16] ergibt sich aus den Deutschen Viktimisierungssurveys der Jahre 2012 und 2017 ein Anstieg des Unsicherheitsgefühls und der Einschätzung der Wahrscheinlichkeit, Opfer eines Wohnungseinbruchsdiebstahls oder eines Raubes zu werden.[17]

---

[6] *Dölling/Hermann* 2006, S. 807.
[7] *Dölling/Hermann* 2006, S. 807.
[8] *Baier/Kemme/Hanslmaier/Doering/Rehbein/Pfeiffer* 2011.
[9] *Schwind/Fetchenhauer/Ahlborn/Weiß* 2001, S. 254.
[10] *Pfeiffer/Windzio/Kleimann* 2004.
[11] *Kerner* 1980, S. 92; *Schwind/Fetchenhauer/Ahlborn/Weiß* 2001, S. 251 ff.
[12] *Bundesministerium des Innern/Bundesministerium der Justiz* 2006, S. 529 f.; *Neubacher* 2020, Kap. 12 Rn. 12.
[13] *Birkel/Church/Hummelsheim-Doss/Leitgöb-Guzy/Oberwittler* 2019, S. 41.
[14] *Birkel/Church/Hummelsheim-Doss/Leitgöb-Guzy/Oberwittler* 2019, S. 50 f.
[15] *Birkel/Church/Hummelsheim-Doss/Leitgöb-Guzy/Oberwittler* 2019, S. 55.
[16] *Reuband* 2012, S. 134 f.; *Schwind/Schwind* 2021, § 20 Rn. 29c, 29e.
[17] *Birkel/Church/Hummelsheim-Doss/Leitgöb-Guzy/Oberwittler* 2019, S. 41, 50.

Die Kriminalitätsfurcht **variiert** in der Bevölkerung. Sie ist bei Frauen höher als bei Männern.[18] Jüngere und ältere Menschen haben eine größere Kriminalitätsfurcht als Menschen mittleren Alters.[19] Personen mit Migrationshintergrund weisen eine ausgeprägtere Kriminalitätsfurcht auf als Menschen ohne Migrationshintergrund.[20] In größeren Gemeinden ist die Kriminalitätsfurcht stärker als in ländlichen Gebieten.[21] Die Wahrnehmung von baulichen und sozialen Incivilities, also Verfallserscheinungen der sozialen Ordnung, erhöht die Kriminalitätsfurcht.[22] Es besteht ein Zusammenhang zwischen Opferwerdung und größerer Kriminalitätsfurcht.[23] Der Umstand, dass Frauen und ältere Menschen eine höhere Kriminalitätsfurcht aufweisen als Männer und jüngere Personen, obwohl sie eher seltener Opfer werden, wird als **Kriminalitätsfurcht-Paradoxon** bezeichnet.[24] Dieser Sachverhalt kann damit erklärt werden, dass Frauen und ältere Menschen ihre Verletzlichkeit höher und ihre Fähigkeit zur Bewältigung kritischer Situationen geringer einschätzen und deshalb häufiger Vermeidungsverhalten zeigen, was zu einer seltenen Viktimisierung führt.[25] Kriminalitätsfurcht kann ein Ausdruck genereller ökonomischer und sozialer Verunsicherung sein.[26] Kriminalpolitisch kommt es darauf an, unbegründeter Kriminalitätsfurcht entgegenzuwirken.[27]

---

[18] *Dölling/Hermann* 2006, S. 810 f.; *Birkel/Church/Hummelsheim-Doss/Leitgöb-Guzy/Oberwittler* 2019, S. 44.

[19] *Dölling/Hermann* 2006, S. 810; *Birkel/Church/Hummelsheim-Doss/Leitgöb-Guzy/Oberwittler* 2019, S. 44 f.

[20] *Birkel/Church/Hummelsheim-Doss/Leitgöb-Guzy/Oberwittler* 2019, S. 45 f., 52 f.

[21] *Birkel/Church/Hummelsheim-Doss/Leitgöb-Guzy/Oberwittler* 2019, S. 47.

[22] *Dölling/Hermann* 2006, S. 815 ff.

[23] *Hermann/Dölling* 2003, S. 257.

[24] *Kaiser* 1996, § 33 Rn. 24; *Kunz/Singelnstein* 2016, § 23 Rn. 25; *Schwind/Schwind* 2021, § 20 Rn. 24b.

[25] *Kunz/Singelnstein* 2016, § 23 Rn. 26; *Schwind/Schwind* 2021, § 20 Rn. 24b.

[26] *Hirtenlehner* 2006; *Kunz/Singelnstein* 2016, § 23 Rn. 31; *Kinzig* 2020, S. 52; *Neubacher* 2020, Kap. 12 Rn. 16.

[27] *Schwind/Schwind* 2021, § 20 Rn. 15.

Teil VI

Verbrechenskontrolle

§ 26 Begriff und Bedeutung der Verbrechenskontrolle

Gesellschaften werden durch Normen konstituiert. Hierbei handelt es sich nicht nur um Rechtsnormen, sondern auch um Normen des Brauchtums, der Sitte und der Moral.[1] Die Einhaltung der Normen ist nicht selbstverständlich. Es bedarf vielmehr bestimmter Mittel, um Normkonformität herzustellen. Diese Mittel werden als **soziale Kontrolle** bezeichnet.[2] Es kann zwischen aktiver und reaktiver Sozialkontrolle unterschieden werden. Unter aktiver sozialer Kontrolle werden Mechanismen verstanden, die abweichendes Verhalten präventiv verhindern sollen.[3] Hierzu können z. B. technische Maßnahmen, die unerwünschtes Verhalten faktisch verhindern, und die Sozialisation, mit der Verhaltenskonformität durch Normverinnerlichung angestrebt wird, gerechnet werden.[4] Die reaktive Sozialkontrolle besteht in Maßnahmen, die als Reaktion auf ein bestimmtes Verhalten erfolgen, um Normkonformität in der Zukunft zu erreichen.[5] Sie kann durch positive Sanktionierung erwünschten Verhaltens – z. B. durch Prämien für unfallfreies Fahren in der Kraftfahrzeug-Versicherung – oder durch negative Sanktionen für Normbrüche erfolgen.[6] Teilweise wird der Begriff der Sozialkontrolle auf die sozialen Reaktionen auf abweichendes Verhalten begrenzt.[7] Soziale Kontrolle kann informell oder formell – also rechtlich geregelt durch dafür vorgesehene Instanzen – erfolgen.[8] Soziale Kontrolle ist Herrschaftsausübung und unterliegt insoweit der Kritik.[9] Sie ist aber zur Auf-

---

[1] *Kaiser* 1996, § 28 Rn. 9.
[2] *Kaiser* 1996, § 28 Rn. 4; *Eisenberg/Kölbel* 2017, § 1 Rn. 17.
[3] *Hess* 1983, S. 8.
[4] *Hess* 1983, S. 8 f.
[5] *Meier* 2021, § 9 Rn. 3.
[6] *Kaiser* 1996, § 28 Rn. 4.
[7] *Clark/Gibbs* 1975; *Bock* 2019, Rn. 825.
[8] *Kaiser* 1996, § 28 Rn. 5.
[9] *Kaiser* 1996, § 38 Rn. 7.

rechterhaltung von Normkonformität unentbehrlich, wobei sie freilich im Interesse der Wahrung individueller Freiheit selbst eingehegt und kontrolliert werden muss.

2   Die **Verbrechenskontrolle** oder strafrechtliche Sozialkontrolle ist ein Teilstück der sozialen Kontrolle. Bei ihr geht es um die Verhaltenskontrolle im strafrechtlich geschützten Normbereich.[10] Verbrechenskontrolle erfolgt also dadurch, dass bestimmte Verhaltensweisen als Straftat definiert, verfolgt und sanktioniert werden. Zur Erfüllung dieser Aufgaben wurde das Kriminaljustizsystem geschaffen, in dem eigens dafür eingerichtete Institutionen (Polizei, Staatsanwaltschaft, Gericht, Bewährungshilfe, Strafvollzug) die Strafverfolgung nach bestimmten Regeln durchführen (formelle Verbrechenskontrolle). Außerdem leisten z. B. Familie, Freunde, Nachbarschaft, Ausbildungs- und Beschäftigungsstellen durch informelle Kontrollprozesse erhebliche Beiträge zur Einhaltung strafbewehrter Normen.[11] Formelle und informelle Kontrolle beeinflussen sich gegenseitig und sind Teile eines Gesamtzusammenhangs gesellschaftlicher Kontrollprozesse.[12] Maßnahmen der Verbrechenskontrolle können unterschiedliche Auswirkungen haben. Sie können die Delinquenz senken, aber auch folgenlos bleiben oder sich auf die Betroffenen desintegrierend auswirken[13] und zur Begehung weiterer Delikte führen.

3   Die Ausgestaltung der Verbrechenskontrolle unterliegt dem historischen **Wandel**. Wie strafrechtliche Sozialkontrolle ausgeübt wird, hängt von den jeweiligen kriminalpolitischen Strömungen ab, die wiederum durch die wirtschaftlichen, politischen und kulturellen Entwicklungen geprägt werden. So wird etwa für westliche Staaten angenommen, dass seit den 1980er-Jahren ein wohlfahrtsstaatlich-resozialisierender Umgang mit Kriminalität durch ein Management von Kriminalitätsrisiken und ein hartes ausgrenzendes und vergeltendes Strafrecht ersetzt worden sei.[14] Für Deutschland ergibt sich freilich ein differenziertes Bild, das durch eine Ausweitung des materiellen Strafrechts und Tendenzen zum „Kriminalitätsmanagement", aber auch durch eine weitgehend stabile und nicht verschärfte Sanktionspraxis der Strafgerichte sowie fortdauernde Bemühungen um Resozialisierung gekennzeichnet ist.[15]

4   Aufgabe der **Kriminologie** ist es, die tatsächlichen Abläufe der Verbrechenskontrolle zu beschreiben und zu erklären und ihre Wirkungen zu untersuchen. Im Folgenden werden zunächst die Kriminalprävention und anschließend die Strafrechtspflege behandelt. Sodann wird der Blick auf die kriminalpolitischen Einstellungen der Bevölkerung gerichtet.

---

[10] *Kaiser* 1996, § 29 Rn. 1.
[11] *Hess* 1983, S. 12.
[12] *Meier* 2021, § 9 Rn. 5.
[13] *Kaiser* 1996, § 29 Rn. 12.
[14] *Garland* 2008.
[15] *Eisenberg/Kölbel* 2017, § 43 Rn. 6 ff.

§ 27 Kriminalprävention

I. Definition und Geschichte

Der Begriff der Kriminalprävention ist historisch bedingt unscharf. Ein klarer und eng umgrenzter Begriff von Kriminalprävention besteht wegen des Umfangs und der Komplexität der Materie bislang nicht.[1] *Feuerbach* und *Bentham* entwickelten an der Wende vom 18. zum 19. Jahrhundert die Idee der negativen Generalprävention – die Verhinderung von Kriminalität durch Abschreckung. Später formulierte *Durkheim* die Idee der positiven Generalprävention: Strafrechtsnormen und die Sanktionierung von Normübertretungen sollen die Gültigkeit von Normen verdeutlichen und den sozialen Zusammenhalt aufrechterhalten. Im 19. Jahrhundert veröffentlichte *von Liszt* seine Gedanken zur Spezialprävention – strafrechtliche Sanktionen sollen den Rückfall des Täters verhindern. Alle diese Straftheorien haben alle das Ziel, Kriminalität zu verhindern, und alle verwenden den Präventionsbegriff. Trotzdem rechnet man general- und spezialpräventive Maßnahmen nicht zu dem Bereich Kriminalprävention. Dies liegt vermutlich an dem Versuch, Kriminalprävention von den bisher praktizierten Maßnahmen der Kriminalitätskontrolle abzugrenzen – und dies waren in erster Linie repressive Maßnahmen. Der Repressionsbegriff ist häufig negativ konnotiert. In diesem Sinne steht Repression für Unterdrückung und die Durchsetzung von Macht- und Autoritätsverhältnissen. Nach dieser Sichtweise sind Repression und Prävention Gegensätze, und es wurde **Prävention statt Repression** eingefordert.[2] Deshalb werden die General- und Spezialprävention nicht unter den Begriff der Kriminalprävention subsumiert.

Zudem wird die Beeinflussung von etlichen Bedingungen von Kriminalität und Kriminalitätsfurcht nicht der Kategorie Kriminalprävention zugeordnet. Die Grenzen sind jedoch fließend; manche schließen den Sozialisationsbereich aus,[3] andere

---

[1] *Bundesministerium des Innern/Bundesministerium der Justiz* 2001, S. 457.
[2] *Dünkel* 1994; *Schabdach* 2011; *Vollmer* 2016.
[3] *Armborst* 2018, S. 4.

schließen ihn explizit ein und definieren die Kategorie der **entwicklungsorientierten Kriminalprävention**. *Beelmann* versteht darunter Interventionsmaßnahmen „die auf die absichtsvolle Beeinflussung und Veränderung menschlicher Entwicklungsprozesse ausgerichtet sind und abweichende (kriminelle) Entwicklungsverläufe zu verhindern oder abzuschwächen versuchen."[4]

3 Nach heutigem Verständnis umfasst Kriminalprävention die Gesamtheit aller staatlichen und nicht staatlichen Programme und Maßnahmen, die vorrangig darauf gerichtet sind, Kriminalität sowohl als gesamtgesellschaftliches Phänomen wie auch als individuelle Erfahrung zu verhindern, zu mindern oder in ihren Folgen gering zu halten. Dies bedeutet, dass Kriminalprävention nicht nur die Verhinderung von Kriminalität zum Ziel hat, sondern auch den Abbau unbegründeter Kriminalitätsfurcht. Dieses Verständnis von Kriminalprävention ist relativ jung. Erst seit den 1970er-Jahren gibt es eine nennenswerte Anzahl einschlägiger Publikationen.[5] Eine Erklärung dafür ist, dass es in dieser Zeit einen gesellschaftlichen Entwicklungssprung gab, der durch den Begriff der **Risikogesellschaft** beschrieben wurde.[6] *Beck* beschreibt diese Gesellschaftsform.[7] Demnach produziere der Fortschritt moderner Industriegesellschaften neue und globale Risiken, denen sich keiner entziehen kann – angefangen von Umweltverschmutzung bis zu atomarer Bedrohung und Ressourcenknappheit. Dabei sind die Ursachen oft komplex und nicht eindeutig zuordenbar. Die negative Seite des Wachstums bedroht als kaum zu kontrollierendes Phänomen die westliche Gesellschaft. Kriminalprävention war und ist somit Ausdruck des gesellschaftlichen Versuchs der Risikominimierung, die durch den **Wandel von der Moderne zur Postmoderne** an Relevanz gewonnen hat.

4 Die moderne Gesellschaft ist segmentär differenziert, in mehrfacher Hinsicht geschichtet und hochgradig arbeitsteilig.[8] Der Übergang zur Postmoderne ist gekennzeichnet durch Pluralismus, Entstrukturierung und Unverbindlichkeit von Lebensentwürfen.[9] Diese Umbruchsituation hat die Entstehung der kriminalpräventiven Idee gefördert, zumal Kriminalität und Kriminalitätsfurcht den gesellschaftlichen Entwicklungsprozess behindern. Die ideale postmoderne Gesellschaft ist gekennzeichnet durch Freiheit, Toleranz, Sicherheit, eine hohe Lebensqualität, hohes Sozialkapital, wirtschaftliche Prosperität und Bevölkerungswachstum. Kriminalität und Kriminalitätsfurcht hingegen sind verbunden mit Unfreiheit, Intoleranz, Unsicherheit, einer niedrigen Lebensqualität, dem Abbau von Sozialkapital, dem Wegzug von Unternehmen sowie von Bürgerinnen und Bürgern. Kriminalität und Kriminalitätsfurcht sind Risiken in der gesellschaftlichen Entwicklung.

5 Zudem ist Kriminalprävention eine gesamtgesellschaftliche Aufgabe. Ein zentraler Auftrag für den Staat ist es, für ein sicheres Zusammenleben der Bürgerinnen

---

[4] *Beelmann* 2018, S. 387.
[5] *O'Malley/Hutchinson* 2007; *Kerner* 2018.
[6] *Hughes* 1998; *O'Malley/Hutchinson* 2007.
[7] *Beck* 2016.
[8] *Mayntz* 1997.
[9] *Beyme* 1991; *Kramer* 2009.

und Bürger zu sorgen.[10] Wenn Bürgerinnen und Bürger Rechte an die Gesellschaft abtreten und das Gewaltmonopol des Staates akzeptieren, ist dieser im Gegenzug dazu verpflichtet, für die Sicherheit der Bürgerinnen und Bürger zu sorgen. Ein Mittel, um dieses Ziel zu erreichen, ist die Kriminalprävention. Die Verpflichtung der Gesellschaft für die Durchführung kriminalpräventiver Maßnahmen kann auch aus den Polizeigesetzen und den Aufgaben der Kommunen abgeleitet werden.

II. Dimensionen der Kriminalprävention

Seit den 1970er-Jahren wurden viele kriminalpräventiven Maßnahmen entwickelt. Man kann sie mittels verschiedener Dimensionen kategorisieren – zum einen nach der Reichweite, zum anderen nach den Adressaten. Kriminalprävention kann sich auf die gesamte Bevölkerung oder den gesamten öffentlichen Raum beziehen, auf Risikogruppen oder Risikosituationen oder auf bereits kriminelle Personen. Dies wird als **primäre, sekundäre und tertiäre Kriminalprävention** bezeichnet. Eine andere Einteilung ist diejenige in **universelle, selektive und indizierte Kriminalprävention**. Mit diesen Kategorien wird auch die zeitliche Abfolge von kriminalpräventiven Maßnahmen abgebildet. Universelle Kriminalprävention soll frühzeitig die Risikofaktoren unterbinden, selektive Kriminalprävention zielt kurz- und mittelfristig auf bereits ausgeprägte Risikofaktoren und indizierte auf bereits verübte Kriminalität. Die Adressaten von Kriminalprävention können (potenzielle) Täterinnen und Täter oder Opfer sein. Zudem kann sich Kriminalprävention auf Situationen oder den Raum beziehen.[11]

Jede dieser zwei Dimensionen hat drei Kategorien, sodass neun Kombinationen möglich sind.

- Die universelle täterorientierte Kriminalprävention richtet sich an die Allgemeinheit und soll kriminelle Handlungen verhindern,
- die universelle opferorientierte Kriminalprävention richtet sich an die Allgemeinheit und soll Viktimisierungen verhindern und Kriminalitätsfurcht abbauen,
- die universelle situative und raumorientierte Kriminalprävention bezieht sich auf den gesamten Raum und soll durch städtebauliche Maßnahmen Kriminalitätsfurcht reduzieren und kriminelle Handlungen verhindern,
- die selektive täterorientierte Kriminalprävention soll potenzielle Straftäterinnen und Straftäter durch Erschwerung der Tatbegehung von Straftaten abhalten,
- die selektive opferorientierte Kriminalprävention wendet sich an potenzielle Opfer und soll insbesondere durch Warnung und Aufklärung die Wahrscheinlichkeit von Viktimisierungen reduzieren und die Kriminalitätsfurcht bei der Zielgruppe abbauen,
- die selektive situative und raumorientierte Kriminalprävention bezieht sich auf öffentliche risikobelastete Straßen und Plätze,

---

[10] *Heinz* 2004, S. 2.
[11] *Streng* 2010b, S. 227 f.; *Armborst* 2018, S. 4, 5.

- Die indizierte täterorientierte Kriminalprävention meint die Rückfallverhinderung durch eine direkte Einwirkung auf die Täterin oder den Täter, beispielsweise durch Resozialisierungsmaßnahmen im Strafvollzug,
- die indizierte opferorientierte Kriminalprävention wendet sich an Personen, die bereits Opfer wurden. Das Ziel der Maßnahmen ist es vor allem, eine erneute Opferwerdung sowie eine sekundäre Viktimisierung zu verhindern,
- die indizierte situative und raumorientierte Kriminalprävention bezieht sich auf öffentliche Straßen und Plätze, die als Kriminalitätsschwerpunkte gelten.

III. Situative und raumorientierte Kriminalprävention

8 Die theoretischen Grundlagen der situativen und raumorientierten Kriminalprävention lieferten die Arbeit von *Thrasher* über die regionale Konzentration von Gangs in Chicago, die stadtsoziologischen Untersuchungen der **Chicago School** und darauf aufbauend die Arbeit von *Shaw* und *McKay*.[12] Ihre empirischen Untersuchungen zur räumlichen Konzentration jugendlicher Delinquenten in US-amerikanischen Städten zeigten, dass die Ungleichverteilung insbesondere durch die ökologische Situation eines Wohngebietes erklärt werden kann. Die Infrastruktur und die Wohnqualität beeinflussten die räumliche Verteilung von Kriminalität, weil sie einen Einfluss auf die Zusammensetzung der Wohnbevölkerung und auf Gelegenheitsstrukturen haben. Sie postulierten, dass die Besonderheiten des Raums für Kriminalität verantwortlich sind, unabhängig von den Bewohnerinnen und Bewohnern des Raums. Dies hänge auch mit der Attraktivität von Stadtteilen, mit verfallenen Häusern und billigen Mieten für Personen zusammen, die von Armut betroffen seien. Dies führe zu einer Zusammensetzung der Bevölkerung, die wenig an informeller Sozialkontrolle interessiert sei und dadurch das Auftreten von Kriminalität begünstigen würde.

9 Eine weitere Grundlage der situativen und raumorientierten Kriminalprävention lieferten die Experimente von *Zimbardo* und der Broken Windows Ansatz. *Zimbardo* führte 1969 ein Experiment durch, indem er einen offensichtlich herrenlosen Wagen in der Bronx, einem New Yorker Stadtteil mit deutlichen Zeichen der Verwahrlosung, sowie in Palo Alto, einer Kleinstadt in Kalifornien, abstellte.[13] Das Auto in der Bronx wurde nach wenigen Minuten ausgeschlachtet und anschließend zerstört. Das Auto in Palo Alto hingegen wurde über eine Woche lang nicht angerührt. Erst als *Zimbardo* selbst den Wagen beschädigte, wurde dieses Werk von Passanten fortgesetzt. Innerhalb von einigen Stunden war der Wagen völlig zerstört. Das Erscheinungsbild einer Kommune hat einen Einfluss auf die dort verübte Delinquenz, so das Ergebnis dieses Experiments.

10 Die Erkenntnis, dass nicht nur Individuen und der soziale Kontext einen Einfluss auf kriminelles Handeln haben, sondern auch die physische Umwelt, haben *Wilson* und *Kelling* in einem Aufsatz verarbeitet, der den **Broken Windows Ansatz** be-

---

[12] *Shaw/McKay/Beirne* 2006; *Thrasher/Beirne* 2006.
[13] *Zimbardo* 1973.

gründete.¹⁴ Dabei verwendeten die Autoren das Bild einer zerbrochenen Fensterscheibe als Synonym für eine verwahrloste Gegend. Wenn in einem Haus einmal eine Fensterscheibe zerbrochen ist, werden bald alle Fensterscheiben in diesem Haus zerstört. Der Zerfall eines Hauses wirkt sich auf den Zustand der benachbarten Häuser aus und dies auf das gesamte Stadtviertel. In der Folge führt dies zu einer Veränderung der Bevölkerungsstruktur: Bürgerinnen und Bürger, die an Sicherheit und Ordnung interessiert sind und die es sich leisten können, ziehen weg. Dadurch leidet die informelle Sozialkontrolle, und in der Folge führt dies zu einem Zuwachs an Kriminalität.¹⁵

Die zentralen Themenfelder im Bereich der situativen und raumorientierten Kriminalprävention beziehen sich auf städtebauliche Maßnahmen und Methoden technischer Kriminalprävention, insbesondere die Videoüberwachung.¹⁶ Auch Maßnahmen, die durch die Beseitigung physischer **Incivilities** zu einem Abbau der Kriminalitätsbelastung und Reduzierung der Kriminalitätsfurcht führen sollen, gehören in die Kategorie der situativen und raumorientierten Kriminalprävention. In der Praxis werden diese Maßnahmen in der Regel im Rahmen der Kommunalen Kriminalprävention mit der Beseitigung sozialer Incivilities kombiniert; diese Thematik wird unter V. behandelt.

11

Die ersten architektonischen Anregungen zu einer Kriminalprävention durch **städtebauliche Maßnahmen** wurden in dem **Defensible Space-Ansatz** von *Newman* formuliert.¹⁷ Dieser Ansatz beruht auf der Annahme, dass durch die bauliche Gestaltung ein wehrhafter Raum geschaffen werden kann. Dies könne erreicht werden, indem der Raum durch Einkaufsmöglichkeiten, nahegelegene Kontrollinstanzen und Treffpunkte für nachbarschaftliche Kontakte so gestaltet wird, dass eine informelle Sozialkontrolle möglich ist, das Sicherheitsgefühl der Bewohnerinnen und Bewohner gefördert wird und sich die Einwohner mit dem unmittelbaren Umfeld identifizieren.¹⁸ In neueren Arbeiten von *Newman* wurden diese Empfehlungen ergänzt:

12

- Zwischen Parkplätzen und Gebäuden soll ein Mindestabstand eingehalten werden, sodass die Überwachung erleichtert wird,
- die Wege zu den zentralen funktionalen Einheiten einer Kommune müssen gut überwacht werden können,
- die Sammelplätze für Müllbehälter sind so zu positionieren, dass sie von jeder Wohneinheit gut erreichbar sind, aber der Zugang für Tiere verhindert wird,
- eine ausreichende Beleuchtung soll gewährleistet sein,
- die Bepflanzung sollte so erfolgen, dass Kontrollmaßnahmen nicht beeinträchtigt werden und die Sicht der Autofahrer auf Fußgänger nicht behindert wird.¹⁹

---

[14] *Wilson/Kelling* 1996.
[15] *Hermann/Laue* 2003a, 2003b.
[16] *Stolle* 2015.
[17] *Newman* 1972. Zusammenfassend zur Kriminalprävention durch Baugestaltung *Müller* 2015.
[18] *Mohn/Grasnick* 2008; *Hoepner* 2015; *Müller* 2015.
[19] *Newman* 1996, S. 116 f.

13 Die Grundlagen des Defensible Space-Ansatzes wurden vor allem im angelsächsischen Raum über den Ansatz des **Crime Prevention through Environmental Design** (CPTED) von *Jeffery* ausgebaut.[20] Dabei handelt es sich um Leitlinien für die Stadtplanung:

- „Gebäudevorsprünge wie Erker sollen zu besseren Überschaubarkeit des Wohnumfeldes eingeplant werden,
- Zäune, Mauern, Hecken u. a. Grenzmarkierungen sollen abtrennen, aber nicht unübersichtliche Nischen mit Versteckmöglichkeiten erzeugen,
- Bäume und Strauchbepflanzungen sollen strategisch platziert werden, um das wilde Parken von Fahrzeugen und eine dadurch bestehende Unübersichtlichkeit zu verhindern,
- die Anordnung der Fenster von Wohnungen zu Straßen, Fußwegen und Gassen sollen soziale Kontrolle und Überwachung ermöglichen,
- Schaffung von übersichtlichen und gut beleuchteten Räumen, sodass keine dunklen Bereiche auf Wegen, Parkplätzen und außer- sowie innerhalb von Gebäuden entstehen,
- Übersichtliche Parzellierung der Hausgrundstücke und Hausgrößen mit mehreren, gleichberechtigten Eingängen, die eine gute Einsehbarkeit von den Wohnungen aus ermöglichen,
- eine engere, nicht zu großzügige Anlage öffentlicher Flächen und Plätze sichert informelle soziale Kontrolle,
- gute ÖPNV-Anbindung schaffen,
- klare Hierarchie der Räume, aufgeteilt in öffentlich, halböffentlich, halbprivat und privat,
- Einrichtung gemeinsamer Spielplätze in den Blockinnenbereichen,
- hohe soziale Kontrolle, unter anderem durch eine Vielzahl von Aktivitäten zur Überwindung der Anonymität in den Städten,
- Gute Versorgung mit Einrichtungen und Schulen,
- dezentrale Infrastruktur mit der Nähe zu Bus- und Straßenbahnhaltestellen,
- Nutzungsvielfalt in Bauplänen integrieren, sodass z. B. in einem Siedlungsgebiet neben Wohnen auch Arbeit und Freizeit angeboten wird – Einseitigkeit ist prinzipiell zu vermeiden, dies gilt auch in Hinblick auf die Sozialstruktur (Familien, Senioren, Arbeitslose, Einwohner anderer Nationalitäten etc.).
- Mehrere Haustypenangebote."[21]

14 Bei den kriminalpräventiven Empfehlungen zu städtebaulichen Maßnahmen scheinen Plausibilitätsüberlegungen zu dominieren. Umfassende Wirkungsevaluationen liegen soweit ersichtlich nicht vor. *Schubert* und andere haben durch einen Vergleich zweier Dortmunder Stadtteile untersucht, wie städtebauliche, wohnungswirtschaftliche und sozialplanerische Maßnahmen zur Erhöhung der Sicherheit und Wohnzufriedenheit initiiert und umgesetzt wurden. Durch den Vergleich der beiden Stadtteile wurde gezeigt, dass die ergriffenen Präventionsmaßnahmen einen Beitrag zur Reduzierung von Kriminalität und Kriminalitätsfurcht leisteten.[22]

---

[20] *Jeffery* 1971.
[21] *Mohn/Grasnick* 2008, S. 3; siehe auch *Schubert/Spieckermann/Veil* 2007 und *Henkel/Udvardi* 2014.
[22] *Schubert/Veil/Spieckermann/Kaiser/Jäger* 2009.

Mit der Einführung des **sozialen Wohnungsbaus** in New York konnte mittels einer Analyse der geografischen Verteilung von Straftaten gezeigt werden, dass die lokalen Inzidenzraten vom sozioökonomischen Status der Einwohner und der Anzahl der Stockwerke der Häuser, in denen die Einwohner leben, abhängt. Die Inzidenzrate nimmt sowohl für die Gruppe der Alleinerziehenden mit niedrigem Einkommen als auch in der Gruppe der Paare mit mittlerem Einkommen mit der Anzahl der Stockwerke zu. In Hochhäusern ist die Inzidenzrate etwa doppelt so groß wie in Häusern mit drei bis vier Stockwerken.[23] Dies könnte an Unterschieden in der informellen Sozialkontrolle liegen.

Insgesamt gesehen beziehen sich die die Evaluationen auf einzelne Aspekte der Stadtplanung. Dies dürfte der Komplexität des Themas geschuldet sein und der Schwierigkeit, einzelne Wirkungskomponenten zu isolieren.

Die **Videoüberwachung: Closed Circuit Television** (CCTV) öffentlicher Räume ist ein weiteres wichtiges Instrument der situativen und raumorientierten Kriminalprävention. Diese Methode soll durch die Erhöhung des Entdeckungsrisikos abschreckend und damit präventiv wirken. Zudem soll das Gefühl der Sicherheit vermittelt und dadurch die Kriminalitätsfurcht reduziert werden. Schließlich soll durch die Aufzeichnung die Strafverfolgung effizienter werden.[24]

Bislang wurde die Videoüberwachung so praktiziert, dass die Bilder von mehreren Kameras von einer Person beobachtet wurden. Seit 2019 gibt es in Mannheim ein Modellprojekt, in dem eine **intelligente Videoüberwachung** getestet wird.[25] Dabei geht es um die Erkennung polizeilich relevanter Bewegungsabläufe mittels automatischer Bildauswertung. Im Normalbetrieb werden alle Bilder nur verpixelt angezeigt. Sobald das System zu der Einschätzung kommt, dass eine gefährliche Situation vorliegt, erfolgt eine Meldung an die Polizei. Die Bilder werden scharf gestellt und ein Beobachter muss dann entscheiden, ob ein Eingriff der Polizei erforderlich ist. Im Bedarfsfall soll die Polizei innerhalb von drei Minuten vor Ort sein. Zu dieser Technik gibt es noch keine Evaluation, wohl aber zu der klassischen Videoüberwachung.

Zur **klassischen Videoüberwachung** liegen zahlreiche Evaluationen sowie einige Metaanalysen vor.[26] Die Evaluationen werden üblicherweise als Pre-Postvergleich mit einem Vergleich zwischen Treatment- und Kontrollregion durchgeführt. Die Vergleichsebenen können sich sowohl auf den Zeitraum als auch auf die Region beziehen. Die Prüfgröße ist in der Regel die polizeilich registrierte Kriminalität. Zudem liegen Untersuchungen zum Einfluss der Videoüberwachung auf die Kriminalitätsfurcht vor.

In England spielt die Videoüberwachung eine zentrale Rolle bei der Kriminalprävention. Deshalb beziehen sich viele Evaluationen auf England. Nach einer Evaluationsstudie in Birmingham ist die Anzahl der registrierten Einbruchsdiebstahlsdelikte nach Einführung der Maßnahme im CCTV-Gebiet um 57 % pro Monat

---

[23] *Newman* 1996, S. 25 f.
[24] *Armitage* 2002.
[25] *Fraunhofer-IOSB* 2019.
[26] Zusammenfassend *Kowalik* 2021, S. 109 ff.

gesunken, im Kontrollgebiet um 39 %.[27] Für die Sachbeschädigung liegen die Zahlen bei 34 und 25 %, beim Autodiebstahl bei 47 und 40 %, beim Diebstahl aus Autos bei 50 und 39 %, beim sonstigen Diebstahl bei 11 und 18 %. Bis auf das letztgenannte Delikt ist die Kriminalitätsreduktion im CCTV-Gebiet größer als im Kontrollgebiet. Bei Jugenddelikten hingegen gab es einen Anstieg, im CCTV-Gebiet um 15 und im Kontrollgebiet um 5 %. Bei den meisten Delikten ist also die Kriminalitätsentwicklung nach Einführung der Videoüberwachung im überwachten Gebiet stärker rückläufig als im Vergleichsgebiet. Lediglich bei Jugenddelikten ist ein Anstieg der Kriminalitätsbelastung erkennbar, und dieser ist im CCTV-Gebiet größer als im Vergleichsgebiet.

21 In einer Evaluation des *Kriminologischen Forschungsinstituts Niedersachsen* wurden die Effekte von Videoüberwachung in den Städten Aachen, Dortmund, Duisburg, Düsseldorf, Essen, Köln und Mönchengladbach untersucht.[28] Die Maßnahme wurde zu unterschiedlichen Zeitpunkten initiiert. Für die Analyse wurde deshalb die Deliktanzahl im Jahr vor der Einführung der Videobeobachtung und im Jahr nach der Einführung der Videobeobachtung verglichen, differenziert nach Überwachungsregion und Vergleichsregion. Die Straßenkriminalität ist im Duisburger CCTV-Gebiet um 42 % zurückgegangen, in der Vergleichsregion hingegen nur um 7 %. In dieser Kommune war der Rückgang der Kriminalität durch Videoüberwachung besonders deutlich. In Aachen hingegen ist die Anzahl der Straßendelikte im CCTV-Gebiet um 9 % gesunken, aber im nicht überwachten Gebiet um 13 %. Insgesamt gesehen hat die Videoüberwachung zu einer geringfügig stärkeren Reduktion der Straßenkriminalität in den überwachten Regionen im Vergleich zu den nichtüberwachten Regionen geführt; der Rückgang in der Treatmentregion betrug für alle Städte insgesamt 13 %, im Vergleich zu einem Rückgang von 9 % in den Vergleichsregionen. Besonders starke Effekte waren bei Straftaten gegen die sexuelle Selbstbestimmung erkennbar. Zudem hat die Videoüberwachung einen Einfluss auf die Aufklärungsquote. In den CCTV-Gebieten ist die Aufklärungsquote um 6 % gestiegen, in den Vergleichsregionen um 2 %.

22 Nach einer **Metaanalyse** mit insgesamt 44 Studien führt die Videoüberwachung öffentlicher Plätze und Straßen zu einer Abnahme der Kriminalitätsbelastung.[29] Einschlusskriterium war, dass CCTV die zentrale Intervention war und ein Prä-Post-Kontrollgruppendesign mit Kriminalität als abhängiger Variable realisiert wurde. Berücksichtigt man alle Studien, korrespondiert die Videoüberwachung in den Versuchsgebieten im Vergleich zu Kontrollgebieten mit einer signifikant größeren Abnahme der Kriminalität von 16 % – dies entspricht einem Odds Ratio von 1,16. Bei einem Odds Ratio größer als 1 hatte sich im videoüberwachten Gebiet die Kriminalität stärker verringert als im Vergleichsgebiet. Bei einem Wert unter 1 schnitt das Gebiet ohne Videoüberwachung besser ab. In diesem Ergebnis sind auch 6 Studien berücksichtigt, in denen Parkplätze überwacht wurden. Der Rückgang der Kriminalität auf Parkplätzen im Vergleich zu nicht überwachten Plätzen betrug 51 %,

---

[27] *Brown* 1995.
[28] *Glaubitz/Kudlacek/Neumann/Stephanie/Bliesener* 2018.
[29] *Lösel/Plankensteiner* 2005; *Welsh/Farrington* 2009.

ein signifikanter Wert. Nicht signifikant war hingegen die Kriminalitätsreduzierung durch Videoüberwachung im öffentlichen Nahverkehr mit 23 %. Diesem Thema hatten sich 4 Studien gewidmet, wobei alle ausschließlich die U-Bahn als Nahverkehrsmittel berücksichtigt haben. Die Metaanalyse von 20 Studien zu öffentlichen Straßen und Plätzen ergab ebenfalls ein nichtsignifikantes Ergebnis – die Kriminalitätsreduzierung betrug im Durchschnitt 7 %. Die Odds Ratio- Werte in den einzelnen Untersuchungen variierten jedoch erheblich, von 1,91 für Birmingham bis 0,76 für Oslo.

In einer weiteren Metaanalyse wurde neben publizierten Texten auch graue Literatur berücksichtigt.[30] Insgesamt wurden 34 publizierte Studien und 42 Berichte aus der grauen Literatur berücksichtigt. Die Selektionskriterien für die Auswahl der Studien waren: Die zentrale Intervention sollte CCTV sein, die Studie sollte mittels eines Prä-Post-Kontrollgruppendesigns mit Kriminalität als abhängiger Variable durchgeführt und es sollten mindestens 20 verschiedene Deliktsarten berücksichtigt worden sein. Die Ergebnisse unterscheiden sich wenig von der Metaanalyse von *Welsh* und *Farrington* aus dem Jahr 2009. Die 33 Studien zu öffentlichen Straßen und Plätzen ergaben zusammengefasst ein Odds Ratio von 1,1 – ein nichtsignifikanter Wert. Auch der Effekt aus 4 Studien zum öffentlichen Nahverkehr ist mit einem Wert von 1,4 nicht signifikant. Lediglich die 8 Studien zur Videoüberwachung von Parkplätzen führten zu einem signifikanten Odds Ratio von 1,6.

Die Beziehung zwischen der Einführung von Videoüberwachung und Veränderung der Kriminalitätsfurcht wurde in einer Studie untersucht, die in Málaga durchgeführt wurde.[31] Neben einer Analyse von Daten der Polizeilichen Kriminalstatistik wurden zwei Bevölkerungsbefragungen berücksichtigt, eine Erhebung ein Jahr vor und eine Befragung ein Jahr nach der der Einführung der Videoüberwachung. Die Studie belegt einen moderaten Rückgang der registrierten Kriminalität sowie in berichteten Viktimisierungen in den überwachten Regionen im Vergleich zu nicht überwachten Straßen und Plätzen. Somit sind die Effekte auch im Dunkelfeld erkennbar. Die Kriminalitätsfurcht wurde lediglich durch ein Item erfasst, der Frage nach dem Grad der Befürchtung, Opfer einer Straftat zu werden. Die Antworten auf diese Frage haben sich nach der Einführung der Videoüberwachung nur minimal verändert. Insgesamt gesehen kann man nicht von einem Einfluss der Videoüberwachung auf die Kriminalitätsfurcht sprechen. Erstaunlicherweise ist sogar die Kriminalitätsfurcht von Männern gestiegen. Nach der Installation der Videokameras hatten sie eine größere Angst vor Kriminalität als vorher und erreichten etwa das Furchtniveau von Frauen. Allerdings muss dieses Ergebnis aufgrund der einfachen Messung der Kriminalitätsfurcht mit Vorsicht interpretiert werden.

---

[30] *Piza/Welsh/Farrington/Thomas* 2019.
[31] *Cerezo* 2013.

IV. Personenbezogene Kriminalprävention

25 Bei der täterbezogenen Kriminalprävention wird angenommen, dass individuelle Merkmale und der soziale Kontext Ursachen von Kriminalität sind. Die Theorien dazu wie beispielsweise Lern-, Sozialisations- und Kontrolltheorien sowie utilitaristische und wertebasierte Ansätze sind in § 6 beschrieben.

26 Ein typisches Beispiel für die personenbezogene Kriminalprävention betrifft **Mobbing** und **Bullying**. Dies sind Normverletzungen, für die selektive täter- und opferbezogene Präventionsmaßnahmen entwickelt wurden. Unter Mobbing versteht man physische oder verbale aggressive Handlungen gegenüber einer Person, die wiederholt zum Opfer von einem oder von mehreren Individuen wird, wobei asymmetrische Machtverhältnisse zwischen Tätern und Opfer vorliegen.[32] Die Begriffe „Mobbing" und „Bullying" werden häufig synonym verwendet. Manche unterscheiden nach der Anzahl der Täter, andere nach dem Tatort. Bullying leitet sich vom englischen Wort Bully, also brutaler Kerl, ab – der Begriff wird somit bei einem Einzeltäter verwendet. Mobbing geht auf das Wort Mob zurück, also Gruppe. Dieser Ausdruck wird bei Handlungen mehrerer Täter benutzt. Der Begriff Bullying wurde ursprünglich für den Kontext Schule verwendet, Mobbing hingegen soll das gleiche Phänomen am Arbeitsplatz beschreiben.[33] Hier werden die Begriffe synonym verwendet. Mobbing ist per se keine Straftat, es sei denn, die Tat ist mit einer Körperverletzung, Beleidigung, Verleumdung, Nötigung oder einem anderen Delikt verknüpft.

27 Zur Prävention von Mobbing wurden zahlreiche Programme entwickelt, die sich meist auf die Schule beziehen, beispielsweise Be-Prox, Denk-Wege, Faustlos, Friedensstifter-Training, Gemeinsam stark werden, PLUS, das Olweus Interventionsprogramm, ProACT+E, Fairplayer, KiVa und WiSK.[34] In den Programmen steht oft die Qualifizierung der Lehrerschaft und die Einbindung von Eltern im Vordergrund. Die wichtigsten Ziele sind das rechtzeitige Erkennen von Mobbing, die Vermittlung einer klaren Haltung der Lehrerschaft, die Erarbeitung klarer Regeln, die Steigerung von sozialen Kompetenzen durch Empathietraining und Impulskontrolle, die Förderung kognitiver Problemlösestrategien, die Verbesserung des Schulklimas und die Auseinandersetzung mit dem Bystander-Effekt. Gemeint sind damit von Mobbing nicht betroffene Personen, die passiv Mobbingereignisse beobachten oder sogar die mobbenden Personen verbal unterstützen. Die Präventionsarbeit erfolgt meist innerhalb der Schulklassen und umfasst einen längeren Zeitraum, oft mehrere Schuljahre.[35]

28 Viele der Mobbingpräventionsprogramme wurden evaluiert. Das **Präventionsprogramm von** *Olweus* wurde erstmals durch eine Studie in Bergen (Norwegen)

---

[32] *Hörmann/Stoiber* 2015.
[33] *Leymann* 1995; *Scheithauer/Hayer/Peterman* 2003; *Olweus* 2010; *Olweus/Limber* 2010; *Beckers* 2011.
[34] *Wallner* 2018.
[35] *Cierpka* 2005; *Olweus* 2006; *Spröber/Schlottke/Hautzinger* 2008; *Scheithauer/Bull* 2008; *Salmivalli/Garandeau/Veenstra* 2012; *Alsaker* 2017.

untersucht.³⁶ Dabei wurden zwischen 1983 und 1985 Schülerinnen und Schüler dreimal in einem Zeitraum von 2½ Jahren befragt, insgesamt etwa 2500 Personen. Eine Vergleichsgruppe wurde nicht berücksichtigt. Nach 8 bis 10 Monaten zeigte sich ein Rückgang der Mobbingfälle um etwa 50 %. Zudem verbesserte sich das soziale Klima innerhalb der Klasse.

Von 1997 bis 2000 wurde eine weitere Evaluation des Olweus-Präventionsprogramms durchgeführt; dieses Mal mit einer Vergleichsgruppe. Insgesamt wurden etwa 2400 Schülerinnen und Schüler der Klassen 5 bis 7 befragt. Die Erhebungen wurden vor der Einführung des Präventionsprogramms und etwa ein Jahr nach dem Programmstart durchgeführt. In der Treatmentgruppe sank die Zahl der Mobbingopfer von 12,7 auf 9,7 %; in der Vergleichsgruppe stieg der Anteil von 10,6 auf 11,1 %.³⁷

Eine weitere Studie wurde in Norwegen zwischen 2001 und 2003 realisiert. In dieser Evaluation wurden 21.000 Schülerinnen und Schüler berücksichtigt. Die Zahl gemobbter Schülerinnen und Schüler sank innerhalb eines Jahres nach Einführung des *Olweus*-Präventionsprogramms von 14,2 auf 9,4 %, die Zahl der Schülerinnen und Schüler, die andere mobbten, sank im gleichen Zeitraum von 5,5 auf 3,1 %.³⁸

Auch das **KiVa-Antimobbing-Programm** wurden bislang mehrfach evaluiert. Der Name steht für die finnischen Worte „*Ki*usaamisen *Va*stainen", übersetzt „Gegen Mobbing". Das Programm wurde in Finnland entwickelt, und dort wurden auch die meisten Studien durchgeführt. KiVa wurde in Finnland in zwei Schritten initiiert, zuerst zwischen 2007 und 2008 in den Klassen 4 bis 6 und im Jahr 2008 in den Klassen 1 bis 3 sowie 7 bis 9. Die erste finnische Evaluationsstudie bezieht sich auf die Klassen 4 bis 6.³⁹ Als Untersuchungsdesign wurde ein Prä-Post-Kontrollgruppendesign mit randomisierter Zuweisung zu Treatment- und Kontrollgruppe gewählt – ein sehr elaborierter Ansatz. Mobbing wurde durch Selbstberichte der Schülerinnen und Schüler erfasst, und zwar sowohl die Taten der Befragten als auch ihre Viktimisierungen. Zudem wurde noch erhoben, ob Mobbinghandlungen beobachtet wurden. Die Schülerinnen und Schüler wurden dreimal befragt, im Mai 2007, im Dezember 2007 oder Januar 2008 sowie im Mai 2008. Insgesamt haben 78 Schulen aus Finnland an der Studie teilgenommen. Die realisierte Stichprobe umfasste 8166 Schülerinnen und Schüler. 4201 davon gehörten zur Treatmentgruppe und 3965 zur Vergleichsgruppe. Die Prävalenzraten für alle Viktimisierungen sind in den KiVa-Schulen in den drei Befragungswellen gesunken, von 16,6 auf 16,4 in der zweiten und schließlich auf 8,9 % in der dritten Befragungswelle. In der Vergleichsgruppe liegen die entsprechenden Zahlen bei 16,8 %, 19,1 % und 12,7 %. Das Ausgangsniveau war in Treatment- und Kontrollgruppe fast gleich, aber der Rückgang der Viktimisierungsrate war in der Treatmentgruppe größer als in der Kontrollgruppe. Die Unterschiede sind signifikant. Beschränkt man

---

[36] *Olweus* 2010; *Olweus/Limber* 2010.
[37] *Olweus/Limber* 2010.
[38] *Olweus* 2010.
[39] *Kärnä/Voeten/Little/Poskiparta/Kaljonen/Salmivalli* 2011; *Salmivalli* 2011.

die Analyse auf Mobbing, sind die Unterschiede zwischen beiden Gruppen geringer. Die Mobbingrate in den KiVa-Schulen sank von 8,9 über 4,6 auf 3,1 %, in den Vergleichsschulen von 7,9 über 6,9 auf 3,8 %.

32   In weiteren Evaluationen des finnischen KiVa-Programms wurden die Klassen 1 bis 3 sowie 7 bis 9 berücksichtigt.[40] Dabei zeigte sich, dass das Präventionsprogramm in den Grundschulklassen zu einer vergleichsweise starken Reduzierung von Viktimisierungs- und Mobbingraten geführt hat. In den höheren Klassen fiel das Ergebnis gemischter aus. Das Ergebnis war sowohl vom Geschlecht der Befragten als auch von der Geschlechterzusammensetzung der Klassen abhängig.

33   Nach einer **Metaanalyse** mit 44 Studien, die alle eine Treatment- und eine Kontrollgruppe berücksichtigt haben, sind schulbasierte Anti-Mobbing-Programme wirksam.[41] Im Durchschnitt werden Mobbingraten um 20 bis 23 % und Viktimisierungsraten um 17 bis 20 % reduziert. Die Wirksamkeit von Präventionsmaßnahmen scheint von Rahmenbedingungen der Programme abhängig zu sein. Nach dieser Metaanalyse sind die Intensität der Programme, die Einbeziehung der Elternschaft und Kontrollmaßnahmen wie die Überwachung von Pausenhöfen und Spielplätzen erfolgsrelevant. Dieses Ergebnis ist nachvollziehbar, zeigt doch die **Tübinger Mobbingstudie** mit über 3000 befragten Schülerinnen und Schülern, dass der Habitus und der Erziehungsstil der Eltern die Wahrscheinlichkeit, Opfer von Mobbing zu werden, beeinflusst.[42] Insbesondere die Kinder ängstlicher und übervorsichtiger Eltern, sowie die Kinder, die von ihren Eltern geschlagen wurden, werden vergleichsweise häufig Opfer von Mobbing.

34   Die **Behandlung von Sexualstraftätern** ist ein typisches Beispiel einer indizierten täterorientierten Kriminalpräventionsmaßnahme. Die Therapien lassen sich drei Kategorien zuordnen: Somatisch-medikamentöse Therapien, kognitiv-behaviorale Therapien und psychodynamische Therapien.[43] Somatisch ausgerichtete Therapien sind heute auf pharmakologische Behandlungen konzentriert, die eine Unterdrückung der Libido bewirken sollen. Diese Behandlungsform hat die früher durchgeführte operative Kastration abgelöst. Kognitiv-behaviorale Ansätze basieren auf psychologischen Lerntheorien. Diese postulieren, dass menschliches Verhalten erlernt ist, wobei Belohnung, Bestrafung oder die Orientierung an Modellen eine Rolle spielt. Das Ziel ist die gezielte Veränderung von Einstellungen und Verhaltensweisen. Psychodynamische Therapien basieren auf sozialisationstheoretischen Ansätzen. Das Ziel ist es, Sozialisationsdefizite durch die Bearbeitung problematischer Persönlichkeitsstrukturen auszugleichen. Es wird angenommen, dass das deviante Sexualverhalten durch ungelöste psychische Konflikte und Störungen verursacht wurde.[44] Dieser Kategorie können auch die Psychoanalyse und die Tiefenpsychologie zugeordnet werden. Nach einer Umfrage unter einschlägigen Therapieeinrichtungen zeigte sich, dass 27 von 30 Einrichtungen kognitiv-behavio-

---

[40] *Salmivalli* 2011; *Kärnä* 2012.
[41] *Ttofi/Farrington* 2011.
[42] *Wegel/Kerner/Stroezel* 2011.
[43] *Nowara/Leygraf* 1998; *Elsner* 2006; *Müller-Isberner/Eucker* 2012; *Petermann* 2017.
[44] *Elsner* 2006.

rale Ansätze verwendeten und 21 auf tiefenpsychologische beziehungsweise psychodynamische Therapieprogramme zurückgriffen. Die kognitive Verhaltenstherapie ist somit die am stärksten verbreitete therapeutische Ausrichtung.[45]

Die anfängliche Euphorie unmittelbar nach der Entwicklung von Therapieprogrammen war in den 1970er-Jahren einer skeptischen Grundhaltung gewichen – Nothing Works.[46] Die Weiterentwicklung der Behandlung von Sexualstraftätern seit den 1980er-Jahren, die Verlegung von Sexualstraftätern mit einer längeren Freiheitsstrafe in eine sozialtherapeutische Anstalt und die Verbesserung der Evaluationsmethoden haben jedoch zu einer Verbesserung der Therapieerfolge geführt.[47]

Die Therapiekonzepte von Sexualstraftätern wurden mehrfach evaluiert. Die Untersuchungen beziehen sich meist auf spezielle Therapieansätze wie beispielsweise die sozialtherapeutische Behandlung oder die psychotherapeutische Behandlung.[48] Diese Studien ergaben eine niedrigere Rückfallrate der Treatmentgruppe im Vergleich zur Kontrollgruppe.

Eine umfassende Metaanalyse stammt von *Schmucker*.[49] In dieser bislang umfassendsten Untersuchung wurden aus 69 einschlägigen Publikationen 80 empirische Studien aus mehreren Ländern ausgewählt.[50] Die mittlere Effektschätzung für alle Studien ergab einen signifikanten Odds Ratio-Wert von 1,70. Für einen Katamnesezeitraum von 5 Jahren lag die Rückfallrate für Sexualdelikte in der Treatmentgruppe bei 11 und in der Vergleichsgruppe unbehandelter Sexualstraftäter bei 18 %. Für Gewaltdelinquenz betrugen die Rückfallraten 7 und 12 % für Treatment- und Kontrollgruppe, für jede Art von Straftaten lagen die Zahlen bei 22 und 33 %. Die Effektstärken waren von der methodischen Qualität der Einzelstudien unabhängig. Zudem gab es Hinweise auf einen Publication Bias, also auf eine Verzerrung der metaanalytischen Ergebnisse durch Verzerrungen in der Publikationspraxis – signifikante Ergebnisse werden mit größerer Wahrscheinlichkeit veröffentlicht als nichtsignifikante. Eine weitere Verzerrung in den Resultaten der Metaanalyse betrifft die Beziehung zwischen Therapieansatz und Forscher. Etwa in jeder zweiten Studie gab es einen Bezug des Autors der Publikation zum Behandlungskonzept. Der Odds Ratio-Wert für die Wirksamkeit der Behandlung betrug für diesen Fall 1,92 – ein signifikanter Wert. Lag keine Beziehung zwischen Autor und Behandlungsansatz vor, war der Odds Ratio-Wert lediglich 0,99. Somit ist ein Versuchsleiterbias wahrscheinlich. Beide Verzerrungen lassen vermuten, dass die Effekte überschätzt sind. Trotzdem können aus den Ergebnissen der Metaanalyse inhaltliche Schlüsse gezogen werden. Vergleicht man Behandlungsansätze miteinander, haben hormonale Therapien mit einem Odds Ratio-Wert von 3,13 den größten Effekt, gefolgt von rein behavioralen Ansätzen (Odds Ratio 2,17) und kognitiv-behavioralen Therapien (Odds Ratio 1,45). Alle anderen Behandlungsarten haben keinen wünschenswerten

---

[45] *Hertz/Breiling/Schwarze/Klein/Rettenberger* 2017.
[46] *Martinson* 1974.
[47] *Egg* 2014a; *Wößner/H.-J. Albrecht* 2016.
[48] *Dünkel* 1989; *Keßler/Rettenberger* 2017.
[49] *Schmucker* 2004, 2007.
[50] *Schmucker* 2007.

Effekt, die Odds Ratio Werte liegen unter 1. Erfolgversprechender sind ambulante Therapien im Vergleich zu stationären. Zudem steigt die Effektstärke mit der Behandlungsintensität.

38 Diese Ergebnisse wurden weitgehend in einer aktuelleren Metaanalyse reproduziert.[51] Sie berücksichtigt im Vergleich zu den älteren Metaanalysen von *Schmucker* und *Lösel* aktuellere Studien, wobei Treatment- und Kontrollgruppe gleich zusammengesetzt sein sollten. Insgesamt wurden 29 Studien berücksichtigt. Aufgrund des Selektionskriteriums für die Studienauswahl wurden keine Untersuchungen zu pharmakologischen Therapien berücksichtigt. Alle Untersuchungen befassten sich mit psychosozialen Behandlungen, hauptsächlich mit kognitiven Verhaltensprogrammen. Das Ergebnis der Metaanalyse belegt einen statistisch signifikanten Einfluss der Therapien auf die Rückfälligkeit. Die mittlere Effektgröße für sexuelle Rückfälle war signifikant; der Odds Ratio Wert betrug 1,41. Dies entspricht einer einschlägigen Rückfallrate von 10,1 % bei behandelten gegenüber 13,7 % bei unbehandelten Straftätern. Auch in dieser Metaanalyse hatte die methodische Qualität keinen signifikanten Einfluss auf die Effektgrößen, allerdings gab es nur wenige Studien mit einer randomisierten Zuweisung der Probanden zu Treatment- und Kontrollgruppe. Vergleichsweise große Effekte zeigten sich in Studien, die behaviorale Therapieansätze untersuchten sowie in Untersuchungen mit Straftätern, die ein mittleres bis hohes Rückfallrisiko hatten. Auch in dieser Metaanalyse gibt es Hinweise auf einen Publication Bias. Die Autoren kommen zwar zu dem Ergebnis, dass die untersuchten Therapiekonzepte für Sexualstraftäter erfolgreich sind, aber es fehle an Untersuchungen, die Bedingungen der Wirksamkeit genauer untersuchen: Was funktioniert bei wem in welchem Kontext – und warum?

39 Die Steigerung von **Sozialkapital** ist eine Präventionsmaßnahme, die universell und personenbezogen ausgerichtet ist. Dieser Aspekt der Kriminalprävention kommt vorwiegend in der Kommunalen Kriminalprävention zum Einsatz. Deshalb wird dieses Thema im folgenden Abschnitt behandelt.

V. Kommunale Kriminalprävention

40 Historisch gesehen waren die Institutionen, die Kriminalprävention betrieben, zuerst vor allem Gesetzgebung, Rechtsprechung und Polizei, erst ab den 1980er-Jahren wurde die Kommune einbezogen. Die Ursprünge für die Kommunale Kriminalprävention liegen in den USA und begannen mit einer Veränderung der Polizeistrategie. Die Begriffe „**Community Policing**" und „**Problem-oriented Policing**" bezeichneten Reformbemühungen innerhalb der amerikanischen Polizei.[52] Die Polizei war vorher weitgehend repressiv tätig; ihre Aufgabe war es, nach verübten Straftaten die Täterinnen und Täter zu verhaften. Prävention war Abschreckung: Polizeistreifen sollten in kurzer Zeit am Tatort sein – und dies sollte eine abschreckende Wirkung auf potenzielle Täterinnen und Täter haben. Kritik an dieser wenig

---

[51] *Schmucker/Lösel* 2015.
[52] *Goldstein* 1990; *Bullock/Erol/Tilley* 2012.

erfolgreichen Polizeistrategie kam in den 1970er-Jahren auf; die Bedürfnisse der Bevölkerung würden unberücksichtigt bleiben, so der Vorwurf.[53] Dies führte zur Konzeption von Community Policing und Problem-oriented Policing, einer Polizeistrategie, in der die Bürgerinnen und Bürger und somit die Kommune im Mittelpunkt stehen sollten. Polizei und Gemeinde sollten partnerschaftlich zusammenwirken, das Ansehen der Polizei sollte verbessert und die „Selbsthilfekräfte" der Gemeinde sollten aktiviert werden.[54] Der wichtigste Akteur war nach wie vor die Polizei.

Erst mit der Einbeziehung der Kriminalitätsfurcht als kriminalpräventives Ziel wurde die Rolle der Kommune bedeutsamer. Kriminalität ist nur eine von vielen Ursachen der Kriminalitätsfurcht – und als Ursache durchaus umstritten, denn Personengruppen mit einer vergleichsweise geringen Kriminalitätsrisiken wie Frauen und ältere Menschen haben eine relativ hohe Kriminalitätsfurcht.[55] Bedingungen der Kriminalitätsfurcht sind unter anderem Handlungen und Situationen, die nicht strafbewehrt sind. Dazu zählen **Incivilities**, das sind subjektiv empfundene Störungen der sozialen Ordnung oder der materiellen Umwelt in einer Gemeinde, die als Zeichen sozialer Desorganisation gedeutet werden, beispielsweise verlassene und zerfallende Gebäude, Vandalismus, Gruppen stark alkoholisierter Personen, Machismorituale und die sexualisierte Herabwürdigung und verbale Demütigung von Frauen.[56] Incivilities würden die Bevölkerung mehr verunsichern als Viktimisierungen. Dies fördere den Rückzug aus dem öffentlichen Raum und damit das Zusammenbrechen der informellen sozialen Kontrolle, die für eine wirksame Kriminalprävention in einer Kommune entscheidend sei.[57] Zudem wurde vermutet, dass auch eine hohe Kriminalitätsfurcht zu einem sozialen Rückzug der Bürgerinnen und Bürger führe. Der Kriminalitätsfurcht und ihren Bedingungen kommen somit für die Sicherheit in einer Gemeinde eine ganz entscheidende Rolle zu.[58]

Zu der Frage nach den Bedingungen der Kriminalitätsfurcht sind auch die oben beschriebenen Arbeiten von *Zimbardo* sowie der **Broken Windows-Ansatz** von *Wilson* und *Kelling* von großer Bedeutung.[59] Die Broken-Windows-Theorie wurde in den USA und in Europa unterschiedlich rezipiert.[60] Während insbesondere im New Yorker Modell des **Zero Tolerance** kleinste Normbrüche mit hohen Strafen belegt und bestimmte Personengruppen wie Bettler, Obdachlose, Drogenkonsumenten und sozial Randständige aus dem öffentlichen Raum verbannt wurden, standen in Deutschland kommunitaristische Gesichtspunkte des Broken Windows-Ansatzes und die Anknüpfung an den Community Policing- Ansatz im

---

[53] *Laue* 2002; *Hermann/Laue* 2003b.
[54] *Green* 1993; *Dölling* 1998; *Hermann/Dölling* 2018.
[55] *Hummelsheim-Doß* 2016.
[56] *Hohage* 2004.
[57] *Hunter* 1978; *Hermann/Dölling* 2018.
[58] *Conklin* 1975.
[59] *Zimbardo* 1973; *Wilson/Kelling* 1982, deutsche Übersetzung 1996; *Hermann/Laue* 2003a und 2003b.
[60] *Dölling* 1998; *Hermann/Dölling* 2018.

Vordergrund.[61] Durch die Schaffung einer lebenswerten Stadtgesellschaft und durch die Reduzierung der Kriminalitätsfurcht sollte Kriminalität reduziert werden.[62]

43 In Deutschland wurde die Idee der Kommunalen Kriminalprävention Ende der 1980er-Jahre von einigen Gemeinden aufgegriffen.[63] Der Begriff wurde jedoch nicht verbindlich definiert, sodass keineswegs von einer einheitlichen Praxis gesprochen werden kann. Meist versteht man unter Kommunaler Kriminalprävention lokale Bemühungen mit den Zielen, das Ausmaß der Kriminalität zu vermindern und das subjektive Sicherheitsgefühl der Bevölkerung zu verbessern.[64] Die Entwicklung der Kommunalen Kriminalprävention in Deutschland verlief in Stufen und ist durch eine zunehmende Standardisierung und Professionalisierung gekennzeichnet.[65] Anfänglich wurden meist lediglich mittels der Daten der Polizeilichen Kriminalstatistik kriminologische Lagebilder erstellt.[66] Später wurden Bevölkerungsbefragungen eingesetzt, um das Dunkelfeld der Kriminalität sowie Kriminalitätsfurcht und Unsicherheitsgefühl zu erfassen. Die *Forschungsgruppe Kommunale Kriminalprävention in Baden-Württemberg* hat dazu im Jahr 1994 ein Erhebungsinstrument entwickelt, das die Themen der Kommunalen Kriminalprävention abdecken sollte und das auf seine Messqualität überprüft wurde.[67] In einem nächsten Schritt wurden von einigen Gemeinden Ideen aus dem Qualitätsmanagement übernommen und ein Audit-Instrument der Kommunalen Kriminalprävention entwickelt. Das Ziel war, Prävention evidenzbasiert zu konzipieren und die Ressourcen auf Stadtteile und Bevölkerungsgruppen zu konzentrieren, die eine überdurchschnittlich hohe Kriminalitätsfurcht oder Kriminalitätsbelastung aufwiesen. Die konzipierten Präventionsmaßnahmen sollten aus einer Analyse zu den Bedingungen der Kriminalitätsfurcht und der Kriminalität abgeleitet werden, sodass Prävention ursachenorientiert erfolgen sollte. Im **Heidelberger Audit Konzept für urbane Sicherheit** wurden diese Ideen übernommen.[68] Dabei flossen die Erkenntnisse aus den oben erwähnten Studien in ein Modell ein, in dem die Kausalbeziehungen zwischen Kriminalität, Kriminalitätsfurcht, Lebensqualität und ihren Bedingungen dargestellt sind:

- Es gibt auf der Makroebene eine Wechselbeziehung zwischen Kriminalität und Kriminalitätsfurcht. Eine Erhöhung der Kriminalitätsbelastung in einer Region führt zu einer Steigerung der Kriminalitätsfurcht; und umgekehrt bedingt eine Reduzierung der Kriminalitätsfurcht eine Senkung der Kriminalitätsbelastung.
- Incivilities und Sozialkapital sind auf der Mikro- und Makroebene Bedingungen der Kriminalitätsfurcht.

---

[61] *Dölling* 1998; *Hess* 1999.
[62] *Hermann/Laue* 2003b.
[63] *Kober/Frevel/van den Brink/Wurtzbacher* 2018.
[64] *Hermann/Laue* 2003b; *van den Brink* 2006.
[65] *Hermann* 2016.
[66] *Pohl-Laukamp* 1996; *Hunsicker* 2006.
[67] *Feltes* 1995; *Forschungsgruppe Kommunale Kriminalprävention in Baden-Württemberg* 1998.
[68] *Hermann* 2008, 2014.

V. Kommunale Kriminalprävention

- Die Problembelastung eines Stadtteils durch Incivilities sowie ein Sozialkapitaldefizit führen zu einem Rückzug der Bevölkerung aus dem öffentlichen Raum, die informelle soziale Kontrolle wird abgebaut und es entsteht der Eindruck fehlender Normgeltung. Dies bedingt ein hohes Niveau an Kriminalität und Kriminalitätsfurcht sowie eine niedrige Lebensqualität. Diese Faktoren bedingen langfristig eine Änderung der Bevölkerungsstruktur – und dies verstärkt die lokalen Incivilities und den Mangel an Sozialkapital. Dies bedeutet, dass es eine Wechselbeziehung zwischen Incivilities, Kriminalitätsfurcht, Lebensqualität, Kriminalität und Bevölkerungsstruktur in einem Stadtteil gibt – ein Kreislauf, der ohne Eingreifen eskalieren würde.

In Abb. 27.1 sind die skizzierten Beziehungen dargestellt. Aufgrund der Interdependenz der Merkmale kann Kommunale Kriminalprävention an jeder beliebigen Stelle des Kausalmodells eingreifen, um erfolgreich zu sein.

Die **Evaluationen** von Kommunaler Kriminalprävention sind mit dem Problem konfrontiert, dass diese in der Regel eine Vielzahl von einzelnen Präventionsprojekten umfasst und die Kombination der Projekte städtespezifisch variiert. Es gibt kein Standardrepertoire an Präventionsmaßnahmen für die Kriminalprävention in Kommunen. Eine Evaluation der Gesamtheit kriminalpräventiver Maßnahmen auf kommunaler Ebene ist bislang nicht flächendeckend erfolgt.[69]

Zur Evaluation von einzelnen isolierten Präventionsmaßnahmen liegen zahlreiche Studien vor, zur Evaluation verknüpfter Präventionsmaßnahmen wie in der Kommunalen Kriminalprävention hingegen nicht. Trotzdem kann Kommunale Kriminalprävention evaluiert werden. In den theoretischen Grundlagen der Kommunalen

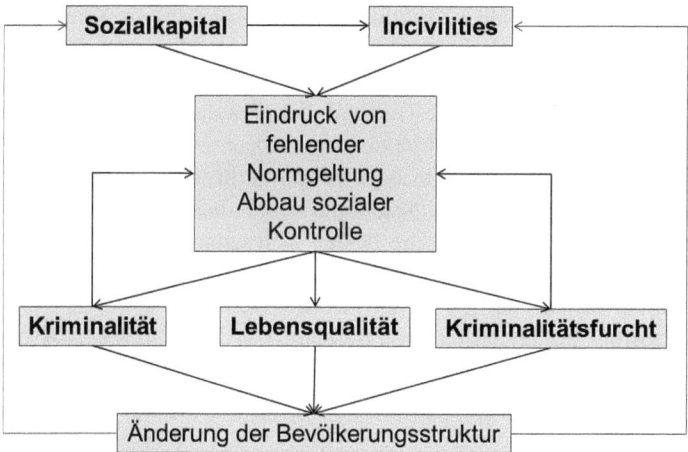

Abb. 27.1 Theoretische Grundlage der Kommunalen Kriminalprävention. Ein Modell der postulierten Beziehungen zwischen Incivilities, Sozialkapital, Kriminalitätsfurcht, Kriminalität und Lebensqualität

---
[69] Bubenitschek/Greulich/Wegel 2014.

Kriminalprävention wird postuliert, dass Incivilities und Sozialkapital einen Einfluss auf die Kriminalitätsfurcht haben – dies kann überprüft werden. Zudem kann man die in Abb. 27.1 dargestellten Wechselbeziehungen zwischen Incivilities, Sozialkapital, Kriminalitätsfurcht, Kriminalität und Lebensqualität prüfen. Außerdem ist es möglich, die Entwicklung von Kriminalität und Kriminalitätsfurcht von Kommunen mit Kommunaler Kriminalprävention mit Regionen zu vergleichen, die in dieser Hinsicht weniger aktiv sind. Dabei wird allerdings nicht die Kommunale Kriminalprävention an sich evaluiert, sondern ihre regional spezifische Ausgestaltung. Der letztgenannte Ansatz hat den Vorteil, dass die Gesamtheit der kriminalpräventiven Maßnahmen geprüft wird; dadurch werden auch Synergieeffekte von Präventionsmaßnahmen berücksichtigt.

47 Der Einfluss von **Incivilities** auf die Kriminalitätsfurcht wurde mehrfach überprüft. In nahezu allen Studien war diese Beziehung signifikant: Je ausgeprägter die von Personen perzipierten Probleme sind, desto größer ist die Kriminalitätsfurcht. *LaGrange* und andere listen dazu 12 Studien auf, die sich auf den englischsprachigen Raum beziehen. Auch die Studie von *LaGrange* selbst kommt zu diesem Ergebnis. Anhand einer Bevölkerungsbefragung von erwachsenen Bürgerinnen und Bürgern der USA kommen sie zu dem Ergebnis, dass Incivilities die kognitive Kriminalitätsfurcht beeinflussen und diese das perzipierte Bedrohungsgefühl durch Kriminalität.[70]

48 Die Untersuchungen in Deutschland bestätigen weitgehend diesen Befund. Eine Analyse der Befragungsdaten von Einwohnerinnen und Einwohnern Bielefelds, die 18 Jahre und älter waren, führte zu dem Ergebnis, dass Incivilities eine signifikante, wenn auch insgesamt eher schwache Bedeutung für die Entstehung von affektiver Kriminalitätsfurcht haben. Auch die konative und kognitive Kriminalitätsfurcht wurde von Incivilities tangiert.[71] In einer Untersuchung mit 3612 Hamburger Bürgerinnen und Bürgern wurde ein Einfluss von Incivilities auf die Kriminalitätsfurcht gefunden, sowohl auf der Individual- als auch auf der Ebene der Stadtteile.[72] Dies trifft auch auf Studien in Mannheim und Karlsruhe zu.[73]

49 Die meisten Studien zu dieser Thematik basieren auf Querschnittsdaten. Damit kann die Frage nach der Kausalrichtung nicht beantwortet werden: Beeinflussen Incivilities die Kriminalitätsfurcht oder ist das Auftreten von Incivilities von der Kriminalitätsfurcht abhängig. *Robinson* und andere haben eine Längsschnittstudie zu dieser Frage durchgeführt.[74] Die beiden Befragungswellen wurden 1987 und 1988 im Abstand von 12 Monaten in Baltimore durchgeführt. Die Fallzahlen betrugen 412 in der ersten und 336 in der zweiten Welle. Dabei zeigte sich, dass die Analysen sowohl bei gleichzeitiger Erfassung von Incivilities und Kriminalitätsfurcht als auch bei einer Messung von Incivilities in Welle 1 und Kriminalitätsfurcht in Welle 2 zu signifikanten Effektschätzungen führten. Diese Effekte konnten

---

[70] *LaGrange/Ferraro/Supancic* 1992.
[71] *Hohage* 2004.
[72] *Häfele* 2013a, 2013b; *Lüdemann* 2006.
[73] *Hermann* 2018b, 2019.
[74] *Robinson/Lawton/Taylor/Perkins* 2003.

mittels einer Mehrebenenanalyse für die Individual- und Aggregatebene nachgewiesen werden; die Hypothese, dass Incivilities die Kriminalitätsfurcht beeinflussen, wurde somit bestätigt. Bemerkenswert ist, dass der zeitversetzte Einfluss von Incivilities auf Kriminalitätsfurcht bestehen bleibt, wenn in dem Modell die Kriminalitätsfurcht in der ersten Befragungswelle zusätzlich als unabhängige Variable berücksichtigt wird. Dies bedeutet, dass der Einfluss von Incivilities auf Kriminalitätsfurcht unabhängig vom Ausgangsniveau der Kriminalitätsfurcht ist.

Ein weiterer Ansatzpunkt der Kommunalen Kriminalprävention ist die Förderung von **Sozialkapital**. Erschwerend bei der Behandlung dieses Themas ist, dass der Begriff unterschiedlich definiert wird.[75] Für *Bourdieu* ist Sozialkapital eine von drei Kapitalarten, nämlich ökonomisches, kulturelles und soziales Kapital. Das ökonomische Kapital umfasst insbesondere Einkommen und Eigentum, das kulturelle Kapital Bildung, Wissen und den Besitz an Kulturgütern und das soziale Kapital zwischenmenschliche Beziehungen und die Einbindung in soziale Netzwerke.[76] An diese Definition knüpft *Jacobs* an.[77] Unter „Sozialkapital" versteht sie soziale Netzwerke in Stadtvierteln. Monofunktionale Stadtviertel wie reine Wohn- oder Arbeitsviertel verfügen, im Vergleich zu Stadtteilen, die von Mannigfaltigkeit (diversity) geprägt sind, über weniger Sozialkapital – dadurch ist der Grad sozialer Kontrolle geringer und folglich die Kriminalitätsrate größer.

Die bekannteste Definition des Sozialkapitals stammt von *Putnam*. Er versteht unter Sozialkapital ein Bündel von Merkmalen, das geeignet ist, den Zustand von Gesellschaften zu beschreiben.[78] Dazu zählen das Vertrauen in Personen und Institutionen sowie in die Gültigkeit von Normen, die das zwischenmenschliche Zusammenleben regeln, also in Reziprozitätsnormen. Darüber hinaus ist auch das Ausmaß bürgerlichen ehrenamtlichen Engagements Bestandteil des Sozialkapitals einer Gesellschaft.

Der heuristische Charakter dieser Definition wurde problematisiert.[79] Durch eine Unterscheidung zwischen unterschiedlichen Ebenen kann dem Einwand begegnet werden. So kann man zwischen dem Sozialkapital einer Gesellschaft und dem Sozialkapital eines Individuums unterscheiden. Zum Sozialkapital einer Gesellschaft gehört das Vertrauen der Bürgerinnen und Bürger in Institutionen und in die Gültigkeit gesellschaftlicher Normen, zum Sozialkapital eines Individuums gehören soziale Kontakte und die Einbindung in Netzwerke.[80]

In einer empirischen Studie mit Daten über die Staaten der USA kann *Putnam* eine enge Beziehung zwischen der Ausstattung an Sozialkapital und der Kriminalitätsrate belegen.[81] *Salmi* und *Kivivuori* bestätigen in einer Untersuchung, dass das

---

[75] *Steffen* 2009.
[76] *Bourdieu* 1983, 2018.
[77] *Jacobs* 1993.
[78] *Putnam* 2000.
[79] *Steffen* 2009, S. 52 f.
[80] *Hermann* 2009a.
[81] *Putnam* 2000.

Sozialkapital einen Effekt auf Jugendkriminalität hat.[82] Hinweise auf einen Zusammenhang zwischen Sozialkapital und Kriminalitätsfurcht liefern die Studien von *Mosconi* und *Padovan*, *Dölling* und *Hermann* sowie *Hermann*.[83] *Mosconi* und *Padovan* haben 604 Einwohnerinnen und Einwohner aus drei Stadtteilen Paduas befragt. Diese unterscheiden sich deutlich im Grad des Vertrauens in Institutionen und in der Kriminalitätsfurcht. Je größer der Mangel an Vertrauen in (kommunale) Institutionen in einem Stadtteil ist, desto höher ist das Furchtniveau.[84] *Dölling* und *Hermann* haben mit den Daten des European Social Survey die Hypothese geprüft, dass Sozialkapital und Kriminalitätsfurcht in einer Beziehung stehen.[85] Der European Social Survey besteht aus Bevölkerungsbefragungen in zahlreichen Ländern Europas. In jedem Land wurden zufällig ausgewählte Personen, die mindestens 14 Jahre alt waren, befragt, insgesamt mehr als 42.000.[86] Für die Analyse wurden zur Messung des Sozialkapitals einer Gesellschaft nur Fragen zum Vertrauen in Institutionen berücksichtigt. Die Kriminalitätsfurcht wurde durch die Frage nach dem Grad des Unsicherheitsgefühls erfasst, wenn jemand nach Einbruch der Dunkelheit alleine zu Fuß in der eigenen Wohngegend unterwegs ist. Die Analyse erfolgt nicht auf der Individualebene, sondern auf der gesellschaftlichen Ebene. Dazu wurden die arithmetischen Mittelwerte der Antworten der Befragten für jedes Land bestimmt; die aggregierten Daten sind dann die Grundlage für die Analysen. Die Korrelation (Pearson) zwischen dem Vertrauen in die Polizei und dem Furchtniveau beträgt $-0{,}63$. In Bezug auf das Vertrauen zum Rechtssystem liegt der Korrelationskoeffizient bei $-0{,}70$. Je größer das Vertrauen in diese Institutionen ist, desto geringer ist die Kriminalitätsfurcht. Beide Effektschätzungen sind signifikant.

54 *Oberwittler* hat in einer komplexen Untersuchung Querschnittsdaten zu 61 regionalen Einheiten in deutschen Kommunen, wobei diese Einheiten in der Regel aus mehreren Stadtteilen bestanden, mittels einer Befragung von Schülerinnen und Schülern, einer Befragung der Bewohnerinnen und Bewohner sowie Volkszählungs- und Verwaltungsdaten der Stadtteile erhoben. Ein Ergebnis war, dass die Wahrscheinlichkeit schwerer Straftaten durch das Sozialkapital in den Stadtteilen verringert wird.[87]

55 Alle Untersuchungen fanden somit eine Beziehung zwischen dem Grad des Vertrauens in Institutionen und der Kriminalitätsbelastung sowie Kriminalitätsfurcht: Je größer der Mangel an Vertrauen in Institutionen in einem Stadtteil ist, desto höher ist das das Niveau von Kriminalität und Kriminalitätsfurcht. Das Sozialkapital ist ein Schutzfaktor, der Sicherheit auch in problembehafteten Regionen vermittelt. Eine Anhebung des Sozialkapitals durch vertrauensbildende Maßnahmen trägt somit zum Abbau der Kriminalitätsbelastung und Kriminalitätsfurcht bei.[88] Die Studie

---

[82] *Salmi/Kivivuori* 2006.
[83] *Mosconi/Padovan* 2004; *Dölling/Hermann* 2006; *Hermann* 2009a.
[84] *Mosconi/Padovan* 2004.
[85] *Dölling/Hermann* 2006.
[86] Informationen zum European Social Survey siehe http://www.europeansocialsurvey.org/archive.
[87] *Oberwittler* 2003, 2004.
[88] *Steffen* 2009.

von *Lüdemann* und anderen, eine Bevölkerungsbefragung in Hamburg mit über 3600 Befragten, hingegen hat zu ambivalenten Ergebnissen geführt.[89] Einerseits reduziert das Vertrauen zu Nachbarn das Viktimisierungsrisiko, andererseits haben die Häufigkeit von Nachbarschaftskontakten und das generelle Sozialkapital den gegenteiligen Effekt. Möglicherweise ist dieser erklärungsbedürftige Befund durch die simultane Berücksichtigung dieser drei Merkmale in einem multivariaten Modell zu erklären. Interpretiert man die drei Merkmale als Indikatoren einer einzigen latenten Variable, führt die gleichzeitige Berücksichtigung in einem Modell zu schwer interpretierbaren Ergebnissen.

Mittels der Daten einer Bevölkerungsbefragung in Mannheim aus dem Jahr 2012 konnte der Einfluss von **Incivilties und Sozialkapital** auf die Kriminalitätsfurcht bestimmt werden.[90] Dabei wurden zwei Arten von Incivilities unterschieden. Einerseits Incivilities, die sich auf den zwischenmenschlichen Bereich beziehen, beispielsweise negative stereotype Ansichten über Migranten oder Jugendliche, andererseits Incivilities, die sich auf den Straßenverkehr beziehen, beispielsweise rücksichtslose Autofahrer. Nach der Analyse mit diesen Daten wirkt sich das Sozialkapital nicht direkt auf die Kriminalitätsfurcht aus, sondern auf eine Mediatorvariable, die sozialen Incivilities. Je größer das Sozialkapital einer Person ist, desto eher werden soziale Incivilities nicht negativ bewertet. Personen mit hohem Sozialkapital beurteilen somit dieselbe Situation anders als Personen mit niedrigem Sozialkapital. Je ausgeprägter Incivilities im sozialen Bereich sind, desto größer ist die Kriminalitätsfurcht. Dieses Ergebnis spricht für eine Kausalkette vom Sozialkapital über soziale Incivilities auf die Kriminalitätsfurcht. Incivilities im Straßenverkehr wirken sich unabhängig vom Sozialkapital auf die Kriminalitätsfurcht aus. Das Sozialkapital ist somit ein protektiver Faktor, der den Einfluss von sozialen Incivilities auf die Kriminalitätsfurcht abschwächt.

Die **Evaluationen von Kommunaler Kriminalprävention als Gesamtpaket** beschränken sich auf regionale Analysen. Eine Studie befasst sich mit dem Vergleich zwischen Regionen in Baden-Württemberg. Heidelberg und der Rhein-Neckar-Kreis haben intensiv Kommunale Kriminalprävention betrieben und Präventionsangebote an den Bedingungen für Kriminalitätsfurcht ausgerichtet. Diese Region wird mit dem gesamten Bundesland verglichen.[91] Diese Gegenüberstellung ist durch die Überschneidung nicht trennscharf, aber die Methode führt keinesfalls zu einer Überschätzung der Effekte von Kommunaler Kriminalprävention, wenn sie nach dem in Heidelberg und im Rhein-Neckar-Kreis praktizierten Präventionskonzept umgesetzt wird. Bei diesem Vergleich zeigen sich deutliche Unterschiede in der Entwicklung der polizeilich registrierten Gewalt- und Straßenkriminalität. Während die Häufigkeitsziffer für Gewaltkriminalität in Baden-Württemberg zwischen 1998 und 2013 gestiegen ist, ist sie für den Rhein-Neckar-Kreis und Heidelberg gefallen. Die Häufigkeitsziffer für Straßenkriminalität ist in beiden Regionen gefallen, aber im Rhein-Neckar-Kreis und Heidelberg deutlich stärker als in Baden-Württemberg. Der Unter-

---

[89] *Lüdemann* 2005; *Lüdemann/Peter* 2007.
[90] *Hermann* 2013b.
[91] *Hermann* 2009a; *Hermann/Bubenitschek* 2016.

schied lässt sich quantitativ abschätzen. Wenn die Kriminalitätsentwicklung im Rhein-Neckar-Kreis und in Heidelberg genau parallel zur Entwicklung in Baden-Württemberg verlaufen wäre, und wenn die Kriminalitätsbelastung in beiden Regionen im Jahr 1998 identisch gewesen wäre, wären in Heidelberg im Durchschnitt pro Jahr 20 Gewaltdelikte und 317 Delikte der Straßenkriminalität mehr verübt worden. Für den Rhein-Neckar-Kreis liegen die entsprechenden Zahlen bei 118 und 788. Zudem verlief die Entwicklung der Kriminalitätsfurcht in Heidelberg und im Rhein-Neckar vergleichsweise positiv. In Heidelberg ist der prozentualer Anteil an Personen, die oft oder sehr oft daran denken, Opfer einer Straftat zu werden, von 30 % im Jahr 1998 auf 12 % im Jahr 2009 gesunken. Mit anderen Indikatoren der Kriminalitätsfurcht kann dieser Trend bestätigt werden. Analysen mit anderen Kommunen des Rhein-Neckar-Kreises bestätigen dieses Ergebnis.

58   *Wachter* hat für 10 Städte in Baden-Württemberg, die Kommunale Kriminalprävention betreiben, die Praxis der Kommunalen Kriminalprävention mit der Entwicklung der polizeilich registrierten Kriminalität in Verbindung gebracht. Der Untersuchungszeitraum war von 1996 bis 2015. Für die Studie wurden solche Städte ausgewählt, die mindestens zwei Bevölkerungsbefragungen zur subjektiven und objektiven Sicherheitslage durchgeführt haben. Die Berücksichtigung von mindestens zwei zeitversetzten Messungen war erforderlich, damit Veränderungen untersucht werden können. Durch diese positive Auswahl der Kommunen werden Effekte der Kommunalen Kriminalprävention tendenziell unterschätzt. Die Ergebnisse zeigen, dass etwa in jeder zweiten der berücksichtigten Städte die Anzahl der Präventionsprojekte zu einer signifikanten Reduzierung der Kriminalitätsbelastung geführt hat, sowohl in Bezug auf die Gewaltkriminalität und Straßenkriminalität als auch für die Gesamtkriminalität. Je größer die Anzahl der Präventionsprojekte war, desto günstiger war die Kriminalitätsentwicklung. Dabei waren insbesondere solche Städte erfolgreich, die im Vergleich zur Einwohnerzahl relativ viele Maßnahmen der Kommunalen Kriminalprävention praktizierten – das sind insbesondere kleinere Gemeinden – und aus den Ergebnissen von Sicherheitsaudits Präventionsmaßnahmen abgeleitet haben.[92]

59   Insgesamt gesehen scheint der Ansatz der Kommunalen Kriminalprävention ein erfolgversprechendes Modell zu sein, vorausgesetzt die implementierten Maßnahmen sind rational begründet und die eingesetzten Präventionsprojekte wurden positiv evaluiert.

VI. Qualitätskriterien für kriminalpräventive Maßnahmen

60   Ein zentrales Qualitätskriterium für kriminalpräventive Maßnahmen ist ihre Evaluation. Dies umfasst nicht nur die Beschreibung der Implementation der Maßnahme, die **Prozessevaluation**, sondern auch die Analyse ihrer Wirksamkeit, die **Wirkungsevaluation**. Bei Wirkungsevaluationen werden unterschiedliche Methoden

---

[92] *Hermann* 2014.

verwendet, die sich in der Qualität unterscheiden. Eine systematische Differenzierung liefert die **Maryland Scientific Scale**, wobei diese Skala nicht nur auf Wirkungsevaluationen anwendbar ist, sondern auf alle quasi-experimentellen Studien.[93] Die Evaluation einer kriminalpräventiven Maßnahme vergleicht in der Regel Personen, die von der Maßnahme betroffen waren, mit Personen, auf die dies nicht zutrifft. Dieser Vergleich zwischen Treatment- und Kontrollgruppe kann auf unterschiedliche Art und Weise durchgeführt werden – und dies hat Konsequenzen für die Abschätzung der Sicherheit, mit der das Untersuchungsergebnis verallgemeinert werden kann. In der Maryland Scientific Scale werden fünf Qualitätsniveaus unterschieden:

- Niveau 1: Studien mit nur einem Messzeitpunkt bei einer Population, die Treatment- und Kontrollgruppe enthält, ohne deren Vergleichbarkeit abzusichern oder statistisch zu kontrollieren.
- Niveau 2: Vorher-Nachher-Vergleich der Treatmentgruppe. Eine Kontrollgruppe wird nicht berücksichtigt.
- Niveau 3: Untersuchungen mit Treatmentgruppe und vergleichbarer Kontrollgruppe, wobei die Vergleichbarkeit der Gruppen nur mit einfachen statistischen Methoden geprüft wurde.
- Niveau 4: Untersuchungen mit Treatmentgruppe und vergleichbarer Kontrollgruppe, wobei die Vergleichbarkeit der Gruppen mit elaborierten statistischen Methoden geprüft wurde. Dazu zählen beispielsweise Evaluationen, die mittels eines Vorher-Nachher-Vergleichs von Treatment- und Kontrollgruppe durchgeführt werden.
- Niveau 5: Studien mit randomisierter Zuweisung zu Treatment- und Kontrollgruppe.

Kommunale Kriminalprävention besteht freilich in der Regel nicht aus einem einzigen Präventionsprojekt, sondern aus einer Vielzahl von Projekten. Dies erfordert andere Methoden der Evaluation. Aufgrund von Synergieeffekten, also der Auswirkung von Projekten auf Bereiche, die nicht im eigentlichen Fokus der Projekte stehen, ist die Evaluation von einzelnen Projekten nur bedingt brauchbar. Für vernetzte Präventionsprogramme ist ein holistisches Evaluationskonzept erforderlich, das allerdings erst in Anfängen entwickelt ist. 61

Zudem können auch ein planmäßiges Vorgehen bei der Umsetzung von Kriminalprävention und die Vernetzung der Präventionsmaßnahmen als Qualitätskriterien für kriminalpräventive Maßnahmen herangezogen werden. Dies wurde im Jahr 2003 in den **Beccaria-Standards** umfassend formuliert. Diese beschreiben den Prozess der Umsetzung von Kriminalprävention in sieben Schritten: Problembeschreibung, Analyse der Entstehungsbedingungen, Festlegung der Präventionsziele, Projektziele und Zielgruppen, Festlegung der Maßnahmen für die Zielerreichung, 62

---

[93] *Sherman/Gottfredson/MacKenzie/Eck/Reuter/Bushway* 1998.

Projektkonzeption und Projektdurchführung, Überprüfung von Umsetzung und Zielerreichung des Projekts (Evaluation) und Schlussfolgerungen sowie Dokumentation.[94]

---

[94] *Marks/Meyer/Linssen* 2005; *Meyer* 2006; *Meyer/Coester/Marks* 2010.

§ 28 Strafrechtspflege

I. Straftheorien

Der Strafrechtspflege liegen Vorstellungen über die Aufgaben des Strafrechts zugrunde. Diese Vorstellungen werden als **Straftheorien** bezeichnet. Straftheorien geben an, welche Zwecke das Strafrecht verfolgen soll, und legitimieren damit das Strafrecht. Es handelt sich um normative Aussagen. Diese Aussagen bauen aber zu einem erheblichen Teil auf empirischen Annahmen über die Wirkungen des Strafrechts auf. Von der Richtigkeit dieser Annahmen hängt daher die Tragfähigkeit der jeweiligen Theorie ab.[1]

Es ist üblich, die Straftheorien in absolute und relative Theorien sowie in Vereinigungstheorien einzuteilen.[2] Außerdem werden expressive Straftheorien vertreten.[3] Nach den **absoluten Straftheorien** besteht die Aufgabe der Strafe allein im Ausgleich der begangenen Tat. Die Strafe ist losgelöst von Erwägungen über die Verhinderung künftiger Delikte und daher absolut. Die absoluten Straftheorien sehen den Sinn der Strafe überwiegend in der Vergeltung der begangenen Unrechtstat. Die Vergeltung erfolgt um der Gerechtigkeit willen.[4] Da eine Bestrafung nach dem Schuldgrundsatz schuldhaftes Handeln voraussetzt, kann die absolute Straftheorie auch dadurch gekennzeichnet werden, dass sie die Aufgabe des Strafrechts in einem gerechten Schuldausgleich sieht.[5] Teilweise wird angenommen, dass Tatausgleich auch durch Wiedergutmachung des durch die Tat verursachten Schadens geleistet werden kann.[6] Schließlich wird auch darauf abgestellt, dass dem Täter

---

[1] *Hermann* 1992, S. 516; *Dölling* 2007b, S. 16.
[2] *Neumann/Schroth* 1980, S. 4.
[3] *Hörnle* 2017, S. 3.
[4] *Jescheck/Weigend* 1996, S. 70.
[5] *Streng* 2012, Rn. 11.
[6] *Maurach/Zipf* 1992, § 6 Rn. 3.

durch die Strafe die Sühne für die begangene Unrechtstat ermöglich werden soll.[7] Bei der Sühne geht es darum, dass der Täter durch eine ethische Leistung seine Verantwortung für die Tat anerkennt, das Strafleiden auf sich nimmt und hierdurch die Versöhnung mit der Gesellschaft ermöglicht.[8]

3 Die Frage, ob der absoluten Straftheorie zu folgen ist, muss normativ entschieden werden. Vielfach wird gegen diese Theorie eingewendet, dass der Staat nicht zur Verwirklichung absoluter Gerechtigkeit berechtigt sei, sondern sich darauf zu beschränken habe, ein friedliches Zusammenleben der Menschen zu gewährleisten.[9] Einen Anwendungsbereich könnte die Theorie im Bereich der schweren Kriminalität haben, in der nur eine Strafe als gerechte Reaktion auf die Tat erscheinen könnte. In diesem Fällen werden freilich in der Regel auch general- und spezialpräventive Gründe eine Bestrafung erfordern.[10]

4 Nach den **relativen Straftheorien** hat die Strafe die Aufgabe, weitere Delikte zu verhindern. Dies soll durch Einwirkung auf den Täter (Spezialprävention) oder auf die Allgemeinheit (Generalprävention) erfolgen. Nach der **spezialpräventiven Straftheorie** soll die Strafe verhindern, dass der verurteilte Täter weitere Straftaten begeht. Dies kann durch Individualabschreckung oder Sicherung geschehen, die unter dem Begriff der negativen Spezialprävention zusammengefasst werden können, oder durch Verbesserungen der Einstellungen und Fähigkeiten des Täters, die weiteren Straftaten vorbeugen (Besserung/Resozialisierung oder positive Spezialprävention).[11] Für ein spezialpräventives Strafrecht hat sich insbesondere *Franz von Liszt* eingesetzt.[12]

5 Zu der Frage, ob strafrechtliche Sanktionen spezialpräventive Effekte haben, liegen zahlreiche kriminologische Untersuchungen mit differenzierten Ergebnissen vor,[13] wobei die empirische Erforschung dieser Frage schwierige methodische Probleme aufwirft.[14] Nach den vorliegenden Befunden erscheint eine spezialpräventive Wirkung des Strafrechts auf verurteilte Täter möglich. So wurde durch Auswertungen des Bundeszentralregisters untersucht, wie hoch der Anteil der strafrechtlich Sanktionierten ist, die in einem bestimmten Zeitraum nach der Sanktionierung bzw. der Entlassung aus Freiheitsentziehung erneut mit einer Kriminalsanktion belegt wurden. Danach wurden in einem Zeitraum von drei Jahren 64 % und von 12 Jahren 50 % nicht rückfällig.[15] Allerdings konnten in diesen Untersuchungen im Dunkelfeld verbliebene Straftaten nicht erfasst werden. Aus dem Umstand, dass eine Person nach einer strafrechtlichen Sanktionierung nicht rückfällig geworden ist, kann auch nicht ohne weiteres auf eine spezialpräventive Wir-

---

[7] *J. Eisele* 2016, § 2 Rn. 48.
[8] Vgl. zu den Straffunktionen der Wiedergutmachung und Sühne *Lampe* 1999, S. 174 ff.
[9] *Roxin/Greco* 2020, § 3 Rn. 8.
[10] *Dölling* 2007b, S. 18.
[11] *Meier* 2019a, S. 25.
[12] *Von Liszt* 1883.
[13] Vgl. die Darstellung bei *Eisenberg/Kölbel* 2017, § 42 Rn. 5 ff.
[14] Siehe *Dölling* 2019; *Heinz* 2019a; *Meier* 2019b.
[15] *Jehle/H. J. Albrecht/Hohmann-Fricke/Tetal* 2020, S. 137.

kung der Bestrafung geschlossen werden, denn möglicherweise hätte die Person auch ohne eine Bestrafung keine weiteren Straftaten begangen. Die Daten lassen aber die Annahme zu, dass die Strafe jedenfalls bei einer Reihe von Tätern eine spezialpräventive Wirkung gehabt hat. Außerdem ergibt sich aus der empirischen Forschung, dass die Rückfallquote von Straftätern durch Behandlungsprogramme gesenkt werden kann.[16] Das Schlagwort „nothing works"[17] trifft auf die Straftäterbehandlung nicht zu. Die entscheidende Frage besteht vielmehr darin, bei welchen Tätern welche Behandlung unter welchen Bedingungen welche Wirkung entfaltet.[18] Eine spezialpräventive Einwirkung auf Straftäter erscheint daher erfolgversprechend. Sie ist auch normativ legitim, wenn sie unter Beachtung des Schuldgrundsatzes, des Verhältnismäßigkeitsprinzips und der Persönlichkeitsrechte des Täters erfolgt.[19]

Nach der **generalpräventiven Straftheorie** soll die Verhinderung künftiger Straftaten durch Einwirkung auf die Allgemeinheit erfolgen. Dies soll in zweierlei Weise geschehen.[20] Zum einen sollen potenzielle Straftäter durch die Androhung des Strafübels dazu gebracht werden, aus Furcht vor der Strafe von der in Aussicht genommenen Tat Abstand zu nehmen (Abschreckungsprävention oder negative Generalprävention). Außerdem soll durch die Bestrafung des Delikts die Rechtstreue der Bevölkerung gefestigt werden (Integrationsprävention oder positive Generalprävention). Dies umfasst mehrere Gesichtspunkte: Durch die Bestrafung soll die Verbindlichkeit der durch den Rechtsbruch in Frage gestellten Norm bestätigt und gezeigt werden, dass sich die Rechtsordnung gegenüber dem Rechtsbrecher durchsetzt. Durch die Strafe soll die Bedeutung des durch das Delikt angegriffenen Rechtsguts und der Wert der verletzten Norm verdeutlicht werden. Mit einer als gerecht empfundenen Bestrafung soll erreicht werden, dass sich die Bevölkerung über den Rechtsbruch beruhigt und nicht zur Selbsthilfe greift. Schließlich zeigt die Strafe die persönliche Verantwortung des Bürgers für sein Verhalten auf.[21]

Die Frage, ob das Strafrecht tatsächlich eine abschreckende Wirkung hat, ist häufig empirisch untersucht worden.[22] Es wurden unterschiedliche Methoden angewendet. Häufig wurden kriminalstatistische Untersuchungen durchgeführt. So wurden die Kriminalitätsraten in Staaten verglichen, die unterschiedliche Aufklärungsquoten oder unterschiedlich schwere Sanktionen aufwiesen. Außerdem wurden die Kriminalitätsraten vor und nach Strafrechtsänderungen miteinander

---

[16] Zusammenfassend *Dölling* 2000, S. 35 ff.; *Dünkel* 2000, S. 388 ff.; *H.-J. Albrecht* 2019, S. 168; *Lösel* 2020.
[17] *Martinson* 1974.
[18] *Coulsen/Nutbrown* 1993, S. 203.
[19] *Dölling* 2000, S. 28 ff.
[20] *Streng* 2012, Rn. 22.
[21] *Dölling* 1990, S. 14 ff.
[22] Vgl. hierzu und zum Folgenden oben § 6 Rn. 9 ff. sowie *Dölling/Entorf/Hermann/Häring/Rupp/Woll* 2006; *Dölling/Entorf/Hermann/Rupp* 2009; zu kriminalstatistischen Untersuchungen *Spirgat* 2013; zur nicht belegten Abschreckungswirkung der Todesstrafe *Folter* 2014.

verglichen. In Befragungsstudien wurden Einschätzungen des vermuteten Entdeckungsrisikos und der erwarteten Strafen erhoben und mit der selbstberichteten Delinquenz in Beziehung gesetzt. In Labor- und Feldexperimenten wurden Sanktionsvariablen variiert. Alle diese Methoden müssen sich mit erheblichen Problemen auseinandersetzen. Zusammenhänge zwischen der Intensität der Strafverfolgung und Kriminalitätsraten können durch Drittvariablen beeinflusst sein. So kann eine hohe moralische Verbindlichkeit einer Norm in einer Gesellschaft sowohl zu einer nachhaltigen Strafverfolgung als auch zu niedrigen Kriminalitätsraten führen. Hinsichtlich der in Befragungen erhobenen Strafeinschätzung und des Verhaltens in Laborexperimenten ist fraglich, inwieweit die Befunde auf reale Lebenssituationen übertragen werden können.

8   Die Befunde der Untersuchungen sind nicht einheitlich. Es zeichnet sich jedoch ab, dass die Entdeckungswahrscheinlichkeit eine gewisse Rolle für die Normkonformität spielt. Demgegenüber tritt die Bedeutung der Strafschwere zurück.[23] Die Entdeckungswahrscheinlichkeit scheint insbesondere relevant zu sein, wenn nicht bereits die moralische Verbindlichkeit der Norm ein hohes Maß an Verhaltenskonformität bewirkt.[24] Die Bedeutung der Strafvariablen für Verhaltenskonformität dürfte geringer sein als diejenige von Faktoren wie moralische Verbindlichkeit der Norm und Erwartung informeller Reaktionen. Möglicherweise werden diese Faktoren allerdings durch das Strafrecht abgestützt. In einigen historischen Ausnahmesituationen – z. B. bei der Verhaftung der dänischen Polizei durch die deutsche Besatzungsmacht im Zweiten Weltkrieg sowie bei Polizeistreiks in Liverpool und Montreal – kam es zu einem faktischen Wegfall des polizeilichen Verfolgungsdrucks. Für diese Situationen wurden steigende Zahlen bestimmter Delikte wie Diebstahl und Raub berichtet.[25] Die empirische Erforschung der von der Theorie der positiven Generalprävention angenommenen komplexen und langfristigen Zusammenhänge ist äußerst schwierig. Hierzu liegen bisher nur wenige Untersuchungen mit begrenzter Tragweite vor.[26] Nach dem gegenwärtigen Erkenntnisstand lässt sich annehmen, dass eine Strafrechtspflege, die auf eine wirksame Strafverfolgung, nicht aber auf hohe Strafen setzt, einen Beitrag zur Kriminalitätsreduzierung leisten kann.[27]

9   Die **expressiven Straftheorien** sehen die Bedeutung von Strafurteilen insbesondere in einem Akt der Kommunikation. Nach den normorientierten expressiven Straftheorien besteht den Kommunikationsinhalt des Strafurteils in der Bekräftigung der verletzten Norm, die personenorientierten expressiven Straftheorien sehen die expressive Funktion der Strafe in einem an den Täter gerichteten Tadel oder im Auffangen von reaktiven Emotionen des Opfers wie

---

[23] *Eisenberg/Kölbel* 2017, § 41 Rn. 13 ff. Zu Zusammenhängen zwischen Strafverfolgungsintensität und Kriminalität siehe *Wang/Weatherburn/Wan* 2019; *Mourtgos/Adams* 2020.
[24] *Hirtenlehner* 2019, S. 363 f.; 377.
[25] *Andenaes* 1974, S. 16 f, 60 f., 128.
[26] Vgl. etwa *Schumann* 1989.
[27] Vgl. *Kilias/Kuhn/Aebi* 2011, Rn. 1006 ff.

Rachewünschen und Selbstzweifeln oder in der Feststellung, dass dem Opfer Unrecht angetan wurde.[28]

Nach den **Vereinigungstheorien** hat die Strafe verschiedene Aufgaben zu erfüllen. Hierbei weisen die Varianten der Vereinigungstheorien den einzelnen Strafzwecken unterschiedliches Gewicht zu.[29] Auch dem geltenden deutschen Strafrecht liegen mehrere Strafzwecke zugrunde.[30] In § 46 Abs. 1 S. 1 StGB, nach dem die Schuld des Täters die Grundlage für die Zumessung der Strafe ist, wird der gerechte Schuldausgleich als Grundprinzip der Strafzumessung festgelegt. § 46 Abs. 1 S. 2 StGB schreibt vor, dass die Wirkungen, die von der Strafe für das künftige Leben des Täters in der Gesellschaft zu erwarten sind, bei der Strafzumessung zu berücksichtigen sind, und erkennt damit den Strafzweck der Spezialprävention an. Die Generalprävention hat mit dem Begriff der Verteidigung der Rechtsordnung, der sich insbesondere auf die positive Generalprävention bezieht,[31] Eingang in das StGB gefunden. Die Verteidigung der Rechtsordnung kann z. B. nach § 56 Abs. 3 StGB bei Freiheitsstrafen ab sechs Monaten der Aussetzung der Vollstreckung zur Bewährung entgegenstehen.

Zu berücksichtigen ist, dass sich eine Bestrafung auch stigmatisierend und desintegrierend auf den Täter auswirken und hierdurch seine Legalbewährung gefährden kann. Dem ist so weit wie möglich entgegenzuwirken. Insgesamt entspricht den gegenwärtigen empirischen Befunden und normativen Erwägungen am besten ein maßvolles, spezialpräventiv ausgestaltetes Schuldstrafrecht.[32]

II. Strafgesetzgebung

Die Strafgesetze legen fest, welches Verhalten strafbar ist und mit welchen Strafen das Verhalten bedroht ist. Der Inhalt der Strafgesetze **variiert** in der historischen Entwicklung und zwischen den Rechtsordnungen.[33] Straftatbestände werden neu geschaffen (Kriminalisierung) oder aufgehoben (Entkriminalisierung).[34] Es ist freilich ein Kernbereich stets strafbaren Unrechts erkennbar, der z. B. die vorsätzliche Tötung umfasst.[35] An Strafgesetze werden normative Anforderungen gestellt, die sich aus der Verfassung[36] und aus rechtspolitischen Grundsätzen[37] ergeben können. Aufgabe der Kriminologie ist es zu untersuchen, wie der Prozess der Strafgesetzgebung tatsächlich abläuft, welche Kräfte dabei wirksam sind

---

[28] *Hörnle* 2017, S. 31 ff.
[29] Siehe *Roxin/Greco* 2020, § 3 Rn. 33 ff., 37 ff.
[30] *Dölling* 2007b, S. 25.
[31] *Zipf/Dölling* 2014, § 63 Rn. 109.
[32] *Dölling* 2013, S. 1333; *Kinzig* 2020, S. 217.
[33] *Eisenberg/Kölbel* 2017, § 23 Rn. 1 f.
[34] *Kaiser* 1996, § 36 Rn. 21. ff.
[35] *Kaiser* 1996, § 35 Rn. 4; § 36 Rn. 67.
[36] Vgl. BVerfGE 129, 224 ff. und dazu kritisch *Roxin* 2009.
[37] Dazu *Zipf* 1980, S. 26 ff.; *Kaiser* 1996, § 99 Rn. 4.

(**Normgeneseforschung**),³⁸ wie Strafgesetze angewendet werden und welche (beabsichtigten oder unbeabsichtigten) Wirkungen sie haben.

13 Der Inhalt der Strafgesetze hängt von den jeweiligen politischen, wirtschaftlichen, gesellschaftlichen und kulturellen Gegebenheiten ab. Während nach dem **Konsensmodell** die Strafgesetze auf in der gesamten Gesellschaft geteilten Überzeugungen beruhen, dienen sie nach dem **Konfliktmodell** der Durchsetzung der Interessen der herrschenden gesellschaftlichen Gruppen.³⁹ Inwieweit ein Gesetzgebungsprozess einem dieser Modelle entspricht, muss jeweils für das einzelne Gesetz ermittelt werden. So dürfte über die Normen des Kernstrafrechts weitgehender gesellschaftlicher Konsens bestehen. Im Prozess der Strafgesetzgebung spielen freilich nicht nur Sachgründe eine Rolle. Der Gesetzgebungsprozess wird auch durch wirtschaftliche und gesellschaftliche Gruppen beeinflusst, denen es um die Verwirklichung spezifischer Interessen geht, und bei der Gesetzgebung sind auch macht- und parteipolitische Gesichtspunkte relevant.⁴⁰ So können Strafgesetze erlassen oder verschärft werden, um Forderungen der „öffentlichen Meinung" Rechnung zu tragen, weil andernfalls der Machtverlust droht.⁴¹ Es kann zu einer **symbolischen Gesetzgebung** kommen, bei der es weniger um eine reale Verbesserung des Rechtsgüterschutzes geht als darum, politische Entschlossenheit und Handlungsfähigkeit zu dokumentieren.⁴² In diesen Prozessen spielen die Massenmedien eine wichtige Rolle.⁴³

14 Die Strafgesetzgebung der letzten Jahrzehnte ist durch eine erhebliche **Ausdehnung des Strafrechts** gekennzeichnet. Es wurden neue Straftatbestände geschaffen, bestehende Tatbestände ausgeweitet und Strafdrohungen erhöht⁴⁴ und auch die strafprozessualen Eingriffsbefugnisse ausgeweitet.⁴⁵ Vielfach wird die Strafbarkeit durch abstrakte Gefährdungsdelikte in das Vorfeld der Rechtsgutsverletzung vorverlagert. Hierbei handelt es sich teilweise um Reaktionen auf neue Risiken, wie sie sich etwa aus modernen technischen Entwicklungen oder dem Terrorismus ergeben. Aber auch darüber hinaus ist ein erheblicher Ausbau des Strafrechts festzustellen. Insoweit ist darauf zu achten, dass an die Begründungspflicht des Gesetzgebers in der Strafgesetzpolitik strenge Anforderungen gestellt werden sollten.⁴⁶ Neben dem Strafrecht werden andere Rechtsgebiete wie das

---

³⁸ *Savelsberg* 1993, S. 368 ff.
³⁹ *Kaiser* 1996, § 32 Rn. 18; *Eisenberg/Kölbel* 2017, § 24 Rn. 4 ff.
⁴⁰ *Kunz/Singelnstein* 2016, § 24 Rn. 59.
⁴¹ Zu den die Strafgesetzgebung beeinflussenden Faktoren vgl. näher *Eisenberg/Kölbel* 2017, § 23 Rn. 1 ff.; § 24 Rn. 1 ff.
⁴² *Eisenberg/Kölbel* 2017, § 23 Rn. 12.
⁴³ Siehe *Scheerer* 1978, S. 223: „politisch-publizistischer Verstärkerkreislauf".
⁴⁴ *Schlepper* 2014, S. 78 ff.; *Eisenberg/Kölbel* 2017, § 23 Rn. 39.
⁴⁵ *Eisenberg/Kölbel* 2017, § 23 Rn. 40.
⁴⁶ *Kaiser* 1996, § 36 Rn. 16.

Polizeirecht zum Schutz der Sicherheit ausgebaut und es wird wegen der Verbindungen zwischen den verschiedenen Rechtsregimen von einer „**neuen Sicherheitsarchitektur**" gesprochen.[47]

III. Strafverfolgung

Von allen Straftaten und Straftätern wird nur ein kleiner Teil von der Strafjustiz sanktioniert. Die Strafverfolgung kann als ein System hintereinander geschalteter Filter verstanden werden. In einem Selektionsprozess wird in jedem Filter aus der jeweiligen Gesamtmenge der Taten und Täter eine Teilmenge ausgewählt und der weiteren Strafverfolgung zugeführt. Die restlichen Taten und Täter scheiden aus dem Prozess der Strafverfolgung aus (sog. **Trichter-Modell**, vgl. Abb. 28.1 mit nur bedingt vergleichbaren Zahlen aus der *PKS* und den Justizstatistiken).[48] Der erste Filter besteht darin, dass viele Delikte von anderen Personen als dem Täter überhaupt nicht als Straftaten erkannt werden. Dies gilt z. B. für Diebstähle geringwertiger Sachen, die der Eigentümer nicht **wahrnimmt**, oder für folgenlose Trunkenheitsfahrten, bei denen niemandem auffällt, dass der Fahrer betrunken ist.

Der größte Teil der von den Strafverfolgungsbehörden bearbeiteten Delikte wird diesen durch eine **Anzeige** einer Privatperson, insbesondere des Opfers, bekannt (sog. Bringdelinquenz).[49] Nimmt eine Privatperson eine Straftat wahr, muss sie abwägen, ob sie Anzeige erstatten soll. Die Gründe für die Erstattung von Anzeigen und für das Absehen von einer Anzeige sind in § 24 Rn. 2 dargestellt. Wird keine Strafanzeige erstattet, bedeutet dies nicht, dass die Tat stets ohne Reaktion bleibt. So kann eine private Erledigung der Angelegenheit erfolgen, z. B. dadurch, dass der Täter dem Opfer Schadenersatz leistet. Möglich ist es auch, dass die Tat innerhalb einer privaten Organisation reguliert wird, wie dies z. B. bei der Betriebsjustiz der Fall ist.[50] Bei einer Reihe von Deliktsbereichen kommt eine Anzeige durch Privatpersonen in der Regel nicht in Betracht. Das gilt z. B. für die Rauschgiftdelikte, an deren Verfolgung die sie wahrnehmenden Personen kein Interesse haben. Bei diesen Straftaten hängt das Bekanntwerden davon ab, wie intensiv die Polizei von sich aus nach diesen Delikten sucht (sog. Hol- oder Kontrolldelikte).[51]

Wird der Fall durch eine Anzeige zur Kenntnis der Polizei gebracht, ist damit nicht immer eine amtliche **Registrierung** der Tat verbunden. Zwar ist die Polizei nach dem für sie in § 163 Abs. 1 StPO normierten Legalitätsprinzip verpflichtet, beim Verdacht einer Straftat die Ermittlungen aufzunehmen. Hinsichtlich der Frage, ob ein Tatverdacht vorliegt, haben die Polizeibeamten jedoch einen gewissen „faktischen Beurteilungsspielraum". Das kann dazu führen, dass sie bei von ihnen als nicht strafwürdig angesehenen Fällen von einer Anzeigenaufnahme absehen.[52] Auch

---

[47] *Sieber* 2016, S. 351.
[48] Vgl. *Kerner* 1973; *Kaiser* 1996, § 37 Rn. 1 ff.
[49] *Eisenberg/Kölbel* 2017, § 26 Rn. 4.
[50] Siehe zur Betriebsjustiz *Kaiser/Metzger-Pregizer* 1996.
[51] *Eisenberg/Kölbel* 2017, § 26 Rn. 6.
[52] Vgl. dazu *Kürzinger* 1978; *Eisenberg/Kölbel* 2017, § 27 Rn. 33.

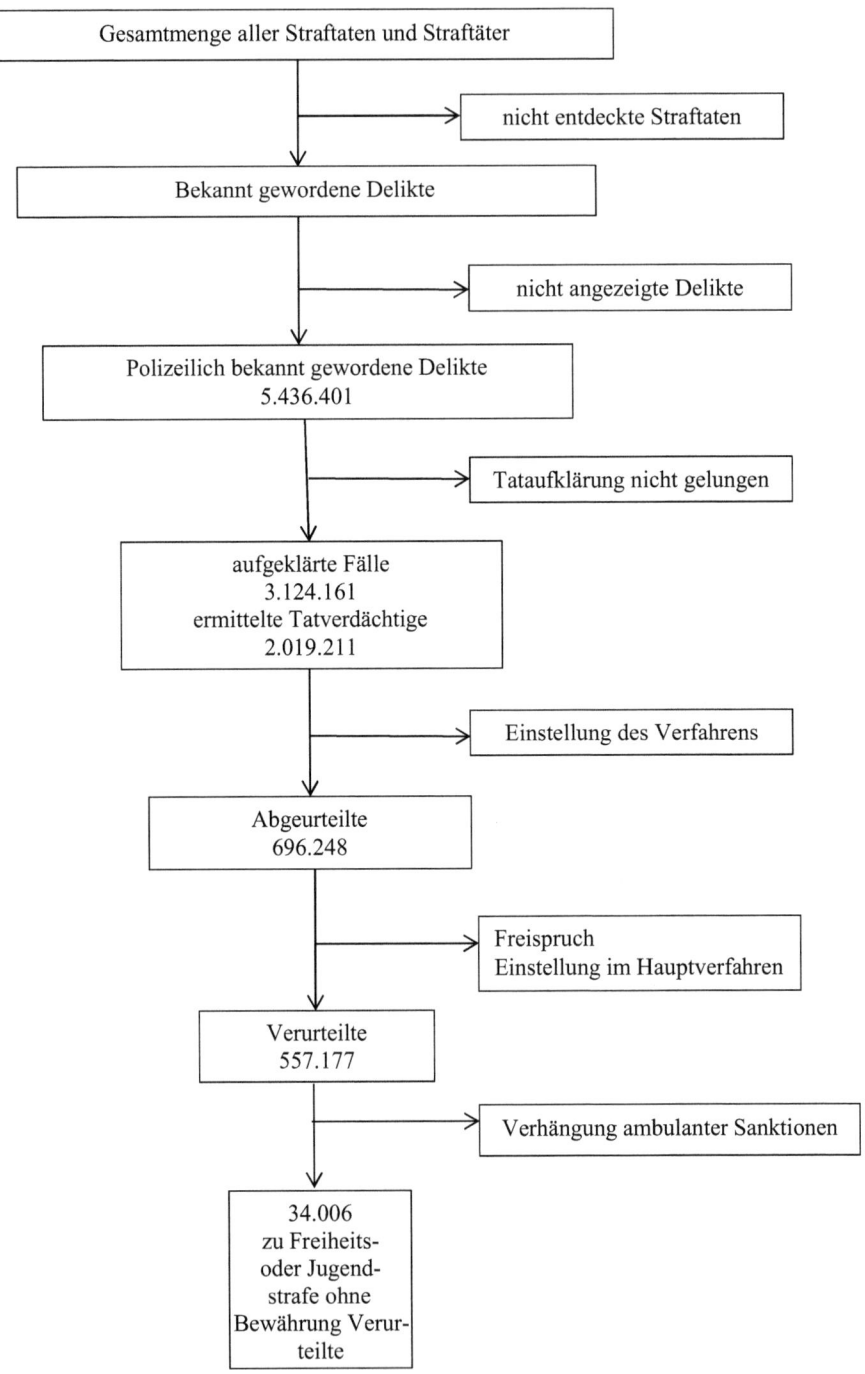

Abb. 28.1 Entdeckung und Verfolgung von Straftaten in der Bundesrepublik Deutschland 2019 (ohne Straßenverkehrsdelikte). (Quellen: *PKS* 2019; *Strafverfolgung* 2019)

wenn Polizeibeamte darüber zu entscheiden haben, ob sie von Amts wegen die Ermittlungen aufnehmen sollen – was z. B. bei einer Streifenfahrt der Fall sein kann – besteht ein solcher faktischer Beurteilungsspielraum.[53]

In der Polizeilichen Kriminalstatistik (PKS) 2019 sind 5.436.401 der Polizei bekannt gewordene Straftaten verzeichnet.[54] Die **Ermittlungen** werden ganz überwiegend von der Polizei geführt.[55] Ermittlungen der Staatsanwaltschaft sind in größerem Umfang nur in Fällen schwerer Kriminalität und in bestimmten Deliktsbereichen, etwa bei der Wirtschaftskriminalität, zu verzeichnen. Schon aus Kapazitätsgründen ist es der Polizei nicht möglich, bei allen bekannt gewordenen Delikten alle Ermittlungsmaßnahmen zu ergreifen, die zur Tataufklärung geeignet erscheinen. Vielmehr setzt die Polizei bei den Ermittlungen Schwerpunkte. Dies erfolgt vor allem nach zwei Kriterien. Zum einen ermittelt die Polizei bei schweren Delikten intensiver als bei leichteren.[56] Außerdem variiert die Ermittlungsintensität nach der von der Polizei angenommenen Aufklärungswahrscheinlichkeit: Zeigen sich zu Beginn der Ermittlungen Erfolg versprechende Ansatzpunkte für die Ermittlung des Täters, geht die Polizei diesen Ansatzpunkten nach. Liegen solche Anhaltspunkte nicht vor, versucht die Polizei bei leichteren Delikten häufig nicht, dieses „Informationsdefizit" durch intensive Ermittlungen auszugleichen, sondern hält sich mit weiteren Ermittlungen zurück.[57] Bei schwere Straftaten wird dagegen nachdrücklich ermittelt. Variationen in der Ermittlungsintensität sind mit dem Legalitätsprinzip vereinbar, wenn die vorhandenen Ermittlungskapazitäten voll ausgeschöpft werden und bei allen Deliktsarten sachgerechte Ermittlungen stattfinden.[58]

Nach der PKS wurden im Jahr 2019 3.124.161 Fälle aufgeklärt. Das ergibt eine Aufklärungsquote von 57,5 %.[59] Die Zahl der 2019 von der Polizei ermittelten Tatverdächtigen betrug 2.019.211.[60] Für die **Aufklärung** eines Falles ist es von großer Bedeutung, ob Tat und Täter von einem Zeugen wahrgenommen werden.[61] Informiert der Zeuge schnell die Polizei, kann der Täter in einer erheblichen Zahl von Fällen noch im „ersten Angriff" festgenommen werden.[62] Außerdem kann der Zeuge die Aufklärung des Falles dadurch ermöglichen, dass er der Polizei den Namen des Tatverdächtigen nennt oder sonstige Informationen über den Täter liefert. Die Aufklärung kann auch dadurch erleichtert werden, dass die Tat in einen Zusammenhang mit anderen der Polizei bekannt gewordenen Delikten eingeordnet werden kann, oder dass am Tatort auswertbare Spuren gesichert werden können. Diese Umstände sind allerdings weniger bedeutsam als Zeugenaussagen.

---

[53] Siehe dazu *Feest/Blankenburg* 1972.
[54] *PKS* 2019, Bd. 1, V1.0, S. 15.
[55] *Dölling* 1987, S. 262; *Eisenberg/Kölbel* 2017, § 27 Rn. 8 f.
[56] *Meier* 2021, § 9 Rn. 46.
[57] *Dölling* 1987, S. 262.
[58] *Dölling* a.a.O., S. 301.
[59] *PKS* 2019, Bd. 1, V1.0, S. 35. Zu Begriff und Bedeutung der Aufklärungsquote siehe oben § 9.
[60] *PKS* 2019, Bd. 3, V3.0, S. 12.
[61] Vgl. hierzu und zum Folgenden *Dölling* 1987, S. 258 ff.
[62] Siehe zum Begriff des ersten Angriffs *Dölling* a.a.O., S. 106.

20 Über den **Abschluss des Ermittlungsverfahrens** entscheidet die Staatsanwaltschaft. Entweder bringt sie den Fall durch Anklageerhebung oder Antrag auf Erlass eines Strafbefehls vor das Strafgericht oder sie stellt das Verfahren ein. Unter den von den Staatsanwaltschaften im Jahr 2019 erledigten Verfahren dürften sich ca. 40 % sog. Unbekanntsachen befinden, in denen kein Tatverdächtiger ermittelt wurde und die deshalb von den Staatsanwaltschaften eingestellt wurden.[63] Von den 4.938.651 Verfahren mit bekannten Tatverdächtigen erledigten die Staatsanwaltschaften bei den Landgerichten (einschließlich der Amtsanwaltschaften) 8,5 % durch Anklageerhebung, 11,1 % durch Antrag auf Erlass eines Strafbefehls und 0,5 % durch einen Antrag auf Entscheidung im beschleunigten Verfahren oder im vereinfachten Jugendverfahren.[64] Lediglich 20,1 % der erledigten Verfahren kamen daher vor die Strafgerichte. In 3,4 % der Verfahren erfolgte eine Einstellung mit Auflage, 24,6 % der Verfahren wurden ohne Auflage eingestellt. In 4,0 % der Verfahren verwies die Staatsanwaltschaft auf den Weg der Privatklage. 28,7 % der Verfahren wurden nach § 170 Abs. 2 StPO mangels hinreichenden Tatverdachts eingestellt (einschließlich Einstellungen wegen Schuldunfähigkeit des Beschuldigten). Die restlichen 19,2 % der Verfahren wurden auf andere Weise erledigt, insbesondere durch Verbindung mit einer anderen Sache, Abgabe an eine andere Staatsanwaltschaft oder Abgabe an die Verwaltungsbehörde als Ordnungswidrigkeit.[65] In vorangegangenen Jahrzehnten ansteigende Verfahrenseingänge haben die Staatsanwaltschaften durch vermehrte Einstellungen nach dem Opportunitätsprinzip aufgefangen.[66]

21 Diese Zahlen zeigen, dass in vielen Fällen mit von der Polizei ermittelten Tatverdächtigen die Beweise nach der Beurteilung der Staatsanwaltschaft für eine Anklageerhebung nicht ausreichen, sodass das Verfahren mangels hinreichenden Tatverdachts eingestellt werden muss, und dass die Staatsanwaltschaften in vielen Fällen von den Möglichkeiten Gebrauch machen, Verfahren gegen überführbare Tatverdächtige nach dem Opportunitätsprinzip einzustellen. Kriterien für die Entscheidungen der Staatsanwaltschaften über den Abschluss des Ermittlungsverfahrens sind insbesondere die Geständnisbereitschaft des Beschuldigten, die Schadenshöhe, die gleichzeitige Anhängigkeit mehrerer Delikte gegen den Beschuldigten und seine Vorbelastung.[67] Der Anteil der staatsanwaltschaftlichen Verfahrenseinstellungen steigt außerdem mit der Höhe der regionalen Kriminalitätsbelastung.[68] Das Entscheidungsverhalten der Staatsanwaltschaften weist erhebliche regionale Unterschiede auf.[69]

---

[63] Vgl. *Staatsanwaltschaften* 2019, S. 13.
[64] Siehe hierzu und zum Folgenden *Staatsanwaltschaften* 2019, S. 30.
[65] Zur Verfahrenserledigung durch die Staatsanwaltschaften bei den Oberlandesgerichten siehe *Staatsanwaltschaften* 2019, S. 134.
[66] *Heinz* 2009, S. 93, 96; 2013b, S. 2016 ff.
[67] *Blankenburg/Sessar/Steffen* 1978, S. 119 ff.; *Eisenberg/Kölbel* 2017, § 27 Rn. 75 ff.; zur Bedeutung des sozioökonomischen Status des Beschuldigten vgl. *Kolsch* 2020, S. 294 ff.
[68] *Dittmann* 2004, S. 334.
[69] *Heinz* 2013b, S. 223 ff.; 2019b, S. 51 ff.

Von den Strafgerichten wurden im Jahr 2019 891.795 Personen abgeurteilt und 728.686 Personen verurteilt.[70] Ohne die Straßenverkehrsdelikte betrug die Zahl der **Abgeurteilten** 696.248 und die Zahl der **Verurteilten** 557.177.[71] Eine Anklage oder ein Strafbefehlsantrag führt somit in der Regel zu einer Verurteilung, auch auf der Ebene der Gerichte finden aber noch in erheblichem Umfang Selektionsprozesse statt.[72] Zwar ist der Anteil der Freisprüche gering. Von den 2019 Abgeurteilten wurden lediglich 2,8 % freigesprochen.[73] Eine beachtliche Zahl von Verfahren wird aber von den Gerichten nach dem Opportunitätsprinzip eingestellt.[74] Bei den Entscheidungen der Staatsanwaltschaft und des Gerichts geht es nicht nur darum, ob ein Tatverdächtiger strafrechtliche sanktioniert wird oder nicht. Staatsanwaltschaft und Gericht entscheiden auch darüber, wie die jeweilige Tat rechtlich eingeordnet wird. Insoweit kommt es im Verlauf der Strafverfolgung häufig zu **Umdefinitionen**. So wird ein Verhalten, das von der Polizei als vorsätzliche Tötung verfolgt wird, von der Staatsanwaltschaft oder vom Gericht als Körperverletzung mit Todesfolge oder als fahrlässige Tötung eingestuft.[75]

Erfolgt eine Verurteilung, werden in der Regel ambulante **Sanktionen** (insbesondere Geldstrafe und Freiheitsstrafe mit Bewährung) verhängt. Im Jahr 2019 erhielten lediglich 4,9 % der Verurteilten (6,1 % ohne Berücksichtigung der Straßenverkehrsdelikte) eine Freiheits- oder Jugendstrafe ohne Bewährung.[76] Der im Zuge der Strafverfolgung stattfindende Selektionsprozess führt also nur einen sehr kleinen Anteil der Täter ins Gefängnis. Dies gilt auch, wenn sonstige Wege in den Strafvollzug wie widerrufene Strafaussetzungen und Ersatzfreiheitsstrafen berücksichtigt wenden. Insgesamt ist die Strafverfolgungstätigkeit an Kriterien der Beweislage und der Strafwürdigkeit orientiert, wobei es den Strafverfolgungsorganen darum geht, die knappen Ressourcen möglichst „ökonomisch" zu handhaben.[77] Neben den rechtlichen Vorgaben spielen hierbei auch informelle Handlungsnormen („second code") eine Rolle.[78]

IV. Strafzumessung

1. Die Struktur der strafrechtlichen Sanktionspraxis

Die Entwicklung der Sanktionspraxis der deutschen Strafgerichte seit dem 19. Jahrhundert ist dadurch gekennzeichnet, dass die Freiheitsstrafe von der **Geldstrafe als**

---

[70] *Strafverfolgung* 2019, S. 24 f.; zum Begriff des Abgeurteilten siehe § 9 Rn. 9.
[71] *Strafverfolgung* a.a.O.
[72] Zu den Interaktionsprozessen in der Hauptverhandlung vgl. *Eisenberg/Kölbel* 2017, § 31 Rn. 7 ff.
[73] Berechnet nach *Strafverfolgung* a.a.O., S. 58 f.
[74] Vgl. *Meier* 2021, § 9 Rn. 65 ff. iVm. Tab. 9.2.
[75] Siehe dazu *Sessar* 1981, S. 100 ff., 131 ff., 168 ff.
[76] Berechnet nach *Strafverfolgung* 2019, S. 154 f., 280 f.
[77] *Dölling* 1987, S. 263; *Meier* 2021, § 9 Rn. 68.
[78] *Meier* 2021, § 9 Rn. 33; *Eisenberg/Kölbel* 2017, § 32 Rn. 1 ff.

Tab. 28.1 Hauptstrafen nach allgemeinem Strafrecht 2019

Strafe	n	%
Geldstrafe	567.243	84,7
davon 5 bis 15 Tagessätze	44.863	
16 bis 30 Tagessätze	190.432	
31 bis 90 Tagessätze	281.811	
91 bis 180 Tagessätze	46.551	
181 und mehr Tagessätze	3586	
Freiheitsstrafe mit Bewährung	70.521	10,5
davon unter 6 Monate	17.862	
6 Monate bis 1 Jahr	37.498	
über 1 Jahr bis 2 Jahre	15.161	
Freiheitsstrafe ohne Bewährung	32.018	4,8
davon unter 6 Monate	6762	
6 Monate bis 1 Jahr	9501	
über 1 bis 2 Jahre	5933	
über 2 bis 5 Jahre	7973	
über 5 bis 15 Jahre	1731	
lebenslang	118	
Strafarrest (davon 1 Verurteilung mit Bewährung)*	2	< 0,1
Verurteilte insgesamt	669.784	100,0

*Der Strafarrest ist ein kurzer Freiheitsentzug nach dem Wehrstrafgesetz
Quelle: Strafverfolgung 2019, S. 154 f., 190 f.

Regelstrafe abgelöst worden ist. Von 1882 bis 1993 ging der Anteil der Freiheitsstrafen an den Kriminalstrafen von 76,8 % auf 16,0 % zurück und stieg der Anteil der Geldstrafen von 22,2 % auf 83,9 %.[79] Bei der Freiheitsstrafe hat sich der Anteil der 1953 eingeführten **Strafaussetzung zur Bewährung** von 1954 bis 1993 von 30,2 % auf 69,3 % erhöht.[80] Im langfristigen Vergleich ist also eine nachhaltige **Zurückdrängung der unbedingten Freiheitsentziehung** festzustellen.[81] Seit einigen Jahrzehnten hat sich eine relativ stabile Sanktionspraxis herausgebildet: Die Gerichte sprechen im Regelfall Geldstrafen aus, wird eine Freiheitsstrafe verhängt, wird diese überwiegend zur Bewährung ausgesetzt, Freiheitsstrafen ohne Bewährung werden verhältnismäßig selten ausgesprochen.[82] 2019 waren 84,7 % der verhängten Kriminalstrafen Geldstrafen, 10,5 % Freiheitsstrafen mit Bewährung und 4,8 % Freiheitsstrafen ohne Bewährung (vgl. Tab. 28.1).

25   Die **Geldstrafe** wird gemäß § 40 StGB im Tagessatzsystem verhängt.[83] Danach wird zunächst die Zahl der Tagessätze festgesetzt. Durch sie wird der Schuldgehalt der Tat zum Ausdruck gebracht. Die Tagessatzzahl beträgt mindestens fünf und höchstens 360, bei einer Gesamtstrafe wegen mehrerer Taten 720. Dann bestimmt

---

[79] *Kaiser* 1996, § 92 Rn. 4.
[80] *Kaiser* 1996, § 93 Rn. 24.
[81] *Heinz* 2009, S. 100.
[82] *H.-J. Albrecht* 2019, S. 166.
[83] Vgl. zum Tagessatzsystem *Streng* 2012, Rn. 122 ff.; *Zipf/Dölling* 2014, § 59 Rn. 28, 35 ff.; *Meier* 2018, S. 68 ff.

das Gericht die Höhe des Tagessatzes unter Berücksichtigung der persönlichen und wirtschaftlichen Verhältnisse des Täters, wobei es in der Regel von dem Nettoeinkommen ausgeht, das der Täter durchschnittlich an einem Tag hat oder haben könnte. Hiermit soll die Geldstrafhöhe an die Einkommensverhältnisse des Täters angepasst werden. 2019 lagen 91,2 % der Geldstrafen in einem Bereich bis zu 90 Tagessätzen.[84] Die Geldstrafe kommt also ganz überwiegend bei leichterer und mittlerer Kriminalität zur Anwendung.[85] Die Tagessatzhöhe belief sich 2019 bei 60,3 % der Geldstrafen auf bis zu 25 Euro.[86] Der Umstand, dass der Anteil der Tagessatzhöhen von über 50 Euro tendenziell mit der Zahl der Tagessätze steigt, spricht dafür, dass bei mittelschwerer Delinquenz Geldstrafen insbesondere gegen wirtschaftlich besser bestellte Täter verhängt werden.[87]

Im Jahr 2019 wurden 102.539 **Freiheitsstrafen** verhängt.[88] Obwohl kurze Freiheitsstrafen unter sechs Monaten nach § 47 StGB nur ausgesprochen werden dürfen, wenn sie wegen besonderer Umstände aus spezial- oder generalpräventiven Gründen unerlässlich sind,[89] spielen sie in der Strafrechtspraxis eine erhebliche Rolle. 2019 hatten 24,0 % der Freiheitsstrafen eine Länge von weniger als sechs Monaten.[90] Bei 45,8 % der Freiheitsstrafen betrug die Länge sechs Monate bis ein Jahr und bei 20,6 % mehr als ein Jahr bis zwei Jahre.[91] Damit lagen 90,4 % der Freiheitsstrafen in dem Bereich bis zu zwei Jahren, in dem nach § 56 StGB eine Strafaussetzung zur Bewährung möglich ist.[92] 7,8 % der Freiheitsstrafen hatten eine Länge von mehr als zwei bis fünf Jahren, 1,7 % eine Höhe von mehr als fünf bis 15 Jahren und 118 Verurteilte erhielten eine lebenslange Freiheitsstrafe.[93] Von allen 2019 verhängten Freiheitsstrafen wurden 68,8 % zur **Bewährung** ausgesetzt.[94] Bei den aussetzungsfähigen Strafen bis zu zwei Jahren betrug der Anteil der Strafaussetzungen 76,1 %.[95] 26

Die Nebenstrafe des **Fahrverbots** nach § 44 StGB, die nur zusammen mit einer Geld- oder Freiheitsstrafe ausgesprochen werden darf, wurde 2019 in 30.163 Fällen verhängt.[96] In einer Reihe von Fällen sprachen die Gerichte die Angeklagten schuldig, verurteilten sie aber nicht zu einer Strafe. In 6366 Fällen erfolgte 2019 eine **Verwarnung mit Strafvorbehalt** gemäß § 59 StGB, bei der das Gericht eine 27

---

[84] Berechnet nach Tabelle 27.1.
[85] *Eisenberg/Kölbel* 2017, § 33 Rn. 5.
[86] Berechnet nach *Strafverfolgung* 2019, S. 190 ff.
[87] *Meier* 2019a, S. 84.
[88] *Strafverfolgung* 2019, S. 90.
[89] Vgl. dazu *Streng* 2012, Rn. 158 ff.; *Zipf/Dölling* 2014, § 64 Rn. 13 ff.; *Meier* 2019a, S. 93 ff.
[90] Berechnet nach *Strafverfolgung* 2019, S. 154 f.
[91] Berechnet nach *Strafverfolgung* 2019, S. 154 f.
[92] Zu den Voraussetzungen der Strafaussetzung siehe *Streng* 2012, Rn. 168 ff.; *Zipf/Dölling* 2014, § 65 Rn. 15 ff.; *Meier* 2019a, S. 109 ff.
[93] Berechnet nach *Strafverfolgung* 2019, S. 154 f.
[94] Berechnet nach *Strafverfolgung* 2019, S. 154 f.
[95] Berechnet nach *Strafverfolgung* 2019, S. 154 f.
[96] *Strafverfolgung* 2019, S. 332.

Geldstrafe der Höhe nach bestimmt, ihre Verhängung aber zur Bewährung aussetzt, und in 136 Fällen machten die Gerichte von der in bestimmten Konstellationen gegebenen Möglichkeit eines **Schuldspruchs mit Absehen von Strafe** Gebrauch.[97]

28 Von den freiheitsentziehenden **Maßregeln der Besserung und Sicherung**[98] wird am häufigsten die Unterbringung in einer Entziehungsanstalt gemäß § 64 StGB angeordnet. Diese Maßregel wurde 2019 gegen 3317 Personen verhängt.[99] In 969 Fällen wurde die Unterbringung in einem psychiatrischen Krankenhaus nach § 63 StGB angeordnet, in 53 Fällen die Sicherungsverwahrung gemäß § 66 StGB.[100] Die am häufigsten verhängte ambulante Maßregel der Besserung und Sicherung ist die Entziehung der Fahrerlaubnis nach § 69 StGB mit 96.158 Anordnungen im Jahr 2019.[101] In 114 Fällen wurde ein Berufsverbot gemäß § 70 StGB ausgesprochen und in 25 Fällen die Führungsaufsicht nach § 68 I StGB angeordnet.[102] Hierbei ist zu berücksichtigen, dass die Führungsaufsicht in den meisten Fällen kraft Gesetzes eintritt (vgl. § 68 Abs. 2 StGB) und diese Fälle in der Statistik Strafverfolgung nicht erfasst werden. Erhebliche Bedeutung in der Strafrechtspraxis hat die **Einziehung** gemäß §§ 73 ff. StGB gewonnen.[103] Sie wurde 2019 in 107.158 Fällen angeordnet.[104]

29 Von den 59.084 Verurteilungen nach **Jugendstrafrecht**[105] im Jahr 2019 entfielen 71,1 % auf Entscheidungen, in denen Zuchtmittel nach §§ 13 ff. JGG allein oder in Verbindung mit Erziehungsmaßregeln gemäß §§ 9 ff. JGG angeordnet wurden, 15,6 % der Verurteilungen lauteten auf Jugendstrafe nach §§ 17 ff. JGG (9,3 % mit Bewährung, 6,3 % ohne Bewährung) und bei 13,3 % der Verurteilungen wurden lediglich Erziehungsmaßregeln verhängt.[106] Unter den Zuchtmitteln dominierten die Arbeitsauflagen, die Verwarnung und der Jugendarrest und bei den Erziehungsmaßregeln handelte es sich zu 99,5 % um Weisungen gemäß § 10 JGG.[107]

---

[97] *Strafverfolgung* 2019, S. 56 f.
[98] Zur Regelung der Maßregeln der Besserung und Sicherung vgl. *Streng* 2012, Rn. 334 ff.; *Zipf/Laue* 2014, § 67 ff.; *Meier* 2018, S. 273 ff.
[99] *Strafverfolgung* 2019, S. 333.
[100] *Strafverfolgung* 2019, S. 333. Zur Entwicklung der strafrechtlichen Unterbringungsanordnungen siehe *Heinz* 2015b.
[101] *Strafverfolgung* 2019, S. 333.
[102] *Strafverfolgung* 2019, S. 333.
[103] Zur Regelung der Einziehung vgl. *Meier* 2019a, S. 447 ff.
[104] *Strafverfolgung* 2019, S. 332.
[105] Zum jugendstrafrechtlichen Sanktionensystem siehe *Beulke/Swoboda* 2020, Rn. 239 ff.; *Streng* 2020, Rn. 243 ff.
[106] Berechnet nach *Strafverfolgung* 2019, S. 90 f.
[107] Berechnet nach *Strafverfolgung* 2019, S. 306 f. Zur Entwicklung der jugendstrafrechtlichen Sanktionierungspraxis siehe *Heinz* 2012.

2. Aufgaben und Methoden der empirischen Strafzumessungsforschung

Das deutsche Strafrecht ist durch Straftatbestände mit einem weiten Strafrahmen gekennzeichnet. Somit stehen den Strafgerichten große Spielräume bei der Strafzumessung zur Verfügung Die Kriterien der Strafzumessung sind zwar normativ geregelt, insbesondere durch § 46 StGB;[108] zudem liegen mehrere Theorien zur Strukturierung des Strafzumessungsvorgangs vor[109] – trotzdem scheint die Strafzumessung von Ungleichheit geprägt zu sein, und § 46 StGB in seiner jetzigen Fassung wird kritisiert.[110] Der Spielraum des Richters ist im Jugendstrafrecht noch größer, denn dort gelten die Strafrahmen des Erwachsenenrechts nicht und der Reaktionenkatalog im JGG ist umfassender als die Sanktionsmöglichkeiten im StGB. **Aufgabe** der empirischen Strafzumessungsforschung ist neben der Beschreibung der Strafzumessungspraxis die Ermittlung der Faktoren, welche die Strafzumessungsentscheidungen der Gerichte bestimmen. 30

Die empirischen Arbeiten zur Strafzumessung können aufgrund der verschiedenen **Untersuchungsmethoden** in drei Gruppen aufgeteilt werden. Neben der **Analyse von Strafakten** werden als Erhebungsmethoden die **Beobachtung** im Gerichtssaal und die **Befragung von Strafrichtern mittels fiktiver Fälle** verwendet. Durch Aktenanalysen können Tat- und Tätermerkmale erfasst werden sowie die tatsächliche justizielle Reaktion auf Straftaten. Persönliche Merkmale des Richters, insbesondere seine Einstellungen zu Strafzwecken, können mit dieser Erhebungsmethode nicht erhoben werden und bleiben damit unbekannt. Dies gilt auch für die Methode der Beobachtung. Damit können zwar Zusammenhänge zwischen den Interaktionen der Verfahrensbeteiligten und dem Ergebnis der Hauptverhandlung nachgewiesen werden, ein Einfluss von visuell nicht unmittelbar erkennbaren Richtermerkmale auf das Entscheidungsverhalten ist hingegen nicht ermittelbar. Bei der Methode der fiktiven Fälle werden Richter nach der Strafzumessung in konstruierten Fällen schriftlich befragt. Dabei können Tat- und Tätermerkmale durch eine Modifikation der Fallbeschreibungen in begrenztem Umfang variiert werden, sodass der Einfluss dieser Merkmale auf die Strafzumessung nur bedingt untersucht werden kann. Allerdings ist es möglich, in der Befragung beispielsweise Persönlichkeitsmerkmale, Wertorientierungen und Einstellungen des Richters zu erfassen und somit den Einfluss dieser Merkmale auf das Strafzumessungsverhalten zu untersuchen. Die Methode der fiktiven Fälle ist zwar nicht unumstritten, aber empirische Vergleiche von Entscheidungen in fiktiven Fällen und in der Realität führten bisher zu keiner Ablehnung dieses Verfahrens.[111] Insgesamt gesehen korrespondiert also die Wahl der Erhebungsmethode mit den Erkenntnismöglichkeiten einer Untersuchung. Von besonderem Interesse sind somit Untersuchungen, die 31

---

[108] *Streng* 2012, Rn. 521 ff.; *Zipf/Dölling* 2014, § 63 Rn. 1 ff.
[109] *Streng* 2012, Rn. 625 ff.; *Schäfer/Sander/van Gemmeren* 2017, Rn. 883 ff.
[110] *Yüksel* 1992; *Kaspar* 2018, C 60 ff.
[111] *Hood/Elliott/Shirley* 1972.

3. Befunde der empirischen Strafzumessungsforschung

32   In einigen Untersuchungen zur Strafzumessung wurde die Methode der **Beobachtung** eingesetzt. *Boy* hat 401 Hauptverhandlungen von Strafverfahren in drei Landgerichtsbezirken beobachten lassen und zum Teil noch Interviews mit Richtern und Angeklagten durchgeführt. In einem Pfadmodell zur Erklärung der Sanktionshöhe durch normativ begründete Faktoren haben Tat- und die Tätermerkmale, insbesondere die Anzahl der Vorstrafen und die Deliktschwere, die größten Einflüsse. Im Vergleich dazu sind alle anderen Einflussfaktoren irrelevant. Die Ergebnisse sprechen für ein Entscheidungsverhalten, das stark an Rechtsnormen orientiert ist.[112]

33   Im Vergleich dazu haben *Schumann* und *Winter* durch Beobachtungen von Hauptverhandlungen in Verkehrssachen eine relativ große Anzahl von außerrechtlichen Determinanten für die Strafhöhe ermittelt: die Schichtzugehörigkeit des Angeklagten, seine Ausdrucksfähigkeit und Aktivität in der Hauptverhandlung, die Verhaltenskritik und der Autoritarismusgrad des Richters. Allerdings basiert die Untersuchung nur auf 30 beobachteten Verhandlungen, sodass die Ergebnisse nur unter Einschränkungen verallgemeinerbar sind.[113]

34   Verhältnismäßig häufig wurden in Strafzumessungsuntersuchungen **Aktenanalysen** verwendet. Mittels einer Analyse von Verkehrszentralregisterauszügen und Strafakten zu 300 Fällen hat *Schöch* mögliche Strafzumessungsdeterminanten von Entscheidungen nach dem **Erwachsenenstrafrecht** zu Trunkenheitsdelikten im Straßenverkehr untersucht. Die ausgewählten Fälle können als quotierte Zufallsstichprobe betrachtet werden. 200 Fälle behandeln Verurteilungen wegen Trunkenheit im Straßenverkehr und 100 Fälle Verurteilungen wegen Gefährdung des Straßenverkehrs. Die Bestimmung von strafzumessungrelevanten Faktoren erfolgte in erster Linie durch eine Berechnung von Korrelationen möglicher Determinanten mit dem Strafmaß. Dabei zeigte sich, dass das Vorhandensein einschlägiger Vorstrafen alle anderen Strafzumessungsfaktoren in den Hintergrund drängte. Je größer die Anzahl der einschlägigen Vorstrafen war, desto schwerer war das Strafmaß bei verhängten Freiheitsstrafen und desto länger dauerte die Sperrfrist für die Wiedererteilung der Fahrerlaubnis. Strafmildernd wirkte sich ein langer Führerscheinbesitz aus. Die berufliche Stellung und der Familienstand hingegen standen in keinem Zusammenhang mit der Strafzumessung.[114]

35   In einer Analyse von Strafakten hat *H.-J. Albrecht* die Akten von 1283 erwachsenen, rechtskräftig Verurteilten untersucht. Die Verurteilung erfolgte wegen eines Raubes, einer Vergewaltigung oder eines Einbruchsdiebstahls. Es handelte sich um eine Zufallsstichprobe rechtskräftiger Verurteilungen aus fünf Land-

---

[112] *Boy* 1984.
[113] *Schumann/Winter* 1971.
[114] *Schöch* 1973.

gerichtsbezirken Baden-Württembergs. Ein wesentliches Ergebnis der Untersuchung ist, dass die Strafzumessung in erster Linie von den im Strafgesetz vorgegebenen Faktoren für die Strafzumessung abhängig ist. Die Anzahl der bei der Verurteilung berücksichtigten Delikte, die Schadenshöhe und die Vorstrafenbelastung erklären 52 % der Varianz der Strafzumessung beim Einbruchsdiebstahl. Beim einfachen Raub liegt der Wert bei 43 %; die dabei berücksichtigten unabhängigen Variablen sind die Einstufung eines Falls nach der Tatschwere, die Schadenshöhe, die Drohungsintensität und die Vorstrafenbelastung. Beim schweren Raub erklären die Kategorisierung als minder schwerer Fall, die Einstufung als vollendete oder versuchte Tat, der Grad der Schuldfähigkeit und die Schadenshöhe 62 % der Varianz. Bei der Vergewaltigung können durch die Bewertung als minder schwerer Fall, durch den Verletzungsgrad des Opfers und durch die Vorstrafenbelastung 45 % der Varianz der Strafzumessung erklärt werden. Insgesamt gesehen bestätigt diese Untersuchung die Ergebnisse anderer Forschungen. Es sind meist nur wenige und immer dieselben Variablen, die bei der Erklärung der Variation im Strafmaß herausragen: die Vorstrafenbelastung und die Tatschwere. Demgegenüber treten im Vergleich andere personenbezogene Merkmale von Täter und Richter in den Hintergrund.[115]

Eine weitere Aktenanalyse zur Strafzumessung beim Raub wurde von *Hoppenworth* und *Dölling* durchgeführt. Es handelt sich um eine Untersuchung von 385 Strafakten, in denen Anklage wegen Raubes, räuberischer Erpressung oder räuberischen Angriffs auf Kraftfahrer erhoben worden war, wobei sowohl Verfahren nach dem Erwachsenen- als auch nach dem Jugendstrafrecht berücksichtigt wurden. Die Stichprobe ist eine Totalerhebung aller relevanten Fälle der Jahre 1977 bis 1982 aus drei Landgerichtsbezirken. Das Ergebnis der Untersuchung ist, dass bei erwachsenen Tätern durch fünf Merkmale 61 % der Variation der Strafzumessung erklärt werden können, nämlich die rechtliche Einordnung der Tat als einfacher oder schwerer Raub sowie als schwerer oder minder schwerer Fall, die Schadenshöhe, die Charakterisierung des Angeklagten als überörtlich oder örtlich agierender Täter, seine Vorbelastung und das Vorliegen eines Haftbefehls. Bis auf die letztgenannte Variable sind alle anderen Merkmale Faktoren, die auf die Unrechts- und Schulddimension Bezug nehmen. Die Verhängung eines Haftbefehls hingegen ist ein Verfahrensmerkmal und kein Schuldindikator, aber in der Praxis ist diese Entscheidung auch von der Tatschwere abhängig. Somit können alle Determinanten als Indikatoren von Unrechtsgehalt und Höhe der Schuld gesehen werden.[116] 36

Die Entscheidung für eine Reaktion nach dem **Jugendstrafrecht** müsste bei normativ orientierten Entscheidungsprinzipien auf andere Kriterien zurückgreifen als die Strafzumessung nach dem StGB. Statt Schuldausgleichserwägungen müssten bei jugendrichterlichen Entscheidungen der Erziehungsgedanken im Vordergrund stehen und generalpräventive Überlegungen müssten einen anderen Stellenwert haben.[117] 37

---

[115] *H.-J. Albrecht* 1994.
[116] *Hoppenworth* 1991; vgl. auch *Dölling* 1999.
[117] *Buckolt* 2009.

38 Bei Verurteilungen nach dem Jugendstrafrecht kann *Hoppenworth* 72 % der Varianz erklären, und zwar in erster Linie durch Tatschweremerkmale: Dauerschaden beim Opfer, Einheitsstrafenbildung, seelischer Schaden beim Opfer, Strafrahmen und Mitverschulden des Opfers. Zudem sind noch die Vorverurteilungen des Täters und prozessuale Variablen wie die Zahl der Beweismittel relevante Determinanten der Strafzumessung.[118]

39 Mittels einer Analyse von Jugendgerichts- und Jugendamtsakten haben *Hermann* und *Wild* das Entscheidungsverhalten von Jugendrichtern untersucht. Dabei wurden 180 Fälle, die von sechs Jugendrichtern in den Jahren 1976 und 1977 bearbeitet wurden, berücksichtigt. Es zeigte sich, dass die Entscheidung, ob die Verhandlung vor dem Jugendgericht oder vor dem Jugendschöffengericht stattfindet, von der Tatschwere und den Vorverurteilungen abhängig ist. Dies entspricht den gesetzlichen Vorgaben: Erwartet die Staatsanwaltschaft die Verhängung einer Jugendstrafe, muss vor dem Jugendschöffengericht oder der Jugendkammer angeklagt werden. Bei leichteren Rechtsfolgen hingegen ist der Jugendrichter zuständig. Die Höhe der Sanktion, so das Ergebnis der empirischen Analyse, wird nur von der Tatschwere und der Wahl des Spruchkörpers beeinflusst. Bei der Sanktionsentscheidung des Jugendrichters spielen soziale Auffälligkeiten nur dann eine Rolle, wenn sie durch die Tatschwere vermittelt werden. Defizite in Persönlichkeit oder Sozialisation haben unabhängig von der Tat keinen Einfluss auf das Entscheidungsverhalten von Jugendrichtern. Ein solches Entscheidungsverhalten entspricht aufgrund der Bindung an Tatschwere und Tatschuld bei der Sanktionsbemessung dem normativen Programm des Erwachsenenstrafrechts. Jugendliche und Erwachsene werden somit weitgehend nach den gleichen Entscheidungsmustern verurteilt, obwohl nach dem Jugendstrafrecht die richterliche Reaktion auf Normverstöße nach anderen Kriterien erfolgen müsste als nach dem Erwachsenenstrafrecht.[119]

40 Zu der Untersuchung von *Hermann* und *Wild* haben *Ludwig-Mayerhofer* und *Rzepka* eine Replikationsstudie durchgeführt. Sie haben dabei die Akten von 430 Prozessen, die von 11 Jugendrichtern bearbeitet wurden, analysiert. Dabei wurden nur Verfahren von Jugendrichtern und Jugendschöffengerichten aus den Jahren 1990 und 1991 berücksichtigt. In den durchgeführten Analysen konnten die Autoren einen signifikanten, wenn auch geringen und nicht in allen untersuchten Landgerichtsbezirken vorhandenen Einfluss von sozialbiografischen Auffälligkeiten auf die Sanktionsentscheidung nachweisen, der unabhängig von der Tatschwere ist. Dies unterscheidet die Studie von der Untersuchung von *Hermann* und *Wild*. Allerdings zeigt auch die Arbeit von *Ludwig-Mayerhofer* und *Rzepka*, dass die Tatschwere den größten Effekt auf das Entscheidungsverhalten von Jugendrichtern hat. Die beiden Untersuchungen greifen auf Daten zurück, die etwa 15 Jahre auseinanderliegen. Dies weist auf eine geringfügige Veränderung des Entscheidungsverhaltens von Jugendrichtern in diesem Zeitraum hin, nämlich auf eine verstärkte

---

[118] *Hoppenworth* 1991, S. 263 f.; siehe auch *Dölling* 1999.
[119] *Hermann/Wild* 1989.

Berücksichtigung von Sozialisationsdefiziten des Angeklagten bei der Rechtsfolgenbestimmung.[120]

Mit Hilfe von Aktenanalysen wurde auch die Frage untersucht, ob es **regionale Unterschiede** in der Strafzumessung gibt. Eine Untersuchung, in der Unterschiede in der Sanktionspraxis zwischen OLG-Bezirken festgestellt wurden, gab es bereits 1907.[121] Regionale Unterschiede wurden auch in den Studien von *Schöch, H.-J. Albrecht und Langer* gefunden.[122] Eine umfassende Analyse zu der Thematik stammt von *Grundies*. Im Rahmen einer Legalbewährungsstudie wurden sämtliche im Bundeszentralregister gespeicherten Erledigungen nach dem StGB aus den Jahren 2004, 2007 und 2010 erhoben.[123] Der Analyse zu regionalen Unterschieden in der Strafzumessung liegen 1,5 Millionen Entscheidungen zu Grunde. Eine multiple Regression, in der die Sanktionsschwere durch normative Faktoren wie Deliktsart und -schwere, Versuch oder Vollendung sowie durch die Vorstrafenbelastung und demografische Merkmale erklärt wird, ergab eine erklärte Varianz von 64 %.[124] Dies bedeutet, dass ein Großteil der Variation in der Strafzumessung durch Faktoren bedingt ist, die in § 46 StGB als zu berücksichtigende Merkmale bei der Strafzumessung aufgeführt sind. Ein Teil der restlichen Variation ist auf regionale Unterschiede zurückzuführen. Es zeigt sich, dass in Baden-Württemberg und großen Teilen Norddeutschlands eher milde Sanktionen verhängt werden, während in Bayern und Süd-Hessen härtere Strafen dominieren. Generell liegt in benachbarten Gebieten eine ähnliche Sanktionspraxis vor. Die regionalen Unterschiede fallen für die meisten Deliktgruppen ähnlich aus. Diese Ergebnisse sprechen für das Vorhandensein von regionalen Justizkulturen.

Insgesamt gesehen sprechen die Ergebnisse von Aktenanalysen trotz aller Variationen in der Strafzumessung für ein Entscheidungsverhalten von Richtern, das weitgehend an Rechtsnormen gebunden ist.

Weiterhin wurde in einer Reihe von empirischen Strafzumessungsuntersuchungen die **Methode der fiktiven Fälle** eingesetzt. *Opp* und *Peuckert* haben in einer schriftlichen Befragung von 274 bayerischen Strafrichtern Unterschiede in der Strafzumessung mittels der Methode der fiktiven Fälle untersucht. Dabei wurde systematisch die Beschreibung der Täter variiert, sodass nicht nur der Einfluss von Richtermerkmalen auf die Strafzumessung untersucht wurde, sondern in geringem Umfang auch Tätereffekte berücksichtigt werden konnten. Das Ergebnis der Untersuchung ist, dass sich autoritäre und liberale Einstellungen der Richter nicht direkt auf die Strafzumessung auswirken, sondern nur in Verbindung mit Tätermerkmalen. Konservative Richter bestrafen Personen aus der Unterschicht härter als Angehörige der Oberschicht, während dies bei liberalen Richtern umgekehrt ist: Sie bestrafen Täter aus der Oberschicht härter als Täter aus der Unterschicht.[125]

---

[120] *Ludwig-Mayerhofer/Rzepka* 1998.
[121] *Woerner* 1907.
[122] *Schöch* 1973; *H.-J. Albrecht* 1980b; *Langer* 1994.
[123] *Jehle/H.-J. Albrecht/Hohmann-Fricke/Tetal* 2016.
[124] *Grundies* 2018, S. 300.
[125] *Opp/Peuckert* 1971.

44 Es gibt zahlreiche Einwände gegen diese Untersuchung. *Hassemer* kritisiert die Realitätsferne der Fälle, *Brusten* und *Peters* sowie *Oswald* und *Langer* stellen die Validität der Operationalisierung der Strafschwere in Frage und *Streng* konstatiert eine Verwechslung von Sühne und Vergeltung bei der Erfassung der Strafzweckpräferenzen.[126] Ein weiterer Kritikpunkt betrifft die Inkonsistenz des Entscheidungsverhaltens der untersuchten Richter. Beim Vergleich von Urteilen eines Richters zu verschiedenen Taten urteilen etwa 50 % der Befragten inkonsistent: Während sie sich in einem Fall für eine überdurchschnittlich harte Sanktion aussprechen, plädieren sie in einem anderen Fall für eine vergleichsweise milde Strafe. Ein solches Ergebnis legt die Vermutung nahe, dass die Messung der Strafschwere Validitäts- oder Reliabilitätsdefizite aufweist.

45 Eine weitere Untersuchung mit der Methode der fiktiven Fälle stammt von *Streng*. Er hat 525 Personen, die als Strafrichter oder Staatsanwalt in Niedersachsen tätig waren, schriftlich befragt. Das ist eine Ausschöpfung von 64 % aller in diesem Bundesland tätigen Strafrichter und Staatsanwälte. Ein Ergebnis der Untersuchung ist, dass die Determinanten für die Entscheidungen über die Sanktionsart und über die Sanktionshöhe weitgehend identisch sind. In beiden Fällen sind Strafzweckpräferenzen von entscheidender Bedeutung. Je wichtiger für einen Richter die Vergeltung, die negative Generalprävention sowie der Sicherungsaspekt der Strafe sind, desto seltener werden Geldstrafen verhängt und stattdessen hohe Strafen befürwortet, insbesondere Freiheitsstrafen ohne Bewährung. Neben der vertretenen Strafphilosophie, die als Entscheidungskriterium für die Strafzumessung rechtlich legitimiert ist, haben noch weitere Merkmale einen direkten Einfluss auf die Strafhöhe. Amtsrichter sind im Vergleich zu Richtern am Landgericht oder Oberlandesgericht weniger geneigt, lange Strafen zu verhängen. Zudem bevorzugen Befragte, die eine hohe Angstneigung erkennen lassen, vergleichsweise schwere Strafen. Außerdem korrespondiert die Art der Herkunftsfamilie des Richters mit der Sanktionsentscheidung. Aus einem Beamtenhaushalt stammende Richter urteilen milder als andere. Dies scheint kein Schichteffekt zu sein, sondern Folge unterschiedlicher Sozialisationsprozesse in den Familien. Bemerkenswert ist, dass in der Gruppe der Beamten vergleichsweise viele Richter und Staatsanwälte waren. Insgesamt gesehen zeigt die Studie, dass neben rechtlich begründeten Strafzumessungsfaktoren auch außerrechtliche Bedingung wie die Angstneigung und Herkunftsfamilie von Bedeutung sind. Im Vergleich zu den Aktenanalysen ist die erklärte Varianz in der Strafzumessung relativ gering. Für die Strafhöhe kann immerhin 18 % der Varianz erklärt werden, für die Wahl einer Geldstrafe im Vergleich zu anderen Sanktionen sind es nur 5 %, wobei der größte Teil des Erklärungspotenzials auf der Einstellung gegenüber Straftheorien basiert.[127]

46 *Simmler* und andere haben in der Schweiz im Rahmen einer Befragung von Richterinnen, Richtern und Studierenden verschiedener Studienrichtungen die Punitivität dieser Gruppierungen verglichen. Dabei wurden 359 Studierende und 58 Richterinnen und Richter einbezogen. Es zeigte sich, dass die Sanktionen von Stu-

---

[126] *Brusten/Peters* 1969; *Hassemer* 1983; *Streng* 1984; *Oswald/Langer* 1989.
[127] *Streng* 1984.

dierenden vergleichsweise hart ausfallen. Die Strafzumessung in der Richterschaft kann durch die Untersuchung aufgrund der geringen Fallzahl der Richterstichprobe nur bedingt erklärt werden. Es ergab sich jedoch, dass die Entscheidungen von Richterinnen und Richtern unabhängig von ihrem Geschlecht und der Amtsdauer ist.[128]

Die Ergebnisse der Richterbefragungen mit fiktiven Fällen lassen vermuten, dass in relativ geringem Umfang auch außerrechtliche Faktoren in das Entscheidungsverhalten von Richtern einfließen, die richterliche Entscheidungen in erster Linie von Rechtsnormen abhängig sind und Freiräume durch soziale Normen ausgefüllt werden.

Schließlich wurden in Untersuchungen über die Strafzumessung mehrere Methoden miteinander kombiniert. *Oswald* hat in einer Studie zur Psychologie richterlichen Strafens das Strafzumessungsverhalten und seine Determinanten für Verurteilungen nach dem Erwachsenenstrafrecht wegen einfachen Diebstahls untersucht.[129] Die Analyse basierte auf Bundeszentralregisterauszügen und auf den Antworten zu einer Richterbefragung, wobei die Studie auf wenige Amtsgerichte mit insgesamt 56 Strafrichtern beschränkt war. Das Strafzumessungsverhalten wurde anhand von Bundeszentralregisterauszügen bestimmt. Dabei wurden nur die Verurteilungen wegen einfachen Diebstahls der letzten zwei Jahre vor der Durchführung der Richterbefragung berücksichtigt; zu Kontrollzwecken wurden zusätzlich zwei weitere Jahre einbezogen. Die Richterbefragung diente insbesondere der Messung von Strafeinstellungen. Allerdings waren nur 34 der 56 befragten Richter im gesamten zweijährigen Untersuchungszeitraum in ein und derselben Gerichtsabteilung, sodass nur für sie das tatsächliche Strafzumessungsverhalten mit den Befragungsdaten in Verbindung gesetzt werden konnte.

Insgesamt gesehen waren die Strafzumessungsunterschiede zwischen den Richtern gering; die Differenzen sind in erster Linie von Tätermerkmalen und nur in geringem Umfang von Richtermerkmalen abhängig. Die Vorstrafenbelastung als wichtigstes Tätermerkmal erklärt etwa 28 % der Varianz der Strafhöhe, durch individuelle Merkmale des Richters können weniger als 4 % erklärt werden und durch regionale Unterschiede etwa 1 %. Für Diebstahlsdelikte erwiesen sich in erster Linie rechtlich vorgesehene Merkmale wie Vorstrafenbelastung und Tatmerkmale sowie die Anklageerhebung durch einen Staatsanwalt oder Amtsanwalt als strafzumessungsrelevant, während für extralegale Merkmale wie Nationalität, Geschlecht, Einkommen und Alter kein Einfluss nachgewiesen werden konnte. Bei massenhaft auftretenden Bagatelldelikten wie dem einfachen Diebstahl zeigen bundesdeutsche Strafrichter ein nahezu standardisiertes Entscheidungsverhalten, das weitgehend unabhängig von der Person des Richters ist und in erster Linie von normativ relevanten Tat- und Tätermerkmalen abhängt.[130]

Die Studie von *Buckolt* umfasst erstens eine Befragung von in der Jugendgerichtsbarkeit tätigen Richtern und Richterinnen zu ihrem Entscheidungsverhalten

---

[128] *Simmler/Grenacher/Huwiler/Perandres/Steffen* 2017.
[129] *Oswald* 1994.
[130] *Oswald* 1994.

in zwei fiktiven Fällen und zweitens Einzel- und Gruppengespräche mit Jugendrichtern.[131] Die Stichprobe für die Befragung war eine Totalerhebung der Jugendrichter aus sechs Bundesländern, wobei etwa jeder Dritte geantwortet hat. Die Analysen zeigen eine deutliche Variation in den jugendrichterlichen Reaktionen: In ein und demselben Fall wurden zwischen 12 und 60 Monaten Jugendstrafe verhängt. Das dominante Entscheidungskriterium war die Einsichtsfähigkeit des Angeklagten. Zudem ist die Geständnisbereitschaft des Angeklagten von Bedeutung. Die Sanktionsschwere sinkt mit zunehmendem Spezialisierungsgrad der Richterschaft. Die Hypothese, nach der in vergleichbaren Fällen eine Jugendstrafe durchschnittlich höher bemessen wird als eine nach allgemeinem Strafrecht verhängte Freiheitsstrafe, wurde für die fiktiven Fälle nicht bestätigt.[132]

51   Als **Fazit** der empirischen Strafzumessungsuntersuchungen kann festgehalten werden, dass sich die Strafjustiz bei der Strafzumessung in erster Linie an Rechtsnormen orientiert. Diese determinieren das Verhalten zwar weitgehend, aber nicht vollständig. Sie enthalten einen Entscheidungsspielraum, der durch lokale und individuelle Normen ausgefüllt wird. Institutionen strukturieren durch Normen Handlungskontexte und bestimmen Verhaltenserwartungen – und das Individuum orientiert sich an diesem spezifisch definierten Rahmen.[133] Zudem dürfte die Richterschaft durch die Ressourcenknappheit und die Komplexität der zu entscheidenden Fälle zu einer Reduzierung der Komplexität gezwungen sein. Sie muss Entscheidungen treffen, welche Personen- und Situationsmerkmale sie als relevant ansehen und welche nicht. So sind für den Strafrichter vor allem Tatschwere und Tatschuld entscheidungsrelevante Faktoren.

V. Strafvollstreckung

52   Ist die Verurteilung zu einer Strafe rechtskräftig geworden, schließt sich die Vollstreckung der Strafe an. **Geldstrafen** werden von den Verurteilten ganz überwiegend pünktlich oder nach Mahnung bezahlt.[134] Ist die Geldstrafe uneinbringlich, wird sie also nicht bezahlt und kann der Geldbetrag auch nicht im Wege der Zwangsvollstreckung beigetrieben werden, tritt gemäß § 43 StGB an die Stelle der Geldstrafe **Ersatzfreiheitsstrafe**. Hierbei entspricht einem Tagessatz Geldstrafe ein Tag Freiheitsstrafe. Ein erheblicher Teil der Geldstrafen wird noch nach Anordnung der Ersatzfreiheitsstrafe bezahlt, sodass es nicht zu deren Vollstreckung kommt.[135] Außerdem macht ein Teil der Verurteilten von der auf der Grundlage von Art. 293 EGStGB bestehenden Möglichkeit Gebrauch, die Vollstreckung der Ersatzfreiheitsstrafe durch **gemeinnützige Arbeit** abzuwenden.[136] Es wird angenommen, dass 5

---

[131] *Buckolt* 2009.
[132] Vgl. dazu *Pfeiffer* 1991.
[133] *Lepsius* 1999, S. 113.
[134] *H.-J. Albrecht* 1980b, S. 231 f.; *Janssen* 1994, S. 93.
[135] *Göppinger/Schneider* 2008, § 34 Rn. 25; *Eisenberg/Kölbel* 2017, § 33 Rn. 20.
[136] Dazu *Feuerhelm* 1991; *Bögelein/Ernst/Neubacher* 2014.

bis 10 % der zu Geldstrafe Verurteilten Ersatzfreiheitsstrafe verbüßen müssen.[137] Hierbei handelt es sich häufig um Personen, die in ungünstigen wirtschaftlichen Verhältnissen (niedrige Berufsposition bzw. Arbeitslosigkeit) leben, wobei mangelnde Handlungskompetenz dazu führen kann, dass Anträge, die zur Haftvermeidung führen könnten, nicht gestellt werden.[138] Von den im Jahr 2004 zu einer Geldstrafe Verurteilten wurden innerhalb von sechs Jahren 38 % erneut verurteilt, 4 % erhielten eine Freiheitsstrafe ohne Bewährung.[139]

Bei den **Freiheitsstrafen mit Bewährung** wird häufig eine Bewährungszeit von drei Jahren festgesetzt.[140] Im Jahr 2019 wurden bei 65,7 % der zur Bewährung ausgesetzten Freiheitsstrafen Auflagen angeordnet, die der Genugtuung für das begangene Unrecht dienen (vgl. § 56b StGB), und bei 69,4 % Weisungen erteilt, die dem Verurteilten helfen sollen, keine weiteren Straftaten zu begehen (siehe § 56c StGB).[141] Von den nach Erwachsenenstrafrecht zu einer Freiheitsstrafe mit Bewährung Verurteilten werden ca. ein Viertel nach § 56d StGB der Aufsicht und Leitung eines Bewährungshelfers unterstellt.[142] Bei der Aussetzung einer Jugendstrafe zur Bewährung ist die Unterstellung unter Bewährungshilfe gemäß § 24 JGG obligatorisch. In der **Bewährungshilfe** kommt es darauf an, die für die Delinquenz des Probanden ursächlichen Umstände zu ermitteln und auf der Grundlage dieses Befundes möglichst in Kooperation mit dem Probanden Hilfs- und Kontrollmaßnahmen zu entwickeln und umzusetzen, mit denen ein Leben des Probanden ohne Straftaten gefördert wird.[143] Von den im Jahr 2004 zu einer Freiheitsstrafe mit Bewährung Verurteilten wurden innerhalb von sechs Jahren 53 % erneut verurteilt, bei 17 % lautete die Verurteilung auf Freiheitsstrafe ohne Bewährung.[144] Eine erneute Verurteilung führt jedoch häufig nicht zu einem Widerruf der Strafaussetzung.[145] Bei den im Jahr 2011 beendeten Bewährungsunterstellungen endete lediglich etwa ein Viertel mit einem Widerruf.[146] Wird kein Bewährungshelfer beigeordnet, ist die Widerrufsquote noch geringer als bei Unterstellung unter Bewährungshilfe.[147]

Wird eine **Freiheitsstrafe ohne Bewährung** verhängt, muss der Verurteilte Freiheitsentzug in einer Justizvollzugsanstalt verbüßen. Die Ausgestaltung des **Strafvollzugs** ist in den Strafvollzugsgesetzen der Bundesländer geregelt. Diese legen als Vollzugsziele vor allem die Resozialisierung des Täters und den Schutz der

---

[137] *Göppinger/Schneider* 2008, § 34 Rn. 29; *Eisenberg/Kölbel* 2017, § 33 Rn. 21; *Meier* 2019a, S. 84.
[138] *Eisenberg/Kölbel* 2017, § 33 Rn. 14 f.
[139] *Jehle/H.-J. Albrecht/Hohmann-Fricke/Tetal* 2020, S. 144.
[140] *Kaiser* 1996, § 93 Rn. 25.
[141] Berechnet nach *Strafverfolgung* 2019, S. 91.
[142] *Göppinger/Schneider* 2008, § 34 Rn. 46; *Weigelt* 2009, S 135 f.
[143] Zu den für die Bewährungshilfe entwickelten Qualitätsstandards siehe *Dölling/Entorf/Hermann* 2015, S. 15 ff., 205 ff.
[144] *Jehle/H.J. Albrecht/Hohmann-Fricke/Tetal* 2020, S. 144.
[145] *Weigelt* 2009, S. 218, 231.
[146] *Dölling/Entorf/Hermann* 2015, S. 58.
[147] *Weigelt* 2009, S. 218, 231.

Allgemeinheit fest.[148] Die Praxis des Strafvollzugs setzt bei den Bemühungen um Resozialisierung der Gefangenen insbesondere auf Maßnahmen der schulischen und beruflichen Bildung und auf die Arbeit der Gefangenen im Vollzug.[149] Eine besonders intensive Behandlung erfolgt in den **sozialtherapeutischen Anstalten**.[150] Von vollzugsöffnenden Maßnahmen wie z. B. dem Ausgang wird in regional unterschiedlichem Maße Gebrauch gemacht.[151] Für die Wiedereingliederung der Gefangenen in die Gesellschaft kommt einer intensiven Entlassungsvorbereitung erhebliche Bedeutung zu.[152] § 57 StGB ermöglicht nach Teilverbüßung einer Freiheitsstrafe bei günstiger Kriminalprognose die **Aussetzung des Strafrestes zur Bewährung**. Hierdurch wird der Übergang in die Freiheit erleichtert. Es wird angenommen, dass ca. 30 % der Entlassungen aus dem Strafvollzug im Wege der bedingten Entlassung erfolgen.[153] Die Bemühungen im Strafvollzug um Resozialisierung der Gefangenen werden durch erhebliche kriminogene Belastungen eines großen Teils der Gefangenen und subkulturelle Strukturen unter den Gefangenen erschwert.[154] Von den im Jahr 2004 aus dem Vollzug von Freiheitsstrafe ohne Bewährung Entlassenen wurden innerhalb von sechs Jahren 59 % erneut verurteilt, 31 % wurden wiederum mit Freiheitsstrafe ohne Bewährung sanktioniert.[155]

---

[148] *Laubenthal* 2019, Rn. 137 ff.
[149] *Eisenberg/Kölbel* 2017, § 35 Rn. 70, 72.
[150] Dazu *Laubenthal* 2019, Rn. 585 ff.
[151] *Dünkel/Pruin* 2015, S. 37 ff.
[152] Dazu *Laubenthal* 2019, Rn. 667 ff.
[153] *Eisenberg/Kölbel* 2017, § 35 Rn. 107.
[154] *Eisenberg/Kölbel* 2017, § 35 Rn. 39 ff.; § 37 Rn. 1 ff.
[155] *Jehle/H.-J. Albrecht/Hohmann-Fricke/Tetal* 2020, S. 144.

§ 29 Kriminalpolitische Einstellungen der Bevölkerung

Die strafrechtliche Sozialkontrolle wird durch die kriminalpolitischen Einstellungen der Bevölkerung **beeinflusst**. So müssen die an ihrer Wahl interessierten Politiker die kriminalpolitischen Erwartungen der Bevölkerung berücksichtigen.[1] Andererseits beeinflussen die Darstellung der Kriminalität durch die Politik und die von der Politik propagierten kriminalpolitischen Maßnahmen die Einstellungen der Bevölkerung. Außerdem üben die Medien Einfluss auf Bevölkerung und Politik aus. Die kriminalpolitischen Einstellungen der Bevölkerung beruhen auf einer bestimmten Wahrnehmung von Kriminalität: Es wird angenommen, dass die Delinquenz ansteigt, und der Anteil der schweren Straftaten wird überschätzt.[2]

Die Mehrheit der deutschen Bevölkerung beurteilt die Arbeit der **Polizei** positiv und hat großes Vertrauen in die Polizei.[3] Hinsichtlich der befürworteten **Strafzwecke** war von den Sechziger- bis zu dem Achtzigerjahren des vorigen Jahrhunderts ein Anstieg der Befürwortung der Resozialisierung als Strafzweck erkennbar.[4] Nach dem deutschen Viktimisierungssurvey 2017 stuften jeweils über 90 % der Befragten die Strafzwecke Schutz vor dem Täter, Stärkung des Rechtsbewusstseins, Abschreckung, Vergeltung und Wiedergutmachung als sehr wichtig oder eher wichtig ein.[5] 80,4 % sahen die Resozialisierung als sehr wichtigen oder eher wichtigen Strafzweck an. Dieser Anteil ist gegenüber dem Deutschen Viktimisierungssurvey 2012 gestiegen; 2012 betrug der Anteil 77 %.[6] Wird generell nach der Beurteilung der gerichtlichen **Strafzumessung** gefragt, verlangt die Bevölkerung mehrheitlich höhere Strafen.[7] Werden jedoch nähere Informationen zu dem Fall ge-

---

[1] *Kaiser* 1996, § 33 Rn. 3.
[2] *Kunz/Singelnstein* 2016, § 23 Rn. 8 ff.
[3] *Birkel/Church/Hummelsheim-Doss/Leitgöb-Guzy/Oberwittler* 2019, S. 58 ff.
[4] *Kaiser* 1996, § 33 Rn. 12.
[5] *Birkel/Church/Hummelsheim-Doss/Leitgöb-Guzy/Oberwittler* 2019, S. 86.
[6] *Birkel/Church/Hummelsheim-Doss/Leitgöb-Guzy/Oberwittler* 2019, S. 87.
[7] *Reuband* 2007, S. 196; *Baier/Kemme/Hanslmaier/Doering/Rehbein/Pfeiffer* 2011, S. 56 ff.

geben, sinken die Straferwartungen der Bevölkerung.[8] Es wird angenommen, dass die Punitivität, also das Strafbedürfnis, in den letzten Jahren gestiegen ist (sog. punitive Wende).[9] Ein solcher Anstieg wurde vor allem bei jüngeren Befragten festgestellt.[10] Im Deutschen Viktimisierungssurvey 2017 befürworteten die Befragten für Fälle mit Eigentums- und Vermögensdelikten (Diebstahl, Sachbeschädigung und Betrug) als Sanktionen am häufigsten Geldstrafe und Auflagen (insbesondere Wiedergutmachung und gemeinnützige Arbeit). Bei Fällen zu den Delikten Einbruch, Raub und Körperverletzung war die am häufigsten befürwortete Sanktion die Freiheitsstrafe, gefolgt von Auflagen. Als Auflagen wurden beim Einbruch am häufigsten gemeinnützige Arbeit und Wiedergutmachung genannt, bei der Körperverletzung Täter-Opfer-Ausgleich und gemeinnützige Arbeit und beim Raub Wiedergutmachung und gemeinnützige Arbeit.[11] Soweit die Befragten sich für eine Freiheitsstrafe aussprachen, befürworten sie überwiegend eine Strafaussetzung zur Bewährung.[12] Im Vergleich zum Deutschen Viktimisierungssurvey 2012 ergaben sich abgesehen von der Befürwortung härterer Strafen für Raub kaum signifikante Veränderungen.[13] Diese Befunde deuten darauf hin, dass eine auf dem Prinzip des maßvollen Schuldausgleichs basierende Strafzumessung der Bevölkerung vermittelbar ist.

---

[8] *Kury/Obergfell-Fuchs* 2006, S. 1022.
[9] *Reuband* 2010a, S. 144 ff.; *Kunz/Singelnstein* 2016, § 23 Rn. 36 ff.
[10] *Reuband* 2010b, S. 106 ff.; *Streng* 2014.
[11] *Birkel/Church/Hummelsheim-Doss/Leitgöb-Guzy/Oberwittler* 2019, S. 88 ff.
[12] *Birkel/Church/Hummelsheim-Doss/Leitgöb-Guzy/Oberwittler* 2019, S. 92.
[13] *Birkel/Church/Hummelsheim-Doss/Leitgöb-Guzy/Oberwittler* 2019, S. 89, 91, 92.

Teil VII
Einzelne Deliktsgruppen

§ 30 Gewaltdelikte

I. Gewaltbegriffe

Der Gewaltbegriff wird in mehreren Wissenschaften verwendet und dabei unterschiedlich definiert.[1] Eine enge Definition bezieht sich auf Handlungen, die eine physische Schädigung einer Person zur Folge haben. Aber auch verbale Angriffe und die Androhung von Gewalt können beim Opfer ähnliche Wirkungen zeigen wie physische Gewalt. Somit könnte man Gewalt als jede ausgeführte oder angedrohte Handlung bezeichnen, die geeignet ist, jemand psychisch oder physisch zu schädigen. Bei dieser Definition bleiben Handlungen, die Objekte beschädigen oder zerstören, also Gewalt gegen Sachen, unberücksichtigt. Zudem ist damit die Vorstellung von einem individuellen Gewaltakteur verknüpft, jedoch können auch Staaten, Gesellschaften oder Ideologien Gewalt ausüben. *Melzer* und *Schubarth* haben die verschiedenen Dimensionen von Gewalt grafisch dargestellt (Abb. 30.1).

Strukturelle, kulturelle und personale Gewalt ist negativ konnotiert; dies gilt für staatliche Gewalt nur bedingt. Im Schaubild sind lediglich die negativen Aspekte staatlicher Gewalt aufgeführt. Zu den positiven Aspekten kann man die demokratisch legitimierte Amtsausübung und Machtbefugnis, die Gewaltenteilung in Legislative, Exekutive und Judikative und den verantwortlichen Umgang mit staatlichen Machtmöglichkeiten und gesellschaftlicher Teilhabe zählen.[2]

In der Polizeilichen Kriminalstatistik (PKS) wird der Begriff der Gewaltkriminalität verwendet. Darunter werden alle Straftaten subsumiert, die unter die Kategorien Mord, Totschlag und Tötung auf Verlangen, Vergewaltigung und sexuelle Nötigung, Raub, räuberische Erpressung und räuberischer Angriff auf Kraftfahrer, Körperverletzung mit Todesfolge, gefährliche und schwere Körperverletzung, Verstümmelung weiblicher Genitalien, erpresserischer Menschenraub, Geiselnahme

---

[1] *Krey/Neidhardt* 1986; *Imbusch* 2002.
[2] *Melzer/Schubarth* 2015, S. 27.

G E W A L T: Anwendung von physischem und psychischem Zwang			
Staatliche Gewalt	Strukturelle Gewalt	Kulturelle Gewalt	Personale Gewalt
lat.: potestas, engl.: power, franz.: pouvoir			lat.: violentia, engl.: violence, franz.: violence
Gewalt in politischen Macht- und Herrschaftsbeziehungen Staatliche Übergriffe und Repression Despotismus und Staatsterrorismus Kriege und Kriegsverbrechen	Indirekte Gewalt, die nicht von Akteuren ausgeht, sondern im gesellschaftlichen System verankert ist. Gesellschaftliche systemimmanente Strukturen, die die Entfaltung der individuellen Möglichkeiten verhindern , z. B. ungleiche Verteilung von Eigentum und Macht, ungleiche Lebensverhältnisse	Legitimierung und Ideologisierung von Gewalt (Rechtsextremistische) Ideologien der Ungleichheit Einschränkende Sozialisationsbedingungen und Erziehungskontexte	Rohe, gegen Sitte und Recht verstoßende Einwirkung auf Lebewesen **Physische Gewalt** / **Psychische Gewalt** Prügelei / Beschimpfung Raub / Beleidigung Freiheits- / Bedrohung beraubung / Diskriminierung Schläge / Ausgrenzung Vandalismus Mobbing Stalking
Missbrauch politischer Macht	Schädigung von Menschen, Tieren und Objekten		

Abb. 30.1 Dimensionen des Gewaltbegriffs. (Quelle: *Melzer/Schubarth* 2015, S. 27)

und Angriff auf den Luft- und Seeverkehr. Die einfache Körperverletzung wird in diesem Summenschlüssel nicht berücksichtigt.[3]

II. Struktur und Entwicklung von Gewaltdelikten im Hellfeld

4 Nach der *PKS* 2019 werden die meisten Taten, die dem Summenschlüssel „Gewaltkriminalität" zugeordnet werden, von Erwachsenen begangen, nämlich 68,6 %. Für Mordtaten liegt dieser Anteil noch höher, bei 82,6 %. Lediglich Raubdelikte werden zu einem größeren Anteil von Minderjährigen verübt; bei diesem Delikt beträgt der Anteil erwachsener Täter 57,6 %.[4] Gewaltkriminalität ist ein Delikt, das vorwiegend von Männern verübt wird. Der Anteil liegt bei 85,3 %. Dies gilt besonders für die Vergewaltigung und schwere sexuelle Nötigung – diese Taten werden zu 98,9 % von Männern begangen. Bei der Körperverletzung mit Todesfolge liegt der Männeranteil hingegen „nur" bei 77,1 %.[5] 37,5 % der Tatverdächtigen haben nicht die deutsche Staatsangehörigkeit.[6]

5 Beschreibt man die **Entwicklung von Gewaltkriminalität** nach der PKS für die Zeit nach 1993, erhält man das in Abb. 30.2 dargestellte Bild. Das Jahr 1993 wurde gewählt, weil vor der Herstellung der Einheit Deutschlands die Kriminalstatistiken für die alten und neuen Bundesländer nicht kompatibel waren. Nach der Herstellung der Einheit Deutschlands gab es erhebliche Anlaufschwierigkeiten, sodass die PKS-Daten in den neuen Bundesländern für die Berichtsjahre 1991 und 1992 viel

---

[3] *PKS* 2015, S. 378.
[4] *PKS* 2019, Bd. 4, V2.0, S. 167
[5] *PKS* 2019, Bd. 4, V2.0, S. 167.
[6] *PKS* 2019, Bd. 4, V2.0, S. 169.

II. Struktur und Entwicklung von Gewaltdelikten im Hellfeld

Abb. 30.2 Die Entwicklung der polizeilich registrierten Gewaltkriminalität in der Bundesrepublik Deutschland. (Quellen: *PKS* 2015, V6.0, S. 339; 2017, Bd. 4, S. 160; 2019 Bund, T01 Grundtabelle – Fälle (V1.0); *Heinz* 2017b, S. 24)

zu niedrig ausfielen und keine brauchbare Basis für zeitliche Vergleiche bildeten. Ab dem Berichtsjahr 1993 hat sich die Erfassung in den neuen Ländern weitestgehend normalisiert, so dass Vergleiche mit den Folgejahren möglich sind.[7]

Nach dem Schaubild gab es von 1993 bis 2007 einen deutlichen Anstieg in der Anzahl der registrierten Taten, die dem polizeilichen Summenschlüssel „Gewaltkriminalität" zugeordnet werden können. Danach ist ein Rückgang erkennbar. Dieser Trend ist auch erkennbar, wenn anstatt der Anzahl der Taten die Häufigkeitszahl, also die Anzahl der Taten pro 100.000 Einwohner, verwendet wird.

Die Entwicklung der Tatzahlen bei Gewaltkriminalität insgesamt spiegelt sich jedoch nicht wider, wenn einzelne Deliktfelder betrachtet werden. In Abb. 30.3 ist die Entwicklung von polizeilich registrierten Straftaten gegen das Leben sowie von Mordtaten dargestellt. Für diese Delikte sind die Tatzahlen tendenziell zurückgegangen.

Thome und *Birkel* haben die Entwicklung von verschiedenen Formen von Gewaltkriminalität von 1950 bis zum Jahr 2000 anhand der Daten der polizeilichen Kriminalstatistiken für Deutschland, England und Schweden untersucht. Die Änderungen der Erhebungsmodalitäten in dieser Statistik erschweren zwar die Interpretation, aber die Trends sind in allen drei Länder identisch. Sowohl bei Tötungsdelikten als auch bei Körperverletzungen, Raub und Vergewaltigung stiegen die Tat- und Täterzahlen kontinuierlich an.[8]

---

[7] *PKS* 2018, Hinweise zu den Zeitreihen.
[8] *Thome/Birkel* 2007, S. 75 ff.

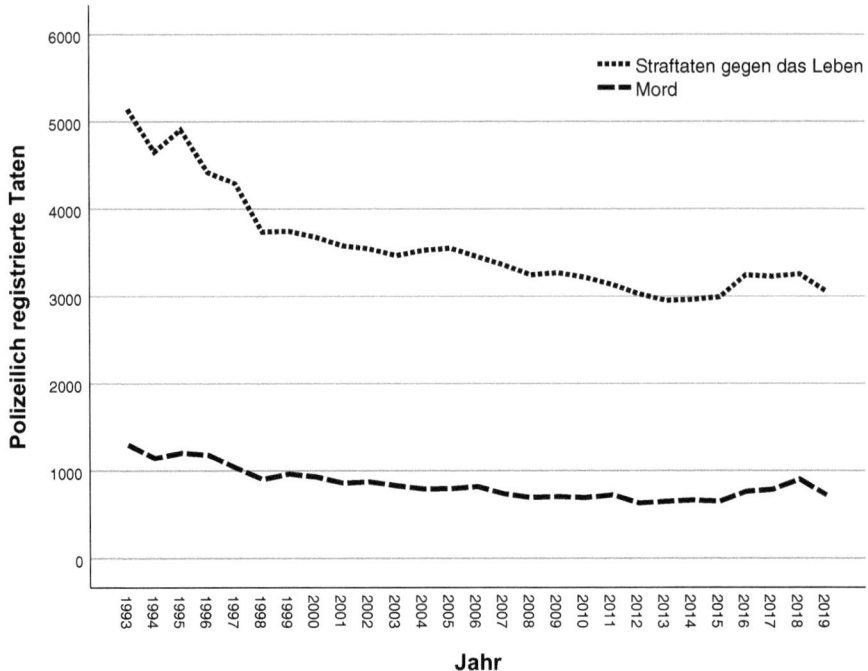

Abb. 30.3 Die Entwicklung der polizeilich registrierten Straftaten gegen das Leben und Mordtaten in der Bundesrepublik Deutschland. (Quelle: PKS 2019 Bund, T01 Grundtabelle – Fälle (V1.0).)

9 *Eisner* hat einen längeren Zeitraum der Entwicklung von Gewaltkriminalität untersucht, vom Mittelalter bis zum Jahr 2000. Die Datenquellen sind historische Studien über Strafverfahrensakten, für ausgewählte Städte historische Akten zu Todesfällen, die Todesursachenstatistik, die Polizeiliche Kriminalstatistik und die Justizstatistik. Die Unsicherheit in der Datenqualität ist zwar erheblich, aber die Entwicklungstrends sind eindeutig. Für Deutschland, England und die Schweiz ist die Homizidrate erheblich gesunken. Im Jahr 1300 lag diese im Durchschnitt bei 50 Fällen pro 100.000 Einwohner und im Jahr 2000 bei einem Fall pro 100.000 Einwohner. Das Risiko, einen gewaltsamen Tod zu erleiden, hat sich folglich erheblich reduziert. Auch diese Daten zeigen in der Zeit nach dem zweiten Weltkrieg einen Anstieg in den Homizidraten, aber im Vergleich zu dem Rückgang seit dem Mittelalter ist diese Veränderung marginal.[9]

---

[9] *Eisner* 2002.

III. Struktur und Entwicklung von Gewaltdelikten im Dunkelfeld

Die Ergebnisse von Dunkelfeldstudien zu Kriminalität sind in § 9 II. dargestellt. Dabei handelt es sich in erster Linie um Untersuchungen, die sich auf Städte oder Bundesländer beschränkten. **Deutschlandweite Opferbefragungen** (Deutscher Viktimisierungssurvey, DVS) wurden 2012 und 2017 durchgeführt.[10] Dies waren Erhebungen mit jeweils über 30.000 Befragten, sodass umfassende Aussagen über die Struktur und Entwicklung von Kriminalität im Dunkelfeld gemacht werden können. Die Grundgesamtheit umfasste alle in Deutschland in einem Privathaushalt wohnenden Personen, die zum Befragungszeitpunkt mindestens 16 Jahre alt waren. Die Befragung wurde mittels computergestützter Telefoninterviews durchgeführt. Die Auswahl der Teilnehmerinnen und Teilnehmer folgte dem Zufallsprinzip. Gewaltviktimisierungen wurden durch Fragen nach **Raub** und **Körperverletzung** berücksichtigt.

Bei der Viktimisierung durch Gewaltdelikte ist bei Männern sowohl die Prävalenzrate als auch die Inzidenzrate höher als bei Frauen. Die Prävalenzraten sind prozentuale Anteile der Opfer unter den Befragten, die Inzidenzraten betreffen die Anzahl der Opferwerdungen pro 100 Befragten. Während in der Befragung 2017 2 % der befragten Frauen in den letzten zwölf Monaten Opfer einer Körperverletzung geworden sind, liegt der Anteil bei Männern bei 4 %. Beim Raub liegen die Zahlen bei 0,8 und 1,2 %. Diese Unterschiede zwischen den Geschlechtern findet man auch bei den Inzidenzraten.[11]

Das Viktimisierungsrisiko ist altersabhängig. Die Opferrate für eine Körperverletzung innerhalb der letzten zwölf Monate liegt in der Gruppe der 16- bis 24-jährigen bei 10,4 %, in der Altersgruppe von 25 bis 34 sind es nur noch 4,6 %. Die Prävalenzrate sinkt stetig mit zunehmendem Alter, und bei über 74-jährigen liegt sie bei 0,2 %. Die Inzidenzraten verändern sich in analoger Weise. Auch beim Raub wird das Viktimisierungsrisiko mit zunehmendem Alter geringer.[12]

Die beiden deutschlandweiten Opferbefragungen erlauben Aussagen über die Veränderung von Viktimisierungsrisiken. In Tab. 30.1 sind die Ergebnisse zusammengefasst.

Demnach ist für Raubdelikte eine Zunahme der Opferraten und Tatraten zwischen 2012 und 2017 erkennbar, das Niveau von Körperverletzungsdelikten hat sich nicht signifikant verändert.

Speziell zur Entwicklung von **Mobbing** ist insbesondere die HBSC-Studie (Health Behaviour in School-aged Children) informativ.[13] Diese untersucht das Verhalten von Schülerinnen und Schülern. Sie soll in Deutschland alle vier Jahre durchgeführt werden, wobei für das Gewaltverhalten lediglich Mobbing berücksichtigt wird. Die erste Befragung in Deutschland fand 2009 statt, eine zweite 2013/14.

---

[10] *Birkel/Church/Hummelsheim-Doss/Leitgöb-Guzy/Oberwittler* 2019.
[11] *Birkel/Church/Hummelsheim-Doss/Leitgöb-Guzy/Oberwittler* 2019, S. 20.
[12] *Birkel/Church/Hummelsheim-Doss/Leitgöb-Guzy/Oberwittler* 2019, S. 20.
[13] *HBSC-Team Deutschland* 2012a und 2012b; *HBSC-Studienverbund Deutschland* 2015.

Tab. 30.1 Die Veränderung von Viktimisierungshäufigkeiten nach dem DVS 2012 und 2017

Jahr Delikt	2012	2017	Signifikante Veränderung
Prävalenzraten – Referenzzeitraum 5 Jahre			
Raub	3,1	3,9	ja
Körperverletzung	8,8	9,2	nein
Prävalenzraten – Referenzzeitraum 12 Monate			
Raub	0,7	1,0	ja
Körperverletzung	2,7	3,0	nein
Inzidenzraten – Referenzzeitraum 12 Monate			
Raub	0,9	1,5	ja
Körperverletzung	4,8	4,9	nein

Quelle: *Birkel/Church/Hummelsheim-Doss/Leitgöb-Guzy/Oberwittler* 2019, S. 11 ff.

Befragt wurde jeweils eine Zufallsauswahl von Schülerinnen und Schülern aus den Klassen fünf, sieben und neun aller allgemeinbildenden Schulen. Die Stichprobe wurde nach den bundeslandspezifischen Schulformen quotiert. Die Stichprobengröße umfasste bei der Erstbefragung bundesweit über 5000 Schülerinnen und Schüler aus 289 allgemeinbildenden Schulen. Die zweite Erhebung bezog fast 6000 Schülerinnen und Schüler ein. Zur Erfassung von Mobbinghäufigkeiten wurden die Jugendlichen gefragt, wie oft sie in den letzten sechs Monaten von Mitschülern schikaniert wurden und wie oft sie selber in den letzten sechs Monaten mitgemacht haben, wenn jemand in der Schule schikaniert wurde. In der Erstbefragung wurden 10,6 % der Jungen und 9,8 % der Mädchen mindestens 2 bis 3 Mal pro Monat Opfer von Mobbing, in der Nachfolgebefragung waren es 9,1 und 9,7 %. Die Viktimisierungsraten bei Mädchen blieben somit unverändert, während die Opferraten bei Jungen rückläufig waren. Bei den Täterzahlen hingegen ist in beiden Geschlechtergruppen ein Rückgang erkennbar. Nach der Befragung aus dem Jahr 2009 haben 13,2 % der Jungen und 7,2 % der Mädchen innerhalb der letzten sechs Monate mindestens 2 bis 3 Mal pro Monat dabei mitgemacht, wenn jemand gemobbt wurde. In der zweiten Welle waren dies noch 12,5 % der Jungen und 5,7 % der Mädchen. Insgesamt gesehen legen die Untersuchungsergebnisse den Schluss nahe, dass die Prävalenz- und Inzidenzraten für Mobbing an Schulen zwischen 2009 und 2013/14 zurückgegangen sind.

§ 31 Sexualdelikte

I. Erscheinungsformen der Sexualdelinquenz

In der Beurteilung des im Bereich des sexuellen Verhaltens Zulässigen bestehen erhebliche interkulturelle und zeitliche Varianzen.[1] So unterliegt auch das deutsche Sexualstrafrecht dem Wandel: In den Sechziger- und Siebzigerjahren des vorigen Jahrhunderts wurde es eingeschränkt, in den letzten Jahrzehnten hat eine Ausdehnung und Verschärfung des Sexualstrafrechts stattgefunden.[2] Unter dem **Begriff** Sexualstraftaten werden vorliegend Delikte gegen die sexuelle Selbstbestimmung und gegen die ungestörte sexuelle Entwicklung Minderjähriger verstanden.

1

In der Polizeilichen Kriminalstatistik (PKS) wurden 2019 69.881 **Sexualstraftaten** verzeichnet. Der Anteil an der registrierten Gesamtkriminalität betrug 1,3 %.[3] Die größten Anteile an den Sexualdelikten haben sexueller Übergriff, sexuelle Nötigung und Vergewaltigung (§§ 177, 178 StGB) mit 15.355 Taten (22,0 %), sexuelle Belästigung (§ 184i StGB) mit 13.645 Fällen (19,5 %), sexueller Missbrauch von Kindern (§§ 176 bis 176d StGB) mit 13.670 Taten (19,6 %) und Kinderpornografie (§ 184b StGB) mit 12.262 Fällen. Außerdem wurden 7567 Fälle von exhibitionistischen Handlungen sowie Erregung öffentlich Ärgernisses (§§ 183, 183a StGB) registriert.[4] Von Bedeutung sind außerdem Straftaten im Zusammenhang mit kommerzialisierten Sexualverhalten wie Ausbeutung von Prostituierten, Zuhälterei und Menschenhandel.[5] Weiterhin gibt es sexuell motivierte Handlungen, die andere Straftatbestände erfüllen.[6] Nachdem die Gesamtmenge der registrierten Sexualstraftaten von 1971 bis

2

---

[1] *Kaiser* 1996, § 63 Rn. 1; *Eisenberg/Kölbel* 2017, § 45 Rn. 52.
[2] *Göppinger/Brettel* 2008, § 29 Rn. 2.
[3] *PKS* 2019, Bd. 4, V2.0, S. 17.
[4] A.a.O.
[5] *Göppinger/Brettel* 2008, § 29 Rn. 4.
[6] *Dessecker* 2009, S. 411.

1987 zurückgegangen und dann bis 2004 angestiegen war,[7] ist bis 2015 ein Rückgang zu verzeichnen.[8] Der folgende Anstieg dürfte mit der 2016 erfolgten Ausweitung des Sexualstrafrechts durch das 50. Strafrechtsänderungsgesetz[9] zusammenhängen. Die Daten der PKS müssen äußerst vorsichtig interpretiert werden, weil bei Sexualdelikten ein sehr großes Dunkelfeld vorliegt[10] und die registrierte Kriminalität stark durch das ggf. variierende Anzeigeverhalten bestimmt wird.[11]

II. Täter und Opfer von Sexualdelikten

3 Bei dem überwiegenden Teil der Sexualdelikte kennen sich Täter und Opfer bereits vor der Tat.[12] Die **Täter** sind ganz überwiegend männlich,[13] nach der PKS 2019 waren 93,2 % der Tatverdächtigen Männer.[14] Sexualstraftäter bilden keine homogene Gruppe, sondern unterscheiden sich erheblich.[15] Es gibt Täter, deren Delinquenz mit Adoleszenzreifungskrisen zusammenhängt, aggressionsgehemmt/depressive Täter, Täter mit Intelligenzeinschränkung, dissozial-egozentrische Täter und Täter mit sexuellen Präferenzstörungen.[16] Überwiegend sind Sexualstraftaten normalpsychologisch bedingt und nicht Ausdruck einer psychischen Pathologie.[17] Es wird vielfach angenommen, dass es den Tätern von Sexualdelikten um die Demonstration von Dominanz geht.[18] Die **Opfer** von Sexualdelikten sind ganz überwiegend weiblich.[19] Bei Taten gegen männliche Opfer ist mit einem besonders großen Dunkelfeld zu rechnen.[20] Sexualdelikte können bei den Opfern erhebliche körperliche, psychische und soziale Schäden verursachen. Die Folgen variieren und hängen von einer Vielzahl von Faktoren ab.[21]

---

[7] *Dessecker* 2009, S. 413 f.
[8] *PKS* 2019, Bd. 4, V2.0, S. 17.
[9] Vom 4.11.2016, BGBl. I S. 2460.
[10] *Kury/Obergfell-Fuchs* 2007, S. 623.
[11] Zu den Determinanten des Anzeigeverhaltens vgl. *Treibel/Dölling/Hermann* 2017.
[12] *Kury/Obergfell-Fuchs* 2007, S. 623; *Neubacher* 2020, Kap. 25 Rn. 3.
[13] *Kaiser* 1996, § 64 Rn. 12.
[14] *PKS* 2019, Bd. 4, V2.0, S. 20.
[15] *Göppinger/Brettel* 2008, § 29 Rn. 16; *Kröber* 2009, S. 420 f.
[16] Vgl. *Wößner* 2006, S. 138 ff.; *Göppinger/Brettel* 2008, § 29 Rn. 18 f.; *Nedopil/Müller* 2017, S. 285 f.
[17] *Kröber* 2009, S. 422, 427.
[18] *Kaiser* 1996, § 65 Rn. 27; *Neubacher* 2020, Kap. 25 Rn. 1; kritisch *Kröber* 2009, S. 422.
[19] *PKS* 2019, Bd. 4, V2.0, S. 25.
[20] Zu Sexualstraftaten gegen Männer siehe *Kury/Obergfell-Fuchs* 2007, S. 634 ff.
[21] *Göppinger/Brettel* 2008, § 29 Rn. 9.

III. Verfolgung von Sexualdelikten

Die **Aufklärungsquote** ist bei den meisten Sexualdelikten hoch,[22] da im Fall einer Anzeigeerstattung häufig ein Tatverdächtiger namentlich benannt wird. Der juristische Schuldnachweis ist jedoch wegen der häufigen Aussage-gegen-Aussage-Konstellation oft sehr schwierig.[23] Dies hat hohe **Einstellungs- und Freispruchsquoten** zur Folge.[24] Außerdem wird häufig im Lauf des Instanzenzuges der Tatvorwurf herabgestuft.[25] In den Neunzigerjahren des vorigen Jahrhunderts ist es zu einer Anhebung der Strafen für Sexualdelikte gekommen.[26]

4

Die einschlägige **Rückfallquote** von Sexualstraftätern ist – abgesehen von Exhibitionisten – nach Registerauswertungen niedriger als bei anderen Delinquenten.[27] Hierbei ist allerdings das überdurchschnittliche Dunkelfeld bei Sexualstraftaten[28] zu berücksichtigen. **Behandlungsprogramme** für Sexualstraftäter führen nach bisherigen Evaluationsstudien zu einer Senkung der Rückfallquote.[29] In den letzten Jahren sind eine Reihe von Konzepten zur Überwachung von Sexualstraftätern entwickelt worden, z. B. die Konzeption zum Umgang mit rückfallgefährdeten Sexualstraftätern in Nordrhein-Westfalen (KURS NRW).[30] Außerdem entwickeln sich zunehmen Beratungs- und Hilfsangebote für Opfer von Sexualstraftaten.

5

IV. Einzelne Sexualdelikte

Im Folgenden sollen einzelne Sexualstraftaten betrachtet werden. Die Delikte des **sexuellen Übergriffs, der sexuellen Nötigung** und der **Vergewaltigung** sind dadurch gekennzeichnet, dass der Täter das Opfer zu sexuellen Handlungen zwingt (vgl. § 177 StGB). Es ist davon auszugehen, dass über die in der PKS registrierten Delikte – 2019 waren dies 15.355 Taten[31] – hinaus zahlreiche weitere dieser Straftaten begangen werden, die im Dunkelfeld verbleiben. In einer 2003 durchgeführten repräsentativen Befragung gaben 13 % der Frauen an, seit dem 16. Lebensjahr sexuelle Gewalt erlitten zu haben.[32] Zwischen Täter und Opfer bestehen häufig Vorbeziehungen.[33] Kommt es in einer Partnerschaft zu sexueller Gewalt, sind vielfach auch

6

---

[22] *Dessecker* 2009, S. 413.
[23] *Kury/Obergfell-Fuch* 2007, S. 643 f.
[24] *Kaiser* 1996, § 64 Rn. 11; *Eisenberg/Kölbel* 2017, § 45 Rn. 56.
[25] *Göppinger/Brettel* 2008, § 28 Rn. 13.
[26] *Kury/Obergfell-Fuchs* 2007, S. 645 ff.; *Neubacher* 2020, Kap. 25 Rn. 5.
[27] *Eisenberg/Kölbel* 2017, § 57 Rn. 22, 27; *Neubacher* 2020, Kap. 25 Rn. 7; zu in internationalen Metaanalysen erhobenen Rückfallquoten siehe *Kury/Obergfell-Fuchs* 2007, S. 652.
[28] *Kury/Obergfell-Fuchs* 2007, S. 623.
[29] *Schmucker* 2004, S. 262; *Göppinger/Brettel* 2008, § 29 Rn. 29; *Lösel* 2020, S. 37 ff.
[30] Dazu *Thomaßen* 2012.
[31] PKS 2019, Bd. 4, V2.0, S. 17.
[32] *Müller/Schröttle* 2004, S. 70.
[33] *Göppinger/Brettel* 2008, § 29 Rn. 37; *Eisenberg/Kölbel* 2017, § 45 Rn. 68.

sonstige körperliche Gewalthandlungen zu verzeichnen.[34] Die Täter von Vergewaltigungen und sexuellen Nötigungen sind häufig alkoholisiert.[35] Auch die Opfer stehen in nicht wenigen Fällen unter Alkoholeinfluss.[36] Teilweise wird angenommen, dass es bei Vergewaltigungen und sexuellen Nötigungen zu einer „geschlechtsspezifischen Situationsverkennung" kommt, bei der der Täter den entgegenstehenden Willen des Opfers nicht erkennt.[37] Gelegentlich sind von Jugendlichen oder Heranwachsenden begangene Gruppenvergewaltigungen zu verzeichnen, wobei es sich nach vorliegenden Befunden überwiegend um Gelegenheitstaten von Kleingruppen ohne festen Zusammenschluss handelt.[38]

7 Täter aggressiver Sexualdelikte weisen oft Vorstrafen wegen anderer Straftaten, insbesondere wegen Eigentums- und Vermögensdelikten, auf.[39] Für einen Teil der Täter werden als führende Merkmale Rücksichtslosigkeit, Durchsetzungsbereitschaft und fehlendes Mitleid mit dem Opfer angenommen.[40] Neben diesen dissozialen Tätern sind auch sexuell unerfahrene Jugendliche[41] und Täter mit Intelligenzeinschränkungen[42] zu verzeichnen. Sexuelle Gewaltdelikte können für die Opfer – je nach den Umständen des Einzelfalls – neben körperlichen Verletzungen schwere und unter Umständen langfristige psychosoziale Schädigungen zur Folge haben.[43]

8 Bei den seltenen **Sexualmorden** ist zwischen Sexualmorden im engeren Sinn, bei denen die sexuelle Befriedigung durch den Tötungsakt erfolgt, und Sexualmorden im weiteren Sinn, bei denen die Tötung der Ermöglichung oder Verdeckung der sexuellen Handlung dient, zu unterscheiden.[44] Liegt beim Täter ein sexueller Sadismus vor,[45] wird die Prognose als besonders schlecht eingestuft.[46] Die Zahl der Sexualmorde ist in den letzten Jahrzehnten zurückgegangen.[47]

9 Im Jahr 2019 wurden in der PKS 13.670 Fälle des **sexuellen Missbrauchs von Kindern** registriert.[48] Es ist von einem großen Dunkelfeld auszugehen.[49] In einer 2011 durchgeführten Befragung von Personen im Alter von 16 bis 40 Jahren gaben

---

[34] *Müller/Schröttle* 2004, S. 227.
[35] *Kaiser* 1996, § 65 Rn. 14; *Eisenberg/Kölbel* 2017, § 45 Rn. 69; vgl. aber auch *Kröber* 2009, S. 432, nach dem die Rolle von Alkohol für Vergewaltigungen tendenziell überschätzt wird.
[36] *Kaiser* 1996, § 65 Rn. 15; *Göppinger/Brettel* 2008, § 29 Rn. 36.
[37] *Schorsch* 1971, S. 214 f.; *Kaiser* 1996, § 65 Rn. 27.
[38] *Kaiser* 1996, § 65 Rn. 17.
[39] *Kaiser* 1996, § 65 Rn. 21; *Göppinger/Brettel* 2008, § 29 Rn. 7, 16.
[40] *Kröber* 2009, S. 427.
[41] Vgl. *Schorsch* 1971, S. 213 f.: „retardierte Spätentwickler".
[42] *Göppinger/Brettel* 2008, § 29 Rn. 45.
[43] *Müller/Schröttle* 2004, S. 57.
[44] *Göppinger/Brettel* 2008, § 29 Rn. 30.
[45] Zur Diagnose des Sadismus siehe *Kröber* 2009, S. 433 ff.; *Mokros/Nitschke* 2021.
[46] *Kröber* 2009, S. 433. Zur Rückfälligkeit nach sexuellen Gewaltdelikten im Allgemeinen vgl. *Elz* 2002, S. 216 ff.
[47] *Kinzig* 2020, S. 32.
[48] *PKS* 2019, Bd. 4, V2.0, S. 17.
[49] *Göppinger/Brettel* 2008, § 29 Rn. 57; *Dreßing u.a.* 2018a, S. 80.

7,4 % der Frauen und 1,5 % der Männer an, dass sie bis zum 16. Lebensjahr (einschließlich) Opfer eines sexuellen Missbrauchs mit Körperkontakt geworden waren.[50] Aufgrund kriminalstatistischer Daten und Befunden der Dunkelfeldforschung wird teilweise ein langfristiger Rückgang des sexuellen Kindesmissbrauchs angenommen.[51] Außerdem bestehen Hinweise auf eine vermehrte Aufhellung des Dunkelfeldes.[52] Die Täter sind überwiegend Bekannte oder Verwandte des Opfers.[53] Missbrauchsdelikte werden jedoch auch in Institutionen begangen. Hierbei nutzen die Täter ihre überlegene Machstellung gegenüber den Opfern zur Tatbegehung aus. Besondere Aufmerksamkeit haben in letzter Zeit Missbrauchsdelikte in der katholischen Kirche gefunden.[54] Bei der Mehrzahl der Missbrauchstaten findet keine Gewaltanwendung statt.[55] Die Kinder haben jedoch überdurchschnittlich häufig innerfamiliäre Gewalterfahrungen.[56]

10 Bei der Mehrzahl der Missbrauchsdelikte handelt es sich um Gelegenheits- oder Ersatzhandlungen, weniger als die Hälfte der Übergriffe wird von pädophilen Tätern begangen.[57] Bei pädophilen Männern kann die sexuelle Orientierung ausschließlich auf Kinder gerichtet sein oder sowohl Erwachsene als auch Kinder betreffen.[58] Eine Kombination mit Sadismus ist sehr selten.[59] Es wird angenommen, dass die Gelegenheitstäter selten mit einem Sexualdelikt rückfällig werden, während bei den Pädophilen eine hohe, aber nicht rasche Rückfälligkeit besteht.[60]

11 Die Opfer des sexuellen Kindesmissbrauchs sind nach der PKS zu drei Vierteln Mädchen.[61] Es wird angenommen, dass bei Kindern aus defizitären Familienstrukturen eine besondere Opferanfälligkeit besteht.[62] Die Folgen von sexuellen Missbrauchsdelikten für die Opfer können sehr unterschiedlich sein.[63] Es kann z. B. zu körperlichen Verletzungen, psychosomatischen Erkrankungen, Substanzmittelmiss-

---

[50] *Stadler/Bieneck/Pfeiffer* 2012, S. 31
[51] *Bundesministerium des Innern/Bundesministerium der Justiz* 2006, S. 97, 98; *Stadler/Bieneck/Pfeiffer* 2012, S. 28, 31, 54.
[52] *Bundesministerium des Innern/Bundesministerium der Justiz* 2006, S. 96, 99, 100; *Stadler/Bieneck/Pfeiffer* 2012, S. 45, 54.
[53] *Kaiser* 1996, § 65 Rn. 44; *Göppinger/Brettel* 2008, § 29 Rn. 74. Zu sexuellen Übergriffen unter altersgleichen Kindern und Jugendlichen siehe *Horten* 2020.
[54] Siehe dazu *Dreßing u.a.* 2018b.
[55] *Kröber* 2009, S. 441, 442; *Bock* 2019, Rn. 1045.
[56] *Göppinger/Brettel* 2008, § 29 Rn. 60, 66; *Dreßing u.a.* 2018a, S. 84.
[57] *Kaiser* 1996, § 65 Rn. 44: *Kröber* 2009, S. 437 f.; *Dreßing u.a.* 2018a, S. 82 f.
[58] *Göppinger/Brettel* 2008, § 29 Rn. 67 ff.; *Kröber* 2009, S. 439.
[59] *Kröber* 2009, S. 444.
[60] *Elz* 2001, S. 201 ff.; *Kröber* 2009, S. 444.
[61] *PKS* 2019, Bd. 4, V2.0, S. 25.
[62] *Kaiser* 1996, § 65 Rn. 43; *Göppinger/Brettel* 2008, § 29 Rn. 74.
[63] *Bundesministerium des Innern/Bundesministerium der Justiz* 2001, S. 88; *Kury/Obergfell-Fuchs* 2007, S. 648.

brauch, Leistungsbeeinträchtigungen und Beziehungsproblemen kommen.[64] Es wird angenommen, dass bei sexuellem Missbrauch in der Kindheit ein erhöhtes Risiko besteht, als Erwachsener erneut Opfer eines Sexualdelikts zu werden.[65] Ein Strafverfahren gegen den Täter kann sich für das Opfer belastend auswirken, z. B. wenn es als Zeuge aussagen muss. Ein Strafverfahren muss aber für das Opfer keine schädigende Erfahrung darstellen.[66]

12 Beim **Exhibitionismus** besteht die Tathandlung im Präsentieren des Genitales, wobei der Täter auf ein Erschrecken des Opfers oder Reaktionen wie Neugier oder Faszination abzielt.[67] Körperliche Berührungen des Opfers sind äußerst selten.[68] Die Opfer sind in der Regel weiblich und dem Täter unbekannt, die Beeinträchtigungen durch die Taten werden als im Allgemeinen gering eingestuft.[69] Die Täter sind meist sozial eingeordnet, außerdem gibt es kontaktarme jugendliche Exhibitionisten und Exhibitionisten mit Merkmalen von Dissozialität.[70] Exhibitionisten weisen eine beträchtliche einschlägige Rückfallgefahr auf, eine Ausdehnung auf andere Deliktsarten ist die Ausnahme.[71] Die Rückfallgefahr kann durch Therapie erheblich gesenkt werden.[72] § 183 Abs. 3 StGB lässt eine Strafaussetzung zur Bewährung auch dann zu, wenn zu erwarten ist, dass der Täter erst nach einer längeren Heilbehandlung keine exhibitionistischen Taten mehr begehen wird.

13 Seit den neunziger Jahren des vorigen Jahrhunderts ist die Zahl der in der PKS registrierten Fälle der Verbreitung und des Erwerbs von **Kinderpornografie** deutlich gestiegen. 1995 wurden 414 Fälle registriert, 2005 waren es 4403 Taten und 2019 wurden 12.262 Fälle erfasst.[73] Hierzu hat insbesondere die Entwicklung von Verbreitungswegen durch das Internet beigetragen.[74] Bei den polizeilich registrierten Tatverdächtigen handelt es sich ganz überwiegend um männliche Erwachsene.[75] Zur Suche nach strafbaren Inhalten im Internet wurde 1999 beim Bundeskriminalamt die „Zentralstelle für anlassunabhängige Recherchen in Datennetzen" eingerichtet.[76]

14 Beim Delikt des **Menschenhandels** zum Zweck der sexuellen Ausbeutung werden Frauen aus wirtschaftlich schwächeren Ländern zum Zweck der Prostitutions-

---

[64] *Görgen/Rauchert/Fisch* 2012, S. 3 ff.; *Dreßing u.a.* 2018a, S. 85 ff.
[65] *Kury/Obergfell-Fuchs* 2007, S. 630; *Göppinger/Brettel* 2008, § 29 Rn. 65.
[66] *Bundesministerium des Innern/Bundesministerium der Justiz* 2001, S. 88.
[67] *Schorsch* 1993, S. 471; *Kröber* 2009, S. 446.
[68] *Göppinger/Brettel* 2008, § 29 Rn. 90; *Eisenberg/Kölbel* 2017, § 45 Rn. 70.
[69] *Göppinger/Brettel* 2008, § 29 Rn. 91.
[70] *Schorsch* 1971, S. 114 ff.
[71] *Elz* 2004, S. 105 ff.; *Göppinger/Brettel* 2008, § 29 Rn. 7, 94; *Kröber* 2009, S. 451.
[72] *Kröber* 2009, S. 451.
[73] *Bundesministerium des Innern/Bundesministerium der Justiz* 2006, S. 107; *PKS* 2019, Bd. 4, V2.0, S. 17.
[74] *Bundesministerium des Innern/Bundesministerium der Justiz* 2006, S. 105; *Göppinger/Brettel* 2008, § 29 Rn. 77; *Meier* 2013.
[75] *PKS* 2019, Bd. 4, V2.0, S. 20.
[76] *Bundesministerium des Innern/Bundesministerium der Justiz* 2006, S. 109.

ausübung nach Deutschland verbracht. Die Täter nutzen soziale Notlagen der Frauen aus und täuschen die Frauen darüber, dass sie in Deutschland der Prostitution nachgehen sollen, oder über die Rahmenbedingungen der Prostitutionsausübung.[77] In Deutschland kommt es zum Einsatz von Gewalt, um die Frauen zur Prostitution zu zwingen oder dort zu halten.[78] Der Menschenhandel ist wegen der geringen Anzeigebereitschaft der Opfer ein Kontrolldelikt, zu dessen Aufdeckung es in der Regel polizeilicher Aktivitäten bedarf.[79] Die Beweisführung ist häufig schwierig.[80] Für den Schutz und die Betreuung von Opferzeuginnen spielt die Zusammenarbeit der Polizei mit Fachberatungsstellen eine erhebliche Rolle.[81]

---

[77] *Bundesministerium des Innern/Bundesministerium der Justiz* 2001, S. 106; *Kury/Obergfell-Fuchs* 2007, S. 643.

[78] *Bundesministerium des Innern/Bundesministerium der Justiz* 2001, S. 106; *Kury/Obergfell-Fuchs* 2007, S. 643.

[79] *Bundesministerium des Innern/Bundesministerium der Justiz* 2001, S. 104, 105.

[80] *Bundesministerium des Innern/Bundesministerium der Justiz* 2001, S. 104, 108.

[81] *Bundesministerium des Innern/Bundesministerium der Justiz* 2001, S. 109; *Kury/Obergfell-Fuchs* 2007, S. 643.

§ 32 Drogendelikte

I. Drogen

In dem vorliegenden Abschnitt geht es um Zusammenhänge zwischen Drogen und Kriminalität. Unter **Drogen** werden hierbei Substanzen verstanden, die auf das zentrale Nervensystem wirken und deren Einnahme zu Rauschzuständen führt.[1] Drogen werden genommen, um als wünschenswert empfundene Wirkungen wie Wohlbefinden oder Stimulation zu erreichen,[2] ihr Konsum kann jedoch mit erheblichen Gefahren für den Konsumenten, andere Personen und die Allgemeinheit verbunden sein.[3] Sie können insbesondere beim Konsumenten zu körperlichen und psychischen Schädigungen, Abhängigkeit und sozialem Abstieg bis zur Verwahrlosung führen.[4] Aufgrund der Drogeneinnahme kann es zur Verletzung anderer Personen kommen und der Suchtstoffmissbrauch kann beträchtliche nachteilige Folgen für die Gesundheit der Bevölkerung und das Wirtschaftsleben haben.[5] Während einige Drogen (z. B. Alkohol) legal sind, ist der Umgang mit anderen Drogen, z. B. Heroin, verboten.

Wird die **Verbreitung** der Drogen in Deutschland betrachtet, ergibt sich, dass Alkohol die am weitesten verbreitete Rauschdroge ist.[6] Für das Jahr 2018 wurde ermittelt, dass bei ca. 1,4 Millionen Personen im Alter von 18 bis 64 Jahren ein missbräuchlicher Alkoholkonsum vorliegt und etwa 1,6 Millionen Menschen

---

[1] So die Definition von Rauschdrogen bei *Göppinger/Brettel* 2008, § 27 Rn. 3.
[2] *Kaiser* 1996, § 54 Rn. 1, 18.
[3] *Kaiser* 1996, § 54 Rn. 25.
[4] *Kaiser* 1996, § 54 Rn. 19, 20, 25, 28, 29; *Göppinger/Brettel* 2008, § 27 Rn. 29 ff.; *Schwind/Schwind* 2021, § 28 Rn. 15.
[5] *Dölling* 1995, S. 16; *Kaiser* 1996, § 54 Rn. 26.
[6] *Bundesministerium des Innern/Bundesministerium der Justiz* 2006, S. 281; *Göppinger/Brettel* 2008, § 27 Rn. 14.

alkoholabhängig sind.[7] Es wird von ca. 74.000 Todesfällen pro Jahr infolge Alkoholmissbrauchs ausgegangen.[8] Die Zahl der Tabakabhängigen wird mit ca. 4,4 Millionen angegeben,[9] die Zahl der Todesfälle durch Rauchen im Jahr 2013 mit etwa 121.000.[10] Die Zahl der Medikamentenabhängigen wird auf ca. 1,5 bis 1,9 Millionen geschätzt.[11] Nach einer Umfrage im Jahr 2018 haben 8,3 % der Befragten im Alter von 18 bis 64 Jahren innerhalb der letzten 12 Monate eine illegale Droge eingenommen.[12] Bezogen auf das gesamte Leben gaben dies 29,5 % der 18- bis 64-Jährigen an.[13] Unter den unter das Betäubungsmittelgesetz fallenden Drogen ist Cannabis am meisten verbreitet.[14] Insbesondere unter jungen Menschen ist Cannabis die bevorzugte Droge.[15] „Harte Drogen" wie Heroin und Kokain werden demgegenüber nur von einem geringen Teil der Bevölkerung konsumiert.[16] Es wird geschätzt, dass ca. 309.000 Menschen in Alter von 18 bis 64 Jahren von Cannabis und etwa 103.000 von Amphetaminen abhängig sind.[17]

3   Die konsumierten Substanzen und Verwendungsweisen unterliegen dem zeitlichen **Wandel**.[18] So kam Haschisch in den 60er-Jahren des vorigen Jahrhunderts auf, es folgte LSD, dann kamen Heroin und anschließend Kokain hinzu und sodann fanden synthetische Drogen zunehmend Verbreitung.[19] In den letzten Jahren ist der Verbrauch von Alkohol und Tabak rückläufig.[20] Auch der Konsum von Heroin ist gemessen an den polizeilich registrierten Heroinfällen zurückgegangen.[21] Steigerungsraten sind demgegenüber bei Amphetamin/Methamphetamin und neuen psychoaktiven Substanzen (Designerdrogen) zu verzeichnen.[22] Cannabisfälle sind nach der *PKS* bis zum Jahr 2004 angestiegen und dann bis 2010 zurückgegangen, seitdem ist wieder ein Anstieg zu verzeichnen.[23] Die Zahl der polizeilich registrierten Drogentoten[24] ist von 1973 bis 1991 von 106 auf 2125 angestiegen und belief sich

---

[7] *Rummel/Lehner/Kepp* 2020, S. 16.
[8] A.a.O.
[9] A.a.O., S. 21.
[10] A.a.O., S. 22.
[11] A.a.O., S. 23.
[12] *Seitz/Rauschert/Orth/Kraus* 2020, S. 123; zu den Wirkungen der illegalen Drogen siehe *Göppinger/Brettel* 2008, § 27 Rn. 7 ff.; *Wendt* 2010, S. 271 ff.; *Schwind/Schwind* 2021, § 28 Rn. 2 ff.
[13] *Seitz/Rauschert/Orth/Kraus* 2020, S. 123.
[14] *Bundesministerium des Innern/Bundesministerium der Justiz* 2006, S. 281; *Göppinger/Brettel* 2008, § 27 Rn. 19; *Quednow* 2019, S. 222.
[15] *Neubacher* 2020, Kap. 19 Rn. 3.
[16] *Seitz/Rauschert/Orth/Kraus* 2020, S. 125.
[17] *Rummel/Lehner/Kapp* 2020, S. 27.
[18] *Neubacher* 2020, Kap. 19 Rn. 1.
[19] *Göppinger/Brettel* 2008, § 27 Rn. 11; *Schwind/Schwind* 2021, § 28 Rn. 1.
[20] *Rummel/Lehner/Kapp* 2020, S. 9, 18.
[21] *PKS* 2019, Bd. 4, V2.0, S. 156.
[22] *Schwind* 2016, Vor § 26 Rn. 4.
[23] *PKS* 2019, Bd. 4, V2.0, S. 156.
[24] Vgl. zu diesen Drogen *Schwind/Schwind* 2021, § 28 Rn. 4 ff.

im Jahr 2000 auf 2030.[25] Dann ist ein rückläufiger Trend bis auf 944 Drogentote im Jahr 2012 zu verzeichnen.[26] Anschließend stieg die Zahl der Drogentoten wieder auf 1333 im Jahr 2016 an.[27] 2018 betrug die Zahl der Drogentoten 1276.[28]

Am Beginn des **Gebrauchs** von Drogen steht in der Regel der Konsum der legalen Suchtmittel Nikotin und Alkohol.[29] Daran kann sich der Gebrauch von Cannabis anschließen. Hierbei erfolgt der erste Kontakt mit dem Rauschgift ganz überwiegend im Freundes- und Bekanntenkreis.[30] Bei den meisten jungen Menschen stellt der gelegentliche Cannabiskonsum ein vorübergehendes Phänomen dar.[31] Eine geringe Zahl von Cannabis-Konsumenten nimmt dann auch harte Drogen ein. Der Cannabiskonsum führt als in der Regel nicht zum Gebrauch harter Drogen, allerdings haben die meisten Konsumenten harter Drogen zuvor Cannabis geraucht.[32] In der Diskussion um Cannabis als Einstiegsdroge kann daher angenommen werden, dass Cannabiskonsum die Hemmschwelle gegenüber illegalen Drogen abbauen und der Kontakt mit der Drogenszene den Erwerb harter Drogen erleichtern kann, wodurch der Konsum dieser Drogen begünstigt wird.[33] Bei vielen Drogen ist der Gebrauch mit einer Toleranzentwicklung verbunden: Es bedarf einer Steigerung der Dosierung, um weiterhin die gewünschten Wirkungen zu erzielen.[34] Andererseits kann es aus vielerlei Gründen zu einem Ausstieg aus einer Drogenkarriere kommen, wobei sowohl Eigeninitiative als auch äußerer Druck eine Rolle spielen können.

II. Drogen und Kriminalität

Die rechtliche Bewertung des Drogenumgangs differiert in Deutschland nach Drogenarten. Der Umgang mit Alkohol ist grundsätzlich erlaubt, unterliegt aber gewissen Einschränkungen (vgl. etwa §§ 315 c, 316 StGB).[35] Der Umgang mit den in den Anlagen zum Betäubungsmittelgesetz angeführten Stoffen ist dagegen umfassend unter Strafe gestellt. Die sich auf die danach illegalen Drogen beziehende **Kriminalität** kann zunächst in Versorgungs- und Folgedelinquenz eingeteilt werden: Die Versorgungsdelikte betreffen den Verkehr mit Drogen, die Folgedelikte die aufgrund

---

[25] *PKS* 2000, S. 231.
[26] *PKS* 2012, S. 254.
[27] *PKS* 2016, Bd. 4, S. 148.
[28] *Bundeskriminalamt* 2019a, S. 27.
[29] *Göppinger/Brettel* 2008, § 27 Rn. 24; *Kreuzer* 2009, S. 512.
[30] *Dölling* 1995, S. 16 f.; *Kaiser* 1996, § 54 Rn. 21.
[31] *Bundesministerium des Innern/Bundesministerium der Justiz* 2006, S. 290; *Neubacher* 2017, Kap. 19 Rn. 3a.
[32] *Göppinger/Brettel* 2008, § 27 Rn. 25; *Schwind/Schwind* 2021, § 28 Rn. 14.
[33] *Dölling* 1995, S. 14 f.; *Göppinger/Brettel* 2008, § 27 Rn. 25, 65; *Schwind/Schwind* 2021, § 28 Rn. 14; gegen die Einstufung von Cannabis als „Einstiegsdroge" *Neubacher* 2020, Kap. 19 Rn. 4.
[34] *Kaiser* 1996, § 54 Rn. 19; *Göppinger/Brettel* 2008, § 27 Rn. 26.
[35] Näher zu den Einschränkungen *Dölling* 2010, S. 21 ff.

des Drogengebrauchs begangenen Straftaten.[36] Innerhalb der Versorgungsdelinquenz ist zwischen den die Herstellung und den Vertrieb von Drogen betreffenden Verschaffungsdelikten und den von der Konsumentenseite begangenen Beschaffungsdelikten zu unterscheiden. Die Verschaffungsdelinquenz ist ein Handlungsfeld der organisierten Kriminalität.[37] Unmittelbare Beschaffungsdelikte dienen der Erlangung von illegalen Drogen. Hierzu gehören der nach dem Betäubungsmittelgesetz strafbare Erwerb von Drogen, Apothekeneinbrüche und Rezeptfälschungen. Mittelbare Beschaffungsdelikte sind auf Zahlungsmittel gerichtet, mit denen der Drogenerwerb finanziert werden kann. Hierbei handelt es sich u. a. um Ladendiebstähle, Diebstähle aus Kraftfahrzeugen und Wohnungseinbrüche.[38] Unter unmittelbaren Folgedelikten sind Taten zu verstehen, die unter dem Einfluss von Drogen begangen werden, z. B. Straßenverkehrsdelikte oder Gewalttaten. Unter den Begriff der mittelbaren Folgedelinquenz fällt durch den Drogenkonsum bedingte Verwahrlosungsdelinquenz.[39]

6   Im Jahr 2019 wurden in der PKS 361.345 **Fälle der Rauschgiftkriminalität** erfasst. Darunter befanden sich 284.603 allgemeine Verstöße nach § 29 BtMG, 51.845 Handels- und Schmuggeldelikte, 21.378 sonstige Verstöße gegen das BtMG (z. B. Werbung für Betäubungsmittel) und 1598 Fälle der direkten Beschaffungskriminalität.[40] Nachdem die Zahl der polizeilich registrierten Drogendelikte bis zum Jahr 2004 gestiegen war, ist sie anschließend bis 2010 zurückgegangen, danach ist wieder ein Anstieg zu verzeichnen.[41] Es ist allerdings zu berücksichtigen, dass bei der Drogendelinquenz ein großes Dunkelfeld besteht[42] und die registrierte Kriminalität in erheblichem Maß von der Intensität der polizeilichen Ermittlungsarbeit abhängt.[43] Da bei Drogendelikten in aller Regel kein Beteiligter Anzeige erstattet, entscheiden vor allem die polizeilichen Ermittlungsbemühungen darüber, ob es zur Tataufdeckung kommt (sog. Hol-Kriminalität).[44]

7   Hinsichtlich des Verhältnisses zwischen **Drogenkonsum und Kriminalität** kann ein enger Zusammenhang zwischen Alkoholkonsum und Delinquenz festgestellt werden. Nach der PKS 2019 standen 11,0 % aller Tatverdächtigen bei der Tatausführung unter Alkoholeinfluss; bei den Gewaltdelikten betrug der Anteil 25,2 %.[45] Im Jahr 2012 war bei 5,0 % der Verkehrsunfälle mit Personenschaden mindestens eine Person beteiligt, bei der Alkohol festgestellt wurde; von den

---

[36] Vgl. hierzu und zum Folgenden *Göppinger/Brettel* 2008, § 27 Rn. 37 ff.; *Kreuzer* 2009, S. 535; *Schwind/Schwind* 2021, § 28 Rn. 17 ff.
[37] *Neubacher* 2020, Kap. 19 Rn. 8.
[38] *Eisenberg/Kölbel* 2017, § 45 Rn. 110.
[39] *Kreuzer* 2009, S. 535.
[40] *PKS* 2019, Bd. 4, V2.0, S. 155.
[41] A.a.O., S. 156.
[42] *Kaiser* 1996, § 55 Rn. 34.
[43] *Schwind/Schwind* 2021, § 28 Rn. 25 ff.
[44] *Göppinger/Brettel* 2008, § 27 Rn. 53; *Eisenberg/Kölbel* 2017, § 45 Rn. 112.
[45] *PKS* 2019, Bd. 3, V3.0, S. 117.

Verkehrstoten starben 9,4 % infolge eines Alkoholunfalls.[46] Chronischer Alkoholmissbrauch und chronische Straffälligkeit treffen häufig zusammen.[47] Die Verbindungen zwischen Alkohol und Kriminalität sind komplex. Auch wenn Alkohol häufig nicht Tatursache, sondern nur ein Begleitumstand der Tat sein dürfte,[48] kann angenommen werden, dass Alkohol wegen seiner enthemmenden und die psychomotorischen Fähigkeiten einschränkenden Wirkungen einen beträchtlichen kriminogenen Einfluss hat.[49] Wenn sowohl Alkoholmissbrauch als auch Straffälligkeit als Elemente eines devianten Lebensstils auftreten,[50] ist es denkbar, dass sie auf gemeinsame Ursachen zurückgehen oder sich wechselseitig bedingen.[51]

Auch unter dem Einfluss illegaler Drogen kann es zu Delikten wie z. B. Straftaten im Straßenverkehr oder Gewalttaten kommen.[52] Weiterhin ist vielfach eine Bündelung von häufigem Konsum illegaler Drogen und erheblicher Straffälligkeit feststellbar.[53] Hierbei kann eine Drogenabhängigkeit Delinquenz in Form von Beschaffungskriminalität auslösen. Die Delinquenzkarriere kann aber auch dem Drogenkonsum vorausgehen.[54] Die vorausgegangene Delinquenzkarriere kann mäßig sein und dann durch die Drogenkarriere verstärkt werden oder es kann eine bereits ausgeprägte Delinquenzkarriere vorliegen, zu der die Drogenkarriere hinzukommt.[55] Möglich ist auch ein chronischer Drogenkonsum ohne über nach dem BtMG strafbare unmittelbare Beschaffungsdelinquenz hinausgehende Kriminalität.[56] Wenn Konsum illegaler Drogen und Delinquenz zusammentreffen, sind sie – entsprechend dem zum Alkoholmissbrauch Gesagten – möglicherweise auf gemeinsame Ursachen zurückzuführen und können sie sich gegenseitig verstärken.[57] Die Finanzierung illegaler Drogen erfolgt nach einer Untersuchung von *Kreuzer* zu jeweils etwa einem Drittel durch Kleinhandel mit illegalen Drogen und durch mittelbare Beschaffungskriminalität, ca. ein Fünftel des Geldes stammt aus legalen Quellen und ein Neuntel aus Prostitution.[58]

8

---

[46] *Egg* 2014b, S. 157.
[47] *Kaiser* 1996, § 55 Rn. 25; *Kerner/Weitekamp/Stelly/Thomas* 1997, S. 402; *Egg* 2014b, S. 159.
[48] *Kaiser* 1996, § 55 Rn. 25.
[49] *Dölling* 2010, S. 20; *Eisenberg/Kölbel* 2017, § 59 Rn. 12.
[50] Vgl. dazu *Kerner/Weitekamp/Stelly/Thomas* 1997, S. 414 ff.
[51] Siehe zu den möglichen Zusammenhängen zwischen Alkohol und Kriminalität *Kaiser* 1996, § 54 Rn. 23; *Egg* 2014, S. 160 ff.; *Eisenberg/Kölbel* 2017, § 56 Rn. 54.
[52] Zu Gewaltdelikten infolge Drogengebrauchs siehe *Kreuzer* 2009, S. 526 f.
[53] *Kaiser* 1996, § 54 Rn. 17; *Kreuzer* 2009, S. 505 ff., 516 f.
[54] *Göppinger/Brettel* 2008, § 27 Rn. 36; *Kreuzer* 2009, S. 518.
[55] *Kreuzer* 2009, S. 518.
[56] *Kreuzer*, a.a.O.
[57] *Eisenberg/Kölbel* 2017, § 45 Rn. 109; *Neubacher* 2020, Kap. 19 Rn. 7.
[58] *Kreuzer* 2009, S. 524.

III. Erklärung und Eindämmung

9 Für die **Erklärung** von Drogenkonsum und Drogenkriminalität wird vielfach die Trias Persönlichkeit des Konsumenten, Charakteristika der Drogen und gesellschaftliche Faktoren herangezogen.[59] Für den Einstieg in den Drogenkonsum spielen Neugier, Langeweile und Gruppendruck eine Rolle.[60] Vielfach dient der Drogengebrauch als Mittel der Konfliktbewältigung.[61] Störungen in der Herkunftsfamilie, u. a. Drogenmissbrauch der Eltern, können den Drogengebrauch der Kinder fördern.[62] Primäre psychische Störungen einer Person erhöhen das Risiko des Drogenmissbrauchs.[63] Auch gesellschaftliche Bewegungen und Trends beeinflussen den Drogenkonsum. So förderte die Protestbewegung in den späten 60er-Jahren des vorigen Jahrhunderts den Drogengebrauch, der als Abgrenzungsmerkmal gegenüber dem Establishment diente.[64]

10 Zur **Eindämmung** von Drogenmissbrauch und Drogendelinquenz wird heute überwiegend auf die vier Säulen Prävention, Therapie, Repression und Überlebenshilfe gesetzt.[65] Präventionsmaßnahmen richten sich vor allem an junge Menschen.[66] Die Ziele bestehen u. a. darin, über die Wirkungen von Drogen zu informieren, die Widerstandsfähigkeit gegenüber Drogenangeboten zu stärken und zu einer Lebensbewältigung ohne den Griff zu Drogen zu befähigen.[67] Für die Menschen, die Drogenmissbrauch betreiben oder drogenabhängig sind, stehen Beratungsangebote und ambulante und stationäre Therapieangebote zur Verfügung.[68] Die strafrechtlichen Regelungen zur Zurückdrängung des Umgangs mit Drogen sind vor allem im BtMG enthalten. Dieses Gesetz ist dadurch gekennzeichnet, dass es bei Gelegenheitskonsumenten eine zurückhaltende strafrechtliche Reaktion ermöglicht, für Drogenhändler eine nachdrückliche Sanktionierung vorsieht und es bei Drogenabhängigen ermöglicht, die Strafverfolgung zugunsten einer Therapie zurückzustellen (vgl. §§ 35 und 37 BtMG). Der Überlebenshilfe für Drogenabhängige, die einer Abstinenztherapie noch nicht zugänglich sind, dienen u. a. Drogenkonsumräume, welche

---

[59] *Kielholz/Ladewig* 1972, S. 23 ff.; *Kaiser* 1996, § 54 Rn. 17; *Passow/Schläfke* 2018, S. 82; *Schwind/Schwind* 2021, § 28 Rn. 11; vgl. auch das erweiterte Modell von *Kreuzer* 2009, S. 502.

[60] *Kaiser* 1996, § 54 Rn. 18; *Göppinger/Brettel* 2008, § 27 Rn. 23; *Schwind/Schwind* 2021, § 28 Rn. 11.

[61] *Kaiser* 1996, § 54 Rn. 18; *Göppinger/Brettel* 2007, § 27 Rn. 23; *Schwind/Schwind* 2021, § 28 Rn. 11.

[62] *Kaiser* 1996, § 54 Rn. 21; *Kreuzer* 2009, S. 522 f.

[63] *Kreuzer* 2009, S. 523.

[64] *Kaiser* 1996, § 54 Rn. 21; *Schwind/Schwind* 2021, § 28 Rn. 19.

[65] *Kaiser* 1996, § 55 Rn. 42; *Kreuzer* 2009, S. 539; *Göppinger/Brettel* 2008, § 27 Rn. 58; *Schwind/Schwind* 2021, § 28 Rn. 56.

[66] *Göppinger/Brettel* 2008, § 27 Rn. 61.

[67] Siehe zu Präventionsmaßnahmen *Schwind/Schwind* 2021, § 28 Rn. 41 ff.

[68] Zur Drogenhilfe vgl. *Schwind/Schwind* 2021, § 28 Rn. 44 ff.

III. Erklärung und Eindämmung

die sterile Einnahme von Drogen ermöglichen (siehe § 10a BtMG),[69] Methadonprogramme[70] und die kontrollierte Abgabe von Heroin.[71] Die Eindämmung der Drogenproblematik ist schwierig, mit einer konsequenter Umsetzung eines die genannten Stränge umfassenden Konzepts kann aber eine Reduktion des Drogenmissbrauchs erreicht werden.

---

[69] Dazu *Göppinger/Brettel* 2008, § 27 Rn. 70, 71; *Kreuzer* 2009, S. 543 f.
[70] Vgl. *Kreuzer* 2009, S. 540; *Schwind/Schwind* 2021, § 28 Rn. 49 ff.
[71] Dazu *Göppinger/Brettel* 2008, § 27 Rn. 69; *Kreuzer* 2009, S. 540 ff.; *Schwind/Schwind* 2021, § 28 Rn. 58 ff.

§ 33 Straßenverkehrsdelikte

I. Normativer Rahmen und statistische Erfassung

Zum Straßenverkehrsrecht gehören Normen aus dem Strafgesetzbuch (StGB), dem Straßenverkehrsgesetz (StVG), der Straßenverkehrsordnung (StVO) und der Straßenverkehrszulassungsordnung (StVZO). Dabei handelt es sich zum Teil um zivilrechtliche Regelungen. Von kriminologischen Interesse sind insbesondere die §§ 315b bis 316 und 142 StGB, also gefährliche Eingriffe in den Straßenverkehr, Gefährdung des Straßenverkehrs, verbotene Kraftfahrzeugrennen, Trunkenheit im Verkehr, räuberischer Angriff auf Kraftfahrer und das unerlaubte Entfernen vom Unfallort. Zudem gibt es weitere Straftaten aus dem Bereich der allgemeinen Kriminalität, die zwar im Straßenverkehr vorkommen können, aber nicht spezifisch für die Straßenverkehrsdelinquenz sind: Nötigung, fahrlässige Körperverletzung, fahrlässige Tötung, Vollrausch und unterlassene Hilfeleistung.[1] Im Straßenverkehrsgesetz sind insbesondere das Fahren ohne Fahrerlaubnis (§ 21 StVG) und die Festlegung auf die 0,5 Promille-Grenze (§ 24a StVG) kriminologisch relevant, wobei ein Verstoß gegen die letztgenannte Norm lediglich eine Ordnungswidrigkeit ist.

Die Anzahl der Straßenverkehrsdelikte ist zahlenmäßig mit der Anzahl der Diebstahlsdelikte vergleichbar – beide Bereiche nehmen bei Polizei, Staatsanwaltschaft und Justiz einen breiten Raum ein. Allerdings ist die Rückfallquote von Verkehrsdelinquenten vergleichsweise niedrig.[2]

Das Hellfeld für Delikte im Straßenverkehr wird anders erfasst als für andere Straftaten: Verkehrsdelikte werden in der Polizeilichen Kriminalstatistik nicht

---

[1] *Bundesministerium des Innern/Bundesministerium der Justiz* 2006, S. 320; *Schöch* 2009, S. 578 ff.
[2] *Jehle/Hohmann-Fricke* 2006.

berücksichtigt.³ Obwohl die Polizei erhebliche Ressourcen für die Kontrolle des Straßenverkehrs aufwendet, bleibt diese Arbeit weitgehend undokumentiert.⁴

4   Straßenverkehrsdelikte werden insbesondere in der Strafverfolgungsstatistik registriert. Zudem können der Straßenverkehrsunfallstatistik, dem Verkehrszentralregister, dem Fahreignungsregister und dem Bundeszentralregister Hinweise zur Delinquenz im Straßenverkehr entnommen werden. Diese unterscheiden sich jedoch in den Kriterien der Erfassung. In der Straßenverkehrsunfallstatistik beispielsweise werden Unfälle nicht nach strafrechtlichen Kriterien kategorisiert, sondern phänomenologisch beschrieben.

II. Daten amtlicher Statistiken

5   Nach der **Straßenverkehrsunfallstatistik** waren an den Unfällen mit Personenschaden im Jahr 2019 insgesamt 573.799 Fahrzeugführer beteiligt. In 355.084 Fällen wurde der Unfall durch ein Fehlverhalten eines Fahrzeugführers verursacht, das sind 62 %. In 2 % der Fälle war der Alkoholeinfluss die Unfallursache, in 4 % eine falsche Straßenbenutzung, in 7 % nicht angepasste Geschwindigkeit, in 9 % unzureichender Abstand, in 2 % Fehler beim Überholen, in 9 % die Missachtung einer Vorfahrt, in 10 % Fehler beim Abbiegen, Wenden, Rückwärtsfahren oder Ein- und Anfahren und in 3 % falsches Verhalten gegenüber Fußgängern.⁵

6   Nach der Straßenverkehrsunfallstatistik ist die Zahl der Unfälle mit Personenschaden und der durch Fehlverhalten verursachten Unfälle rückläufig. In Abb. 33.1 wird die Entwicklung für den Zeitraum von 1991 bis 2019 beschrieben.

7   Demnach waren an den Unfällen mit Personenschaden im Jahr 1991 über 700.000 Fahrzeugführer beteiligt, im Jahr 2019 waren es etwa 574.000. Im gleichen Zeitraum hat sich die Anzahl der Fahrzeugführer, die durch Fehlverhalten einen Unfall verursachten, von 509.000 auf 355.000 reduziert.

8   In Abb. 33.2 ist die Entwicklung der Anzahl der Fahrzeugführer dargestellt, die durch Alkoholkonsum einen Unfall mit Personenschaden verursachten. Diese ist von etwa 38.000 auf circa 13.000 gesunken. Demnach scheint die Akzeptanz der hier relevanten Norm an Bedeutung gewonnen zu haben.

9   Die **Strafverfolgungsstatistik** enthält Angaben über rechtskräftig Verurteilte. Bei der Differenzierung nach Delikten wird im Falle der Verurteilung von Personen, die mehrere Strafvorschriften verletzt haben, nur der Straftatbestand statistisch erfasst, der nach dem Gesetz mit der schwersten Strafe bedroht ist. Verurteilte sind als Angeklagte definiert, gegen die nach allgemeinem Strafrecht Freiheitsstrafe, Strafarrest, Geldstrafe oder ein Strafbefehl verhängt worden ist, oder deren Straftat nach Jugendstrafrecht mit Jugendstrafe, Zuchtmitteln oder Erziehungsmaßregeln geahndet wurde. Der Versuch einer Straftat wird ebenso wie die vollendete Straftat erfasst.⁶

---

³ *PKS* 2019, Bd. 1, V1.0, S. 5.
⁴ *Bundesministerium des Innern/Bundesministerium der Justiz* 2006, S. 321.
⁵ *Statistisches Bundesamt* 2020a, S. 188.
⁶ *Strafverfolgung* 2019.

II. Daten amtlicher Statistiken

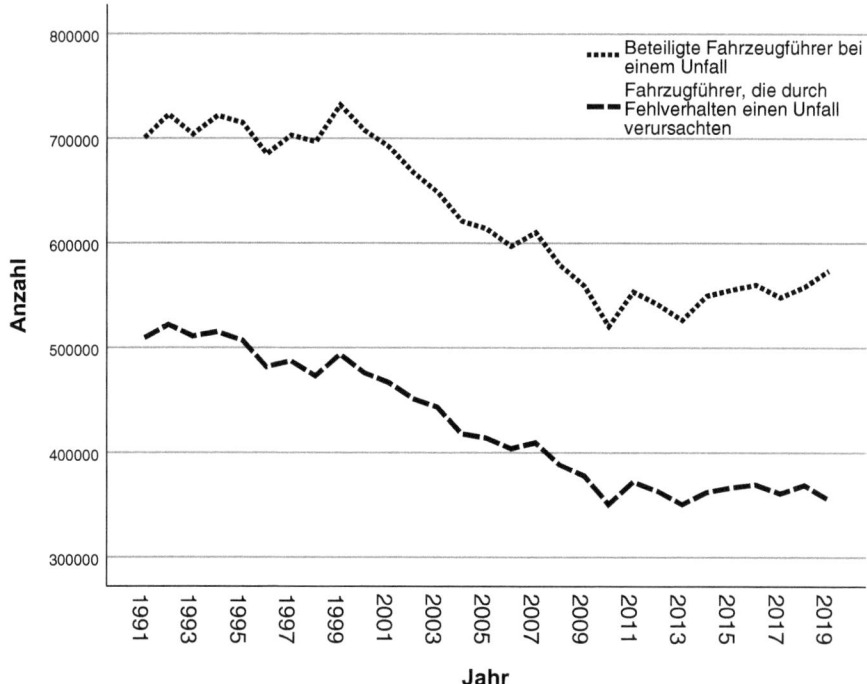

Abb. 33.1 Entwicklung der Straßenverkehrsunfälle mit Personenschaden. (Quelle: *Statistisches Bundesamt* 2019 und 2020a, S. 188)

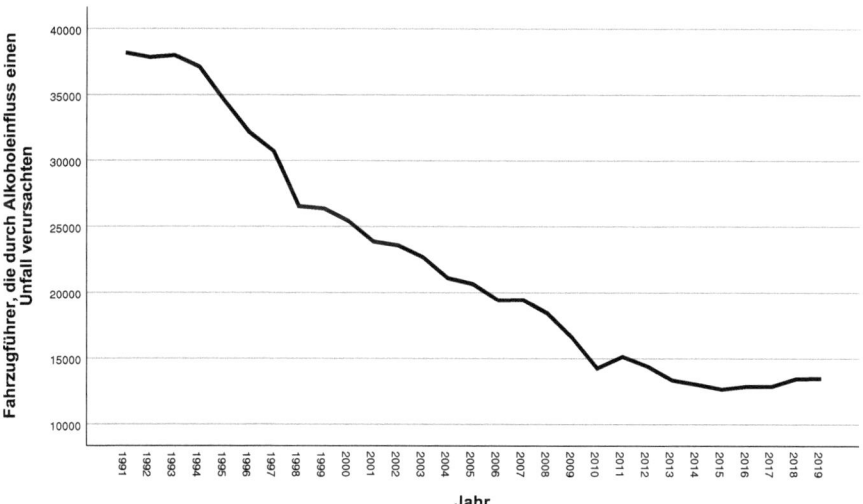

Abb. 33.2 Entwicklung der durch Alkoholkonsum bedingten Straßenverkehrsunfälle mit Personenschaden. (Quelle: *Statistisches Bundesamt* 2019, S. 188)

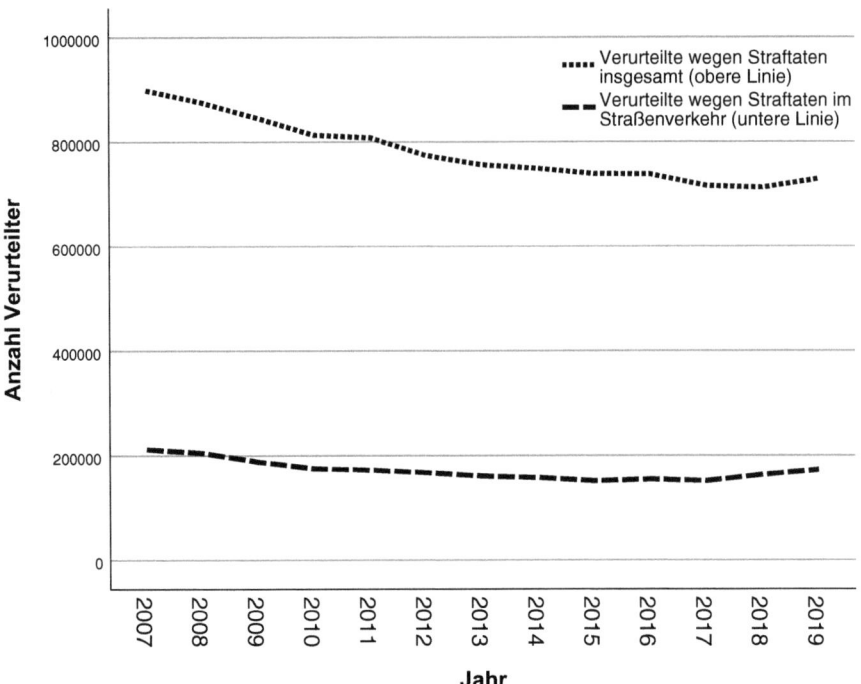

Abb. 33.3 Entwicklung der Verurteilten nach Art der Straftat: Ein Vergleich zwischen den Straftaten im Straßenverkehr und den gesamten Straftaten. (Quelle: *Statistisches Bundesamt* 2016, S. 5 ff.; *Strafverfolgung* 2017, S. 25; *Strafverfolgung* 2018, S. 25. Strafverfolgung 2019, S. 16)

10   In Abb. 33.3 ist die Entwicklung der Anzahl der Verurteilten pro Jahr dargestellt, wobei die Straftaten im Straßenverkehr den gesamten Straftaten gegenübergestellt sind. Für beide Deliktsbereiche ist für den Zeitraum von 2007 bis 2017 ein Rückgang erkennbar. Somit beschreibt die Strafverfolgungsstatistik den gleichen Trend in der Entwicklung der Straßenverkehrsdelinquenz wie die Straßenverkehrsunfallstatistik.

11   Seit 1958 werden Normverletzungen im Straßenverkehr auch durch das Kraftfahrt-Bundesamt registriert, zu Beginn im **Verkehrszentralregisters** (VZR) und seit 2014 im **Fahreignungsregister** (FAER). Im Jahr 2007 waren bei einem Bestand von 55,5 Millionen registrierten Fahrzeugen 8,4 Millionen Personen im Verkehrszentralregister erfasst. Dies entspricht einem Anteil von 15 %. Im Jahr 2019 haben sich der Fahrzeugbestand auf 65,8 Millionen und die im Fahreignungsregister erfassten Personen auf 11,1 Millionen erhöht.[7] Dies entspricht einem Anteil von 17 %. Allerdings wurden mit der Umstellung des Registers im Jahr 2014 die Tilgungsfristen für Ordnungswidrigkeiten von 2 Jahren auf 2,5 und 5 Jahre erhöht. Somit sprechen die oben dargestellten Veränderungen nicht notwendig für einen

---

[7] *Kraftfahrt-Bundesamt* o.J.a, o.J.b.

Anstieg der Delinquenz im Straßenverkehr. Zudem besteht der Normbruch eines Großteils der registrierten Personen in Ordnungswidrigkeiten.

Die registrierten Zuwiderhandlungen im Jahr 2019 umfassten 261.900 Straftaten und 4.493.589 Ordnungswidrigkeiten. Die wichtigsten Straftaten waren:

- Alkoholverstöße: 79.727,
- Drogenverstöße: 3821,
- Unfallflucht: 36.058.[8]

Bedeutsame Ordnungswidrigkeit waren:

- Alkoholverstöße: 35.896,
- Drogenverstöße: 41.516,
- Handyverstöße (Aufnahme und Nutzung mobiler Endgeräte): 439.611 und
- Rotlichtverstöße: 324.168.[9]

In das **Bundeszentralregister** (BZR) werden insbesondere rechtskräftige Entscheidungen der Strafgerichte gegen Deutsche oder gegen in Deutschland wohnende ausländische Personen eingetragen (§ 4 BZRG). *Reiff* hat die BZR-Daten der Jahre 2004 bis 2007 untersucht, wobei die Frage nach der Rückfälligkeit der im Jahr 2004 registrierten Personen im Vordergrund stand.[10] Von den 1.052.215 im Jahr 2004 erfassten Straftäterinnen und Straftätern waren 259.121 Personen mit einem Verkehrsdelikt auffällig geworden. Bei dieser Zählweise wurden Mehrfachzählungen von Personen und Delikten ausgeschlossen, jeder Proband wird nur einmal mit dem jeweils schwersten Delikt der Bezugsentscheidung erfasst, sofern es sich um ein Verkehrsdelikt handelt. Auch wenn mehrere Verkehrstaten der Bezugsentscheidung zugrunde liegen, wird nur das abstrakt schwerste der verwirklichten Verkehrsdelikte gezählt.[11] Die zahlenmäßig wichtigsten Straßenverkehrsdelikte für das Jahr 2004 waren:

- Unerlaubtes Entfernen vom Unfallort (§ 142 StGB): 32.417 Personen,
- Gefährdung des Straßenverkehrs (§ 315c) 33.174 Personen,
- Trunkenheit im Verkehr (§ 316 StGB): 83.926 Personen,
- Fahren ohne Fahrerlaubnis (§ 21 StVG): 85.216 Personen.[12]

---

[8] *Kraftfahrt-Bundesamt* o.J.c.
[9] *Kraftfahrt-Bundesamt* o.J.c.
[10] *Reiff* 2015.
[11] *Reiff* 2015, S. 145.
[12] *Reiff* 2015, S. 519 f.

III. Dunkelfeldstudien

15 Bei Opfer- und Täterbefragungen werden Straßenverkehrsdelikte lediglich bei Einzelfragen berücksichtigt. Die Greifswalder Forschungen zu **Alkohol im Straßenverkehr** haben das Ziel, alkoholisierte Verkehrsteilnehmer anhand von Verhaltens- und Persönlichkeitsmerkmalen zu beschreiben.[13] Dazu wurden mittels einer Befragung in den Jahren 1998 und 1999 mehr als 200 polizeilich auffällig gewordene Verkehrsdelinquenten, bei denen eine Blutalkoholkontrolle angeordnet wurde, mit einer repräsentativen Bevölkerungsstichprobe von Autofahrerinnen und Autofahrern verglichen. Dabei zeigten sich Unterschiede: Die Gruppe der alkoholauffälligen Autofahrer war vergleichsweise häufig in einem unteren sozialen Milieu verortet und Männer waren überrepräsentiert. Zudem zeigten sie verstärkt risikoorientierte Einstellungen und Verhaltensdispositionen und einen überdurchschnittlichen täglichen Alkoholkonsum.[14] Zudem wurde die Verwerflichkeit alkoholisierten Fahrens regional unterschiedlich bewertet.[15]

16 Die Teilnahme am Straßenverkehr in alkoholisiertem Zustand ist auch das Thema der Studie „Jugend in Brandenburg".[16] Dazu wurden im Jahr 1999 über 3200 Schülerinnen, Schüler und Auszubildende in der 7. bis zur 13. Klassenstufe sowie im ersten bis vierten Ausbildungsjahr befragt. Die Befragung wurde im Jahr 2001 wiederholt. Diese Erhebung wurde in den Schulklassen durchgeführt, in denen Schüler der vorausgegangenen Befragung noch zu erreichen waren. Insgesamt haben 1249 Personen an der zweiten Welle teilgenommen, 762 davon bereits an der Vorgängeruntersuchung.

17 Zur Erfassung von Trunkenheitsfahrten wurden die Jugendlichen gefragt, ob sie in den letzten 12 Monaten ein Moped, Motorrad oder Auto unter Alkohol geführt haben (Nein, gar nicht; ja, ein- oder zweimal; ja, dreimal oder öfter). Fast 14 % der Jugendlichen haben 1999 mindestens einmal in einem Zeitraum von 12 Monaten ein Moped, Motorrad oder Auto unter Alkoholeinfluss geführt. Der Anteil der Jugendlichen, die alkoholisiert ein Fahrzeug bedienten, stieg mit zunehmendem Alter deutlich an.[17] Von den Befragten, die angaben, dass sie ein- oder zweimal in den letzten 12 Monaten in alkoholisiertem Zustand mit einem Fahrzeug gefahren sind, waren über 80 % männlich; in der Gruppe, die dies noch häufiger verübten, lag der Prozentwert bei fast 90. Zudem war dieses Verhaltensmuster bei männlichen alkoholauffälligen Fahrern relativ stabil: Mehr als 50 % der männlichen Jugendlichen, die zum ersten Befragungszeitpunkt angaben, dass sie mehrfach unter Alkohol gefahren waren, haben dieses Verhalten auch beim zweiten Erhebungszeitpunkt 2001 zugegeben. Bei Mädchen und jungen Frauen hingegen waren solche Verhaltensmuster nicht erkennbar.[18]

---

[13] *Dünkel* 2010.
[14] *Dünkel* 2010, S. 102 f.
[15] Vgl. *Schöch* 2000.
[16] *Krampe/Sachse* 2005.
[17] *Krampe/Sachse* 2005, S. 13.
[18] *Krampe/Sachse* 2005, S. 13.

III. Dunkelfeldstudien

Zum **Drogenkonsum** von Verkehrsteilnehmern liegen mehrere Studien vor.[19] Demnach scheint die Hemmschwelle, nach dem Konsum von Cannabis, Amphetaminen oder Ecstasy mit dem Auto zu fahren, niedriger zu sein als nach dem Konsum von Alkohol. In einer Erhebung mit 1472 Fahrerinnen und Fahrern waren 8,7 % nach dem Konsum von Cannabis mit dem Auto gefahren, während nach dem Konsum von Alkohol und einem Alkoholspiegel über von 0,5 Promille lediglich 7,5 % ihr Auto benutzten.[20] Der Konsum von Drogen wird als weniger verkehrsgefährdend beurteilt als der Konsum von Alkohol.[21]

18

Kubitzki hat in Musikcafés, Nachtkneipen und Diskotheken eine Befragung durchgeführt und dabei 225 Konsumenten von Partydrogen interviewt.[22] Auch wenn die Ergebnisse aus dieser Stichprobe nicht verallgemeinerbar sind, zeigen sie doch die Relevanz von Drogen im Straßenverkehr. 94 % der Befragten gaben an, ihr Fahrzeug auch unter Drogeneinfluss zu benutzen – im Durchschnitt 3,5 Fahrten pro Monat. Bei der Interpretation dieses Wertes ist zu berücksichtigen, dass einige Befragte 30 Drogenfahrten pro Monat durchführten; diese statistischen Ausreißer erhöhen den Mittelwert deutlich. Zwischen dem letzten Drogenkonsum und dem Fahrtantritt liegen im Durchschnitt weniger als zwei Stunden. 91 % gaben an, dass sie bei den Fahrten unter Drogeneinfluss beeinträchtigt waren. Ein Befragten beschreibt diesen Zustand mit den Worten: „Alles war sehr verpeilt, aber cool." Die Befragten berichteten von insgesamt 32 Unfällen, die sie unter Drogeneinfluss verursachten, wobei in 44 % der Fälle zusätzlich Alkohol konsumiert wurde. Lediglich bei einem Unfall wurde der Drogenkonsum entdeckt.[23]

19

---

[19] *Kannheiser* 2000; *Kubitzki* 2001; *Möller/Hartung/Wilske* 1999; *Vollrath/Löbmann/Krüger/Schöch/Widera/Mettke* 2001.
[20] *Vollrath/Löbmann/Krüger/Schöch/Widera/Mettke* 2001, S. 53 f.
[21] *Vollrath/Krüger* 2002.
[22] *Kubitzki* 2001, S. 178.
[23] *Kubitzki* 2001, S. 179 ff.

§ 34 Eigentums- und Vermögensdelikte

I. Begriff der Eigentums- und Vermögensdelikte

Eigentums- und Vermögensdelikte umfassen insbesondere Diebstahl, Betrug, Unterschlagung, Erpressung und Raub sowie einige Verstöße gegen Normen des Nebenstrafrechts, wobei Raub nicht nur ein Eigentumsdelikt ist, sondern auch eine Gewalthandlung beinhaltet.[1]

II. Struktur und Entwicklung von Eigentums- und Vermögensdelikten im Hellfeld

Der Anteil der Eigentums- und Vermögensdelikte an der gesamten polizeilich registrierten Kriminalität (ohne Straßenverkehrsdelikte) beträgt weit über 50 %. Allein die Delikte Diebstahl, Raub, Betrug und Unterschlagung machten 2019 mehr als 51 % aller erfassten Straftaten aus.[2] In Tab. 34.1 sind für die genannten Delikte die Anzahl der registrierten Taten und Tatverdächtigen sowie der Anteil männlicher Tatverdächtiger aufgeführt. Demnach sind, wie in anderen Deliktsfeldern auch, männliche Tatverdächtige deutlich überrepräsentiert.

Seit den 1990er-Jahren ist die Entwicklung der polizeilich registrierten Diebstahlsdelinquenz rückläufig. Dies gilt nicht für Vermögensdelikte.[3] Die Abb. 34.1 beschreibt die Entwicklung der Fallzahlen für Diebstahls- und Betrugsdelikte im Vergleich zu den Tathäufigkeiten aller in der Polizeilichen Kriminalstatistik (PKS) berücksichtigten Delikte. Demnach ist die Anzahl der Diebstahlsdelikte und aller

---

[1] *Bundesministerium des Innern/Bundesministerium der Justiz* 2006, S. 191; *Rengier* 2019, § 1 Rn. 2.
[2] *PKS* 2019, Bd. 1, V1.0, S. 12, 19.
[3] *Bundesministerium des Innern/Bundesministerium der Justiz* 2006, S. 191.

Tab. 34.1 Umfang der polizeilich registrierten Eigentums- und Vermögenskriminalität in der Bundesrepublik Deutschland für das Jahr 2019

Straftatengruppe	Anzahl der Fälle	Anzahl Tatverdächtiger	Anteil männlicher Tatverdächtiger (%)
Diebstahl	1.822.212	377.425	69,8
Raub	36.052	26.678	91,1
Betrug	832.966	354.529	69,7
Unterschlagung	108.754	49.862	72,0
Straftaten insgesamt	5.436.401	2.019.211	75,0

Quellen: *PKS* 2019, Bd. 1, V1.0, S. 11; Bd. 3, V3.0, S. 12 und Bd. 4, V2.0, S. 32, 83, 102, 118

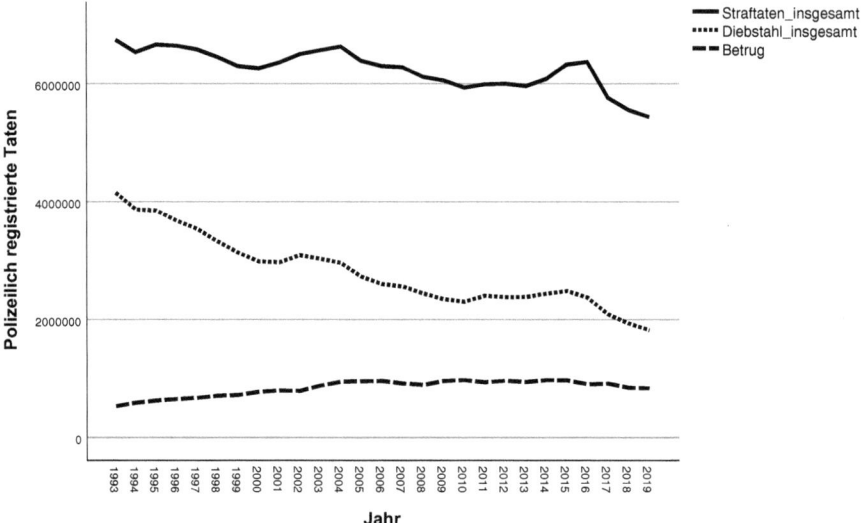

Abb. 34.1 Entwicklung der polizeilich registrierten Diebstahls- und Betrugsdelikte in der Bundesrepublik Deutschland für den Zeitraum von 1993 bis 2019. (Quelle: *Bundeskriminalamt* 2018a und 2019)

Straftaten gesunken, während die Anzahl der Betrugstaten gestiegen ist. In Abb. 34.2 wird die Entwicklung der Fallzahlen für Raub und Unterschlagung dargestellt. Auch für diese Delikte zeigen sich unterschiedliche Trends. Die Analyse berücksichtigt den Zeitraum ab 1993. Der Grund hierfür ist in § 30 erläutert.

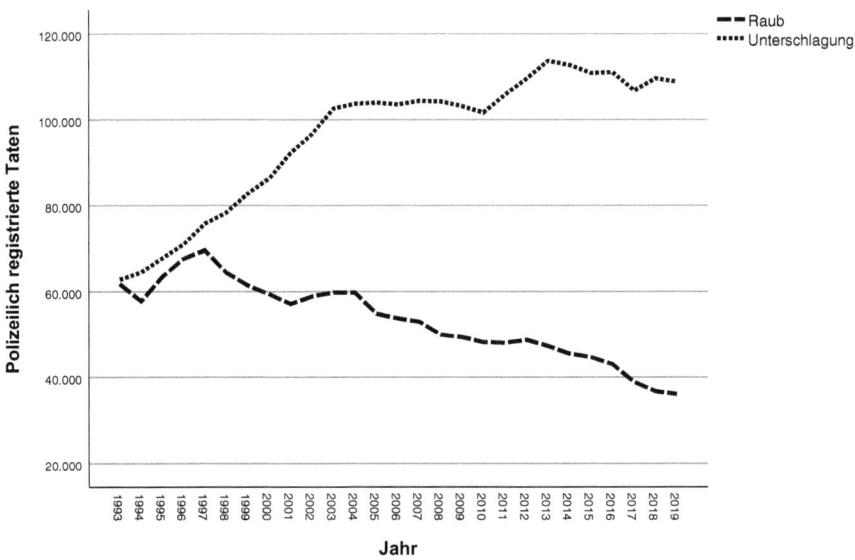

Abb. 34.2 Entwicklung der polizeilich registrierten Raubtaten und Unterschlagungen in der Bundesrepublik Deutschland für den Zeitraum von 1993 bis 2019. (Quelle: *Bundeskriminalamt* 2018a; *PKS* 2019)

III. Struktur und Entwicklung von Eigentums- und Vermögensdelikten im Dunkelfeld

In den **deutschlandweiten Opferbefragungen** (Deutscher Viktimisierungssurvey, DVS) aus den Jahren 2012 und 2017 wurden Eigentums- und Vermögensdelikte berücksichtigt. Dabei wurde unterschieden, ob die Viktimisierung eine Person oder einen Haushalt betrifft. Personale Delikte sind: Persönlicher Diebstahl, Waren- und Dienstleistungsbetrug (Betrug im Zusammenhang mit dem Erwerb von Waren oder der Erbringung von Dienstleistungen), Missbrauch von Zahlungskarten, Raub, der Einsatz von Schadsoftware, also Datenverluste oder sonstige Schäden durch Viren, Würmer oder Trojaner, zudem Phishing und Pharming.[4] Unter „Phishing" ist die Preisgabe vertraulicher Daten nach Erhalt einer gefälschten E-Mail zu verstehen, und „Pharming" meint die Preisgabe von Zugangsdaten nach Umleitung auf eine gefälschte Website. Als Haushaltsdelikte wurden berücksichtigt: Fahrraddiebstahl, Diebstahl von Kraftwagen, Diebstahl von Motorrädern, Mofas, Mopeds oder Motorrollern, Wohnungseinbruchdiebstahl und versuchter Wohnungseinbruchdiebstahl. Allerdings wurden nicht alle diese Delikte in der Befragung 2012 berücksichtigt.

In den Tab. 34.2, 34.3 und 34.4 sind die entsprechenden Viktimisierungshäufigkeiten aufgeführt. Die angeführten Prävalenzraten sind prozentuale Anteile der Op-

---

[4] *Birkel/Church/Hummelsheim-Doss/Leitgöb-Guzy/Oberwittler* 2019.

Tab. 34.2 Die Veränderung von Viktimisierungen nach dem DVS 2012 und 2017: Prävalenzraten für den Referenzzeitraum von fünf Jahren

Jahr Delikt	2012	2017	Signifikante Veränderung
Persönlicher Diebstahl	10,7	11,5	ja
Waren- und Dienstleistungsbetrug	13,8	13,6	nein
Missbrauch von Zahlungskarten	3,0	4,1	ja
Raub	3,1	3,9	ja
Schadsoftware	24,1	19,1	ja
Phishing	2,4	3,1	ja
Pharming	1,4	2,0	ja
Fahrraddiebstahl	15,4	14,5	ja
Diebstahl von Kraftwagen	0,7	0,9	ja
Diebstahl von Motorrädern, Mofas, Mopeds oder Motorrollern	0,8	0,5	ja
Wohnungseinbruchdiebstahl, einschließlich Versuch	5,4	8,1	ja

Quelle: *Birkel/Church/Hummelsheim-Doss/Leitgöb-Guzy/Oberwittler* 2019, S. 11 ff.

Tab. 34.3 Die Veränderung von Viktimisierungen nach dem DVS 2012 und 2017: Prävalenzraten für den Referenzzeitraum von 12 Monaten

Jahr Delikt	2012	2017	Signifikante Veränderung
Persönlicher Diebstahl	2,9	3,1	nein
Waren- und Dienstleistungsbetrug	4,6	4,7	nein
Missbrauch von Zahlungskarten	0,5	0,6	nein
Raub	0,7	1,0	ja
Schadsoftware	-	4,5	
Phishing	-	0,8	
Pharming	-	0,5	

-: Nicht erfasst
Quelle: *Birkel/Church/Hummelsheim-Doss/Leitgöb-Guzy/Oberwittler* 2019, S. 13

Tab. 34.4 Die Veränderung von Viktimisierungen nach dem DVS 2012 und 2017: Inzidenzraten für den Referenzzeitraum von 12 Monaten

Jahr Delikt	2012	2017	Signifikante Veränderung
Persönlicher Diebstahl	3,4	3,7	nein
Waren- und Dienstleistungsbetrug	6,7	6,7	nein
Missbrauch von Zahlungskarten	0,6	0,7	nein
Raub	0,9	1,5	ja
Schadsoftware	-	0,7	
Phishing	-	1,5	
Pharming	-	0,9	

-: Nicht erfasst
Quelle: *Birkel/Church/Hummelsheim-Doss/Leitgöb-Guzy/Oberwittler* 2019, S. 14

fer unter den Befragten, die Inzidenzraten sind als Anzahl der Opferwerdungen pro 100 Befragten definiert. Bei Haushaltsdelikten, also Straftaten, bei denen der gesamte Haushalt von der Opfererfahrung betroffen ist, bezieht sich die Prävalenzrate auf den prozentualen Anteil der viktimisierten an den berücksichtigten Privathaushalten.

In den Tab. 34.2, 34.3 und 34.4 ist für Raubdelikte eine Zunahme der Opferraten und Tatraten zwischen 2012 und 2017 erkennbar. Nach der PKS (Abb. 34.2) hingegen ist in diesem Zeitraum die Anzahl der Raubtaten deutlich gesunken, von 48.711 Fällen im Jahr 2012 auf 38.849 im Jahr 2017. Allerdings ist der Vergleich zwischen den Ergebnissen des DVS und der *PKS* nur bedingt möglich. In der *PKS* werden unter der Deliktsbezeichnung alle Verstöße gegen §§ 249–252, 255 und 316a StGB subsumiert, also auch die räuberische Erpressung und der räuberische Angriff auf Kraftfahrer. Zudem werden auch Raubdelikte erfasst, die Organisationen betreffen, also beispielsweise Geldinstitute oder Postfilialen. Im DVS wurden Viktimisierungen durch ein Raubdelikt mit folgender Frage erfasst. „Hat seit Anfang 2012 Ihnen jemand persönlich mit Gewalt oder unter Androhung von Gewalt etwas weggenommen oder Sie gezwungen, etwas herzugeben? Mich interessiert dies auch, wenn es nur versucht wurde."[5] Die Kategorie in der PKS ist somit umfassender.

In den Tab. 34.2, 34.3 und 34.4 ist für Diebstahlsdelikte eine Zunahme der Opferraten und Tatraten zwischen 2012 und 2017 erkennbar, auch wenn die Veränderung nur für die 5-Jahres-Prävalenzraten signifikant sind. Dieser Trend widerspricht der PKS (Abb. 34.2). Nach dieser Statistik ist die Anzahl der Diebstahlsdelikte deutlich gesunken, von 2.379.725 Fällen im Jahr 2012 auf 2.092.994 im Jahr 2017. Auch dieser Vergleich zwischen den Ergebnissen des DVS und der PKS ist nur bedingt möglich. In der PKS werden unter der Deliktsbezeichnung folgende Delikte subsumiert: Diebstahl von Kraftwagen, Diebstahl von Fahrrädern, Diebstahl von unbaren Zahlungsmitteln, Diebstahl in/aus Dienst-, Büro- und Lagerräumen, Ladendiebstahl, Wohnungseinbruchdiebstahl, Diebstahl an oder aus Kraftfahrzeugen und Taschendiebstahl. Im DVS wurden Viktimisierungen durch einen Diebstahl mit folgender Frage erhoben: „Nun geht es um Diebstähle ohne Gewaltanwendung. Wir haben bereits über den Diebstahl von Fahrzeugen und den Diebstahl von Gegenständen bei einem Wohnungseinbruch gesprochen. Jetzt geht es jedoch um jene Diebstähle, über die wir noch nicht gesprochen haben und bei denen ebenfalls keine Gewalt angewendet wurde. Wir meinen damit zum Beispiel den Diebstahl von Taschen, des Geldbeutels, von Bekleidung, Schmuck oder Sportausstattung usw. Waren Sie persönlich in der Zeit seit Anfang 2012 Opfer eines solchen Diebstahls?"[6] Auch in diesem Fall ist die Kategorie in der PKS wesentlich umfassender als in der Opferbefragung.

Grundsätzlich ist ein Vergleich zwischen Ergebnissen von Opferbefragungen mit Daten der PKS problematisch. In der PKS werden Straftaten unabhängig vom Alter des Opfers erfasst, in Opferbefragungen wird ein Mindestalter der Befragten festgelegt. Die Mitglieder von Stationierungsstreitkräften, Touristen, Geschäftsrei-

---

[5] *Birkel/Church/Hummelsheim-Doss/Leitgöb-Guzy/Oberwittler* 2019, S. 100.
[6] *Birkel/Church/Hummelsheim-Doss/Leitgöb-Guzy/Oberwittler* 2019, S. 100.

sende, Obdachlose und Gefängnisinsassen werden in beiden Datensammlungen unterschiedlich berücksichtigt. Die PKS ordnet den Taten den Zeitpunkt des Abschlusses der Ermittlungen zu, während in Opferbefragungen der Tatzeitpunkt relevant ist. In die PKS gehen im Gegensatz zu Opferbefragungen auch Fälle ein, bei denen nicht natürliche Personen, also Unternehmen und andere juristische Personen Opfer wurden.[7]

9 Die Häufigkeit von Delikten, die den Computer des Opfers betreffen, ist zwischen 2012 und 2017 kleiner geworden, wenn die Tat mithilfe technischer Mitteln wie Virenprogrammen, Würmern oder Trojanern realisiert wurde. Delikte hingegen, die auf einer Täuschung des Computerbenutzers basieren, also Phishing und Pharming, haben zahlenmäßig zugenommen.

10 Einen weiteren Hinweis auf die Entwicklung der Eigentumsdelinquenz erlauben die Opferbefragungen des *Kriminologischen Forschungsinstituts Niedersachsen*. Mittels Zufallsstichproben von **Schulklassen** an allgemeinbildenden Schulen **Niedersachsens** wurden Schülerinnen und Schüler der Klasse neun ausgewählt. Im Jahr 2013 wurden insgesamt 9512 Jugendliche befragt, 2015 waren es 10.638 Jugendliche. Im Jahr 2017 haben 8938 Schülerinnen und Schüler an der Umfrage teilgenommen.[8] In Tab. 34.5 ist die Entwicklung von Viktimisierungsraten dargestellt. Die Zahlen sind die prozentualen Anteile der Befragten, die angaben, in einem vorgegebenen Zeitraum Opfer eines Fahrraddiebstahls oder eines sonstigen Diebstahls wurden. Die Frage zur Erfassung von Viktimisierungen des erstgenannten Deliktes lautete: „Dir wurde dein Fahrrad gestohlen". Der Wortlaut zu sonstigen Diebstahlsdelikten hieß: «Dir hat jemand Gegenstände, Geld oder andere Zahlungsmittel gestohlen, ohne bei dir zu Hause einzubrechen und ohne dabei Gewalt anzuwenden."[9] Der Verlauf der Diebstahlsdelinquenz mit jugendlichen Opfern zeigt zwischen 2013 und 2015 kaum Veränderungen.

Tab. 34.5 Die Veränderung von Viktimisierungshäufigkeiten nach Opferbefragungen von Schülerinnen und Schülern in Niedersachsen: Prävalenzraten für unterschiedliche Referenzzeiträume

Jahr der Befragung Delikt Referenzzeitraum	2013	2015	2017
Fahrraddiebstahl			
Lebenszeit	17,5	15,6	16,7
12 Monate	8,0	7,3	7,2
Sonstiger Diebstahl			
Lebenszeit	18,2	16,2	18,0
12 Monate	9,2	8,4	9,2

Quellen: *Bergmann/Baier/Rehbein/Mößle* 2017, S. 50; *Bergmann/Baier/Rehbein/Mößle* 2019, S. 28

---

[7] *Birkel* 2015.
[8] *Bergmann/Baier/Rehbein/Mößle* 2017, S. 17 ff.; *Bergmann/Baier/Rehbein/Mößle* 2019, S. 20.
[9] *Bergmann/Baier/Rehbein/Mößle* 2019, S. 28.

In den beschriebenen Befragungen des Kriminologischen Forschungsinstituts 11
Niedersachsen wurde auch nach selbstberichteter Delinquenz gefragt. Hier zeigt
sich bei Diebstahlsdelikten tendenziell ein Anstieg für den betrachteten Zeitraum.
Im Jahr 2013 gaben 3,4 % der Befragten an, irgendwann in ihrem Leben einen
Diebstahl verübt zu haben. Zwei Jahre später waren es 2,8 %. Im Jahr 2017 stieg die
Prävalenzrate auf 5,4 %. Dieser Verlauf spiegelt sich auch hinsichtlich der
12-Monate-Prävalenzen wider. Von 2015 auf 2017 haben sich die Zahlen
verdoppelt.[10]

---

[10] *Bergmann/Baier/Rehbein/Mößle* 2017, S. 52; *Bergmann/Baier/Rehbein/Mößle* 2019, S. 31.

§ 35 Wirtschaftskriminalität und Korruption

I. Begriff und Erscheinungsformen der Wirtschaftskriminalität

Eine allgemein anerkannte **Definition** der Wirtschaftskriminalität gibt es nicht.[1] Häufig wird für den Begriff der Wirtschaftskriminalität auf die Verletzung von überindividuellen Rechtsgütern des Wirtschaftslebens abgestellt.[2] Das Wirtschaftsdelikt ist danach dadurch charakterisiert, „dass es nicht (nur) gegen Individualitätsinteressen, sondern gegen sozial-überindividuelle Belange des Wirtschaftsgeschehens verstößt und/oder Instrumente des heutigen Wirtschaftslebens missbraucht werden, die zu seinem Funktionieren unerlässlich sind".[3] Außerdem wird auf das Kriterium des Vertrauensmissbrauchs abgestellt,[4] wobei dieser Gesichtspunkt teilweise mit dem Aspekt der Verletzung überindividueller Rechtsgüter kombiniert wird. Danach sind unter Wirtschaftskriminalität diejenigen Delikte zu verstehen, „die bei wirtschaftlicher Betätigung unter Missbrauch des im Wirtschaftsleben nötigen Vertrauens begangen werden und über eine individuelle Schädigung hinaus Belange der Allgemeinheit berühren".[5] Teilweise wird als Wirtschaftskriminalität diejenige Delinquenz angesehen, die sich auf die charakteristischen Funktionsabläufe des Wirtschaftssystems bezieht[6] oder werden als Wirtschaftskriminalität die Delikte betrachtet, bei denen Unternehmen als Täter und/oder Opfer auftreten.[7] Eine weite Auffassung versteht unter Wirtschaftskriminalität alle wirtschaftlich intendierten schädlichen Handlungen einschließlich Diebstahl und Raub.[8] Pragmatische

1

---

[1] *Dannecker/Bülte* 2020, Kap. 1 Rn. 5.
[2] *Kaiser* 1996, § 74 Rn. 5.
[3] *Lampe u.a.* 1977, S. 19; ähnlich *Heinz* 1993, S. 589.
[4] *Göppinger/H. Schneider* 2008, § 25 Rn. 7.
[5] *Dannecker/Bülte* 2020, Kap. 1 Rn. 9; ebenso *Schwind/Schwind* 2021, § 21 Rn. 17.
[6] *Eisenberg/Kölbel* 2017, § 47 Rn. 1.
[7] *Werner* 2014, S. 12.
[8] *Bussmann* 2016, Rn. 2, 5.

Definitionen der Wirtschaftskriminalität finden sich in § 74c GVG und in der Polizeilichen Kriminalstatistik (PKS). Nach § 74c Abs. 1 GVG ist für die von dem Landgericht zu entscheidenden Strafsachen die Wirtschaftsstrafkammer zuständig, wenn es sich um die in Nr. 1 bis 5a) angeführten wirtschaftsspezifischen Delikte (z. B. Straftaten nach dem Patentgesetz) handelt oder wenn der Tatvorwurf die unter Nr. 6 genannten Straftaten (z. B. Betrug) betrifft und zur Beurteilung des Tatvorwurfs besondere Kenntnisse des Wirtschaftslebens erforderlich sind. Die PKS versteht unter Wirtschaftskriminalität die in § 74c GVG angeführten Straftaten mit Ausnahme des Computerbetrugs und außerdem Delikte, die im Rahmen tatsächlicher oder vorgetäuschter wirtschaftlicher Betätigung begangen werden und über eine Schädigung von Einzelnen hinaus das Wirtschaftsleben beeinträchtigen oder die Allgemeinheit schädigen können und/oder deren Aufklärung besondere kaufmännische Kenntnisse erfordert.[9]

2   Im Zusammenhang mit Wirtschaftskriminalität wird häufig der von *Sutherland* gebildete Begriff des **„white collar crime"** verwendet. *Sutherland* verstand hierunter Straftaten, die von „Personen mit hohem Ansehen und sozialem Status im Rahmen ihrer beruflichen Tätigkeit" begangen werden.[10] Mit diesem Betriff wird prägnant darauf hingewiesen, dass es Kriminalität auch in den oberen sozialen Schichten gibt, und damit einer Blickverengung auf die Unterschicht-Delinquenz entgegengewirkt. Zur exakten Umschreibung der Wirtschaftskriminalität eignet sich der Begriff jedoch nicht. Der Begriff reicht einerseits weiter als die Wirtschaftskriminalität, denn er erfasst auch Delikte statushoher Personen außerhalb des Wirtschaftslebens, wie z. B. strafbare Behandlungsfehler durch Ärzte, und ist andererseits enger als die Wirtschaftskriminalität, weil er Straftaten von Unternehmensangehörigen unterhalb der Führungsebene nicht abdeckt.[11] Außerdem wird vielfach zwischen **„occupational crimes"** – Delikten, die aus Eigennutz im Rahmen der Berufsausübung begangen werden – und **„corporate crimes"** – Straftaten, die im Interesse des Unternehmens verübt werden – unterschieden.[12]

3   Die Wirtschaftskriminalität umfasst eine breite Palette unterschiedlicher **Straftaten**.[13] Es gibt eine Vielzahl wirtschaftsstrafrechtlicher Normen, die über zahlreiche Gesetze verstreut sind.[14] Bei den polizeilich registrierten Fällen der Wirtschaftskriminalität dominiert der Betrug, wobei die Vorfeldtatbestände des Betrugs, wie z. B. der Subventionsbetrug nach § 264 StGB, zahlenmäßig keine große Rolle spielen.[15] Wirtschaftsdelikte sind häufig mit legalen Transaktionen verzahnt und deshalb durch eine geringe Sichtbarkeit gekennzeichnet.[16] Da sich Wirtschaftsstraftaten

---

[9] *PKS* 2019, Bd. 4, V2.0, S. 211.
[10] *Sutherland* 1983, S. 7.
[11] *Heinz* 1993, S. 589; *Kaiser* 1996, § 72 Rn. 1; *Meier* 2021, § 11 Rn. 5.
[12] *Göppinger/H. Schneider* 2008, § 25 Rn. 5; *Bussmann* 2016, Rn. 18 ff.; *Meier* 2021, § 11 Rn. 6.
[13] *Meier* 2021, § 11 Rn. 13; *Schwind/Schwind* 2021, § 21 Rn. 17.
[14] *Neubacher* 2020, Kap. 20 Rn. 4.
[15] *Bundesministerium des Innern/Bundesministerium der Justiz* 2006, S. 224; *Meier* 2021, § 11 Rn. 17.
[16] *Kaiser* 1996, § 72 Rn. 3, 5; *Eisenberg/Kölbel* 2017, § 47 Rn. 8; *Neubacher* 2020, Kap. 20 Rn. 6.

I. Begriff und Erscheinungsformen der Wirtschaftskriminalität

häufig gegen Kollektivopfer richten, verflüchtigt sich vielfach die Opfereigenschaft.[17] Im Bereich der Wirtschaftskriminalität schädigen häufig wenige Täter eine Vielzahl von Opfern.[18] Der **Umfang** der Wirtschaftskriminalität lässt sich nicht exakt bestimmen. In der *PKS* für das Jahr 2019 wurden 40.484 Fälle der Wirtschaftskriminalität erfasst.[19] In der *PKS* sind jedoch die Wirtschaftsdelikte nicht enthalten, die ausschließlich von den Staatsanwaltschaften und den Finanzbehörden bearbeitet werden.[20] Es wird angenommen, dass im Bereich der Wirtschaftskriminalität ein sehr großes Dunkelfeld vorhanden ist.[21] Dessen Aufhellung durch Dunkelfelduntersuchungen ist schwierig, weil nicht alle Delikte von den Opfern bemerkt werden und geschädigte Unternehmen ihnen bekannt gewordene Delikte möglicherweise aus Sorge vor Prestigeverlust und wirtschaftlichen Nachteilen nicht offenbaren.[22]

Durch Wirtschaftsdelikte werden hohe **Schäden** verursacht. In der PKS für das Jahr 2019 sind 2.514.503 Straftaten mit einer Schadenserfassung registriert, darunter 33.541 Wirtschaftsdelikte.[23] Der in der Polizeilichen Kriminalstatistik registrierte Gesamtschaden betrug 6647,4 Millionen Euro; hierbei verursachten die Wirtschaftsstraftaten einen Schaden von 2973,1 Millionen Euro.[24] Die Wirtschaftsdelikte haben somit nur einen Anteil von 1,3 % an den polizeilich registrierten Straftaten mit Schadenserfassung, verursachen aber 44,7 % des registrierten Schadens. Die Wirtschaftskriminalität wird deshalb als ein zwar quantitativ relativ kleiner, qualitativ aber sehr bedeutsamer Teil der Gesamtkriminalität angesehen.[25] Die größten Schäden werden für die Insolvenzdelikte registriert.[26] Hinzu kommen durch Wirtschaftsdelikte verursachte immaterielle Schäden. Zu nennen sind insoweit Gesundheitsschäden durch mangelhafte Produkte und die Sogwirkung der Wirtschaftskriminalität, wonach „erfolgreiche" Wirtschaftsdelikte dazu führen können, dass Wettbewerber ebenfalls straffällig werden, um im Wettbewerb bestehen zu können.[27]

Bei den **Tätern** der Wirtschaftsdelikte handelt es sich überwiegend um verheiratete Männer um das 40. Lebensjahr mit guter Ausbildung und Zugehörigkeit zur Mittelschicht.[28] Das Täterprofil weicht damit deutlich vom „kriminellen Durchschnitt" ab.[29] Bei Wirtschaftsdelinquenz kann daher häufig von Kriminalität bei

---

[17] *Heinz* 1993, S. 591; *Bundesministerium des Innern/Bundesministerium der Justiz* 2006, S. 221.
[18] *Schwind/Schwind* 2021, § 21 Rn. 43.
[19] *PKS* 2019, Bd. 4, V 2.0, S. 173.
[20] *Göppinger/H. Schneider* 2008, § 25 Rn. 34.
[21] *Schwind/Schwind* 2021, § 21 Rn. 41; *Eisenberg/Kölbel* 2017, § 47 Rn. 5.
[22] *Meier* 2021, § 11 Rn. 14a.
[23] *PKS* 2019, Bd. 1, V 1.0, S. 46; Bd. 4, V 2.0, S. 177.
[24] *PKS*, a.a.O.
[25] *Werner* 2014, S. 37; *Meier* 2021, § 11 Rn. 1.
[26] *Göppinger/H. Schneider* 2008, § 25 Rn. 47.
[27] *Meier* 2021, § 11 Rn. 20; *Eisenberg/Kölbel* 2017, § 47 Rn. 9; *Neubacher* 2020, Kap. 20 Rn. 7; kritisch zur Sogwirkung der Wirtschaftskriminalität *Kaiser* 1996, § 72 Rn. 10.
[28] *Heinz* 1993, S. 593; *Werner* 2014, S. 38 f.; 92, 97; *Schwind/Schwind* 2021, § 21 Rn. 21; *Noll* 2020, S. 91 f.
[29] *Bundesministerium des Innern/Bundesministerium der Justiz* 2006, S. 245.

sonstiger sozialer Unauffälligkeit durch „latecomers to crime" gesprochen werden.[30] Es werden Zusammenhänge zwischen Wirtschaftsdelinquenz und Hedonismus sowie Narzissmus angenommen.[31] Neben kalkulierend ihren Vorteil suchenden Tätern gibt es auch solche, die versuchen, wirtschaftliche Krisen mit illegalen Mitteln zu bewältigen.[32]

II. Erklärung, Verfolgung und Prävention von Wirtschaftskriminalität

6   Hinsichtlich der **Erklärung** von Wirtschaftskriminalität kann bei manchen Delikten die Theorie der rationalen Wahl herangezogen werden, nach der der Täter die Tat begeht, weil es sich für ihn um die Handlungsalternative mit dem günstigsten Kosten-Nutzen-Verhältnis handelt.[33] Da Wirtschaftsdelikte voraussetzen, dass der Täter über eine berufliche Stellung verfügt, die ihm die Gelegenheit zur Tatbegehung gibt, werden Wirtschaftsstraftaten als „special opportunity crimes" bezeichnet.[34] Wirtschaftsdelikte können durch anomischen Druck ausgelöst werden.[35] Individuelle Risikofaktoren wie Enttäuschung über mangelnde Wertschätzung im Unternehmen oder ein aufwändiger Lebensstil können eine Rolle spielen.[36] Wirtschaftskriminalität kann durch in Unternehmen bestehende subkulturelle Milieus, nach deren informellen Normen die Begehung von Straftaten im Unternehmensinteresse akzeptabel ist, begünstigt werden.[37] Neutralisierungstechniken wie der Hinweis auf die Branchenüblichkeit des delinquenten Verhaltens dienen Tätern als Rechtfertigung für ihr Vorgehen.[38]

7   Im Zuge einer Blickschärfung für die Wirtschaftskriminalität ist das materielle Wirtschaftsstrafrecht in den letzten Jahrzehnten erheblich ausgeweitet worden.[39] Die **Strafverfolgung** von Wirtschaftsdelikten wirft jedoch erhebliche Probleme auf. Es wird angenommen, dass es sich bei der Wirtschaftsdelinquenz vielfach um Kontrollkriminalität handelt, da häufig keine Strafanzeige erstattet wird und das Bekanntwerden der Delikte daher von der eigenen Ermittlungstätigkeit der Verfolgungsorgane abhängt.[40] Die Verfahren sind häufig sehr umfangreich und komplex.

---

[30] *Göppinger/H. Schneider* 2008, § 25 Rn. 9, 15.
[31] *Göppinger/H. Schneider* 2008, § 25 Rn. 13; *Eisenberg/Kölbel* 2017, § 58 Rn. 58.
[32] *Heinz* 1993, S. 594; *Bongartz* 2016, S. 273 ff.; *Schwind/Schwind* 2021, § 21 Rn. 23.
[33] *Werner* 2014, S. 109 ff.; *Bussmann* 2016, Rn. 795 ff., 847 ff.; *Neubacher* 2020, Kap. 20 Rn. 14.
[34] *Meier* 2021, § 11 Rn. 27.
[35] *Neubacher* 2020, Kap. 20 Rn. 14.
[36] *Göppinger/H. Schneider* 2008, § 25 Rn. 26 ff.; *Neubacher* 2020, Kap. 20 Rn. 13.
[37] *Meier* 2021, § 11 Rn. 27a; *Eisenberg/Kölbel* 2017, § 58 Rn. 52 f.; *Noll* 2020, S. 131 ff.; zu der im Interesse von Unternehmen begangenen „organisationalen Delinquenz" siehe *Pohlmann/Höly* 2017, S. 187 ff.
[38] *Neubacher* 2020, Kap. 20 Rn. 14.
[39] *Bundesministerium des Innern/Bundesministerium der Justiz* 2006, S. 241 f.
[40] *Kaiser* 1996, § 74 Rn. 23; *Göppinger/H. Schneider* 2008, § 25 Rn. 35.

Es müssen zahlreiche Einzelfälle mit einer Vielzahl von Geschädigten aufgeklärt werden und es sind komplexe Deliktsbilder mit vielfältigen Tatbestandskonstruktionen zu verzeichnen.[41] Die Beschuldigten werden durch teure Anwälte verteidigt.[42] Wirtschaftsstrafverfahren dauern daher häufig sehr lange und werden vielfach im Wege von Absprachen der Verfahrensbeteiligten erledigt.[43] Die Strafverfolgungsorgane versuchen, der Problematik durch die Bildung von Spezialdienststellen bei der Polizei, Schwerpunktstaatsanwaltschaften und Wirtschaftsstrafkammern Rechnung zu tragen.[44]

Zur **Prävention** von Wirtschaftskriminalität sind zunächst unternehmensinterne Maßnahmen erforderlich, wobei in den letzten Jahren Compliance-Programme von Unternehmen erhebliche Bedeutung erlangt haben.[45] Auch Selbstverwaltungsorgane und Selbstschutzeinrichtungen der Wirtschaft können einen Beitrag zur Prävention leisten.[46] Notwendig ist auch ein erhebliches Strafverfolgungsrisiko, wobei die Strafverfolgung nicht nur zu angemessenen Strafen, sondern auch zu einer wirksamen Gewinnabschöpfung führen muss.[47]

III. Korruption

Die Wirtschaft ist ein Lebensbereich, in dem in erhöhtem Maß mit **Korruptionsdelikten** zu rechnen ist. Bei der Korruption geht es darum, dass eine Person, die bestimmte Aufgaben zu erfüllen hat, für ein Verhalten im Rahmen der Aufgabenerfüllung einen unzulässigen Vorteil erhält. Die Person kann hierbei für eine öffentlich-rechtliche oder eine privatrechtliche Organisation tätig sein.[48] Die Korruption von Amtsträgern ist in den §§ 331 ff. StGB unter Strafe gestellt, die Abgeordnetenbestechung in § 108e StGB, und die Bestechlichkeit und Bestechung im geschäftlichen Verkehr und im Gesundheitswesen werden durch die §§ 299 ff. StGB erfasst. Für das Jahr 2019 sind in der *PKS* 913 Straftaten nach §§ 331 bis 335 StGB und 274 Delikte der Bestechlichkeit und Bestechung im geschäftlichen Verkehr erfasst.[49] Durch Korruption werden hohe materielle Schäden verursacht, u. a. weil infolge Ausschaltung des Wettbewerbs überhöhte Preise gezahlt werden.[50] Auch die immateriellen Schäden sind gravierend. So wird durch Korruption in der öffentli-

---

[41] *Kaiser* 1996, § 74 Rn. 13, 14; *Schwind/Schwind* 2021, § 21 Rn. 43, 44.
[42] *Neubacher* 2020, Kap. 20 Rn. 9.
[43] *Meier* 2021, § 11 Rn. 22, 26; *Neubacher* 2020, Kap. 20 Rn. 11.
[44] *Meier* 2021, § 11 Rn. 22; *Schwind/Schwind* 2021, § 21 Rn. 31 ff.
[45] *Meier* 2021, § 11 Rn. 31; *Schwind/Schwind* 2021, § 21 Rn. 36; *Kölbel* 2017.
[46] *Bundesministerium des Innern/Bundesministerium der Justiz* 2006, S. 240.
[47] *Meier* 2021, § 11 Rn. 29.
[48] *Dölling* 2007c, Kap. 1 Rn. 2.
[49] *PKS* 2019, Bd. 4, V2.0, S. 143.
[50] *Bannenberg* 2002, S. 240 f.

chen Verwaltung das Rechtsstaatsprinzip ausgehöhlt und das Ethos des öffentlichen Dienstes verdorben.[51]

10   Es kann zwischen situativer und strukturellen Korruption unterschieden werden.[52] Während bei **situativer Korruption** die Tat aus einer bestimmten Situation heraus spontan begangen wird, ist die **strukturelle Korruption** durch langfristig angelegte korruptive Beziehungen gekennzeichnet.[53] Häufigster Zielbereich der bekannt gewordenen Korruptionsfälle ist die allgemeine öffentliche Verwaltung, wobei es vor allem um die Vergabe öffentlicher Aufträge geht.[54] Korruption kann auf allen Ebenen der öffentlichen Verwaltung und von Wirtschaftsunternehmen stattfinden. Hierbei spielen auf Nehmer- und auf Geberseite Personen auf der Leitungsebene eine wichtige Rolle.[55] Im Hinblick auf die Erklärung von Korruption sowie die strafrechtliche Verfolgung und die Prävention sind ähnliche Überlegungen von Bedeutung wie bei der Wirtschaftskriminalität.

---

[51] *Dölling* 2007c, Kap. 1 Rn. 37 f.; *Bussmann* 2016, Rn. 597 ff.
[52] *Eisenberg/Kölbel* 2017, § 46 Rn. 25.
[53] Zu den Erscheinungsformen struktureller Korruption siehe *Bannenberg* 2012, S. 89 ff.
[54] *Dölling* 2007c, Kap. 1 Rn. 18.
[55] *Dölling* 2007c, Kap. 1 Rn. 29; *Bussmann* 2016, Rn. 612.

§ 36 Umweltdelikte

I. Umweltstrafrecht

Das gesellschaftliche Bewusstsein für die Notwendigkeit eines effizienten Natur- und **Umweltschutz**es entwickelte sich ab den 1970er-Jahren. Mit dem 1972 veröffentlichten Bericht des Club of Rome über die Grenzen des Wirtschaftswachstums, dem Entstehen der Umwelt- und Anti-Atomkraftbewegung und der Gründung der Partei DIE GRÜNEN im Jahr 1980 wurden Umwelt- und Naturschutz zu gesellschaftlich bedeutenden Handlungsleitlinien.

Es setzte sich auch die Überzeugung durch, dass der Raubbau an der Natur und ihren Ressourcen sozialschädlich und damit strafwürdig ist. Der Gesetzgeber reagierte darauf und reformierte das bis dahin in zahlreichen Einzelgesetzen (z. B. Abfallgesetz, Atomgesetz, Bundesimmissionsschutzgesetz und Wasserhaushaltsgesetz) verstreute Umweltstrafrecht umfassend. Insbesondere wurde durch das 18. Strafrechtsänderungsgesetz vom 23.08.1980 ein eigener Abschnitt im StGB für die neu gefassten Umweltstraftaten geschaffen. Ziel der Reform war es, den strafrechtlichen Schutz der Umwelt zu vereinheitlichen und zu präzisieren und vor allem der Bevölkerung die Bedeutung des Umweltschutzes zu verdeutlichen.[1]

Der strafrechtliche Schutz der Umwelt erfasst danach insbesondere die Verunreinigung von Gewässern, Boden und Luft, die ungenehmigte Verursachung von Emissionen und den ungenehmigten Umgang mit Abfällen und anderen gefährlichen Stoffen. Hierbei wählte der Gesetzgeber ganz überwiegend den Weg der „**Verwaltungsakzessorietät**", wonach die spezielle Verwaltungsbehörde im Genehmigungsverfahren zu entscheiden hat, ob ein Verhalten befugt ist. Nur wenn keine entsprechende verwaltungsbehördliche Genehmigung vorliegt ist, ist etwa eine Verunreinigung eines Gewässers unbefugt und damit nach § 324 StGB strafbar.[2]

---

[1] BT-Drs. 8/2382, S. 9 ff.
[2] Vgl. zur Verwaltungsakzessorietät des Umweltstrafrechts *Dölling* 1985; *Frisch* 1993; *Rogall* 1995.

II. Registrierte Umweltkriminalität

4 Die PKS vereinigt unter der Rubrik „Straftaten gegen die Umwelt" die im 29. Abschnitt des StGB zusammengefassten Umweltdelikte (siehe Tab. 36.1).
5 Straftaten gegen die Umwelt werden relativ selten registriert. Die Registrierungen sind in den letzten 20 Jahren stark rückläufig: Im Jahr 1999 wurden noch 36.663 Straftaten gegen die Umwelt registriert;[3] das bedeutet zum Jahr 2019 einen Rückgang um fast 70 %.
6 Bei den Straftaten gegen die Umwelt wird die Schadenshöhe von der PKS nicht ausgewiesen. Es ist aber gut vorstellbar, dass die Schäden durch Umweltdelikte erheblich sein können, wenn etwa durch eine Gewässerverunreinigung das Leben in einem Bach oder See vernichtet wird. So starb im April 2019 nach einem Giftunfall in dem kleinen Fluss Schozach in der Nähe von Heilbronn auf mehreren Kilometern das gesamte Ökosystem ab. Auch Bodenverunreinigungen etwa durch unbefugte Abfallablagerungen können das Abtragen und Entsorgen des betroffenen Bodens notwendig machen und so – neben dem Absterben eines Ökosystems – erhebliche Kosten verursachen.[4]
7 Es zeigt sich, dass sowohl bei den Daten der PKS als auch bei den Verurteilungen (siehe Tab. 36.2) der unerlaubte Umgang mit Abfällen das dominierende Umwelt-

Tab. 36.1 Polizeilich registrierte Straftaten gegen die Umwelt (§§ 324, 324a, 325–330a StGB) 2019

Deliktskategorie	Fälle 2019	%	Tatverdächtige	%
Straftaten insg.	5.436.401	100,0	2.019.211	100,0
Straftaten gegen die Umwelt	11.709	0,2	7854	0,4
darunter:	11.709	100,0	7854	100,0
Unerlaubter Umgang mit Abfällen	7662	65,4	5204	66,3
Gewässerverunreinigung	2364	20,2	1314	16,7
Bodenverunreinigung § 324 a StGB	863	7,4	623	8,0
Unerlaubtes Betreiben von Anlagen	350	3,0	460	5,9
Unerlaubter Umgang mit gefährlichen Stoffen § 328 StGB	162	1,2	133	1,7
Luftverunreinigung § 325 StGB	126	1,1	108	1,4
Freisetzen von Giften § 330 a StGB	57	0,5	16	0,2
Unbefugte Emissionen § 325a StGB	9	0,1	12	0,2
Gefährdung schutzbedürftiger Gebiete	45	0,4	35	0,4
Gemeingefährliche Vergiftung § 314 StGB	6	0,1	1	0,0

Quelle: *PKS* 2019, Bd. 4, V2.0, S. 189, 191

---

[3] *PKS* 1999, S. 220.
[4] Siehe etwa *Schall* 1990, S. 1263.

Tab. 36.2 Wegen Straftaten gegen die Umwelt (§§ 324, 324a, 325–330a StGB) Abgeurteilte und Verurteilte 2019

Deliktskategorie	Abgeurteilte	%	Verurteilte	%
Insg.	891.795	100,0	728.868	82,0
Straftaten gegen die Umwelt	1468	0,2	1127	0,2
darunter:	1468	100,0	1127	100,0
Unerlaubter Umgang mit Abfällen	981	78,2	790	70,1
Gewässerverunreinigung	142	9,7	107	9,5
Unerlaubtes Betreiben von Anlagen	117	8,0	60	5,3
Bodenverunreinigung § 324 a StGB	53	3,6	37	3,3
Luftverunreinigung § 325 StGB	8	0,5	2	0,1
Unerlaubter Umgang mit gefährlichen Stoffen	4	0,2	3	0,3
Freisetzen von Giften § 330 a StGB	0	0,0	0	0,0
Gefährdung schutzbedürftiger Gebiete	5	0,4	2	0,1
Unbefugte Emissionen § 325a StGB	2	0,1	2	0,1

Quelle: *Strafverfolgung* 2019, S. 42 f.

delikt darstellt.[5] Bei den anderen Straftatbeständen erfolgen Registrierungen sehr selten und es kommt zu sehr wenigen Verurteilungen. Und auch bei 785 Verurteilungen wegen des vorsätzlichen unerlaubten Umgangs mit Abfällen im Jahr 2019 wurde in 774 Fällen lediglich eine Geldstrafe ausgesprochen.[6] Von 11 Freiheitsstrafen wurden 10 zur Bewährung ausgesetzt.[7] Bei den Verurteilungen wegen der anderen Umweltdelikte kam es insgesamt zu 11 Freiheitsstrafen, die alle zur Bewährung ausgesetzt wurden.[8] Der Druck durch Strafverfolgung ist also im Bereich der Umweltkriminalität nicht hoch.[9]

Dies verwundert angesichts des steigenden Interesses an Umweltschutz in Öffentlichkeit und Medien. Gründe für die geringen Fallzahlen könnten die Verwaltungsrechtsakzessorietät und die Verwendung von zahlreichen unbestimmten Rechtsbegriffen darstellen.[10] Staatsanwaltschaft und Polizei können in den meisten Fällen nicht selbst die Ermittlungen durchführen, sondern sind auf die Bewertungen eines angezeigten Sachverhalts durch die Umweltverwaltungsbehörden angewiesen. Diese wiederum haben weniger eine repressive Ausrichtung, sondern arbeiten primär verhandlungsorientiert, indem ein Kompromiss zwischen wirtschaftlichen Zielen und Umweltschutzgesichtspunkten angestrebt wird:[11] Eine Genehmigung

---

[5] Zum „Aufstieg" der unerlaubten Abfallbeseitigung zum kriminalstatistisch dominierenden Umweltdelikt siehe *Dölling* 2003, S. 120.
[6] *Strafverfolgung* 2019, S. 108.
[7] *Strafverfolgung* 2019, S. 108 f.
[8] *Strafverfolgung* 2019, S. 108 f.
[9] Sollte es ausnahmsweise einmal zu einer unausgesetzten Freiheitsstrafe kommen, wird diese auch bei einem Schaden von 5 Millionen DM in den Medien als „drakonisch" bezeichnet, siehe *Schall* 1990, S. 1263.
[10] *Schwind* 2016, § 22 Rn. 33.
[11] *Bundesministerium des Innern/Bundesministerium der Justiz* 2001, S. 194.

wird erteilt, wenn durch Auflagen ein ausreichender Immissions- und Umweltschutz sichergestellt werden kann. Dazu dienen die häufigen unbestimmten Rechtsbegriffe, die den Umweltbehörden einen Beurteilungsspielraum einräumen. Für die strafrechtliche Beurteilung sind solche unbestimmten Rechtsbegriffe, die nur zum Teil durch Grenzwerte eingeschränkt werden, problematisch.[12]

9 Das offensichtlichste Delikt ist der unerlaubte Umgang mit Abfällen, denn dessen Bewertung ist nicht im selben Maße von verwaltungsbehördlicher Expertise abhängig wie etwa bei der Boden-, Gewässer- oder Luftverunreinigung. Doch auch hier scheint der ganz überwiegende Teil der registrierten Delikte im Bereich der Kleinkriminalität angesiedelt zu sein. Dies deckt sich mit den empirischen Untersuchungen zum Schutz der Umwelt durch das Strafrecht.[13]

10 Es wird ein großes Dunkelfeld vermutet.[14] Dieses dürfte vor allem schwerere, insbesondere fahrlässige Umweltstraftaten umfassen, die meist im Rahmen größerer Industrie- oder Gewerbebetriebe auftreten und sich aufgrund der Verschlossenheit dieser Betriebe einer Kenntnisnahme durch Behörden entziehen können.[15]

III. Green Criminology

11 In den USA und Großbritannien hat sich seit den 1990er-Jahren eine neue kriminologische Sparte entwickelt, die sich als „Green Criminology" bezeichnet. Ausgangspunkt der Bewegung war ein Manifest des amerikanischen Kriminologen *Michael J. Lynch* im Jahr 1990 in der Zeitschrift Critical Criminologist mit dem Titel „The Greening of Criminology: A Perspective on the 1990s".[16] Ausgehend von der Kritischen Kriminologie strebt die Green Criminology einen Perspektivenwechsel an: Inkriminiert sollte jedes Verhalten sein, dass die Lebensgrundlagen auf der Erde zerstört, also insbesondere Umweltzerstörung, aber auch Kriegsführung, Menschenrechtsverletzungen, Ausbeutung von Menschen und Tieren. Darunter kann auch Verhalten fallen, das wir heute nicht als abweichend, sondern als normal und wenn es den Wohlstand fördert, sogar als wünschenswert betrachten. Die Rezeption dieser neuen Denkrichtung in der Kriminologie hat im deutschsprachigen Raum erst begonnen.[17]

---

[12] *Bundesministerium des Innern/Bundesministerium der Justiz* 2001, S. 181.
[13] So schon *Hümbs-Krusche/Krusche* 1982, S. 284; siehe auch *Umweltbundesamt* 2017.
[14] *Bundesministerium des Innern/Bundesministerium der Justiz* 2001, S. 181.
[15] *Umweltbundesamt* 2000, S. 9.
[16] *Lynch* 1990.
[17] Einen Überblick verschaffen *South/Beirne* 2006.

§ 37 Computerkriminalität

I. Digitalisierung

Die **Digitalisierung** des gesellschaftlichen Lebens ist seit den 1990er-Jahren stetig vorangeschritten und beherrscht heute weite Teile des sozialen, öffentlichen, kulturellen, wissenschaftlich-technischen und wirtschaftlichen Lebens. In Deutschland haben die allermeisten Menschen Zugang zum Internet.[1] Internetzugang ist heute zu einer notwendigen Voraussetzung für die gesellschaftliche Teilhabe geworden: Das soziale Leben hat sich zu einem guten Teil auf die Nutzung global erreichbarer sozialer Medien wie Facebook, Instagram, Twitter oder WhatsApp verlagert. Auch die öffentliche Verwaltung verlagert ihre Tätigkeit und Dienstleistungen zunehmend in den Online-Bereich: So ist es heute selbstverständlich, dass früher analoge, mehr oder weniger zeitraubende Behördengänge durch Online-Anträge und Online-Dienstleistungen ersetzt werden: Bei Kommunen oder Behörden, die dabei den Anschluss verlieren, wird ein Standortnachteil angenommen. Die Kultur hat sich – trotz der Unersetzlichkeit des Live-Erlebnisses einer Konzert- oder Theateraufführung – ebenfalls zu einem nicht unerheblichen Teil auf das Internet verlagert: Die Musikindustrie generiert mittlerweile ca. 75 % ihrer Einnahmen durch Streamingdienste wie Spotify oder Apple Music; die Filmindustrie verkauft immer weniger Kinokarten, während auch hier Streamingdienste wie Netflix oder Amazon zunehmend größere Umsätze erzielen. Wissenschaft und Technik können heute ohne den Einsatz von Computern praktisch nicht mehr forschen und entwickeln: Medizinische Geräte, wissenschaftliche Apparate und komplexere technische Werkzeuge

---

[1] Gemäß *Statistisches Bundesamt* 2020b, S. 10, hatten nach einer Haushaltsbefragung insgesamt 91 % der Haushalte in Deutschland einen Internetzugang – 99 % davon mit einem Breitbandanschluss. Bei Mehrpersonenhaushalten mit Kind verfügten 100 % über einen Internetzugang; lediglich Einpersonenhaushalte ohne Kind haben nur zu 84 % einen Internetzugang. Der Internetzugang ist auch abhängig vom Haushaltseinkommen: Bei einem Haushaltsnettoeinkommen von unter 1.500,- € sinkt die Quote des Internetzugangs auf 80 %, bei einem Haushaltsnettoeinkommen von mindestens 3.600,- € liegt sie bei 99 %.

sind auf die Unterstützung von Computern angewiesen; Bibliotheken und andere Informationen und damit das menschliche Wissen sind zum allergrößten Teil digitalisiert und damit global abrufbar, aber auch global angreifbar. Die Sicherheit der gespeicherten Daten vor Angriffen von außen ist für innovative Unternehmen und wissenschaftliche Einrichtungen zu einer existenziellen Frage geworden, die enorme Ressourcen bindet.

2 Auch die Wirtschaftsgesellschaft ist ohne Digitalisierung nicht mehr denkbar: Das beginnt bei der immer weiter voranschreitenden Nutzung bargeldloser und damit computergestützter Zahlungssysteme, geht über die fast vollständige Digitalisierung der Finanzwirtschaft bis hin zur Ausgestaltung der einzelnen Arbeitsplätze, die sich – gleichgültig, in welcher Branche – mehr oder weniger auf digitalisierte Instrumente stützen: von der grundlegenden E-Mail-Kommunikation bis hin zum sog. home office. Die Industrieproduktion ist zunehmend digitalisiert und vernetzt (Industrie 4.0) und stellt die IT-Sicherheitsforschung vor große Aufgaben.[2] Und auch der Verbraucherhandel verlagert sich immer mehr ins Internet, sei es durch rapide steigende Marktanteile von Internetversandhändlern wie Amazon, sei es durch die Notwendigkeit für fast alle Einzelhandelsgeschäfte, das Warenangebot auch online zu vertreiben.[3]

3 Die Digitalisierung, also die Verlagerung von Aktivitäten, Prozessen, Informationen und Leistungen auf computergestützte Systeme, allen voran das Internet, bewirkt zum einen eine Abhängigkeit von der Integrität und Sicherheit der eingesetzten Computersysteme, zum anderen ergeben sich für Kriminelle zahlreiche neue Möglichkeiten der Betätigung.

II. Erscheinungsformen der Computerkriminalität

4 Angesichts der vielgestaltigen Einsatzmöglichkeiten von Computern in allen Lebensbereichen ist der Bezug der Computertechnologie zur Kriminalität zu klären. Hilfreich erscheint eine Unterscheidung zwischen Computerkriminalität im engeren und im weiteren Sinne.[4]

5 Computerkriminalität im engeren Sinne umfasst alle Delikte, bei denen in der Tatbestandsumschreibung Elemente der elektronischen Datenverarbeitung genannt sind. Darunter fallen diejenigen Delikte, die von der PKS als Computerkriminalität zusammengefasst werden, also etwa Ausspähen und Abfangen von Daten (§§ 202a ff. StGB), Datenveränderung und Computersabotage (§ 303a f. StGB), Softwarepiraterie (§ 106 UrhG) und Computerbetrug (§ 263a StGB). Hierbei ist wieder zu unterscheiden zwischen Delikten, mit denen die Integrität von

---

[2] *Eckert* 2017.
[3] Nach *Statistisches Bundesamt* 2020b, S. 27, haben 84 % der Internetnutzer in Deutschland schon Einkäufe oder Bestellungen für den privaten Gebrauch über das Internet getätigt. In der Altersgrupp zwischen 25 und 44 Jahren waren es 97 %, wobei Frauen und Männer in dieser Hinsicht etwa gleich aktiv sind. Die Bereitschaft für Onlinebestellungen steigt mit dem Bildungsstand.
[4] Zum Folgenden *Büchel/Hirsch* 2014, S. 4 f. Ähnlich *Neubacher* 2020, Kap. 26 Rn. 3.

Computersystemen angegriffen oder gefährdet wird, z. B. Ausspähen von Daten oder Computersabotage, und solchen, bei denen die Manipulation eines Computers einen anderen Zweck verfolgt, etwa eine Vermögensbereicherung beim Computerbetrug.

Computerkriminalität im weiteren Sinn umfasst Straftaten, zu deren Durchführung ein elektronisches Datensystem unter Einbeziehung von Informations- und Kommunikationstechnik, insbesondere das Internet, genutzt wird. Beispiele hierfür sind das Verbreiten von Kinderpornografie, Cybermobbing oder Drogen- und Waffenhandel über das Internet.

Die PKS weist eine eigene Straftatengruppe „Computerkriminalität" aus. Sie umfasst die wichtigsten Straftaten der **Computerkriminalität im engeren Sinne** (vgl. Tab. 37.1).

Bei dem Summenschlüssel „Computerkriminalität" der PKS handelt es sich um eine recht heterogene Gruppe von Straftaten. Sie betreffen zum einen die **Integrität von Computersystemen**: So wird durch Datenveränderung (§ 303a StGB) und Computersabotage (§ 303b StGB) von außen in Datensysteme störend eingegriffen, etwa durch das Einschleusen von Viren oder Trojanern. Das Ausspähen und Abfangen von Daten verletzt das Verfügungsrecht des Datenberechtigten, etwa gegen Hackerangriffe, d. h. gegen unbefugtes Eindringen in ein Computersystem, gegen unberechtigte Nutzung eines offenen WLAN-Netzes (sog. WarDriving[5]), gegen

Tab. 37.1 Polizeilich registrierte Computerkriminalität 2019

Deliktskategorie	Fälle 2019	%	Tatverdächtige	%
Straftaten insg.	5.436.401	100,0	2.019.211	100,0
Computerkriminalität	123.006	2,3	26.620	1,3
darunter:	123.006	100,0	26.620	100,0
Fälschung beweiserheblicher Daten	8877	7,2	3341	12,6
Datenveränderung, Computersabotage §§ 303a, 303b StGB	3183	2,6	839	3,2
Ausspähen, Abfangen von Daten	9926	8,0	2238	8,4
Softwarepiraterie privat	135	0,1	96	0,4
Softwarepiraterie gewerbsmäßig	71	0,1	53	0,2
Computerbetrug	100.814	82,0	20.800	78,1
darunter:				
Warenkreditbetrug	40.941	40,6	8587	41,3
Rechtswidrig erlangte Zahlungskarten mit PIN	22.286	22,1	4214	20,3
Rechtswidrig erlangte Daten von Zahlungskarten	9489	9,4	2034	9,8
Rechtswidrig erlangte sonstige unbare Zahlungsmittel	3288	3,6	959	4,6
Leistungskreditbetrug	9470	9,4	1643	7,9
Sonstiger Computerbetrug § 263a StGB	13.418	13,3	4205	20,2
Überweisungsbetrug § 263a StGB	1519	1,5	401	1,8

Quelle: *PKS* 2019, Bd. 4, S. 183 f.

---

[5] *Wernert* 2017, S. 86 ff.

Skimming, das heimliche Auslesen von insbesondere auf Magnetstreifen von EC- oder Kreditkarten gespeicherten Daten, oder **Phishing**, also den Versuch, einen anderen durch gefälschte E-Mails, Kurznachrichten oder Webseiten zur Herausgabe seiner persönlichen Daten wie PINs und Passwörter zu bewegen, und so die Identität des anderen im Internet, vor allem im Online-Banking, zu übernehmen.

9 **Softwarepiraterie** erfasst Straftaten nach dem Urheberrechtsgesetz, bei denen illegal Computerspiele oder andere Programme vervielfältigt werden.

10 Die Integrität der Computersysteme bzw. spezieller die **Internetsicherheit** ist den Nutzern wichtig und schränkt das Nutzungsverhalten ein: Nach einer EU-weiten Erhebung von Eurostat, der Statistikbehörde der EU, haben im Jahr 2015 europaweit 25 % der Internetnutzer verschiedene Möglichkeiten des Internets nicht genutzt, weil sie Sicherheitsbedenken hatten: 19 % haben z. B. auf Onlinehandel im privaten Bereich verzichtet, 18 % auf das Online-Banking, wobei Internetnutzer in Deutschland zu 27 % auf Online-Banking verzichtet haben, weil sie es als zu wenig sicher bewertet haben.[6]

11 Die Delikte gegen die Integrität von Computersystemen sind also für die ganz überwiegende Mehrheit der Menschen in Deutschland relevant. Die registrierten Straftaten haben aber trotz zunehmender Internetnutzung in den letzten Jahren kontinuierlich abgenommen: Während 2019 im Bereich der Datenänderung, Computersabotage sowie des Ausspähens und Abfangens von Daten 13.109 Fälle in der PKS registriert wurden, waren es 2014 noch 17.554 Fälle. Ein Grund für den Rückgang könnte ein gesteigertes Problembewusstsein bei denjenigen sein, die Computersysteme nutzen: Unternehmen, Behörden und wissenschaftliche Einrichtungen haben viel investiert in die Datensicherheit und auch private Nutzer bestücken ihre Computer und mobilen Endgeräte zu einem hohen Anteil mit Sicherheitsprogrammen. Öffentliche Aufklärung über die Gefahren der Datenausspähung und von Schadsoftware haben das Bewusstsein geschärft und die Abwehrbereitschaft der Nutzer erhöht.

12 Es besteht aber bei diesen Delikten mit hoher Wahrscheinlichkeit ein großes **Dunkelfeld**.[7] Dies liegt zum einen daran, dass zahlreiche Geschädigte den Angriff gar nicht bemerken oder von einer Anzeige absehen, weil sie sich davon keinen Erfolg versprechen. Zum zweiten dürfte der Angriff auf die Integrität eines Computersystems in vielen Fällen nur die Vorstufe sein für die Begehung eines anderen, schwereren Delikts, etwa einer Erpressung, sodass nur diese in der PKS aufscheint. Zu beachten ist schließlich, dass die PKS nicht die Schäden abbildet, die mit diesen Delikten verursacht werden können. Computersysteme von Wirtschaftsunternehmen und wissenschaftlich-technischen Einrichtungen können Daten enthalten, deren Zerstörung oder Ausspähung für die einzelnen Institutionen existenzbedrohend ist. Die Dimension der Computerkriminalität ist also vermutlich deutlich größer als die Zahlen der offiziellen Statistiken vermuten lassen. Das wird auch dadurch belegt, dass nach einer repräsentativen Umfrage des Bundesamtes für Sicherheit in der Informationstechnik 24 % der Befragten angaben, bereits Opfer von Kriminalität im

---

[6] *Eurostat* 2016.
[7] Zum Folgenden *Meier* 2012, S. 188 f.

Internet geworden zu sein. Die häufigste Tat war dabei „Betrug beim Onlineshopping" (36 %) vor Phishing (28 %), Viren- oder Trojanerangriffen (26 %) und Identitätsdiebstahl (18 %).[8]

Die Strafbarkeit der Fälschung beweiserheblicher Daten und des Computerbetrugs ist dagegen eine Reaktion des Gesetzgebers auf die Entwicklung, dass sowohl im Beweisverkehr körperliche Urkunden als auch im Wirtschafts- und Zahlungsverkehr Vorgänge zwischen Menschen zunehmend durch Datenverarbeitungssysteme ersetzt wurden. 1986 wurden im 2. Gesetz zur Bekämpfung der Wirtschaftskriminalität daher die Urkundenfälschung durch die Fälschung beweiserheblicher Daten und der Betrug durch den Computerbetrug ergänzt. Durch diese Straftatbestände soll nicht die Integrität von Computersystemen geschützt werden, sondern sie erfassen den **Computer** als damals neues **Tatmittel** bei der Begehung klassischer Delikte.

Wenig ergiebig ist unter dem Blickwinkel der Computerkriminalität die Analyse der Strafverfolgungsstatistik: Delikte zum Schutz der Daten- und Computerintegrität spielen kaum eine Rolle, stattdessen wird die Statistik dominiert von der Fälschung beweiserheblicher Daten und Computerbetrug, also Straftatbeständen, die zur Lückenfüllung in der zunehmenden Digitalisierung geschaffen wurden (siehe Tab. 37.2). Softwarepiraterie als Straftat nach dem UrhG ist in der Strafverfolgungsstatistik nicht eigens ausgewiesen. Auffällig ist die sehr geringe Zahl an Verurteilungen wegen Delikten gegen die Integrität von Computersystemen.

Computerkriminalität im weiteren Sinne ist unübersehbar vielgestaltig und spiegelt die Digitalisierung aller Lebensbereiche und die damit verbundenen neuen Formen und Möglichkeiten krimineller Betätigung wider.

Das Internet bietet Kriminellen geradezu ideale Tatbedingungen: Sie können etwa für die Begehung eines Betruges anonym oder mit falscher Identität, daher mit minimalem Entdeckungsrisiko, ohne größere Kosten eine Vielzahl von potenziellen Opfern erreichen, von denen nur ein Bruchteil auf die Masche hineinfallen muss, um Gewinn zu erzielen.[9] Auch die Geldübergabe lässt sich mit Hilfe von Kryptowährungen wie Bitcoins so gestalten, dass der Geldfluss nur schwer nachvollziehbar

Tab. 37.2 Wegen Computerkriminalität Abgeurteilte und Verurteilte 2019

Deliktskategorie	Abgeurteilte	%	Verurteilte	%
Insg.	891.795	100,0	728.868	82,0
Computerkriminalität	4971	0,56	4022	0,55
darunter:	4971	100,0	4022	100,0
Fälschung beweiserheblicher Daten	1677	33,7	1451	36,1
Datenveränderung, Computersabotage §§ 303a, 303b StGB	82	1,6	45	1,1
Ausspähen, Abfangen von Daten	56	1,1	31	0,8
Computerbetrug	3156	63,5	2495	62,0

Quelle: *Strafverfolgung* 2019, S. 32 f., 36 ff.

---

[8] *Bundesamt für Sicherheit in der Informationstechnik* 2019, S. 4.
[9] *Neubacher* 2020, Kap. 26 Rn. 4.

ist.[10] Es ist daher nicht überraschend, dass ganze Kriminalitätsbereiche mehr und mehr im Internet angesiedelt sind.

17 Die PKS erfasst daher seit 2010 für alle Bundesländer das „Tatmittel Internet", also Straftaten, die mit Hilfe des Internets begangen wurden (vgl. für das Jahr 2019 Tab. 37.3).

18 Es zeigt sich, dass die Verbreitung **pornografischer Schriften** zu fast zwei Dritteln aller Fälle in das Internet verlagert wurde. Die nahezu unbeschränkten Möglichkeiten der Vervielfältigung und der anonymen Versendung an eine Vielzahl von Personen erleichtern die Tatbegehung erheblich. Gleichzeitig verringert die Anonymität etwa des Darknets das Entdeckungsrisiko und erschwert die Ermittlungsbemühungen der Polizei. Es ist damit zu rechnen, dass durch diese erleichterten Tatbedingungen der sexuelle Missbrauch von Kindern erheblich zunimmt, denn die Produktion und der Vertrieb des auf Datenträgern festgehaltenen sexuellen Missbrauchs werden weniger riskant und gleichzeitig lukrativer.

19 Die am häufigsten, zu drei Viertel, mit dem Tatmittel Internet begangene Straftat ist der **Betrug**. Die Erscheinungsformen sind außerordentlich vielgestaltig: Das Spektrum reicht vom Angebot von gefälschten oder nicht existenten Waren in Online-Shops bis hin zum massenhaften Ausspähen von Daten zur gewinnbringenden Verwendung einer neu angenommenen fremden Identität.

20 Zu den **weiteren Taten mit dem Tatmittel Internet** gehört die **digitale Erpressung**. In zahlreichen Ausprägungen werden Internetnutzer durch Angriffe von außen unter Druck gesetzt, von dem sie sich nur mit Geldzahlungen oder anderen Zugeständnissen befreien können. Hierbei spielen die Angreifbarkeit von Computersystemen durch die Vernetzung und die neuen internetbasierten Kommunikationsformen eine entscheidende Rolle. Die Angriffsmöglichkeiten sind dementsprechend vielfältig:

Tab. 37.3 Tatmittel Internet nach der PKS 2019

Straftatengruppen	Fälle	Fälle mit Tatmittel Internet	% der Fälle mit Tatmittel Internet	% aller Fälle
Straftaten insg.	5.436.401	294.665	100,0	5,4
Verbreitung pornografischer Schriften	17.336	10.662	3,6	61,5
Betrug	832.966	218.270	74,1	26,2
darunter:				
Warenkreditbetrug	165.597	61.098	20,7	36,9
Warenbetrug	123.499	95.803	32,5	77,6
Computerbetrug	13.418	8844	3,0	65,9
Computerkriminalität	123.006	77.827	26,4	63,3
Wirtschaftskriminalität	40.484	3221	1,1	8,0

Quelle: *PKS* 2019, Bd. 1, V1.0, S. 33.

---

[10] *D. Meier* 2016, S. 364 f.

Distributed Denial-of-Service-Angriffe (DDoS) richten sich gegen die Verfügbarkeit von Internetdiensten oder Webseiten durch eine Überflutung mit einem Datenstrom, den das angegriffene System nicht mehr bewältigen kann.[11] Zum einen werden solche Aktionen als politisches Instrument eingesetzt, etwa um unliebsame Behörden, Unternehmen oder andere Systeme zu boykottieren. Häufiger jedoch werden die Angriffe ausgeführt, um einem Erpresserschreiben Nachdruck zu verleihen und die Geschädigten zu einer Geldzahlung zu motivieren. Das Bundeskriminalamt geht in seinem Bundeslagebild Cybercrime davon aus, dass DDoS-Angriffe in Qualität und Quantität zunehmen.[12]

Bei **Ransomware** handelt es sich um Schadsoftware, die Privatpersonen, Unternehmen, Behörden oder anderen Institutionen zugespielt wird und die Schaden in deren Computersystem verursacht.[13] So bekommen Unternehmen, die eine Stelle ausgeschrieben haben und Bewerbungen per E-Mail wünschen, eine E-Mail, der die Bewerbungsunterlagen angehängt sind, z. B. als pdf-Datei. Öffnet das Unternehmen diesen Anhang, entfaltet sich ein .zip-Trojaner, der den unmittelbaren Computer oder auch das gesamte Rechnernetzwerk lahmlegt. Wenig später folgt dann die Mitteilung, dass das Computersystem nur durch eine Geldzahlung wieder in Gang gesetzt werden kann.

Nicht selten wird gegenüber dem Angegriffenen behauptet, er habe etwas Rechtswidriges getan und deswegen werde nun sein Rechner gesperrt. Bekannt wurde in diesem Zusammenhang der „BKA-Trojaner", der von einer aus Spanien agierenden Gruppe in ganz Europa verschickt wurde. Dabei wurde bei den deutschen Opfern eine angeblich vom BKA versendete Mitteilung nachgereicht, die Sperrung sei durch das BKA aufgrund Urheberrechtsverletzungen des Computernutzers oder wegen Verbreitens von Kinderpornografie veranlasst worden. Diese Sperrung könne nur gegen Zahlung eines Geldbetrages wieder behoben werden.[14] Varianten dieser Vorgehensweise sind der Vorwurf einer vorgeblichen GEMA, nicht lizenzierte Musikstücke heruntergeladen zu haben, oder die Behauptung einer scheinbaren GEZ, Videofilme ohne Entrichtung der Rundfunkgebühren angesehen zu haben.[15]

Eine neuere Variante der Erpressung, die durch das Internet erheblich vereinfacht wird, ist die sog. **Sextortion** (aus „Sex" und „Extortion", engl. Erpressung).[16] Hierbei senden die Täter eine Freundschaftsanfrage in einem sozialen Netzwerk und setzen junge attraktive Lockvögel auf die Opfer an. Es wird ein Videochat initiiert, in dessen Verlauf die Opfer dazu gebracht werden, sich auszuziehen, zu masturbieren oder anzüglich zu posieren. Dieses Verhalten wird aufgezeichnet und schließlich damit gedroht, die Aufzeichnungen – „im Netz" – zu veröffentlichen, wenn keine entsprechende Geldzahlung geleistet wird.

---

[11] Zu Details siehe *D. Meier* 2016, S. 361
[12] *Bundeskriminalamt* 2019b, S. 31 ff.
[13] Siehe *Büchel/Hirsch* 2014, S. 84 ff.
[14] Siehe *Neubacher* 2020, Kap. 26 Rn. 3.
[15] *Büchel/Hirsch* 2014, S. 87 f.
[16] Siehe hierzu *Materni* 2019, S. 326.

25 Das Internet bietet durch die Möglichkeit, Informationen unfiltriert und unkontrolliert über die ganze Erde zu verbreiten, enormes Potenzial zur Desinformation, Indoktrinierung und Diskriminierung durch **Informationsdelikte**. Dies geht so weit, dass möglicherweise das pseudo-wissenschaftliche Datenanalyse-Unternehmen Cambridge Analytica, gestützt auf die Datenabschöpfung von Facebook-Nutzern, durch gezielte Kampagnen den Ausgang der US-amerikanischen Präsidentschaftswahl 2016 zu beeinflussen versuchte. Mag dies auch übertrieben sein,[17] so bleibt doch bestehen, dass Daten ohne Kenntnis der Betroffenen gesammelt wurden, um sie damit zu beeinflussen.

26 Aber auch unterhalb der Ebene einer ganzen Nation bietet das Internet noch nie dagewesene Möglichkeiten der Meinungsmache und Diskriminierung. Dies liegt zum einen an der Anonymität der Meinungsverbreitung und durch die schier unbegrenzte Zahl der Adressaten an der extremen Verbreitungsgeschwindigkeit von Informationen. Durch das systematische Weiterleiten („Teilen") von Informationen in sozialen Netzwerken ist der Ursprung der Information nachträglich kaum mehr zu bestimmen. Geschickt vorgehend kann sich der Urheber einer Falschmeldung oder einer diskriminierenden Äußerung im Netz verstecken. Wenn es sich um die „richtige" Desinformation im richtigen Moment handelt, wird sie sich schnell weiterverbreiten und gewünschte Effekte erzielen.

27 Mobbing wird durch das Internet effizienter und dadurch gefährlicher. Waren vor den Zeiten des Internets nur das Opfer und sein näheres Umfeld von Mobbing betroffen, so wird das Opfer heute durch **Cybermobbing** potenziell „im Netz" und damit vor der ganzen Welt bloßgestellt. Die Anonymität im Internet lässt Täter die Hemmschwelle leichter überwinden, so dass mit häufigerem Mobbing zu rechnen ist. Die JIM Studie, eine alljährlich durchgeführte repräsentative Befragung von Jugendlichen (12 bis 19 Jahre) über ihren Medienumgang, ergab 2019 einen Anteil von 21 % der Befragten, über die schon einmal falsche bzw. beleidigende Äußerungen per Handy oder im Internet verbreitet wurden. Im letzten Monat vor der Befragung sind im Internet begegnet: 66 % der Befragten „Hassbotschaften", 57 % „extreme politische Ansichten", 53 % „Fake News" und 47 % „beleidigende Kommentare".[18] Viele Jugendliche sind somit von Mobbing über neue Medien betroffen und sehr viele sind damit konfrontiert.

Die vorgeblich neutralen und verbraucherfreundlichen Bewertungsportale im Internet werden nicht selten genutzt, um lästige Konkurrenten zu diskreditieren und zu beleidigen.

28 Schließlich ist das Internet ein Ort des **illegalen Handels**. Insbesondere über das **Darknet** kann mittlerweile mit allem gehandelt werden, was einen Geldwert hat: Drogen, Waffen, Menschen (zum sexuellen Missbrauch oder sonstiger Ausbeutung), Daten, (virtuellen) Identitäten. Das Darknet ist ein vom Internet separiertes Netzwerk, in dem anonyme und verschlüsselte Kommunikation möglich ist.[19] Es dient auch legalen Zwecken, indem etwa Regimekritikern in diktatorischen Staaten

---

[17] The New York Times, Data Firm Says ‚Secret Sauce' Aided Trump; Many Scoff, 06.03.2017.
[18] *Medienpädagogischer Forschungsverbund Südwest* 2020, S. 49 ff.
[19] Siehe hierzu und zum „DeepWeb" *Horten/Gräber* 2020.

der Austausch untereinander und mit dem Ausland, z.B. mit Journalisten, die über Missstände berichten können, ermöglicht wird. Es ist daher beim weltweiten Kampf um Menschenrechte und Meinungsfreiheit hilfreich. Die besondere Anonymität und Verschlüsselungsmöglichkeit im Darknet erleichtern aber auch kriminelles Handeln. Es dient daher auch als Handelsplatz für illegale Geschäfte. Die Ermittlungstätigkeit der Polizei ist deutlich erschwert.[20]

Gehandelt wird praktisch alles im Darknet, auch sog. **Cybercrime-as-a-Service**, also das Angebot computerkrimineller „Dienstleistungen" von technisch versierten Personen, etwa die Entwicklung von Viren und anderer Schadsoftware, die Durchführung von Hackerangriffen und ähnlichem für diejenigen, denen das computertechnische Wissen zur Durchführung der Taten fehlt. Hierdurch wird Computerkriminalität selbst zur Ware.[21]

III. Prävention und Strafverfolgung

Computerkriminalität ist mit den üblichen polizeilichen Mitteln kaum zu bekämpfen und zu verfolgen. Der Polizei fehlen hierfür oftmals die technischen Mittel, aber auch die rechtlichen Möglichkeiten. Zur Bekämpfung von Hasskriminalität in sozialen Netzwerken wurde daher im Jahr 2017 das **Netzwerkdurchsetzungsgesetz** erlassen, mit dem die Betreiber größerer sozialer Netzwerke wie Facebook oder Twitter verpflichtet werden, Beschwerden gegen Hasskriminalität und andere rechtswidrige Inhalte effizient nachzugehen und diese Inhalte zeitnah zu entfernen. Außerdem müssen die betroffenen Netzwerke regelmäßig Berichte über Verstöße und Beschwerden veröffentlichen. Das Gesetz ist bußgeldbewehrt. So werden die Betreiber großer sozialer Netzwerke bei der Prävention von Computerkriminalität in die Pflicht genommen.

Noch größere Schwierigkeiten entstehen den Strafverfolgungsbehörden bei der Prävention und Verfolgung von Computerkriminalität aber in technischer Hinsicht. Die einzelnen Polizeidienststellen verfügen oftmals nicht über die technischen Kenntnisse und Mittel, um Computerkriminalität effizient zu verfolgen. Es wurde daher vom BKA und den Landeskriminalämtern eine **„Zentrale Anlaufstelle Cybercrime" (ZAC)** eingerichtet, an die sich vor allem Unternehmen und öffentliche und nichtöffentliche Institutionen wenden können, wenn sie Opfer von Computerkriminalität geworden sind. Die Landeskriminalämter und das BKA verfügen auch über eigene Fachabteilungen, die anlassunabhängige Fahndungen mit dem Ziel der konsequenten Strafverfolgung im Internet durchführen (**„Internetstreife"**) und so das Entdeckungsrisiko bei potenziellen Straftätern durch polizeiliche Präsenz im Internet erhöhen.[22] Diese Fachabteilungen recherchieren auch nach Anzeigen zur konsequenten und kompetenten Verfolgung von Straftaten im Internet.

---

[20] Dazu *Krause* 2018.
[21] *Manky* 2013.
[22] *Büchel/Hirsch* 2014, S. 156.

31 Besonders wichtig für die Prävention und Verfolgung der sehr häufig über Ländergrenzen hinweg agierenden Computerkriminalität ist die Vernetzung der Strategien. Dies geschieht auf der Ebene der EU durch die **Agentur für Cybersicherheit (ENISA)**. Auf nationaler Ebene agiert das 1991 gegründete Bundesamt für Sicherheit in der Informationstechnik (BSI), eine dem Bundesinnenministerium unterstellte Bundesbehörde. Es soll Sicherheitsrisiken und -lücken im deutschen Datenverarbeitungsnetz frühzeitig erkennen und verhindern. Das BSI betreibt auch das Nationale Cyber-Abwehrzentrum, das die IT-Strukturen der Bundesrepublik vor Cyberangriffen schützen soll.

Literatur

Abels, H. (2007): Interaktion, Identität, Präsentation: Kleine Einführung in interpretative Theorien der Soziologie. Wiesbaden: VS Verlag für Sozialwissenschaften.
Adams, M.S.; Robertson, C.T.; Gray-Ray P., Ray, M.C. (2003): Labeling and delinquency. Adolescence 149, S. 171–186.
Adler, F.S.; Mueller, G.O.W.; Laufer, W.S. (2022): Criminology. 10. Aufl., New York: McGraw-Hill (McGraw-Hill higher education).
Aebi, M.F.; Akdeniz, G.; Barclay, G.; Campistol, C.; Caneppele, S.; Gruszczynska, B.; Harrendorf, S.; Heiskanen, M.; Hysi, V.; Jehle J.-M.; Jokinen, A.; Kensey, A.; Killias, M.; Lewis, C.G.; Savona, E.; Smit, PR.; Þórnisdóttir, R. (2014): European Sourcebook of Crime and Criminal Justice Statistics, 5. Aufl. Helsinki: European Institute for Crime Prevention and Control.
Agnew, R. (1985): A revised strain theory of delinquency. Social Forces 64, S. 151–167.
Agnew, R. (1992): Foundations for a General Strain Theory of Crime and Delinquency. Criminology 30, S. 47–87.
Agnew, R. (2001): Building on the Foundation of General Strain Theory: Specifying the Types of Strain Most Likely to Lead to Crime and Delinquency. Journal of Research in Crime and Delinquency 38, S. 319–361.
Agnew, R. (2012): Reflection on "A Revised Strain Theory of Delinquency". Social Forces 91, S. 33–38.
Ahlf, E.-H. (2007): Seniorenkriminalität und -viktimität: Alte Menschen als Täter und Opfer. In: Schneider, H.J. (Hrsg.), Internationales Handbuch der Kriminologie. Band 1: Grundlagen der Kriminologie. Berlin: De Gruyter, S. 509–550.
Akerlof, G.A. (1997): Social Distance and Social Decisions. Econometrica 65, S. 1005–1027.
Akers, R.L.; Krohn, M.D.; Lanza-Kaduce, L.; Radosevich, M. (1979): Social Learning and Deviant Behavior: A Specific Test of a General Theory. American Sociological Review 44, S. 636–655.
Albert, D.; Walsh, M.; Jonik, R. (1994) Aggression in Humans: What is its Biological Foundation? Neuroscience and Biobehavioral Reviews 17, S. 405–425.
Albrecht, G. (1981): Zwerge auf den Schultern eines Riesen? Neuere Beiträge der Theorien abweichenden Verhaltens und sozialer Kontrolle in der Tradition Emile Durkheims. In: Alemann, H. von, Thurn H.P. (Hrsg.), Soziologie in weltbürgerlicher Absicht. Festschrift für René König zum 75. Geburtstag. Opladen: Westdeutscher Verlag, S. 323–358.
Albrecht, G.; Howe, C.-W. (1992): Soziale Schicht und Delinquenz. Verwischte Spuren oder falsche Fährten? Kölner Zeitschrift für Soziologie und Sozialpsychologie 44, S. 697–730.
Albrecht, H.-J. (1980a): Die generalpräventive Effizienz von strafrechtlichen Sanktionen. In: Forschungsgruppe Kriminologie (Hrsg.), Empirische Kriminologie. Ein Jahrzehnt kriminologischer Forschung am Max-Planck-Institut Freiburg im Breisgau. Freiburg: Kriminologische Forschungsberichte aus dem Max-Planck-Institut für Ausländisches und Internationales Strafrecht, S. 305–327.
Albrecht, H.-J. (1980b): Strafzumessung und Vollstreckung bei Geldstrafen unter Berücksichtigung des Tagessatzsystems. Berlin: Duncker & Humblot.

Albrecht H.-J. (1994): Strafzumessung bei schwerer Kriminalität. Eine vergleichende theoretische und empirische Studie zur Herstellung und Darstellung des Strafmaßes. Berlin: Duncker & Humblot.

Albrecht, H.-J. (2007): Vergleichende Kriminologie. In: Schneider, H.-J. (Hrsg.), Internationales Handbuch der Kriminologie. Bd. 1: Grundlagen der Kriminologie. Berlin: De Gruyter, S. 255–288.

Albrecht, H.-J. (2019): Sanktionswirkungen, Rückfall und kriminelle Karrieren. In: Dessecker, A.; Harrendorf, S.; Höffler, K. (Hrsg.), Angewandte Kriminologie – Justizbezogene Forschung. 12. Kriminalwissenschaftliches Kolloquium uns Symposium zur Ehren von Jörg-Martin Jehle 22./23. Juni 2018. Göttingen: Universitätsverlag Göttingen, S. 165–180.

Albrecht, H.-J.; Grundies, V. (2009): Justizielle Registrierungen in Abhängigkeit von Alter. Befunde aus der Freiburger Kohortenstudie. Monatsschrift für Kriminologie und Strafrechtsreform 92, S. 326–343.

Albrecht, P.-A. (2010): Kriminologie. Eine Grundlegung zum Strafrecht. Ein Studienbuch. 4. Aufl. München: Beck.

Alsaker, F. (2017): Mutig gegen Mobbing im Kindergarten und in der Schule. 2. Aufl. Bern: Hogrefe.

Amelang, M. (1986): Sozial abweichendes Verhalten. Entstehung – Verbreitung – Verhinderung: Berlin u. a.: Springer.

Andenaes, J. (1974): Punishment and Deterrence. Ann Arbor: University of Michigan Press.

Anderson, R.A.; Bancroft, J.; Wu, F.C.W. (1992) The Effects of Exogenous Testosterone on Sexuality and Mood of Normal Men. Journal for Clinical Endocrinology and Metabolism 75, S. 1503–1507.

Anderson, C.A.; Bushman, B.J. (2002a): Human aggression. Annual Review of Psychology 53, S. 27–51.

Anderson, C.A.; Bushman, B.J. (2002b): Media Violence and the American Public Revisited. American Psychologist 57, S. 448–450.

Anderson, C.A.; Gentile, D.A.; Buckley, K.E. (2007): Violent video game effects on children and adolescents. Theory research and public policy. Oxford u. a.: Oxford Univ. Press.

Archer, J. (1991) The Influence of Testosterone on Human Aggression. British Journal of Psychology 82, S. 1–28.

Archer, J. (2006) Testosterone and Human Aggression: An Evaluation of the Challenge Hypothesis. Neuroscience and Biobehavioral Reviews 30, S. 319–345.

Archer, J.; Graham-Kevan, N.; Davies, M. (2005) Testosterone and Aggression: A reanalysis of Book, Starzyk, and Quinsey's (2001) Study. Aggression and Violent Behavior 10, S. 241–261.

Armborst, A. (2018): Einführung: Merkmale und Abläufe evidenzbasierter Kriminalprävention. In: Walsh M.; Pniewski B.; Kober M.; Armborst A. (Hrsg.), Evidenzorientierte Kriminalprävention in Deutschland. Wiesbaden: Springer VS, S. 3–19.

Armitage, R. (2002): To CCTV or not to CCTV? A review of current research into the effectiveness of CCTV systems in reducing crime. Nacro: Community safety practice briefing. Online verfügbar unter https://epic.org/privacy/surveillance/spotlight/0505/nacro02.pdf (Zugriff am 10.2.2020).

Aromaa, K.; Heiskanen, M. (Hrsg.) (2008): Crime and Criminal Justice Systems in Europe and North America 1995–2004. Helsinki: European Institute for Crime Prevention and Control.

Arzheimer, K. (2016): Strukturgleichungsmodelle. Eine anwendungsorientierte Einführung. 1. Aufl. 2015. Wiesbaden: Springer VS.

Aschaffenburg, G. (1923): Das Verbrechen und seine Bekämpfung. 3. Aufl. Heidelberg.

Atteslander, P. (2010): Methoden der empirischen Sozialforschung: 13. Aufl., Berlin: Erich Schmidt Verlag.

Avakame, E.F. (1998): Intergenerational Transmission of Violence, Self-Control, and Conjugal Violence: A Comparative Analysis of Physical Violence and Psychological Aggression. Violence & Victims 13, S. 301–316.

Baacke, D. (1999): Jugend- und Jugendkulturen. Darstellung und Deutung. 3. Aufl. Weinheim und München: Juventa.

Baacke, D.; Ferchhoff, W. (1995): Von den Jugendsubkulturen zu den Jugendkulturen. Forschungsjournal Neue Soziale Bewegungen 8, S. 33–46.
Bacher, J.; Pöge, A.; Wenzig, K. (2010): Clusteranalyse. Anwendungsorientierte Einführung in Klassifikationsverfahren, 3. Aufl. München: Oldenbourg.
Bachman, R.; Peralta, R. (2002): The Relationship between Drinking and Violence in an Adolescent Population: Does Gender Matter? Deviant Behavior: An Interdisciplinary Journal 23: 1–19.
Backhaus, K.; Erichson, B.; Plinke, W.; Weiber, R. (2016): Multivariate Analysemethoden. Eine anwendungsorientierte Einführung. 14. Aufl. Berlin, Heidelberg: Springer Gabler.
Bagatell, C.J.; Heiman, J.R.; Rivier, J.E.; Bremner, W.J. (1994) Effects of Endogenous Testosterone and Estradiol on Sexual Behavior in Normal Young Men. Journal of Clinical Endocrinology and Metabolism 78, S. 711–716.
Baier, D. (2008): Entwicklung der Jugenddelinquenz und ausgewählter Bedingungsfaktoren seit 1998 in den Städten Hannover, München, Stuttgart und Schwäbisch Gmünd. KFN Forschungsbericht Nr. 104. Hannover: Kriminologisches Forschungsinstitut Niedersachsen.
Baier, D. (2014): Elterliche Erziehung und Gewaltdelinquenz bei deutschen, türkischen und russischen Jugendlichen. In Niggli, M. A.; Marty, L. (Eds.), Risiken der Sicherheitsgesellschaft. Sicherheit, Risiko & Kriminalpolitik. Mönchengladbach: Forum Verlag Godesberg, S. 80–96.
Baier, D.; Kemme, S.; Hanslmaier, M.; Doering, B.; Rehbein, B.; Pfeiffer, C. (2011): Kriminalitätsfurcht, Strafbedürfnisse und wahrgenommene Kriminalitätsentwicklung. Ergebnisse von bevölkerungsrepräsentativen Befragungen aus den Jahren 2004, 2006 und 2010. Hannover: Kriminologisches Forschungsinstitut Niedersachsen.
Baier, D., Pfeiffer, C., Rabold, S. (2009): Jugendgewalt in Deutschland – Befunde aus Hell- und Dunkelfelduntersuchungen unter besonderer Berücksichtigung von Geschlechterunterschieden. Kriminalistik 63, S. 323–333.
Bailey, W.C.; Lott, R.P. (1976): Crime, Punishment and Personality: An Examination of the Deterrence Question. The Journal of Criminal Law & Criminology 67, S. 99–109.
Balcetis, E.; Dunning, D. (2006): See what you want to see: motivational influences on visual perception. Journal of Personality and Social Psychology 91, 612–625.
Bals, N.; Bannenberg, B. (2007): Jugendliche Spätaussiedler in sozialen Brennpunkten: Kriminalitätsbelastung, Gewaltbereitschaft, Integrations- und Präventionsansätze. Zeitschrift für Jugendkriminalrecht und Jugendhilfe 18, S. 180–190.
Bandura, A. (1968): What television violence can do to your child. In: Larson, O.N. (Hrsg.), Violence and the mass media. New York: Harper & Row, S. 123–130.
Bandura, A. (1979a): Aggression – eine sozial-lerntheoretische Analyse. Stuttgart: Klett-Cotta.
Bandura, A. (1979b): The Social Learning Perspective. Mechanism of Aggression. In: Toch, H. (Hrsg.), Psychology of Crime and Criminal Justice. New York: Holt, Rinehart & Winston, S. 198–236.
Bandura, A.; Ross, D.; Ross, S.A. (1963): Imitation of film-mediated aggressive models. Journal of Abnormal and Social Psychology 66, S. 3–11.
Bannenberg, B. (2002): Korruption in Deutschland und ihre strafrechtliche Kontrolle. Eine kriminologisch-strafrechtliche Analyse. Neuwied Kriftel: Luchterhand.
Bannenberg, B.; Schmidt, R. (2019): Aktuelle Entwicklungen im Rockermilieu. Kriminalistik 73, S. 563-573.
Bannenberg, B.; Schmidt, R. (2021): Tschetschenische Clanstrukturen in Deutschland. Gewaltbereite, kriegserfahrene und islamistische Täter. Kriminalistik 75, S. 208–213.
Bao A.-M.; Swaab, D.F. (2010): Sex Differences in the Brain Behavior, and Neuropsychiatric Disorders. The Neuroscientist 16, S. 550–565.
Baumann, I. (2006): Dem Verbrechen auf der Spur. Eine Geschichte der Kriminologie und Kriminalpolitik in Deutschland 1880 bis 1980. Göttingen: Wallstein.
Baumer, E.P.; Gustafson, R. (2007): Social Organization and Instrumental Crime: Assessing the Empirical Validity of Classic and Contemporary Anomie Theories. Criminology 45, S. 617–663.
Baur, N. (2014): Handbuch Methoden der empirischen Sozialforschung. Wiesbaden: Springer VS.
Bayly, C.A.; Bertram, T.; Klaus, M. (2008): Die Geburt der modernen Welt. Eine Globalgeschichte 1780–1914. Frankfurt am Main: Campus.

Beccaria, C. (1764) (2005): Von den Verbrechen und den Strafen. Berlin: Berliner Wissenschaftsverlag.
Beck, U. (1983): Jenseits von Stand und Klasse? Soziale Ungleichheiten, gesellschaftliche Individualisierungsprozesse und die Entstehung neuer Formationen und Identitäten. In: Kreckel, R. (Hrsg.), Soziale Ungleichheiten. Soziale Welt, Sonderband 2, S. 35–74.
Beck, U. (2016): Risikogesellschaft. Auf dem Weg in eine andere Moderne. 23. Auflage, Frankfurt am Main: Suhrkamp.
Becker, G.S. (1993): Der ökonomische Ansatz zur Erklärung menschlichen Verhaltens. 2. Aufl. Tübingen: Mohr.
Becker, H.S. (1981): Außenseiter. Zur Soziologie abweichenden Verhaltens. Frankfurt/Main: Fischer.
Becker, P. (2002): Verderbnis und Entartung. Eine Geschichte der Kriminologie des 19. Jahrhunderts als Diskurs und Praxis. Göttingen: Vandenhoeck & Ruprecht.
Beckers, A. (2011): Bullying aus Täter-, Opfer- und Zuschauerperspektive. Tübingen: Universitätsbibliothek Tübingen (Tübinger Schriften und Materialien zur Kriminologie, 23). Online verfügbar unter http://nbn-resolving.de/urn:nbn:de:bsz:21-opus-58137 (Zugriff am 5.12.2019).
Beelmann, A. (2018): Entwicklungsorientierte Kriminalprävention: Wissenschaftliche Fundierung und Ergebnisse der Evaluation. In: Walsh, M.; Pniewski, B.; Kober, M.; Armborst, A. (Hrsg.), Evidenzorientierte Kriminalprävention in Deutschland. Wiesbaden: Springer VS, S. 387–406.
Beeman, E. (1947): The Effect of Male Hormone on Aggressive Behavior on Mice. Physiological Zoology 20, S. 373–405.
Behnke, J. (2015): Logistische Regressionsanalyse. Eine Einführung. Wiesbaden: Springer VS.
Beirne, P. (1987): Adolphe Quetelet and the Origins of Positivist Criminology. American Journal of Sociology 92, S. 1140–1169.
Beirne, P. (1993): Inventing Criminology. Essays on the Rise of Homo Criminalis. Albany: State University of New York Press.
Benninghaus, H. (2007): Deskriptive Statistik. Wiesbaden: VS Verlag für Sozialwissenschaften.
Bell, R.R. (1967): Die Teilkultur der Jugendlichen. In: Friedeburg, L. v. (Hrsg.), Jugend in der modernen Gesellschaft. Köln, Berlin: Kiepenheuer & Witsch, S. 83–86.
Bentham, J. (1823): Introduction to the Principles of Morals and Legislation. Oxford. Internet-Publikation: https://www.earlymoderntexts.com/assets/pdfs/bentham1780.pdf (Zugriff am 26.3.2019).
Berger, P.A. (1986): Entstrukturierte Klassengesellschaft. Klassenbildung und Strukturen sozialer Ungleichheit im historischen Wandel. Opladen: Westdeutscher Verlag.
Berger, P. L.; Luckmann, T. (2004): Die gesellschaftliche Konstruktion der Wirklichkeit. Eine Theorie der Wissenssoziologie. 20. Aufl., Frankfurt am Main: Fischer.
Bergmann, M.C.; Baier, D.; Rehbein, F.; Mößle, T. (2017): Jugendliche in Niedersachsen. Ergebnisse des Niedersachsensurveys 2013 und 2015. KFN Forschungsbericht Nr. 131. Hannover: Kriminologisches Forschungsinstitut Niedersachsen.
Bergmann, M.C.; Kliem, S.; Krieg, Y.; Beckmann, L. (2019): Jugendliche in Niedersachsen. Ergebnisse des Niedersachsensurveys 2017. KFN Forschungsbericht Nr. 144. Hannover: Kriminologisches Forschungsinstitut Niedersachsen.
Berkowitz, L. (1989): Frustration-Aggression Hypothesis: Examination and Reformulation. Psychological Bulletin 106, S. 59–73.
Bernburg, J.G.; Krohn M.D. (2003): Labeling, Life Chances and Adult Crime: The Direct and Indirect Effects of Official Intervention in Adolescence and Earl Adulthood. Criminology 41, S. 1287–1318.
Bernburg, J.G.; Krohn, M.D.; Rivera, C.J. (2006): Official Labeling, Criminal Embeddedness, and Subsequent Delinquency. A Longitudinal Test of Labeling Theory. Journal of Research in Crime and Delinquency 43, S. 67–88.
Bernhardt, P.C.; Dabbs, J.M.; Fielden, J.A.; Lutter, C.D. (1998): Testosterone Changes During Vicarious Experiences of Winning and Losing Among Fans at Sporting Events. Physiology and Behavior 65, S. 59–62.
Besemer, S.; Ahmad, S.I.; Hinshaw, S.P.; Farrington, D.P. (2017): A systematic review and meta-analysis of the intergenerational transmission of criminal behavior. Aggression and Violent Behavior 37, S. 161–178.

Best, H.; Wolf, C. (2010): Logistische Regression. In: Wolf, C.; Best, H. (Hrsg.), Handbuch der sozialwissenschaftlichen Datenanalyse. Wiesbaden: VS Verlag für Sozialwissenschaften, S. 827–854.
Beulke, W.; Swoboda, S. (2020): Jugendstrafrecht. Eine systematische Darstellung. 16. Aufl. Stuttgart: Kohlhammer.
Bewährungshilfe 2007: Statistisches Bundesamt (2010): Fachserie 10 Rechtspflege. Reihe 5 Bewährungshilfe. 2007. Wiesbaden: Statistisches Bundesamt.
Beyleveld, D. (1982): Ehrlich's Analysis of Deterrence. The British Journal of Criminology 22, S. 101–123.
Beyme, K. v. (1991): Theorie der Politik im 20. Jahrhundert. Von der Moderne zur Postmoderne. Frankfurt am Main: Suhrkamp.
Bick, W.; Müller, P.J. (1982): Probleme der Nutzung prozess-produzierter Daten. Fachinformationszentrum Energie, Physik, Mathematik: Karlsruhe.
Bilsky, W.; Hermann, D. (2016): Individual values and delinquency: On considering universals in the content and structure of values. Psychology, Crime & Law 22, S. 921–944.
Birkel, C. (2015): Hellfeld vs. Dunkelfeld: Probleme statistikbegleitender Dunkelfeldforschung am Beispiel der bundesweiten Opferbefragung im Rahmen des Verbundprojektes „Barometer Sicherheit in Deutschland" (BaSiD). In: Eifler, S.; Pollich, D. (Hrsg.), Empirische Forschung über Kriminalität. Methodologische und methodische Grundlagen. Wiesbaden: Springer VS, S. 67–94.
Birkel, C.; Church, D.; Hummelsheim-Doss, D.; Leitgöb-Guzy, N.; Oberwittler, D. (2019): Der Deutsche Viktimisierungssurvey 2017. Opfererfahrungen, kriminalitätsbezogene Einstellungen sowie die Wahrnehmung von Unsicherheit und Kriminalität in Deutschland. Wiesbaden: Bundeskriminalamt.
Birkel, C.; Guzy, N.; Hummelsheim, D.; Oberwittler, D.; Pritsch, J. (2014): Der Deutsche Viktimisierungssurvey 2012. Erste Ergebnisse zu Opfererfahrungen, Einstellungen gegenüber der Polizei und Kriminalitätsfurcht. Freiburg: Max-Planck-Institut für ausländisches und internationales Strafrecht.
Bishop, D.M. (1982): Deterrence and Social Control: A Longitudinal Study of the Effects of Sanctioning and Social Bonding on the Prevention of Delinquency. State University of New York, Albany: University Microfilms International.
Bishop, D.M. (1984): Deterrence: A Panel Analysis. Justice Quarterly 1, S. 311–328.
Blankenburg, E.; Sessar, K.; Steffen, W. (1978): Die Staatsanwaltschaft im Prozeß strafrechtlicher Sozialkontrolle. Berlin: Duncker & Humblot.
Blasi, A. (1980): Bridging Moral Cognition and Moral Action: A Critical Review of Literature. Psychological Bulletin 88, S. 1–45.
Blass, W. (1983): Moralische Entwicklung und abweichendes Verhalten von Jugendlichen. In: Blumenberg, F.-J. (Hrsg.), Praxisorientierte Forschung in Jugendhilfe und Jugendkriminalrechtspflege. Freiburg im Breisgau: Freiburger Jugendhilfswerk an der Universität Freiburg, S. 87–127.
Block, T.; Brettfeld, K.; Wetzels, P. (2007): Umfang, Struktur und Entwicklung von Jugendgewalt und -delinquenz in Hamburg 1997–2004. Abschlussbericht. Hamburg: Universität Hamburg.
Blumer, H. (2013): Symbolischer Interaktionismus. Frankfurt am Main: Suhrkamp.
Bock, M. (2019): Kriminologie. Für Studium und Praxis. 5. Aufl. München: Vahlen.
Bögelein, N.; Ernst, A.; Neubacher, F. (2014): Vermeidung von Ersatzfreiheitsstrafen. Baden-Baden: Nomos.
Böker, W.; Häfner, H. (1973): Gewalttaten Geistesgestörter. Heidelberg: Springer.
Boers, K. (1991): Kriminalitätsfurcht. Über den Entstehungszusammenhang und die Folgen eines sozialen Problems. Pfaffenweiler: Centaurus.
Boers, K. (2009): Delinquenz im Lebensverlauf. In: Kröber, H.-L.; Dölling, D.; Ley-graf, N.; Saß, H. (Hrsg.), Handbuch der Forensischen Psychiatrie. Band 4: Kriminologie und Forensische Psychiatrie. Heidelberg: Steinkopff, S. 134–174.
Boers, K.; Pöge, A. (2003): Wertorientierungen und Jugenddelinquenz. In: Lamnek, S.; Boatca, M. (Hrsg.), Geschlecht, Gewalt, Gesellschaft. Opladen: Leske + Budrich, S. 246–268.
Boers, K.; Reinecke, J. (2019a): Das Strukturdynamische Analysemodell – Ein integriertes Modell zur Analyse delinquenter Lebensverläufe. In: Boers, K.; Reinecke, J. (Hrsg.), Delinquenz im

Altersverlauf. Erkenntnisse der Langzeitstudie *Kriminalität in der modernene Stadt*. Münster, New York: Waxmann, S. 77–93.

Boers, K.; Reinecke, J. (Hrsg.) (2019b): Delinquenz im Altersverlauf. Erkenntnisse der Langzeitstudie *Kriminalität in der modernen Stadt*. Münster, New York: Waxmann.

Boers, K.; Reinecke, J.; Bentrup, C.; Daniel, A.; Kanz, K.-M.; Schalter, P.; Seddig, D.; Theimann, M.; Verneuer, L.; Walburg, C. (2014): Vom Jugend- zum Erwachsenenalter. Delinquenzverläufe und Erklärungszusammenhänge in der Verlaufsstudie „Kriminalität in der modernen Stadt". Monatsschrift für Kriminologie und Strafrechtsreform 97, S. 183–202.

Boers, K.; Reinecke, J.; Motzke, K.; Wittenberg, J. (2002): Wertorientierungen, Freizeitstile und Jugenddelinquenz. Neue Kriminalpolitik 4, S. 141–146.

Boers, K.; Walburg, C.; Reinecke, J. (2006): Jugendkriminalität – keine Zunahme im Dunkelfeld, kaum Unterschiede zwischen Einheimischen und Migranten. Befunde aus Duisburger und Münsteraner Längsschnittstudien. Monatsschrift für Kriminologie und Strafrechtsreform 89, S. 63–87.

Boetticher, A.; Dittmann, D.; Nedopil, N.; Nowara, S.; Wolf, T. (2009): Zum richtigen Umgang mit Prognoseinstrumenten durch psychiatrische und psychologische Sachverständige und Gerichte. Neue Zeitschrift für Strafrecht 20, S. 479–480.

Boetticher, A.; Koller, M.; Böhm, K.M., Brettel, H.; Dölling, D.; Höffler, K.; Müller-Metz, R.; Pfister, W.; Schneider, U.; Schöch, H.; Wolf, T. (2019): Empfehlungen für Prognosegutachten. Rechtliche Rahmenbedingungen für Prognosen im Strafverfahren. Neue Zeitschrift für Strafrecht 39, S. 553–573.

Bohnsack, R.; Marotzki, W.; Meuser, M. (2011): Hauptbegriffe qualitativer Sozialforschung. 3. Aufl. Opladen: Leske + Budrich.

Bongartz, B. (2016): Strukturelle Bedingungen wirtschaftskrimineller Handlungen. Eine empirische Studie zum abweichenden Verhalten der Mittelschicht. Mönchengladbach: Forum Verlag Godesberg.

Borg, I. (2010): Multidimensionale Skalierung. In: Wolf, C.; Best, H. (Hrsg.), Handbuch der sozialwissenschaftlichen Datenanalyse. Wiesbaden: VS Verlag für Sozialwissenschaften, S. 391–418.

Borg, I.; Hermann, D. (2017): A closer look at personal values and delinquency. Personality and Individual Differences 116, S. 171–178.

Borg, I.; Hermann, D.; Bilsky, W.; Pöge, A. (2019): Do the PVQ and the IRVS scales for personal values support Schwartz's value circle model or Klages' value dimensions model? Measurement Instruments for the Social Sciences 2. Internet-Publikation: https://doi.org/10.1186/s42409-018-0004-2 (Zugriff am 1.2.2021).

Borg, I.; Hermann, D.; Hertel, G. (2017): Age and personal values: similar value circles with shifting priorities. Psychology and Aging 32, S. 636–641.

Bourdieu, P. (1983): Ökonomisches Kapital, kulturelles Kapital, soziales Kapital. In: Kreckel, R. (Hrsg.), Soziale Ungleichheiten. Soziale Welt, Sonderband 2. Göttingen: Schwartz, S. 183–198.

Bourdieu, P. (2018): Die feinen Unterschiede. Kritik der gesellschaftlichen Urteilskraft. 26. Aufl. Frankfurt am Main: Suhrkamp.

Bourier, G. (2014): Beschreibende Statistik. 12. Aufl. Wiesbaden: Springer Gabler.

Bowers, J.; Pierce, G.L. (1975): The Illusion of Deterrence in Isaac Ehrlich's Research on Capital Punishment. Yale Law Journal 85, S. 187–208.

Box, S.; Hale, C. (1984): Liberation/Emancipation, Economic Marginalization or Less Chivalry. Criminology 22: 473–497.

Boy, P. (1984): Wohlfahrtsstaat und Kriminalisierungsprozess – oder: Werden Kriminelle nicht gemacht? In: Haferkamp, H. (Hrsg.), Wohlfahrtsstaat und soziale Probleme. Beiträge zur sozialwissenschaftlichen Forschung. Opladen: Westdeutscher Verlag, S. 263–293.

Braithwaite, J. (1981): The Myth of Social Class and Criminality Reconsidered. American Sociological Review 45, S. 36–57.

Braithwaite, J. (1989): Crime, Shame and Reintegration. Cambridge: Cambridge University Press.

Brökling, E. (1980): Frauenkriminalität. Darstellung und Kritik kriminologischer und devianz-soziologischer Theorien. Stuttgart: Enke.

Brosius, H.-B.; Esser, F. (1995): Eskalation durch Berichterstattung? Opladen: Westdeutscher Verlag.
Brown, B. (1995): CCTV in Town Centres: Three Case Studies. Crime Detection and Prevention Series Paper 68. London: Home Office.
Brown, S.E.; Esbensen, F.-A.; Geis, G. (2019): Criminology. Explaining Crime and Its Context. 10. Aufl. New York: Routledge.
Brüsemeister, T. (2008): Qualitative Forschung. Wiesbaden: VS Verlag für Sozialwissenschaften.
Bruhns, K.; Wittmann, S. (2003): Mädchenkriminalität – Mädchengewalt. In: Raithel, J.; Mansel, J. (Hrsg.), Kriminalität und Gewalt im Jugendalter. Hell- und Dunkelfeldbefunde im Vergleich. Weinheim, München: Juventa, S. 41–63.
Brunner, R.; Dölling, D. (2018): Jugendgerichtsgesetz. Kommentar. 13. Aufl. Berlin, Boston: De Gruyter.
Brusten, M.; Peters, D. (1969): Ideologie und Fakten in der Rechtsprechung. Kritische Bemerkungen zu einer Untersuchung von Karl-Dieter Opp und Rüdiger Peuckert über die Höhe des Strafmaßes. Kriminologisches Journal 2, S. 36–52.
Buchmann, M. (1989): Subkulturen und gesellschaftliche Individualisierungsprozesse. In: Haller, M.; Hoffmann-Nowotny, H.-J.; Zapf, W. (Hrsg.), Verhandlungen des 24. Deutschen Soziologentages in Düsseldorf. Frankfurt am Main, New York: Campus, S. 627–638.
Bubenitschek, G.; Greulich, R.; Wegel, M. (2014): Kriminalprävention in der Praxis. Heidelberg u. a.: Kriminalistik Verlag.
Buckholtz, J.W.; Treadway, M.T.; Cowan, R.L.; Woodward, N.D.; Benning, S.D.; Li, R.; Sib Ansari, M.; Baldwin, R.M.; Schwartzman, A.N.; Shelby, E.S.; Smith, C.E.; Cole, D.; Kessler, R.M.; Zald, D.H. (2010): Mesolimbic Dopamine Reward System Hypersensitivity in Individuals with Psychopathic Traits. Nature Neuroscience 13, S. 419–421.
Buckolt, O. (2009): Die Zumessung der Jugendstrafe. Eine kriminologisch-empirische und rechtsdogmatische Untersuchung. Baden-Baden: Nomos.
Büchel, M.; Hirsch, P. (2014): Internetkriminalität. Phänomene – Ermittlungshilfen – Prävention. Heidelberg: Kriminalistik Verlag.
Buikhuisen, W. (1974): General Deterrence: Research and Theory. Abstracts on Criminology and Penology 14, S. 285–298.
Bullock, K.; Erol, R.; Tilley, N. (2012): Problem-oriented policing and partnerships. Implementing an evidence-based approach to crime reduction, 2. Aufl. London, New York: Routledge.
Bundesamt für Sicherheit in der Informationstechnik (Hrsg.) (2019): Digitalbarometer: Bürgerbefragung zur Cyber-Sicherheit. Bonn: Bundesamt für Sicherheit in der Informationstechnik.
Bundeskriminalamt (Hrsg.) (2018a): Zeitreihen. Übersicht Falltabellen. Grundtabelle ab 1987. Internetpublikation: https://www.bka.de/DE/AktuelleInformationen/StatistikenLagebilder/PolizeilicheKriminalstatistik/PKS2018/Zeitreihen/zeitreihenFaelle.html?nn=108686 (Zugriff am 7.8.2019).
Bundeskriminalamt (Hrsg.) (2018b): Hinweise zu den Zeitreihen. Internetpublikation: https://www.bka.de/SharedDocs/Downloads/DE/Publikationen/PolizeilicheKriminalstatistik/2018/Zeitreihen/hinweiseZuDenDaten_pdf.pdf?__blob=publicationFile&v=3 (Zugriff am 7.8.2019).
Bundeskriminalamt (2019a): Rauschgiftkriminalität Bundeslagebild 2018. Wiesbaden: Bundeskriminalamt.
Bundeskriminalamt (2019b): Bundeslagebild Cybercrime 2018. Wiesbaden: Bundeskriminalamt.
Bundesministerium des Innern; Bundesministerium der Justiz (Hrsg.) (2001): Erster Periodischer Sicherheitsbericht. Berlin: Bundesministerium des Innern, Bundesministerium der Justiz.
Bundesministerium des Innern; Bundesministerium der Justiz (Hrsg.) (2006): Zweiter Periodischer Sicherheitsbericht. Berlin: Bundesministerium des Innern, Bundesministerium der Justiz.
Bundesministerium des Inneren, für Bau und Heimat (2017): Verfassungsschutzbericht 2017. Internetpublikation: https://www.verfassungsschutz.de/de/oeffentlichkeitsarbeit/publikationen/verfassungsschutzberichte (Zugriff am 1.2.2021).
Burgess, R.L.; Akers, R.L. (1966): A Differential Association-Reinforcement Theory of Criminal Behavior. Social Problems 14, S. 128–147.

Burke, R.H. (2001): An Introduction to Criminological Theory. Portland, Oregon: Willan Publishing.
Burzan, N. (2011): Soziale Ungleichheit. Eine Einführung in die zentralen Theorien. 4. Aufl. Wiesbaden: VS Verlag für Sozialwissenschaften.
Bushman, B.J.; Anderson, C.A. (2001): Media Violence and the American Public. Scientific Facts versus Media Misinformation. American Psychologist 56, S. 477–489.
Bussmann, K.-D. (2016): Wirtschaftskriminologie I. München: Vahlen.
Camus, J.; Elting, A. (1982): Grundlagen und Möglichkeiten integrationstheoretischer Konzeptionen in der kriminologischen Forschung. Bochum: Brockmeyer.
Candee, D.; Kohlberg, L. (1987): Moral Judgement and Moral Action: A Reanalysis of Haan, Smith, and Block's (1968) Free Speech Movement Data. Journal of Personality and Social Psychology 52, S. 554–564.
Carnagey, N.L.; Anderson, C.A. (2003): The role of theory in the study of media violence. The General Aggression model. In: Gentile, D.A. (Hrsg.), Media violence and children. A complete guide for parents and professionals. Westport, Conn.: Praeger, S. 87–106.
Carnagey, N.L.; Anderson, C.A.; Bushman, B.J. (2007): The effect of video game violence on physiological desensitization to real-life violence. Journal of Experimental Social Psychology 43, S. 489–496.
Cerezo, A. (2013): CCTV and crime displacement. A quasi-experimental evaluation. European Journal of Criminology 10, S. 222–236.
Cernkovich, S. (1978): Value Orientations and Delinquency Involvement. Criminology 15, S. 443–458.
Champion, D.J. (2006): Research methods for criminal justice and criminology. Upper Saddle River, N.J.: Pearson/Prentice Hall.
Chan, J.; Oxley, D. (2004): The deterrent effect of capital punishment: A review of the research evidence. Crime and Justice Bulletin 84, S. 1–24.
Chatterton, M.R.; Frenz, S. (1994): Closed circuit television: Its role in reducing burglaries and the fear of crime in sheltered accommodation for the elderly. Security Journal 5, S. 133–139.
Chen H.; Beaudoin C. E.; Hong, T. (2017): Securing online privacy: An empirical test on Internet scam victimization, online privacy concerns, and privacy protection behaviors. Computers in Human Behavior 70, S. 291–302.
Cherry, T.; List, J. (2002): Aggregation bias in the economic model of crime. Economics Letters 75, S. 81–86.
Christiansen, K. (1968): Threshold of Tolerance in various Population Groups illustratend by the Results from Danish Criminological Twin Study. In: De Rueck, A.V.S.; Porter, R. (Hrsg.), The Mentally Abnormal Offender. London: Churchill, S. 107–120.
Cicourel, A.V. (1978): Basisregeln und normative Regeln im Prozeß des Aushandelns von Status und Rolle. In: Arbeitsgruppe Bielefelder Soziologen (Hrsg.), Alltagswissen, Interaktion und gesellschaftliche Wirklichkeit. Band 1: Symbolischer Interaktionismus und Ethnomethodologie. 4. Aufl. Reinbek bei Hamburg: Rowohlt, S. 147–188.
Cicourel, A.V. (1995): The Social Organization of Juvenile Justice. New Brunswick, N. J.: Wiley.
Cierpka, M. (2005): Faustlos. Wie Kinder Konflikte gewaltfrei lösen lernen. Freiburg: Herder.
Clark, A.L.; Gibbs, J.P. (1975): Soziale Kontrolle: Eine Neuformulierung. In: Lüderssen, K.; Sack, F. (Hrsg.), Seminar: Abweichendes Verhalten I Die selektiven Normen der Gesellschaft. Frankfurt am Main: Suhrkamp, S. 153–185.
Clark, J. P.; Wenninger, E. P. (1963): Goal Orientations and Illegal Behavior Among Juveniles. Social Forces 42, S. 49–59.
Clarke, R. V.; Felson, M. (1993): Routine activity and rational choice. New Brunswick, NJ: Transaction Publishers.
Clarke, R. V.; Felson, M. (2011): The origins of the routine activity approach and situational crime prevention. In: Cullen, F.; Jonson, C.; Myer, A.; Adler, F. (Hrsg.), The Origins of American Criminology. New Brunswick: Transaction Press, S. 245–260.
Cleckley, H.M. (1941): The mask of sanity. St. Louis: Mosby.
Cloward, R.; Ohlin, L. (1960): Delinquency and Opportunity. New York: Free Press.
Coates J.M.; Herbert, J. (2008): Endogenous steroids and financial risk taking on a London trading floor. Proceedings of the National Academy of Science 105: 6167–6172.

Cohen, A. K. (1955): Delinquent boys. The culture of the gang. Glencoe, Ill.: Free Press.
Cohen, A.K. (1961): Kriminelle Jugend. Hamburg: Rowohlt.
Cohen, A.K. (1962): Kriminelle Subkulturen. In: Heintz, P., König, R. (Hrsg.), Soziologie der Jugendkriminalität. Kölner Zeitschrift für Soziologie und Sozialpsychologie, Sonderheft 2. Aufl. Köln u. a.; Westdeutscher Verlag, S. 103–117.
Cohen, A.K. (1979): Mehr-Faktoren-Ansätze. In: Sack, F.; König, R. (Hrsg.), Kriminalsoziologie. 3. Aufl. Frankfurt am Main: Akademische Verlagsgesellschaft, S. 219–225.
Cohen, A.K.; Short, J.F. (1979): Zur Erforschung delinquenter Subkulturen. In: Sack, F.; König, R. (Hrsg.), Kriminalsoziologie. 3. Aufl. Wiesbaden: Akademische Verlagsgesellschaft, S. 372–394.
Cohen, D.; Nisbett, R.E.; Bowdle, B.F.; Schwarz, N. (1996): Insult, Aggression, and the Southern Culture of Honor: An „Experimental Ethnology". Journal of Personality and Social Psychology 70, S. 945–960.
Cohen, L.E.; Felson, M. (1979): Social Change and Crime Rate Trends: A Routine Activity Approach. American Sociological Review 44, S. 588–608.
Cohen, L.E.; Land, K.C. (1987): Age Structure and Crime: Symmetry versus Asymmetry and the Projection of Crime Rates through the 1990s. American Sociological Review 52, S. 170–183.
Coleman, J.S. (2010): Grundlagen der Sozialtheorie. 3. Aufl. München: Oldenbourg.
Conklin, J.E. (1975): The Impact of Crime. New York: Macmillan.
Costa, P.T. Jr.; McCrae, R.R. (1992): Revised NEO Personality Inventory and NEO Five Factor Inventory Professional Manual. Psychological Assessment Resources, Odessa, FL: Psychological Assessment Resources.
Coulson, G.E.; Nutbrown, V. (1993): Properties of an Ideal Rehabilitation Program for High-Need-Offenders. International Journal of Offender Therapy and Comparative Criminology 36, S. 203–208.
Cueva, C.; Roberts, R.E.; Spencer, T.J.; Rani, N.; Tempest, M.; Tobler, P.N.; Herbert, J.; Rustichini, A. (2017): Testosterone Administration does not Affect Men's Rejections of Low Ultimatum Game Offers or Aggressive Mood. Hormones and Behavior 87, S. 1–7.
Cullen, F.T. (2017): Choosing Our Criminological Future: Reservations About Human Agency as an Organizing Concept. Journal of Developmental and Life-Course Criminology 3, S. 373–379.
Dabbs, J.M.; Frady, R.L.; Carr, T.S.; Besch, N.F. (1987): Saliva Testosterone and Criminal Violence in Young Adult Prison Inmates. Psychosomatic Medicine 49, S. 174–182.
Dabbs J.M.; Morris, R. (1990): Testosterone, Social Class, and Antisocial Behavior in a Sample of 4,462 Men. Psychological Science 1, S. 209–211.
Dahle, K.-P. (2006): Grundlagen und Methoden der Kriminalprognose. In: Kröber, H.-L.; Dölling, D.; Leygraf, N.; Saß, H. (Hrsg.), Handbuch der Forensischen Psychiatrie. Band 3: Psychiatrische Kriminalprognose und Kriminaltherapie. Darmstadt: Steinkopff, S. 1–67.
Dahle, K.-P.; Lehmann, R.J.B. (2018): Zum prognostischen Mehrwert einer nomothetisch-idiografischen kriminalpsychologischen Prognosebeurteilung – Eine empirische Untersuchung an männlichen Gewalt- und Sexualstraftätern. Forensische Psychiatrie, Psychologie, Kriminologie 12, S. 37–50.
Dalgard, O.S.; Kringlen, E. (1976): A Norwegian Twin Study of Criminality. British Journal of Criminology 16, S. 213–232.
Damasio, A.R. (2004): Descartes' Irrtum. Fühlen, Denken und das menschliche Gehirn. Berlin: List.
Dannecker, G.; Bülte, J. (2020): Die Entwicklung des Wirtschaftsstrafrechts in der Bundesrepublik Deutschland. In: Wabnitz, H.-B.; Janovsky, T. (Hrsg.), Handbuch des Wirtschafts- und Steuerstrafrechts. 5. Aufl. München: Beck, S. 5–84.
Dantzker, M.L.; Hunter, R.D. (2006): Research methods for criminology and criminal justice. A primer. 2. Aufl. Boston: Jones and Bartlett.
Deschenes, E.P.; Esbensen, F.-A. (1999): Violence and Gangs: Gender Differences in Perceptions and Behavior. Journal of Quantitative Criminology 15, S. 63–96.
Dessecker, A. (2009): Kriminologische Grundlagen der Sexualdelinquenz. In: Kröber, H.-L.; Dölling, D.; Leygraf, N.; Saß, H. (Hrsg.), Handbuch der Forensischen Psychiatrie. Band 4: Kriminologie und Forensische Psychiatrie. Heidelberg: Steinkopff, S. 411–420.
Diamond, J. (1994): Race without Color. Discover 15 (11), S. 82–89.

Diaz-Bone, R. (2018): Statistik für Soziologen. 3. Aufl. Konstanz, München: UVK Verlagsgesellschaft.
Diaz-Bone, R.; Weischer, C. (2015): Methoden-Lexikon für die Sozialwissenschaften. Wiesbaden: Springer VS.
Diekmann, A. (1980): Die Befolgung von Gesetzen. Empirische Untersuchungen zu einer rechtssoziologischen Theorie. Berlin: Duncker & Humblot.
Diekmann, A. (2010): Empirische Sozialforschung. Grundlagen Methoden Anwendungen. 4. Aufl. Reinbek bei Hamburg: Rowohlt.
Dienstbühl, D. (2021): Clankriminalität. Phänomen – Ausmaß – Bekämpfung. Heidelberg: Kriminalistik, Müller.
Dietzen, A. (1993): Soziales Geschlecht. Soziale, kulturelle und symbolische Dimensionen des Gender-Konzepts. Opladen: Westdeutscher Verlag.
van Dijk, J.; de Castelbajac, M. (2015): The hedgehog and the fox; the history of victimization surveys from a Trans-Atlantic perspective. In: Leitgöb-Guzy, N.; Birkel, C.; Mischkowitz, R. (Hrsg.), Viktimisierungsbefragungen in Deutschland. Wiesbaden: Bundeskriminalamt, S. 10–28.
Dillig, P. (1976): Selbstkonzept und Kriminalität. Schicht, broken home, Geschwisterposition und Prisonisierung als Determinanten der Selbstwahrnehmung und Selbstbewertung jugendlicher Verwahrloster und Krimineller. Dissertation Universität Erlangen-Nürnberg.
Dittmann, J. (2004): Wie funktioniert die Erledigung von Strafverfahren? Eine soziologische Studie über die Arbeitsbewältigung an deutschen Landgerichten und Staatsanwaltschaften. Münster: Lit.
Dittmann, V. (2000): Was kann die Kriminalprognose heute leisten? In: Bauhofer, S.; Bolle, P.-H.; Dittmann, V. (Hrsg.), „Gemeingefährliche Straftäter". Chur, Zürich: Ruegger, S. 66–95.
Dodge, K.A.; Bates, J.E.; Pettit, G.S. (1990): Mechanisms in the cycle of violence. Science 250, S. 1678–1683.
Dollard, J.; Doob, L.W.; Miller, N.E.; Mowrer, O.H.; Sears, R.R. (1939): Frustration and Aggression. New Haven: Yale University Press.
Dölling, D. (1983): Strafeinschätzung und Delinquenz bei Jugendlichen und Heranwachsenden. Ein Beitrag zur empirischen Analyse der generalpräventiven Wirkung der Strafe. In: Kerner, H.J.; Kury, H.; Sessar, K. (Hrsg.), Deutsche Forschungen zur Kriminalitätsentstehung und Kriminalitätskontrolle. Baden-Baden, Köln: Heymanns, S. 51–85.
Dölling, D. (1984): Probleme der Aktenanalyse in der Kriminologie. In: Kury, H. (Hrsg.), Methodologische Probleme in der kriminologischen Forschungspraxis. Köln u. a.: Heymanns, S. 265–286.
Dölling, D. (1985): Umweltstrafrecht und Verwaltungsrecht – Zur Bedeutung von Verwaltungsakten und materiellem Verwaltungsrecht für die Strafbarkeit des Bürgers wegen eines Umweltdelikts –. JuristenZeitung 40, S. 461–469.
Dölling, D. (1986): Kriminalitätseinschätzung und Sicherheitsgefühl der Bevölkerung als Einflußfaktoren auf kriminalpolitische und kriminalstrategische Planung. Schriftenreihe der Polizei-Führungsakademie. Heft 1/1986, S. 38–57.
Dölling, D. (1987): Polizeiliche Ermittlungstätigkeit und Legalitätsprinzip. Eine empirische und juristische Analyse des Ermittlungsverfahrens unter besonderer Berücksichtigung der Aufklärungs- und Verurteilungswahrscheinlichkeit. Wiesbaden: Bundeskriminalamt.
Dölling, D. (1989): Kriminologie im ‚Dritten Reich'. In: Dreier, R.; Sellert, W. (Hrsg.), Recht und Justiz im ‚Dritten Reich'. Frankfurt am Main: Suhrkamp, S. 194–225.
Dölling, D. (1990): Generalprävention durch Strafrecht: Realität oder Illusion? Zeitschrift für die gesamte Strafrechtswissenschaft 102, S. 1–20.
Dölling, D. (1992a): General Prevention: Criminological and Psychological Problems. In: Lösel, F.; Bender, D.; Bliesener, T. (Hrsg.), Psychology and Law. International Perspectives. Berlin, New York: de Gruyter, S. 193–202.
Dölling, D. (1992b): Der Täter-Opfer-Ausgleich – Möglichkeiten und Grenzen einer neuen kriminalrechtlichen Reaktionsform –. Juristenzeitung 47, S. 493–500.
Dölling, D. (1995): Eindämmung des Drogenmißbrauchs zwischen Repression und Prävention. Heidelberg: Müller.

Dölling, D. (1998): Läßt sich der Community Policing-Ansatz erfolgversprechend nach Deutschland transferieren? In: Bundeskriminalamt (Hrsg.), Neue Freiheiten, neue Risiken, neue Chancen. Aktuelle Kriminalitätsformen und Bekämpfungsansätze. Vorträge und Diskussionen der Arbeitstagung des Bundeskriminalamts vom 18. bis 21. November 1997. Wiesbaden: Bundeskriminalamt, S. 125–145.

Dölling, D. (1999): Über die Strafzumessung beim Raub. In: Gössel, K.H.; Triffter, O. (Hrsg), Gedächtnisschrift für Heinz Zipf. Heidelberg: Müller, S. 177–196.

Dölling, D. (2000): Täterbehandlung: Ende oder Wende? Eine Bilanz. In: Jehle, J.-M. (Hrsg.), Täterbehandlung und neue Sanktionsformen. Kriminalpolitische Konzepte in Europa. Mönchengladbach: Forum Verlag Godesberg, S. 21–48.

Dölling, D. (2003): Zur Entwicklung des Umweltstrafrechts. In: Hirsch, H.J.; Walter, J.; Brauns, U. (Hrsg.), Festschrift für Günter Kohlmann zum 70. Geburtstag. Köln: Otto Schmidt, S. 111–131.

Dölling, D. (2006): Zu den Kriminalitätstheorien. In: Obergfell-Fuchs, J.; Brandenstein, M. (Hrsg.), Nationale und internationale Entwicklungen in der Kriminologie. Festschrift für Helmut Kury zum 65. Geburtstag. Frankfurt am Main: Verlag für Polizeiwissenschaft, S. 73–83.

Dölling, D. (2007a): Kinder- und Jugenddelinquenz. In: Schneider, H.J. (Hrsg.), Internationales Handbuch der Kriminologie. Band 1: Grundlagen der Kriminologie. Berlin: De Gruyter, S. 469–507.

Dölling, D. (2007b): Grundlagen des Strafrechts. In: Kröber, H.-L.; Dölling, D.; Ley-graf, N.; Saß, H. (Hrsg.), Handbuch der Forensischen Psychiatrie. Band 1: Strafrechtliche Grundlagen der Forensischen Psychiatrie. Heidelberg: Steinkopff, S. 13–31.

Dölling, D. (2007c): Grundlagen der Korruptionsprävention. In: ders. (Hrsg.), Handbuch der Korruptionsprävention für Wirtschaftsunternehmen und öffentliche Verwaltung. München: Beck, S. 1–40.

Dölling, D. (2008): Willensfreiheit und Verantwortungszuschreibung unter kriminalitätstheoretischen Aspekten. In: Lampe, E.-J.; Pauen, M.; Roth, G. (Hrsg), Willensfreiheit und rechtliche Ordnung. Frankfurt am Main: Suhrkamp, S. 371–395.

Dölling, D. (2010): Zur strafrechtlichen Bewertung des Alkoholkonsums. In: Koriath, H.; Krack, R.; Radtke, H.; Jehle, J.-M. (Hrsg.), Grundfragen des Strafrechts, Rechtsphilosophie und die Reform der Juristenausbildung. Wissenschaftliches Kolloquium aus Anlass des 70. Geburtstages von Prof. Dr. Fritz Loos am 23. Januar 2009. Göttingen: Universitätsverlag Göttingen, S. 17–30.

Dölling, D. (2012): Menschenbilder in der Kriminologie. In: Hilgert, M. (Hrsg.), Menschen-Bilder. Darstellungen des Humanen in der Wissenschaft. Berlin Heidelberg: Springer, S. 281–289.

Dölling, D. (2013): Strafe. In: Kube, H.; Mellinghoff, R.; Morgenthaler, G.; Palm, U.; Puhl, R.; Seiler, C. (Hrsg.), Leitgedanken des Rechts. Paul Kirchhof zum 70. Geburtstag. Heidelberg: Müller, S. 1329–1335.

Dölling, D. (2019): Strafrechtliche Sanktionen und Rückfall. In: Dessecker, A.; Harrendorf, S.; Höffler, K. (Hrsg.), Angewandte Kriminologie – Justizbezogene Forschung. 12. Kriminalwissenschaftliches Kolloquium und Symposium zur Ehren von Jörg-Martin Jehle 22./23. Juni 2018. Göttingen: Universitätsverlag Göttingen, S. 181–189.

Dölling, D. (2022): Vorbemerkungen zu §§ 1 ff StPO. In: Dölling, D.; Duttge, G.; König, S.; Rössner, D. (Hrsg.), Gesamtes Strafrecht. StGB/StPO/Nebengesetze. Handkommentar. 5. Aufl. Baden-Baden: Nomos, S. 1956–1969.

Dölling, D.; Entorf, H.; Hermann, D. (2015): Kriminologisch-ökonomische Evaluation der fachlichen Qualität der Bewährungs- und Gerichtshilfe sowie des Täter-Opfer-Ausgleichs in Baden-Württemberg. Berlin: Lit.

Dölling, D.; Entorf, H.; Hermann, D.; Häring, A.; Rupp, T.; Woll, A. (2006): Zur generalpräventiven Abschreckungswirkung des Strafrechts – Befunde einer Metaanalyse. Soziale Probleme 17, 193–209.

Dölling, D.; Entorf, H.; Hermann, D.; Rupp, T. (2009): Is Deterrence Effective? Results of a Meta-Analysis of Punishment. European Journal of Criminal Policy and Research 15, S. 201–224.

Dölling, D.; Entorf, H.; Hermann, D.; Rupp, T. (2011): Meta-analysis of empirical studies on deterrence. In: Kury, H.; Shea, E. (Hrsg.), Punitivity. International Developments. Vol. 3: Punitiveness and Punishment. Bochum: Brockmeyer, S. 315–378.

Dölling, D.; Hermann, D. (2001): Anlage und Umwelt aus der Sicht der Kriminologie – Theoretische, empirische und kriminalpolitische Aspekte. In: Wink, M. (Hrsg.), Vererbung und Milieu. Heidelberg: Springer, S. 153–182.

Dölling, D.; Hermann, D. (2003): Befragungsstudien zur negativen Generalprävention: Eine Bestandsaufnahme. In: Albrecht, H.-J.; Entorf, H. (Hrsg.), Kriminalität, Ökonomie und Europäischer Sozialstaat. Heidelberg u. a.: Physica, S. 133–165.

Dölling, D.; Hermann, D. (2006): Individuelle und gesellschaftliche Bedingungen von Kriminalitätsfurcht. In: Feltes, T.; Pfeiffer, C.; Steinhilper, G. (Hrsg.), Kriminalpolitik und ihre wissenschaftlichen Grundlagen. Festschrift für Professor Hans-Dieter Schwind zum 70. Geburtstag. Heidelberg: Müller, S. 805–823.

Dörner, C.; Erhardt, K. (1998): Politische Meinungsbildung und Wahlverhalten – Analysen zum „Superwahljahr" 1994. Opladen: Westdeutscher Verlag.

Dreißigacker, A. (2015): Befragung zur Sicherheit und Kriminalität: Kernbefunde der Dunkelfeldstudie 2015 des Landeskriminalamtes Schleswig-Holstein. KFN Forschungsbericht Nr. 129. Hannover, Kiel: Kriminologisches Forschungsinstitut Niedersachsen und Ministerium für Inneres und Bundesangelegenheiten des Landes Schleswig-Holstein.

Dreßing, H.; Dölling, D.; Hermann, D.; Kruse, A.; Schmitt, E.; Bannenberg, B.; Salize, H.J. (2018a): Sexueller Missbrauch von Kindern. PSYCHup2date 12, S. 79–94.

Dreßing, H.; Foerster, K. (2021): Traumafolgestörungen in ICD-10, ICD-11 und DSM 5. Diagnosekriterien und ihre Bedeutung für die gutachterliche Praxis. Forensische Psychiatrie, Psychologie, Kriminologie 15, S. 47–53.

Dreßing, H.; Mokros, A.; Habermeyer, E. (2021): Persönlichkeitsstörungen. In: Dreßing, H.; Habermeyer, E. (Hrsg.), Psychiatrische Begutachtung. Ein praktisches Handbuch für Ärzte und Juristen. 7. Aufl. München: Elsevier, S. 319–335.

Dreßing, H.; Salize, H. J.; Dölling, D.; Hermann, D.; Kruse, A.; Schmitt, E.; Bannenberg, B.; Hoell, A.; Voß, E.; Collong, A.; Horten, B.; Hinner, J. (2018b): Forschungsprojekt Sexueller Missbrauch an Minderjährigen durch katholische Priester, Diakone und männliche Ordensangehörige im Bereich der Deutschen Bischofskonferenz. Projektbericht. Mannheim Heidelberg Gießen. Internetpublikation: https://www.dbk.de/fileadmin/redaktion/diverse_downloads/dossiers_2018/MHG-Studie-gesamt.pdf (Zugriff am 4.4.2019).

Dudeck, M.; Freyberger, H.J. (2009): Psychische Folgeschäden bei Delinquenzopfern. In: Kröber, H.-L.; Dölling, D., Leygraf, N.; Saß, H. (Hrsg.), Handbuch der Forensischen Psychiatrie, Bd. 4: Kriminologie und Forensische Psychiatrie. Heidelberg: Steinkopff, S. 265–286.

Dünkel, F. (1989): Legalbewährung nach sozialtherapeutischer Behandlung: Eine empirische vergleichende Untersuchung anhand der Strafregisterauszüge von 1503 in den Jahren 1971–1974 entlassenen Strafgefangenen in Berlin-Tegel. Berlin: Duncker & Humblot.

Dünkel, F. (1994): Prävention statt Repression. Neue Kriminalpolitik 6, S. 10–11.

Dünkel, F. (2000): Resozialisierungsvollzug (erneut) auf dem Prüfstand. In: Jehle, J.-M. (Hrsg.), Täterbehandlung und neue Sanktionsformen. Kriminalpolitische Konzepte in Europa. Mönchengladbach: Forum Verlag Godesberg, S. 379–414.

Dünkel, F. (2010): Greifswalder Forschungen zu Alkohol im Straßenverkehr. In: Dölling, D.; Götting, B.; Meier, B.-D.; Verrel, T. (Hrsg.), Verbrechen – Strafe – Resozialisierung. Festschrift für Heinz Schöch zum 70. Geburtstag. Berlin, New York: De Gruyter, S. 101–117.

Dünkel, F.; Gebauer, D.; Geng, B. (2008): Jugendgewalt und Möglichkeiten der Prävention. Gewalterfahrungen, Risikofaktoren und gesellschaftliche Orientierungen von Jugendlichen in der Hansestadt Greifswald und auf der Insel Usedom; Ergebnisse einer Langzeitstudie 1998 bis 2006. Mönchengladbach: Forum Verlag Godesberg.

Dünkel, F.; Pruin, I. (2015): Wandlungen im Strafvollzug am Beispiel vollzugsöffnender Maßnahmen – Internationale Standards, Gesetzgebung und Praxis in den Bundesländern. Kriminalpädagogische Praxis 43, S. 30–45.

Dunaway, R.G.; Cullen, F.T.; Burton, V.S.; Evans, T.D. (2000): The Myth of Social Class and Crime Revisited: An Examination of Class and Adult Criminality. Criminology 38, S. 589–632.

D'Unger, A.V.; Land, K.C.; McCall, P.L. (2002): Sex Differences in Age Patterns of Delinquent/Criminal Careers: Results from Poisson Latent Class Analyses of the Philadelphia Cohort Study. Journal of Quantitative Criminolgy 18: 349–375.

Duran, H. (2021): Wie „neue" Clans in Deutschland die einheimische Szene verdrängen. Kriminalistik 75, S. 204–207.

Durkheim, E. (1973): Der Selbstmord. Neuwied, Berlin: Luchterhand, (1. Aufl der französischen Originalausgabe: Paris 1897).

Durkheim, E. (1973): Erziehung, Moral und Gesellschaft. Neuwied, Berlin: Luchterhand.

Durkheim, E. (2004): Über soziale Arbeitsteilung. Frankfurt am Main: Suhrkamp. (1. Aufl. der französischen Originalausgabe: Paris 1893).

Eckert, C. (2017): Cybersicherheit beyond 2020! Herausforderungen für die IT-Sicherheitsforschung. Informatikspektrum 40, S. 141–146.

Eckey, H.-F.; Kosfeld, R.; Türck, M. (2005): Deskriptive Statistik. Grundlagen – Methoden – Beispiele. 4. Aufl. Wiesbaden: Gabler.

Eckle-Kohler, J.; Kohler, M. (2017): Eine Einführung in die Statistik und ihre Anwendungen. 3. Aufl. Berlin: Springer Spektrum.

Egg, R. (2014a): Was wirkt bei der Behandlung von (Sexual-)Straftätern? In: Neubacher, F.; Kubink, M. (Hrsg.), Kriminologie – Jugendkriminalrecht – Strafvollzug. Gedächtnisschrift für Michael Walter. Berlin: Duncker & Humblot, S. 37–53.

Egg, R. (2014b): Delikte unter Alkoholeinfluss. In: Deutsche Hauptstelle für Suchtfragen (Hrsg.), Jahrbuch Sucht 2014. Lengerich: Pabst, S. 154–168.

Egg, R. (2017): Kölner Silvesternacht 2015. Verlauf, Ursachen und Folgen. Forensische Psychiatrie, Psychologie, Kriminologie 11, S. 296–303.

Ehrlich, I. (1975): The Deterrent Effect of Capital Punishment: A Question of Life and Death. The American Economic Review 65, S. 397–417.

Eifler, S. (2014): Experiment. In: Baur, N.; Blasius, J. (Hrsg.), Handbuch. Methoden der empirischen Sozialforschung. Wiesbaden: Springer VS, S. 195–209.

Eifler, S.; Pollich, D. (2015): Empirische Forschung über Kriminalität. Methodologische und methodische Grundlagen. Wiesbaden: Springer.

Eisele, H. (1999): Die general- und spezialpräventive Wirkung strafrechtlicher Sanktionen. Methoden, Ergebnisse, Metaanalyse. Dissertation Universität Heidelberg.

Eisele, J. (2016): Teil I Allgemeines. In: Baumann, J.; Weber, U.; Mitsch, W.; Eisele, J., Strafrecht Allgemeiner Teil. Lehrbuch. 12. Aufl. Bielefeld: Gieseking, S. 1–96.

Eisenberg, U.; Kölbel, R. (2017): Kriminologie. 7. Aufl. Tübingen: Mohr Siebeck.

Eisner, M. (1997): Das Ende der zivilisierten Stadt? Die Auswirkungen von Modernisierung und urbaner Krise auf Gewaltdelinquenz. Frankfurt, New York: Campus.

Eisner, M. (2002): Langfristige Gewaltentwicklung. Empirische Befunde und theoretische Erklärungsansätze. In: Heitmeyer, W.; Hagen, J. (Hrsg.), Internationales Handbuch der Gewaltforschung. Wiesbaden: Westdeutscher Verlag S. 58–80.

Eisner, M.; Ribeaud, D. (2003): Erklärung von Jugendgewalt – eine Übersicht über zentrale Forschungsbefunde. In: Raithel, J.; Mansel, J. (Hrsg.), Kriminalität und Gewalt im Jugendalter. Hell- und Dunkelfeldbefunde im Vergleich. Weinheim, München: Juventa, S. 182–206.

Ellis, L.; Coontz, P.H.D. (1990): Androgens, Brain Functioning, and Criminality: The Neurohormonal Foundations of Antisociality. In: Ellis, L.; Hoffman, H. (Hrsg.), Crime in Biological, Social, and Moral Contexts. New York u. a.: Praeger, S. 162–193.

Ellis, L.; Walsh, A. (1997): Gene-based Evolutionary Theories in Criminology. Criminology 35, S. 229–276.

Elliott, D.S.; Ageton, S.S.; Canter, R.J. (1979): An Integrated Theoretical Perspective on Delinquent Behaviour. Journal of Research in Crime and Delinquency 16, S. 3–27.

Elliott, D.S.; Huizinga, S.; Ageton, S.S. (1985): Explaining Delinquency and Drug Use. Beverly Hills, CA: Sage.

Elsner, K. (2016): Sexuell deviante Rechtsbrecher. In: Kröber, H.-L.; Dölling, D.; Leygraf, N.; Sass, H. (Hrsg.) (2006), Handbuch der Forensischen Psychiatrie. Band 3: Psychiatrische Kriminalprognose und Kriminaltherapie. Darmstadt: Steinkopff, S. 305–325.

Elz, J. (2001): Legalbewährung und kriminelle Karrieren von Sexualstraftätern – Sexuelle Missbrauchsdelikte –. Wiesbaden: Kriminologische Zentralstelle.

Elz, J. (2002): Legalbewährung und kriminelle Karrieren von Sexualstraftätern – Sexuelle Gewaltdelikte –. Wiesbaden: Kriminologische Zentralstelle.

Elz, J. (2004): Verurteilte Exhibitionisten. Ergebnisse einer KrimZ-Studie. In: Elz, J.; Jehle, J.-M.; Kröber, H.-L. (Hrsg.), Exhibitionisten – Täter, Taten, Rückfall -. Wiesbaden: Kriminologische Zentralstelle, S. 93–131.

Engels, F. (1892): Die Lage der arbeitenden Klasse in England: nach eigner Anschauung und authentischen Quellen. 2. Aufl. Stuttgart: Dietz.

Englerth, M. (2010): Der beschränkt rationale Verbrecher. Behavioural Economics in der Kriminologie. Berlin: Lit.

Entorf, H. (1996): Kriminalität und Ökonomie: Übersicht und neue Evidenz. Zeitschrift für Wirtschafts- und Sozialwissenschaften 116, S. 417–450.

Entorf, H. (1999): Ökonomische Theorie der Kriminalität. In: Ott, C.; Schäfer, H.-B. (Hrsg.), Abschreckungswirkungen im Strafrecht und im Zivilrecht. Tübingen: Mohr Siebeck, S. 1–21.

Entorf, H.; Spengler, H. (1998a): Kriminalität, ihre Ursachen und Bekämpfung: Warum auch Ökonomen gefragt sind. ZEW-Dokumentation 98-01. Mannheim: Zentrum für Europäische Wirtschaftsforschung.

Entorf, H.; Spengler, H. (1998b): Socio-economic and demographic factors of crime in Germany: Evidence from panel data of the German States. Discussion Paper No. 98-16. Mannheim: Zentrum für Europäische Wirtschaftsforschung.

Entorf, H.; Spengler, H. (2000): Socio-economic and demographic factors of crime in Germany: Evidence from panel data of the German States. International Review of Law and Economics 20, S. 75–106.

Enzmann, D. (2015): Anzeigeverhalten und polizeiliche Registrierungspraxis. In: Guzy, N.; Birkel, C.; Mischkowitz, R. (Hrsg.), Viktimisierungsbefragungen in Deutschland. Band 1: Ziele, Nutzen und Forschungsstand. Wiesbaden: Bundeskriminalamt, S. 511–541.

Enzmann, D.; Haen Marshall, I.; Hough, M.; Killias, M.; Kivivuori, J.; Steketee, M. (2018): A Global Perspective on Young People as Offenders and Victims. First Results from the ISRD3 Study. Cham: Springer International Publishing.

Erikson, M.L.; Gibbs, J.P.; Jensen, G.F. (1977): The Deterrence Doctrine and the Perceived Certainty of Legal Punishments. American Sociological Review 42, S. 305–317.

Esping-Andersen, G. (1990): The Three Worlds of Welfare Capitalism. Princeton, New Jersey: Princeton University Press.

Esser, H. (1991): Social Individualization and the Fate of the Sociological Method. In: Albrecht, G.; Otto, H.V. (Hrsg.), Social Prevention and the Social Sciences. Theoretical Controversies, Research Problems, and Evaluation Strategies. Berlin, New York: de Gruyter, S. 33–59.

Esser, H. (1999): Soziologie. Spezielle Grundlagen. Band 1: Situationslogik und Handeln. Frankfurt am Main, New York: Campus.

Esser, H. (2010): Das Modell der Frame-Selektion. Eine allgemeine Handlungstheorie für die Sozialwissenschaften? in: Albert, G.; Steffen, S. (Hrsg.), Soziologische Theorie kontrovers. Wiesbaden: VS Verlag für Sozialwissenschaften, S. 45–62.

Esser, F.; Scheufele, B.; Brosius, H.B. (2002): Fremdenfeindlichkeit als Medienthema und Medienwirkung. Wiesbaden: Westdeutscher Verlag.

Eurostat (2016): Pressemitteilung 29/2016. Luxemburg: Eurostat.

Eysenck, H.J. (1977): Kriminalität und Persönlichkeit. Wien: Europaverlag.

Eysenck, H.J. (1987): Personality Theory and the Problem of Criminality. In: McGurk, B.J.; Thornton, D.M.; Williams, M. (Hrsg.), Applying Psychology to Imprisonment. London: Her Majesty's Stationary Office, S. 29–58.

Exner, F. (1944): Kriminalbiologie. Hamburg: Hanseatische Verlagsanstalt.

Exner, F. (1949): Kriminologie. 3. Aufl. Berlin: Springer.
Falk, M.; Fischbacher, U. (2002): Crime in the Lab: Detection Social Interaction. European Economic Review 46, S. 859–869.
Falkai, P.; Wittchen, H.-U. (2015): Diagnostisches und statistisches Manual psychischer Störungen DSM5®. Göttingen u. a.: Hogrefe.
Farin, K. (1998): Urban Rebels. Die Geschichte der Skinheadbewegung. In: Farin, K. (Hrsg.), Die Skins. Mythos und Realität. Berlin: Links, S. 9–68.
Farin, K.; Seidel-Pielen, E. (2014): Skinheads. 7. Aufl. München: Beck.
Farrington, D.P. (1987): Implications of Biological Findings for Criminological Research. In: Mednick, S.A.; Moffitt, T.E.; Stack, S. (Hrsg.), The Causes of Crime. New Biological Approaches. New York: Cambridge University Press, S. 42–64.
Farrington, D. P. (2003): Key Results from the First Forty Years of the Cambridge Study in Delinquent Development. In: Thornberry, T. P.; Krohn, M.D. (Hrsg.), Taking Stock of Delinquency. New York: Kluwer Academic Publishers. S. 137–184.
Faulbaum, F.; Prüfer, P.; Rexroth, M. (2009): Was ist eine gute Frage? Die systematische Evaluation der Fragenqualität. Wiesbaden: VS Verlag für Sozialwissenschaften.
Feest, J. (1993): Kinderkriminalität. In: Kaiser, G.; Kerner, H.-J.; Sack, F.; Schellhoss, H. (Hrsg.), Kleines Kriminologisches Wörterbuch. 3. Aufl. Heidelberg: Müller, S. 210–214.
Feest, J.; Blankenburg, E. (1972): Die Definitionsmacht der Polizei. Strategien der Strafverfolgung und soziale Selektion. Düsseldorf: Bertelsmann.
Feger, G. (1969): Die unvollständige Familie und ihr Einfluß auf die Jugendkriminalität. In: Würtenberger, T. (Hrsg.), Familie und Jugendkriminalität, Bd. 1. Stuttgart: Enke, S. 105–221.
Feierabend, S.; Plankenhorn, T.; Rathgeb, T. (2015): miniKIM 2014. Kleinkinder und Medien. Basisuntersuchung zum Medienumgang 2- bis 5-Jähriger in Deutschland, hrsg. vom Medienpädagogischen Forschungsverbund Südwest c/o Landesanstalt für Kommunikation Medienpädagogischer Forschungsverbund Südwest. Internetpublikation: https://www.mpfs.de/startseite/ (Zugriff am 1.2.2021).
Feierabend, S.; Plankenhorn, T.; Rathgeb, T. (2017): FIM-Studie 2016. Familie, Interaktion, Medien. Untersuchung zur Kommunikation und Mediennutzung in Familien, hrsg. vom Medienpädagogischen Forschungsverbund Südwest c/o Landesanstalt für Kommunikation Medienpädagogischer Forschungsverbund Südwest. Internetpublikation: https://www.mpfs.de/startseite/ (Zugriff am 1.2.2021).
Feierabend, S.; Rathgeb, T.; Reutter, T. (2019): KIM-Studie 2019. Kindheit, Internet, Medien. Basisuntersuchung zum Medienumgang 6- bis 13-Jähriger in Deutschland, hrsg. vom Medienpädagogischen Forschungsverbund Südwest c/o Landesanstalt für Kommunikation Medienpädagogischer Forschungsverbund Südwest. Internetpublikation: https://www.mpfs.de/startseite/ (Zugriff am 1.2.2021).
Feierabend, S.; Rathgeb, T.; Reutter, T. (2020): JIM-Studie 2019. Jugend, Information, Medien. Basisstudie zum Medienumgang 12- bis 19-Jähriger in Deutschland, hrsg. vom Medienpädagogischen Forschungsverbund Südwest c/o Landesanstalt für Kommunikation Medienpädagogischer Forschungsverbund Südwest. Internetpublikation: https://www.mpfs.de/startseite/ (Zugriff am 1.2.2021).
Feltes, T. (Hrsg.) (1995): Kommunale Kriminalprävention in Baden-Württemberg. Holzkirchen: Felix.
Feltes, T. (2008): Polizeiwissenschaft in Deutschland – Profil einer Wissenschaftsdisziplin. In: Putzke, H.; Hardtung, B.; Hörnle, T.; Merkel, R.; Scheinfeld, J.; Schlehofer, H.; Seier, J. (Hrsg.), Strafrecht zwischen System und Telos. Festschrift für Rolf Dietrich Herzberg zum siebzigsten Geburtstag am 14. Februar 2008. Tübingen: Mohr Siebeck, S. 965–983.
Feltes, T.; Feldmann-Hahn, F. (2009): Dunkelfeldforschung in Bochum. In: Görgen, T.; Hoffmann-Holland, K.; Schneider, H.; Stock, J. (Hrsg.), Interdisziplinäre Kriminologie – Festschrift für Arthur Kreuzer zum 70. Geburtstag. 2. Aufl. Erster Band. Frankfurt am Main: Verlag für Polizeiwissenschaft, S. 152–169.
Felson, R.B. (1996): Mass Media Effects on Violent Behavior. Annual Review of Sociology 22, S. 103–128.

Ferri, E. (1896): Das Verbrechen als sociale Erscheinung. Grundzüge der Kriminalsoziologie. Leipzig: Wigand.
Feshbach, S. (1961): The stimulating vs. cathartic effects of vicarious aggressive activity. Journal of Abnormal and Social Psychology 63, S. 381–385.
Feuerhelm, W. (1991): Gemeinnützige Arbeit als Alternative in der Geldstrafenvollstreckung. Wiesbaden: Kriminologische Zentralstelle.
Flaig, B.B.; Meyer, T.; Ueltzhöffer, J. (1997): Alltagsästhetik und politische Kultur. Zur ästhetischen Dimension politischer Bildung und politischer Kommunikation. 3. Aufl. Bonn: Dietz.
Folter, C.T. (2014): Abschreckungswirkung der Todesstrafe. Eine qualitative Metaanalyse. Berlin: Lit.
Forschungsgruppe Kommunale Kriminalprävention in Baden-Württemberg (1998): Handbuch zur Planung und Durchführung von Bevölkerungsbefragungen im Rahmen der Kommunalen Kriminalprävention. Villingen-Schwenningen: Fachhochschule Villingen-Schwenningen, Hochschule für Polizei.
Forschungsgruppe Religion und Gesellschaft (2015): Werte – Religion – Glaubenskommunikation. Eine Evaluationsstudie zur Erstkommunionkatechese. Wiesbaden: Springer VS.
Forst, B.E. (1983): Capital Punishment and Deterrence Conflicting Evidence. Journal of Criminal Law and Criminology 74, S. 927–942.
Franke, K. (2000): Frauen und Kriminalität. Eine kritische Analyse kriminologischer und soziologischer Theorien. Konstanz: Universitätsverlag Konstanz.
Fraunhofer-IOSB (2019) Intelligente Videoüberwachung für mehr Sicherheit und Datenschutz. Start für Pilotprojekt in Mannheim. Internetpublikation: https://www.iosb.fraunhofer.de/servlet/is/93474/ (Zugriff am 3.12.2019).
Freud, S. (1923): Das Ich und das Es. In: Gesammelte Werke. Bd. XIII. Frankfurt am Main: Fischer, S. 235–289.
Freud, S. (1926): Psycho-Analysis. In: Gesammelte Werke. Bd. XIV. Frankfurt am Main: Fischer, S. 297–307.
Fricke, R.; Treinies, G. (1985): Einführung in die Metaanalyse. Bern, Stuttgart: Huber.
Friedrichs, J. (1973): Teilnehmende Beobachtung abweichenden Verhaltens. Stuttgart: Enke.
Friedrichs, J.; Lüdtke, H. (1973): Teilnehmende Beobachtung. Weinheim, Basel: Beltz.
Frisch, W. (1993): Verwaltungsakzessorietät und Tatbestandsverständnis im Umweltstrafrecht. Zum Verhältnis von Umweltverwaltungsrecht und Strafrecht und zur strafrechtlichen Relevanz behördlicher Genehmigungen. Heidelberg: Müller.
Fuchs, M.; Baur, N.; Lamnek, S.; Luedtke, J. (2009): Gewalt an Schulen. 1994–1999–2004. 2. Aufl. Wiesbaden: VS Verlag für Sozialwissenschaften.
Funken, C. (1989): Frau – Frauen – Kriminelle. Zur aktuellen Diskussion über „Frauenkriminalität". Opladen: Westdeutscher Verlag.
Galassi, S. (2004): Kriminologie im deutschen Kaiserreich. Stuttgart: Steiner.
Garfinkel, H. (1978): Das Alltagswissen über soziale und innerhalb sozialer Strukturen. In: Arbeitsgruppe Bielefelder Soziologen (Hrsg.), Alltagswissen, Interaktion und gesellschaftliche Wirklichkeit. Band 1: Symbolischer Interaktionismus und Ethnomethodologie, 4. Aufl. Reinbek bei Hamburg: Rowohlt, S. 189–262.
Garfinkel, H. (2011): Studies in ethnomethodology. Reprinted. Cambridge: Polity Press.
Garland, D. (2008): Kultur der Kontrolle. Verbrechensbekämpfung und soziale Ordnung in der Gegenwart. Frankfurt am Main: Campus.
Gau, J.M. (2015): Statistics for criminology and criminal justice. 2. Aufl. Los Angeles u. a.: Sage.
Geiger, T. (1987): Die soziale Schichtung des deutschen Volkes. Soziographischer Versuch auf statistischer Grundlage. Nachdruck der 1. Aufl. von 1932. Stuttgart: Enke.
Geißler, R.; Marißen, N. (1988): Junge Frauen und Männer vor Gericht. Geschlechtsspezifische Kriminalität und Kriminalisierung. Kölner Zeitschrift für Soziologie und Sozialpsychologie 40: 505–526.
Gentile, D.A.; Lynch, P.A.; Linder, J.R.; Walsh, D.A. (2004): The effects of violent video game habits an adolescent hostility, aggressive behaviors, and school performance. Journal of Adolescence 27, S. 5–22.

Georg, W. (1998): Soziale Lage und Lebensstil. Eine Typologie. Opladen: Leske + Budrich.
Georgii, H.-O. (2009): Stochastik. Einführung in die Wahrscheinlichkeitstheorie und Statistik. 4. Aufl. Berlin: de Gruyter.
Gephart, W. (1990): Strafe und Verbrechen. Die Theorie Emile Durkheims. Opladen: Leske + Budrich.
Gerstner, D.; Oberwittler, D. (2015): Wer kennt wen und was geht ab? Ein netzwerkanalytischer Blick auf die Rolle delinquenter Peers im Rahmen der ‚Situational Action Theory'. Monatsschrift für Kriminologie und Strafrechtsreform 98, S. 204–226.
Gibbs, J.C.; Widaman, K.F. (1982): Social Intelligence. Measuring the Development of Sociomoral Reflection. Englewood Cliffs, New York: Prentice-Hall.
Gilcher-Holtey, I. (2010): Nachwort. In: Gilcher-Holtey, I. (Hrsg): Voltaire. Die Affäre Calas. Berlin: Insel, S. 249–294.
Gilligan, C. (1991): Die andere Stimme. Lebenskonflikte und Moral der Frau, 5. Aufl. München: Piper.
Glaser, B.G.; Strauss, A.L. (1968): The discovery of grounded theory: strategies for qualitative research. London: Weidenfels and Nicolson.
Glaser, B.G.; Strauss, A.L. (2010): Grounded theory. Strategien qualitativer Forschung. 3. Aufl. Bern: Huber.
Glaubitz, C.; Bliesener, T. (2019): Flüchtlingskriminalität – Die Bedeutung des Aufenthaltsstatus für die kriminelle Auffälligkeit. Neue Kriminalpolitik 31, S. 142–162.
Glaubitz, C; Kudlacek, D.; Neumann, M.; Stephanie, F.; Bliesener, T. (2018): Ergebnisse der Evaluation der polizeilichen Videobeobachtung in Nordrhein-Westfalen gemäß § 15a PolG NRW. KFN Forschungsbericht Nr. 143. Hannover: Kriminologisches Forschungsinstitut Niedersachsen.
Glueck, S.; Glueck, E.T. (1964): Unraveling juvenile delinquency. 4. Aufl. Cambridge, Mass.: Harvard University Press.
Godina, B. (2012): Die phänomenologische Methode Husserls für Sozial- und Geisteswissenschaftler. Wiesbaden: VS Verlag für Sozialwissenschaften.
Göppinger, H. (1983): Der Täter in seinen sozialen Bezügen. Ergebnisse aus der Tübinger Jungtäter-Vergleichsuntersuchung. Berlin u. a.: Springer.
Göppinger, H. (1985): Angewandte Kriminologie. Ein Leitfaden für die Praxis. Berlin u. a.: Springer.
Göppinger, H. (Begründer) (2008): Kriminologie. 6. Aufl. hrsg. von Bock, M. München: Beck.
Görgen, T. (2009): Viktimologie. In: Kröber, H.L.; Dölling, D.; Leygraf, N.; Saß, H. (Hrsg.), Handbuch der Forensischen Psychiatrie. Band 4: Kriminologie und Forensische Psychiatrie. Heidelberg: Steinkopff, S. 236–265.
Görgen, T.; Rauchert, K.; Fisch, S. (2012): Langfristige Folgen sexuellen Missbrauchs Minderjähriger. Forensische Psychiatrie, Psychologie, Kriminologie 6, S. 3–16.
Goertz, S. (2019a): Clankriminalität als Phänomenbereich der Organisierten Kriminalität in Deutschland. der kriminalist (Heft 10), S. 10–15.
Goertz, S. (2019b): Islamistischer Terrorismus. Analyse – Definition – Taktik. 2. Aufl. Heidelberg: Kriminalistik Verlag.
Goertz, S. (2020a): Linksextremismus in Deutschland – eine aktuelle Analyse. der kriminalist (Heft 11), S. 6–12.
Goertz, S. (2020b): Rechtsextremismus und Rechtsterrorismus in Deutschland. Eine Bedrohung für die innere Sicherheit – Analyse von Tätergruppen und Einzeltätern. der kriminalist (Heft 6), S. 31–37.
Gold, M. (1970): Delinquent behavior in an American city. Belmont, Cal.: Brooks/Cole.
Goldberg, L.R. (1981): Language and Individual Differences: The Search for Universals in Personality Lexicons. Review of Personality and Social Psychology 2, S. 141–165.
Goldsmith, R.W.; Throfast, G.; Nilsson, P.-E. (1989): Situational Effects on the Decision of Adolescent Offenders to Carry Out Delinquent Acts. Relations to Moral Reasoning, Moral Goals, and Personal Constructs. In: Wegener, H.; Lösel, F.; Haisch, J. (Hrsg.), Criminal Behavior and the Justice System. Psychological Perspectives. New York u. a.: Springer, S. 81–101.
Goldstein, H. (1990): Problem-oriented policing. Philadelphia: Temple University Press.

Goodman, L.A.; Kruskal, W.H. (1959): Measures of association for cross-classifications. Journal of the American Statistical Association 285, S. 123–163.

Gottfredson, M.R.; Hirschi, T. (1990): A General Theory of Crime. Stanford, California: Stanford University Press.

Graeser, A. (1994): Die Vorsokratiker. In: Höffe, O. (Hrsg.), Klassiker der Philosophie. Bd. I: Von den Vorsokratikern bis David Hume. 3. Aufl. München: Beck, S. 13–37.

Grala, C.; McCauley, C. (1976): Counseling Truants Back to School: Motivation Combined with a Program for Action. Journal of Counseling Psychology 23, S. 166–169.

Grasmick, H.G.; Bryjak, G.J. (1980): The Deterrent Effect of Perceived Severity of Punishment. Social Forces 59, S. 471–491.

Grasmick, H.G.; Green, D.E. (1980): Legal Punishment, Social Disapproval and Internalisation as Inhibitors of Illegal Behavior. The Journal of Criminal Law and Criminology 71, S. 325–335.

Grasmick, H.G.; Milligan Jr., H. (1976): Deterrence Theory Approach to Socioeconomic/Demographic Correlates of Crime. Social Science Quarterly 67, S. 608–617.

Grasmick, H.G.; Tittle, C.R.; Bursik Jr., R.J.; Arneklev, B.J. (1993): Testing the core empirical implications of Gottfredson and Hirschi's general theory of crime. Journal of Research in Crime and Delinquency 30, S. 5–29.

Green, J.R. (1993): Community Policing in the United States: Historical Roots, Present Pratices and Future Requirements. In: Dölling, D.; Feltes, T. (Hrsg.), Community Policing – Comparative Aspects of Community Oriented Police Work. Holzkirchen: Felix, S. 71–91.

Gregório Hertz, P.; Eher, R.; Etzler, S.; Rettenberger, M. (2019): Cross Validation of the Revised Version of the Violence Risk Appraisal Guide (VRAG-R) in a Sample of Individuals Convicted of Sexual Offenses. Sexual Abuse 31, S. 63–87.

Griese, U.; Brüne, K. (1993): Werbung und Konsum. Das A. C. Nielsen Institut ermittelt bei 6.000 Haushalten den Einfluss der Werbung auf das Kaufverhalten. Media-Spectrum: Kommentare, Analysen, Meinungen 11, S. 43–48.

Grimm, J. (1999): Fernsehgewalt. Zuwendungsattraktivität – Erregungsverläufe – sozialer Effekt. Zur Begründung und praktischen Anwendung eines kognitiv-physiologischen Ansatzes der Medienwirkungsforschung am Beispiel von Gewaltdarstellungen. Opladen: Westdeutscher Verlag.

Grimm, J. (2000): Mediengewalt – Wirkungen jenseits von Imitationen. Zum Einfluss ästhetischer und dramaturgischer Faktoren auf die Aggressionsvermittlung. In: Bergmann, S. (Hrsg.), Mediale Gewalt – eine reale Bedrohung für Kinder? Bielefeld: Gesellschaft für Medienpädagogik und Kommunikationskultur, S. 40–50.

Grundies, V. (2000): Kriminalitätsbelastung junger Aussiedler. Monatsschrift für Kriminologie und Strafrechtsreform 83, S. 290–305.

Grundies, V. (2013): Gibt es typisch kriminelle Karrieren? In: Dölling, D.; Jehle, J.-M. (Hrsg.), Täter •Taten • Opfer. Grundlagenfragen und aktuelle Probleme der Kriminalität und ihrer Kontrolle. Mönchengladbach: Forum Verlag Godesberg, S. 36–52.

Grundies, V. (2018): Regionale Unterschiede in der gerichtlichen Sanktionspraxis in der Bundesrepublik Deutschland. Eine empirische Analyse. In: Hermann, D.; Pöge, A. (Hrsg.), Kriminalsoziologie. Handbuch für Wissenschaft und Praxis. Baden-Baden: Nomos, S. 295–315.

Grygier, T. (1966): The Effect of Social Action: Current Prediction Methods and Two New Models. British Journal of Criminology 6, S. 267–293.

Guzy, N.; Birkel, C.; Mischkowitz, R. (Hrsg.) (2015): Viktimisierungsbefragungen in Deutschland. Wiesbaden: Bundeskriminalamt. Internetpublikation: https://www.bka.de/SharedDocs/Downloads/DE/Publikationen/Publikationsreihen/PolizeiUndForschung/1_47_1_VictimisierungsbefragungenInDeutschland.html (Zugriff am 5.2.2021).

Haas, H.; Farrington, D.P.; Killias, M.; Sattar, G. (2004): The Impact of Different Family Configurations on Delinquency. British Journal of Criminology 44, S. 520–532.

Hachtel, H.; Vogel, T.; Graf, M. (2019): Überarbeitung des Basler Kriterienkatalogs zur Beurteilung der Legalprognose („Dittmann-Liste"). Aktuelle Version des Arbeitsinstruments der Konkordatlichen Fachkommission zur Beurteilung der Gemeingefährlichkeit von Straftätern

der Nordwest- und Innerschweiz. Forensische Psychiatrie, Psychologie, Kriminologie 13, S. 73–80.
Häder, M. (2015): Empirische Sozialforschung. Eine Einführung. 3. Aufl. 2015. Wiesbaden: Springer VS.
Häfele, J. (2006): „Incivilities" im urbanen Raum. Eine empirische Analyse in Hamburg. In: Schulte-Ostermann, J.; Henrich, R.S.; Kesoglou, V. (Hrsg.), Praxis – Forschung – Kooperation. Gegenwärtige Tendenzen in der Kriminologie. Frankfurt am Main: Verlag für Polizeiwissenschaft, S. 185–208.
Häfele, J. (2013a): Die Stadt, das Fremde und die Furcht vor Kriminalität. Wiesbaden: Springer VS.
Häfele, J. (2013b): Urbane Disorder-Phänomene, Kriminalitätsfurcht und Risikoperzeption. Eine Mehrebenenanalyse. In: Oberwittler, D.; Rabold, S.; Baier, D. (Hrsg.), Städtische Armutsquartiere – Kriminelle Lebenswelten? Studien zu sozialräumlichen Kontexteffekten auf Jugendkriminalität und Kriminalitätswahrnehmungen. Wiesbaden: VS-Verlag für Sozialwissenschaften, S. 217–247.
Häfele, J.; Lüdemann, C. (2006): „Incivilities" und Kriminalitätsfurcht im urbanen Raum – Eine Untersuchung durch Befragung und Beobachtung. Kriminologisches Journal 38, S. 273–291.
Häßler, U., & Greve, W. (2012): Bestrafen wir Erkan härter als Stefan? Befunde einer experimentellen Studie. Soziale Probleme 23, S. 167–181.
Hagan, F.E. (2005): Research methods in criminal justice and criminology. 7. Aufl. Boston: Allyn and Bacon.
Hagan, J.A.; Simpson, J.H.; Gillis, A.R. (1979): The Sexual Stratification of Social Control: A Gender-Based Perspective on Crime and Delinquency. British Journal of Sociology 30: 25–38.
Hagemann-White, C. (1984): Alltag und Biografie von Mädchen. Opladen: Leske + Budrich.
Hamm, B. (1986): Sozialökologie. In: Schäfers, B. (Hrsg.), Grundbegriffe der Soziologie, 2. Aufl. Opladen: Leske + Budrich, S. 278–279.
Hare, R.D. (1991): Hare Psychopathy Checklist-Revised (PCL-R). Toronto: Multi-Health Systems.
Harrendorf, S.; Heiskanen, M.; Melly, S. (Hrsg.) (2010): International Statistics on Crime and Justice. Helsinki: European Institute for Crime Prevention and Control.
Harris, G.T.; Rice, M.E.; Quinsey, V.L.; Cormier, C.A. (2015): Violent Offenders. Appraising and Managing Risk. 3. Aufl. Washington D.C.: American Psychological Association.
Hartmann, A. (2000): Die Mafia und ihre Strukturen. Das Unternehmenskonzept der organisierten Kriminalität in der wissenschaftlichen Auseinandersetzung. Kriminalistik 54, S. 642–649.
Hartmann, A. (2009): Delinquenz und Zuwanderer. In: Kröber, H.-L.; Dölling, D.; Leygraf, N.; Sass, H. (Hrsg.), Handbuch der Forensischen Psychiatrie. Bd. 4: Kriminologie und Forensische Psychiatrie. Heidelberg: Steinkopff, S. 186–209.
Hartmann, A. (2009): Delinquenz in der Gruppe. In: Kröber, H.-L.; Dölling, D.; Ley-graf, N.; Saß, H. (Hrsg.), Handbuch der Forensischen Psychiatrie. Band 4: Kriminologie und Forensische Psychiatrie. Heidelberg: Steinkopff, S. 209–235.
Hartmann, A.; Schmidt, M.; Kerner, H.-J. (2020): Täter-Opfer-Ausgleich in Deutschland. Auswertung der bundesweiten Täter-Opfer-Ausgleich-Statistik für die Jahrgänge 2017 und 2018. Mönchengladbach: Forum Verlag Godesberg.
Hass, A.Y.; Moloney, C.; Chambliss, W.J. (2017): Criminology. Connecting Theory, Research and Practice. 2. Aufl. London New York: Routledge.
Hassemer, R. (1983): Einige empirische Ergebnisse zum Unterschied zwischen der Herstellung und Darstellung richterlicher Sanktionsentscheidungen. Monatsschrift für Kriminologie und Strafrechtsreform 66, S. 26–39.
Haunberger, S. (2006): Das standardisierte Interview als soziale Interaktion: Interviewereffekte in der Umfrageforschung. ZA-Information/Zentralarchiv für Empirische Sozialforschung 58, S. 23–46.
Hauser, N.C.; Herpertz, S.C.; Habermeyer, E. (2021): Ds überarbeitete Konzept der Persönlichkeitsstörungen nach ICD-11: Neuerungen und mögliche Konsequenzen für die forensisch-psychiatrische Tätigkeit. Forensische Psychiatrie, Psychologie, Kriminologie 15, S. 30–38.
Hawley, A. (1950) Human Ecology: A Theory of Community Structure. New York: Ronald.
Hay, C. (2003): Family Strain, Gender, and Delinquency. Sociological Perspectives 46, S. 107–135.

HBSC-Team Deutschland (2012a): Studie Health Behaviour in School-aged Children – Faktenblatt „Methodik der HBSC-Studie". Bielefeld: WHO Collaborating Centre for Child and Adolescent Health Promotion. Internetpublikation: http://hbsc-germany.de/wp-content/uploads/2012/02/Faktenblatt_Methodik_final.pdf (Zugriff am 26.7.2019).

HBSC-Team Deutschland (2012b): Studie Health Behaviour in School-aged Children – Faktenblatt „Mobbing unter Schülerinnen und Schülern". Bielefeld: WHO Collaborating Centre for Child and Adolescent Health Promotion. Internetpublikation: http://www.gbe-bund.de/pdf/Faktenbl_mobbing_2009_10.pdf (Zugriff am 26.7.2019).

HBSC-Studienverbund Deutschland (2015): Studie Health Behaviour in School-aged Children – Faktenblatt „Mobbing unter Kindern und Jugendlichen". Internetpublikation: http://www.gbe-bund.de/pdf/Faktenbl_mobbing_2013_14.pdf (Zugriff am 26.7.2019).

Healy, W.; Bronner, A.F. (1936): New Light on Delinquency and its Treatment. New Heaven: Yale University Press.

Heeg, R. (2009): Mädchen und Gewalt. Wiesbaden: VS Verlag für Sozialwissenschaften.

Heeg, R. (2013): Physische Gewalt als Quelle positiver Selbstwahrnehmung bei jugendlichen Mädchen. Forum Qualitative Sozialforschung/Forum: Qualitative Social Research, 14(1), Art. 22, http://nbn-resolving.de/urn:nbn:de:0114-fqs1301226 (Zugriff am 1.2.2021).

Heinz, W. (1993): Wirtschaftskriminalität. In: Kaiser, G.; Kerner, H.-J.; Sack, F.; Schellhoss, H. (Hrsg.), Kleines Kriminologisches Wörterbuch. 3. Aufl. Heidelberg: Müller, S. 589–595.

Heinz, W. (2002): Kinder- und Jugendkriminalität – ist der Strafgesetzgeber gefordert? Zeitschrift für die gesamte Strafrechtswissenschaft 114, S. 519–583.

Heinz, W. (2004): Kommunale Kriminalprävention aus wissenschaftlicher Sicht. In: Kerner, H.-J.; Marks, E. (Hrsg.), Internetdokumentation Deutscher Präventionstag. Hannover. Internetpublikation: http://www.uni-konstanz.de/FuF/Jura/heinz/heinz-9-kommunale-kp-vortrag_praeventionstag.pdf (Zugriff am 1.2.2021).

Heinz, W. (2009): Kriminalität und Kriminalitätskontrolle in Deutschland. In: Kröber, H.-L.; Dölling, D.; Leygraf, N.; Saß, H. (Hrsg.), Handbuch der Forensischen Psychiatrie. Band 4: Kriminologie und Forensische Psychiatrie. Heidelberg: Steinkopff, S. 1–133.

Heinz, W. (2012): Jugendstrafrechtliche Sanktionierungspraxis auf dem Prüfstand. Zeitschrift für Jugendkriminalrecht und Jugendhilfe 23, S. 129–147.

Heinz, W. (2013a): 60 Jahre Polizeiliche Kriminalstatistik (PKS). Vergangenheit, Gegenwart und Zukunft. Kriminalistik 67, S. 458–462.

Heinz, W. (2013b): Die Staatsanwaltschaft – eine Sanktionsinstanz mit zunehmend ausgebauter, aber regional extrem ungleich gehandhabter und nicht hinreichend kontrollierter Sanktionsmacht. In: Esser, R.; Günther, H.-L.; Jäger, C.; Mylonopoulos, C.; Öztürk, B. (Hrsg.), Festschrift für Hans-Heiner Kühne zum 70. Geburtstag am 21. August 2013. Heidelberg: Müller, S. 213–233.

Heinz, W. (2014): Alte Menschen als Tatverdächtige und als Opfer. Ergebnisse einer Sonderauswertung der neuen Polizeilichen Kriminalstatistik. In: Baier, D.; Mößle, T. (Hrsg.), Kriminologie ist Gesellschaftswissenschaft. Festschrift für Christian Pfeiffer zum 70. Geburtstag. Baden-Baden: Nomos, S. 239–259.

Heinz, W. (2015a): Frauenkriminalität. Immer mehr, immer häufiger und immer brutaler!? Kriminalistik 69, S. 275–285.

Heinz, W. (2015b): Wachstumsbranche Forensische Psychiatrie. Entwicklungen des Maßregelvollzugs (§ 63 StGB). In: Pollähne, H.; Lange-Joest, C. (Hrsg.), Forensische Psychiatrie – selbst ein Behandlungsfall? Maßregelvollzug (§ 63 StGB) zwischen Reform und Abschaffung. Berlin: Lit Verlag, S. 33–77.

Heinz, W. (2017a): Das kriminalstatistische System in Deutschland. Notwendigkeit einer Optimierung. Kriminalistik 71, S. 427–435.

Heinz, W. (2017b): Kriminalität und Kriminalitätskontrolle in Deutschland – Berichtsstand 2015 im Überblick. Internet-Publikation: Konstanzer Inventar Sanktionsforschung. www.ki.uni-konstanz.de/kis/, Version 1/2017.

Heinz, W. (2019a): Rückfallmessung – Wo stehen wir? Versuch einer Zwischenbilanz. In: In: Dessecker, A.; Harrendorf, S.; Höffler, K. (Hrsg.), Angewandte Kriminologie – Justizbezogene

Forschung. 12. Kriminalwissenschaftliches Kolloquium uns Symposium zur Ehren von Jörg-Martin Jehle 22./23. Juni 2018. Göttingen: Universitätsverlag Göttingen, S. 215–231.

Heinz, W. (2019b): Regionale Justizkulturen in Justiz und Strafvollzug in Deutschland. In: Fink, D.; Arnold, J.; Genillod-Villard, F.; Oberholzer, N. (Hrsg.), Kriminalität, Strafrecht und Föderalismus. Bern: Stämpfli, S. 41–85.

Heinz, W.; Spieß, G.; Storz, R. (1988): Prävalenz und Inzidenz strafrechtlicher Sanktionierung im Jugendalter. In: Kaiser, G.; Kury, H.; Albrecht, H.-J. (Hrsg.), Kriminologische Forschung in den 80er-Jahren. Projektberichte aus der Bundesrepublik Deutschland. Freiburg im Breisgau: Max-Planck-Institut für ausländisches und internationales Strafrecht, S. 631–660.

Heitmann, H. (1997): Die Skinhead-Studie. In: Farin, K. (Hrsg.), Die Skins. Berlin: Links, S. 69–95.

Heitmeyer, W.; Collmann, B.; Conrads, J.; Matuschek, I.; Kraul, D.; Kühnel, W.; Möller, R.; Ulbrich-Hermann, M. (1996): Gewalt. Schattenseitenseiten der Individualisierung bei Jugendlichen aus unterschiedlichen Milieus. 2. Aufl. Weinheim, München: Juventa.

Henkel, I.-M.; Udvardi, A. (2014): „Crime prevention through environmental design" (CPTED). Konzeption und Bedeutung für die Kriminalprävention. In: Wulf, R. (Hrsg.), Kriminalprävention an Orten. Wissenschaftliche Grundlagen und praktische Maßnahmen. Tübingen: Juristische Fakultät, Institut für Kriminologie, Universitätsbibliothek Tübingen, S. 167–196. Internetpublikation: https://publikationen.uni-tuebingen.de/xmlui/bitstream/handle/10900/43775/pdf/Band_28_Wulf.pdf?sequence=1&isAllowed=y (Zugriff am 5.2.2021).

Henneberger, A.K.; Durkee, M.I.; Truong, N.; Atkins, A.; Tolan, P.H. (2013): The Longitudinal Relationship Between Peer Violence and Popularity and Delinquency in Adolescent Boys: Examining Effects by Family Functioning. Journal of Youth and Adolescence 42, S. 1651–1660.

Henry, D.B.; Tolan, P.H.; Gorman-Smith, D. (2001): Longitudinal family and peer group effects on violence and nonviolent delinquency. Journal of Clinical Child Psychology 30, S. 172–186.

Hering, K.-H. (1966): Der Weg der Kriminologie zur selbständigen Wissenschaft. Hamburg: Kriminalistik Verlag.

Hermann, D. (1984): Ausgewählte Probleme bei der Anwendung der Pfadanalyse. Frankfurt am Main: Lang.

Hermann, D. (1987): Die Konstruktion von Realität in Justizakten. Zeitschrift für Soziologie 16, S. 44–55.

Hermann, D. (1992): Die Kompatibilität zwischen normativen Straftheorien und Kriminalitätstheorien. Goltdammer's Archiv für Strafrecht 139, S. 516–532.

Hermann, D. (2003): Werte und Kriminalität. Konzeption einer allgemeinen Kriminalitätstheorie. Wiesbaden: Westdeutscher Verlag.

Hermann, D. (2004a): Der Einfluss sinnhaft-normativer Alltagsvorstellungen auf kriminelles Handeln. In: Walter, M.; Kania, H.; Albrecht, H.-J. (Hrsg.), Alltagsvorstellungen von Kriminalität. Individuelle und gesellschaftliche Bedeutung von Kriminalitätsbildern für die Lebensgestaltung. Münster: Lit, S. 313–329.

Hermann, D. (2004b): Values, Milieus, Lay Perspectives and Criminal Behavior. In: Albrecht H.-J.; Serassis, T.; Kania, H. (Hrsg.), Images of Crime II. Freiburg im Breisgau: Edition Iuscrim, S. 95–110.

Hermann, D. (2004c): Geschlechtsspezifische Aspekte der Gewaltprävention an Schulen. In: Melzer, W.; Schwind, H.-D. (Hrsg.), Gewaltprävention in der Schule. Grundlagen – Praxismodelle – Perspektiven. Baden-Baden: Nomos, S. 311–325.

Hermann, D. (2004d): Die Erklärung geschlechtsspezifischer Unterschiede hinsichtlich Gewaltkriminalität. In: Schöch, H.; Jehle, J.-M. (Hrsg.), Angewandte Kriminologie zwischen Freiheit und Sicherheit. Mönchengladbach: Forum Verlag Godesberg, S. 567–581.

Hermann, D. (2008): Zur Wirkung von Kommunaler Kriminalprävention. Eine Evaluation des „Heidelberger Modells". Trauma und Gewalt 2, S. 220–233.

Hermann, D. (2009a): Sozialkapital und Sicherheit – zu Wirkungen bürgerschaftlichen Engagements. In: Kerner, H.-J.; Marks, E. (Hrsg.), Engagierte Bürger – sichere Gesellschaft. Ausgewählte Beiträge des 13. Deutschen Präventionstages 2008. Godesberg: Forum Verlag, S. 181–200.

Hermann, D. (2009b): Kommunale Kriminalprävention in Heidelberg. Evaluationsstudie zur Veränderung der Sicherheitslage in Heidelberg. Heidelberg: Stadt Heidelberg.

Hermann, D. (2010): Die Abschreckungswirkung der Todesstrafe – ein Artefakt der Forschung? In: Dölling, D.; Götting, B.; Meier, B.-D. (Hrsg.), Verbrechen – Strafe – Resozialisierung. Festschrift für Heinz Schöch. Berlin, New York: De Gruyter, S. 791–808.

Hermann, D. (2011): Geschlechterunterschiede in der Akzeptanz von Gewalt – eine Replikationsstudie. Trauma und Gewalt 5, S. 44–53.

Hermann, D. (2012): Gewalt in Medien – Forschungsergebnisse, methodische und theoretische Probleme. In: Schweer, M.K.W. (Hrsg.), Medien in unserer Gesellschaft – Chancen und Risiken. Bern u. a.: Lang, S. 125–146.

Hermann, D. (2013a): Werte und Kriminalität – Konzeption der voluntaristischen Kriminalitätstheorie und Ergebnisse empirischer Studien. In: Dölling, D.; Jehle, J.-M. (Hrsg.), Täter – Taten – Opfer. Grundlagenfragen und aktuelle Probleme der Kriminalität und ihre Kontrolle. Mönchengladbach: Forum Verlag Bad Godesberg, S. 432–450.

Hermann, D. (2013b): Kommunale Kriminalprävention – Herausforderungen der Postmoderne. In: Boers, K.; Feltes, T.; Kinzig, J.; Sherman, L.; Streng, F.; Trüg, G. (Hrsg.), Kriminologie – Kriminalpolitik – Strafrecht. Festschrift für Hans-Jürgen Kerner zum 70. Geburtstag. Tübingen: Mohr Siebeck, S. 359–373.

Hermann, D. (2014): Fit for Future. Das Heidelberger Audit Konzept für urbane Sicherheit. In: Bubenitschek, G.; Greulich, R.; Wegel, M. (Hrsg.), Kriminalprävention in der Praxis. Heidelberg u. a.: Kriminalistik Verlag, S. 183–201.

Hermann, D. (2015): Die Gewaltbereitschaft von Kindern – ein empirischer Vergleich sozialisationstheoretischer Erklärungen. In: Bannenberg, B.; Brettel, H.; Freund, G.; Meier, B.-D.; Remschmidt, H.; Safferling, C. (Hrsg.), Über allem: Menschlichkeit. Festschrift für Dieter Rössner. Baden-Baden: Nomos, S. 172–192.

Hermann, D. (2016): Gewaltprävention auf den Ebenen Kommune, Land und Bund. In: Voß, S.; Marks, E. (Hrsg.), 25 Jahre Gewaltprävention im vereinten Deutschland – Bestandsaufnahme und Perspektiven. Band 2. Berlin: Pro BUSINESS Verlag, S. 241–265. Online verfügbar unter: http://www.gewalt-praevention.info/html/download.cms?id=92&datei=Hermann-I-92.pdf (Zugegriffen am 5.2.2021).

Hermann, D. (2017a): Mannheimer Sicherheitsaudit 2017. Heidelberg. Unveröffentlichtes Gutachten.

Hermann, D. (2017b): Das Heidelberger Audit-Konzept für urbane Sicherheit: HAKUS 2017. Heidelberg. Unveröffentlichtes Gutachten.

Hermann, D. (2017c): Medienkonsum und Gewalt – eine Überprüfung der Eskalationshypothese. In: Safferling, C.; Kett-Straub, G.; Jäger, C. & Kudlich, H. (Hrsg.), Festschrift für Franz Streng zum 70. Geburtstag. Heidelberg: C.F. Müller, S. 465–476.

Hermann, D. (2018a): Die voluntaristische Kriminalitätstheorie. In: Hermann, D.; Pöge, A. (Hrsg.), Kriminalsoziologie. Handbuch für Wissenschaft und Praxis. Baden-Baden: Nomos, S. 39–57.

Hermann, D. (2018b): Das Mannheimer Auditinstrument zur Förderung von Sicherheit und Lebensqualität – ein Konzept der rationalen Bewältigung von Herausforderungen. In: Marks, E. (Hrsg.), Prävention und Integration. Ausgewählte Beiträge des 22. Deutschen Präventionstages 19. und 20. Juni in Hannover. Mönchengladbach: Forum Verlag Godesberg, S. 207–220.

Hermann, D. (2019): Das Karlsruher Audit-Konzept für urbane Sicherheit 2018. Heidelberg: Unveröffentlichtes Gutachten.

Hermann, D.; Bubenitschek, G. (2016): Kosten und Nutzen Kommunaler Kriminalprävention. Kriminalistik 70, S. 291–297.

Hermann, D.; Dittmann, J. (1999): Kriminalität durch Emanzipation? In: Kämmerer, A.; Speck, A. (Hrsg.), Geschlecht und Moral. Heidelberg: Das Wunderhorn, S. 70–86.

Hermann, D.; Dölling, D. (2001): Kriminalprävention und Wertorientierungen in komplexen Gesellschaften. Analysen zum Einfluss von Werten, Lebensstilen und Milieus auf Delinquenz, Viktimisierungen und Kriminalitätsfurcht. Mainz: Weisser Ring Verlag.

Hermann, D.; Dölling, D. (2003): Opferwerdung und Kriminalitätsfurcht. In: Egg, R.; Minthe, E. (Hrsg.), Opfer von Straftaten – Kriminologische, rechtliche und praktische Aspekte –. Wiesbaden: Kriminologische Zentralstelle, S. 241–261.

Hermann, D.; Dölling, D. (2018): Grundlagen und Praxis der Kommunalen Kriminalprävention. In: Walsh M.; Pniewski B.; Kober M.; Armborst A. (Hrsg.), Evidenzorientierte Kriminalprävention in Deutschland. Wiesbaden: Springer VS, S. 709–727.
Hermann, D.; Dölling, D.; Fischer, S.; Haffner, J.; Parzer, P.; Resch, F. (2010): Wertrationale Handlungsorientierungen und Kriminalität. Ein Vergleich zwischen Kindern, Jugendlichen und Erwachsenen. Trauma und Gewalt 4, S. 6–17.
Hermann, D.; Dölling, D.; Resch, F. (2012): Zum Einfluss elterlicher Werteerziehung und Kontrolle auf Kinderkriminalität. In: Rengier, R.; Hilgendorf, E. (Hrsg.), Festschrift für Wolfgang Heinz zum 70. Geburtstag, Baden-Baden: Nomos, S. 398–414.
Hermann, D.; Kerner, H.-J. (1988): Die Eigendynamik der Rückfallkriminalität. Kölner Zeitschrift für Soziologie und Sozialpsychologie 40, S. 485–504.
Hermann, D.; Laue, C. (2003a): Vom „Broken-Windows-Ansatz" zu einer lebensstilorientierten ökologischen Kriminalitätstheorie. Soziale Probleme 14: S. 107–136.
Hermann, D.; Laue, C. (2003b): Kommunale Kriminalprävention. Der Bürger im Staat 53, S. 70–76.
Hermann, D.; Laue, C. (2011): Urban Structures and Crime. SIAK-Journal. International Edition. Journal for Police Science and Practice 1, S. 69–78.
Hermann, D.; Treibel, A. (2013): Religiosität, Wertorientierungen und Normakzeptanz – zur innerfamiliären intergenerationalen Transmission von Gewalt. In: Dölling, D.; Jehle, J.-M. (Hrsg.), Täter – Taten – Opfer. Grundlagenfragen und aktuelle Probleme der Kriminalität und ihre Kontrolle. Mönchengladbach: Forum Verlag Bad Godesberg, S. 473–487.
Hermann, D.; Weninger, W. (1999): Das Dunkelfeld in Dunkelfelduntersuchungen. Über die Messung selbstberichteter Delinquenz. Kölner Zeitschrift für Soziologie und Sozialpsychologie 51, S. 759–766.
Hermann, D.; Wild, P. (1989): Die Bedeutung der Tat bei der jugendrichterlichen Rechtsfolgenbestimmung. Monatsschrift für Kriminologie und Strafrechtsreform 72, S. 13–33.
Hermanns, H. (1992): Die Auswertung narrativer Interviews: ein Beispiel für qualitative Verfahren. In: Hoffmeyer-Zlotnik, J. H. P.(Hrsg.), Analyse verbaler Daten – über den Umgang mit qualitativen Daten. Opladen: Westdeutscher Verlag, S. 110–141.
Herpertz, S.C. (2018): Empathie und Persönlichkeitsstörungen aus neurobiologischer Sicht. Forensische Psychiatrie Psychologie Kriminologie 12, S. 192–198.
Herpertz, S.C.; Saß, H. (2010): Persönlichkeitsstörungen. In: Kröber, H.-L.; Dölling, D.; Leygraf, N.; Saß, H. (Hrsg.), Handbuch der Forensischen Psychiatrie. Band 2: Psychopathologische Grundlagen und Praxis der Forensischen Psychiatrie. Heidelber, New York: Springer, S. 443–472.
Herth, A. (1997a): Sprachliche Analyse von Fanzines. In: Neumann, J. (Hrsg.), Fanzines. Wissenschaftliche Betrachtungen zum Thema. Mainz: Delta, S. 139–206.
Herth, A. (1997b): Unterschiedliche politische Tendenzen in Skinhead-Fanzines. In: Neumann, J. (Hrsg.), Fanzines. Wissenschaftliche Betrachtungen zum Thema. Mainz: Delta, S. 113–124.
Hertz, P.G.; Breiling, L.; Schwarze, C.; Klein, R.; Rettenberger, M. (2017): Extramurale Behandlung und Betreuung von Sexualstraftätern. Ergebnisse einer bundesweiten Umfrage zur Nachsorge-Praxis 2016. Wiesbaden: Kriminologische Zentralstelle.
Hess, H. (1983): Probleme der sozialen Kontrolle. In: Kerner, H.-J.; Göppinger, H.; Streng, F. (Hrsg.), Kriminologie – Psychiatrie – Strafrecht. Festschrift für Heinz Leferenz zum 70. Geburtstag. Heidelberg: Müller, S. 3–24.
Hess, H. (1999): Fixing Broken Windows and Bringing Down Crime: Die New Yorker Polizeistrategie der neunziger Jahre. Kritische Justiz 32, S. 32–57.
Hess, H.; Scheerer, S. (1997): Was ist Kriminalität? Skizze einer konstruktivistischen Kriminalitätstheorie. Kriminologisches Journal 29, S. 83–155.
Healey, D. (2013): Changing fate? Agency and the desistance process. Theoretical Criminology 17, S. 557–574.
Hill, J.P.; Kochendorfer, R.A. (1969): Knowledge of Peer Success and Risk of Detection as Determinants of Cheating. Developmental Psychology 1, S. 231–238.
Hindelang, M.J.; Gottfredson, M.R.; Garofolo, J. (1978): Victims of Personal Crime. An Empirical Foundation for a Theory of Personal Victimizations. Cambridge/Mass.: Ballinger Publishing Company.

Hirschi, T. (1969): Causes of Delinquency. Berkeley, California: University of California Press.
Hirschi, T.; Hindelang, M.J. (1977): Intelligence and Delinquency: A Revisionist Review. American Sociological Review 42, S. 571–587.
Hirtenlehner, H. (2006): Kriminalitätsfurcht – Ausdruck generalisierter Ängste und schwindender Gewissheiten? Kölner Zeitschrift für Soziologie und Sozialpsychologie 58, S. 307–331.
Hirtenlehner, H. (2019): Does Perceived Peer Delinquency Amplify or Mitigate the Deterrent Effect of Perceived Sanction Risk? Deviant Behavior 40, S. 361–384.
Hirtenlehner, H.; Kunz, F. (2016): The interaction between self-control and morality in crime causation among older adults. European Journal of Criminology 13, S. 393–409.
Höffler, K. (2016): Tätertypen im Strafrecht und in der Kriminologie. Zeitschrift für die gesamte Strafrechtswissenschaft 127, S. 1018–1058.
Hoepner, F. (2015): Stadt und Sicherheit. Architektonische Leitbilder und die Wiedereroberung des Urbanen: „Defensible Space" und „Collage City". Bielefeld: transcript.
Hörmann, C; Stoiber, M. (2015): Mobbing – Cybermobbing. In: Melzer, W.; Hermann, D.; Sandfuchs, U.; Schäfer, M.; Schubarth, W.; Daschner, P. (Hrsg.), Handbuch Aggression, Gewalt und Kriminalität bei Kindern und Jugendlichen. Bad Heilbrunn: Klinkhardt, S. 179–182.
Hörnle, T. (2017): Straftheorien. 2. Aufl. Tübingen: Mohr Siebeck.
Hoff, P.; Sass, H. (2010): Psychopathologische Grundlagen der Forensischen Psychiatrie. In: Kröber, H.L.; Dölling, D.; Leygraf, N.; Sass, H. (Hrsg.), Handbuch der Forensischen Psychiatrie. Bd. 2: Psychopathologische Grundlagen und Praxis der Forensischen Psychiatrie. Heidelberg: Springer, S. 1–156.
Hoffmann, S.O. (1999): Psychoanalyse. In: Asanger, R.; Wenninger, G. (Hrsg.), Handwörterbuch Psychologie. Weinheim: Beltz, S. 579–586.
Hohage, C. (2004): „Incivilities" und Kriminalitätsfurcht. Soziale Probleme 15, S. 77–95.
Hollerbach, P.; Mokros, A.; Nitschke, J.; Habermeyer, E. (2018): Hare Psychopathy Checklist-Revised. Deutschsprachige Normierung und Hinweise zur sachgerechten Anwendung. Forensische Psychiatrie Psychologie Kriminologie 12, S. 186–191.
Hood, R.; Elliott, K.W.; Shirley, E. (1972): Sentencing the motoring offender. A study of magistrates' views and practices. London: Heinemann.
Hopf, W.H.; Huber, G.L.; Weiß, R.H. (2008): Media Violence and Youth Violence. A 2-Year Longitudinal Study. Journal of Media Psychology 20, S. 79–96.
Hopkins Burke, R. (2019): An Introduction to Criminological Theory. 5. Aufl. London, New York: Routledge.
Hoppenworth, E. (1991): Strafzumessung beim Raub. Eine empirische Untersuchung der Rechtsfolgenbemessung bei Verurteilten wegen Raubes nach allgemeinem Strafrecht und nach Jugendstrafrecht. München: Florentz.
Hoppe-Graff, S.; Kim, H.-O. (2002): Die Bedeutung der Medien für die Entwicklung von Kindern und Jugendlichen. In: Oerter, R.; Montada, L. (Hrsg.), Entwicklungspsychologie. Weinheim: Psychologie Verlags Union, S. 907–922.
Horten, B. (2020): Sexuelle Gewalt unter altersgleichen Kindern und Jugendlichen. Eine metaanalytische Untersuchung der Prävalenzraten und der Viktimisierungsrisiken. Baden-Baden: Nomos.
Horten, B.; Gräber, M. (2020): Cyberkriminalität. Übersicht zu aktuellen und künftigen Erscheinungsformen. Forensische Psychiatrie Psychologie Kriminologie 14, S. 233–241.
Hradil, S. (1987): Sozialstrukturanalyse in einer fortgeschrittenen Gesellschaft. Von Klassen und Schichten zu Lagen und Milieus. Opladen: Leske+Budrich.
Hradil, S. (1993): New German Social Structure Analysis. Schweizerische Zeitschrift für Soziologie 19: 663–688.
Hradil, S.; Schiener, J. (2001): Soziale Ungleichheit in Deutschland. 8. Aufl. Opladen: Leske + Budrich.
Huber, B. (2013): Delinquenz als Schicksal? Zur Stabilität delinquenter Verhaltensmuster vor dem Hintergrund der Kontrolltheorie. Baden-Baden: Nomos.
Huber, O. (2013): Das psychologische Experiment. Bern: Huber.

Hümbs-Krusche, M.; Krusche, M. (1982): Die strafrechtliche Erfassung von Umweltbelastungen. Stuttgart: Kohlhammer.
Huesmann, L.R. (1988): An information-processing model for the development of aggression. Aggressive Behavior 11, S. 13–24.
Huesmann, L.R.; Beatty, A. (2002): Cumulative media effects. In: Schement, J.R. (Hrsg.), Encyclopedia of Communication and Information, Band 1. New York: Macmillan, S. 216–218.
Huesmann, L.R.; Dubow, E.F.; Boxer, P. (2009): Continuity of Aggression from Childhood to Early Adulthood as a Predictor of Life Outcomes: Implications for the Adolescent-Limited and Life-Course-Persistent Models. Aggressive Behavior 35, S. 136–149.
Huesmann, L.R.; Eron, L.D. (2013): Television and the Aggressive Child. A Cross-national Comparison. Hoboken: Taylor and Francis.
Huesmann, L.R.; Moise, J. (1998): The stability and continuity of aggression from early childhood to young adulthood. In: Flannery, D.J.; Huff, C.R. (Hrsg.), Youth Violence: Prevention, Intervention, and Social Policy. Washington DC: American Psychiatric Press, S. 73–95.
Huesmann, L.R.; Moise, J.; Podolski, C.L. (1997): The effects of media violence on the development of antisocial behavior. In: Stoff, D.; Breiling, J.; Maser, J. (Hrsg.), Handbook of Antisocial Behavior. New York: John Wiley & Sons, S. 181–193.
Huesmann, L.R.; Moise-Titus, J.; Podolski, C.L.; Eron, L.D. (2003): Longitudinal relations between children's exposure to TV violence and their aggressive and violent behavior in young adulthood: 1977–1992. Developmental psychology 39, S. 201–221.
Hughes, G. (1998): Understanding Crime Prevention: Social Control, Risk and Late Modernity. Milton Keynes: Open University.
Hummelsheim-Doß, D. (2016): Kriminalitätsfurcht in Deutschland: fast jeder Fünfte fürchtet, Opfer einer Straftat zu werden. Informationsdienst Soziale Indikatoren 55, S. 6–11.
Hummer, T.A.; Kronenberger, W.G.; Wang, Y.; Anderson, C.C.; Mathews, V.P. (2014): Association of television violence exposure with executive functioning and white matter volume in young adult males. Brain and Cognition 88, S. 26–34.
Hunsicker, E. (2006): Entwicklung der kommunalen Kriminalprävention in Osnabrück seit 1989. In: Feltes, T.; Pfeiffer, C.; Steinhilper, G. (Hrsg.), Kriminalpolitik und ihre wissenschaftlichen Grundlagen. Festschrift für Professor Dr. Hans-Dieter Schwind zum 70. Geburtstag. Heidelberg: Müller, S. 945–961.
Hunter, A. (1978): Symbols of Incivility: Social Disorder and Fear of Crime in Urban Neighborhoods. Paper presented at the Annual Meeting of the American Society of Criminology. Dallas, Texas. https://www.ncjrs.gov/pdffiles1/nij/82421.pdf. Zugegriffen: 11.12.2019.
Hurrelmann, K. (1983): Das Modell des produktiv realitätsverarbeitenden Subjekts in der Sozialisationsforschung. Zeitschrift für Sozialisationsforschung und Erziehungssoziologie 3: 91–103.
Ihori, N.; Sakamoto, A.; Kobayashi, K.; Kimura, F. (2003): Does video game use grow children's aggressiveness? Results from a panel study. In: Arai, K. (Hrsg.), Social contributions and responsibilities of simulation and gaming. Tokio: Japan Association of Simulation and Gaming, S. 221–230.
Imai, S.; Krishna, K. (2001): Employment, Dynamic Deterrence and Crime. NBER Working Paper No. 8281. Cambridge (Mass.): National Bureau of Economic Research.
Imbusch, P. (2002): Der Gewaltbegriff. In: Heitmeyer, W.; Hagen, J. (Hrsg.), Internationales Handbuch Gewaltforschung. Wiesbaden: Westdeutscher Verlag, S. 26–57.
Inglehart, R. (1995): Kultureller Umbruch. Wertwandel in der westlichen Welt. Frankfurt am Main, New York: Campus.
Inglehart, R. (1998): Modernisierung und Postmodernisierung. Kultureller, wirtschaftlicher und politischer Wandel in 43 Gesellschaften. Frankfurt am Main, New York: Campus.
Irby, T.S.; Jacobs, H.H. (1960): An Epidemiological Approach to the Control of Automobile Accidents: Experimental Patrol Intensification at a Military Base. Traffic Safety 4, S. 4–7.
Jabr, M.M.; Denke G.; Rawls E.; Lamm, C. (2018): The roles of selective attention and desensitization in the association between video gameplay and aggression: An ERP investigation. Neuropsychologia 112, S. 50–57.

Jacobs, J. (1993): Tod und Leben großer amerikanischer Städte. 3. Auflage. Braunschweig, Wiesbaden: Vieweg.
Jacobs, P.A.; Brunton, M.; Melville, M.; Brittain, R.P.; McClemont, W. (1965): Aggressive Behaviour, Mental Sub-normality and the XYY Male. Nature 208, S. 1351–1352.
Jäger, H. (1989): Makrokriminalität. Studien zur Kriminologie kollektiver Gewalt. Frankfurt am Main: Suhrkamp.
Janschek, E.; Vitouch, P.; Tinchon, H.-J. (1997): Wer reagiert wie auf Actionfilme? Versuch einer mehrdimensionalen Typenbildung unter besonderer Berücksichtigung der Medienkompetenz. Medienpsychologie: Zeitschrift für Individual- und Massenkommunikation 9, S. 209–234.
Janssen, H. (1994): Die Praxis der Geldstrafenvollstreckung. Eine empirische Studie zur Implementation kriminalpolitischer Programme. Frankfurt am Main: Lang.
Jeffery, C.R. (1971): Crime Prevention through Environmental Design. Beverly Hills, CA: Sage.
Jeffery, C.R. (1979): Punishment and Deterrence: A Psychobiological Statement. In: Jäger, H. (1989), Makrokriminalität. Studien zur Kriminologie kollektiver Gewalt. Frankfurt am Main: Suhrkamp.
Jeffery, C.R. (Hrsg.): Biology and Crime. Beverly Hills, London: Sage, S. 100–121.
Jehle, J.-M.; Albrecht, H.-J.; Hohmann-Fricke, S.; Tetal, C. (2020): Legalbewährung nach strafrechtlichen Sanktionen. Eine bundesweite Rückfalluntersuchung 2013 bis 2016 und 2004 bis 2016. Mönchengladbach: Forum Verlag Godesberg.
Jehle, J.-M.; Hohmann-Fricke, S. (2006): Junge Verkehrstäter – Erscheinungsformen und Rückfälligkeit. Zeitschrift für Jugendkriminalrecht und Jugendhilfe 17, S. 286–294.
Jennings, W.G.; Piquero, A.; Reingle, J. (2012): On the Overlap Between Victimizations and Offending: A Review of the Literature. Aggression and Violent Behavior 17, S. 16–26.
Jensen, G.F. (1969): Crime Doesn't Pay: Correlates of a Shared Misunderstanding. Social Problems 17, S. 189–201.
Jensen, G.F.; Erickson, M.L.; Gibbs, J.P. (1978): Perceived Risk of Punishment and Self-Reported Delinquency. Social Forces 57, S. 57–78.
Jescheck, H.-H.; Weigend, T. (1996): Lehrbuch des Strafrechts Allgemeiner Teil. 5. Aufl. Berlin: Duncker & Humblot.
Jo, E.; Berkowitz, L. (1994): A priming effect analysis of media influences: An update. In: Bryant, J.; Zillmann, D. (Hrsg.), Media effects: Advances in theory and research. Hillsdale, NJ: Lawrence Erlbaum Ass., S. 43–60.
Johnson, J.G.; Cohen, P.; Smailes, E.M.; Kasen, S.; Brook, J.S. (2002): Television Viewing and Aggressive Behavior During Adolescence and Adulthood. Science 295, S. 2468–2474.
Joy, L.A.; Kimball, M.M.; Zabrack, M.L. (1986): Television and Children's Aggressive Behavior. In: Williams TM (Hrsg.), The Impact of Television: A Natural Experiment in Three Communities. Orlando, FL: Academic Press, S. 303–360.
Junger-Tas, J. (1992): An Empirical Test of Social Control Theory. Journal of Quantitative Criminology 8, S. 9–28.
Junger-Tas, J.; Ribeaud, D.; Cruyff, M.J.L.F. (2004): Juvenile Delinquency and Gender. European Journal of Criminology 1: 333–375.
Kärnä, A. (2012): Effectiveness of the KiVa Antibullying Program. Turku, Finland: Uniprint Suomen Yliopistopaino Oy. Internetpublikation: https://www.utupub.fi/bitstream/handle/10024/77007/AnnalesB350Karna.pdf?sequence=3&isAllowed=y (Zugriff am 6.12.2019).
Kärnä, A.; Voeten, M.; Little, T.D.; Poskiparta, E.; Kaljonen, A.; Salmivalli, C. (2011): A large-scale evaluation of the KiVa antibullying program: grades 4–6. Child Development 82, S. 311–330.
Kaiser, G. (1996): Kriminologie. Ein Lehrbuch. 3. Aufl. Heidelberg: Müller.
Kaiser, G. (2007): Kriminologie: Begriff und Aufgaben. In: Schneider, H. J. (Hrsg.), Internationales Handbuch der Kriminologie. Band 1: Grundlagen der Kriminologie. Berlin: De Gruyter, S. 25–52.
Kaiser, G.; Metzger-Pregizer, G. (Hrsg.) (1996): Betriebsjustiz – Untersuchungen über die soziale Kontrolle abweichenden Verhaltens in Industriebetrieben. Berlin: Duncker & Humblot.

Kandel, E.R. (1999): Biology and the Future of Psychoanalysis: A New Intellectual Framework for Psychiatry Revisited. American Journal of Psychiatry 156, S. 505–524.
Kannheiser, W. (2000): Mögliche verkehrsrelevante Auswirkungen von gewohnheitsmäßigem Cannabiskonsum. Neue Zeitschrift für Verkehrsrecht 13, S. 57–68.
Kanz, K.-M. (2014): Medienkonsum und Delinquenz. Panelanalysen zu den Wirkungen des Gewaltmedienkonsums von Jugendlichen. Münster: Waxmann;
Kanz, K.-M. (2016): Mediated and moderated effects of violent media consumption on youth violence. European Journal of Criminology 13, S. 149–168.
Kaplan, H.B. (1975): Self-attitudes and deviant behavior. Pacific Palisades, CA: Goodyear.
Kaspar, J. (2018: Sentencing Guidelines versus freies tatrichterliches Ermessen – Brauchen wir ein neues Strafzumessungsrecht? Gutachten C zum 72. Deutschen Juristentag. München: Beck.
Katz, E.; Blumler, J. G.; Gurevitch, M. (1973): Uses and Gratifications Research. The Public Opinion Quarterly 37, S. 509–523.
Kelling, G.L.; Pate, T.; Dieckman, D.; Brown, C.E. (1974): The Kansas City Preventive Patrol Experiment. A Summary Report. Washington D. C.: National Crime Justice Reference Service. Internetpublikation: https://www.policefoundation.org/wp-content/uploads/2015/07/Kelling-et-al.-1974-THE-KANSAS-CITY-PREVENTIVE-PATROL-EXPERIMENT.pdf (Zugriff am 26.3.2019).
Kendler, K.S.; Larsson Lönn, S.; Morris, N.A.; Sundquist, J.; Långström, N.; Sundquist, K. (2014): A Swedish National Adoption Study of Criminality. Psychological Medicine 44, S. 1913–1925.
Kerner, H.-J. (1973): Verbrechenswirklichkeit und Strafverfolgung. Erwägungen zum Aussagewert der Kriminalstatistik. München: Goldmann.
Kerner, H.-J. (1980): Kriminalitätseinschätzung und Innere Sicherheit. Eine Untersuchung über die Beurteilung der Sicherheitslage und über das Sicherheitsgefühl in der Bundesrepublik Deutschland, mit vergleichenden Betrachtungen zur Situation im Ausland. Wiesbaden: Bundeskriminalamt.
Kerner, H.-J. (2013): Anwendungsorientierte kriminologische Forschung. Chancen und Risiken. Monatsschrift für Kriminologie und Strafrechtsreform 96, S. 184–201.
Kerner H.-J. (2018): Entwicklung der Kriminalprävention in Deutschland. In: Walsh M.; Pniewski B.; Kober M.; Armborst A. (Hrsg.) Evidenzorientierte Kriminalprävention in Deutschland. Wiesbaden: Springer VS, S. 21–36.
Kerner, H.-J. (2021): Strafverfolgungsstatistik für die Bundesrepublik Deutschland (StVerfStat). Interpretationshilfe. Tübingen: TOBIAS-lib Universitätsbibliothek Tübingen.
Kerner, H-J.; Belakouzova, A. (2020): Zur Praxis des Täter-Opfer-Ausgleichs in Deutschland. Übergreifende Erwägungen, verbunden mit einer vergleichenden Spurensuche in Strafrechtspflegestatistiken, in der TOA-Statistik aus Anlass ihres 25-jährigen Jubiläums sowie in einer die TOA-Statistik vertiefenden älteren Datenbank. Zeitschrift für Jugendkriminalrecht und Jugendhilfe 31, S. 232–244.
Kerner, H.-J.; Stroezel, H.; Wegel, M. (2009): Erziehungsstile, Wertemilieus und jugendlicher Drogenkonsum in unterschiedlichen Schülerpopulationen. In: Plywaczewski, E. (Hrsg.), Current Problems of the Penal Law and the Criminology. Bialystok: Temida 2, S. 247–270.
Kerner, H.-J.; Stroezel, H.; Wegel, M. (2011): Gewaltdelinquenz und Gewaltaffinität bei jungen Menschen in verschiedenen sozialen Milieus – Analyse von amtlichen Daten und von Befunden aus Selbstberichten. Trauma und Gewalt 5, S. 20–35.
Kerner, H.-J.; Weitekamp, E.; Stelly, W. (1995): From Child Delinquency to Adult Criminality. First Results of the Follow-up of the Tuebingen Criminal Behaviour Development Study. EuroCriminology 8–9, S. 127–162.
Kerner, H.-J.; Weitekamp, E.; Stelly, W.; Thomas, J. (1997): Patterns of criminality and alcohol abuse: results of the Tuebingen Criminal Behaviour Development Study. Criminal Behaviour and Mental Health 7, S. 401–420.
Kerschke-Risch, P. (1993): Gelegenheit macht Diebe – doch Frauen klauen auch. Opladen: Westdeutscher Verlag.
Keßler, A.; Rettenberger, M. (2017): Die Wirksamkeit psychotherapeutischer Behandlung von Sexualstraftätern nach Entlassung aus dem Strafvollzug. Zeitschrift für Klinische Psychologie und Psychotherapie 46, S. 42–52.

Kety, S.; Rosenthal, D.; Wender, P.H.; Schulsinger, F. (1968): The Types and Prevalence of Mental Illness in the Biological Adoptive Families of adopted Schizophrenics. In: Rosenthal, D.; Kety, S. (Hrsg.), The Transmission of Schizophrenia. Oxford: Pergamon, S. 345–362.

Kielholz, P.; Ladewig, D. (1972): Die Drogenabhängigkeit des modernen Menschen. München: Lehmann.

Kilchling, M. (1995): Opferinteressen und Strafverfolgung. Freiburg im Breisgau: edition iuscrim.

Killias, M.; Kuhn, A.; Aebi, M.F. (2011): Grundriss der Kriminologie. Eine europäische Perspektive. 2. Aufl. Bern: Stämpfli.

King, S. (2012): Transformative agency and desistance from crime. Criminology & Criminal Justice 13, S. 317–335.

Kinkel, R.J.; Josef, N.C. (1991): The Mass Media and Violent Imitate Behavior: A Review of Research. In: Albrecht, G.; Otto, H.-U. (Hrsg.), Social Prevention and the Social Sciences. Berlin, New York: De Gruyter, S. 499–522.

Kinzig, J. (2004): Die rechtliche Bewältigung von Erscheinungsformen organisierter Kriminalität. Berlin: Duncker & Humblot.

Kinzig, J. (2020): Noch im Namen des Volkes? Über Verbrechen und Strafe. Zürich: Orell Füssli.

Kitsuse, J.I.; Dietrick, D.C. (1959): Delinquent Boys: A Critique. American Sociological Review 24, S. 131–139.

Klages, H. (1992): Die gegenwärtige Situation der Wert- und Wertwandelforschung – Probleme und Perspektiven. In: Klages, H.; Hippler, H.J.; Herbert, W. (Hrsg.), Werte und Wandel. Ergebnisse und Methoden einer Forschungstradition. Frankfurt am Main, New York: Campus, S. 5–39.

Klinesmith, J.; Kasser, T.; McAndrew, F.T. (2006): Guns, Testosterone, and Aggression. An Experimental Test of a Mediational Hypothesis. Psychological Science 17, S. 568–571.

Knauer, C.; Schomburg, S. (2019): „Cum/Ex-Geschäfte" – kommen Strafrechtsdogmatik und Strafrechtspraxis an ihre Grenzen. Neue Zeitschrift für Strafrecht 39, S. 305–317.

Kniveton, B.H. (1978): Angst statt Aggression – eine Wirkung brutaler Filme? Fernsehen und Bildung 12, S. 41–47.

Kober, M.; Frevel, B.; van den Brink, H.; Wurtzbacher, J. (2018): Evidenz in der Kommunalen Kriminalprävention – Zur Wirksamkeitsanalyse von Kooperationsstrukturen. In: Walsh M.; Pniewski B.; Kober M.; Armborst A. (Hrsg.), Evidenzorientierte Kriminalprävention in Deutschland. Wiesbaden: Springer VS, S. 729–741.

Kölbel, R. (2017): Unternehmenskriminalität und (Selbst-)Regulierung. Monatsschrift für Kriminologie und Strafrechtsreform 100, S. 430–452.

König, R.; Sack, F. (Hrsg.) (1968): Kriminalsoziologie. Frankfurt am Main: Akademische Verlagsgesellschaft.

König, R.; Sack, F. (Hrsg.) (1979): Kriminalsoziologie. 3. Aufl. Wiesbaden: Akademische Verlagsgesellschaft.

Kohlberg, L. (1958): The Development of Modes of Moral Thinking and Choice in the Years Ten to Sixteen. Chicago: University of Chicago.

Kohlberg, L. (1996): Die Psychologie der Moralentwicklung. Frankfurt am Main: Suhrkamp.

Kohlberg, L.; Althof, W. (1996): Die Psychologie der Moralentwicklung. Frankfurt am Main: Suhrkamp.

Kohlberg, L.; Candee, D. (1984): The Relationship of Moral Judgement to Moral Action. In: Kohlberg, L. (Hrsg.), Essays on Moral Development. The Nature and Validity of Moral Stages, Band II. San Francisco: Harper & Row, S. 498–581.

Kohlberg, L.; Levine, C.; Hewer, A. (1983): Moral Stages: A Current Formulation and a Response to Critics. Basel: Karger.

Kolsch, J. (2020): Sozioökonomische Ungleichheiten im Strafverfahren. Berlin: Lit.

Konrad, N.; Huchzermeier, C.; Rasch, W. (2019): Forensische Psychiatrie und Psychotherapie. Rechtsgrundlagen, Begutachtung und Praxis. 5. Aufl. Stuttgart: Kohlhammer.

Kowalik, F. (2021): Die hoheitliche Videoüberwachung des öffentlichen Raumes zur Kriminalprävention. Rechtsgrundlagen, praktische Anwendungsbereiche und präventive Wirksamkeit. Berlin: Lit.

Kräupl, G. (1989): Die Gesellschaft, der Einzelne und das Verbrechen – Beccarias kriminologisches Verständnis. In: Deimling, G. (Hrsg.), Cesare Beccaria – Die Anfänge moderner Strafrechtspflege in Europa. Heidelberg: Kriminalistik Verlag, S. 149–163.
Kraftfahrt-Bundesamt (o.J.-a): Jahresbilanz des Fahrzeugbestandes am 1. Januar 2019. Internetpublikation: https://www.kba.de/DE/Statistik/Fahrzeuge/Bestand/bestand_node.html (Zugriff am 1.8.2019).
Kraftfahrt-Bundesamt (o.J.-b): 60 Jahre Punkteregister. 2. Januar 1958–2. Januar 2018. Internetpublikation: https://www.kba.de/SharedDocs/Publikationen/DE/Presse/60_jahre_punkteregister_broschuere_pdf.pdf?__blob=publicationFile&v=5 (Zugriff am 1.8.2019).
Kraftfahrt-Bundesamt (o.J.-c): Verkehrsauffälligkeiten. Internetpublikation: https://www.kba.de/DE/Statistik/Kraftfahrer/Verkehrsauffaelligkeiten/verkehrsauffaelligkeiten_inhalt.html (Zugriff am 1.8.2019).
Krahe, B.; Möller, I.; Kirwil, L.; Huesmann, L.R.; Felber, J.; Berger, A. (2011): Desensitization to Media Violence: Links With Habitual Media Violence. Exposure, Aggressive Cognitions, and Aggressive Behavior. Journal of Personality and Social Psychology 100, S. 630–646.
Kramer, R. (2009): Gesellschaft im Wandel. Berlin: Duncker und Humblot.
Krampe, A.; Sachse, S. (2005): Fahren unter Alkoholeinfluss bei Jugendlichen und jungen Erwachsenen – Ergebnisse aus der Zeitreihenstudie „Jugend in Brandenburg". Blutalkohol 42, S. 11–19.
Krause, B. (2018): Ermittlungen im Darknet – Mythos und Realität. Neue Juristische Wochenschrift 71, S. 678–681.
Krebs, R.; Kohlberg, L. (1973): Moral Judgement and Ego Controls as Determinants of Resistance to Cheating. Unveröffentlichtes Manuskript, weitgehend veröffentlicht in: Kohlberg, L. (1995): Die Psychologie der Moralentwicklung, Frankfurt/M.: Suhrkamp, S. 448-450.
Kretschmer, E. (1961): Körperbau und Charakter – Untersuchungen zum Konstitutionsproblem und zu den Temperamenten. 23. Aufl. Berlin: Springer.
Kreuzer, A. (1993): Jugendkriminalität. In: Kaiser, G.; Kerner, H.-J.; Sack, F.; Schellhoss, H. (Hrsg.), Kleines Kriminologisches Wörterbuch. 3. Aufl. Heidelberg: Müller, S. 182–191.
Kreuzer, A. (2009): Kriminologische Grundlagen der Drogendelinquenz. In: Kröber, H.-L.; Dölling, D.; Leygraf, N.; Saß, H. (Hrsg.), Handbuch der Forensischen Psychiatrie. Band 4: Kriminologie und Forensische Psychiatrie. Heidelberg: Steinkopff, S. 500–546.
Kreuzer, A.; Hürlimann, M. (1992): Alte Menschen in Kriminalität und Kriminalitätskontrolle – Plädoyer für eine Alterskriminologie. In: Kreuzer, A.; Hürlimann, M. (Hrsg.), Alte Menschen als Täter und Opfer. Alterskriminologie und humane Kriminalpolitik gegenüber alten Menschen. Freiburg im Breisgau: Lambertus.
Krey, V.; Neidhardt, F. (1986): Zum Gewaltbegriff im Strafrecht. Wiesbaden: Bundeskriminalamt.
Kriz, J. (1981): Methodenkritik empirischer Sozialforschung. Eine Problemanalyse sozialwissenschaftlicher Forschungspraxis. Stuttgart: Teubner.
Kröber, H.L. (2007): Was ist und wonach strebt Forensische Psychiatrie? In: Kröber, H.-L.; Dölling, D.; Leygraf, N.; Sass, H. (Hrsg.), Handbuch der Forensischen Psychiatrie. Band 1: Strafrechtliche Grundlagen der Forensischen Psychiatrie. Heidelberg: Steinkopff, S. 1–11.
Kröber, H.-L. (2009): Sexualstraftäter – Klinisches Erscheinungsbild. In: Kröber, H.-L.; Dölling, D.; Leygraf, N.; Saß, H. (Hrsg.), Handbuch der Forensischen Psychiatrie. Band 4: Kriminologie und Forensische Psychiatrie. Heidelberg: Steinkopff, S. 420–457.
Kröber, H.L.; Lau, S. (2010): Psychosen aus dem schizophrenen Formenkreis. In: Kröber, H.-L.; Dölling, D.; Leygraf, N.; Sass, H. (Hrsg.), Handbuch der Forensischen Psychiatrie. Band 2: Psychopathologische Grundlagen und Praxis der Forensischen Psychiatrie. Heidelberg: Springer, S. 312–333.
Kröber, H.-L.; Scheurer, H.; Richter, P. (1993): Ätiologie und Prognose von Gewaltdelinquenz. Empirische Ergebnisse einer Verlaufsuntersuchung. Regensburg: Roderer.
Kröber, H.-L.; Brettel, H.; Rettenberger, M.; Stübner, S. (2019): Empfehlungen für Prognosegutachten. Erfahrungswissenschaftliche Empfehlungen für kriminalprognostische Gutachten. Neue Zeitschrift für Strafrecht 39, S. 574–579.

Kroeber-Riel, W. (1986): Wirkung von Werbungs- und Aufklärungskampagnen (Konsumentenforschung). In: Deutsche Forschungsgemeinschaft (Hrsg.), Enquête der Senatskommission für Medienwirkungsforschung. Medienwirkungsforschung in der Bundesrepublik Deutschland. Teil I: Berichte und Empfehlungen. Weinheim: VCH Verlag, S. 61–70.

Kromrey, H.; Roose, J.; Strübing, J. (2016): Empirische Sozialforschung. Modelle und Methoden der standardisierten Datenerhebung und Datenauswertung mit Annotationen aus qualitativ-interpretativer Perspektive. 13. Auflage Konstanz, München: UVK Verlagsgesellschaft.

Kroneberg, C. (2007): Wertrationalität und das Modell der Frame-Selektion. Kölner Zeitschrift für Soziologie und Sozialpsychologie 59, S. 215–239.

Kroneberg, C.; Schulz, S. (2018): Revisiting the role of self-control in Situational Action Theory. European Journal of Criminology 15, S. 56–76.

Krüger, T.; Sinke, C.; Kneer, J.; Tenbergen, G.; Khan, A.Q.; Burkert, A.; Müller-Engling, L.; Engler, H.; Gerwinn, H.; v. Wurmb-Schwark, N.; Pohl, A.; Weiß, S.; Amelung, T.; Mohnke, S.; Massau, C.; Kärgel, C.; Walter, M.; Schlitz, K.; Beier, K.M.; Ponseti, J.; Schiffer, B.; Walter, H.; Jahn, K.; Frieling, H. (2019): Child sexual offenders show prenatal and epigenetic alterations of the androgen system. Translational Psychiatry 9, S. 1–11.

Kruttschnitt, C.; House, C.C.; Kalsbeek, W.D. (Hrsg.) (2014): Estimating the incidence of rape and sexual assault. National Research Council (U.S.). Washington, D.C: National Academies Press. Online verfügbar unter https://www.hoplofobia.info/wp-content/uploads/2014/05/Estimating_ the_Incidence_of_Rape_and_Sexual_Assault.pdf (Zugriff am 5.2.2021).

Kubink, M. (1993): Verständnis und Bedeutung von Ausländerkriminalität. Eine Analyse der Konstitution sozialer Probleme. Pfaffenweiler: Centaurus.

Kubitzki, J. (2001): Ecstasy im Straßenverkehr. Zeitschrift für Verkehrssicherheit 47, S. 178–183.

Kuckartz, U. (2010): Einführung in die computergestützte Analyse qualitativer Daten. Wiesbaden: VS Verlag für Sozialwissenschaften.

Kuckartz, U.; Rädiker, S.; Ebert, T.; Schehl, J. (2013): Statistik. Eine verständliche Einführung. 2. Aufl. Wiesbaden: Springer VS.

Kühne, E.; Liebl, K. (Hrsg.) (2021): Polizeiwissenschaft – Fiktion, Option oder Notwendigkeit? Frankfurt am Main: Verlag für Polizeiwissenschaft.

Kühnel, S.M.; Krebs, D. (2010): Multinomiale und ordinale Regression. In: Wolf, C.; Best, H. (Hrsg.), Handbuch der sozialwissenschaftlichen Datenanalyse. Wiesbaden: VS Verlag für Sozialwissenschaften, S. 855–886.

Küper, W. (1968): Cesare Beccaria und die kriminalpolitische Aufklärung des 18. Jahrhunderts. Juristische Schulung 8, S. 547–553.

Kürzinger, J. (1978): Private Strafanzeige und polizeiliche Reaktion. Berlin: Duncker & Humblot.

Kuhn, T. (2011): Die Struktur wissenschaftlicher Revolutionen. 2. Aufl. Frankfurt am Main: Suhrkamp.

Kunczik, M.; Zipfel, A. (2002): Gewalttätig durch Medien? Das Parlament: Aus Politik und Zeitgeschichte 44, S. 29–37.

Kunkel, A.; Opaschowski, H.W. (1998): Fernsehleben. Mediennutzung als Sozialisationsfaktor. Auswirkungen des Fernsehens auf Gesellschaft und Individuum. München: Fischer.

Kunz, F. (2014): Kriminalität älterer Menschen. Beschreibung und Erklärung auf der Basis von Selbstberichtsdaten. Berlin: Duncker & Humblot.

Kunz, K.-L.; Singelstein, T. (2016): Kriminologie. Eine Grundlegung. 7. Aufl. Bern: Haupt.

Kunz, V. (2004): Rational Choice. Frankfurt am Main u. a.: Campus.

Kury, H. (2007): Geschichte der Kriminologie in Europa. In: Schneider, H.-J. (Hrsg.), Internationales Handbuch der Kriminologie. Band 1: Grundlagen der Kriminologie. Berlin: De Gruyter, S. 53–98.

Kury, H.; Lichtblau, A.; Neumaier, A.; Obergfell-Fuchs, J. (2005): Kriminalitätsfurcht. Zu den Problemen ihrer Erfassung. Schweizerische Zeitschrift für Kriminologie 4, S. 3–19.

Kury, H.; Obergfell-Fuchs, J. (2006): Punitivität in Deutschland. Zur Diskussion um eine neue „Straflust". In: Feltes, T.; Pfeiffer, C.; Steinhilper, G. (Hrsg.), Kriminalpolitik und ihre wissenschaftlichen Grundlagen. Festschrift für Professor Hans-Dieter Schwind zum 70. Geburtstag. Heidelberg: Müller, S. 1021–1043.

Kury, H.; Obergfell-Fuchs, J. (2007): Sexualkriminalität. In: Schneider, H. J. (Hrsg.), Internationales Handbuch der Kriminologie. Band 1: Grundlagen der Kriminologie. Berlin: De Gruyter, S. 613–666.
Lachmund, C. (2011): Der alte Straftäter. Die Bedeutung des Alters für Kriminalitätsentstehung und Strafverfolgung. Berlin: Lit.
LaGrange, R.L.; Ferraro, K.F.; Supancic, M. (1992): Perceived risk and fear of crime: Role of social and physical incivilities. Journal of Research in Crime and Delinquency 29, S. 311–334.
LaGrange, T.C.; Silverman, R.A. (1999): Low Self-Control and Opportunity: Testing the General Theory of Crime as an Explanation for Gender Differences in Delinquency. Criminology 37, S. 41–72.
Lammel, M. (2010): Schuldfähigkeit bei Intelligenzminderung („Schwachsinn"). In: Kröber, H.L.; Dölling, D.; Leygraf, N.; Sass, H. (Hrsg.), Handbuch der Forensischen Psychiatrie. Band 2: Psychopathologische Grundlagen und Praxis der Forensischen Psychiatrie im Strafrecht. Heidelberg: Springer, S. 372–442.
Lamnek, S. (1979): Theorien abweichenden Verhaltens. München: Fink.
Lamnek, S. (1994): Neue Theorien abweichenden Verhaltens. München: Fink.
Lamnek, S. (2010): Qualitative Sozialforschung. Weinheim: Beltz.
Lamnek, S. (2021): Theorien abweichenden Verhaltens. 11. Aufl. Paderborn: Brill Fink.
Lampe, E.-J. (1999): Strafphilosophie. Studien zur Strafgerechtigkeit. Köln u. a.: Heymanns.
Lampe, E.-J.; Lenckner, T.; Stree, W.; Tiedemann, K.; Weber, U. (1977): Alternativ-Entwurf eines Strafgesetzbuches Besonderer Teil Straftaten gegen die Wirtschaft. Tübingen: Mohr.
Landeskriminalamt Niedersachsen (2016): Befragung zu Sicherheit und Kriminalität in Niedersachsen 2015. Bericht zu Kernbefunden der Studie. Hannover: Landeskriminalamt Niedersachsen.
Landespräventionsrat Niedersachsen (2007): Qualität in der Kriminalprävention. Beccaria-Standards. Internetpublikation: https://www.beccaria-standards.net/Media/Beccaria-Standards-deutsch.pdf (Zugriff am 7.2.2020).
Lange, J. (1929): Verbrechen als Schicksal – Studien an kriminellen Zwillingen. Thieme: Leipzig.
Langer, W. (1994): Staatsanwälte und Richter. Justizielles Entscheidungsverhalten zwischen Sachzwang und lokaler Justizkultur. Stuttgart: Enke.
Laub, J.H.; Nagin, D.S.; Sampson, R.J. (1998): Trajectories of Change in Criminal Offending: Good Marriages and the Desistance Process. American Sociological Review 63: 225–238.
Laub, J.H.; Sampson, R.J. (1992): Criminal Careers and Crime Control in Massachusetts [The Glueck Study]: A Matched-Sample Longitudinal Research Design, Phase I, 1939–1963. Ann Arbor. Internetpublikation: https://doi.org/10.3886/ICPSR09735.v1 (Zugriff am 5.2.2021).
Laub, J.H.; Samson, R.J. (2003): Shared Beginnings, Divergent Lives. Delinquent Boys to Age 70. Cambridge/Massachusetts, London: Harvard University Press.
Laubenthal, K. (2010): Gefangenensubkulturen. Aus Politik und Zeitgeschichte 60, S. 34–39.
Laubenthal, K. (2019): Strafvollzug. 8. Aufl. Berlin: Springer.
Laue, C. (2002): Broken Windows und das New Yorker Modell – Vorbilder für die Kriminalprävention in deutschen Großstädten? In: Landeshauptstadt Düsseldorf Arbeitskreis Vorbeugung und Sicherheit (Hrsg.), Düsseldorfer Gutachten: Empirisch gesicherte Erkenntnisse über kriminalpräventive Wirkungen. Düsseldorf: Landeshauptstadt Düsseldorf, S. 333–426. Online verfügbar unter https://www.duesseldorf.de/fileadmin/Dez07/kpr/downloads/dg.pdf (Zugriff am 11.12.2019).
Laue, C. (2010): Evolution, Kultur und Kriminalität. Über den Beitrag der Evolutionstheorie zur Kriminologie. Berlin, Heidelberg: Springer.
Laue, C. (2015): Die Anlage-Umwelt-Debatte in der Kriminologie. In: Melzer, W.; Hermann, D.; Sandfuchs, U.; Schäfer, M.; Schubarth, W.; Daschner, P. (Hrsg.), Handbuch Aggression, Gewalt und Kriminalität bei Kindern und Jugendlichen. Bad Heilbrunn: Klinkhardt, S. 81–84.
Lauritsen, J.L.; Heimer, K.; Lynch, J.P. (2009): Trends in the Gender Gap in Violent Offending: New Evidence from the National Crime Victimization Surveys. Criminology 47, S. 361–399.
Le Blanc, M. (1993): Prevention of Adolescent Delinquency, an Integrative Multilayered Control Theory Based Perspective. In: Farrington, D.P.; Sampson, R.J.; Wikström; P.-O.H. (Hrsg.),

Integrating Individual and Ecological Aspects of Crime. BRÅ-report 1993:1, Stockholm: National Council for Crime Prevention, S. 279–322.

Le Blanc, M. (1997): A Generic Control Theory of the Criminal Phenomenon: The Structural and Dynamic Statement of an Integrative Multilayered Control Theory. In: Thornberry, T.P. (Hrsg), Developmental Theories of Crime and Delinquency. New Brunswick, London: Transaction Publishers, S. 215–285.

Leder, H.-C. (1988): Frauen- und Mädchenkriminalität. Eine kriminologische und soziologische Untersuchung. Heidelberg: KriminalistikVerlag.

Lee, W. (1977): Psychologische Entscheidungstheorie. Weinheim: Beltz.

Lehner, B.; Kepp, J. (2014): Daten, Zahlen und Fakten. In: Deutsche Hauptstelle für Suchtfragen (Hrsg.), Jahrbuch Sucht 2014. Lengerich: Pabst, S. 9–36.

Lemert, E.M. (1951): Social Pathology. A Systematic Approach to the Theory of Sociopathic Behavior. New York u. a.: McGraw-Hill.

Lemert, E.M. (1972): Human Deviance, Social Problems, and Social Control. 2. Aufl., Englewood Cliffs: Prentice-Hall.

Lemert, E.M. (1974): Der Begriff der sekundären Devianz. In: Lüderssen, K.; Sack, F. (Hrsg.), Seminar: Abweichendes Verhalten I. Die selektiven Normen der Gesellschaft. Frankfurt am Main: Suhrkamp, S. 433–476.

Leonhart, R.; Hoelzenbein, A.C.; Lichtenberg, S.; Schornstein, K.; Groß, J. (2017): Lehrbuch Statistik. Einstieg und Vertiefung. 4. Aufl. Bern: Hogrefe.

Lepsius, M.R. (1999): Die „Moral" der Institutionen. In: Gerhards, J.; Hitzler, R. (Hrsg.), Eigenwilligkeit und Rationalität sozialer Prozesse. Festschrift zum 65. Geburtstag von Friedhelm Neidhardt. Opladen: Westdeutscher Verlag, S. 113–126.

Lerman, P. (1968): Individual Values, Peer Values and Subcultural Delinquency. American Sociological Review 33, S. 219–235.

Leukfeldt E.R; Yar, M. (2016): Applying routine activity theory to cybercrime: A theoretical and empirical analysis. Deviant Behavior 37, S. 263–280.

Leuschner, F. (2020): Täterinnen. Hintergründe und Deliktsstrukturen von Straftaten durch Frauen. Forenschsische Psychiatrie, Psychologie, Kriminologie 14, S. 130–140.

Leymann, H. (1995): Der neue Mobbing-Bericht. Erfahrungen und Initiativen, Auswege und Hilfsangebote. Reinbek bei Hamburg: Rowohlt.

Lichstein, M. (2017): Opfer-Täter-Ketten, Schnittpunkte und Metamorphosen. Ist der „Kreislauf der Gewalt" empirisch belegt? Berlin: Lit.

Liebl, K. (2014): Viktimisierung, Kriminalitätsfurcht und Anzeigeverhalten im Freistaat Sachsen. Eine Untersuchung zum Dunkelfeld im Jahre 2010. Frankfurt am Main: Verlag für Polizeiwissenschaft.

Lind, G. (1978): Wie mißt man moralisches Urteil? Probleme und Möglichkeiten der Messung eines komplexen Konstrukts. In: Portele, G. (Hrsg.), Sozialisation und Moral. Neuere Ansätze zur moralischen Entwicklung und Erziehung. Weinheim: Beltz, S. 171–180.

Lind, G. (1993): Moral und Bildung. Zur Kritik von Kohlbergs Theorie der moralisch-kognitiven Entwicklung. Heidelberg: Asanger.

Lind, G., Grocholewska, K.; Langer, J. (1986): Haben Frauen eine andere Moral? Eine empirische Untersuchung von Studentinnen und Studenten in Österreich, der Bundesrepublik Deutschland und Polen. In: Unterkircher, L.; Wagner, I. (Hrsg.), Die andere Hälfte der Gesellschaft. Soziologische Befunde zu geschlechtsspezifischen Formen der Lebensbewältigung. Wien: Verlag des Österreichischen Gewerkschaftsbundes, S. 394–406.

Lind, G.; Wakenhut, R. (1983): Tests zur Erfassung der moralischen Urteilskompetenz. In: Lind, G.; Hartmann, H.; Wakenhut, R. (Hrsg.), Moralisches Urteilen und soziale Umwelt. Theoretische, methodologische und empirische Untersuchungen. Weinheim: Beltz, S. 59–80.

Lizotte, A.J.; Thornberry, T.P.; Krohn, M.D.; Chard-Wierschem, D.; McDowall, D. (1994): Neighborhood Context and Delinquency: A Longitudinal Analysis. In: Weitekamp, E.G.M.; Kerner, H.-J. (Hrsg.), Cross-National Longitudinal Research on Human Development and Criminal Behavior. Dordrecht u. a.: Kluwer, S. 217–227.

Loeber, R.; Farrington, D.P.; Strouthamer-Loeber, M. (2003): The Development of Male Offending: Key Findings from Fourteen Years of the Pittsburgh Youth Study. In: Thornberry, T.P.; Krohn, M.D. (Hrsg.), Taking Stock of Delinquency. New York: Kluwer Academic Plenum Publishers, S. 93–136.

Loeber, R.; Wei, E.; Stouthamer-Loeber, M.; Huizinga, D.; Thornberry, T. (1999): Behavioral antecedents to serious and violent offending: Joint analyses from the Denver Youth Survey, Pittsburgh Youth Study and the Rochester Youth Development Study. Studies on Crime and Crime Prevention 8, S. 245–263.

Löschper, G. (2000): Kriminalität und soziale Kontrolle als Bereiche qualitativer Sozialwissenschaft. Forum Qualitative Sozialforschung/Forum: Qualitative Social Research, 1(1), Art. 9, http://nbn-resolving.de/urn:nbn:de:0114-fqs000195 (Zugriff am 5.2.2021).

Lösel, F. (1983): Einführung. In: Lösel, F. (Hrsg.), Kriminalpsychologie. Grundlagen und Anwendungsbereiche. Weinheim: Beltz, S. 9–25.

Lösel, F. (1993): Kriminalitätstheorien, psychologische. In: Kaiser, G.; Kerner, H.J.; Sack, F.; Schellhoss, H. (Hrsg.), Kleines kriminologische Wörterbuch. Heidelberg: Müller, S. 253–267.

Lösel, F. (2006): Hooliganismus in Deutschland: Verbreitung, Ursachen und Prävention. Monatsschrift für Kriminologie und Strafrechtsreform 89, S. 229–245.

Lösel, F. (2017): Der internationale Rückgang der Kriminalität vor der Migrationskrise: Erklärungen und eigene Langzeitergebnisse zur Jugenddelinquenz. In: Safferling, C; Kett-Straub, G.; Jäger, C.; Kudlich, H. (Hrsg.), Festschrift für Franz Streng zum 70. Geburtstag. Heidelberg: Müller, S. 539–563.

Lösel, F. (2020): Entwicklungspfade der Straftäterbehandlung: skizzierte Wege und Evaluation der Zielerreichung. Forensische Psychiatrie, Psychologie, Kriminologie 14, S. 35–49.

Lösel, F.; Linz, P. (1975): Familiale Sozialisation von Delinquenten. In: Abele, A.; Mitzlaff, S.; Nowack, W. (Hrsg.), Abweichendes Verhalten, Erklärungen, Scheinerklärungen und praktische Probleme, Stuttgart: Frommann, S. 181–203.

Lösel, F.; Plankensteiner, B. (2005): Campbell collaboration on crime and justice zum Thema „Die Wirksamkeit der Videoüberwachung". Bonn: Stiftung Deutsches Forum für Kriminalprävention. Internetpublikation: https://www.kriminalpraevention.de/files/DFK/dfk-publikationen/2005_wirksamkeit_videoueberwachung.pdf (Zugriff am 5.2.2021).

Lombroso, C. (1894): Neue Fortschritte in den Verbrecherstudien. Leipzig: Wilhelm Friedrich.

Lombroso, C.; Ferrero, G. (1894): Das Weib als Verbrecherin und Prostituierte – anthropologische Studien, gegruendet auf einer Darstellung der Biologie und Psychologie des normalen Weibes. Hamburg: Königlich schwedisch-norwegische Hofverlagshandlung.

Ludwig-Mayerhofer, W.; Liebeskind, U.; Geißler, F. (2014): Statistik. Eine Einführung für Sozialwissenschaftler. Weinheim, Basel: Beltz Juventa.

Ludwig-Mayerhofer, W.; Rzepka, D. (1998): Diversion und Täterorientierung im Jugendstrafrecht. Stimmt die These von Hermann und Wild zur Täterorientierung der Jugendstrafrechtspraxis (noch)? Eine Replikationsstudie. Monatsschrift für Kriminologie und Strafrechtsreform 81, S. 17–37.

Lück, H.E. (2011): Geschichte der Psychologie – Strömungen, Schulen, Entwicklungen, 5. Aufl. Stuttgart: Kohlhammer.

Lüdemann, C. (2005): Benachteiligte Wohngebiete, lokales Sozialkapital und „Disorder". Eine Mehrebenenanalyse zu den individuellen und sozialräumlichen Determinanten der Perzeption von physical und social incivilities im städtischen Raum. Monatsschrift für Kriminologie und Strafrechtsreform 88, S. 240–256.

Lüdemann, C. (2006): Kriminalitätsfurcht im urbanen Raum – Eine Mehrebenenanalyse zu individuellen und sozialräumlichen Determinanten verschiedener Dimensionen von Kriminalitätsfurcht. Kölner Zeitschrift für Soziologie und Sozialpsychologie 58, S. 285–306.

Lüdemann, C.; Peter, S. (2007): Kriminalität und Sozialkapital im Stadtteil: Eine Mehrebenenanalyse zu individuellen und sozialräumlichen Determinanten von Viktimisierungen. Zeitschrift für Soziologie 36, S. 25–42.

Lüdemann, C.; Sascha, P. (2007): Kriminalität und Sozialkapital im Stadtteil – eine Mehrebenenanalyse zu individuellen und sozialräumlichen Determinanten von Viktimisierungen. Zeitschrift für Soziologie 36, S. 25–42.

Lynch, M. J. (1990): The Greening of Criminology: A Perspective in the 1990s. Critical Criminologist 2, S. 1–5.

Maier, M.S. (2018): Familie im Wandel. In: Jergus K.; Krüger J.; Roch A. (Hrsg.), Elternschaft zwischen Projekt und Projektion. Wiesbaden: Springer VS, S. 255–272.

Maier, W.; Hauth, I.; Berger, M.; Saß, H. (2016): Zwischenmenschliche Gewalt im Kontext affektiver und psychotischer Störungen. Der Nervenarzt 87, S. 53–68.

Manky, D. (2013): Cybercrime-as-a-Service: A very Modern Business. Computer Fraud & Security 6, S. 9–13.

Mannheim, H. (1960): Pioneers in Criminology. London: Stevens.

Manzoni, P.; Schwarzenegger, C. (2019): The Influence of Earlier Parental Violence on Juvenile Delinquency: The Role of Social Bonds, Self-Control, Delinquent Peer Association and Moral Values as Mediators. European Journal on Criminal Policy and Research 25, S. 225–239.

Marks, E.; Meyer, A.; Linssen, R. (Hrsg.) (2005): Quality in Crime Prevention. Hannover: Landespräventionsrat Niedersachsen. Internetpublikation: http://beccaria.de/Kriminalpraevention/en/Documents/beccaria_quality%20in%20crime%20prevention.pdf (Zugriff am 7.2.2020).

Martin, C. (2007): Sentencing decisions in Chicago homicide cases: Does race matter? Ann Arbor MI: ProQuest Information and Learning.

Martinson, R. (1974): What works? Questions and answers about prison reform. The Public Interest 35, S. 22–54.

Marvell, T.B.; Moody, C.E. (1996): Specification Problems, Police Levels, and Crime Rates. Criminology 34, S. 609–646.

Marx, K. (2012): Gesamtausgabe Marx-Engels-Werke. Berlin: Akademie Verlag.

Marx, K. (2017): Das Kapital. Kritik der politischen Ökonomie, Erster Band, Buch I: Der Produktionsprozess des Kapitals. Neue Textausgabe. Hg. von Thomas Kuczynski. Hamburg: VSA Verlag.

Marx, W. (1989): Die Phänomenologie Edmund Husserls. München: Fink.

Materni, S. (2019): Erpressung mit kompromittierendem Material: Wie lässt sich Sextortion verhindern? Kriminalistik 73, S. 326–330.

Matthes, A.; Eher, R. (2013a): Der Stable-2007 zur Erfassung des stabil-dynamischen Risikos bei Sexualstraftätern. In: Rettenberger, M.; von Franqué, F. (Hrsg.), Handbuch kriminalprognostischer Verfahren. Göttingen: Hogrefe, S. 202–211.

Matthes, A.; Eher, R. (2013b): Der Acute-2007 zur Erfassung des akut-dynamischen Risikos bei Sexualstraftätern. In: Rettenberger, M.; von Franqué, F. (Hrsg.), Handbuch kriminalprognostischer Verfahren. Göttingen: Hogrefe, S. 212–219.

Matsueda, R. L.; Anderson, K. (1998): The Dynamics of Delinquent Peers and Delinquent Behavior. Criminology 36, S. 269–307.

Maurach, R.; Zipf, H. (1992): Strafrecht Allgemeiner Teil. Teilband 1: Grundlehren des Strafrechts und Aufbau der Straftat. Ein Lehrbuch. 8. Aufl. Heidelberg: Müller.

Maxfield, M. (1987): Lifestyle and Routine Activity Theories of Crime: Empirical Studies of Victimization, Delinquency, and Offender Decision-Making. Journal of Quantitative Criminology 3, S. 275–282.

Mayer, S. (2006): Akkulturation und intergenerationale Transmission von Gewalt in türkischen Migrantenfamilien. Eine longitudinale Mehrebenenanalyse. Dissertation Universität Magdeburg. Internetpublikation: http://nbn-resolving.de/urn:nbn:de:gbv:3:5-40396 (Zugriff am 8.11.2019).

Mayntz, R. (1997): Soziale Dynamik und politische Steuerung. Theoretische und methodologische Überlegungen. Frankfurt am Main, New York: Campus.

Mayring, P. (2002): Einführung in die qualitative Sozialforschung. Weinheim, Basel: Beltz.

Mayring, P. (2010): Qualitative Inhaltsanalyse. In: Mey, G.; Mruck, K. (Hrsg.), Handbuch Qualitative Forschung in der Psychologie. Wiesbaden: VS Verlag für Sozialwissenschaften, S. 601–613.

Mayring, P. (2015): Qualitative Inhaltsanalyse. Grundlagen und Techniken. 12. Aufl. Weinheim: Beltz.
Mazur, A. (1985): A Biosocial Model of Status in Face-to-Face Primate Groups. Social Forces 64, S. 377–402.
Mazur, A.; Booth, A. (1998): Testosterone and Dominance in Men. Behavioral and Brain Sciences 21, S. 353–397.
McKay, H. D.; Shaw, C. R. (1942): Juvenile Delinquency and Urban Areas. Chicago: The University of Chicago Press.
McKenzie, R.B.; Tullock, G. (1984): Homo oeconomicus. Ökonomische Dimensionen des Alltags. Frankfurt am Main, New York: Campus.
McNamee, S. (1977): Moral Behavior, Moral Development, and Motivation. Journal of Moral Education 7, S. 27–31.
Mead, G.H. (2008): Geist, Identität und Gesellschaft aus der Sicht des Sozialbehaviorismus. Frankfurt am Main: Suhrkamp.
Medienpädagogischer Forschungsverbund Südwest (2020): JIM Studie 2019 Jugend Information Medien. Stuttgart: Medienpädagogischer Forschungsverbund Südwest.
Mednick, S.A.; Gabrielli Jr., W.F.; Hutchings, B. (1987): Genetic Factors in the Etiology of Criminal Behavior. In: Mednick, S.A.; Moffitt, T.E.; Stack, S. (Hrsg.), The Causes of Crime. New Biological Approaches. New York: Cambridge University Press, S. 74–91.
Mehlkop, G.; Becker, R. (2004): Soziale Schichtung und Delinquenz. Eine empirische Anwendung eines Rational-Choice-Ansatzes mit Hilfe von Querschnittsdaten des ALLBUS 1990 und 2000. Kölner Zeitschrift für Soziologie und Sozialpsychologie 56, S. 95–126.
Mehlkop, G.; Graeff, P. (2006): Mord, Selbstmord und Anomie. Ein neuer Ansatz zur Operationalisierung und empirischen Anwendung des Anomiekonstruktes von Emile Durkheim. Sozialwissenschaften und Berufspraxis 29, S. 56–69.
Meier, B.-D. (2012): Sicherheit im Internet. Neue Herausforderungen für Kriminologie und Kriminalpolitik. Monatsschrift für Kriminologie und Strafrechtsreform 95, S. 184–204.
Meier, B.-D. (2013): Kinderpornographie im Internet. Ergebnisse eines Forschungsprojekts. In: Dölling, D.; Jehle, J.-M. (Hrsg.), Täter • Taten • Opfer. Grundlagenfragen und aktuelle Probleme der Kriminalität und ihrer Kontrolle. Mönchengladbach: Forum Verlag Godesberg, S. 374–391.
Meier, B.-D. (2019a): Strafrechtliche Sanktionen. 5. Aufl. Berlin: Springer.
Meier, B.-D. (2019b): Forschungsdesiderata zu den Wirkungen der strafrechtlichen Sanktionen. In: Dessecker, A.; Harrendorf, S.; Höffler, K. (Hrsg.), Angewandte Kriminologie – Justizbezogene Forschung. 12. Kriminalwissenschaftliches Kolloquium und Symposium zur Ehren von Jörg-Martin Jehle 22./23. Juni 2018. Göttingen: Universitätsverlag Göttingen, S. 215–231.
Meier, B.-D. (2019c): Jugendkriminalität - Erscheinungsformen und Ursachen. In: Meier, B.-D.; Rössner, D.; Schöch, H.; Bannenberg, B.; Höffler, K.; Jugendstrafrecht. 4. Aufl. München: Beck, S. 49–70.
Meier, B.-D. (2021): Kriminologie. 6. Aufl. München: Beck.
Meier, D. (2016): Digitale Erpressung. Kriminalistik 70, S. 361–365.
Melzer, W.; Schubarth, W. (2015): Gewalt. In: Melzer, W.; Hermann, D.; Sandfuchs, U.; Schäfer, M.; Schubarth, W.; Daschner, P. (Hrsg.), Handbuch Aggression, Gewalt und Kriminalität bei Kindern und Jugendlichen. Bad Heilbrunn: Klinkhardt, S. 23–29.
Mendelsohn, B. (1956): Une nouvelle branche de la science bio-psychosociale: la victimologie. Revue internationale de criminologie et de police technique 10, S. 95–109.
Menzel, B.; Peters, H. (1998): „Self-Reports" taugen wenig für objektive Vergleiche. Kölner Zeitschrift für Soziologie und Sozialpsychologie 50, S. 560–564.
Mergen, A. (1995): Die Kriminologie. Eine systematische Darstellung. 3. Aufl. München: Vahlen.
Merton, R.K. (1957): Social Theory and Social Structure. 2. Aufl. Glencoe, Ill: Free Press.
Merton, R.K. (1967): Anomie, Anomia, and Social Interaction: Contexts of Deviant Behavior. In: Clinard, M.B. (Hrsg.), Anomie and Deviant Behavior: A Discussion and Critique. 3. Aufl. New York: Holt, Reinhart and Winston, S. 213–242.
Merton, R.K. (1979): Sozialstruktur und Anomie. In: Sack, F.; König, R. (Hrsg.), Kriminalsoziologie. 3. Aufl. Wiesbaden: Akademische Verlagsgesellschaft, S. 283–313.

Merton, R.K. (1995a): Sozialstruktur und Anomie. In: Meja, V.; Stehr, N. (Hrsg.), Robert K. Merton. Soziologische Theorie und soziale Struktur. Berlin, New York: de Gruyter, S. 127–154.
Merton, R.K. (1995b): Weiterentwicklungen der Theorie der Sozialstruktur und Anomie. In: Meja, V.; Stehr, N. (Hrsg.), Robert K. Merton. Soziologische Theorie und soziale Struktur. Berlin, New York: de Gruyter, S. 155–185.
Messerschmidt, J. (1988): Überlegungen zu einer sozialistisch-feministischen Kriminologie. In: Janssen, H. R., Kaulitzky, R.; Michalowsky, R. (Hrsg.), Radikale Kriminologie. Themen und theoretische Positionen der amerikanischen Radical Criminology. Bielefeld: AJZ Verlag, S. 83–101.
Messner, S. (2003): Sozialstruktur und Anomie. An institutional Anomie Theory of crime: Continuities and elaborations in the study of social structure and anomie. In: Oberwittler, D.; Karstedt, S. (Hrsg.), Soziologie der Kriminalität. Sonderheft der Kölner Zeitschrift für Soziologie und Sozialpsychologie. Wiesbaden: VS Verlag für Sozialwissenschaften, S. 93–109.
Messner, S.F.; Rosenfeld, R. (2013): Crime and the American dream. 5. Aufl. Belmont: Wadsworth.
Messner, S.F.; Thome, H.; Rosenfeld, R. (2008): Institutions, Anomie, and Violent Crime: Clarifying and Elaborating Institutional-Anomie Theory. International Journal of Conflict and Violence 2, S. 163–181.
Meuser, M.; Löschper, G. (2002): Einleitung: Qualitative Forschung in der Kriminologie. Forum Qualitative Sozialforschung/Forum: Qualitative Social Research 3(1), Art. 12, https://www.qualitative-research.net/index.php/fqs/article/view/876/1905 (Zugriff am 5.2.2021).
Mey, G. (2011): Grounded Theory Reader: VS Verlag für Sozialwissenschaften.
Meyer, A. (2006): Beccaria-Standards – Tools für strukturiertes Vorgehen in der Kriminalprävention. Zeitschrift für Jugendkriminalrecht und Jugendhilfe 17, S. 314–317.
Meyer, A.; Coester, M.; Marks, E. (2010): Das Beccaria-Programm: Qualitätsmanagement in der Kriminalprävention. Berliner Forum Gewaltprävention 41, S. 84–94.
Meyer-Goßner, L.; Schmitt, B. (2020): Strafprozessordnung. Gerichtsverfassungsgesetz, Nebengesetze und ergänzende Bestimmungen. 63. Aufl. München: Beck.
Mezger, E. (1934): Kriminalpolitik auf kriminologischer Grundlage. Stuttgart: Enke.
Mezger, E. (1942): Kriminalpolitik und ihre kriminologischen Grundlagen, 3. Aufl. Stuttgart: Enke.
Milgram, J. (1990): Das Milgram-Experiment. Zur Gehorsamsbereitschaft gegenüber Autorität. Reinbek bei Hamburg: Rowohlt.
Miller, W.B. (1979): Die Kultur der Unterschicht als ein Entstehungsmilieu für Bandendelinquenz. In: Sack, F.; König, R. (Hrsg.), Kriminalsoziologie. 3. Aufl. Wiesbaden: Akademische Verlagsgesellschaft, S. 339–359.
Mischau, A. (1997): Frauenforschung und feministische Ansätze in der Kriminologie. Dargestellt am Beispiel kriminologischer Theorien zur Kriminalität und Kriminalisierung von Frauen. Pfaffenweiler: Centaurus.
Mischau, A. (1999): Frauenforschung und feministische Wissenschaftskritik in der Kriminologie. Kriminologisches Journal, 7. Beiheft, S. 141–158.
Mittag, H.-J. (2017): Statistik. Eine Einführung mit interaktiven Elementen. 5. Aufl. Berlin: Springer Spektrum.
Möhring, W.; Schlütz, D. (2013): Standardisierte Befragung – Messmethodik und Designs in der Medienwirkungsforschung. In: Schweiger, W.; Fahr, A. (Hrsg.), Handbuch Medienwirkungsforschung. Wiesbaden: Springer VS, S. 565–579.
Möller, M.; Hartung, M.; Wilske, J. (1999): Prävalenz von Drogen und Medikamenten bei verkehrsauffälligen Kraftfahrern. Blutalkohol 36, S. 25–38.
Moffitt, T.E. (1993): Adolescence-limited and Life-course persistent Antisocial Behavior: A Developmental Taxonomy. Psychological Review 100, S. 674–701.
Moffitt, T.E. (2003): Life-course-persistent and Adolescence-limited Antisocial Behavior: A 10-year Research Review and a Research Agenda. In: Lahey, B.B.; Moffitt, T.E.; Caspi, A. (Hrsg.), Causes of Conduct Disorder and Juvenile Delinquency. New York, London: Guilford, S. 49–75.
Mohn, U.; Grasnick, A. (2008): Sicherheit durch Stadtgestaltung. Stadt und Gemeinde interaktiv 63, S. 16–19.

Mokros, A. (2013): PCL-R/PCL:SV – Psychopathy Checklist-Revised/Psychopathy Checklist: Screening Version. In: Rettenberg, M.; von Franqué, F. (Hrsg.), Handbuch kriminalprognostischer Verfahren. Göttingen: Hogrefe, S. 83–107.
Mokros, A.; Dreßing, H.; Habermeyer, E. (2021): Die Begutachtung der Kriminalprognose. Risikobeurteilung und -handhabung. In: Dreßing, H.; Habermeyer, E. (Hrsg.), Psychiatrische Begutachtung. Ein praktisches Handbuch für Ärzte und Juristen. 7. Aufl. München: Elsevier, S. 459–485.
Mokros, A.; Hollerbach, P.; Nitschke, J.; Habermeyer, E. (2017): Deutsche Version der Hare Psychopathy Checklist-Revised (PCL-R) von R.D. Hare: Manual. Göttingen: Hogrefe.
Mokros, A.; Nitschke, J. (2021): Sexueller Sadismus: Aktueller Wissensstand und die Codierung gemäß DSM5-TR und ICD-11. Forensische Psychiatrie, Psychologie, Kriminologie 15, S. 39–46.
Moore, T.M.; Scarpa, A.; Raine, A. (2002): A Meta-Analysis of Serotonin Metabolite 5-HIAA and Antisocial Behavior. Aggressive Behavior 28, S. 299–316.
Mosconi, G.; Padovan, D. (2004): Social Capital, Insecurity and Fear of Crime. In: Albrecht, H.-J.; Serassis, T.; Kania, H. (Hrsg.), Images of Crime II. Representations of Crime and the Criminal in Politics, Society, the Media, and the Arts. Freiburg im Breisgau: edition iuscrim, S. 137–166.
Moser, T. (1987): Jugendkriminalität und Gesellschaftsstruktur. Frankfurt am Main: Suhrkamp.
Mourtgos, S.M.; Adams, I.T. (2020): The Effect of Prosecutional Actions on Deterrence: A County-Level Analysis. Criminal Justice Policy Review 31, S. 479–499.
Müller, C. (2004): Verbrechensbekämpfung im Anstaltsstaat. Psychiatrie, Kriminologie und Strafrechtsreform in Deutschland 1871–1933. Göttingen: Vandenhoeck & Ruprecht.
Müller, J.L.; Nedopil, N. (2017): Forensische Psychiatrie. Klinik, Begutachtung und Behandlung zwischen Psychiatrie und Recht. 5. Aufl. Stuttgart: Thieme.
Müller, N. (2015): Kriminalprävention durch Baugestaltung. Berlin: Lit.
Müller, U.; Schröttle, M. (2004): Lebenssituationen, Sicherheit und Gesundheit von Frauen in Deutschland. Eine repräsentative Untersuchung zu Gewalt gegen Frauen in Deutschland. Berlin: Bundesministerium für Familie, Senioren, Frauen und Jugend.
Müller-Isberner, R.; Eucker, S. (2012): Besondere Behandlungsprobleme bei einzelnen Patientengruppen. In: Müller-Isberner, R.; Eucker, S.; Laut-Zimmermann, M.; Bauer, P. (Hrsg.), Praxishandbuch Maßregelvollzug. Grundlagen, Konzepte und Praxis der Kriminaltherapie, 2. Auflage. Berlin: Medizinisch Wissenschaftliche Verlagsgesellschaft, S. 125–138.
Mueller-Johnson, K.U.; Dhami, M.K. (2010): Effects of Offenders' Age and Health on Sentencing Decisions. The Journal of Social Psychology 150, S. 77–97.
Münster, P. M. (2006): Das Konzept des reintegrative shaming von John Braithwaite. Kriminalsoziologische und praktische Bedeutung einer neuen alten Theorie der strafrechtlichen Sozialkontrolle. Berlin: Lit.
Myers, S.L., Jr. (1983): Estimating the Economic Model of Crime: Employment vs. Punishment Effects. Quarterly Journal of Economics 98, S. 157–166.
Natrop, J. (2015): Angewandte Deskriptive Statistik. Praxisbezogenes Lehrbuch mit Fallbeispielen. Berlin, Boston: De Gruyter.
Nedopil, N. (2005): Prognosen in der Forensischen Psychiatrie – Ein Handbuch für die Praxis. Lengerich: Pabst.
Nelson, J.R.; Smith, D.J.; Dodd, J. (1990): The Moral Reasoning of Juvenile Delinquents: A Meta-Analysis. Journal of Abnormal Child Psychology 18, S. 231–239.
Neubacher, F. (2005): Kriminologische Grundlagen einer internationalen Strafgerichtsbarkeit. Politische Ideen- und Dogmengeschichte, kriminalwissenschaftliche Legitimation, strafrechtliche Perspektiven. Tübingen: Mohr Siebeck.
Neubacher, F. (2020): Kriminologie. 4. Aufl. Baden-Baden: Nomos.
Neumann, U.; Schroth, U. (1980): Neuere Theorien von Kriminalität und Strafe. Darmstadt: Wissenschaftliche Buchgesellschaft.
Neumann-Braun, K.; Müller-Doohm, S. (2000): Medien- und Kommunikationssoziologie – eine Einführung in zentrale Begriffe und Theorien. Weinheim: Juventa.
Newburn, T. (2017): Criminology. 3. Aufl. London, New York: Routledge.

Newman, O. (1972): Defensible space; crime prevention through urban design. New York: Macmillan.
Newman, O. (1996): Creating Defensible Space. Washington: U.S. Department of Housing and Urban Development. Internetpublikation: https://www.huduser.gov/publications/pdf/def.pdf (Zugriff am 29.11.2019).
Nicolai, H. (1933): Rasse und Recht. Berlin: Hobbing.
Niederbacher, A.; Zimmermann, P. (2017): Grundwissen Sozialisation. Einführung zur Sozialisation im Kindes- und Jugendalter. 5. Aufl. Wiesbaden: Springer VS.
Nielsen, J.; Tsuboi, T.; Stürüp, G.; Romano, D. (1968): XYY Chromosomal Constitution in Criminal Psychpaths. The Lancet 292, S. 576.
Niproschke, S. (2018): Die Veränderung von Gewalt an Schulen. In: Hermann, D.; Pöge, A. (Hrsg.), Kriminalsoziologie. Handbuch für Wissenschaft und Praxis. Baden-Baden: Nomos, S. 279–293.
Noll, B. (2020): Wirtschaftskriminalität. Eine wirtschaftsethische Herausforderung. Stuttgart: Kohlhammer.
Nowara, S; Leygraf, N. (1998): Therapiemaßnahmen bei Sexualstraftätern. Deutsches Ärzteblatt 95, S. A88–A90.
Nunner-Winkler, G. (1991): Zur Einführung: Die These von den zwei Moralen. In: Nunner-Winkler, G. (Hrsg), Weibliche Moral. Die Kontroverse um eine geschlechtsspezifische Ethik. Frankfurt am Main, New York: Campus, S. 9–30.
Nunner-Winkler, G.; Nikele, M. (2001): Moralische Differenz oder geteilte Werte? Empirische Befunde zur Gleichheits-/Differenz-Debatte. In: Heintz, B. (Hrsg.), Geschlechtersoziologie. Kölner Zeitschrift für Soziologie und Sozialpsychologie, Sonderheft 41, S. 108–135.
Nuszbaum, M. (2010): Motivierte Wahrnehmung und motiviertes Denken. Unterschiede in der Wahrnehmung und Beurteilung schematischer und fotografischer Emotionsgesichter. Dissertation Universität Freiburg im Breisgau. Internetpublikation: http://nbn-resolving.de/urn:nbn:de:bsz:25-opus-77257 (Zugriff am 14.11.2019).
Oberlies, D. (1990): Geschlechtsspezifische Kriminalität und Kriminalisierung, oder: Wie sich Frauenkriminalität errechnen läßt. Kölner Zeitschrift für Soziologie und Sozialpsychologie 42, S. 129–143.
Oberwittler, D. (2003): Die Messung und Qualitätskontrolle kontextbezogener Befragungsdaten mithilfe der Mehrebenenanalyse – am Beispiel des Sozialkapitals von Stadtvierteln. ZA-Information 53, S. 11–41.
Oberwittler, D. (2004): A multilevel analysis of neighbourhood contextual effects on serious juvenile offending. The role of subcultural values and social disorganization. European Journal of Criminology 1, S. 201–235.
Oberwittler, D. (2005): Correction of results. 'A multilevel analysis of neighbourhood contextual effects on serious juvenile offending: The role of subcultural values and social disorganization'. European Journal of Criminology 2, S. 93–96.
Oberwittler, D.; Blank, T.; Köllisch, T.; Naplava, T. (2001): Soziale Lebenslagen und Delinquenz von Jugendlichen. Ergebnisse der MPI-Schulbefragung 1999 in Freiburg und Köln. Freiburg im Breisgau: edition iuscrim.
Oevermann, U. (1981): Fallrekonstruktionen und Strukturgeneralisierung als Beitrag der objektiven Hermeneutik zur soziologisch-strukturtheoretischen Analyse. Internetpublikation: http://publikationen.ub.uni-frankfurt.de/files/4955/Fallrekonstruktion-1981.pdf (Zugriff am 5.2.2021).
Ohlemacher, T. (1998): Fremdenfeindlichkeit und Rechtsextremismus. Mediale Berichterstattung, Bevölkerungsmeinung und deren Wechselwirkung mit fremdenfeindlichen Gewalttaten, 1991-1997. Soziale Welt 49, S. 319–332.
Olweus, D. (1987): Testosterone and Adrenalin: Aggressive Antisocial Behavior in Normal Adolescent Males. In: Mednick, S.; Moffitt, T.E.; Stack, S.A. (Hrsg.), The Causes of Crime. New Biological Approaches. New York: Cambridge University Press, S. 263–282.
Olweus, D. (2006): Gewalt in der Schule. Was Lehrer und Eltern wissen sollten – und tun können. Bern: Huber.
Olweus, D. (2010): Mobbing an Schulen: Fakten und Intervention. Kriminalistik 64, S. 351–361.

Olweus, D.; Limber, S.P. (2010): The Olweus Bullying Prevention Program. Implementation and evaluation over two decades. In: Jimerson, S.R.; Swearer, S.M.; Espelage, D.L. (Hrsg.), Handbook of Bullying in Schools: An International Perspective, New York, NY: Routledge, S. 377–401.

Olweus, D.; Mattsson, Å.; Schalling, D.; Löw, H. (1988): Circulating Testosterone Levels and Aggression in Adolescent Males: A Causal Analysis. Psychosomatic Medicine 50, S. 261–272.

O'Malley, P.; Hutchinson, S. (2007): Reinterventing Prevention: Why Did 'Crime Prevention' Develop so Late? The British Journal of Criminology 47, S. 373–389.

Opp, K.-D. (1974): Abweichendes Verhalten und Gesellschaftsstruktur. Darmstadt: Luchterhand.

Opp, K.-D. (1986): Das Modell des Homo sociologicus. Eine Explikation und eine Konfrontierung mit dem utilitaristischen Verhaltensmodell. Analyse & Kritik 8, S. 1–27.

Opp, K.-D.; Peuckert, R. (1971): Ideologie und Fakten in der Rechtsprechung. Eine soziologische Untersuchung über das Urteil im Strafprozeß. München: Goldmann.

Ostendorf, F.; Angleitner, A. (2004): NEO-Persönlichkeitsinventar nach Costa und McCrae: NEO-PI-R Manual. Göttingen: Hogrefe.

Osterhammel, J. (2011): Die Verwandlung der Welt. Eine Geschichte des 19. Jahrhunderts. München: Beck.

Ortmann, R. (2000): Abweichendes Verhalten und Anomie. Freiburg im Breisgau: edition iuscrim.

Ortner, N.; Preiß, M.; Sevecke, K. (2018): „Psychopathy" im Kindes- und Jugendalter. Ein Update: Erkenntnisse und Perspektiven. Forensische Psychiatrie Psychologie Kriminologie 12, S. 207–216.

Oswald, M.E. (1994): Psychologie des richterlichen Strafens. Stuttgart: Enke.

Oswald, M.E.; Langer, W. (1989): Versuch eines integrierten Modells zur Strafzumessungsforschung: Richterliche Urteilsprozesse und ihre Kontextbedingungen. In: Pfeiffer, C.; Oswald, M. (Hrsg): Strafzumessung. Empirische Forschung und Strafrechtsdogmatik im Dialog. Stuttgart: Enke, S. 197–228.

Oxford, M. L. (2000): Gender Differences in Delinquency: An Examination of Social Control and Routine Activities. Dissertation University of Washington.

Paik, H.; Comstock, G. (1994): The Effect of Television Violence on Antisocial Behavior: A Meta-Analysis. Communication Research 21, S. 516–546.

Park, R.E. (1921): Introduction to the Science of Sociology. Chicago: University Press.

Parsons, T. (1967): The Structure of Social Action. 5. Aufl. New York: Free Press.

Parsons, T. (1972): Das System moderner Gesellschaften. München: Juventa.

Parsons, T. (1979): Entstehung und Richtung abweichenden Verhaltens. In: Sack, F.; König, R. (Hrsg.), Kriminalsoziologie. 3. Aufl. Wiesbaden: Akademische Verlagsgesellschaft, S. 9–20.

Parsons, T.; Bales, R.F. (1964): Family, Socialization and Interaction Process. 6. Aufl. New York: Free Press.

Parsons, T.; Shils, E.A. (1951): Toward a General Theory of Action. Cambridge, Mass.: Harvard University Press.

Passow, D.; Schläfke, D. (2018): Delinquenz und Sucht. Eine Einführung in die forensisch-psychiatrische Praxis. Stuttgart: Kohlhammer.

Paternoster, R. (2017): Happenings, Acts, and Actions: Articulating the Meaning and Implications of Human Agency for Criminology. Journal of Developmental and Life-Course Criminology 3, S. 350–372.

Patzelt, W.J. (1984): Ein alltagsanalytisches Paradigma? Berichte über das ethnomethodologische Schrifttum und den Forschungsstand. Neue Politische Literatur 29, S. 122–185.

Perrone, D.; Sullivan, C.J.; Pratt, T.C.; Margaryan, S. (2004): Parental Efficacy, Self-Control, and Delinquency: A Test of a General Theory of Crime on a Nationally Representative Sample of Youth. International Journal of Offender Therapy and Comparative Criminology 48, S. 298–312.

Petermann, J.J. (2017): Medikamentöse Behandlung von paraphilen Sexualstraftätern. Dissertation Universität Hamburg.

Petermann, F.; Nitkowski, D. (2015): Selbstverletzendes Verhalten. Erscheinungsformen, Ursachen und Interventionsmöglichkeiten. 3. Aufl. Göttingen u. a.: Hogrefe.

Pfahl-Traughber, A. (2007): Die Skinhead-Szene als länderübergreifend aktive rechtsextremistische Subkultur. Besonderheiten und Entwicklung am Beispiel der Situation in der Bundesrepublik Deutschland. In: Möllers, M.H.W.; Ooyen, R.Ch. van (Hrsg.), Politischer Extremismus. Band 1: Formen und aktuelle Entwicklungen. Frankfurt am Main: Verlag für Polizeiwissenschaften.

Pfeiffer, C. (1991): Wird nach Jugendstrafrecht härter gestraft? Strafverteidiger 11, S. 363–370.

Pfeiffer, C.; Baier, D.; Kliem, S. (2018): Zur Entwicklung der Gewalt in Deutschland. Schwerpunkte Jugendliche und Flüchtlinge als Täter und Opfer. Zürich: Institut für Delinquenz und Kriminalprävention. Hochschule für Angewandte Wissenschaften.

Pfeiffer, C.; Delzer, I.; Enzmann, D.; Wetzels, P. (1998): Ausgrenzung, Gewalt und Kriminalität im Leben junger Menschen. Kinder und Jugendliche als Opfer und Täter. Sonderdruck der Deutschen Vereinigung für Jugendgerichte und Jugendgerichtshilfen zum 24. Deutschen Jugendgerichtstag. Hannover: Deutsche Vereinigung für Jugendgerichte und Jugendgerichtshilfen.

Pfeiffer, C.; Windzio, M.; Kleimann, M. (2004): Die Medien, das Böse und wir. Monatsschrift für Kriminologie und Strafrechtsreform 87, S. 415–435.

Piaget, J. (1986): Das moralische Urteil beim Kinde. München: Deutscher Taschenbuch Verlag.

Piquero, A.; Weisburd, D. (Hrsg.) (2010): Handbook of Quantitative Criminology. New York u. a.: Springer.

Piza, E.L.; Welsh, B.C.; Farrington, D.P.; Thomas, A.L. (2019): CCTV surveillance for crime prevention. A 40-year systematic review with meta-analysis. Criminology & Public Policy 18, S. 135–159.

PKS 1995: Bundeskriminalamt (Hrsg.) (1996): Polizeiliche Kriminalstatistik Bundesrepublik Deutschland. Berichtsjahr 1995. Wiesbaden: Bundeskriminalamt.

PKS 1999: Bundeskriminalamt (Hrsg.) (2000): Polizeiliche Kriminalstatistik Bundesrepublik Deutschland. Berichtsjahr 1999. Wiesbaden: Bundeskriminalamt.

PKS 2000: Bundeskriminalamt (Hrsg.) (2001): Polizeiliche Kriminalstatistik Bundesrepublik Deutschland. Berichtsjahr 2000. Wiesbaden: Bundeskriminalamt.

PKS 2003: Bundeskriminalamt (Hrsg.) (2004): Polizeiliche Kriminalstatistik Bundesrepublik Deutschland. Berichtsjahr 2003. Wiesbaden: Bundeskriminalamt.

PKS 2004: Bundeskriminalamt (Hrsg.) (2005): Polizeiliche Kriminalstatistik Bundesrepublik Deutschland. Berichtsjahr 2004. Wiesbaden: Bundeskriminalamt.

PKS 2011: Bundeskriminalamt (Hrsg.) (2012): Polizeiliche Kriminalstatistik Bundesrepublik Deutschland. Berichtsjahr 2011. Wiesbaden: Bundeskriminalamt.

PKS 2012: Bundeskriminalamt (Hrsg.) (2013): Polizeiliche Kriminalstatistik Bundesrepublik Deutschland. Berichtsjahr 2012. Wiesbaden: Bundeskriminalamt.

PKS 2015: Bundeskriminalamt (Hrsg.), Polizeiliche Kriminalstatistik Bundesrepublik Deutschland. Jahrbuch 2015. Wiesbaden: Bundeskriminalamt. Internetpublikation.

PKS 2016: Bundeskriminalamt (Hrsg.), Polizeiliche Kriminalstatistik Bundesrepublik Deutschland. Jahrbuch 2016. Bände 1 bis 4. Wiesbaden: Bundeskriminalamt. Internetpublikation.

PKS 2017: Bundeskriminalamt (Hrsg.), Polizeiliche Kriminalstatistik Bundesrepublik Deutschland. Jahrbuch 2017. Bände 1 bis 4. Wiesbaden: Bundeskriminalamt. Internetpublikation.

PKS 2018: Bundeskriminalamt (Hrsg.), Polizeiliche Kriminalstatistik Bundesrepublik Deutschland. Jahrbuch 2018. Bände 1 bis 4. Wiesbaden: Bundeskriminalamt. Internetpublikation.

PKS 2019: Bundeskriminalamt (Hrsg.), Polizeiliche Kriminalstatistik Bundesrepublik Deutschland. Jahrbuch 2019. Bände 1 bis 4. Wiesbaden: Bundeskriminalamt. Internetpublikation.

Plack, A. (1974): Plädoyer für die Abschaffung des Strafrechts. München: List.

Platon (1991): Nomoi. Sämtliche Werke IX. Frankfurt am Main: Insel.

Pohl-Laukamp, D. (1996): Kriminalprävention auf kommunaler Ebene – das Beispiel Lübeck. Ein Praxisbericht. In: Trenczek, T.; Pfeiffer, H. (Hrsg.), Kommunale Kriminalprävention. Paradigmenwechsel und Wiederentdeckung alter Weisheiten. Bonn: Forum Verlag Godesberg, S. 75–103.

Pohlmann, M.; Höly, K. (2017): Manipulationen in der Transplantationsmedizin. Ein Fall von organisatorischer Devianz? Kölner Zeitschrift für Soziologie und Sozialpsychologie 69, S. 181–207.

Polakowski, M. (1994): Linking Self- und Social Control with Deviance: Illumination the Structure Underlying a General Theory of Crime and its Relation to Deviant Activity. Journal of Quantitative Criminology 10, S. 41–78.

Pollak, O. (1950): The Criminality of Women. Baltimore: University of Pennsylvania Press.

Pongratz, E.L. (2000): Zum Umgang mit kindlichen Auffälligkeiten. Eine Untersuchung zum Dunkelfeld und zur Prävention von Kinderdelinquenz in Grundschulen. Mainz: Weisser Ring.

Popper, K.R. (2005): Logik der Forschung. Tübingen: Mohr Siebeck.

Porst, R. (1985): Praxis der Umfrageforschung. Erhebung und Auswertung sozialwissenschaftlicher Umfragedaten. Stuttgart: Teubner.

Pratt, T.C.; Cullen, F.T. (2000): The empirical status of Gottfredson and Hirschi's general theory of crime: A meta-analysis. Criminology 38, S. 931–964.

Press, J.S. (1971): Some Effects of an Increase in Police Manpower in the 20th Precinct of New York City. New York City: Rand-Institute. Internetpublikation: https://www.rand.org/content/dam/rand/pubs/reports/2009/R704.pdf (Zugriff am 26.3.2019).

Putnam, R.D. (2000): Bowling alone. The collapse and revival of American community. New York, NY: Simon & Schuster.

Quednow, B. (2019): Der Gebrauch illegaler Substanzen im deutschsprachigen Raum. Status und Trends. Forensische Psychiatrie, Psychologie, Kriminologie 13, S. 214–224.

Quensel, S. (1970): Wie wird man kriminell? Verlaufsformen fehlgeschlagener Interaktion. Kritische Justiz 3: 375–382.

Quinsey, V.L.; Harris, G.T.; Rice, M.E.; Cormier, C.A. (2006): Violent offenders: Appraising and managing risk. 2. Aufl. Washington, D.C.: American Psychological Association.

Quiring, O. (2003): Fernsehnachrichten über die Arbeitslosigkeit und die Wahlpräferenzen der Bevölkerung – eine Zeitreihenanalyse 1994–1998. In: Donsbach, W.; Jandura, O. (Hrsg.), Chancen und Gefahren der Mediendemokratie. Konstanz: Universitätsverlag Konstanz, S. 383–385.

Rabe-Kleberg, U. (2018): Bildung in früher Kindheit. Eine kindheitssoziologische Perspektive. In: Lange, A.; Reiter, H.; Schutter, S.; Steiner, C. (Hrsg.), Handbuch Kindheits- und Jugendsoziologie. Wiesbaden: Springer VS, S. 165–178.

Raithel, J. (2003): Medien, Familie und Gewalt im Jugendalter. Zum Zusammenhang von Gewaltkriminalität, Erziehungserfahrungen, Filmkonsum und Computernutzung. Monatsschrift für Kriminologie und Strafrechtsreform 86, S. 287–298.

Rafter, N. (2005): The Murderous Dutch Fiddler. Criminology, History and the Problem of Phrenology. Theoretical Criminology 9, S. 65–96.

Rafter, N. (2009): The Origins of Criminology. Abingdon: Routledge.

Raine, A. (1993): The Psychopathology of Crime. Criminal Behavior as a Clinical Disorder. San Diego: Academic Press.

Rammstedt, B. (2010): Reliabilität, Validität, Objektivität. In: Wolf, C.; Best, H. (Hrsg.), Handbuch der sozialwissenschaftlichen Datenanalyse. Wiesbaden: VS Verlag für Sozialwissenschaften, S. 239–258.

Rasch, B.; Friese, M.; Hofmann, W.; Naumann, E. (2014a): Quantitative Methoden 1. Einführung in die Statistik für Psychologen und Sozialwissenschaftler. 4. Auflage. Berlin, Heidelberg: Springer.

Rasch, B.; Friese, M.; Hofmann, W.; Naumann, E. (2014b): Quantitative Methoden 2. Einführung in die Statistik für Psychologen und Sozialwissenschaftler. 4. Auflage. Berlin, Heidelberg: Springer.

Rasch, W.; Konrad, N. (2004): Forensische Psychiatrie. 3. Aufl. Stuttgart: Kohlhammer.

Rat für Sozial- und Wirtschaftsdaten (2003): Weiterentwicklung der Kriminal- und Strafrechtspflegestatistik in Deutschland. Berlin: Rat für Sozial- und Wirtschaftsdaten.

Rauchfleisch, U. (1992): Allgegenwart von Gewalt. Göttingen: Vandenhoeck & Ruprecht.

Rebellon, C.; van Gundy, C.T. (2005): Can Control Theory Explain the Link Between Parental Physical Abuse and Delinquency? A Longitudinal Analysis. Journal of Research in Crime and Delinquency 42, S. 247–274.

Reckless, W.C. (1961): Halttheorie. Monatsschrift für Kriminologie und Strafrechtsreform 44, S. 1–14.
Reckless, W.C. (1964): Die Kriminalität in den USA und ihre Behandlung. Berlin: de Gruyter.
Reckless, W.C. (1973): The Crime Problem. 5. Aufl. New York: Appleton-Century-Crofts.
Reich, K. (2005): Integrations- und Desintegrationsprozesse junger männlicher Aussiedler aus der GUS. Münster: Lit.
Reiff, A. (2015): Straßenverkehrsdelinquenz in Deutschland – Eine empirische Untersuchung zu Deliktformen, Sanktionierung und Rückfälligkeit. Göttingen: Universitätsverlag Göttingen.
Reinecke, J.; Pöge, A. (2010): Strukturgleichungsmodell. In: Wolf, C.; Best, H. (Hrsg.), Handbuch der sozialwissenschaftlichen Datenanalyse. Wiesbaden: VS Verlag für Sozialwissenschaften, S. 774–804.
Reinecke, J. (2014): Strukturgleichungsmodelle in den Sozialwissenschaften. 2. Aufl. München: De Gruyter Oldenbourg.
Reiss, A. (1951): Delinquency as the Failure of Personal and Social Controls. American Sociological Review 16, S. 213–239.
Rengier, R. (2019): Strafrecht Besonderer Teil I. Vermögensdelikte. 21. Auflage. München: Beck.
Rettenberger, M. (2018): Intuitive, klinisch-idiografische und statistische Kriminalprognosen im Vergleich – die Überlegenheit wissenschaftlich strukturierten Vorgehens. Forensische Psychiatrie, Psychologie, Kriminologie 12, S. 28–36.
Rettenberger, M.; Gregório Hertz, P.; Eher, R. (2017): Die deutsche Version des Violence Risk Appraisal Guide-Revised (VRAG-R). Wiesbaden: Kriminologische Zen-tralstelle (Internetpublikation).
Rettenberger, M.; von Franqué, F. (Hrsg.) (2013): Handbuch kriminalprognostischer Verfahren. Göttingen: Hogrefe.
Reuband, K.-H. (1987): Unerwünschte Dritte beim Interview: Erscheinungsformen und Folgen. Zeitschrift für Soziologie 16, S. 303–308.
Reuband, K.-H. (2007): Konstanz und Wandel in der „Strafphilosophie" der Deutschen. Ausdruck stabiler Verhältnisse oder steigender Punitivität? Ergebnisse eines Langzeitvergleichs (1970–2003). Soziale Probleme 18, S. 186–213.
Reuband, K.-H. (2010a): Dimension der Punitivität und sozialer Wandel. Eine Bestandsaufnahme bundesweiter Umfragen zur Frage steigender Punitivität in der Bevölkerung. Neue Kriminalpolitik 22, S. 143–148.
Reuband, K.-H. (2010b): Steigende Punitivität oder stabile Sanktionsorientierungen der Bundesbürger? Das Strafverlangen auf der Deliktebene im Zeitvergleich. Soziale Probleme 21, S. 98–115.
Reuband, K.-H. (2012): Paradoxien der Kriminalitätsfurcht. Neue Kriminalpolitik 24, S. 133–140.
Ring, J.; Svensson, R. (2007): Social Class and Criminality among Young People: A Study Considering the Effects of School Achievement as a Mediating Factor on the Basis of Swedish Register and Self-Report Data. Journal of Scandinavian Studies in Criminology and Crime Prevention 8, S. 210–233.
Robinson, J.B.; Lawton, B.A.; Taylor, R.B.; Perkins, D.D. (2003): Multilevel Longitudinal Impacts of Incivilities: Fear of Crime, Expected Safety, and Block Satisfaction. Journal of Quantitative Criminology 19, S. 237–274.
Roessner, D.; Wulf, R. (1984): Opferbezogene Strafrechtspflege. Leitgedanken und Handlungsvorschläge für Praxis und Gesetzgebung. Bonn: Deutsche Bewährungs-hilfe e. V.
Rogall, K. (1995): Die Verwaltungsakzessorietät des Umweltstrafrechts – Alte Streitfragen, neues Recht –. Goltdammer's Archiv für Strafrecht 142, S. 299–319.
Rokeach, M. (1973): The Nature of Human Values. New York: Free Press.
Rossegger, A.; Endrass, J.; Gerth, J. (2012a): Einführung in das Risk-Assessment. In: Endrass, J.; Rossegger, A.; Urbaniok, F.; Borchard, B. (Hrsg.), Interventionen bei Gewalt- und Sexualstraftätern. Risk-Management, Methoden und Konzepte der forensischen Therapie. Berlin: Medizinisch Wissenschaftliche Verlagsgesellschaft, S. 91–97.
Rossegger, A.; Endrass, J.; Gerth, J. (2012b): Mechanische Risk-Assessment Instrumente. In: Endrass, J.; Rossegger, A.; Urbaniok, F.; Borchard, B. (Hrsg.), Interventionen bei Gewalt- und

Sexualstraftätern. Risk-Management, Methoden und Konzepte der forensischen Therapie. Berlin: Medizinisch Wissenschaftliche Verlagsgesellschaft, S. 98–122.

Rossegger, A.; Gerth, J.; Endrass, J. (2013a): VRAG-Violence Risk Appraisal Guide. In: Rettenberger, M.; von Franqué, F. (Hrsg.), Handbuch kriminalprognostischer Verfahren. Göttingen: Hogrefe, S. 141–158.

Rossegger, A.; Gerth, J.; Endrass, J. (2013b): SORAG – Sex Offender Risk Appraisal Guide. In: Rettenberger, M.; von Franqué, F. (Hrsg.), Handbuch kriminalprognostischer Verfahren. Göttingen: Hogrefe, S. 159–174.

Rossegger, A.; Urbaniok, F.; Danielsson, C.; Endrass, J. (2009): Der Violence Risk Appraisal Guide (VRAG) – ein Instrument zur Prognose bei Gewalttätern – Übersichtsarbeit und autorisierte deutsche Übersetzung. Fortschritte der Neurologie Psychiatrie 77, S. 577–584.

Rossegger, A.; Gerth, J.; Urbaniok, F.; Laubacher, A.; Endrass, J. (2010): Der Sex Offender Risk Appraisal Guide (SORAG) – Validität und autorisierte deutsche Übersetzung. Fortschritte der Neurologie Psychiatrie 78, S. 658–667.

Roth, G. (2003): Denken, Fühlen, Handeln. Wie das Gehirn unser Verhalten steuert. Frankfurt am Main: Suhrkamp.

Rowe, D.C. (2002): Biology and Crime. Los Angeles: Roxbury.

Roxin, C. (2009): Zur Strafbarkeit des Geschwisterinzests – Zur verfassungsrechtlichen Überprüfung materiellrechtlicher Strafvorschriften –. Strafverteidiger 29, S. 544–550.

Roxin, C.; Greco, L. (2020): Strafrecht Allgemeiner Teil. Band I: Grundlagen. Der Aufbau der Verbrechenslehre. 5. Aufl. München: Beck.

Rummel, C.; Lehner, B.; Kepp, J. (2020): Daten, Zahlen und Fakten. In: Deutsche Hauptstelle für Suchtfragen (Hrsg.), DHS Jahrbuch Sucht 2020. Lengerich: Pabst, S. 9–30.

Rupp, T. (2008): Meta Analysis of Crime and Deterrence. A Comprehensive Review of the Literature. Dissertation Technische Universität Darmstadt.

Rushton, J.P.; Bogaert, A.F. (1988): Race versus social class differences in Sexual Behavior: a follow-up test of the r/K-dimension. Journal of Research in Personality 22, S. 259–272.

Sack, F. (1972): Definition von Kriminalität als politisches Handeln: Der labeling-approach. Kriminologisches Journal 4: 129–149.

Sack, F. (1977): Interessen im Strafrecht: Zum Zusammenhang von Kriminalität und Klassen-(Schicht-)struktur. Kriminologisches Journal 9: 248–278.

Sack, F. (1979): Neue Perspektiven in der Kriminologie. In Sack, F.; König, R. (Hrsg.), Kriminalsoziologie. 3. Aufl. Wiesbaden: Akademische Verlagsgesellschaft, S. 431–475.

Sagi, A.; Eisikovitz, Z. (1981): Juvenile Delinquency and Moral Development. Criminal Justice and Behavior 8, S. 79–93.

von Salisch, M.; Kristen, A.; Oppl, C. (2007): Computerspiele mit und ohne Gewalt. Auswahl und Wirkung bei Kindern. Stuttgart: Kohlhammer.

Salmi, V.; Kivivuori, J. (2006): The Association between Social Capital and Juvenile Crime. The Role of Individual and Structural Factors. European Journal of Criminology 3, S. 123–148.

Salmivalli, C. (2011): Erfahrungsbasierte Prävention an finnischen Schulen: KiVa-Antimobbing-Programm. forum kriminalprävention, Heft 4, S. 1–5.

Salmivalli, C.; Garandeau, C.; Veenstra, R. (2012): KiVa antibullying program: Implications for school adjustment. In: Ladd, G.; Ryan, A. (Hrsg.), Peer Relationships and Adjustment at School. Charlotte, NC: Information Age Publishing, S. 279–307.

Salvador, A.; Suay, F.; Martinez-Sanches, S.; Simon, V.M.; Brain, P.F. (1999): Correlating testosterone and fighting in male participants in judo contests. Psychological Behaviour 68, S. 205–209.

Sampson, R.J.; Laub, J.H. (1990): Crime and Deviance over the Life Course: The Salience of Adult Social Bonds. American Sociological Review 55, S. 609–627.

Sampson, R.J.; Laub, J.H. (1993): Crime in the Making: Pathways and Turning Points through Life. Cambridge Massachusetts: Harvard University Press.

Sampson, R.J.; Laub, J.H. (1997): A Life-Course Theory of Cummulative Disadvantage and the Stability of Delinquency. In: Thornberry, T.P. (Hrsg.), Developmental Theories of Crime and Delinquency. New Brunswick, London: Transaction Publishers, S. 133–161.

Sapienza, P.; Zingales, L.; Maestripieri, D. (2009): Gender differences in financial risk aversion and career choices are affected by testosterone. Proceedings of the National Academy of Sciences of the United States of America 106: 15268–15273.
Sautner, L. (2014): Viktimologie. Die Lehre von Verbrechensopfern. Wien: Verlag Österreich.
Savelsberg, J. (1993): Artikel „Norm, Normgenese". In: Kaiser, G.; Kerner, H.-J.; Sack, F.; Schellhoss, H. (Hrsg.), Kleines Kriminologisches Wörterbuch. 3. Aufl. Heidelberg: Müller, S. 366–371.
Schabdach, M. (2011): Prävention statt Repression? In: Dollinger B.; Schmidt-Semisch H. (Hrsg.), Gerechte Ausgrenzung? Wiesbaden: VS Verlag für Sozialwissenschaften, S. 297–317.
Schäfer, G.; Sander, G.M.; van Gemmeren, G. (2017): Praxis der Strafzumessung. 6. Aufl. München: Beck.
Schall, H. (1990): Umweltschutz durch Strafrecht: Anspruch und Wirklichkeit. NJW 1990, S. 1263–1273.
Schalling, D. (1987): Personality Correlates of Plasma Testosterone Levels in Young Delinquents: An Example of Person-Situation Interaction? In: Mednick, S.; Moffitt, T.E.; Stack, S.A. (Hrsg.), The Causes of Crime. New Biological Approaches. New York: Cambridge University Press, S. 283–291.
Scheerer, S. (1978): Der politisch-publizistische Verstärkerkreislauf. Zur Beeinflussung der Massenmedien im Prozess strafrechtlicher Normgenese. Kriminologisches Journal 10, S. 223–227.
Scheffel, R. (1988): Kriminologie, Delinquenz und Moral. Experimentelle Studie zum Entwicklungsniveau moralischen Bewußtseins bei delinquent auffällig gewordenen Jungerwachsenen im Vergleich zu sozial nicht negativ auffällig gewordenen Kontrast-Populationen – unter Anwendung des M-U-F. Dissertation Freie Universität Berlin.
Scheithauer, H.; Bull, H.D. (2008): fairplayer.manual. Förderung von sozialen Kompetenzen und Zivilcourage – Prävention von Bullying und Schulgewalt. Göttingen: Vandenhoeck & Ruprecht.
Scheithauer, H.; Hayer, T.; Peterman, F. (2003): Bullying unter Schülern. Erscheinungsformen, Risikobedingungen und Interventionskonzepte. Göttingen: Hogrefe.
Schellhoss, H. (2019): Sind die Ausländer generell krimineller? Neue Kriminalpolitik 31, S. 162–168.
Schendera, C.F.G. (2015): Deskriptive Statistik verstehen. Konstanz, München: UVK Verlagsgesellschaft.
Schepers, D.; Reinecke, J. (2015): Die Bedeutung moralischer Werte für die Erklärung delinquenten Verhaltens Jugendlicher. Eine Anwendung der Situational Action Theory. Monatsschrift für Kriminologie und Strafrechtsreform 98, S. 187–203.
Scheungrab, M. (1993): Filmkonsum und Delinquenz. Ergebnisse einer Interviewstudie mit straffälligen und nicht-straffälligen Jugendlichen und jungen Erwachsenen. Regensburg: Roderer.
Schlapp, M.G.; Smith, E. (1928): The New Criminology: A Consideration of the Chemical Causation of abnormal Behavior. New York: Boni & Liveright.
Schlepper, C. (2014): Strafgesetzgebung in der Spätmoderne. Eine empirische Analyse legislativer Punitivität. Wiesbaden: Springer VS.
Schmidt, S.; Ward, T. (2021): Delinquenz kultursensibel erklären – ein Rahmenmodell. Forensische Psychiatrie, Psychologie, Kriminologie 15 (im Druck).
Schmitt, S. (2001): Geschlecht und Kriminalität. Eine empirische Analyse der Power-Control Theory. In: Eifler, S.; Groenemeyer, A. (Hrsg.), Gelegenheitsstrukturen und Kriminalität. Bielefeld: Universität Bielefeld, S. 84–104. Internetpublikation: https://digital.zlb.de/viewer/resolver?urn=urn:nbn:de:kobv:109-opus-76128 (Zugriff am 5.2.2021).
Schmölzer, G. (1995): Aktuelle Diskussion zum Thema „Frauenkriminalität" – ein Einstieg in die Auseinandersetzung mit gegenwärtigen Erklärungsversuchen. Monatsschrift für Kriminologie und Strafrechtsreform 78, S. 219–235.
Schmölzer, G. (2003): Geschlecht und Kriminalität. Der Bürger im Staat 53, S. 58–64.
Schmucker, M. (2004): Kann Therapie Rückfälle verhindern? Metaanalytische Befunde zur Wirksamkeit der Sexualstraftäterbehandlung. Herbolzheim: Centaurus.
Schmucker, M. (2007): Meta-Analysen zur Sexualstraftäterbehandlung. In Berner, W.; Briken, P.; Hill A. (Hrsg.), Sexualstraftäter behandeln mit Psychotherapie und Medikamenten. Köln: Deutscher Ärzte-Verlag, S. 13–29.

Schmucker, M.; Lösel, F. (2015): The effects of sexual offender treatment on recidivism: An international meta-analysis of sound quality evaluations. Journal of Experimental Criminology 11, S. 597–630.
Schneider, H.J. (1987): Kriminologie. Berlin, New York: De Gruyter.
Schneider, H.J. (1998): Kinder- und Jugenddelinquenz. In: Sieverts, R.; Schneider, H.J. (Hrsg.), Handwörterbuch der Kriminologie. 2. Aufl. Band 5. Berlin: de Gruyter, S 467–502.
Schneider, H.J. (2007a): Kriminalitätsmessung: Kriminalstatistik und Dunkelfeldforschung. In: Schneider, H.J. (Hrsg.), Internationales Handbuch der Kriminologie. Band 1: Grundlagen der Kriminologie. Berlin: De Gruyter, S. 289–332.
Schneider, H.J. (2007b): Organisiertes Verbrechen. In: ders. (Hrsg.), Internationales Handbuch der Kriminologie. Bd. 1: Grundlagen der Kriminologie. Berlin: De Gruyter, S. 691–737.
Schneider, H.J. (2007c): Politische Kriminalität – Terrorismus. In: ders. (Hrsg.), Internationales Handbuch der Kriminologie. Bd. 1: Grundlagen der Kriminologie. Berlin: De Gruyter, S. 793–831.
Schneider, H.J. (2007d): Viktimologie. In: ders. (Hrsg.), Internationales Handbuch der Kriminologie. Band 1: Grundlagen der Kriminologie. Berlin: De Gruyter, S. 395–433.
Schneider, H. (2008): Vom bösen Täter zum kranken System. Perspektivenwechsel in der Kriminologie am Beispiel von Psychoanalyse und Kriminalsoziologie. In: Requate, J. (Hrsg.), Recht und Justiz im gesellschaftlichen Aufbruch (1960–1975). Baden-Baden: Nomos, S. 275–293.
Schnell, R.; Hill, P.B.; Esser, E. (2018): Methoden der empirischen Sozialforschung. 11. Auflage. Berlin, Boston: De Gruyter Oldenbourg.
Schöch, H. (1973): Strafzumessungspraxis und Verkehrsdelinquenz. Kriminologische Aspekte der Strafzumessung am Beispiel einer empirischen Untersuchung zur Trunkenheit im Verkehr. Stuttgart: Enke.
Schöch, H. (1996): Vorbemerkungen vor § 406d StPO. In: Wassermann, R. (Hrsg.), Alternativkommentar zur Strafprozeßordnung. Band 4. Neuwied Kriftel Berlin: Luchterhand, S. 540–543.
Schöch, H. (2000): Spezial- und generalpräventive Aspekte bei der Bekämpfung der Alkoholdelinquenz im Straßenverkehr. In: Egg, R.; Geisler, C. (Hrsg.), Alkohol, Strafrecht und Kriminalität. Wiesbaden: Kriminologische Zentralstelle, S. 111–126.
Schöch, H. (2004): Schadenswiedergutmachung über anwaltliche Schlichtungsstellen. Das Münchener Modellprojekt. In: Schöch, H.; Jehle, J.-M. (Hrsg.), Angewandte Kriminologie zwischen Freiheit und Sicherheit. Haftvermeidung. Kriminalprävention. Persönlichkeitsstörungen. Restorative Justice. Mönchengladbach: Forum Verlag Godesberg, S. 71–75.
Schöch, H. (2007): Kriminalprognose. In: Schneider, H.J. (Hrsg.), Internationales Handbuch der Kriminologie. Band 1: Grundlagen der Kriminologie. Berlin: De Gruyter, S. 359–393.
Schöch, H. (2009): Straßenverkehrsdelinquenz. In: Kröber, H.-L.; Dölling, D.; Leygraf, N.; Saß, H. (Hrsg.), Handbuch der Forensischen Psychiatrie. Band 4: Kriminologie und Forensische Psychiatrie. Heidelberg: Steinkopff, S. 578–598.
Schöch, H. (2015): Schulenstreitfall. In: Kaiser, G.; Schöch, H.; Kinzig, J., Juristischer Studienkurs Kriminologie Jugendstrafrecht Strafvollzug. 8. Aufl. München: Beck.
Schorsch, E. (1971): Sexualstraftäter. Stuttgart: Enke.
Schorsch, E. (1993): Sexualkriminalität. In: Kaiser, G.; Kerner, H. J.; Sack, F.; Schellhoss, H. (Hrsg.), Kleines Kriminologisches Wörterbuch. 3. Aufl. Heidelberg: Müller.
Schreiber, V. (2007): Lokale Präventionsgremien in Deutschland. Frankfurt am Main: Institut für Humangeographie. Internetpublikation: https://www.uni-frankfurt.de/47267666/FH-2.pdf (Zugriff am 11.12.2019).
Schroth, Y. (1999): Dominante Kriterien der Sozialstruktur. Zur Aktualität der Schichtungstheorie von Theodor Geiger. Münster: Lit.
Schubert, H.; Spieckermann, H.; Veil K. (2007): Sicherheit durch präventive Stadtgestaltung. Bundeszentrale für politische Bildung. Internetpublikation: http://www.bpb.de/politik/innenpolitik/stadt-und-gesellschaft/75712/grundlagen?p=all (Zugriff am 29.11.2019).
Schubert, H.; Veil, K.; Spieckermann, H.; Kaiser, A.; Jäger, D. (2009): Wirkungen sozialräumlicher Kriminalprävention. Evaluation von städtebaulichen und wohnungswirtschaftlichen Maßnahmen in zwei deutschen Großsiedlungen. Köln: Verlag Sozial · Raum · Management.
Schultz, H. (1956): Kriminologische und strafrechtliche Bemerkungen zur Beziehung zwischen Täter und Opfer. Schweizerische Zeitschrift für Strafrecht 71, S. 171–192.

Schulz, S.; Eifler, S.; Baier, D. (2011): Wer Wind sät, wird Sturm ernten. Die Transmission von Gewalt im empirischen Theorienvergleich. Kölner Zeitschrift für Soziologie und Sozialpsychologie 63, S. 111–145.

Schulze, G. (2005): Die Erlebnisgesellschaft. Kultursoziologie der Gegenwart. 2. Aufl. Frankfurt am Main: Campus.

Schumann, K.F. (1989): Positive Generalprävention. Ergebnisse und Chancen der Forschung. Heidelberg: Müller.

Schumann, K.F.; Berlitz, C.; Guth, H.-W.; Kaulitzki, R. (1987): Jugendkriminalität und die Grenzen der Generalprävention. Neuwied, Darmstadt: Luchterhand.

Schumann, K.F.; Winter, G. (1971): Zur Analyse des Strafverfahrens. Kriminologisches Journal 3, S. 136–166.

Schumann, K.F. (Hrsg.) (2003a): Berufsbildung, Arbeit und Delinquenz. Weinheim München: Juventa.

Schumann, K.F. (Hrsg.) (2003b): Delinquenz im Lebensverlauf. Weinheim München: Juventa.

Schur, E.M. (1965): Crimes without Victims. Englewood Cliffs/N.J.: Prentice Hall.

Schur, E.M. (1974): Abweichendes Verhalten und Soziale Kontrolle, Etikettierung und gesellschaftliche Reaktionen. Frankfurt am Main: Herder & Herder.

Schütz, A. (2004): Der sinnhafte Aufbau der sozialen Welt: UVK Verlagsgesellschaft.

Schütze, F. (1983): Biographieforschung und narratives Interview. Neue Praxis 13, S. 283–293.

Schwabe-Höllein, M. (1984): Hintergrundanalyse zur Kinderkriminalität. Empirische Untersuchung straffälliger und nichtstraffälliger Kinder und deren Eltern unter besonderer Berücksichtigung der Erziehungsvariablen, sozioökonomischer und differentiell-psychologischer Risikofaktoren, der Orientierung, der Selbststeuerung und des moralischen Urteils. Göttingen: Schwartz.

Schwartz, S.H. (2012): An Overview of the Schwartz Theory of Basic Values. Online Readings in Psychology and Culture, 2(1). https://doi.org/10.9707/2307-0919.1116.

Schwartz, S.H.; Feldman, K.A.; Brown, M. E.; Heingartner, A. (1969): Some Personality Correlates of Conduct in Two Situations of Moral Conflict. Journal of Personality 37, S. 41–57.

Schwerhoff, G. (2009): Kriminalitätsgeschichte – Kriminalitätsgeschichten: Verbrechen und Strafen im Medienverbund des 16. und 17. Jahrhunderts. In: Habermas, R.; Schwerhoff, G. (Hrsg.), Verbrechen im Blick. Perspektiven neuzeitlicher Kriminalitätsgeschichte. Frankfurt am Main: Campus, S. 295–322.

Schwind H.-D., Ahlborn W., Weiß K. (1989): Dunkelfeldforschung in Bochum 1986/87. Eine Replikationsstudie. Wiesbaden: Bundeskriminalamt.

Schwind, H.-D.; Fetschenhauer, D.; Ahlborn, W.; Weiß, R. (2001): Kriminalitätsphänomene im Langzeitvergleich am Beispiel einer deutschen Großstadt: Bochum 1975–1986–1998. Neuwied, Kriftel: Luchterhand.

Schwind, H.-D; Schwind, J.V. (2021): Kriminologie und Kriminalpolitik. Eine praxisorientierte Einführung mit Beispielen. 24. Aufl. Heidelberg: Kriminalistik Verlag.

Schwinn, T. (2010): Brauchen wir den Systembegriff? Zur (Un-)Vereinbarkeit von Handlungs- und Systemtheorie, in: Albert, G.; Sigmund, S. (Hrsg.), Soziologische Theorie kontrovers. Wiesbaden: VS Verlag für Sozialwissenschaften, S. 447–461.

Seipel, C. (2001): Ein empirischer Vergleich zwischen der Theorie geplanten Verhaltens von Icek Ajzen und der Allgemeinen Theorie der Kriminalität von Michael R. Gottfredson und Travis Hirschi. Zeitschrift für Soziologie 29, S. 397–410.

Seipel, C.; Eifler, S. (2004): Gelegenheiten, Rational-Choice und Selbstkontrolle: Zur Erklärung abweichenden Handelns in High-Cost- und Low-Cost-Situationen. In: Oberwittler, D.; Karstedt, S. (Hrsg.), Soziologie der Kriminalität. Sonderheft der Kölner Zeitschrift für Soziologie und Sozialpsychologie. Wiesbaden, VS Verlag für Sozialwissenschaften, S. 288–315.

Seipel, C.; Eifler, S. (2010): Opportunities, Rational Choice, and Self-Control. On the Interaction of Person and Situation in a General Theory of Crime. Crime & Delinquency 56, S. 167–197.

Seitz, N.-N.; Pauschert, C.; Orth, B.; Kraus, L. (2020): Illegale Drogen – Zahlen und Fakten zum Konsum. In: Deutsche Hauptstelle für Suchtfragen (Hrsg.), DHS Jahrbuch Sucht 2020. Lengerich: Pabst, S. 121–128.

Seligman, M. (1992): Erlernte Hilflosigkeit. 4. Aufl. Weinheim: Psychologie-Verlags-Union.

Sellin, T. (1938): Culture, Conflict and Crime. American Journal of Sociology 44, S. 97–103.

Sellin, T.; Wolfgang, M.E. (1964): The measurement of delinquency. New York: Wiley.
Seneca (2007): Di ira/Über die Wut. Leizig: Reclam.
Sessar, K. (1981): Rechtliche und soziale Prozesse einer Definition der Tötungskriminalität. Freiburg/Breisgau: Max-Planck-Institut für ausländisches und internationales Strafrecht.
Sevecke, K.; Krischer, K. (2006): „Psychopathy" bei Jugendlichen und jungen Erwachsenen: Empirische Ergebnisse und forensische Aspekte. Monatsschrift für Kriminologie und Strafrechtsreform 89, S. 455–468.
Shaw, C.R.; McKay, H.D.; Beirne, P. (2006): Juvenile delinquency and urban areas. A study of rates of delinquents in relation to differential characteristics of local communities in American cities. Nachdruck der 1. Auflage von 1942. The University of Chicago, London: Routledge.
Shaw, C.R.; Zorbaugh, F.M.; McKay, H.D.; Cottrell, L.S. (1929): Delinquency Areas. Chicago: University of Chicago Press.
Sherman, L.W.; Gottfredson, D.C.; MacKenzie, D.L.; Eck, J.; Reuter, P.; Bushway, S.D. (1998): Preventing Crime: What Works, What Doesn't, What's Promising. Washington D.C.: National Institute of Justice. U.S. Department of Justice. Internetpublikation: https://www.ncjrs.gov/pdffiles/171676.PDF (Zugriff am 7.2.2020).
Sherman, L.W.; Farrington, D.P.; Welsh, B.C.; Layton MacKenzie, D. (Hrsg.) (2002): Evidence-Based Crime Prevention. London, New York: Routledge.
Sherry, J.L. (2001): The Effect of Violent Video Games on Aggression. Human Communication Research 27, S. 409–431.
Shockley, W. (1967): A „Try Simplest Cases" Approach to the Heredity-Poverty-Crime Problem. Proceedings oft he National Academy of Sciences 57, S. 1767–1774.
Sieber, U. (2016): Der Paradigmenwechsel vom Strafrecht zum Sicherheitsrecht: Zur neuen Sicherheitsarchitektur der globalen Risikogesellschaft. In: Tiedemann, K.; Sieber, U.; Satzger, H.; Burchard, C.; Brodowski, D. (Hrsg.), Die Verfassung moderner Strafrechtspflege. Baden-Baden: Nomos, S. 351–372.
Siebertz-Reckzeh, K.; Hofmann, H. (2008): Sozialisationsinstanz Schule: Zwischen Erziehungsauftrag und Wissensvermittlung. In: Schweer, M.K.W. (Hrsg.), Lehrer-Schüler-Interaktion. Wiesbaden: VS Verlag für Sozialwissenschaften, S. 3–26.
Siegel, L.J. (2018): Criminology. Theories, Patterns, and Typologies. 13. Aufl. Boston: Cengage Learning.
Signorielli, N.; Gerbner, G. (1988): Violence and terror in the mass media. An annotated bibliography. New York: Greenwood Press.
Silberman, M. (1976): Toward a Theory of Criminal Deterrence, American Sociological Review 41, S. 442–461.
Simmler, M.; Grenacher, N.; Huwiler, S.; Perandres, S.; Steffen, A. (2017): Disparität in der Strafzumessung: Ergebnisse einer Studie zur punitiven Einstellung von RichterInnen und StudentInnen. Schweizerische Zeitschrift für Kriminologie 17, S. 5–17.
Simon, T. (1989): Rocker in der Bundesrepublik. Eine Subkultur zwischen Jugendprotest und Traditionsbildung. Weinheim: Deutscher Studien Verlag.
Simon, T. (1996): Raufhändel und Randale. Sozialgeschichte aggressiver Jugendkulturen und pädagogischer Bemühungen vom 19. Jahrhundert bis zur Gegenwart. Weinheim, München: Juventa.
SINUS (2018): Informationen zu den Sinus-Milieus® 2018. Stand: 09/2018. Heidelberg, Berlin: SINUS Markt- und Sozialforschung GmbH. Internetpublikation: https://www.sinus-institut.de/veroeffentlichungen/downloads/download/informationen-zu-den-sinus-milieusR/downloadfile/2875/download-a/download/download-c/Category/ (Zugriff am 15.4.2019).
Skardhamar, T. (2009): Family dissolution and children's criminal careers. European Journal of Criminology 6, S. 203–223.
Skinner, B.F. (1938): The Behaviour of Organisms. New York: Appleton Century Crofts.
Skinner, B.F. (1953): Science and Human Behavior. New York: Macmillan.
Skogan, W.G. (1990): Disorder and Decline. Crime and the Spiral of Decay in American Neighborhoods. Berkeley, Los Angeles: University of California Press.

Slater, M.D. (2007): Reinforcing spirals: The mutual influence of media selectivity and media effects and their impact on individual behavior and social identity. Communication Theory 17, S. 281–303.
Slater, M.D.; Henry, K.L.; Swaim, R.C.; Anderson, L.L. (2003): Violent Media Content and Aggressiveness in Adolescents: A Downward Spiral Model. Communication Research 30, S. 713–736.
South, N.; Beirne, P. (2006): Green Criminology. Aldershot: Ashgate.
Spano, R.; Freilich, J.D. (2009): An assessment of the empirical validity and conceptualization of individual level multivariate studies of lifestyle/routine activities theory published from 1995 to 2005. Journal of Criminal Justice 37, S. 305–314.
Spirgath, T. (2013): Zur Abschreckungswirkung des Strafrechts – Eine Metaanalyse kriminalstatistischer Untersuchungen. Berlin: Lit.
Spröber, N.; Schlottke, P.F.; Hautzinger, M. (2008): Bullying in der Schule. Das Präventions- und Interventionsprogramm ProACT+E. Weinheim: Beltz.
Srole, L. (1956): Social Integration and Certain Corollaries: An Exploratory Study. American Sociological Review 21, S. 709–716.
Staatsanwaltschaften 2016: Statistisches Bundesamt (2017): Fachserie 10 Rechtspflege. Reihe 2.6 Staatsanwaltschaften. 2016. Wiesbaden: Statistisches Bundesamt. Internetpublikation.
Staatsanwaltschaften 2019: Statistisches Bundesamt (2020): Fachserie 10 Rechtspflege Reihe 2.6. Staatsanwaltschaften. 2019. Wiesbaden: Statistisches Bundesamt. Internetpublikation.
Stadler, L.; Bieneck, S.; Pfeiffer, C. (2012): Repräsentativbefragung Sexueller Missbrauch 2011. KFN Forschungsbericht Nr. 118. Hannover: Kriminologisches Forschungsinstitut Niedersachsen.
Stadtland, C.; Nedopil, N. (2005): Ergebnisse des Münchner Prognoseprojekts. In: Nedopil, N., Prognosen in der Forensischen Psychiatrie – Ein Handbuch für die Praxis. Lengerich: Pabst Science, S. 150–163.
Stanton, S.J.; Beehner, J.C.; Saini, E.K.; Kuhn, C.M.; LaBar, K.S. (2009): Dominance, Politics, and Physiology: Voters' Testosterone Changes on the Night of the 2008 United States Presidential Election. PLoS One 4, e7543.
Stanton, S.J.; Mulette-Gillman, O.A.; McLaurin, R.E.; Kuhn, C.M.; LaBar, K.S.; Platt, M.L.; Huettel, S.A. (2011): Low- and High-Testosterone Indivduals Exhibit Decreased Aversion to Economic Risk. Psychological Science 22, S. 447–453.
Stark, R. (1987): Deviant Places: A Theory of the Ecology of Crime. Criminology 25, S. 893–909.
Statistisches Bundesamt (2014): Fachserie 1 Bevölkerung und Erwerbstätigkeit. Reihe 2 Ausländische Bevölkerung. 2013. Wiesbaden: Statistisches Bundesamt.
Statistisches Bundesamt (2016): Lange Reihen zur Strafverfolgungsstatistik. II.2 Verurteilte nach ausgewählten Straftaten, Geschlecht und Altersgruppen (Deutschland). Wiesbaden: Statistisches Bundesamt.
Statistisches Bundesamt (2019): Verkehrsunfälle, Zeitreihen, Berichtsjahr 2018. Wiesbaden: Statistisches Bundesamt. Internetpublikation: https://www.destatis.de/DE/Themen/Gesellschaft-Umwelt/Verkehrsunfaelle/Publikationen/Downloads-Verkehrsunfaelle/verkehrsunfaelle-zeitreihen-pdf-5462403.pdf?__blob=publicationFile (Zugriff am 30.7.2019).
Statistisches Bundesamt (2020a): Verkehrsunfälle. Zeitreihen. Berichtsjahr 2019. Wiesbaden: Statistisches Bundesamt. Internetpublikation: https://www.destatis.de/DE/Themen/Gesellschaft-Umwelt/Verkehrsunfaelle/Publikationen/Downloads-Verkehrsunfaelle/verkehrsunfaelle-zeitreihen-pdf-5462403.html (Zugriff am 27.7.2021).
Statistisches Bundesamt (2020b): Fachserie 15 Wirtschaftsrechnungen. Reihe 4 Private Haushalte in der Informationsgesellschaft – Nutzung von Informations- und Kommunikationstechnologien. 2019. Wiesbaden: Statistisches Bundesamt. Internetpublikation.
Statistisches Bundesamt (2021): Fachserie 1 Bevölkerung und Erwerbstätigkeit. Reihe 1.3 Bevölkerungsfortschreibung auf Grundlage des Zensus 2011. 2019. Wiesbaden: Statistisches Bundesamt. Internetpublikation.
Statistisches Bundesamt (o.J.): Todesursachenstatistik. Wiesbaden: Statistisches Bundesamt. Internetpublikation: https://www-genesis.destatis.de/genesis/online/da-

ta;sid=C8262C675D2FE1668D61881DC13F6B2A.GO_2_1?operation=previous&levelindex=3&levelid=1549402966287&levelid=1549402957602&step=2 (Zugriff am 5.2.2021).
Steffen, W. (2004): Gremien Kommunaler Kriminalprävention – Bestandsaufnahme und Perspektive. In: Kerner, H.-J.; Marks, E. (Hrsg.), Kommunale Kriminalprävention. Ausgewählte Beiträge des 9. Deutschen Präventionstages. Godesberg: Forum Verlag.
Steffen, W. (2009): Engagierte Bürger – sichere Gesellschaft. Bürgerschaftliches Engagement in der Kriminalprävention. In: Marks, E.; Steffen, W. (Hrsg.), Engagierte Bürger – sichere Gesellschaft, Mönchengladbach: Forum Verlag Godesberg, S. 25–72.
Steffensmeier, D.; Allan, E. (1996): Gender and Crime: Toward a Gendered Theory of Female Offending. Annual Review of Sociology 22, S. 459–487.
Steinert, H. (1993): Alternativen zum Strafrecht. In: Kaiser, G.; Kerner, H.J.; Sack, F.; Schellhoss, H. (Hrsg.), Kleines kriminologische Wörterbuch. Heidelberg: Müller, S. 9–14.
Stelly, W.; Thomas, J. (2001): Einmal Verbrecher, immer Verbrecher. Opladen: Westdeutscher Verlag.
Stemmler G.; Hagemann, D.; Amelang, M.; Spinath, F. (2016): Differentielle Psychologie und Persönlichkeitsforschung. 8. Aufl. Stuttgart: Kohlhammer.
Steuten, U. (2000): Rituale bei Rockern und Bikern. Soziale Welt 51, S. 25–44.
Stocker, T.C.; Steinke, I. (2017): Statistik. Grundlagen und Methodik. Berlin: De Gruyter Oldenbourg.
Stoetzer, M.-W. (2017): Regressionsanalyse in der empirischen Wirtschafts- und Sozialforschung Band 1. Eine nichtmathematische Einführung mit SPSS und Stata. Berlin, Heidelberg: Springer Gabler.
Stolle, P (2015): Situative Kriminalprävention: Konzept, Empirie, Bewertung; exemplifiziert an der Videoüberwachung öffentlicher Orte. Berlin u. a.: Lit.
Strafgerichte 2019: Statistisches Bundesamt (2020): Fachserie 10 Rechtspflege. Reihe 2.3 Strafgerichte. 2019. Wiesbaden: Statistisches Bundesamt. Internetpublikation.
Strafverfolgung 1990: Statistisches Bundesamt (Hrsg.) (1992): Fachserie 10 Rechtspflege. Reihe 3 Strafverfolgung. 1990. Wiesbaden: Statistisches Bundesamt.
Strafverfolgung 2017: Statistisches Bundesamt (2018): Fachserie 10 Rechtspflege. Reihe 3 Strafverfolgung. 2017. Wiesbaden: Statistisches Bundesamt. Internetpublikation.
Strafverfolgung 2018: Statistisches Bundesamt (2019): Fachserie 10 Rechtspflege. Reihe 3 Strafverfolgung. 2018. Wiesbaden: Statistisches Bundesamt. Internetpublikation.
Strafverfolgung 2019: Statistisches Bundesamt (2020): Fachserie 10 Rechtspflege. Reihe 3 Strafverfolgung. 2019. Wiesbaden: Statistisches Bundesamt. Internetpublikation.
Strafvollzug 2019: Statistisches Bundesamt (2020): Fachserie 10 Rechtspflege. Reihe 4.1 Strafvollzug – Demographische und kriminologische Merkmale der Strafgefangenen zum Stichtag 31.3. –. 2019. Wiesbaden: Statistisches Bundesamt. Internetpublikation.
Streng, F. (1984): Strafzumessung und relative Gerechtigkeit. Eine Untersuchung zu rechtlichen, psychologischen und soziologischen Aspekten ungleicher Strafzumessung. Heidelberg: R. v. Decker's, G. Schenk.
Streng, F. (1998): Von der „Kriminalbiologie" zur „Biokriminologie"? – Eine Verlaufsanalyse bundesdeutscher Kriminologie-Entwicklung. In: Justizministerium des Landes Nordrhein-Westfalen (Hrsg.), Kriminalbiologie. Düsseldorf: Justizministerium des Landes Nordrhein-Westfalen, S. 213–244.
Streng, F. (2010a): Gewalt und Fremdenfeindlichkeit in der Schule – Ergebnisse einer Replikationsstudie. In: Dölling, D.; Götting, B.; Meier, B.-D.; Verrel, T. (Hrsg.), Verbrechen – Strafe – Resozialisierung. Festschrift für Heinz Schöch zum 70. Geburtstag am 20. August 2010. Berlin: De Gruyter, S. 81–99.
Streng, F. (2010b): Ansätze zur Gewaltprävention bei Kindern und Jugendlichen. Zeitschrift für Internationale Strafrechtsdogmatik 5, S. 227–235. Internetpublikation: http://www.zis-online.com/dat/artikel/2010_3_429.pdf (Zugriff am 28.11.2019).
Streng, F. (2012): Strafrechtliche Sanktionen. Die Strafzumessung und ihre Grundlagen. 3. Aufl. 2012. Stuttgart: Kohlhammer.

Streng, F. (2012): Media Consumption and Violence in Schools. In: Bliesener, T.; Beelmann, A.; Stemmler, M. (Hrsg.), Antisocial Behavior and Crime. Contributions and Evaluation Research to Prevention and Intervention. Cambridge, Mass.: Hogreve. S. 123–134.

Streng, F. (2014): Kriminalitätswahrnehmung und Punitivität im Wandel. Kriminalitäts- und berufsbezogene Einstellungen junger Juristen. Heidelberg: Kriminalistik Verlag.

Streng, F. (2017): Empirische Befunde zur Situational Action Theory. Eine jugendkriminologische Forschungsnotiz. Zeitschrift für Jugendkriminalrecht und Jugendhilfe 28, S. 341–347.

Streng, F. (2020): Jugendstrafrecht. 5. Aufl. Heidelberg: Müller.

Stults, B.J.; Baumer, E.P. (2008): Assessing the Relevance of Anomie Theory for Explaining Spatial Variation in Lethal Criminal Violence: An Aggregate-Level Analysis of Homicide within the United States. International Journal of Conflict and Violence 2, S. 215–247.

Stummvoll, Günter (2002): Kriminalprävention durch Gestaltung des öffentlichen Raumes: CPTED. Neue Kriminalpolitik 14, S. 123–126.

Sutherland, E.H. (1940): White-Collar Criminality. American Sociological Review 5, S. 1–12.

Sutherland, E.H. (1979): Die Theorie der differentiellen Kontakte. In: Sack, F.; König, R. (Hrsg.), Kriminalsoziologie, 3. Aufl., Wiesbaden: Akademische Verlagsgesellschaft, S. 395–399.

Sutherland, E. (1983): White Collar Crime. The Uncut Version. New Haven, London: Yale University Press.

Sutherland, E.H.; Cressey, D.R. (1955): Principles of criminology. Chicago: Lippincott.

Sykes, G.M.; Matza, G. (1957): Techniques of Neutralization: A Theory of Delinquency. American Sociological Review 22, S. 664–670.

Tannenbaum, F. (1951): Crime and the Community, 2. Aufl. New York: Columbia University Press.

Thomaßen, S. (2012): Konzeption zum Umgang mit rückfallgefährdeten Sexualstraftätern (KURS NRW). Forensische Psychiatrie, Psychologie, Kriminologie 6, S. 25–31.

Thome, H.; Birkel, C. (2007): Sozialer Wandel und Gewaltkriminalität. Deutschland, England und Schweden im Vergleich, 1950 bis 2000. Wiesbaden: VS Verlag für Sozialwissenschaften.

Thornberry, T.P. (1987): Toward an Interactional Theory of Delinquency. Criminology 25, S. 863–891.

Thornberry, T.P. (1996): Empirical support for interactional theory: A review of the literature. In: Hawkins, J.D. (Hrsg.), Delinquency and Crime: Current Theories. Cambridge: Cambridge University Press, S. 198–235.

Thornberry, T.P.; Lizotte, A.J.; Krohn, M.D.; Farnworth, M.; Jang, S.J. (1991): Testing Interactional Theory: an Examination of Reciprocal Causal Relationships among Family, School, and Delinquency. The Journal of Criminal Law & Criminology 82, S. 3–35.

Thornberry, T.P.; Lizotte, A.J.; Krohn, M.D.; Smith, C.A.; Porter, P.K. (2003): Causes and Consequences of Delinquency: Findings from the Rochester Youth Development Study. In: Thornberry, T.P.; Krohn, M.D. (Hrsg.), Taking Stock of Delinquency. New York: Kluwer Academic Plenum Publishers, S. 11–15.

Thrasher, F.M.; Beirne, P. (2006): The gang. A study of 1.313 gangs in Chicago. Nachdruck der 1. Auflage von 1927. Chicago u. a.: University of Chicago Press.

Tilly, N. (1993): Understanding Car Parks, Crime and CCTV: Evaluation Lessons from Safer cities. Crime Prevention Unit Paper 42. London: Home Office.

Tittle, C.R.; Rowe, A.R. (1974): Certainty of Arrest and Crime Rates: A Further Test of the Deterrence Hypothesis. Social Forces 52, S. 455–462.

Tittle, C.R.; Villemez, W.J.; Smith, D.A. (1978): The Myth of Social Class and Criminality: An Empirical Assessment of the Empirical Evidence. American Sociological Review 43, S. 643–656.

Toman, W. (1983): Der psychoanalytische Ansatz zur Delinquenzerklärung und Therapie. In: Lösel, F. (Hrsg.), Kriminalpsychologie. Weinheim, Basel: Beltz, S. 41–51.

Toutenburg, H.; Schomaker, M.; Wißmann, M. (2006): Arbeitsbuch zur deskriptiven und induktiven Statistik. Berlin, Heidelberg: Springer.

Tracy, P.E., Wolfgang, M.E.; Figlio, R.M. (1990): Delinquency in Two Birth Cohorts. New York, London: Plenum Press.

Travison, T.G.; Vesper, H.W.; Orwoll, E.; Wu, F; Kaufman, J.M.; Wang, Y. Lapauw, B.; Fiers, T; Matsumoto, A.M.; Bhasin, S. (2017): Harmonized Reference Ranges for Circulating Testosterone Levels in Men of Four Cohort Studies in the United States and Europe. Journal for Clinical Endocrinology and Metabolism 102, S. 1161–1173.
Treibel, A.; Dölling, D.; Hermann, D. (2017): Determinanten des Anzeigeverhaltens nach Straftaten gegen die sexuelle Selbstbestimmung. Forensische Psychiatrie, Psychologie, Kriminologie 11, S. 355–363.
Trenczek, T.; Pfeiffer, H. (Hrsg.) (1996): Kommunale Kriminalprävention. Paradigmenwechsel und Wiederentdeckung alter Weisheiten. Bonn: Forum Verlag Godesberg.
Ttofi, M.M.; Farrington, D.P. (2011): Effectiveness of school-based programs to reduce bullying: a systematic and meta-analytic review. Journal of Experimental Criminology 7, S. 27–56.
Ulbrich-Herrmann, M. (1996): Gewalt bei Jugendlichen unterschiedlicher Lebensstile. In: Schwenk, O. G. (Hrsg.), Lebensstil zwischen Sozialstrukturanalyse und Kulturwissenschaft. Opladen: Westdeutscher Verlag, S. 221–234.
Ulbrich-Herrmann, M. (1998): Lebensstile Jugendlicher und Gewalt. Eine Typologie zur mehrdimensionalen Erklärung eines sozialen Problems. Münster: Lit.
Umweltbundesamt (2000): Umweltdelikte 1999. Eine Auswertung der Statistiken. Berlin: Umweltbundesamt.
Umweltbundesamt (2017): Umweltdelikte 2016. Eine Auswertung der Statistiken. Berlin: Umweltbundesamt.
Urban, D.; Mayerl, J. (2008): Regressionsanalyse. Theorie, Technik und Anwendung. 3. Aufl. Wiesbaden: VS Verlag für Sozialwissenschaften.
Urban, D.; Mayerl, J. (2014): Strukturgleichungsmodellierung. Ein Ratgeber für die Praxis. Wiesbaden: Springer VS.
Valeri, R.M.; Borgeson, K. (2018): Skinhead history, identity, and culture. New York, London: Routledge.
Van den Brink, H. (2006): Kommunale Kriminalprävention. In: Feltes, T.; Kerner, H.-J. (Hrsg.), Kriminologie-Lexikon ONLINE. Internetpublikation: http://www.krimlex.de/artikel.php?BUCHSTABE=K&KL_ID=99 (Zugriff am 13.12.2019).
van Dijk, M.; Kleemans, E.R.; Eichelsheim, V. (2018): Children of Organized Crime Offenders. Like Father, Like Child? An Explorative and Qualitative Study Into Mechanisms of Intergenerational (Dis)Continuity in Organized Crime Families. European Journal on Criminal Policy and Research 15, S. 1–19.
Vaskovics, L.A. (1989): Subkulturen – ein überholtes analytisches Konzept? In: Haller, M.; Hoffmann-Nowotny, H.-J.; Zapf, W. (Hrsg.), Verhandlungen des 24. Deutschen Soziologentages in Düsseldorf. Frankfurt am Main, New York: Campus, S. 587–626.
Vaskovics, L.A. (1995): Subkulturen und Subkulturkonzepte. Forschungsjournal Neue Soziale Bewegungen 8, S. 11–23.
Verrel, T. (2018): Die fitten Alten – ein zweiter Blick auf die Alterskriminalität. In: Hecker, B.; Weißer, B.; Brand, C. (Hrsg.), Festschrift für Rudolf Rengier zum 70. Geburtstag. München: Beck, S. 679–689.
Vester, M. (2008): Klasse an sich/für sich. In: Haug, W. F. (Hrsg.), Historisch-kritisches Wörterbuch des Marxismus, Band 7/I, Berlin: Argument, Sp. 736–775.
Vignando, R.; Haas, H. (2001): Die Skinhead-Bewegung: Eine empirische Studie. Crimiscope 15, S. 1–9. Online verfügbar unter: https://www.unil.ch/esc/files/live/sites/esc/files/shared/Crimiscope/Crimiscope015_2001_D.pdf (Zugriff am 5.2.2021).
Virkkunen, M.; Linnoila, M. (1993): Brain Serotonin, Type II Alcoholism and Impulsive Violence. Journal of Studies on Alcohol. Supplement 11, S. 163–169.
Voland, E. (2002): Grundriss der Soziobiologie. 2. Aufl. Heidelberg: Spektrum der Wissenschaft.
Volckart, B. (1997): Die Praxis der Kriminalprognose. Methodologie und Rechtsanwendung. München: Beck.
Vollmer, T. (2016): Prävention statt Repression im Bereich der Jugendkriminalität. Schweizerische Zeitschrift für Kriminologie 15, S. 15–20.

Vollrath, M.; Krüger, H.-P. (2002): Auftreten und Risikopotenzial von Drogen im Straßenverkehr. Blutalkohol 39, S. 32–39.

Vollrath, M.; Löbmann, R.; Krüger, H.-P.; Schöch, H.; Widera, T.; Mettke, M. (2001): Fahrten unter Drogeneinfluss – Einflussfaktoren und Gefährdungspotenzial. Berichte der Bundesanstalt für Straßenwesen, Mensch und Sicherheit, Heft M 132. Bergisch Gladbach: Bundesanstalt für Straßenwesen.

Von Franqué, F. (2013): HCR-20 - Historical-Clinical-Risk Management-20 Violence Risk Assessment Scheme. In: Rettenberger, M.; von Franqué, F. (Hrsg.), Handbuch kriminalprognostischer Verfahren. Göttingen u.a.: Hogrefe, S. 256–272.

Von Hentig, H. (1962): Das Verbrechen. Band II. Der Delinquent im Griff der Umweltkräfte. Berlin Göttingen Heidelberg: Springer.

Von Liszt, F. (1883): Der Zweckgedanke im Strafrecht. Zeitschrift für die gesamte Strafrechtswissenschaft 3, S. 1–47.

Von Liszt, F. (1919): Lehrbuch des Deutschen Strafrechts. 21./22. Aufl. Berlin, Leipzig: de Gruyter.

Wachter, E. (2020): Kommunale Kriminalprävention. Eine Evaluationsstudie. Baden-Baden: Nomos.

Walburg, C. (2014): Migration und Jugenddelinquenz. Eine Analyse anhand eines sozialstrukturellen Delinquenzmodells. Münster: Waxmann.

Wallner, F. (2018): Mobbingprävention im Lebensraum Schule. Wien: Österreichisches Zentrum für Persönlichkeitsbildung und soziales Lernen. Internetpublikation: http://www.oezeps.at/wp-content/uploads/2019/02/Handreichung_Mobbing_ONLINE.pdf (Zugriff am 4.12.2019).

Walter, M.; Brand, T.; Wolke, A. (2009): Einführung in kriminologisch-empirisches Denken und Arbeiten. Stuttgart u. a.: Boorberg.

Wang, J.; Weatherburn, D.; Wan, W.-Y. (2019): The long-term effect of routine police activity on property and violent crime in NSW, Australia. Crime & Justice Bulletin 225, S. 1–12.

Wang, X.; Mears, D.P. (2010): Examining the Direct and Interactive Effects of Changes in Racial and Ethnic Threat on Sentencing Decisions. Journal of Research in Crime and Delinquency 47, S. 522–557.

Watson, R.E.L. (1968): The Effectiveness of Increased Police Enforcement as a General Deterrent. Law & Society Review 20, S. 293–299.

Webb, B.; Laycock, G. (1992): Reducing Crime on The London Underground: An Evaluation of Three Pilot Projects. Crime Prevention Unit Paper 30. London: Home Office.

Weber, M. (o.J.) Wirtschaft und Gesellschaft. Grundriß der verstehenden Soziologie. In: Max Weber im Kontext. Literatur auf CD-ROM, Vol. 7.

Webster, C.D.; Douglas, K.S.; Eaves, D.; Hart, S. (1997): The HCR-20 Scheme. The Assessment of Dangerousness and Risk. 2. Aufl. Vancouver: Simon Fraser University.

Wegel, M.; Kerner, H.-J.; Stroezel, H. (2011): Mobbing und Resilienz in Schulen. Zusammenhänge des Opferwerdens und dessen möglicher Vermeidung. Kriminalistik 65, S. 526–532.

Weiber, R.; Mühlhaus, D. (2014): Strukturgleichungsmodellierung. Eine anwendungsorientierte Einführung in die Kausalanalyse mit Hilfe von AMOS SmartPLS und SPSS. 2. Aufl. Berlin, Heidelberg: Springer Gabler.

Weigelt, E. (2009): Bewähren sich Bewährungsstrafen? Eine empirische Untersuchung der Praxis und des Erfolgs der Strafaussetzung von Freiheits- und Jugendstrafen. Göttingen: Universitätsverlag Göttingen.

Weijer, S.; Bijleveld, C.; Blokland, A. (2014): The Intergenerational Transmission of Violent Offending. Journal of Family Violence 29, S. 109–118.

Weinberg, R.A. (1989): Intelligence and IQ: Landmark Issues and Great Debates. American Psychologist 44, S. 98–104.

Weinhardt, M. (2015): Der European Social Survey. Methoden. Internetpublikation: http://www.uni-bielefeld.de/soz/ess/hintergruende/methoden.html (Zugriff am 1.7.2015).

Weiß, R.; Grimm, K.; Klinger, W. (2000): Gewalt, Medien und Aggressivität bei Schülern. Göttingen: Hogrefe.

Weitekamp, E. (2001): Gangs in Europe: Assessment at the Millennium. In: Klein, M.W.; Kerner, H.-J.; Maxson, C.L.; Weitekamp, E. (Hrsg.), The Eurogang Paradox. Street Gangs and Youth Groups in the U.S. and Europe. Dordrecht u. a.: Kluwer, S. 309–322.

Welsh, B.; Farrington, D.P. (2009): Public area CCTV and crime prevention: An updated systematic review and meta-analysis. Justice Quarterly 26, S. 716–745.
Welsh, A.; Ogloff, J.R.P. (2008): Progressive reforms or maintaining the status quo? An empirical evaluation of the judicial consideration of aboriginal status in sentencing decisions. Canadian Journal of Criminology and Criminal Justice 50, S. 491–517.
Wendt, E. (2010): Drogenrausch. In: Kröber, H.-L.; Dölling, D.; Leygraf, N.; Saß, H. (Hrsg.), Handbuch der Forensischen Psychiatrie. Band 2: Psychopathologische Grundlagen und Praxis der Forensischen Psychiatrie im Strafrecht. Berlin Heidelberg: Springer, S. 258–311.
Werner, S. (2014): Unternehmenskriminalität in der Bundesrepublik Deutschland. Umfang, Merkmale und warum sie sich lohnt. Ostfildern: Thorbecke.
Wernet, A. (2009): Einführung in die Interpretationstechnik der Objektiven Hermeneutik. Wiesbaden: VS Verlag für Sozialwissenschaften.
Wernert, M. (2017): Internetkriminalität – Grundlagenwissen, erste Maßnahmen und polizeiliche Ermittlungen. 3. Aufl. Suttgart: Boorberg.
West, D.J. (1982): Delinquency. Its Roots, Careers and Prospects. London u. a.: Heinemann.
West, D.J.; Farrington, D.P. (1973): Who becomes delinquent? Second report of the Cambridge Study in Delinquent Development. London: Heinemann.
West, D.J.; Farrington, D.P. (1977): The delinquent way of life: third report of the Cambridge study in delinquent development. London: Heinemann.
Wetzell, R. F. (2000): Inventing the Criminal. A History of German Criminology, 1880–1945. Chapel Hill, London: University of North Carolina Press.
Wetzels, P.; Enzmann, D. (1999): Die Bedeutung der Zugehörigkeit zu devianten Cliquen und der Normen Gleichaltriger für die Erklärung jugendlichen Gewalthandelns. DVJJ-Journal 10, S. 116–131.
Whitaker, D.J.; Le, B.; Hanson, R.K.; Baker, C.K.; McMahon, P.M.; Ryan, G.; Klein, A.; Donovan Rice, D. (2008): Risk Factors for the Perpetration of Child Sexual Abuse: A Review and Meta-analysis. Child Abuse & Neglect 32, S. 529–548.
Widom, C.S.; Czaja, S.J.; DuMont, K.A. (2015): Intergenerational Transmission of Child Abuse and Neglect: Real or Detection Bias? Science 347, S. 1480–1485.
Wiebke, S. (2009): Engagierte Bürger – sichere Gesellschaft. Bürgerschaftliches Engagement in der Kriminalprävention. Gutachten für den 13. Deutschen Präventionstag am 2. & 3. Juni 2008 Leipzig. In: Marks, E.; Steffen, W. (Hrsg.), Engagierte Bürger – sichere Gesellschaft. Ausgewählte Beiträge des 13. Deutschen Präventionstages, S. 25–72.
Wikström, P.-O.H. (2004): Crime as alternative: Towards a cross-level situational action theory of crime causation. In: McCord J. (Hrsg.), Beyond empiricism: Institutions and intentions in the study of crime. New Brunswick: Transaction, S. 1–37.
Wikström, P.-O.H. (2010): Situational Action Theory. In: Cullen, F.; Wilcox, P. (Hrsg.), Encyclopedia of Criminological Theory. London: Sage, S. 1001–1008.
Wikström, P.-O.H. (2015): Situational Action Theory. Monatsschrift für Kriminologie und Strafrechtsreform 98, S. 177–186.
Wikstöm, P.-O.H.; Schepers, D. (2018): Situational Action Theory. In: Hermann, D.; Pöge, A. (Hrsg.), Kriminalsoziologie: Handbuch für Wissenschaft und Praxis. Baden-Baden: Nomos, S. 59–73.
Wikström, P.-O.H.; Svensson, R. (2010): When does self-control matter? The interaction between morality and self-control in crime causation. European Journal of Criminology 7, S. 395–410.
Wikström, P.-O.H.; Treiber, K. (2018): The Role of Self-Control in Crime Causation. Beyond Gottfredson and Hirschi's General Theory of Crime. European Journal of Criminology 4, S. 237–264.
Willis, P. (1989): „Profane Culture" – Rocker, Hippies: Subversive Stile der Jugendkultur. Frankfurt am Main: Syndikat.
Wilson, T.P. (1971): Normative and Interpretative Paradigms in Sociology. In: Douglas, J.D. (Hrsg.), Understanding Everyday Life. Toward the Reconstruction of Sociological Knowledge. London: Routledge, S. 54–79.
Wilson, T.P. (1980) Theorien der Interaktion und Modelle sozialwissenschaftlicher Erklärung. In: Arbeitsgruppe Bielefelder Soziologen (Hrsg), Alltagswissen, Interaktion und gesellschaftliche Wirklichkeit. Band 1: Symbolischer Interaktionismus und Ethnomethodologie. 5. Aufl. Opladen: Westdeutscher Verlag, S. 54–79.

Wilson, J.Q.; Kelling, G.L. (1982): Broken Windows. The Police and Neighborhood Safety. The Atlantic Monthly, March 1982, S. 29–39.

Wilson, J.Q.; Kelling, G.L. (1996): Polizei und Nachbarschaftssicherheit: Zerbrochene Fenster. Kriminologisches Journal 28, S. 121–137.

Wiswede, G. (1979): Soziologie abweichenden Verhaltens. 2. Aufl. Stuttgart: Kohlhammer.

Witkin, H.; Mednick, S.A.; Schulsinger, F.; Bakkestrom, E.; Christiansen, K.O.; Goodenough, D.R.; Hirschhorn, K.; Lundsteen, C.; Owen, D.R.; Philip, J.; Rubin, D.; Stocking, M. (1977): Criminality, Aggression and Intelligence among XYY and XXY Men. In: Mednick, S.A.; Christiansen, K.O. (Hrsg.), Biosocial Bases of Criminal Behavior. New York: Gardner Press, S. 165–188.

Witt, R.; Clarke, A.; Fielding, N. (1999): Crime and Economic Activity. A Panel Approach. British Journal of Criminology 39, S. 391–400.

Wittenberg, J. (2015): Erhebungsdesigns für kriminologische Befragungen und Experimente. In: Eifler, S.; Pollich, D. (Hrsg.), Empirische Forschung über Kriminalität. Methodologische und methodische Grundlagen. Wiesbaden: Springer VS, S. 95–122.

Woerner, O. (1907): Die Frage der Gleichmäßigkeit der Strafzumessung im Deutschen Reich. München: Reinhardt.

Wößner, G. (2006): Typisierung von Sexualstraftätern. Ein empirisches Modell zur Generierung typenspezifischer Interventionsansätze. Berlin: Duncker & Humblot.

Wößner, G.; Albrecht, H.-J. (2016): Behandlung, Resozialisierung, Rückfallgefahr: Sexualstraftäter in den sozialtherapeutischen Anstalten Sachsens. Forschungsbericht. Freiburg im Breisgau: Max-Planck-Institut für ausländisches und internationales Strafrecht. Internetpublikation https://www.mpg.de/11003517 (Zugriff am 10.12.2019.

Woll, A. (2011): Kriminalität bei Berufsschülern. Eine Replikation der voluntaristischen Kriminalitätstheorie. Münster: Lit.

Wolf, C.; Best, H. (2010): Handbuch der sozialwissenschaftlichen Datenanalyse. Wiesbaden: VS Verlag für Sozialwissenschaften.

Wolfgang, M.E.; Figlio, R.M.; Sellin, T. (1972): Delinquency in a Birth Cohort. Chicago: University of Chicago Press.

Wolfgang, M.E.; Figlio, R.M.; Sellin, T. (1979): Delinquency in a Birth Cohort. Mid-way Reprint. Chicago: University of Chicago Press.

Wyant, B.R. (2008): Multilevel impacts of perceived incivilities and perceptions of crime risk on fear of crime: Isolating endogenous impacts. Journal of Research in Crime and Delinquency 45, S. 39–64.

Yüksel, C.C. (1992): Strafzumessungsschuld und Strafungleichheit. Eine kritische Auseinandersetzung mit § 46 StGB. Münster: Lit.

Ziegler, R. (2009): Soziale Schicht und Kriminalität. Berlin, Münster: Lit.

Ziercke, J. (2012): Organisierte Kriminalität – Lagedarstellung und -bewertung. Rocker, Mafia, Geldwäscher – Deutschland fest im Griff der OK? der kriminalist (Heft 3), S. 20–23.

Zimbardo, P.G. (1973): A field experiment in auto shaping. in: Ward, C. (Hrsg.), Vandalism. London: Architectural Press, S. 85–90.

Zimmermann, E. (1972): Das Experiment in den Sozialwissenschaften. Stuttgart: Teubner.

Zipf, H. (1980): Kriminalpolitik. Ein Lehrbuch. 2. Aufl. Heidelberg, Karlsruhe: Müller.

Zipf, H.; Dölling, D. (2014): Die Strafen und Nebenfolgen, Die Strafzumessung. In: Maurach, R.; Gössel, K. H.; Zipf, H.: Strafrecht Allgemeiner Teil. Teilband 2: Erscheinungsformen des Verbrechens und Rechtsfolgen der Tat. Heidelberg: Müller, S. 705–741, 742–891.

Zipf, H.; Laue, C. (2014): Die Maßregeln der Besserung und Sicherung und sonstige Maßnahmen. In: Maurach, R.; Gössel, K. H.; Zipf, H.: Strafrecht Allgemeiner Teil. Teilband 2: Erscheinungsformen des Verbrechens und Rechtsfolgen der Tat. Heidelberg: Müller, S. 892–957.

Ziv, A. (1976): Measuring Aspects of Moral Education. Journal of Education 5, S. 189–201.

Zuckerman, M.; Buchsbaum, M.S.; Murphy, D.L. (1980): Sensation Seeking and its Biological Correlates. Psychological Bulletin 88, S. 187–214.

Zvekic, U.; Kubo, T. (1989): Main Trends in Research on Capital Punishment (1979–1986). Revue Internationale de Droit Pénal 58, S. 553–554.

Stichwortverzeichnis

Die Angaben beziehen sich auf Paragraphen und Randnummern

A
Abgeurteilte § 9/9; § 28/22
Abschreckungseffekte, Bedingungen § 6/23 f.
Abschreckungseffekte, Personengruppen § 6/20 ff.
Abschreckungswirkung, Todesstrafe § 6/12 ff.
Absehen von Strafe § 28/27
Adoptionsstudien § 5/7 ff.
Age-Crime-Kurve § 12/2
Agentur für Cybersicherheit § 37/31
Aktenanalyse § 3/20; § 28/31, 34 ff.
Alkohol im Straßenverkehr § 33/15
Alkohol und Kriminalität § 32/7
Alkoholkonsum, Verbreitung § 32/2
Alltagstheorien § 6/109
Anklagequote § 28/20
Anomia, Begriff § 6/37
Anomie, Begriff § 6/33, 37
Anomietheorie § 6/33 ff.
Anzeige § 24/2; § 28/16
Anzeigequote § 10/25
Arithmetisches Mittel § 3/28
Aufklärung einer Straftat § 9/3; § 28/19
Aufklärungsquote § 9/24
Aussetzung des Strafrestes zur Bewährung § 28/54
Autonome § 21/4

B
Bande § 21/2 f.
Basisregeln § 6/109
Beccaria-Standards § 27/62
Befragung § 3/17; § 17/17-19, 22-24; § 28/31

Behandlung von Straftätern § 27/34; § 28/5; § 31/5
Beobachtung § 3/19; § 28/31 ff.
Betrug § 34/1 ff.; § 37/19
Bewährungshilfe § 28/53
Beziehungsverbrechen § 23/1
Bindungsformen § 6/143
Boxplot § 3/30
Broken Windows-Ansatz § 6/124; § 27/9, 42
Bullying § 27/26 ff.
Bundesamt für Sicherheit in der Informationstechnik § 37/31
Bundeszentralregister § 9/14; § 33/14

C
Chicago School § 2/34 ff.; § 6/49, 120 ff., 134; § 27/8
Chi-Quadrat-Test § 3/35
Chromosomenaberration § 5/3
Closed Circuit Television (CCTV) - . *Siehe* Videoüberwachung
Community Policing § 27/40
Computerkriminalität, im engeren Sinne § 37/5, 7 ff.
Computerkriminalität, im weiteren Sinne § 37/6, 15 ff.
Containment-Theory § 6/142
Corporate crime § 35/2
Cramers V § 3/35
Crime Prevention through Environmental Design § 27/13
Cronbachs Alpha § 3/50
Cybercrime-as-a-Service § 37/29

© Springer-Verlag Berlin Heidelberg 2022
D. Dölling et al., *Kriminologie*, Springer-Lehrbuch,
https://doi.org/10.1007/978-3-642-01473-4

Cybermobbing § 37/27

D
Darknet § 37/28
Daten, prozessproduzierte § 3/20
Datenmatrix § 3/23
Defensible Space-Ansatz § 27/12
Degenerationslehre § 2/21 f.
Desorganisation, soziale § 2/36
Developmental theory § 6/153 f.
Deviant places § 6/123
Devianz, primäre § 6/110
Devianz, sekundäre § 6/110
Diebstahl § 34/1 ff.
Digitalisierung § 37/1 ff.
Distributed Denial-of-Service-Angriffe (DDoS) § 37/21
Drogen, Definition § 32/1
Drogendelikte, Eindämmung § 32/10
Drogendelikte, Erklärung § 32/9
Drogendelikte, Erscheinungsformen § 32/5 ff.
Drogenkonsum und Kriminalität § 32/7 f.
Drogenkonsum und Teilnahme am Straßenverkehr § 33/18 f.
Drogenkonsum, Verbreitung § 32/2 ff.
Drucktheorie § 6/40-43
Dunkelfeld, Begriff § 10/1
Dunkelfeldforschung, Befunde § 10/9 ff.
Dunkelfeldforschung, Methoden § 10/4 ff.

E
Eigentums- und Vermögensdelikte § 9/21; § 34/1 ff.
Einziehung § 28/28
ENISA - . *Siehe* Agentur für Cybersicherheit
Entkriminalisierung § 1/3
Erbbiologie § 2/45 f.
Erklärung § 3/2
Ermittlungsverfahren, Abschluss § 28/20
Ermittlungsverfahren, Verlauf § 28/18
Erpressung, digitale § 37/20 ff.
Ersatzfreiheitsstrafe § 28/52
Eta (Korrelationskoeffizient) § 3/39
Ethnomethodologie § 6/106 ff.
European Source Book of Crime and Criminal Justice Statistics § 9/15
Evaluationen, von Kommunaler Kriminalprävention § 27/45, 57
Exhibitionismus § 31/12
Experiment § 3/18
Experiment, in der Abschreckungsforschung § 6/26 ff.
Experiment, in der Medienwirkungsforschung § 17/17, 20 f.

F
Fahreignungsregister § 33/11
Fahrverbot § 28/27
Faktorenanalyse, explorative § 3/47
Faktorenanalyse, konfirmatorische § 3/49, 69
Falsifikationismus § 3/4
Feldexperiment, in der Abschreckungsforschung § 6/28 f.
Feldexperiment, in der Medienwirkungsforschung § 17/20
Feministische Kriminologie § 13/12
Fiktive Fälle, Methode § 28/30, 43 ff.
Forensische Psychiatrie § 5/64 ff.
Freiheitsstrafe § 28/24, 26
Freiheitsstrafe mit Bewährung § 28/24, 26, 53
Freiheitsstrafe ohne Bewährung § 28/24, 26, 54
Fünf-Faktoren-Modell der Persönlichkeit § 15/5 ff.

G
Gamma (Korrelationskoeffizient) § 3/36
Geldstrafe § 28/24-25, 52
Gelegenheitsgruppe § 21/2
Gemeinnützige Arbeit § 28/52
General Aggression Model § 17/14
General Strain Theory - . *Siehe* Drucktheorie
Geschlechterunterschiede in der Kriminalitätsbelastung § 13/1 ff.
Gewalt, autoaggressive § 13/5
Gewaltbegriff § 30/1 ff.
Gewaltkriminalität, Dunkelfeld § 30/10 ff.
Gewaltkriminalität, Entwicklung § 30/5 ff.
Gewaltkriminalität, Hellfeld § 9/22; § 30/4 ff.
Green Criminology § 36/11
Grounded Theory § 3/10
Grundgesamtheit § 3/24

H
Habitualisierungsthese § 17/6
Häufigkeitszahl § 9/6
Halo-Effekt § 3/17; § 10/7
Halttheorie § 6/142
Handlungstheorie § 6/1
Heidelberger Audit Konzept für urbane Sicherheit § 27/43

Hermeneutik, objektive § 3/11
Hooligan § 21/4
Hormone § 5/16 ff.
Hypothese § 3/2

I
Idealtypus § 19/5 f.
Incivilities § 27/11, 41, 47
Indikator § 3/45
Inferenzstatistik § 3/25 ff.
Informationsdelikte § 37/25
Inhaltsanalyse nach Philipp Mayring § 3/12
Inhibitionsthese § 17/5
Instanzenforschung § 1/5
Integrative Kriminalitätstheorie § 7/4
Intelligenz und Kriminalität § 15/8 ff.
Intensivtäter § 12/5
Interactional Theory § 6/155 f.
Internetsicherheit § 37/10
Internetstreife § 37/30
Intervallskala § 3/22, 39, 41
Interview, narratives § 3/9
Irrtumswahrscheinlichkeit § 3/26
Item § 3/44 f.

J
Jugendbande § 21/3
Jugendstrafrecht § 28/29, 37 ff.

K
Kapital, kulturelles § 18/8
Kapital, ökonomisches § 18/8
Kapital, soziales § 18/8
Karriere, kriminelle § 6/174; § 13/3
Katharsishypothese § 17/4
Kinderpornografie § 31/13
KiVa-Antimobbing-Programm § 27/31 f.
Klasse § 18/3 f.
Klassische Schule § 2/15; § 6/4
Körperverletzung § 30/10 ff.
Kohortenstudien § 9/6; § 10/24
Kollektivbewusstsein § 6/33
Kommunale Kriminalprävention § 27/40 ff.
Konditionierung § 5/55 ff.; § 6/74
Konfidenzintervall § 3/26
Konfidenzniveau § 3/26
Konstitutionentypologie § 15/3 f.
Konstrukt § 3/45
Konstruktivistische Kriminalitätstheorie § 7/6
Kontrolltheorie § 6/141 ff.
Korrelationskoeffizient nach Pearson § 3/41

Korruption, Begriff § 35/9
Korruption, Erscheinungsformen § 35/9
Korruption, Schäden § 35/9
Korruption, situative § 35/10
Korruption, strukturelle § 35/10
Kosten-Nutzen-Abwägung § 6/6
Kriminalanthropologie § 2/23
Kriminalätiologie § 1/4
Kriminalgeographie § 1/4
Kriminalisierung § 1/3
Kriminalistik § 1/7
Kriminalität der Mächtigen § 21/8
Kriminalität, Entwicklung § 9/26 f.; § 10/10 ff.
Kriminalitätsfurcht, affektive § 25/2
Kriminalitätsfurcht, allgemeine § 25/3
Kriminalitätsfurcht, konative § 25/2
Kriminalitätsfurcht, persönliche § 25/4
Kriminalitätsfurcht-Paradoxon § 25/5
Kriminalitätstheorien, Bedeutung § 4/2
Kriminalitätstheorien, Begriff § 4/1
Kriminalitätstheorien, Einteilung § 4/3
Kriminalphänomenologie § 1/4
Kriminalpolitik § 1/8
Kriminalprävention, entwicklungsorientierte § 27/2
Kriminalprävention, indizierte § 27/6 f.
Kriminalprävention, personenbezogene § 27/25 ff.
Kriminalprävention, primäre § 27/6 f.
Kriminalprävention, raumorientierte § 27/8 ff.
Kriminalprävention, sekundäre § 27/6 f.
Kriminalprävention, selektive § 27/6 f.
Kriminalprävention, situative § 27/8 ff.
Kriminalprävention, tertiäre § 27/6 f.
Kriminalprävention, universelle § 27/6 f.
Kriminalprognose - . *Siehe* Prognose
Kriminalstrategie § 1/7
Kriminaltaktik § 1/7
Kriminaltechnik § 1/7
Kriminalwissenschaften, Begriff § 1/7
Kriminologie, Aufgaben § 1/6
Kriminologie, Begriff § 1/1
Kriminologie, Erfahrungswissenschaft § 1/6
Kriminologie, interdisziplinäre Wissenschaft § 1/9
Kritischer Rationalismus § 3/4
Kruskal-Wallis-Test § 3/40
Kulturkonflikttheorien § 6/51

L
Labelingtheorie § 6/106 ff.
Laborexperiment § 6/26; § 17/21

Längsschnittstudie § 6/17; § 12/6
Lambda § 3/35
Lebensstil § 6/138; § 23/3
Lerntheorien § 6/71 ff.; § 16/3; § 17/9 f.

M
Makroebene § 6/172; § 7/13; § 17/16, 31
Makrokriminalität § 21/8
Makro-Mikro-Makro-Modell § 6/137
Mann-Whitney-U-Test § 3/40
Marxistische Kriminologie § 2/27
Maryland Scientific Scale § 27/60
Maßregeln der Besserung und
 Sicherung § 28/28
Median § 3/28
Medienforschung § 17/1 f.
Medienwirkungsforschung,
 Eskalationshypothese § 17/40 ff.
Medienwirkungsforschung, Methoden §
 17/16 ff.
Medienwirkungsforschung, Studien § 17/20 ff.
Medienwirkungsforschung, Theorien
 § 17/3 ff.
Mehrebenenmodell § 6/147
Mehrfachtäter - . *Siehe* Intensivtäter
Mehrfaktorenansatz § 7/1
Mehrfaktorenansätze, empirisch
 ausgerichtete § 7/2
Mehrfaktorenansätze, theoriebindende § 7/3
Menschenhandel § 31/14
Mesoebene § 7/12
Metaanalyse § 3/21; § 6/31 f.; § 17/34; §
 27/22 f., 33
Methoden, qualitative § 3/6 ff.
Methoden, quantitative § 3/16 ff.
Mikroebene § 7/9
Milieu § 18/7, 10
Mittelwertvergleich § 3/39
Mobbing § 27/26-33; § 30/15
Modus § 3/28
Mood's Median-Test § 3/40
Moral insanity § 2/20
Moralität § 6/188
Moralstatistiken § 2/26

N
Netzwerkdurchsetzungsgesetz § 37/30
Neurotransmitter § 5/12
Nicht-parametrische Verfahren § 3/40
Nominalskala § 3/22
Nord-Süd-Gefälle § 9/23
Normalverteilung § 3/25
Normen § 6/169

O
Occupational crime § 35/2
Ökologische Kriminalitätstheorien § 6/119 ff.
Operationalisierung § 3/45
Opfer, Bedürfnisse § 24/1
Opfer, Begriff § 22/2
Opfer, Schäden § 23/2
Opfer, Statistik § 9/4, 6
Opferbefragung, deutschlandweit § 10/20 ff.;
 § 30/10 ff.; § 34/4 ff.
Opfergefährdungszahl § 9/6
Ordinalskala § 3/22
Organisierte Kriminalität § 21/2, 5
Ostdeutschland § 9/23

P
Panel-Studien § 6/18; § 17/19, 25 ff.
Paradigma, interpretatives § 3/3; § 6/2
Paradigma, normatives § 3/3; § 6/2
Partei § 18/4
Persönlichkeit § 5/43 ff.; § 15/1 ff.
Persönlichkeitsstörungen § 5/75 ff.
Phi-Koeffizient § 3/35
Phishing § 37/8
Phrenologie § 2/18 f.
Physiognomik § 2/17
Polizeiliche Kriminalstatistik § 9/2 ff.
Pornografische Schriften § 37/18
Präventionsprogramm von Olweus § 27/28 ff.
Priming-Ansatz § 17/13
Problem-oriented Policing § 27/40
Prognose, Begriff § 20/1
Prognose, intuitive § 20/8
Prognose, klinische § 20/12 ff.
Prognose, statistische § 20/9 ff.
Prognose, Treffsicherheit § 20/7
Prognosearten § 20/3
Prozessevaluation § 27/60
Prozessproduzierte Daten § 3/20
Psychiatrie § 2/20; § 5/64 ff.
Psychoanalyse § 5/44 f.; § 17/4
Psychologische Kriminalitätstheorien § 5/42 ff.
Psychopathenlehre § 2/42
Psychopathologie § 5/66
Psychopathy § 5/77 f.
Psychosyndrom, hirnorganisches § 5/71
Punker § 21/4
Punkteverfahren, einfaches § 20/10
Punktwertverfahren § 20/10

Q
Querschnittsstudie § 6/19; § 17/19
Quotenstichprobe § 3/24

R
Range § 3/29
Ransomware § 37/22
Raub § 30/10 ff.
Rauschgiftkriminalität - . *Siehe* Drogendelikte
Registrierung von Straftaten § 28/17
Regression, binär logistische § 3/62
Regression, multinomiale logistische § 3/66
Regression, multiple § 3/56
Reliabilitätsanalyse § 3/50
Response bias § 10/7
Risikobeurteilung, strukturierte professionelle § 20/13
Risikogesellschaft § 27/3
Rocker § 6/55 ff.; § 21/4
Routine Activity Approach § 6/134 ff.; § 23/3
Rückfallquote § 28/5; § 31/5

S
Sanktionspraxis § 28/23 ff.
Schadensersatz § 24/4
Schicht § 18/5
Schizophrenie § 5/73 f.
Selbstkontrolle § 6/144 ff., 189
Selbstmord § 6/34
Selektionsprozess § 8/1; § 13/11; § 28/15
self-fulfilling-prophecy § 6/111; § 20/6
SEU-Modell § 6/7
Sextortion § 37/24
Sexualdelikte, Erscheinungsformen § 31/2, 6 ff.
Sexualdelikte, Opfer § 31/3, 7, 11
Sexualdelikte, Strafverfolgung § 31/4
Sexualdelikte, Täter § 31/3, 5, 7
Sexuelle Nötigung § 31/6
Sexueller Missbrauch von Kindern § 31/9 ff.
Signifikanzniveau § 3/26
Situational Action Theory § 6/187 ff.
Situative Kriminalitätstheorien § 6/134 ff.
Skala § 3/22, 45
Skalenniveau § 3/22
Skalierung, multidimensionale § 3/51
Skimming § 37/8
Skinheads § 6/62 ff.; § 21/4
Skripttheorie § 17/12
Softwarepiraterie § 37/9
Solidarität, mechanische § 6/33
Solidarität, organische § 6/33
Soziale Kontrolle § 26/1
Sozialisation, Begriff § 16/1 f.
Sozialisation, Bildungseinrichtungen § 16/20
Sozialisation, Familie § 16/4 ff.
Sozialisation, geschlechtsspezifische § 13/7
Sozialisation, Lernen am Modell § 16/3
Sozialisation, Medien § 16/21
Sozialisation, Peergruppe § 16/14 ff.
Sozialisation, primäre § 16/2
Sozialisation, sekundäre § 16/2
Sozialisation, tertiäre § 16/2
Sozialisationsdefizite § 6/87
Sozialisationstheorie § 6/81 ff.
Sozialkapital § 6/8; § 27/39, 50 ff.
Sozialtherapeutische Anstalt § 28/54
Spearmans Rangkorrelationskoeffizient § 3/36
Spontangruppe § 21/2
Staatskriminalität § 21/8
Stadt-Land-Gefälle § 9/23
Städtebau und Kriminalprävention § 27/12 ff.
Stand § 18/4
Standardabweichung § 3/29
Standardisierung von Variablen § 3/58
Statistik § 3/28
Statistik "Staatsanwaltschaften" § 9/8
Statistik "Strafgerichte" § 9/10
Statistik "Strafverfolgung" § 9/9
Statistik "Strafvollzug" § 9/12
Statistik "Verkehrsunfälle" § 33/5
Stichprobe § 3/24
Stimulationsthese § 17/8
Strafanzeige § 24/2; § 28/16
Strafaussetzung zur Bewährung § 28/24, 26, 53
Straftheorie, generalpräventive § 28/6 ff.
Straftheorie, spezialpräventive § 28/4 f.
Straftheorien, absolute § 28/2 f.
Straftheorien, Begriff § 28/1
Straftheorien, expressive § 28/9
Straftheorien, relative § 28/4
Strafvollzug § 28/54
Strafzumessung, Beurteilung durch die Bevölkerung § 29/2
Strafzumessungsforschung § 28/30 f.
Strafzumessungspraxis § 28/32 ff.
Strafzwecke § 2/14; § 28/1 ff.; § 29/2
Straßenverkehrsdelikte, Dunkelfeld § 33/15 ff.
Straßenverkehrsdelikte, Hellfeld § 33/5 ff.
Straßenverkehrsunfallstatistik § 33/6
Strukturgleichungsmodell § 3/69
Strukturprognosetafel § 20/10
Subkulturtheorien § 6/49 ff.
Sündenbocktheorie § 5/53
Suggestionsthese § 17/7
Systemtheorien § 6/1

T

Täter in seinen sozialen Bezügen § 19/5
Tätergruppen, Spektrum § 21/2
Täter-Opfer-Ausgleich § 24/4
Täter-Opfer-Ausgleichs-Statistik § 9/13
Tätertypen § 19/1 ff.
Tatverdächtige § 9/5; § 28/19
Tatverdächtigenbelastungszahl § 9/6
Tau-b § 3/36
Terroristische Gruppierungen § 21/6 f.
Testosteron § 5/16 ff.
Theorie der differentiellen Assoziation § 6/71
Theorie der erlernten Hilflosigkeit § 23/3
Theorie der inneren Kontrolle § 6/141
Theorie der reintegrativen Beschämung § 7/5
Theorie der unterschiedlichen Sozialisation und Sozialkontrolle § 7/4
Tiefenpsychologische Kriminalitätstheorien § 5/44 ff.
Totalerhebung § 3/24
Tötungsdelikte § 30/7; § 31/8
Trichter-Modell § 28/15
T-Test § 3/39

U

Ubiquität der Kriminalität § 12/5; § 18/15
Umdefinitionen im Verlauf der Strafverfolgung § 28/22
Umweltdelikte § 36/4 ff.
Umweltstrafrecht § 36/1 ff.
Ungleichheit, horizontale § 18/21 ff.
Ungleichheit, soziale § 18/1 ff.
Ungleichheit, vertikale § 18/16 ff.
Uses and Gratifications Approach § 17/15
Utilitaristische Kriminalitätstheorie § 6/4 ff.

V

Validität § 3/47
Variablen, latent § 3/45
Variablen, manifeste § 3/45
Varianz § 3/29, 39
Varianzanalyse § 3/39
Verbrechen, Begriff § 1/2
Verbrechenskontrolle § 1/5; § 26/2 f.

Vereinigungstheorien § 28/10
Vergewaltigung § 31/6
Verhältnisskala § 3/22
Verkehrszentralregister § 33/11
Vermögensdelikte -. *Siehe* Eigentums- und Vermögensdelikte
Verstehen § 3/2
Verurteilte § 28/22
Verurteiltenziffer § 9/9
Verwaltungsakzessorietät § 36/3
Verwarnung mit Strafvorbehalt § 28/27
Videospiele § 17/23 f.
Videoüberwachung § 6/29; § 27/17 ff.
Videoüberwachung, Evaluation § 27/19 ff.
Videoüberwachung, intelligente § 27/18
Viktimisierung, Erklärung § 23/3
Viktimisierung, Risiko § 23/1
Viktimologie, Begriff § 1/4; § 22/1
Viktimologie, Fragestellungen § 22/3
Voluntaristische Kriminalitätstheorie § 6/167 ff.

W

Werte § 6/169
White collar crime § 35/2
Wilcoxon Rangsummen-Test § 3/40
Willensfreiheit § 20/5
Wirkungsevaluation § 27/60
Wirtschaftskriminalität, Begriff § 35/1
Wirtschaftskriminalität, Erklärung § 35/6
Wirtschaftskriminalität, Erscheinungsformen § 35/3
Wirtschaftskriminalität, Prävention § 35/8
Wirtschaftskriminalität, Schäden § 35/4
Wirtschaftskriminalität, Strafverfolgung § 35/7
Wirtschaftskriminalität, Täter § 35/5
Wissenschaftstheorie § 3/2 ff.

Z

Zentrale Anlaufstelle Cybercrime (ZAC) § 37/30
Zero Tolerance § 27/42
Zufallsauswahl § 3/24
Zwillingsforschung § 5/4

If you have any concerns about our products,
you can contact us on
ProductSafety@springernature.com

In case Publisher is established outside the EU,
the EU authorized representative is:
**Springer Nature Customer Service Center GmbH
Europaplatz 3, 69115 Heidelberg, Germany**

Printed by Libri Plureos GmbH
in Hamburg, Germany